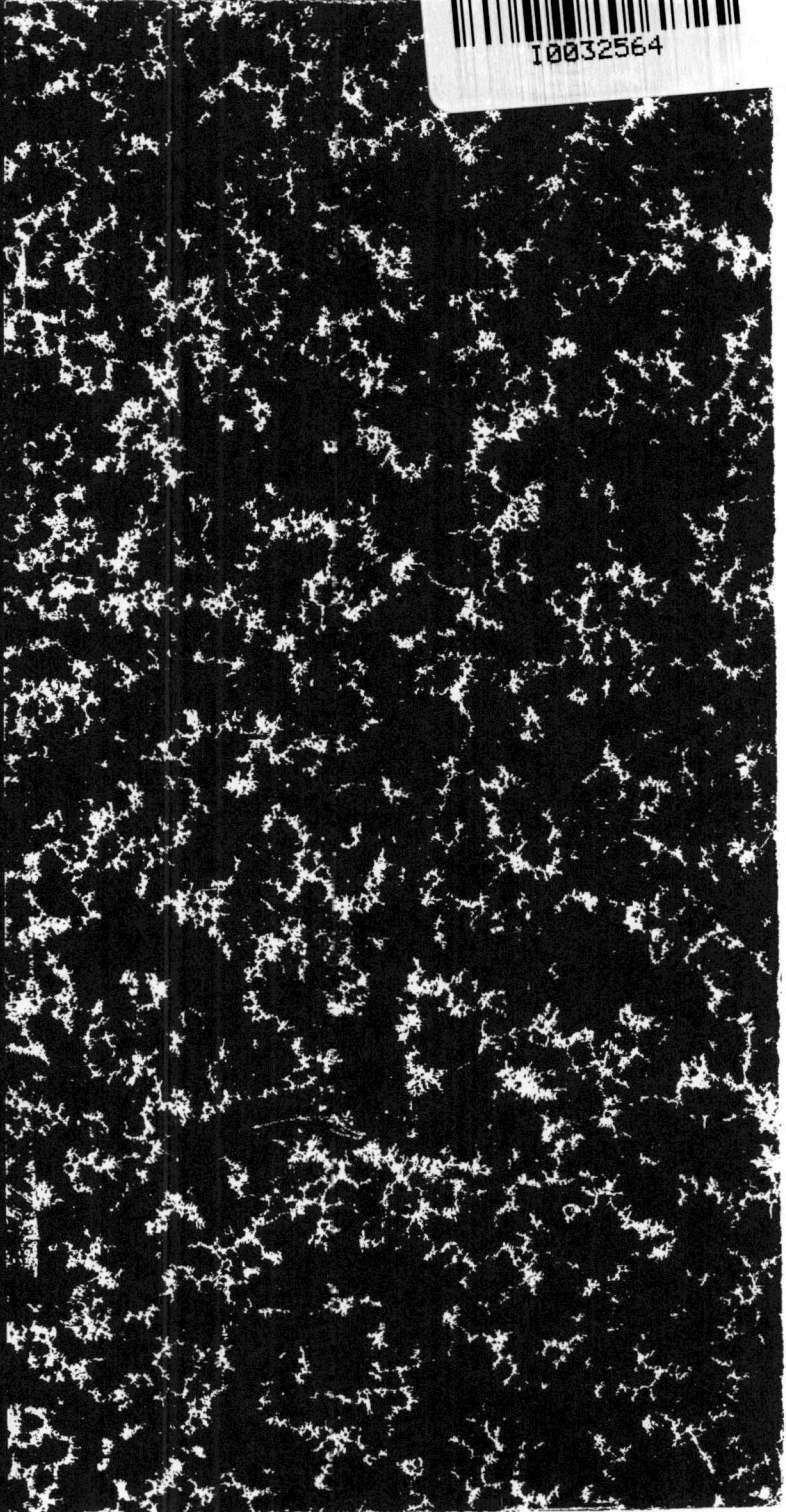

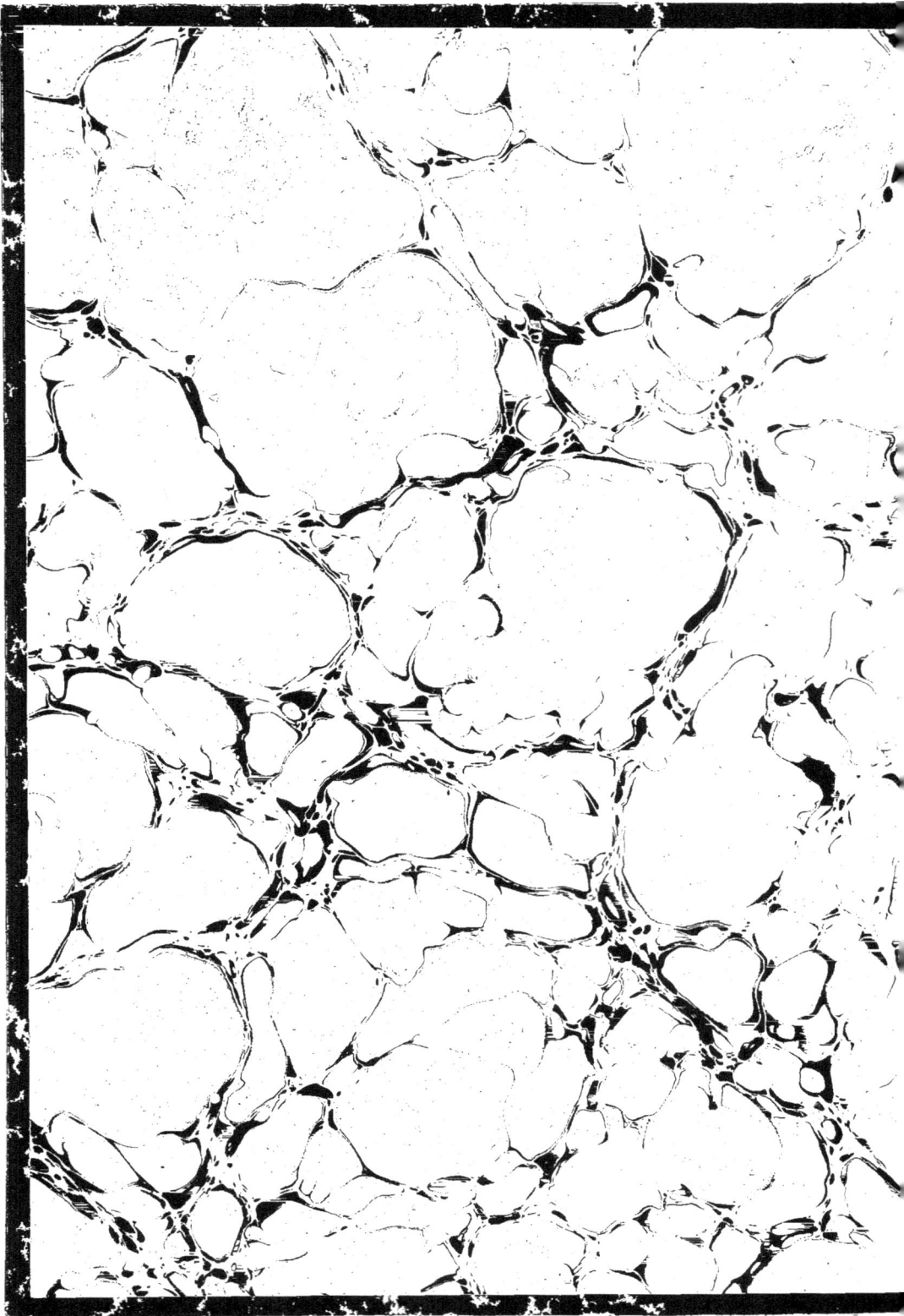

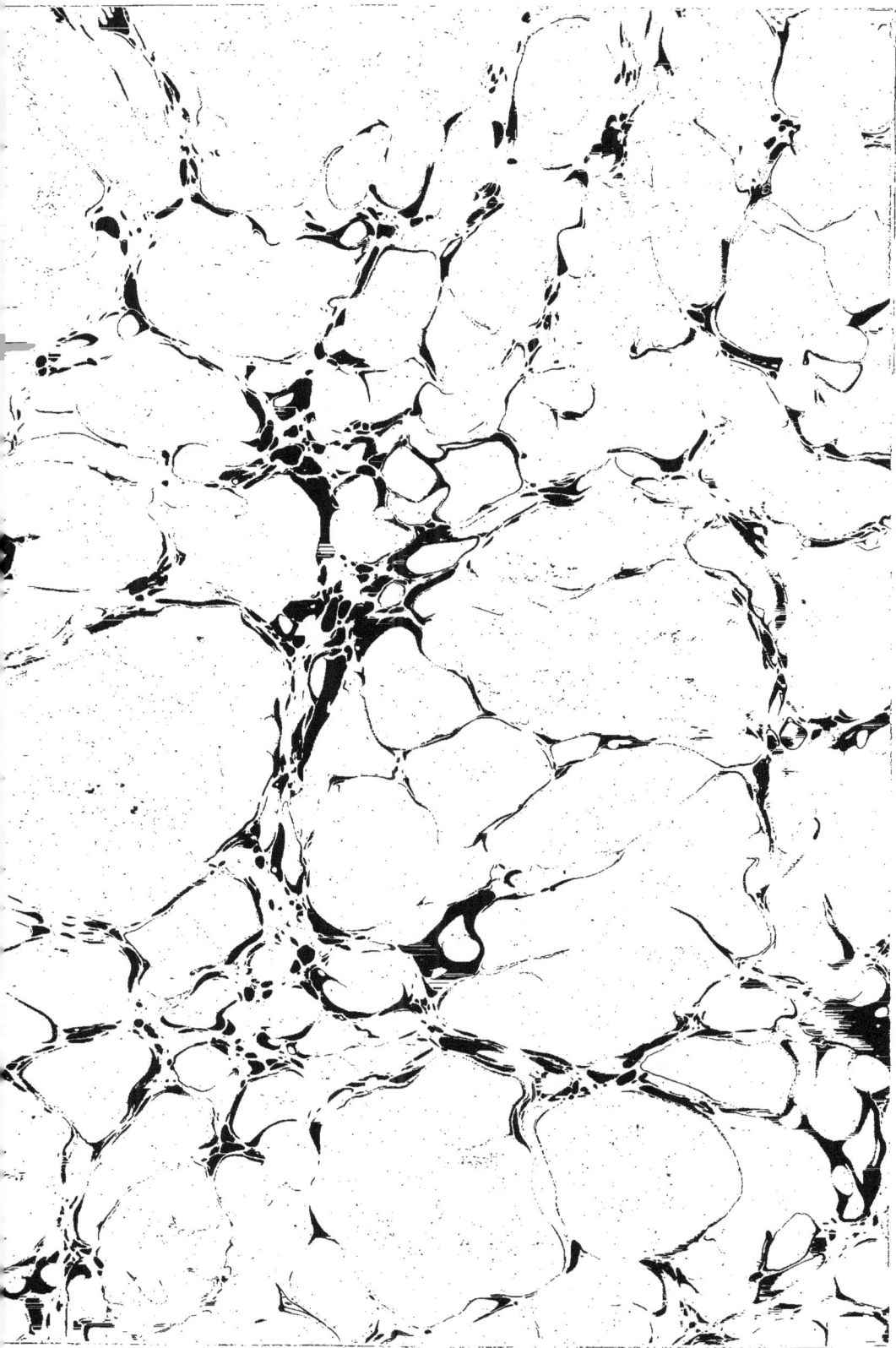

VAN-HAVÈRE

Titre

CONGRÈS

GÉOLOGIQUE INTERNATIONAL

COMPTE RENDU

DE LA

IX. SESSION, VIENNE 1903

629

PREMIER FASCICULE

VIENNE (WIEN)
IMPRIMERIE HOLLINEK FRÈRES, VIENNE, III.
1904.

CONGRÈS

GÉOLOGIQUE INTERNATIONAL

COMPTE RENDU

DE LA

IX. SESSION, VIENNE 1903

VIENNE (WIEN)

IMPRIMERIE HOLLINEK FRÈRES, VIENNE, III.

1904.

L'AUGUSTE PROTECTEUR

DU CONGRÈS

SON ALTESSE IMPÉRIALE ET ROYALE

L'ARCHIDUC RAINER

LE PRÉSIDENT D'HONNEUR

DU CONGRÈS

SON EXCELLENCE LE MINISTRE DES CULTES
ET DE L'INSTRUCTION PUBLIQUE

W. DE HARTEL

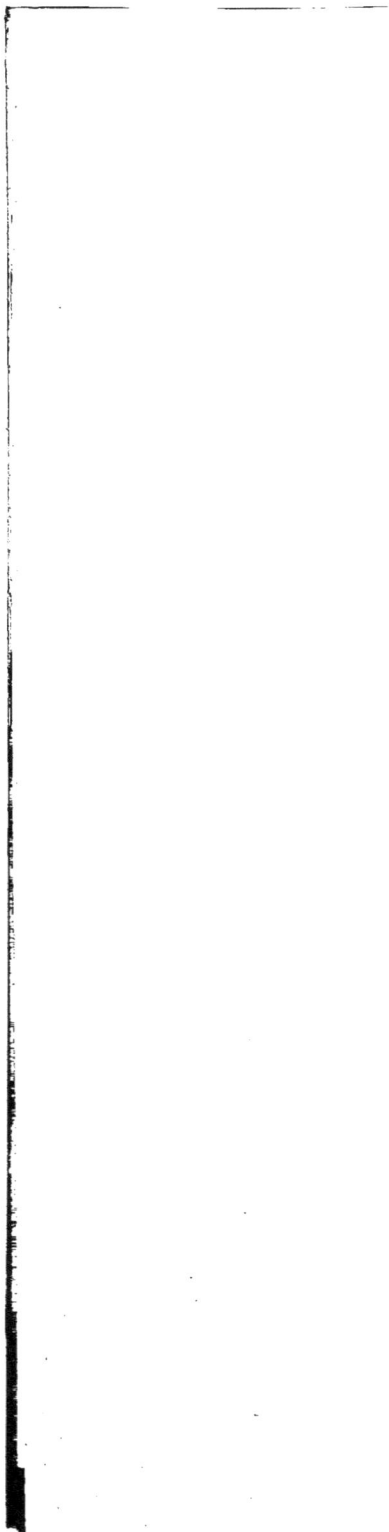

COMPTE RENDU

DE LA

IX. SESSION DU CONGRÈS GÉOLOGIQUE INTERNATIONAL

(VIENNE 1903)

PREMIER FASCICULE

VIENNE (WIEN)
1904.

Préface.

Sur la proposition de M. F r a z e r le congrès de St. Pétersbourg dans sa séance de clôture a exprimé le voeu, que le
compte rendu de chaque session du congrès géologique international soit publié dans les deux années, qui suivent les
sessions respectives. De cette manière tous les documents
contenus dans les procès-verbaux et dans les divers rapports
de la session antérieure, dont on pourrait avoir besoin, seraient
mis à temps opportun à la disposition des commissions et du
comité d'organisation de la prochaine session.

Les bureaux des congrès de St. Pétersbourg et de Paris
se sont conformés à ce voeu et le bureau du congrès de Vienne
n'a pas non plus voulu se laisser prendre en défaut en retardant
la publication des travaux de cette réunion. Le compte rendu
du IXème congrès géologique international paraît moins d'un
an après la clôture de nos séances, suivant l'exemple donné
par nos confrères de France. J'espère toutefois, que la hâte,
que nous avons mise à presser l'impression de cet ouvrage ·
n'en a pas trop amoindri la valeur. S'il y avait néanmoins
quelque négligeance de notre part à regretter, nous en demandons d'avance pardon aux lecteurs, en supposant, qu'ils préféreront d'accepter quelques petites erreurs ou omissions, à
subir du retard dans la publication des mémoires importants
communiqués dans ce volume.

Comme ce dernier a atteint une étendue assez grande,
nous avons trouvé bon de le diviser en deux fascicules, cette
division n'ayant aucun rapport avec la distribution des matières
traitées dans notre ouvrage.

Cette distribution des matières a été faite plus ou moins
suivant les principes généralement adoptés pour des publications

de ce genre. Notre compte rendu se compose à cet égard de sept parties.

La première partie comprend un rapport succinct sur les travaux préparatoires de la IXème session. Elle fait connaître la composition du comité d'organisation comme celle du comité exécutif. Aussi les circulaires, que ce dernier avait fait paraître, s'y trouvent-elles reproduites.

La seconde partie s'occupe du séjour des congressistes à Vienne et rapelle les réunions, qui ont eu lieu durant la session, à part du travail sérieux des assemblées générales, des commissions et des séances du conseil, ces réunions ayant eu pour but principal de donner aux membres du congrès l'occasion de cultiver les anciennes amitiés ou d'entamer de nouvelles relations amicales.

La troisième partie montre la composition du congrès. On y trouve la liste générale et la liste classifiée des membres, puis la liste des délégués des divers gouvernements réprésentés au congrès, comme les noms des instituts ou sociétés savantes, dont les réprésentants étaient dûment accrédités auprès de notre bureau.

La quatrième partie contient les procès-verbaux des séances du conseil, des séances générales et des séances de section.

La cinquième partie se borne aux rapports des commissions.

La sixième partie, la plus volumineuse de toutes, présente les mémoires communiqués pendant les séances[1]. Ces mémoires ont été insérés de sorte, que les conférences formant par les matières qu'on y traite, un ensemble scientifique, se trouvent chaque fois réunies dans la suite des pages, tandis que les communications sur des sujets divers ont trouvé leur place à la fin de cette partie sans ordre distinct.

La septième partie s'occupe des diverses excursions, qui ont été faites avant, pendant et après la session. Il ne s'agit

---

[1] A quelques exceptions. Nous regrettons par exemple, que M. van Hise s'est trouvé dans l'impossibilité de nous faire parvenir son manuscrit avant la clôture de notre travail. En revanche nous avons été à même de faire imprimer les conférences annoncées à propos du congrès par quelques auteurs, qui n'étaient pas présents à Vienne pendant les séances.

pas ici de répéter tous les détails scientifiques de notre livret guide. Il s'agit plutôt d'un résumé historique des voyages exécutés par les participants de ces excursions. Ce sont les rapports des conducteurs, qui donnent la déscription de ce qui s'est passé en route et qui du reste ont profité de cette occasion à rendre hommage à tous ceux, qui ont bien mérité de nos hôtes en leur rendant le séjour dans les contrées parcourues par eux aussi agréable que possible.

Les mémoires et les rapports contenus dans cette publication s'y trouvent insérés chaque fois dans la langue, dans laquelle ils ont été présentés à notre secrétariat, savoir en français, en anglais ou en allemand. Tous ces matériaux ont été rassemblés et classés par le secrétaire général du congrès, M. Ch. D i e n e r, tandis que M. F. T e l l e r était chargé de diriger l'exécution des planches et des illustrations assez nombreuses, qui accompagnent le texte des mémoires. Les épreuves en ont été envoyées par M. D i e n e r aux auteurs pour les corrections et relues par moi même avant l'impression.

Sauf cela mes soins spéciaux n'étaient réclamés que par la rédaction de quelques pages des parties historiques de l'ouvrage.

En livrant à présent ce volume au public il me reste encore à exprimer la reconnaissance la plus respectueuse à notre gouvernement, spécialement au ministère des cultes et de l'instruction publique, qui a bien voulu mettre à la disposition du comité exécutif un crédit de 40.000 couronnes payable en plusieurs quote-parts pendant les années 1900— 1904. Ce n'est qu'en ajoutant cette somme assez considérable aux cotisations des membres, que nous étions à même de pourvoir à toutes les dépenses causées par le congrès et par les diverses publications se rapportant à cette réunion, y compris ce compte rendu et les 1100 pages du livret guide publié en 1903. Qu'il me soit permis, de rappeler en même temps le puissant appui que le ministère commun austro-hongrois des finances a prêté à l'organisation de l'excursion en Bosnie et en Hercégovine, appui, qui avait d'autant plus de prix pour nous, que le haut ministère avait bien voulu se charger des frais de la publication d'un livret guide spécial et assez détaillé pour la dite excursion.

Disons aussi les remerciements les plus sincères à messieurs les conférenciers, qui étaient assez aimables de nous envoyer leurs manuscrits à temps droit pour l'impression et dont les communications contribuent tout essentiellement à la valeur scientifique de la publication d'aujourd'hui.

Enfin nous ne voulons pas oublier, que plusieurs amis de la science, plusieurs corporations et nombre de villes ou communes (en première ligne la municipalité de la ville de Vienne) ont gracieusement facilité la tâche des organisateurs du congrès, en accueillant avec cordialité les congressistes, qui visitaient notre pays si varié aussi bien au point de vue géologique qu'en fait des nations, qui l'habitent. Il se peut, que les contrastes provoqués par les besoins différents de ces nations et par les ambitions des factions politiques produisent quelquefois à l'étranger les apparences de certaines graves complications dans notre vie publique, mais il me semble, que nos savants confrères, qui prétendaient à notre hospitalité, ne pouvaient guère s'apercevoir de ces différences d'opinion. Un accord parfait s'était établi parmi les géologues autrichiens et ce même accord se manifestait aussi quant au public des endroits visités par nos excursionnistes, faisant clairement ressortir aux yeux des étrangers les liens traditionnels, qui réunissent tous les membres de la grande famille des peuples autrichiens.

Je m'estime donc heureux de pouvoir constater qu'en rendant hommage à la science et à nos collègues savants non seulement les autorités municipales mais aussi nombre de particuliers dans tous les pays de l'Autriche ont prouvé qu'ils s'intéressaient aussi vivement au succès du congrès de Vienne, que les membres viennois de notre comité. Que toutes ces corporations et tous ces particuliers agréent eux aussi l'expression de nos sentiments reconnaissants.

Vienne, le 4 juillet 1904.

Le président du congrès
Émile Tietze.

PREMIÈRE PARTIE.

PRÉPARATION DU CONGRÈS.

1

Préparation du Congrès.

— —

L'idée de réunir le Congrès géologique en Autriche fut exprimée pour la première fois à la session de Londres. en 1888. Pour diverses raisons graves les géologues autrichiens avaient été obligés de renoncer à l'invitation, qu'ils voulaient faire à la session de Washington. A St. Pétersbourg, en 1897, le délégué officiel de l'Autriche fut chargé d'une invitation formelle au Congrès. de tenir sa 9ᵉ session à Vienne.

En attendant la résolution décisive du Congrès réuni en 8ᵉ session à Paris, les géologues autrichiens avaient fait les démarches néccessaires à préparer une réunion des congressistes en Autriche. Un Comité provisoire s'était constitué à Vienne sous la présidence de M. E. Suess, président de l'Académie Impériale des sciences. L'élection de ce comité provisoire avait été le résultat d'une réunion des géologues de Vienne, convoqués par M. G. Stache, alors directeur de la k. k. Geologische Reichsanstalt. Pendant la 8ᵉ session du Congrès à Paris l'invitation officielle fut répétée. A la séance générale du 27 août 1900 la résolution de se réunir en 9ᵉ session à Vienne fut votée d'acclamation.

Le Comité provisoire, composé du président E. Suess, du secrétaire-général E. Tietze, des secrétaires C. Diener, F. Teller et A. v. Boehm et des membres F. Becke, F. Karrer, A. Rücker, G. Stache, F. Toula, G. Tschermak et F. Zechner, avait été remplacé par un Comité d'organisation élu par une assemblée générale des géologues autrichiens le 10 juin 1900.

L'organisation du Congrès fut confié par ce nouveau comité à un Comité exécutif, résidant à Vienne et composé de tous les membres de l'ancien Comité provisoire. M. Suess qui, par acclamation générale, avait été nommé de nouveau président, déclara cependant au grand regret des autres membres de ne pouvoir se charger des fonctions de la présidence que pendant le commencement du travail. En conséquence de cette résolution il remit sa charge à la disposition du comité dans la séance du 6 juin 1902, savoir immédiatement avant la publication de la première circulaire. C'est alors que M. E. Tietze, à présent

1*

4

directeur de la k. k. Geologische Reichsanstalt fut nommé président, et
que M. C. Diener fut nommé secrétaire-général du Comité exécutif.
Avant la réunion du Congrès ce comité eut à déplorer la mort de deux
membres. du conseiller royal F. Karrer et du chef de section au
ministère de l'agriculture et des mines monsieur F. Zechner.

Au moment de l'ouverture du Congrès le Comité d'organisation
était composé comme suit.

M. v. Arbesser. conseiller supérieur des mines. Vienne, ministère
    des finances, département des salines.

G. v. Arthaber, Privatdocent à l'université de Vienne.

F. Becke, professeur à l'université de Vienne.

F. Berwerth, professeur à l'université de Vienne.

J. Blaas, professeur à l'université d'Innsbruck.

A. v. Böhm. professeur adjoint à l'école polytechnique. employé au
    musée imp. d'histoire naturelle à Vienne.

G. v. Bukowski. géologue en chef à l'institut géologique imp. et
    roy., Vienne.

Le baron O. de Buschmann, conseiller aulique, Vienne, ministère
    des finances, département des salines.

R. Canaval, conseiller supérieur des mines, Klagenfurt.

H. Commenda, directeur de la Realschule à Linz.

C. Diener, professeur à l'université de Vienne.

C. Doelter, professeur à l'université de Graz.

J. Dreger, géologue à l'institut géologique imp. et roy., Vienne.

A. Fillunger, conseiller des mines, directeur général des mines à
    Ostrau.

A. Frič, professeur à l'université tchèque, directeur du musée national
    à Prague.

Th. Fuchs, directeur du département géologique du musée imp.
    d'histoire naturelle à Vienne.

E. Fugger, professeur à Salzburg.

G. Geyer. géologue en chef à l'institut géol. imp. et roy., Vienne.

M. v. Gutmann, conseiller des mines, Vienne.

J. E. Hibsch, professeur à l'école supérieure agronomique à Tetschen-
    Liebwerda.

V. Hilber, professeur à l'université de Graz.

H. Hoefer, conseiller aulique, professeur à l'école sup. des mines
    à Leoben.

R. Hoernes, professeur à l'université de Graz.

A. Hofmann, professeur à l'école sup. des mines à Přibram.

J. Holobek, conseiller sup. des mines à Cracovie.

J. Jahn, professeur à l'école polytechnique tchèque à Brünn.

F. Katzer, géologue du service géologique de la Bosnie, Sarajevo.

F. v. Kerner, géologue à l'institut géologique imp. et roy., Vienne.

E. Kittl, conservateur au musée imp. d'histoire nat. à Vienne.

G. A. Koch, professeur à la Hochschule für Bodencultur, Vienne.

F. Kossmat, adjoint à l'institut géol. imp. et roy., privatdocent à l'Université de Vienne.

F. Kreutz, professeur à l'université de Cracovie.

E. Langer, conseiller aulique à Přibram.

A. v. Loehr, conseiller du gouvernement, président de la Société minéralogique à Vienne.

F. Löwl, professeur à l'université de Czernowitz.

A. Makowsky, professeur à l'école polytechnique allemande à Brünn.

E. v. Mojsisovics, conseiller aulique, Vienne.

J. Niedzwiedzki, conseiller aulique, professeur à l'école polytechnique à Lemberg.

F. Noë, professeur à Vienne.

A. Penck, conseiller aulique, professeur à l'université de Vienne.

R. Pfeiffer von Inberg, k. k. Berghauptmann a. D., Vienne.

F. Poech, conseiller supérieur des mines, Vienne, ministère commun austro-hongrois des finances.

A. Redlich, Privatdocent à l'école sup. des mines à Leoben.

E. Reyer, professeur a l'université de Vienne.

E. Richter, professeur à l'université de Graz.

A. Rosiwal, géologue en chef à l'institut géologique imp. et roy., Vienne.

A. Rücker, conseiller supérieur des mines, Vienne.

A. Rzehak, professeur adjoint à l'école polytechnique allemande à Brünn.

A. Slavík, professeur à l'école polytechnique tchèque à Prague.

G. Stache, conseiller aulique à Vienne.

E. Suess, président de l'académie des sciences à Vienne.

Fr. E. Suess, géologue à l'institut géologique imp. et roy., Vienne.

L. v. Szajnocha, professeur à l'université de Cracovie.

F. Teller, géologue en chef à l'institut géologique imp. et roy., Vienne.

E. Tietze, conseiller sup. des mines, directeur de l'institut géologique imp. et roy. à Vienne.

F. Toula, conseiller aulique, professeur à l'école polytechnique à Vienne.

G. Tschermak, conseiller aulique, professeur à l'université de Vienne.

V. Uhlig, professeur à l'université de Vienne.

M. Vacek, géologue en chef à l'institut géologique imp. et roy., Vienne.

F. Wähner, professeur à l'école polytechnique allemande à Prague.

J. N. Woldřich, professeur à l'université tchèque, Prague.

H. Zugmayer, conseiller du commerce, Vienne.

COMITÉ EXÉCUTIF.

Président:

E. Tietze, conseiller sup. des mines, directeur de l'institut géologique imp. et roy.

Secrétaire général:

C. Diener, professeur à l'université.

Secrétaires:

F. Teller, géologue en chef à l'institut géol. imp. et roy.

G. Geyer, géologue en chef à l'institut géol. imp. et roy.

A. v. Böhm, professeur adjoint à l'école polytechnique, employé au musée imp. d'histoire naturelle.

F. v. Kerner, géologue à l'institut géol. imp. et roy.

Trésorier:

M. v. Gutmann, conseiller des mines.

Membres:

F. Becke, professeur à l'université.

A. Rücker, conseiller supérieur des mines.

v. Posch, conseiller des mines au ministère de l'agriculture et des mines.

G. Stache, conseiller aulique.

E. Suess, président de l'académie imp. des sciences.

F. Toula, conseiller aulique, professeur à l'école polytechnique.

G. Tschermak, conseiller aulique, professeur à l'université.

V. Uhlig, professeur à l'université.

C. v. Webern, conseiller aulique au ministère de l'agriculture et des mines.

Le Comité exécutif fit paraître successivement les circulaires suivantes.

Vienne le 12 juin 1902.

CONGRÈS GÉOLOGIQUE INTERNATIONAL
IXe SESSION 1903.

Ire CIRCULAIRE.

Le congrès géologique international a reçu déjà à St. Pétersbourg une invitation préliminaire de se réunir en IXme session en Autriche. Pendant la VIIIme session du congrès à Paris cette invitation a été répétée et le congrès de Paris résolut définitivement dans sa séance générale du 27 août 1900, que sa IXme session se tiendrait à Vienne.

Dans l'attente de cette résolution les géologues autrichiens avaient constitué déjà avant la session de Paris un comité d'organisation chargé des démarches nécessaires à préparer la réunion des congressistes en Autriche.

Ce comité d'organisation se compose actuellement comme suit.

Comité d'organisation.

M. v. Arbesser, conseiller supérieur des mines, Vienne, ministère des finances, département des salines.

G. v. Arthaber, privatdocent à l'université de Vienne.

F. Becke, professeur à l'université de Vienne.

F. Berwerth, professeur à l'université de Vienne.

J. Blaas, professeur à l'université d'Innsbruck.

A. v. Böhm, employé au musée imp. d'histoire naturelle à Vienne.

G. v. Bukowski, Vienne, institut géologique imp. et roy.

Le Baron O. de Buschmann, conseiller aulique, Vienne. ministère des finances, département des salines.

R. Canaval, conseiller supérieur des mines, Klagenfurt.

H. Commenda, inspecteur des écoles de la Haute Autriche, Linz.

C. Diener, professeur à l'université de Vienne.

C. Doelter, professeur à l'université de Graz.

J. Dreger, Vienne, institut géologique imp. et roy.

K. v. Ernst, conseiller supérieur des mines.

A. Fillunger, directeur général des mines à Ostrau.

A. Frič, professeur à l'université tchèque à Prague.

Th. Fuchs, directeur de la division géologique du musée imp. d'histoire naturelle à Vienne.

E. Fugger, professeur à Salzburg.

G. Geyer, géologue en chef à Vienne, institut géol.

M. v. Gutmann, conseiller des mines, Vienne.

J. E. Hibsch, professeur à Tetschen-Liebwerda.

H. Hoefer, conseiller aulique, professeur à l'école sup. des mines à Leoben.

A. Hofmann, professeur à l'école sup. des mines à Přibram.

R. Hoernes, professeur à l'université de Graz.

J. Holobek, conseiller sup. des mines à Krakau.

8

J. Jahn, professeur à l'école polytechnique tchèque à Brünn.

F. Karrer, conseiller royal, Vienne.

F. Katzer, Sarajevo, service géologique de la Bosnie.

F. v. Kerner, Vienne, institut géolog. imp. et roy.

E. Kittl, custode du musée imp. d'histoire nat. à Vienne.

G. A. Koch, professeur à la Hochschule für Bodenkultur, Vienne.

F. Kossmat, Vienne, institut géolog. imp. et roy.

F. Kreutz, professeur à l'université de Krakau.

G. Laube, professeur à l'université allemande à Prague.

F. Löwl, professeur à l'université de Czernowitz.

A. Makowsky, professeur à l'école polytechnique allemande à Brünn.

E. v. Mojsisovics, conseiller aulique, Vienne.

J. Niedzwiedzki, professeur à l'école polytechnique à Lemberg.

F. Noë, professeur à Vienne.

A. Novák, conseiller aulique, directeur de la mine de Přibram.

A. Pelikan, professeur à l'université allemande à Prague.

R. Pfeiffer, Berghauptmann à Vienne.

A. Penck, professeur à l'université de Vienne.

F. Poech, conseiller supérieur des mines, Vienne, ministère commun austro-hongrois des finances.

A. Redlich, Privatdocent à l'école sup. des mines à Leoben.

E. Reyer, professeur à l'université de Vienne.

E. Richter, professeur à l'université de Graz.

A. Rosiwal, Vienne, institut géologique.

A. Rücker, conseiller supérieur des mines, Vienne.

A. Rzehak, professeur à Brünn.

A. Slavik, professeur à l'école polytechnique tchèque à Prague.

G. Stache, conseiller aulique à Vienne.

E. Suess, président de l'académie des sciences à Vienne.

Fr. E. Suess, Vienne, institut géologique.

L. v. Szajnocha, professeur à l'université de Krakau.

F. Teller, géologue en chef à l'institut géologique, Vienne.

E. Tietze, conseiller sup. des mines, Vienne.

F. Toula, conseiller aulique, professeur à l'école polytechnique à Vienne.

G. Tschermak, conseiller aulique, professeur à l'université de Vienne.

V. Uhlig, professeur à l'université de Vienne.

M. Vacek, géologue en chef à l'institut géologique, Vienne.

F. Wähner, professeur à l'école polytechnique allemande à Prague.

J. N. Woldřich, professeur à l'université tchèque, Prague.

H. Zugmayer, conseiller du commerce, Vienne.

Le comité d'organisation a nommé un comité exécutif, dont la composition (quelques cooptations faites) est actuellement la suivante.

Comité exécutif.

Président:

E. Tietze, conseiller sup. des mines.

Secrétaire général:

C. Diener, professeur à l'université de Vienne.

Secrétaires:

F. Teller, géologue en chef à l'institut géol. imp. et roy.
G. Geyer, géologue en chef à l'institut géol. imp. et roy.
A. v. Böhm, employé au musée imp. d'histoire naturelle.

Trésorier:

F. Karrer, conseiller royal.

Membres:

F. Becke, professeur à l'université de Vienne.
A. Rücker, conseiller supérieur des mines.
v. Posch, conseiller des mines, ministère de l'agriculture et des mines.
G. Stache, conseiller aulique.
E. Suess, président de l'académie imp. des sciences.
F. Toula, conseiller aulique.
G. Tschermak, conseiller aulique.
V. Uhlig, professeur à l'université de Vienne.
C. v. Webern, conseiller aulique, ministère de l'agriculture et des mines.

Session.

La séance d'ouverture du congrès aura lieu jeudi le 20 août 1903 et la séance de clôture le 27 août 1903. Des données plus détaillées sont reservées à une future circulaire.

Excursions.

Suivant l'habitude des derniers congrès et dans le but de faire connaître aux congressistes quelques parties de l'empire autrichien, qui comptent parmi les plus intéressantes au point de vue géologique le comité va organiser plusieurs excursions qui auront lieu avant et après la session.

Pour de différentes raisons et surtout parce qu'il ne sera pas facile de loger partout beaucoup de monde, le nombre des congressistes participant à ces excursions doit être quelquefois limité, surtout dans les Alpes, où les hôtels pendant la saison d'été se trouvent ordinairement encombrés de touristes. Il est évident, qu'avant tout on admettra aux dites excursions les spécialistes supposés à porter un intérêt particulier aux régions à visiter. De même les géologues étrangers auront dans ce cas la préférence sur les géologues autrichiens.

Excursions avant la session.

1. **Région paléozoïque du centre de la Bohême,** sous la conduite de MM. Jahn et Hofmann. Rendez-vous à Prague le 9 août, au soir. Durée de l'excursion 9 jours, coût approximatif 180—200 couronnes.

2. **Eaux thermales et terrains éruptifs du nord de la Bohême,** puis **environs de Brünn en Moravie,** sous la conduite de MM. Rosiwal, Hibsch et Fr. E. Suess. Les excursionnistes se rassemblent à Eger (Bohême) le 5 août, au matin. Durée de l'excursion exactement 14 jours. Coût approximatif 260 couronnes.

3. **Galicie.** Cette excursion se divisera en deux parties (*b* et *c*), qui ne seront réunies qu'au commencement du voyage (*a*). On se rassemble à Ostrau en Moravie le 7 août, au soir.

a) **Terrain houillier à Ostrau, puis environs de Cracovie (Krakau) et de Wieliczka en Galicie,** sous la conduite de MM. Fillunger et Szajnocha. Durée 3 jours. Coût approximatif 50 couronnes.

b) **Terrains pétrolifères de la Galicie, grès carpathique,** sous la conduite de MM. Szajnocha, Grzybowski, Holobek et Zuber. Durée 7 jours. Coût approximatif 250 couronnes.

c) **Région des klippes carpathiques et montagne du Tatra,** sous la conduite de M. Uhlig. Durée 9 jours. Coût approximatif 230 couronnes. Le nombre des participants de cette excursion sera borné à 35 tout au plus.

4. **Salzkammergut,** sous la conduite de MM. Fugger, Wähner, Kittl et Böhm. Rendez-vous à Salzburg le 4 août. Durée de l'excursion 15 jours. Coût approximatif 300 couronnes. Le nombre des participants de cette excursion sera borné à 30 personnes tout au plus.

5. **Styrie.** Environs de Graz et de Léoben. Terrains paléozoiques et néozoiques. Sous la conduite de MM. Clar, Hoefer, Hoernes. Hilber, Penecke et Vacek. Rendez-vous à Graz le 10 août, après midi. Durée de l'excursion 10 jours. Coût approximatif 200 couronnes par tête.

Excursions après la session.

6. **Terrain des dolomies en Tirol,** sous la conduite de M. Diener. Rendez-vous à Toblach en Tirol le 30 août, à midi. Durée de l'excursion 8 jours. Nombre limité de 25—30 participants. Coût approximatif par personne 200 couronnes.

7. **Bassin de l'Adige** (Etschbucht) **en Tirol,** sous la conduite de M. Vacek. Rendez-vous à Bozen le 30 août, au soir. Durée 8 jours. Coût approximatif 180 couronnes. Nombre limité à 16 participants.

8. **Région occidentale des Hohe Tauern** (Zillertal). Roches cristallines de la chaîne centrale des Alpes, sous la conduite de M. Becke. Rendez-vous à Jenbach (Tirol du Nord) le 30 août, au soir. Durée de l'excursion 8 jours, coût approximatif 250 couronnes. Nombre limité des participants à 12 personnes.

9. **Région centrale des Hohe Tauern** (Venediger). Roches cristallines, sous la conduite de M. Löwl. Rendez-vous à Zell am See le 30 août, après midi. Durée 8 jours, coût approximatif 250 couronnes. Nombre limité à 8 participants

10. **Predazzo,** sous la conduite de M. Doelter. Rendez vous à Bozen le 8 septembre. Les participants des excursions 6, 7, 8, 9 auront en partie l'occasion d'accompagner les excursionistes, qui iront visiter les roches éruptives des environs de Prédazzo, l'excursion 10 étant en correspondance avec les excursions ci devant mentionnées. Durée 7 jours, coût approximatif 140 couronnes. Nombre limité à 20—25 participants.

11. **Alpes carnioles et juliennes.** Terrains paléozoiques et mésozoiques des Alpes du Sud, sous la conduite de MM. Geyer, Kossmat et Teller. Rendez-vous à Oberdrauburg le 30 août, à midi. Durée de l'excursion 15 jours, coût approximatif par personne 250 couronnes. Le nombre des participants sera limité à 12—15.

12. Terrains glaciaires des Alpes autrichiennes. On visitera entre autres les vallées du Traun, de l'Inn et de l'Adige (Etsch), sous la conduite de MM. P e n c k et R i c h t e r. Durée 14 jours. Nombre des participants limité à 30 personnes.

13. Bosnie et Dalmatie. Grâce à l'obligeance complaisante du ministère commun austro-hongrois des finances (chargé de l'administration de la Bosnie et de l'Hercégovine) une excursion sera organisée en Bosnie et en Hercégovine. Les excursionnistes se rassemblent à Budapest après la clôture de la session (voir ci dessous l'invitation de la société géologique de Hongrie). Durée de l'excursion en Bosnie à peu près 9 jours. Cette excursion aboutira à Ragusa en Dalmatie, d'où l'on commencera à visiter les points les plus intéressants de ce pays. Durée du séjour en Dalmatie 10 jours. Des notions plus détaillées sur ce projet seront données dans une future circulaire.

———— .. . . .

Sauf les grandes excursions ci dessus énumérées on fera encore quelques petites courses dans les environs de Vienne pendant la session.

Un livret guide écrit par les directeurs des diverses excursions est en préparation.

Messieurs les congressistes sont prévenus, qu'on aura besoin pour les excursions dans les Alpes (à l'exception de l'excursion V.) et de même pour la visite du Tatra d'un équipement alpiniste et qu'il faudra se pourvoir à ce propos avant tout de fortes chaussures à gros clous.

Avis.

La société géologique de Hongrie se propose d'inviter les membres du Congrès, de se rendre après la séance de clôture à Budapest.

D'ailleurs une excursion sera organisée sur l'invitation et sous la conduite de la dite société, pour visiter les alentours du bas Danube (la région des cataractes et de la porte de fer). Durée de cette excursion en Hongrie (le retour à Vienne y compris) 8 jours, coût approximatif par personne 200 couronnes. Le nombre des participants ne peut dépasser 100 personnes.

Un délégué de la société va réitérer ces invitations à la séance d'ouverture du Congrès à Vienne.

Au nom du comité d'organisation :

Emile TIETZE, Président.

Charles DIENER, Secrétaire général.

———————

Vienne le 20 février 1903.

CONGRÈS GÉOLOGIQUE INTERNATIONAL
IXe SESSION 1903.

2ME CIRCULAIRE.

Nous référant à notre première circulaire de juin 1902 nous avons l'honneur de vous donner les détails suivants sur la neuvième session du Congrès géologique international.

Comité d'organisation. *)

M. Emil L a n g e r, conseiller aulique, directeur de la mine de Přibram, a été adjoint au Comité d'organisation.

Comité exécutif.

M. F. K a r r e r. élu trésorier du Comité exécutif, fut obligé de renoncer à cette charge à cause d'une maladie grave. D'un consentement unanime M. M a x v. G u t m a n n. conseiller des mines à Vienne, fut élu trésorier dans la séance du Comité exécutif du 16 janvier 1903.

Session.

Les séances du Congrès se tiendront à Vienne. Elles s'ouvriront **jeudi le 20 août** et se termineront le 27 août 1903.

Le nombre des membres du Congrès restant illimité, le Comité d'organisation fait appel aux géologues et aux personnes qui, dans tous les pays, s'intéressent sérieusement aux applications de la géologie. La cotisation donnant droit de participation à la neuvième session du Congrès a été fixée à 20 Kronen (= 21 francs = 18 Mark — 18 shillings). Cette somme devra être adressée au nom de notre trésorier:

Max v o n G u t m a n n. conseiller des mines. Vienne, I.. Kantgasse 6.

Les personnes, désirant faire partie du Congrès. qui auront envoyé leur adhésion au secrétaire-général et qui auront acquitté le montant de leur cotisation, recevront la carte de membre et dans la suite l'ouvrage imprimé des travaux de la neuvième session du Congrès. La carte de membre donne droit d'assister aux séances, de prendre part aux excursions arrangées pendant les intervalles des jours de séances et de recevoir le Compte-rendu du Congrès. Quant aux excursions spéciales arrangées avant et après le Congrès le Comité ne peut admettre qu'un nombre limité de congressistes.

Le **Livret-guide** écrit par les directeurs des excursions géologiques, sera adressé, franc de port, aux membres du Congrès, qui en feront la demande, moyennant le prix de 10 couronnes.

*) Par suite d'une inadvertance regrettable M. V. H i l b e r. professeur à l'université de Graz, ne figure pas parmi les membres du Comité d'organisation, page 2 de la première circulaire.

Quant au programme scientifique de la neuvième session du Congrès géologique international, le bureau exécutif du Comité d'organisation s'est mis en rapport avec plusieurs géologues illustres en Europe et en Amérique. En considération des réponses reçues le Comité se propose d'arranger une série de conférences traitant des questions actuelles et encore fort discutées. De cette façon les membres du Congrès seront bien informés de l'état actuel de diverses questions d'un intérêt général. Les discussions qui suivront ces conférences, ne tarderont pas à contribuer à un progrès veritable de nos connaissances. Nous avons la ferme conviction, que par de telles discussions on arrivera à modifier certaines idées en cours sur les grands problèmes de notre science.

Le Comité exécutif s'est assuré le concours de plusieurs sommités de la science géologique qui ont bien voulu nous promettre de conférences. Les communications annoncées permettent, dès à présent, d'indiquer les questions suivantes parmi celles, qui mériteront d'attirer du Congrès:

1. **L'état actuel de notre connaissance des schistes cristallines** (MM. F. B e c k e, C. v a n H i s e, P. T e r m i e r. F. E. S u e s s, A. S a u e r, J. S e d e r h o l m, L. M r a z e c.

Une séance spéciale sera réservée à cette question, qui à été choisie pour l'objet des conférences se rapportant à la branche pétrographique de la géologie. Quoique le problème des schistes cristallines fut discuté sérieusement au Congrés géologique international de Londres en 1887, les progrès remarquables en fait d'observations et les idées nouvelles émises depuis ont décidé notre Comité de renouveler la discussion au Congrès de 1903.

2. **Le problème des „lambeaux de recouvrement", des „nappes de charriage" et des „Klippen".** Des conférences se rapportant à ce sujet nous ont été promises par MM. V. U h l i g, M. L u g e o n, F. T o e r n e b o h m, Bailey W i l l i s, F. K o s s m a t.

Une séance spéciale pourra être consacrée à des résumés sommaires concernant la **géologie de la Peninsule Balcanique et de l'Orient,** des conférences étant annoncées par MM. F. T o u l a, V. H i l b e r, J. C v i j i ć, G. v. B u k o w s k i, F. K a t z e r, A. P h i l i p p s o n.

L'ordre du jour des séances du Congrès comprendra en outre les rapports des commissions scientifiques et des communications diverses d'un intérêt général. Vu la brièveté du temps disponible le Comité est obligé de faire un choix très restreint des demandes qui nous sont parvenues à ce sujet en assez grand nombre.

Les séances ne seront pas tenues par sections.

Des renseignements détaillés sur les assemblées générales du Congrès sont reservés à une future circulaire.

Excursions.

Nous offrons au choix des congressistes quatorze excursions, qui auront lieu simultanément avant et après la session du Congrès.

La date des rendez-vous assignés dans cette circulaire est seule définitive. Le nombre des journées de course et leurs itinéraires pourront être modifiés suivant le temps et les circonstances, par entente entre les participants et les directeurs de chaque excursion.

Les prix indiqués pour les excursions ont été établis d'une façon provisoire à comprendre tous les frais prévus au cours du voyage à l'exception des deux routes en chemin de fer, aller et retour, de Vienne ou de la frontière aux centres d'excursions.

La plupart des excursions, surtout dans les Alpes, n'est practicable que pour un nombre restreint de participants. A ces excursions on admettra avant tout les spécialistes supposés à porter un intérêt particulier aux régions à visiter. Il est évident que les géologues étrangers auront dans ce cas la préférence sur les géologues autrichiens. Le nombre des places étant limité, les congressistes sont priés de numeroter les excursions qu'ils désirent suivre, afin de s'assurer un 2e ou 3e choix dans le cas, où le cadre de l'excursion choisie par eux en première ligne serait déjà rempli.

Les dames inscrites comme membres du Congrès ne seront admises qu'aux excursions I, II, III, IV a, V, XIII, et à l'excursion en Bosnie, pourvu qu'elles pourraient faire valoir un intérêt scientifique à la région parcourue.

En adoptant le procédé du Congrès de Paris, ceux-là seuls seront considérés comme inscrits à une excursion, qui auront effectué à ce sujet un versement préalable, indépendant du prix de la cotisation et du livret-guide. Ce versement a été fixé à 20 couronnes pour chaque excursion. Cette somme sera portée au compte de ceux qui suivront effectivement l'excursion choisie par eux; elle diminuera pour eux la dépense de cette excursion; elle sera, au contraire, perdue définitivement pour les personnes inscrites, qui n'auraient pas suivi l'excursion, à laquelle elles étaient admises.

Les personnes, qui désirent participer aux excursions, sont invitées d'envoyer leur demande d'admission le plus tôt possible. En réponse à de nombreuses lettres le Comité est obligé de faire savoir, qu'il se verra dans l'impossibilité de donner aux congressistes une décision sur les demandes d'admission aux excursions avant le 1 juin.

Les participants aux excursions dans les Alpes et de l'excursion III c (Tatra) ayant a faire des courses à pied considérables et des ascensions de montagnes, feront bien de se munir d'un équipement alpiniste et, surtout, d'une forte chaussure à gros clous.

Excursions avant la session.

I. Région paléozoique du centre de la Bohême, sous la conduite de MM. J. Jahn et A. Hofmann.

Coût approximatif par personne: 200 couronnes. Nombre limité de 100 participants. Durée de l'excursion 9 jours.

Étude stratigraphique du terrain paléozoique inférieur (sous la conduite de M. Jahn). Succession des étages cambriens, siluriens et dévoniens, leurs faunes et leurs facies. Colonies (Barrande). Mines de Příbram (sous la conduite de M. Hofmann).

Réunion des excursionnistes à Prague le soir du 9 août.

Lundi, 10 août: De Prague en bateau à vapeur à Zlichov par la Moldau; de là, à pied, à Hlubočep, Klein-Kuchel, Groß-Kuchel, Étude de la colonie Krejčí. Trajet à la colonie Hodkoricky. Visite de Branik et Dvorce. On retournera à **Prague*)** en bateau à vapeur.

Mardi, 11 août: Séjour à Prague. Un comité local facilitera aux excursionnistes la visite de la ville et des collections.

---

*) Les noms écrits en caractères bien nourris indiquent les localités, où l'on passera la nuit.

Mercredi, 12 août: De Prague à Beraun, en chemin de fer. Excursion aux environs de Beraun (terrain silurien inférieur). De Beraun par Ostry, Děd, Zahořan Podčapel à Königshof, à pied; de là retour à **Beraun** en chemin de fer.

Jeudi, 13 août: Par le chemin de fer à Königshof; de là à pied, Dlouha hora—Litohlav—Koněprus—Zlaty kun. Retour à **Beraun** par Bytov, Kolednik et Jarov.

Vendredi, 14 août: Excursion à pied, Beraun—Lištice—Hostin—St. Johann —Sedlec—Lodevice; de là, en chemin de fer, à **Beraun.**

Samedi, 15 août: Par le chemin de fer à Karlstein. Excursion aux environs de Karlstein et retour à **Beraun.**

Dimanche, 16 août: Par le chemin de fer à Jinec. Étude du terrain cambrien. Le soir on partira pour **Příbram,** en chemin de fer.

Lundi, 17 août: Étude de la coupe de Příbram, en examinant le bord du granite et la partie méridionale du pli de la Grauwacke (A, B, Barrande) jusqu'à son contrefort au Birkenberg. Après midi on visitera les collections de la direction de la mine et de l'école des mines à **Příbram.**

Mardi, 18 août: Au matin on visitera les mines de Příbram (veines de galène argentifère) Durée de la descente dans la mine quatre heures. L'après-midi visite de la fonderie d'argent et départ pour Vienne, en chemin de fer, par Prague ou par Pilsen. Arrivée à Vienne au soir.

I a. Craie de la Bohême, sous la conduite de MM. Slavik, Woldřich et Počta.

Coût approximatif par personne: 40 couronnes. Nombre limité de 50 participants. Durée de l'excursion 2 jours.

Outre l'excursion à la région minière de Příbram le Comité se voit à même de proposer encore une excursion à Liebenau et à Turnau. Les congressistes, qui désireront prendre part à cette excursion, se rendront le soir du 16 août à Prague. Le plan détaillé de cette excursion sera publié dans la prochaine circulaire.

II. Eaux thermales et terrains éruptifs du Nord de la Bohême. Environs de Brünn en Moravie, sous la conduite de MM. A. Rosiwal, J. Hibsch, A. Makowsky et F. E. Suess.

Coût approximatif par personne: 260 couronnes. Nombre limité à 50 participants. Durée de l'excursion 14 jours.

Terrains volcaniques de Franzensbad. Granite et phénomènes thermales de Karlsbad, Marienbad et Teplitz (sous la conduite de M. A. Rosiwal). Faciès divers du Crétacé. Bassin tertiaire au Sud de l'Erzgebirge. Roches éruptives et Laccolithes du Mittelgebirge (sous la conduite de M. J. Hibsch). M. F. E. Sueß continuera l'excursion par les environs de Brünn. Terrain permocarbonifère de Rossitz. Calcaire dévonien et grottes de Sloup (sous la conduite de M. Makowsky).

Mercredi, 5 août: Rendez-vous à 9ʰ du matin à Eger (Hôtel de ville). Course à Franzensbad par Stein et le Kammerbühl (courant de lave et débris volcanique). Au soir retour à **Eger.**

Jeudi, 6 août: Au matin à Marienbad, en chemin de fer. Excursion aux environs de **Marienbad.**

Vendredi, 7 août: Au matin course à Schönwehr par Tepl et Petschau. De là on examinera la coupe le long de la trace du chemin de fer jusqu'à Schlaggenwald (Granite staunifère). Après midi on partira pour Elbogen pour arriver le soir à **Karlsbad.**

Samedi, 8 août: Excursion aux environs de **Karlsbad.** Visite de sources diverses de la zone thermale. Ascension du Hirschensprung et de la Franz Josefs-Höhe pour examiner la structure de la vallée de la Tepl et de la région thermale.

Dimanche, 9 août: On continuera les excursions aux environs de **Karlsbad** en se dirigeant au Veitsberg par le Dreikreuzberg et la Stephaniewarte.

Lundi, 10 août: Par le chemin de fer à Teplitz. En route examen des coupes du bassin miocène de Brüx et Dux (visite d'une mine de houille). Diner à **Teplitz.** Après midi étude des gisement fossilifères du Turonien près de Hundorf et Losch.

Mardi, 11 août: Au matin départ pour Boreslau, en chemin de fer. Ascension du Milleschauer (835 *m*). Retour à Boreslau. De là, en chemin de fer, à Lobositz. Après midi en bateau à vapeur en aval l'Elbe à **Aussig.**

Mercredi, 12 août: Au matin en bateau à vapeur à Wesseln. Le long des pentes du Ziegenberg (laccolithe composé d'une phonolite tephritique et des filons de Monchiquite et Bostonite) à Nestersitz, l'Pömmerle et Rongstok. Essexite et phénomènes de contact. Après midi ascension du Kahlenberg près de Jakuben (rive droite de l'Elbe). Départ de Topkowitz pour **Aussig** en bateau à vapeur.

Jeudi, 13 août: Au matin en bateau à vapeur à Großpriesen. Après midi visite du Schloßberg et course à Schwaden par Warta. Retour à **Aussig** en bateau.

Vendredi, 14 août: A pied au Brand (Tephrite leucitique et couches d'un tuf tephritique) par le Marienberg (Phonolite). Diner à Aussig. Après midi à Kleische. Ascension du Strisowitzer Berg (Tephrite à hauyne). Retour à **Aussig** par St. Laurenz.

Samedi, 15 août: A Kojeditz, en voiture (beau laccolithe phonolitique). Ascension de la Hohe Wostray (à pied). On descendra à Schreckenstein, où un déjeuner sera servi au congressistes. Après midi trajet à Wanow. Visite du Warkotsch (dyke basaltique). Retour à **Aussig** à pied le long le bord de l'Elbe.

Dimanche, 16 août: Par le chemin de fer à Brünn. Au soir réunion des congressistes à **Brünn** (Deutsches Haus).

Lundi, 17 août: Au matin avec le train de 6ʰ 40′ à Raitz; de là en voitures aux grottes de Sloup et à l'abîme de la Mazocha. Retour à **Brünn** par Blansko. Visite de la ville et de l'école polytechnique.

Mardi, 18 août: A 8ʰ du matin départ pour Tetschitz. Phénomènes de contact de Neslowitz. Course à Segengottes, en voiture. Visite de l'usine et des mines de houille. Retour à **Brünn** à 9ʰ 10′ du soir (Clôture). Arrivée à Vienne le 19 août.

III. Galicie. Cette excursion se divisera en deux parties indépendantes, qui ne seront réunies qu'au commencement du voyage.

III *a*. Terrain houiller d'Ostrau en Moravie. Environs de Cracovie et de Wieliczka, sous la conduite de MM. Fillunger, L. Szajnocha et J. Niedźwiedzki.

Coût approximatif par personne: 60 couronnes. Nombre limité à 85 participants. Durée de l'excursion 3 jours.

Bassin houiller d'Ostrau (Culm et terrain carbonifère), sous la conduite de M. Fillunger. Terrains paléozoiques et jurassiques dans les environs de Cracovie (sous la conduite de M. L. Szajnocha). La bordure miocène des Carpathes près de Wieliczka (sous la conduite de M. J. Niedźwiedzki).

Réunion des excursionnistes à **Mährisch-Ostrau** (Festsaal des Deutschen Hauses) **Vendredi, 7 août,** à 8ʰ du soir.

Samedi, 8 août: Départ de la Antoni-Platz à 8ʰ du matin, pour examiner les affleurements des terrains miocènes et de la nappe de basalte du Jaklowetzer Berg, du terrain carbonifère près Polnisch-Ostrau, Hruschau et Koblau le long des rivières Oder et Ostrawitza, du Culm près de Hoschialkowitz. On retournera à Witkowitz par Schönbrunn. Les géologues désireux de visiter les mines de houille, y feront une excursion spéciale. Après midi dîner au Werkshôtel. On examinera l'exposition des coupes géologiques et des échantillons et on visitera les établissements industriels de Witkowitz jusqu'au départ du train en correspondance avec l'express de la Nordbahn qui partant de Mährisch-Ostrau à 5ʰ 23′ arrive à Cracovie à 8ʰ 18′ du soir. Réception des excursionnistes au cabinet géologique de l'université à 9ʰ. On passera la nuit à **Cracovie**.

Dimanche, 9 août: Au matin départ pour les environs de Krzeszowice. Examen des terrains jurassiques, carbonifères et dévoniens entre Tenczynek, Czerna et Dębnik et du porphyre de Miękinia. Au soir à 5ʰ 15′ retour à **Cracovie**.

Lundi, 10 août: A 8ʰ 30′ du matin départ pour Wieliczka. Visite de la mine de sel et de la bordure du grès carpathique. Après midi retour à Cracovie. Visite de la ville et excursion à Witkowice. Les participants de l'excursion III*b* partiront avec le train de 8ʰ 38′ du soir pour Boryslaw. Les participants de l'excursion III*c* partiront le soir à 11ʰ 40′ pour Neumarkt.

III*b*. Terrains pétrolifères, grès carpathique, terrain paléozoïque du plateau Podolique, sous la conduite de MM. L. S z a j n o c h a, J. G r z y b o w s k i, J. H o l o b e k et M. Ł o m n i c k i.

Coût approximatif par personne: 240 couronnes. Nombre limité à 50 participants. Durée de l'excursion 7 jours.

Sondages de naphte et mines d'ozokerite de Boryslaw (sous la conduite de M. H o l o b e k). Terrains pétrolifères de Schodnica (sous la conduite de M. G r z y b o w s k i). Couches siluriennes de la Galicie orientale; Terrain miocène de Czortków et de Zaleszczyki; grès carpathique de la vallée du Prut (sous la conduite de M. Ł o m n i c k i).

Mardi, 11 août: Arrivée à Boryslaw à 5ʰ 19′ au matin. Visite des mines d'ozokerite et de pétrole. On passera la nuit à **Boryslaw**.

Mercredi, 12 août: Au matin départ pour Schodnica, en voitures. Après midi retour à Boryslaw. A 6ʰ 54′ du soir on partira avec le chemin de fer pour Czortków (par Stanislau).

Jeudi, 13 août: Arrivée à Czortków à 8ʰ 33′ du matin. Examen des couches siluriennes et miocènes des environs de Czortków. La nuit à **Czortków** ou à **Zaleszczyki**.

Vendredi, 14 août: Étude des terrains siluriens et miocènes des environs de Zaleszczyki et de Hosperowce. La nuit à **Zaleszczyki**.

Samedi, 15 août: Départ de Zaleszczyki avec le chemin de fer à 4ʰ 33′ du matin. On arrivera à Jaremcze à 1ʰ 49′. Visite des environs de Jaremcze, Jamna et Mikuliczyn, en voitures. A 8ʰ 44′ on partira de Tartarów pour Lemberg par Stanislau.

Dimanche, 16 août: Arrivée à Lemberg à 6ʰ 20′ au matin. Réception des excursionnistes à Lemberg par un comité local. Visite de la ville et de ses environs. On passera la nuit à **Lemberg**.

Lundi, 17 août: Départ de Lemberg à 8ʰ 30′ du matin, arrivée à Vienne au soir à 9ʰ 32′.

III *c.* Region des **Klippes carpathiques et du Tátra**, sous la conduite de M. V. Uhlig.

Coût approximatif par personne: 200 couronnes. Nombre des participants limité à 35. Durée de l'excursion 7 jours.

Klippes de Czorsztyn. Type d'arrangement sérial. Klippes à „Hornsteinfacies". Enveloppe des klippes avec galets des terrains récifals. Pieniny. Développement massif des klippes. Enveloppe néocrétacique et éocène, riche en conglomérats. Klippe de Jaworki. Type d'arrangement en groupes. Succession des terrains et structure générale du Tátra.

Départ de Cracovie. **Lundi, 10 août**, à 11h 40' du soir.

Mardi, 11 août: Au matin à Neumarkt (Nowytarg). Course à Czorsztyn, en voiture. Visite du groupe des klippes de Czorsztyn. Vers 5h en voitures à Szczawnica. On passera la nuit à **Szczawnica.**

Mercredi, 12 août: Excursion au groupe des Pieniny par Szczawnica wyznia. La nuit à **Szczawnica.**

Jeudi, 13 août: Excursion au groupe des klippes de Jaworki et à Szlachtowa. La nuit à **Szczawnica.**

Vendredi, 14 août: De Szczawnica par Neumarkt (Nowytarg) à **Zakopane,** où l'on arrivera à 4h p. m.

Samedi, 15 août: De Zakopane au col de Liliowe (1918 *m*) par Kopa Królowa et Kopa Magóry. La nuit à **Zakopane.**

Dimanche, 16 août: Étude de la région à facies tatrique (hochtatrische Entwicklung) du Czerwone wierchy (2128 *m*). Retour par l'Alpe de Tomanowa et la vallée de Kościelisko. La nuit à **Zakopane.**

Lundi, 17 août: De Zakopane par la Dolina Białego à la Mala Swinica et dans la vallée de Strąziska (terrain à facies subtatrique). La nuit à **Zakopane** (Clôture).

Au matin du 18 août on partira pour Vienne.

IV. Environs de Salzburg et Salzkammergut, sous la conduite de MM. E. Fugger, F. Wähner, E. Kittl, A. v. Böhm.

Coût approximatif par personne: 300 couronnes. Nombre des participants limité à 30 personnes. Durée de l'excursion 16 jours.

Terrains mesozoïques de l'Untersberg. Flysch de Muntigl et couches éocènes de Mattsee (sous la conduite de M. Fugger). Terrains liasiques d'Adnet et du Schafberg (sous la conduite de M. Wähner). Facies divers du Trias à Hallstatt et à Aussee. Couches crétaciques de la vallée de Gosau (sous la conduite de M. Kittl). Plateau triasique du Dachstein (sous la conduite de M. A. v. Böhm).

Rendez-vous des excursionnistes à Salzburg (Städtisches Kurhaus) le 4 août, au soir. Les participants pourront s'assurer un séjour à Salzburg, dans des hôtels confortables par l'intermédiaire de M. E. Fugger, Salzburg, Ernst Thunstrasse 7.

Mercredi, 5 août: Au matin en voiture à Leopoldskron (marais tourbeux) et au Fürstenbrunn. Ascension de la pente Nord de l'Untersberg jusqu'au Rehlack (950 *m*). Descente à Großgmein. Retour à **Salzburg** en voiture.

Jeudi, 6 août: Avec le chemin de fer à crémaillère au sommet du Gaisberg (1286 *m*). Descente par la route de Glasenbach. Après midi on visitera le musée et le Mönchsberg. La nuit à **Salzburg.**

Vendredi, 7 août: Avec le chemin de fer à Muntigl (Couches fossilifères du Flysch crétacique). Par le Haunsberg à Mattsee (Eocène fossilifère). Retour à **Salzburg** en voitures.

Samedi, 8 août: Au matin à Hallein, en chemin de fer. Course à Adnet (carrières liasiques), en voiture. Après midi de Hallein à Golling, en chemin de fer. Visite des Salzachöfen. Par la gorge du Pass Lueg à Sulzau (en voiture). Retour à **Salzburg**, avec le chemin de fer.

Dimanche, 9 août: Avec le chemin de fer et le bateau à vapeur à St. Wolfgang. De là avec le chemin de fer à crémaillère au sommet du Schafberg (1780 *m*). La nuit à l'hôtel **Schafbergspitze.**

Lundi, 10 août: Descente à Scharfling au Mondsee par Eisenau. En chemin de fer à la station de Billroth, près de St. Gilgen. On traversera le lac de St. Wolfgang en bateau à vapeur pour arriver à St. Wolfgang. De là en chemin de fer par Ischl à **Hallstatt.** Réunion à l'hotel Seeauer.

Mardi, 11 août: Hallstatt–Ischl (en chemin de fer), Perneck–Laufen–Anzenau–**Hallstatt** (en voiture).

Mercredi, 12 août: De Hallstatt moyennant des voitures à Steg–Großer Zlambach–Goisern–Stammbachgraben–**Hallstatt.**

Jeudi, 13 août: Hallstatt–Gosaumühle–Gosausee–Gosau–Hofergraben–Brieltal–**Hallstatt** (en voiture).

Vendredi, 14 août: Hallstatt–Echerntal–Dürrenalpe–Klausalpe–Salzberg–Sommeraukogel–Steinbergkogel–**Hallstatt.**

Samedi, 15 août: Hallstatt Salzberg–Steingrabenschneid–Sattel–Schiechlinghöhe–**Hallstatt.**

A Hallstatt les excursionnistes se diviseront en d e u x g r o u p e s.

Groupe *a*	**Groupe *b***
sous la direction de M. E. K i t t l.	sous la direction de M. A. v. B o e h m.
Dimanche, 16 août: Avec le chemin de fer de Hallstatt à Kainisch (près Aussee). Ascension du Feuerkogel par Langmoos. Descente à Straussental. Retour à **Aussee** (en voitures).	**Dimanche, 16 août:** Hallstatt–Wiesalm–Hierlatz (1968 *m*)–Wiesalm–**Simonyhütte** (2210 *m*).
Lundi, 17 août: Aussee–Pötschenhöhe (en voitures) Fischerwiese–Vordere Sandlingalpe–Pötschenstrasse–**Aussee.**	**Lundi, 17 août:** Simonyhütte–Taubenriedl — Taubenkar — **Hallstatt** (Clôture).
Mardi, 18 août: Aussee–Alt-Aussee–Salzberg–Alt-Aussee. Après midi ascension du Loser (1836 *m*). La nuit à **Aussee** (Clôture).	Cette excursion est longue et pénible. La première journée demande une marche de neuf heures pour gravir 2000 *m*. La descente du Taubenriedl au Taubenkar traverse un terrain rocheux sans chemin praticable.

Avis. Les congressistes, qui désireront prendre part à l'excursion au Salzkammergut sont priés d'indiquer le groupe dont ils préféreront faire partie.

V. Styrie, sous la conduite de MM. C l a r, H i l b e r, H o e f e r, H o e r n e s, H o l l e r, P e n e c k e, R e d l i c h, S e d l a c z e k, S i g m u n d et V a c e k.

Coût approximatif par personne: 180 couronnes. Nombre limité à 100 participants. Durée de l'excursion 9 jours.

Terrains paléozoiques et tertiaires des environs de Graz et de Leoben.

Les excursionnistes se réuniront le soir du 10 août (lundi) à Graz au Schlossberg.

Mardi, 11 août: Le matin à Graz. Visite de la ville et des collections scientifiques. Après midi excursion à Voitsberg (terrain miocène) sous la direction de M. R. H o e r n e s.

3*

Mercredi, 12 août : Excursion à Gleichenberg, sous la direction de MM. Clar et Sigmund.

Jeudi, 13 août : Course à Oisnitz (couches miocènes marines), sous la direction de MM. Hoernes et Holler. Après midi on examinera les couches d'eau douce miocènes près de Rein (sous la direction de M. Penecke). La nuit à **Graz.**

Les excursionnistes se diviseront en deux groupes.

Groupe *a*	Groupe *b*
sous la direction de M. K. A. Penecke.	sous la direction de M. V. Hilber.
Ce groupe examinera les terrains dévoniens des environs de Graz, et de la Teichalpe.	Ce groupe étudiera les blocs erratiques de la Styrie méridionale.
Nombre des participants limité à 30. Dames exclues.	**Vendredi, 14 août :** Graz — Leibnitz — Sulmtal — **Eibiswald.**
	Samedi, 15 août : Par le Radlberg à Mahrenberg sur la Drau. Le soir retour à Graz avec le chemin de fer.
	Dimanche, 16 août : Au matin Graz — Gratwein. Blocs erratiques des environs de St. Stefan.

Le soir du 16 août réunion de tous les excursionnistes à **Leoben.**

Lundi, 17 août : Bassin miocène Münzberg — Tollinggraben, sous la direction de M. H. Hoefer. La nuit à **Leoben.**

Mardi, 18 août : Visite des mines de fer au Erzberg (près Eisenerz), sous la direction de MM. M. Vacek et E. Sedlaczek.

Mercredi, 19 août : Au matin excursion à Kraubat (peridotite, mines de chrom), sous la direction de M. K. Redlich.

Après midi départ pour Vienne. Arrivée à Vienne à 9^h 45' du soir.

Excursions pendant la session.

Des courses d'un à deux jours seront faites, pendant les intervalles des jours de séances du Congrès, dans les environs de Vienne. Les excursions suivantes seront offertes aux congressistes :

1. Excursion au Semmering (sous la direction de M. F. Toula).
2. Excursion au Schneeberg (sous la direction de M. G. Geyer).
3. Excursion au Waldviertel (sous la direction de M. F. Becke).
4. Excursion aux gisements fossilifères principaux du terrain miocène au bassin alpin de Vienne (sous la direction de MM. Th. Fuchs et F. Schaffer).
5. Excursion à Eggenburg (sous la direction de MM. Th. Fuchs et O. Abel).
6. Excursion au Kahlenberg (sous la direction de MM. O. Abel et J. Dreger).
7. Excursion à Pausram en Moravie (sous la direction de M. A. Rzehak).

Des notions plus détaillées sur ces excursions sont reservées à une future circulaire. Les géologues désireux de participer à une de ces excursions ne sont pas obligés de faire leur choix avant la réception de la prochaine circulaire.

Excursions après la session.

VI. Alpes Dolomitiques du Tirol, sous la conduite de MM. C. D i e n e r et G. v. A r t h a b e r.

Coût approximatif par personne: 180 couronnes. Nombre limité de 30 participants. Durée de l'excursion 7 jours.

Succession normale des couches triasiques du Werfénien au Dachsteinkalk. Principaux gîsements fossilifères de la Seiser Alpe. Étude comparée des facies variés. Particularités stratigraphiques et mode de formation des massifs dolomitiques.

Lundi, 31 août: Rendez-vous à Waidbruck à midi (Hotel „zur Sonne"), où on arrivera en quittant Vienne ou Budapest le soir du dimanche avec les trains de grande vitesse de la Südbahn. Départ à 4 h p. m. pour **Seis.**

Mardi, 1 septembre: Seis Ratzes – Prosliner Hütte (couches fossilifères de Wengen); ascension du Schlern (2561 *m*), **Schlernhaus (2451 *m*).**

Mercredi, 2 septembre: Schlernhaus – Rote Erde – Tierserjoch (2450 *m*) – Seiseralpenhaus – Prosliner Hütte – **Seis.**

Jeudi, 3 septembre: Seis Sclaus Alpe (1900 *m*). Gisement fossilifère du tuf volcanique à *Pachycardia rugosa.* Section de Pufels. Descente à **St. Ulrich im Groeden.**

Vendredi, 4 septembre: De St. Ulrich à Waidbruck en voiture. De Waidbruck à Toblach en chemin de fer. De Toblach à **Cortina** par la route d'Ampezzo (en voiture).

Samedi, 5 septembre: Cortina – Passo Tre Croci (1815 *m*) – Lac de Misurina – Vallée de Rimbianco – **Landro.**

Dimanche, 6 septembre: Ascension du Dürrenstein (2840 *m*). On descendra à Schluderbach par la Plätzwiese. Visite du gisement fossilifère de la Seeland-Alpe. On arrivera à Toblach le soir (Clôture).

VII. Bassin de l'Adige (Etschbucht), Tirol, sous la conduite de M. M. V a c e k.

Coût approximatif par personne: 180 couronnes. Nombre limité de 10 participants. Durée de l'excursion 8 jours.

Terrains mesozoïques et paléogènes; succession des niveaux fossilifères. Tectonique générale.

Lundi, 31 août: Rendez-vous à **Bozen** (Hotel Greif) au soir.

Mardi, 1 septembre: Par le chemin de fer à Eppan. Ascension du Mendelpass par la vieille route de Kaltern pour examiner la coupe des pentes de la Mendel. Après on continuera l'examen de la coupe du Mendelhof jusqu'à l'ancien moulin de Ruffré. On passera la nuit au **Mendelhof** (1354 *m*).

Mercredi, 2 septembre: Au matin ascension du Penegal (1733 *m*). Course à Cles, en voitures, par Romeno, Salter (gîsements tithoniques et scaglia), Malgolo et St. Zeno. Après midi visite de la gorge du Noce à Cagnò. On passera la nuit à **Cles.**

Jeudi, 3 septembre: En voiture par la Rocchetta à la station de San Michele. De là par le chemin de fer à **Trient.** Excursion au Buco di Vela.

Vendredi, 4 septembre: Examen de la coupe de Villazano à Matarello. Après midi visite des affleurements près Ponte alto et de la cascade de la Fersina. Par Cognola aux carrières tithoniques de la localité Alle Laste. La nuit à **Trient.**

Samedi, 5 septembre: Examen de la coupe de Val Gola près Ravina. Après midi par le chemin de fer à **Rovereto**. Visite du Museo civico.

Dimanche, 6 septembre: Examen de la coupe de St. Illario — Toldi — Noriglio – Perragnolo. Après midi visite des carrières de Sega di Noriglio. Le long de la pente de Madonna del Monte à **Rovereto**.

Lundi, 7 septembre: Par le chemin de fer à Nago. Examen de la coupe du Monte Perlone. Étude des couches de scaglia et de Spilecco près Nago, des calcaires et des tufs éocènes à Torbole. Après midi visite du Mte. Brione (Couches oligocènes). On passera la nuit à **Riva** (Clôture).

Avis. Messieurs les congressistes sont prévenus, qu'il faudra quitter Vienne le 30 août à 9 h 45 du soir. ou Budapest à 8 h du soir avec les trains express de la Südbahn pour arriver à Waidbruck le 31 à 1 h 14′ p. m. et à Bozen à 1 h 45′ p. m.

VIII. Région occidentale des Hohe Tauern (Zillertal), sous la conduite de M. F. Becke.

Coût approximatif par personne: 250 couronnes. Nombre des participants limité à 12 personnes. Durée de l'excursion 8 jours.

Roches cristallines de la chaîne centrale des Alpes orientales.

En quittant Vienne le 30 août à 10 h du matin avec le train express de la Westbahn on arrivera à **Jenbach**, le lieu de la réunion des excursionnistes, à 9 h 34′ du soir.

Lundi, 31 août: Par le chemin de fer à Zell am Ziller. Visite de la Gerlosklamm. Course à Mayrhofen, en voiture. Après midi excursion à Finkenberg – Astegghöfe – Grubenwand. On passera la nuit à **Mayrhofen**.

Mardi, 1 septembre: Hochsteg — Dornaubergklamm — Ginzling. Visite de la vallée de la Floite. On passera la nuit à **Rosshag**.

Mercredi, 2 septembre: Breitlahner. Zemmgrund — Berliner Hütte (2057 m). Après midi visite de la Granathütte et du Rossrucken. La nuit à la **Berliner Hütte.**

Jeudi, 3 septembre: Excursion au Schwarzsee (2469 m) et au Rosskar. La nuit à la **Berliner Hütte.**

Vendredi, 4 septembre: A travers le sommet du Schönbichlerhorn (3135 m) au Schlegeisgrund. La nuit à la **Dominicus-Hütte** (1684).

Samedi, 5 septembre: Pfitscherjoch — route de Landshut — **Landshuter Hütte** (2637 m).

Dimanche, 6 septembre: Continuation de la route de Landshut. Ascension du Wolfendorn (2775 m). Descente à la station de Brenner par le chemin de fer à **Sterzing**.

Lundi, 7 sept.: Examen de la coupe de Mauls et des carrières de Grastein. Par le chemin de fer à Bozen (Clôture).

IX. Région centrale des Hohe Tauern, sous la conduite de M. F. Löwl.

Coût approximatif par personne: 250 couronnes. Nombre des participants limité à 8 personnes. Durée de l'excursion 8 jours.

Roches cristallines et mesozoïques de la chaîne centrale des Alpes.

Les excursionnistes quitteront Vienne avec le train express de la Westbahn le 30 août à 9 h du soir. Arrivée à Zell am See le 31 août à 5 h 56′ du matin.

Lundi, 31 août: Avec le chemin de fer du Pinzgau à la station de Krimml. De là par le Falkenstein (calcaire triasique) au village de **Krimml**. Visite des chutes de la Krimmler Ache.

Mardi, 1 septembre: Par la vallée de la Krimmler Ache à la **Warns-dorfer Hütte** (2500 *m*).

Mercredi, 2 sept.: Ascension du Gamsspitz. Par le col de l'Obersulzbach-törl (2926 *m*) à la Johannishütte (2121 *m*). On descendra à **Prägraten**. Le passage de l'Obersulzbachtörl est une assez longue mais peu difficile course de glacier.

Jeudi, 3 sept.: De Prägraten par Virgen à **Windisch-Matrei**. Excursion au Bürgergraben.

Vendredi, 4 sept.: Par le Tauerntal au Gschlöss. On passera la nuit au Refuge de **Inner-Gschlöss**.

Samedi, 5 sept.: Velbertauern (2540 *m*)—Bärenkopf (2859 *m*) – Grünsee – Tabergraben —**Inner-Gschlöss**.

Dimanche, 6 sept.: Visite du glacier de Schlatenkees. Retour à **Windisch-Matrei**.

Lundi, 7 sept.: Ascension du Kalsertörl (2206 *m*) et du Rotenkogel. On descendra à Huben. Par la grande route à Lienz en voiture (Clôture).

X. Predazzo et Monzoni, sous la conduite de M. C. Doelter.

Coût approximatif par personne: 140 couronnes. Nombre limité à 35 participants. Durée de l'excursion 8 jours.

Roches éruptives et phénomènes de contact. Étude comparée, au point de vue géologique et pétrographique, des deux régions volcaniques de Predazzo et du Monzoni.

Réunion des excursionnistes au soir du 8 septembre (mardi) à Bozen (Hotel Kaiserkrone).

Mercredi, 9 septembre: Départ de Bozen avec le train du matin. Arrivée à Auer. En voiture à Predazzo par la route de Fontana fredda et Cavalese. Après midi visite du Canzoccoli. La nuit à **Predazzo**.

Jeudi, 10 sept.: Ascension du Mulat (2151 *m*) par les vallées de Travignolo et de Viezzena. Descente à Mezzavalle par la mine de cuivre. Retour à **Predazzo**.

Vendredi, 11 sept.: Ascension de la Malgola du versant NOuest. On descendra au pont de Boscampo. Après midi examen du contact de la Monzonite et de la Porphyrite plagioclasique à la rive droite de l'Avisio vis-à-vis de la brasserie. La nuit à **Predazzo**.

Samedi, 12 sept.: Par le Val di Rif à la Malga Gardone. Ascension du plateau de Cornon (Agnello). On retournera à Predazzo par la vallée de la Sacina. La nuit à **Predazzo**.

Dimanche, 13 sept.: A 6h du matin visite de la pente SE du Mulatto. Après midi à **Moena**, en voiture.

Lundi, 14 sept.: Excursion à la pente Sud du Monzoni et dans la vallée de San Pellegrino. La nuit à **San Pellegrino**.

Mardi, 15 sept.: San Pellegrino — Le Selle (Monzoni, 2531 *m*) — **Vigo**.

Mercredi, 16 sept.: De Vigo à Bozen par la route du Karrersee-Pass et de l'Eggental, en voiture. Clôture de l'excursion à Bozen.

Avis. L'excursion à Predazzo est en correspondance avec les excursions VI, VII, VIII, IX.

XI. Alpes carniques et juliennes, sous la conduite de MM. G. Geyer, F. Kossmat et F. Teller.

Coût approximatif par personne: 200 couronnes. Nombre des participants limité à 12 personnes. Durée de l'excursion 10 jours.

Terrains siluriens et dévoniens de Plöcken et du lac de Wolaya. Carbonifère supérieur du Nassfeld. Terrain permien de Tarvis (sous la direction de M. Geyer). Succession des étages triasiques de Raibl (sous la direction de M. Kossmat). Terrain permocarbonifère de Neumarktl (sous la direction de M. Teller).

Les excursionnistes quitteront Vienne le 30 août à 9ʰ 45' du soir ou Budapest à 8ʰ du soir avec les trains express de la Südbahn. Arrivée à la station de Oberdrauburg le 31 août à 8ʰ 52' du matin.

Lundi, 31 août: Rendez-vous à Oberdrauburg (Gasthof „zur Post"). Après midi par la route du Gailberg à **Mauthen** (Gailtal) en voitures.

Mardi, 1 septembre: Excursion à Plöcken. Eventuellement on examinera les couches siluriennes de la Cellonalpe. La nuit au **Plöckenhaus** (1215 m).

Mercredi, 2 sept.: Par le Valentintal et le Valentintörl (2138 m) au Refuge près du lac de Wolaya (ca. 2000 m). Étude du silurien et du dévonien inférieur aux environs du lac. La nuit au **Refuge de Wolaya**.

Jeudi, 3 sept.: Au Valentintörl par les Rauchkofelböden. Descente à **Mauthen.**

Vendredi 4 sept.: De Mauthen à Hermagor par la route du Gailtal, en voiture. Avec le chemin de fer à **Pontafel.**

Samedi, 5 sept.: Ascension de la Krou-Alpe. Examen du carbonifère supérieur de la Krone (1834 m). Retour à **Pontafel.**

Dimanche, 6 sept.: A Tarvis en chemin de fer. Couches permiennes de Goggau. Après midi course à Raibl. Examen des affleurements triasiques le long de la route. La nuit à **Raibl.**

Lundi, 7 sept.: Au matin ascension de la Raibler Scharte (1325 m). Après midi on descendra dans la mine ou on examinera les affleurements du Kunzengraben.

Mardi, 8 sept.: Au col de Predil, en voiture. De là par le Torersattel et Törlsattel à Raibl. Après midi à **Tarvis**, en voiture.

Mercredi, 9 sept.: Avec le chemin de fer à Krainburg. De là à Neumarktl, en voiture. Après midi visite du calcaire permocarbonifère de la Teufelsschlucht (Clôture).

XII. Terrains glaciaires des Alpes autrichiennes, sous la conduite de MM. A. Penck et E. Richter.

Coût approximatif par personne: 250 à 300 couronnes. Nombre des participants limité à 30 personnes. Durée de l'excursion 13 jours.

L'itinéraire de cette excursion ne peut être donné que d'une façon provisoire, l'indicateur des chemins de fer et des bateaux à vapeur pour l'été n'ayant pas encore paru.

Lundi, 31 août: Départ de Vienne pour Steyr avec le chemin de fer. Examen des coupes au Nord de Steyr, avec les affleurements des graviers de quatre époques glaciaires. La nuit à **Steyr.**

Mardi, 1 septembre: Étude des coupes à l'Ouest de Steyr, montrant les graviers de quatre époques glaciaires. Course à travers la partie orientale de la Traun-Enns-Platte à Kremsmünster. Moraines des phases de Mindel et de Riss dans les environs de **Kremsmünster.**

Mercredi, 2 sept.: Course à travers la partie occidentale de la Traun-Enns-Platte au Traunfall. De là on traversera à pied les moraines des époques glaciaires mindelienne, rissienne et würmienne jusqu'à **Gmunden**, où l'on passera la nuit.

Jeudi, 3 sept.: On traversera le lac de Gmunden en bateau à vapeur, pour arriver à Ebensee. Visite des moraines du stade de Bühl en aval et du stade de Gschnitz en amont de Ischl.

Vendredi, 4 sept.: De Ischl à Salzburg avec le chemin de fer (par bateau à vapeur à travers le lac de St. Wolfgang). Examen du delta interglaciaire du Mönchsberg. Coup d'oeuil sur le „Zungenbecken" de l'ancien glacier de Salzach. Eventuellement visite des graviers de Laufen (oscillation de Laufen). La nuit à **Salzburg**.

Samedi, 5 sept.: Avec le chemin de fer à Kirchbichl (Vallée de l'Inn). Etude des moraines terminales et des drumlins du stade de Bühl. La nuit à **Kirchbüchl**.

Dimanche, 6 sept.: A Innsbruck en chemin de fer. Étude de la brèche interglaciaire de Hötting. La nuit à **Innsbruck**.

Lundi, 7 sept.: Au matin à Telfs en chemin de fer. Visite de la terrasse de la vallée de l'Inn. Moraines du Schoasgletscher (stade de Gschnitz). Eventuellement on visitera le delta près de Zirl. La nuit à **Innsbruck**.

Mardi, 8 sept.: Excursion au Stubaital par la route de Brenner, en voitures. Graviers interstadiaires de l'oscillation de Achen. Moraines terminales du stade de Gschnitz. La nuit à **Neustift**.

Mercredi, 9 sept.: Par Ranalt (moraines terminales du stade de Daun) à la Nürnberger Hütte (2297 m). Limite supérieure des traces glaciaires. On traverse le Grübelferner (moraine de fond de formation subglaciale), pour atteindre le sommet du Wilder Freiger (3426 m). La nuit au **Becherhaus** (3200 m).

Jeudi, 10 sept.: Descente à Ridnaun par le Übeltalferner et Hangendferner (moraines de fond sans des moraines superficielles). La nuit à **Ridnaun**.

Pour l'excursion de Ranalt à Ridnaun un équipement de montagnard est indispensable.

Vendredi, 11 sept.: Course à Sterzing (à pied). Avec le chemin de fer à Bozen. Après midi course à Welschnofen, en voitures, par le Eggental (formation de vallée épigénétique). La nuit à **Welschnofen**.

Samedi, 12 sept.: Visite des moraines terminales du glacier de Latemar (stade de Gschnitz) et des pyramides d'erosion (cheminées de fées) de Gummer. Retour à Bozen (Clôture).

XII a. Région glaciaire de l'Adige.

Eventuellement M. le professeur A. Penck prolongerait l'excursion glaciaire jusqu'au lac de Garda. Les glacialistes désireux de l'accompagner sont priés de s'adresser à M. Penck (Institut géographique de l'Université de Vienne). Coût approximatif: 50 couronnes. Durée de cette excursion spéciale 3 jours.

Dimanche, 13 sept.: Avec le chemin de fer à Trient, où l'on examinera la brèche interglaciaire. Course à travers la région d'éboulement des Marocche à **Arco**, en voiture.

Lundi, 14 sept.: Promenade à Riva. Visite des dépôts interglaciaires de Ceole et Varone. Par bateau à vapeur à **Salò**.

Mardi, 15 sept.: Étude de l'amphithéâtre morainique du lac de Garda.

XIII. Dalmatie, sous la conduite de MM. G. v. Bukowski et F. v. Kerner. Coût approximatif par personne: 250 couronnes. Nombre des participants limité à 65 personnes. Durée de l'excursion 8 jours.

Cette excursion est en correspondance avec l'excursion en Bosnie et Hercegovine. Les participants se réuniront à Gravosa le soir du 10 septembre à bord d'un

4

bateau à vapeur spécial, qui sera mis a leur disposition pendant l'excursion entière. On prendra les diners et passera les nuits au bord du bateau.

Vendredi, 11 septembre: Au matin visite de Ragusa. A midi départ pour Budua. Arrêt à Cattaro. Le soir arrivée à San Stefano (sous la direction de M. G. v. Bukowski).

Samedi, 12 sept.: Environs de San Stefano. Le soir au port de Budua

Dimanche, 13 sept.: De Budua à pied à Mainibraič. Étude des terrains triasiques et carbonifères. Retour au bateau au soir.

Lundi, 14 sept.: Excursion à Braič. Tectonique générale des terrains triasiques. Au soir départ pour Spalato.

Mardi, 15 sept.: Visite de Spalato, où l'on arrivera vers le soir (sous la direction de M. F. v. Kerner).

Mercredi, 16 sept.: Au matin à Traù. Excursion à Baradić. Étude des lambeaux de recouvrement. Après midi à Sebenico.

Jeudi, 17 sept.: Visite des chutes de la Kerka. Après midi excursion aux environs de Sebenico. (Couches de Cosina, terrains éocènes.) Au soir départ pour Triest

Vendredi, 18 sept.: Arrivée à Triest à midi. Clôture.

Avis: L'excursion en Dalmatie étant en correspondance avec celle en Bosnie et Hercegovine, les géologues, qui désireront participer à ces deux excursions, auront la préférence. Les frais de l'excursion en Dalmatie dépendront en première ligne du nombre des participants. le louage d'un bateau spécial étant indispensable. Les frais ont été provisoirement évalués a 250 couronnes, pourvu que le nombre de 65 participants soit atteint.

Excursion en Bosnie et Hercegovine, sous la direction de M. F. Katzer.

Grâce à la complaisance du haut ministère commun austro-hongrois des finances (chargé de l'administration de la Bosnie et de l'Hercegovine) une excursion spéciale sera organisée en Bosnie et Hercegovine. Durée de l'excursion 10 jours. Coût approximatif par personne : 150 couronnes. Nombre limité de 80 participants. Le comité tâchera d'obtenir un train spécial pour le trajet de Budapest à Bréka. Réunion des excursionnistes à Bréka le soir du 31 août.

Mardi, 1 septembre: En voiture à travers la plaine de la Save à Han Pukiš ou Čelić. Eventuellement ascension de l'Oglavak (Récif d'un calcaire sarmatique à bryozoes). De là on traversera la montagne de Majevica (couches éocènes, oligocènes et miocènes en facies de flysch). La nuit à **Dol. Tuzla.**

Mercredi, 2 sept.: Promenade aux environs de Dol. Tuzla (mine de sel au miocène marin, couches sarmatiques, couches lignitifères à Congeria). Au midi départ pour Doboj en chemin de fer. Environs de Doboj (flysch crétacique, serpentine, gabbro, diabases, calcaire éocène). La nuit à **Doboj.**

Jeudi, 3 sept.: En chemin de fer à Zenica par la vallée de la Bosna. Étude des terrains lignitifères aux environs de Zenica. Après midi à Sarajevo, en chemin de fer. La nuit à **Ilidže** ou à **Sarajevo.**

Vendredi, 4 sept.: Visite de Sarajevo et de Ilidže (eaux thermales à soufre).

Samedi, 5 sept.: Les excursionnistes se diviseront en deux groupes; l'un ira visiter les affleurements triasiques près de Han Bulog et fera l'ascension du

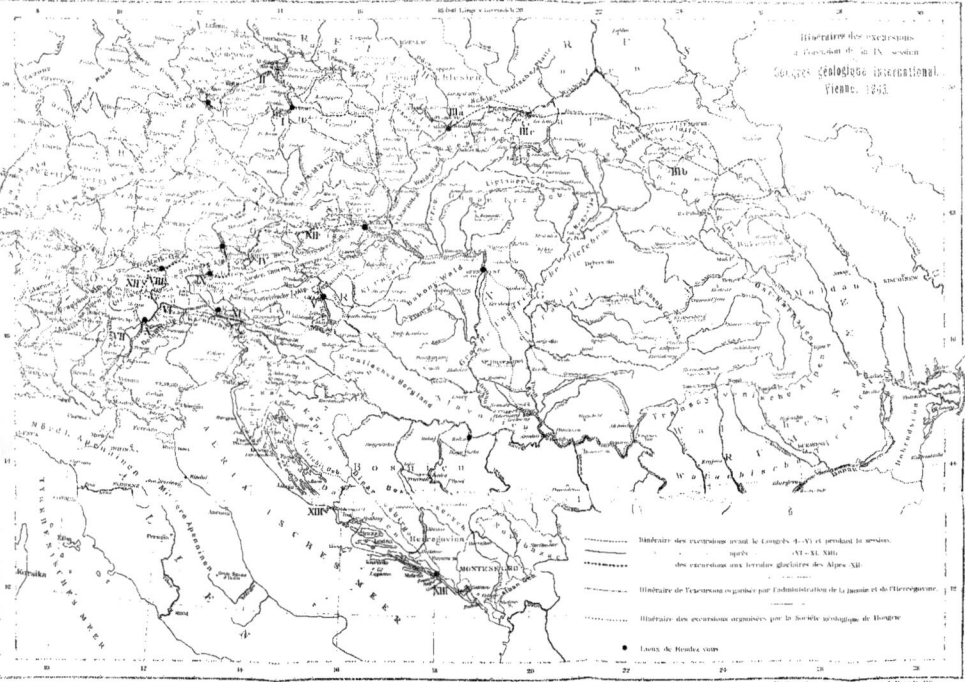

Itinéraire des excursions
à l'occasion de la IX session
Congrès géologique international.
Vienne. 1903.

Trebević; l'autre traversera la vallée de la Stavnja pour visiter les mines de fer de Váreš. Le soir retour à **Sarajevo-Ilidže.**

Dimanche, 6 sept.: Avec le chemin de fer à Jaice par Lašva et Travnik. Excursion aux environs de Jaice (couches lacustres des époques tertiaires et quaternaires). Visite de la cascade de Pliva. La nuit à **Jaice.**

Lundi, 7 sept.: Environs de Jaice et de Jezero (Terrain triasique et paléozoique supérieur, roches éruptives). Le soir à **Bugojno,** en chemin de fer.

Mardi, 8 sept.: A Jablanica (vallée de la Narenta) par le col de Maklen, Prozor et la vallée de la Rama. Oligocène lacustre reposant sur le Trias supérieur. Massifs éruptifs du Trias inférieur (porphyrite diabasique, gabbro près de l'embouchure de la Rama). La nuit à **Jablanica.**

Mercredi, 9 sept.: Promenade dans les environs de Jablanica (terrasses quaternaires de la Narenta, couches de Werfen). Avec le chemin de fer à Mostar par le défilé de la Narenta. Environs de Mostar (calcaire crétacique, terrains éocènes. couches oligocènes d'origine lacustre. brèche quaternaire). La nuit à **Mostar.**

Jeudi, 10 sept.: En chemin de fer à Dubravica. Étude de la succession normale des couches crétaciques et éocènes. De Dubravica à Zavola (région du Karst, Popovo polje; eventuellement visite des Ventarole Vjetrenica). Le soir à **Gravosa** (Clôture).

_____

Excursion à Budapest et au bas Danube.

Une invitation de la Société géologique de Hongrie aux membres du Congrés, de se rendre à Budapest après la séance de clôture est portée à la connaissance des géologues par le bulletin adjoint à cette circulaire. Ce bulletin contient, en outre, les détails de l'excursion au bas Danube, qui sera organisée par la dite société.

Avis.

Nous prions toutes les personnes. qui désirent être inscrites comme membres du IX. Congrès géologique international, de nous envoyer leur adhésion par le moyen du bulletin ci-joint, affranchi, en y marquant les excursions auxquelles elles désirent participer.

Au nom du Comité d'organisation:

E. TIETZE. Président.

C. DIENER, Secrétaire-général.

_____

N o t e: Il est évident, qu'il nous faut réproduire pour la partie historique de notre compte-rendu la petite carte démontrant les itinéraires des excursions, telle qu'elle avait été adjointe à la IIme circulaire. Mais nous faisons observer, que cette carte diffère sous quelques rapports de la carte semblable accompagnant le livret-guide des excursions, qui met dèjà en compte les changements de programme survenus depuis la publication de cette circulaire.

4*

Vienne, le 12 juin 1903.

CONGRÈS GÉOLOGIQUE INTERNATIONAL.

IXe SESSION 1903.

IIIme CIRCULAIRE.

Nous avons l'honneur de vous faire savoir, que Son Altesse Impériale Monseigneur l'Archiduc Rainer, curateur de l'Académie Impériale des Sciences, a daigné accepter le protectorat de la neuvième session du Congrès géologique international. De même Son Excellence W. de Hartel, conseiller intime de Sa Majesté et ministre des cultes et de l'instruction publique a bien voulu se charger de la présidence d'honneur du Congrès.

Comme nous avons eu l'honneur de notifier dans notre 2me circulaire, les séances du Congrès s'ouvriront à Vienne jeudi le 20 août et se termineront le 27 août 1903. Elles se tiendront dans le palais de l'Université (I. Franzensring).

Le Conseil*) est invité à se réunir avant l'ouverture de la session, le 20 août à 9$^1/_2$ heures, dans la petite salle de fêtes de l'Université, pour préparer la constitution du bureau de la session de Vienne et pour fixer l'ordre du jour des séances.

Le programme suivant de la IXme session sera proposé au Conseil par le Comité exécutif:

Mercredi, 19 août:

A 7 heures du soir — Réunion des Membres du Congrès au Restaurant „Volksgarten" (I. Burgring). Entrée gratuite sur la présentation des cartes de membre.

Jeudi, 20 août:

A 9$^1/_2$ heures du matin -- Séance du Conseil.

A 11$^1/_2$ heures du matin — Ouverture du Congrès et assemblée générale dans la grande salle de fêtes (großer Festsaal) de l'Université.

A 3$^1/_2$ heures de l'après-midi — Séance consacrée aux communications sur des sujets divers.

Vendredi, 21 août:

Excursion aux gisements fossilifères principaux du terrain miocène du bassin alpin de Vienne (sous la direction de MM. Th. Fuchs et F. X. Schaffer).

Samedi, 22 août:

A 9 heures du matin — Séance du conseil.

A 10$^1/_2$ heures du matin et à 3 heures de l'après-midi — Assemblée générale consacrée aux conférences sur l'état actuel de notre connaissance des schistes cristallines, dans la salle d'amphithéâtre de l'Institut géologique.

---

*) Le conseil, dans cette séance, qui aura lieu avant l'ouverture du Congrès, se compose, aux termes du règlement général, des congressistes ayant siégé dans les précédents Conseils, des délégués des divers pays ou des sociétés savantes dûment accrédités, et des membres du Comité régional d'organisation.

Les conférences suivantes ont été annoncées:

F. Becke: Über kristallinische Schiefer mit besonderer Berücksichtigung ihrer Struktur.*)

P. Termier: Les schistes cristallines des Alpes occidentales.

A. Sauer: Die kristallinischen Schiefer der mitteldeutschen Gebirge.

F. E. Sueß: Alpine und außeralpine Schiefergesteine.

Ch. R. van Hise: The crystalline rocks of the United States of North America.

J. J. Sederholm: Über den gegenwärtigen Stand unserer Kenntnis der kristallinischen Schiefer von Finnland.

L. Mrazec: Les schistes cristallines des Carpates méridionales.

Dimanche, 23 août:

Excursions aux terrains archéens du Waldviertel (sous la direction de M. F. Becke), à Eggenburg au bassin miocène extra-alpin de Vienne (sous la direction de MM. Th. Fuchs et O. Abel). et aux dépôts paléogènes de Pausram en Moravie (sous la direction de M. A. Rzehak).

Lundi, 24 août:

A 9 heures du matin — Séance du Conseil.

A 10¹₂ heures du matin et à 3 heures de l'après-midi — Conférences sur le problème des „Lambeaux de recouvrement", des „Nappes de charriage". et des „Klippen", dans la petite salle de fêtes (kleiner Festsaal) de l'Université.

Les conférences suivantes ont été annoncées:

V. Uhlig: Die Klippen der Karpathen.

M. Lugeon: Les nappes de recouvrement des Alpes Suisses.

E. Haug: Les grands charriages de l'Embrunais et de l'Ubaye.

F. Kossmat: Überschiebungen am Westrande der Laibacher Ebene.

A. E. Toernebohm: Die große skandinavische Überschiebung.

Bailey Willis: The overthrust faults of the United States of North America.

C. L. Griesbach: The exotic blocks of the Chitichun and Balchdhura regions in the Central Himalayas.

Mardi, 25 août:

Excursions au Semmering (sous la direction de M. F. Toula) et au Schneeberg (sous la direction de M. G. Geyer).**)

---

*) Les trois coupes de la chaîne centrale des Alpes orientales: 1. Gastein—Mallnitz—Oberdrauburg, 2. Schwaz—Zillertaler Hauptkamm—Brunneck, 3. Ötz—Gurgl—Vintschgau, relevées par MM. F. Becke, F. Berwerth et U. Grubenmann par ordre de l'Académie impér. des sciences, seront exposées avec une collection d'échantillons au département minéralogique du Musée Impérial d'histoire naturelle (salle V) durant la session.

**) Ces deux excursions n'offrent pas seulement de l'intérêt au point de vue géologique, elles mèneront les participants aussi au milieu des paysages les plus pittoresques des environs de Vienne.

Mercredi, 26 août:

A 9 heures du matin — Séance du Conseil.

A 10$^1/_2$ heures du matin et à 3 heures de l'après-midi — Conférences sur la géologie de la Peninsule Balcanique et de l'Orient, dans la petite salle de fêtes (kleiner Festsaal) de l'Université.

Les conférences suivantes ont été annoncées:

F. Toula: Der gegenwärtige Stand der Erforschung der Balkanhalbinsel und des Orients.

J. Cvijić: Die Tektonik der Balkanhalbinsel mit besonderer Berücksichtigung der neueren Fortschritte in der Kenntns der Geologie von Serbien, Makedonien und Bulgarien.

F. Katzer: Der heutige Stand der geologischen Kenntnis von Bosnien und der Herzegowina.

A. Philippson: Griechenland und der kretische Inselbogen.

P. Vinassa de Régny: Über die Geologie Montenegros und des albanischen Grenzgebietes.

G. v. Bukowski: Neuere Fortschritte in der Kenntnis der Stratigraphie von Kleinasien.

Jeudi, 27 août:

A 9 heures du matin — Séance du Conseil.

A 10$^1_2$ heures du matin — Séance consacrée aux communications sur des sujets divers.

Dette séance sera tenue par sections.

A 3 heures de l'après-midi — Assemblée générale dans la petite salle de fêtes (kleiner Festsaal) de l'Université. Clôture de la session.

L'ordre du jour des séances du Congrès comprendra en outre les rapports des commissions scientifiques et le choix du lieu de réunion du Congrès en 1906. Le gouvernement du Mexique par l'intermédiaire de son délégué officiel, Mr Aguilera, directeur de l'Institut géologique de Mexico, invitera le Congrès de se réunir en Xme session à Mexico.

Durant la session un bureau aux renseignements sera établi dans la „Universitätsquästur". Les Congressistes pourront se faire envoyer leur courrier sous l'adresse: Wien, Congrès géologique, Université. Le secrétariat sera installé dans l'Institut géologique de l'Université (Téléphone 18220).

Séjour à Vienne.

Par suite d'un entendu avec le Comité des hôteliers de Vienne (VIII. Hotel Hammerand) les membres du Congrès pourront s'assurer, par son intermédiaire, des logements depuis 3 couronnes par jour dans des hôtels confortables. Les Congressistes qui désirent profiter de ces conditions, sont priés d'envoyer le bulletin ci-joint muni des notes nécessaires à l'adresse du dit Comité des hôteliers jusqu'au 12 août, en se servant de l'enveloppe ci-jointe affranchie.

Les Congressistes profitant de l'intermédiaire du dit Comité sont absolument libres dans le choix de leur hôtel.

Les hôtels suivants se trouvent plus ou moins dans le voisinags de l'Université:

1. Hôtel de France, I. Schottenring 3.
2. Hotel Hammerand, VIII. Florianigasse 8.
3. Residenzhotel, I. Teinfaltstraße 6.
4. Hotel Klomser, I. Herrengasse 19.
5. Hotel Wandl, I. Petersplatz 12.
6. Hotel Müller, I. Graben 19.
7. Hotel Höller, VII. Burggasse 2.
8. Hotel Meißl & Schadn, I. Kärntnerstraße 16.
9. Hotel Matschakerhof, I. Seilergasse 6.
10. Hotel Krantz, I. Kärntnerstraße 22.

Excursions.

Pour l'organisation des excursions dans les environs de Vienne pendant la session du Congrès il est bien important, que nous connaissions à temps le nombre des participants. Nous prions donc tous les Congressistes, qui veulent prendre part à ces excursions de nous envoyer leur adhésion moyennant la carte postale ci-jointe, en souslignant les excursions, auxquelles ils désirent participer. Le coût approximatif d'une excursion se tiendra entre 10—20 couronnes. On ne demandera pas de versement préalable.

Monsieur A. Penck organisera une excursion supplémentaire à la Wachau et à Krems. Cette excursion se fera après la clôture, Vendredi le 28 août.

Coût approximatif 12 couronnes par personne. Nombre limité à 200 personnes. Durée de l'excursion un jour.

Vallée de percée epigénétique. Terrasses de vallée. Loess. Découvertes paléolithiques du Solutréen dans le Loess, qui ont fourni 25000 outils en pierre. La couche paléolithique sera mise au jour pour les congressistes par des fouilles récentes.

On quittera Vienne au matin avec le chemin de fer de l'ouest pour aller à Melk. Un bateau à vapeur conduira de là les excursionnistes par la Wachau à Krems. On retournera à Vienne au soir avec un train de la Franz Josefbahn.

Monsieur Penck se met à la disposition des congressistes participant à l'excursion XII (Terrains glaciaires) pour les conduire de Krems à Steyr par la vallée héréditaire de la Flanitz et par St. Pölten.

Pour l'adhésion à cette excursion, qui est recommandée spécialement à tous ceux, qui s'intéressent à l'étude des dépôts quaternaires, aussi bien que pour l'adhésion aux diverses excursions pendant la session du Congrès un versement préalable n'est pas nécessaire. Des détails sur l'excursion au Kahlenberg, mentionnée dans notre IIème circulaire seront publiés à l'ouverture du Congrès.

Excursion dans le terrain crétacique de la Bohême, sous la conduite de MM. A. Slavík, J. N. Woldřich et Ph. Počta.

Voici le plan détaillé de cette excursion, qui se rattache, à titre alternatif, à l'excursion I (Région paléozoïque du centre de la Bohême) au lieu de la visite de Przibram.

Lundi, 17 août: Départ des excursionnistes de Prague à 7 h 24' du matin. Rendez-vous des participants à 7 h à la gare (Franz Josefbahnhof). On partira avec le train de la Böhmische Nordbahn pour Turnau, où on arrivera à 11 h 09'. Étude de la coupe de Turnau à Liebenau. Excursion à Friedstein, Kopanina et Klein-Skal. La nuit à Turnau.

Mardi, 18 août: Excursion aux environs de Turnau, à Waldstein, Groß-Skal et à la crête basaltique du Kozákov. On retournera à Prague avec le train du soir.

Pour les Congressistes, qui désirent participer à l'excursion I (Région paléozoique du Centre de la Bohême) le lieu du rendez-vous (la veille du commencement de l'excursion, savoir le 9 août à 8 h du soir) sera le restaurant de la „Sophieninsel" à Prague.

Au même restaurant on se réunira le 10 août à 8 h du soir après la visite des environs de Prague.

Le 11 août à 8½ h du matin les excursionnistes se rassembleront au Musée National Wenzelsplatz). Une reception à l'hôtel de ville aura lieu à 11 h du matin.

Le Comité local, qui s'est constitué à Prague sous la présidence de M. Woldřich, recommande pour le séjour à Prague les hôtels suivants: Hôtel de Saxe, Hotel Schwarzes Roß, Hotel Erzherzog Stephan, Blauer Stern.

Le rendez-vous des participants à l'excursion II sera à l'hôtel de ville (Rathaus) à Eger à 9 h du matin (5 août).

Les adhésions aux excursions à Budapest et en Hongrie ont été transmises au secrétariat de la Société géologique de Hongrie, qui organisera ces deux excursions en dehors du IX. Congrès géologique international.

Le secrétaire-général a eu l'honneur d'aviser individuellement les membres étrangers inscrits aux diverses excursions jusqu'au 1 juin, qu'il a été possible au Comité de les ranger dans les exsursions choisies par eux en premier rang. Il n'a été fait d'exception que pour l'excursion VIII (Région occidentale des Hohe Tauern), en raison du nombre trop considérable des demandes.

Le Comité prie toutes les personnes, qui désirent prendre part à une des excursions indiquées dans notre 2me circulaire, de nous envoyer leur adhésion le plus tôt possible.

Les listes des excursions seront définitivement closes le 15 juillet pour les excursions avant la session et le 30 juillet pour celles après la session.

Le livret-guide des excursions, rédigé par M. F. Teller, va paraître vers la fin de ce mois. Il sera envoyé aux souscripteurs en Europe au commencement du juillet, par les soins des secrétaires. Vu le retard, qui c'est produit dans la publication du guide, le livre sera remis aux géologues des autres continents ou aux lieux de rendez-vous des excursions organisées avant la session ou à Vienne.

Au nom du Comité d'organisation:

E. TIETZE, Président.

C. DIENER, Secrétaire-général.

Vers la fin du juin 1903 le comité reçut l'information que la Société géologique de Hongrie avait trouvé bon de renoncer tout à fait à l'excursion qu'elle avait projeté de faire de Vienne à Budapest et au Bas Danube.

L'arrangement de la pluopart des excursions organisées en Autriche fut terminé en automne 1902. M. Teller avait bien voulu se charger de diriger la publication du livret-guide, donnant l'itinéraire détaillé des excursions et la description des terrains à rencontrer. Le livret-guide fut envoyé aux souscripteurs au commencement du juillet.

Mentionnons encore que la tâche des arrangeurs des excursions en Bohême et en Galicie a été facilitée par des comités locaux, qui s'étaient constitués entre autres à Prague (sous la présidence de M. J. Woldřich) et à Lemberg (sous la présidence de M. J. Niedzwiedzki).

La composition du Comité local à Prague était la suivante:

Président:

J. N. Woldřich, professeur.

Membres:

K. Vrba, conseiller aulique et professeur
A. Slavík, professeur
F. Poéta, professeur
V. Švambera, privatdocent
J. Perner, adjoint
F. Slavík, assistant
Jos. Woldřich, assistant

à Prague.

A. Hofmann, professeur
F. Ryba, privatdocent

à Příbram.

C. Ritter von Purkyné à Pilsen.

Sur la prière du Comité éxécutif Son Altesse Imperiale. Monseigneur l'Archiduc Rainer, curateur de l'Académie Impériale des Sciences à Vienne, daigna accepter le protectorat auguste du Congrès. De même Son Excellence W. de Hartel, conseiller intime de Sa Majesté et ministre des cultes et de l'instruction publique en voulut bien se charger de la présidence d'honneur.

Tous les Congressistes reçurent à leur arrivée à Vienne au bureau de l'Université le programme des occupations du Congrès. De même ou leur y délivrait une médaille en argent destinée à servir d'insigne et frappée d'après le dessein du médailleur M. J. Tautenhayn.

CONGRÈS GÉOLOGIQUE INTERNATIONAL.
IXe SESSION 1903.

Vienne le 19 août 1903.

Programme
du
IX. Congrès Géologique International.

—— —

Mercredi, 19 août.

A 7 h du soir —- Réunion des Membres du Congrès au Restaurant „Volksgarten" (I., Burgring). Entrée gratuite sur la présentation des cartes de membre.

Jeudi, 20 août.

A 9$^1/_2$ h du matin — Séance du Conseil, dans la petite salle de fêtes (kleiner Festsaal) de l'Université.*)

A 11$^1_2$ h du matin — Ouverture du Congrès et assemblée générale dans la grande salle de fêtes (großer Festsaal) de l'Université, sous le haut protectorat de Son Altesse Impériale Monseigneur l'Archiduc Rainer et sous la présidence d'honneur de Son Excellence W. de Hartel, conseiller intime de Sa Majesté et ministre des cultes et de l'instruction publique.

A 3$^1_2$ h de l'après-midi — Séance consacrée aux communications sur des sujets divers, dans la salle d'amphithéâtre de l'Institut géologique.

1. A. Baltzer: Über die Lakkolithen des Aarmassivs.
2. E. O. Hovey: The 1902 eruptions of La Pelée, Martinique, and La Soufrière. St. Vincent.
3. J. Holobek: Das Erdwachsvorkommen von Boryslaw (Galizien).
4. A. S. Bickmore: Illustrations of the volcanic phenomena in the Hawaiian Islands.

A 5$^1_2$ h de l'après-midi -- Séance de la Commission de la Carte géologique internationale d'Europe, dans l'auditoire de l'Institut géologique de l'Université.

Vendredi, 21 août.

I. Excursion aux terrains miocènes du bassin alpin de Vienne. (Atzgersdorf, Baden, Vöslau.) (Etage sarmatique et couches marines du bassin alpin de Vienne.)

Direction de MM. Th. Fuchs et F. X. Schaffer. Arrangement de M. F. X. Schaffer, qui se chargera des renseignements.

———

*) Le Conseil, dans cette séance, qui aura lieu avant l'ouverture du Congrès, se compose, aux termes du règlement général, des congressistes ayant siégé dans les précédents Conseils, des délégués des divers pays ou des sociétés savantes dûment accrédités, et des membres du Comité régional d'organisation.

7 h du matin : Réunion des participants dans le vestibule de la gare du chemin de fer du Sud. (On y arrive par les tramways partant de la Kärntnerstraße et du Schwarzenbergplatz)

    7.10 h Départ du train pour Atzgersdorf. Visite des dépôts sarmatiques. Arrêt d'une heure.

    8.42 h Départ pour Baden.

    9.18 h Arrivée à Baden. On ira en voiture aux tuileries de Baden, Soos et Vöslau (Tegel mediterranéen de Baden, Faune de Gainfahrn).

    11 h Arrivée à Vöslau. Réception par les magistrats. Visites des caves de M. Schlumberger et des établissements thermaux.

    12.30 h Déjeuner au „Kursalon", gracieusement offert par la ville de Vöslau.

    3 h p. m. Promenade au Rauchstallbrunngraben et à St. Helena. Réception par la mairie de Baden (5 h). Visite des eaux thermales de la ville.

    7.30 h Dîner au „Kursalon".

On retournera à Vienne par un train spécial. L'heure exacte du départ sera indiquée aux participants à Baden. On arrivera à Vienne (Südbahnhof) vers 11 h du soir. Des trains spéciaux du tramway electrique conduiront les excursionnistes à l'Université par Heugasse, Schwarzenbergplatz et Ringstraße.

Les participants de cette excursion sont priés de s'inscrire au bureau de l'Universitätsquästur jusqu'à Jeudi, 20 août, 6 h p. m. et d'y verser la somme de 12 **Kronen.**

Ils recevront une plaque jaune, donnant droit :

    1. aux billets de 2ème classe de Vienne à Baden, aller et retour ;

    2. aux voitures de Baden à Vöslau ;

    3. au déjeuner à Vöslau ;

    4. au dîner à Baden (boissons non compris) ;

    5. aux trains spéciaux du tramway, circulant du Südbahnhof à l'Université.

II. Réunion du Congrès à Baden.

En correspondance avec l'excursion précédente on arrangera une réunion du Congrès à Baden pendant l'après midi. Le dîner sera pris à 7 h 30 du soir au Kursalon en compagnie des participants de la précédente excursion.

On partira du Südbahnhof avec le train de 3 h 55 ou par un train spécial à 4 h, selon le nombre des participants. Les participants sont priés de se rassembler au vestibule de la gare à 3 h 45.

Réception par les délégués de la ville de Baden, qui auront l'affabilité de se charger de la conduite dans la ville, aux établissements thermaux et aux environs (Helenental).

On retournera à Vienne par le train spécial qui sera mis à la disposition des participants de l'excursion précédente.

Les participants de cette réunion sont priés de se faire inscrire au bureau de l'Universitätsquästur jusqu'à Jeudi, 20 août, 6 h du soir et d'y verser la somme de 9 **Kronen.**

Ils recevront une plaque blanche, donnant droit :

    1. aux billets de 2ème classe de Vienne à Baden, aller et retour ;

    2. au dîner à Baden (boissons non compris) ;

    3. aux trains spéciaux du tramway, circulant du Südbahnhof à l'Université.

Samedi, 22 août.

A 9 h du matin — Séance du Conseil, dans l'auditoire de l'Institut géologique de l'Université.

Séance de la Commission internationale des glaciers, dans l'Institut géographique de l'Université.

A $10^1/_2$ du matin et à 3 h de l'après-midi — Assemblées générales consacrées aux conférences sur l'état actuel de notre connaissance des schistes cristallines, dans la salle d'amphithéatre de l'Institut géologique de l'Université.

Les conférences suivantes ont été annoncées:

> F. Becke: Über kristallinische Schiefer mit besonderer Berücksichtigung ihrer Struktur.
>
> P. Termier: Les schistes cristallines des Alpes occidentales.
>
> A. Sauer: Die kristallinischen Schiefer der mitteldeutschen Gebirge.
>
> F. E. Suess: Alpine und außeralpine Schiefergesteine.
>
> Ch. R. van Hise: The crysta line rocks of the United States of North America.
>
> J. J. Sederholm: Über den gegenwärtigen Stand unserer Kenntnis der kristallinischen Schiefer von Finland.
>
> L. Mrazec: Les schistes cristallines des Carpates méridionales.

L'intendance de la cour impériale et royale a bien voulu offrir à MM. les congressistes étrangers 200 billets dans les stalles et au parquet de l'Opéra pour la répresentation de ce soir. MM. les congressistes étrangers désirant des billets sont priés de s'adresser au Secrétariat jusqu'à Vendredi le 21 août à midi.

Dimanche, 23 août.

III. Excursion à Eggenburg. (Terrains miocènes du bassin extra-alpin de Vienne.) Direction de MM. Th. Fuchs, O. Abel, F. X. Schaffer. Arrangement de M. F. X. Schaffer, qui se chargera des renseignements.

> 6.50 h du matin. Départ par le train du Kaiser Franz Josefbahnhof (IX., Althanplatz).
> On y arrive par les tramways partant du Schottenring. Les participants sont priés de se rassembler au vestibule de la gare à 6 30 h.
> 9.03 h Arrivée à Eggenburg. Réception par le magistrat. Visite des affleurements le long de la route du chemin de fer et dans les caves.
> Visite du Musée Krahuletz, de la ville et du Karlstal.
> 1 h p. m. Dîner au restaurant „Goldener Löwe".
> 3 h Promenade à Gauderndorf ($^1/_2$ h). On retournera à Eggenburg où l'on prendra un repas au restaurant de la gare.
> 7.06 h du soir. Départ pour Vienne, où l'on arrivera à 9 h à la gare de la Kaiser Franz Josefbahn.

Les participants de cette excursion sont priés de se faire inscrire au bureau de l'Universitätsquästur jusqu'à Vendredi, 21 août, 6 h p. m. et d'y verser la somme de **16 Kronen**.

Ils recevront une **plaque verte**, donnant droit:

> 1. aux billets de 2ème classe de Vienne à Eggenburg, aller et retour;
> 2. au dîner et au repas à Eggenburg (boissons non compris).

Les billets seront remis aux participants à la gare par le directeur de l'excursion.

IV. Excursion aux terrains archéens du Waldviertel.

Direction de M. F. Becke.

Rendez-vous à 6 h 45 du matin dans la salle d'attente de 2ème classe au Kaiser Franz Josefbahnhof (IX., Althanplatz).

7.05 h du matin. Départ par le train local pour Krems.

10.08 h Arrivée à la Haltestelle Kammegg. Promenade au Kamptal à Rosenburg.

Dîner à l'hôtel Rosenburg.

Après-midi on marchera à pied du chateau de Rosenburg à Rosenburg par Etzmannsdorf, Wanzenau et le Kamptal. Repas à l'hôtel Rosenburg.

7.32 h du soir. Départ de la station de Rosenburg.

10.35 h du soir. Arrivée à Heiligenstadt (Station de la Gürtellinie et Donaukanallinie de la Stadtbahn).

10.40 h Arrivée à Vienne, Franz Josefbahnhof.

Coût de l'excursion (billets de 2ème classe, dîner et repas à l'hôtel Rosenburg — boissons non compris) 13 Kronen 50.

Les participants de cette excursion sont priés de verser cette somme au bureau de l'Universitätsquästur jusqu'à Vendredi, 21 août, 6 h p. m.

Ils recevront une plaque rouge.

Les billets leur seront remis à la gare par le directeur de l'excursion.

V. Excursion à Pausram en Moravie. (Terrains paléogènes.)

Direction de M. A. Rzehak.

Rendez-vous des participants à 7 h 30 du matin à la gare du Nord (Nordbahnhof. II., Praterstern), où le directeur de l'excursion se chargera de prendre les billets.

Départ de Vienne à 8 h du matin pour Pausram. Arrivée à Vienne à 10 h 15 du soir.

Coût approximatif de cette excursion : 20 Kronen. Les participants de cette excursion sont priés de se faire inscrire au bureau de l'Universitätsquästur jusqu'à Samedi, 22 août, 3 h p. m.

Lundi, 24 août.

A 9 h du matin Séance du Conseil, dans l'auditoire de l'Institut géologique de l'Université.

A 10½ du matin et à 3 h de l'après-midi – Conférences sur le problème des „Lambeaux de recouvrement", des „Nappes de charriage", et des „Klippen", dans la petite salle de fêtes (kleiner Festsaal) de l'Université.

Les conférences suivantes ont été annoncées :

V. Uhlig: Die Klippen der Karpaten.

M. Lugeon: Les nappes de recouvrement des Alpes Suisses.

E. Haug: Les grands charriages de l'Embrunais et de l'Ubaye.

F. Kossmat: Überschiebungen am Westrande der Laibacher Ebene.

A. E. Toernebohm: Die große skandinavische Überschiebung.

Bailey Willis: The overthrust faults of the United States of North America.

C. L. Griesbach: The exotic blocks of the Chitichun and Balchdbura regions in the Central Himalayas.

Sur l'invitation gracieuse de la commune de Vienne une réception aura lieu à l'Hôtel de ville (Rathaus) à 6½ h du soir. Aux congressistes étrangers désirant participer à cette réception, les cartes d'invitation seront délivrées au bureau de l'Universitätsquästur jusqu'à Samedi le 22 août à 4 h du soir. Les membres autrichiens sont priés de s'adresser au secrétariat jusqu'à Samedi, le 22 août à 2 h de l'après-midi.

Entrée par le „Hauptportal" du Rathaus (tour principale).

Mardi, 25 août.

VI. Excursion au Semmering.

Direction de M. F. Toula.

Réunion des participants à la gare du chemin de fer du Sud (Südbahnhof).
6 h du matin. Départ du Südbahnhof par train spécial.

7.45 h Arrivée à Payerbach. Visite des affleurements des schistes vertes (Grünschiefer) le long de la rive droite de la Schwarza.

8.45 h Départ de Payerbach (en train).

8.57 h Arrivée à Eichberg. Visite des carrières du „Forellenstein".

9.57 h Départ de la station de Eichberg (en train).

10.06 h Arrivée à Klamm. Visite des affleurements carbonifères.

11.26 h Départ de Klamm (en train).

11.46 h Arrivée à la station de Semmering (895 m). Dîner à l'hôtel Semmering. Après midi Ascension du Sonnwendstein (1523 m). On descendra par Maria-Schutz et Schottwien à Klamm. (Pour les détails de l'excursion voir le „Livret-guide").

8.15 h du soir. Départ de la station de Klamm par train spécial.

10.07 h du soir. Arrivée à Vienne (Südbahnhof).

On prévient messieurs les congressistes, que les temps de départ indiqués ci-dessus sont fixés d'une manière absolue. On est donc prié d'éviter chaque retard pour ne pas manquer le train.

Les participants de cette excursion sont priés de se faire inscrire au bureau de l'Universitätsquästur jusqu'à Samedi, 22 août, 6 h p. m. et d'y verser la somme de **17 Kronen.**

Ils recevront une **plaque bleue**, donnant droit:

1. aux billets pour le train spécial (aller et retour).
2. au dîner à l'hôtel Semmering (boissons non compris).
3. au repas au Sonnwendstein et à la station de Klamm (au soir).

VII. Excursion au Schneeberg (2075 m). Direction de M. G. Geyer.

Réunion des participants à la station „Hauptzollamt" (III., Landstraße Hauptstraße) de la „Wiener Stadtbahn" à 7 h 45 du matin.

8 h Départ de la station. Arrivée à Puchberg 10.18 h, à la station Hochschneeberg (1800 m) vers midi. On fera l'ascension du Kaiserstein (2061 m) ou du Klosterwappen (2075 m) et on retournera à l'hôtel Hochschneeberg. Dîner à 2.30 h. Départ de la station Hochschneeberg vers 5 h. Arrivée à Vienne (Hauptzollamt) 9.39 h du soir.

Les participants de cette excursion sont priés de se faire inscrire au bureau de l'Universitätsquästur jusqu'à Samedi, 22 août 6 h p. m. et d'y verser la somme de **13 Kronen.**

Ils recevront une **plaque rose** et des blocs de billets donnant droit au trajet Vienne—Hochschneeberg (aller et retour) et au dîner à l'hôtel Hochschneeberg.

Mercredi, 26 août.

A 9 h du matin — Séance du Conseil, dans l'auditoire de l'Institut géologique de l'Université.

A 10¹/₂ h du matin et à 3 h de l'après-midi — Conférences sur la géologie de la Peninsule Balcanique et de l'Orient, dans la petite salle de fêtes (kleiner Festsaal) de l'Université.

Les conférences suivantes ont été annoncées:

F. T o u l a: Der gegenwärtige Stand der Erforschung der Balkanhalbhalbinsel und des Orients.

J. C v i j i ć: Die Tektonik der Balkanhalbinsel mit besonderer Berücksichtigung der neueren Fortschritte in der Kenntnis der Geologie von Serbien, Makedonien und Bulgarien.

F. K a t z e r: Der heutige Stand der geologischen Kenntnis von Bosnien und der Hercegovina.

A. P h i l i p p s o n: Der heutige Stand der geologischen Kenntnis von Griechenland.

L. C a y e u x: Les lignes directrices des plissements de l'île de Crète.

P. V i n a s s a de R é g n y: Über die Geologie Montenegros und des albanischen Grenzgebietes.

G. v. B u k o w s k i: Neuere Fortschritte in der Kenntnis der Stratigraphie von Kleinasien.

Jeudi, 27 août.

A 9 h du matin — Séance du Conseil, dans l'auditoire de l'Institut géologique de l'Université.

A 10¹/₂ h du matin — Séance consacrée aux communications sur des sujets divers.

Cette séance sera tenue par sections.

S e c t i o n *A.* (Salle d'amphithéatre de l'Institut géologique de l'Université.)

G. B ö h m: Über die Geologie der Molukken.

V. S a b a t i n i: L'état actuel des recherches sur les volcans de l'Italie centrale (2ème communication).

R. H a u t h a l: Mitteilungen über den heutigen Stand der geologischen Erforschung Argentiniens.

S e c t i o n *B.* (Auditoire de l'Institut géologique de l'Université.)

J. W. S o l l a s: On some reconstructions of fossils from casts.

O. A b e l: Über das Aussterben der Arten.

N. A n d r u s s o w: Die Klassifikation des südrussischen Neogens.

M. B l a n c k e n h o r n: Gliederung des Pliocäns und Quartärs in Europa, Vorderasien und Nordafrika.

C. D e p é r e t: Affinités des *Lophiodon* d'après les caractères du crâne et des pattes. Présentation des photographies.

Ch. M a y e r - E y m a r: 1. Défense, pièces en main, de ma terminologie des étages tertiaires. 2. Classification détaillée du Nummulitique vicentin.

Section *C*. (Auditoire de l'Institut géographique de l'Université.)
E. de Martonne: Sur la période glaciaire dans les Carpates méridionales.
Axel Hamberg: Zur Technik der Gletscheruntersuchungen.
H. F. Reid: On the stratification and blue bands of glaciers.
Section *D*. (Auditoire de l'Institut de minéralogie et de pétrographie de
l'Université.)
Cl. Angerman: Das Naphthavorkommen von Boryslaw in seinen Be-
ziehungen zum geologisch-tektonischen Bau des Gebietes.
K. Redlich: Die Kieslagerstätten der Steiermark.
R. Canaval: Über die Genesis gewisser alpiner lagerartiger Sulfuret-
lagerstätten.
A 3 h de l'après-midi — Assemblée générale dans la petite salle de fêtes
(kleiner Festsaal) de l'Université. Séance de clôture.
Présentation des Rapports préparés:
1° par la Commission de la Carte géologique d'Europe (M. Beyschlag).
2° par la Commission des lignes de rivage de l'hémisphère Nord (Sir
Archibald Geikie).
3° par la Commission de Coopération internationale dans les investigations géologiques (Sir Archibald Geikie).
4° par la Commission de la „Palaeontologia universalis" (M. D. Oehlert).
5° par la Commission internationale des glaciers (M. S. Finsterwalder).
6° par le Comité du Prix Spendiaroff.
Choix du lieu de réunion du X. Congrès géologique international.
7¹/₂ h du soir: Dîner à l'Hôtel Continental (II., Taborstraße 6, großer
Festsaal).
Prix du couvert **5 Kronen** (boissons non compris). Les congressistes désireux
de participer à ce dîner, qui suivra la clôture de la session, sont priés de verser
cette somme au bureau de l'Universitätsquästur jusqu'à Lundi. 24 août, 6 h p. m.

Vendredi, 28 août.

VIII. Excursion à la Wachau et à Krems. (Vallée épigénétique du Danube, Loess des environs de Krems, Découvertes paléolithiques du Solutréen.) Direction de M. A. Penck.

7.40 h du matin. Départ pour Melk par la gare de l'Ouest (Westbahnhof).
10 h Départ de Melk en bateau à vapeur.
12 h Déjeuner à Krems (Bahnhofhotel).
Après-midi visite du Musée et de la station paléolithique du Hundsteig;
coup d'oeil sur le paysage du loess.
On retournera à Vienne au soir avec un train de la Franz Josefbahn.
Des détails sur cette excursion seront publiés par le directeur, M. A. Penck.
pendant la session du Congrès.

IX. Excursion à Heiligenstadt, Nussdorf et au Kahlenberg (483 m). Direction de MM. O. Abel et J. Dreger.

Rendez-vous à 9 h 15 du matin au vestibule de la station Heiligenstadt de
la Stadtbahn.
A midi déjeuner à l'Hôtel Kahlenberg (5 Kronen, boissons non compris).
2 h p. m. Départ avec le train du chemin de fer à crémaillère. Arrivée à
Vienne (Schottenring) 3 h.
Les participants de cette excursion sont priés de s'inscrire au bureau de
l'Universitätsquästur jusqu'à Mercredi, 26 août, 6 h p. m.

Samedi, 29 août.

X. Excursion au Wienerberg et à Inzersdorf. (Anciennes terrasses de vallée du Danube. couches à *Congeria*.) Direction de MM. Th. Fuchs et F. X. Schaffer. Arrangement de M. F. X. Schaffer, qui se chargera des renseignements.

Les membres du Congrès, désirant prendre part à cette excursion d'une demi-journée, sont priés de se faire inscrire au bureau de l'Universitätsquästur jusqu'à Mercredi, 26 août, 6 h p. m. Les frais ne dépassant pas la somme d'une couronne, un versement préalable n'est pas necessaire.

> On partira à 7.30 h du matin de la station Kärntnerstraße (Kärntnerring) avec le Tramway electrique. On prendra individuellement ses billets pour la Triesterstraße. Ascension de la Spinnerin am Kreuz. Promenade à Inzersdorf (20 min.). On y visitera les établissements de la Wienerberger Ziegelfabriks- und Baugesellschaft (couches à *Congeria*) et prendra un repas, offert par la direction de la dite société.

On retournera par la même route vers midi.

Durant la session un bureau de poste sera établi dans l'„Universitätsquästur". Messieurs les Congressistes pourront se faire envoyer leur courrier sous l'adresse: Wien, Congrès géologique, Université jusqu'au 29 août.

Le bureau de l'Universitätsquästur sera ouvert tous les jours (exceptés les dimanches) de 8 h 30 à midi et de 2 h à 6 h de l'après-midi.

Pour les renseignements nécessaires sur les affaires du Congrès et sur les excursions on est prié de s'adresser au Secrétariat (Geologisches Institut der Universität, Téléphone 18220). MM. les congressistes étrangers, auxquels le livret-guide n'a pas encore été remis, y en seront pourvu par le bureau.

Comme lieux de rendez-vous et des repas journaliers nous indiquons les suivants (dans le voisinage de l'Université):

> Restaurant Mitzko, I., Schottengasse 7.
> Hôtel de France, I., Schottenring 3.
> Riedhof, VIII., Wickenburggasse 15.
> Restaurant Volksgarten, I., Burgring.
> Rathauskeller, I., Lichtenfelsgasse 3.

Pendant toute la durée du Congrès les membres seront admis gratuitement, sur la présentation de leur carte, à visiter le Musée Imp. et Roy. d'histoire naturelle (k. u. k. Naturhistorisches Hofmuseum) aux jours suivants:

> Lundi de 1 h à 5 h p. m.
> Mercredi „ 10 h a. m. à 3 h p. m.
> Jeudi „ 10 h a. m. à 5 h p. m.
> Samedi „ 10 h a. m. à 3 h p. m.

Entrée par le „Hauptportal", I., Maria Theresienplatz.

Le département géologique du Musée sera, en outre, ouvert pour les membres du Congrès tous les jours de 9 h a. m. à 2 h p. m. Entrée par l'escalier de service (Dienststiege) Nr. I, Burgring Nr. 7.

Au département minéralogique du Musée (salle V.) les trois coupes de la chaîne centrale des alpes orientales: 1. Gastein-Mallnitz-Oberdrauburg, 2. Schwaz-Zillertaler Hauptkamm - Brunneck, 3. Ötz - Gurgl - Vintschgau, relevées par MM. F. Becke, F. Berwerth et U. Grubenmann par ordre de l'Académie impériale des sciences, seront exposés avec une collection d'échantillons.

A cette exposition les congressistes seront admis, sur la présentation de leur carte tous les jours de 9 h a. m. à 5 h p. m. Entrée par l'escalier de service (I., Burgring 7, Mineralogisch-petrographische Abteilung, Hochparterre), pourvu, que la porte principale ne soit pas ouverte.

Une explication de cette exposition, qui servira d'introduction aux excursions VIII. et IX. sera donnée par M. F. Becke, Mercredi, le 26 août à 2 h p. m. Ce discours sera suivi d'une conférence de M. F. Berwerth sur les acquisitions nouvelles de la collection de météorites du Musée.

Les congressistes sont invités à visiter la riche collection de minéraux du membre défunt de la Société minéralogique de Vienne, M. Lechner dans l'hôtel de M. Adolf Lechner, IV., Schaumburgerstraße 6, I. 7. La collection sera exposée tous les jours du 20 au 27 août de 3 h à 6 h p. m. et le 23 août de 8 h à midi.

Le „Wissenschaftliche Club" invite les membres étrangers du Congrès de visiter ses localités (I., Eschenbachgasse 9, près du Schillerplatz) pendant la session. Il les mettra à leur disposition de 8½ du matin jusqu'à 10 h du soir. Messieurs les congressistes pourront, sur la présentation de leur carte de membre, visiter les salles de lecture, où ils trouveront un grand nombre (350) de journaux, de revues etc.

Excursions après la session.

a. Excursion en Bosnie et Hercégovine.

Un train spécial conduira les congressistes de Budapest à Bréka. Il partira de Budapest Lundi, 31 août vers 6 h du matin (Zentralbahnhof).

La côtisation pour cette excursion a été fixée à **135 Kronen.**

Cette somme — moins le versement préalable de 20 Kronen pour l'inscription — devra être versée au bureau de l'Universitätsquästur dans le courant de la semaine du Congrès jusqu'à Mercredi, 26 août 6 h p. m. Elle couvrira les frais de l'excursion en Bosnie (premier déjeuner et boissons non compris) et le prix des billets du train spécial de Budapest à Bréka.

b. Excursion en Dalmatie.

Le bateau spécial „Metkovich" sera mis à la disposition des congressistes.

La côtisation pour cette excursion a été fixée à **270 Kronen.**

Cette somme — moins le versement préalable de 20 Kronen pour l'inscription — devra être versée au bureau de l'Universitätsquästur jusqu'à Mercredi, 26 août 6 h p. m. Elle couvrira tous les frais de l'excursion à partir de Gravosa jusqu'à l'arrivée à Triest (boissons non compris).

c. Excursion dans les terrains glaciaires des Alpes autrichiennes.

Les participants de cette excursion sont prévenus qu'un programme spécial en a été publié par les directeurs MM. A. Penck et E. Richter. L'excursion commencera Vendredi, 28 août (au lieu de Lundi, 31 août).

Pour le programme spécial s'adresser au secrétariat ou à M. Penck.

La société géologique de Hongrie a renoncé à l'arrangement des excursions à Budapest et au bas Danube.

Aux dates des rendez-vous des excursions VI, VII, VIII, IX, X, XI et XIII, assignées dans notre seconde circulaire, rien n'a été changé.

Au nom du Comité d'organisation

E. TIETZE, Président.

C. DIENER, Secrétaire-général.

DEUXIÈME PARTIE.

RÉUNIONS DES CONGRESSISTES PENDANT LA SESSION.

Réunions des congressistes pendant la session.

La veille du jour de la séance d'ouverture, savoir le 19 août au soir les membres du congrès présents à Vienne se réunirent conformément au programme dans la vaste salle du restaurant „Volksgarten", le temps alors pluvieux ne permettant pas de passer la soirée au jardin du dit établissement.

Pour la soirée du 22 août l'intendance des théatres imp. et roy. avait eu la complaisance d'offrir aux congressistes des places au parquet et dans les stalles de l'opéra (Cavalleria rusticana. I Pagliacci et la perle d'Ibérie). MM. les membres profitaient en nombre assez considérable de cette occasion à admirer le travail accompli de nos artistes, tandis qu'une centaine de congressistes suivirent en même temps l'invitation de MM. E. Tietze, E. Suess. M. von Gutmann et E. von Mojsisovics, qui avaient prié chacun une trentaine de géologues de venir diner amicalement avec eux.

La municipalité de Vienne, au nom de laquelle M. Strobach avait souhaité la bienvenue aux géologues étrangers lors de la séance d'ouverture, avait fait distribuer aux congressistes un album illustré et élégamment relié contenant des vues de notre capitale. De plus elle a bien voulu inviter le congrès entier de se réunir à l'hôtel de ville le 24 août au soir.

Pour des raisons de santé, qui l'obligeaient de passer quelque temps aux eaux, le maire, M. Lueger était alors absent de Vienne. A sa place MM. Strobach et Neumayer, maires-adjoints de la ville, faisaient les honneurs de la maison.

Sous l'aimable conduite de monsieur le secrétaire Pfeiffer, qui s'était chargé de l'arrangement de cette reception, et de quelques autres employés de la magistrature les géologues se mirent d'abord à parcourir les collections du musée municipal et à visiter les diverses salles de séance. A 7 h. parurent MM. Strobach et Neumayer, accompagnés par la plupart des conseillers municipaux alors présents en ville et par les premiers fonctionnaires du magistrat de la capitale.

Le président du congrès M. T i e t z e prit alors la parole en abordant le premier maire-adjoint:

„H o c h g e c h r t e r H e r r B ü r g e r m e i s t e r!

Gestatten Sie, daß ich Ihnen im Namen unseres Organisations-komitees sowie im Namen sämtlicher Mitglieder des Internationalen Geologen-Kongresses den wärmsten und aufrichtigsten Dank ausspreche für die Ehre, die Sie uns durch Ihre werte Einladung haben zuteil werden lassen, wodurch uns ermöglicht wurde, die schönen Räume und Sammlungen dieses Hauses unter freundlicher Führung zu besichtigen. Seien Sie versichert, daß sämtliche Teilnehmer unseres Kongresses jene Ehre zu schätzen wissen und daß sie diese Einladung auffassen als einen Beweis der Achtung, welche die Stadt Wien der Wissenschaft entgegenzubringen wünscht. Wir fassen dieselbe aber weiterhin auch auf als einen Beweis der altberühmten Liebenswürdigkeit der Bewohner Wiens, welche Sie hier so würdig vertreten. Von dieser Liebens-würdigkeit haben unsere fremden Gäste in den letzten Tagen zwar sicher bereits mancherlei Beweise erfahren. Ihren solennsten Ausdruck dürfte dieselbe aber am heutigen Abend finden, an welchem uns die Vertreter der Stadt so freundlich entgegenkommen."

M. S t r o b a c h répondit à ce discours comme suit:

„S e h r v e r e h r t e r H e r r P r ä s i d e n t!
M e i n e h o c h v e r e h r t e n D a m e n u n d H e r r e n!

Es ist heuer das erstemal, daß die Beratungen des hochansehn-lichen Internationalen Geologen-Kongresses in unserer Stadt abgehalten werden. Wenn schon dieses Ereignis an sich der Vertretung der Stadt große Freude bereitet, so wird dieselbe noch dadurch gesteigert, daß wir die geehrten Damen und Herren heute in den Räumen des Rat-hauses begrüßen können. Ich erlaube mir daher die geehrten Damen und Herren auf das herzlichste willkommen zu heißen und den Wunsch auszusprechen, es mögen die Stunden, die Sie hier verbringen, zu den angenehmen zählen und der Erinnerung wert sein."

Sur l'invitation de M. S t r o b a c h toute l'assemblée se rendit alors dans la salle de fêtes, magnifiquement éclairée, où le diner offert par la ville en l'honneur du congrès fut servi. Etaient présents à peu près 500 personnes y compris plusieurs conseillers municipaux et d'autres fonctionnaires de la magistrature de Vienne. De même Son Exc. M. E n g e l, commandant la ville de Vienne, et M. H a b r d a, préfet de police assistaient à cette reception.

Vers la fin du diner M. S t r o b a c h porta la santé de Sa Majesté l'Empereur. Il dit:

„Meine sehr geehrten Damen und Herren!

Aus allen Teilen der Erde sind Sie in die alte Kaiserstadt an
der Donau gekommen, um hier in ernster Arbeit den Zwecken der
Wissenschaft zu dienen. Ich danke den hochgeehrten Herren herzlichst
dafür, daß Sie im heurigen Jahre unsere Stadt zum Kongreßort gewählt
haben, und hoffe, daß Sie auch mit Befriedigung des hiesigen Aufenthaltes gedenken werden. Wie Sie, meine hochgeehrten Damen und
Herren, allüberall, sei es in der Heimat oder in der Fremde, Ihres
Staatsoberhauptes gedenken, so gedenkt auch der Wiener bei allen
festlichen Anlässen stets freudig seines Monarchen. Se. k. u. k.
Apostolische Majestät Kaiser Franz Josef I. hat während seiner
langen Regierung stets das Wohl seiner Völker unablässig gefördert
und namentlich die Reichshaupt- und Residenzstadt Wien verdankt der
Güte und Gnade Sr. Majestät des Kaisers ihr Wachsen, Blühen und
Gedeihen. Jeder kaisertreue Bewohner unserer Stadt hängt daher mit
glühender Liebe und Begeisterung an der geheiligten Person unseres
Kaisers. Ich bin überzeugt, daß auch Sie, meine hochverehrten Damen
und Herren, unsere Gefühle würdigen und ebenso unserem Monarchen,
dem Friedenskaiser, Ihre Huldigung entgegenbringen. Ich erlaube mir,
Sie daher einzuladen, das Glas zu erheben und mit mir einzustimmen
in den Ruf: Se. k. u. k. Apostolische Majestät, unser allergnädigster
Herr und Kaiser Franz Josef I., lebe hoch, hoch, hoch!"

M. le docteur Neumayer deuxième maire-adjoint de la ville
de Vienne prit alors la parole pour présenter les hommages de la
municipalité aux congressistes. Il parla du travail sérieux et du succès
du congrès en appuyant sur la nécessité de cultiver les études géologiques
dans chaque pays. Il se répandit ensuite sur les voyages des géologues,
dont les recherches embrassent le monde entier correspondant au
caractère éminemment international de leur science. L'orateur conclut
son discours comme suit:

„Unsere Gäste verdanken den Erfolg des Kongresses ihrem Präsidium, wie nicht minder dem warmen Interesse, welches unser den
Wissenschaften stets geneigtes Kaiserhaus dieser Versammlung ent-
gegenbrachte, indem es durch die Entsendung des durchlauchtigsten
Herrn Erzherzogs Rainer, welcher dem Kongresse als Protektor
vorzustehen geruht, die hohe Bedeutung dieser Veranstaltung würdigte.
Daß aber der Erfolg so groß war, ist schließlich nur durch das
Zusammenwirken aller Mitglieder möglich gewesen. Deshalb bringe
ich mein Glas auf dieses schöne Zusammenwirken und rufe: Der
Internationale Geologen-Kongreß in Wien er lebe hoch!"

Quelques minutes après M. Tietze monta la tribune pour remercier la municipalité de l'accueil chaleureux, qui avait été fait aux membres du congrès. Il dit:

„Meine Damen und Herren!

Auf die Worte der beiden Herren Vizebürgermeister habe ich die Pflicht, zu erwiedern und insbesondere ist es die liebenswürdige Begrüßung, die uns Herr Dr. Neumayer hat zuteil werden lassen, welche mir diese Pflicht auferlegt. Ich will mir dabei erlauben, speziell an eine Bemerkung anzuknüpfen, welche der geehrte Herr Vorredner gemacht hat. Derselbe meinte, daß kaum eine Wissenschaft einen solchen internationalen Zug aufweise als die unsere und er erinnerte dabei daran, daß die Geologen die Aufgabe haben, ihre Untersuchungen über die ganze Welt auszudehnen. Vollständig kann ich jedoch dieser Ansicht nicht zustimmen. Die Sache läßt sich jedenfalls auch von einer anderen Seite ansehen.

Die Geologie ist zwar wie die meisten anderen Wissenschaften eine kosmopolitische Wissenschaft und deshalb internationalen Charakters, was ich gerade angesichts eines internationalen Kongresses nicht näher zu betonen brauche, allein ohne Einschränkung gilt dieser Satz nicht. Unsere Wissenschaft ist kosmopolitisch und international in dem Sinne, daß allen Fachgenossen die höchsten Probleme des Faches gemeinsam am Herzen liegen, daß die idealen Ziele nach Erkenntnis allgemeiner Gesetze für alle dieselben sind, ebenso wie teilweise auch die Methoden, diesen Zielen näher zu kommen, und insoweit bezüglich dieser Methoden noch Differenzen bestehen, tragen ja die internationalen Kongresse dazu bei, auch hier einen Ausgleich zu schaffen; aber auf der anderen Seite ist es offenbar, daß die Wissenschaft, die sich mit der Erde und mit der Zusammensetzung des Bodens beschäftigt, in ihrer Entwicklung mehr als manche andere von der Scholle abhängt, die sie bei ihren Untersuchungen jeweilig zum Ausgangspunkte nimmt. Mit anderen Worten und um einen Ausdruck unseres verstorbenen Altmeisters Quenstedt zu gebrauchen: trotz des internationalen Charakters gewisser Probleme ist der Geologe stets mehr oder weniger ein Kind des Bodens, auf dem er lebt und arbeitet. Die örtlichen Untersuchungen, die lokalen Studien spielen daher bei gar keiner Naturwissenschaft eine solche Rolle als gerade in der Geologie. Es ist aber naturgemäß, daß der Geologe in der Regel zuerst seinen heimischen Boden untersucht. Daß er die anderwärts gewonnenen Erfahrungen für diese Untersuchung verwertet, ist ja selbstverständlich. Aus der Summe und dem Vergleiche dieser Lokalstudien baut sich dann natürlich erst die allgemeine Wissenschaft auf.

Diese Untersuchung der heimatlichen Scholle bringt aber den Geologen in die mannigfachsten Beziehungen zu den Mitbürgern, die mit ihm dieselbe Scholle bewohnen, und er ist erfreut, wenn er dabei die Sympathie dieser Mitbürger findet und wenn er bei denselben dem nötigen Verständnis für die Bedeutung seines Faches begegnet, so wie er umgekehrt seine Erfahrungen spezieller oder allgemeiner Natur seinen Landesgenossen gern zur Verfügung stellt. Gerade hier in Wien hat sich ein derartiges Verhältnis schon seit lange herausgebildet. Zum Nutzen des Gemeinwesens ist geologischer Rat schon manchmal in Anspruch genommen worden und andrerseits haben wir hier vielfach Verständnis für unsere Aufgaben speziell in den Kreisen gefunden, die mit der Leitung dieses Gemeinwesens betraut waren oder sind. Beweise dafür sind uns mehrfach geliefert worden. Ich erinnere zum Beispiel an die Ehrungen, welche einzelnen unserer hervorragendsten Geologen teils bei Lebzeiten, teils nach ihrem Tode zuteil wurden. Ich erinnere daran, daß unserem Altmeister S u e s s schon vor längerer Zeit das Ehrenbürgerrecht von Wien verliehen wurde und daß andrerseits das Andenken einiger unserer hervorragendsten Meister wie H a i d i n g e r, M o h s und H a u e r durch die Errichtung von Ehrengräbern hochgehalten wurde, welche die Gemeinde Wien unter ihre spezielle Obhut genommen hat. Ich erinnere aber auch an das Vertrauen, welches uns und unserem Urteile bei verschiedenen Gelegenheiten entgegengebracht wurde, und wenn es noch eines weiteren Beweises für unser gutes Einvernehmen mit unseren Mitbürgern bedurft hätte, so liefert uns denselben der heutige Abend, wo nicht bloß wir Wiener Geologen, sondern mit uns die Kollegen aus ganz Österreich und unsere Gäste aus allen Teilen der Welt die Ehre haben, Gäste dieses Gemeinwesens zu sein.

Für diese Ehre erlaube ich mir, der Vertretung der Stadt sowie speziell auch den beiden Herren Vizebürgermeistern und dem abwesenden Herrn Bürgermeister den aufrichtigsten und wärmsten Dank des ganzen Internationalen Geologen-Kongresses auszudrücken, und indem ich nochmals der Freude darüber Ausdruck gebe, daß die Bedeutung unseres Faches an dieser Stelle die verdiente Würdigung findet, erhebe ich mein Glas auf das Wohl der Stadt Wien."

Monsieur D e p é r e t au nom des géologues étrangers porta ensuite la santé de MM. S t r o b a c h et N e u m a y e r et de toute la municipalité de Vienne en faisant l'éloge des aimables qualités et de l'hospitalité des Viennois, qualités, que l'orateur avait déjà eu l'occasion à apprécier lors d'un séjour antérieur dans cette ville. M. L o e w i n s o n - L e s s i n g se rallia aux sentiments exprimés par M. D e p é r e t en disant que la reception des congressistes de la part de la ville a surpassé tout ce que les étrangers pouvaient attendre de l'hospitalité bien connue de la municipalité de cette capitale. M. S. Emmons exprima les vifs regrets de l'assemblée à propos de l'absence du premier maire de la ville. monsieur le docteur Lueger, dont il faut reconnaître l'intérêt sincère. qu'il avait porté à la réussite du congrès et en l'honneur duquel on leva les verres en lui souhaitant le retablissement prompt et entier d'une santé naturellement quelquefois altérée par les fatigues continuelles de son emploi important et de sa charge pleine de responsabilité. Parlaient encore M. Strobach en buvant à la santé des dames congressistes et M. le baron de Richthofen en portant la santé des dames viennoises. Les participants à ce banquet ne se séparèrent qu'après minuit en emportant les meilleurs souvenirs de l'aimable hospitalité du conseil municipal de Vienne.

Le soir du 27 août. après la séance de clôture les congressistes avant de quitter la ville du congrès se réunirent encore une fois dans la grande salle de l'Hôtel Continental. La santé de l'empereur fut portée à cette occasion par M. Tietze, qui prononça le discours suivant:

„Mesdames et messieurs!

Dans la première moitié du siècle passé la géologie qui commençait déjà de se développer en Allemagne. en Angleterre, en France et ailleurs, se trouvait en Autriche encore dans un état assez retardé. Il n'y avait que bien peu de personnes qui s'en occupaient: quelques savants dont on n'appréciait pas encore suffisamment les efforts comme Partsch, quelques amateurs comme Reuss le père. le baron de Reichenbach. le comte de Sternberg. puis quelques ingénieurs des mines comme Lill de Lilienbach avaient fait. il est vrai, certaines recherches qui ne manquaient pas de mérite. ainsi que quelques étrangers, dont j'ai parlé dans mon discours dans la séance d'ouverture. faisaient des voyages scientifiques dans nos montagnes. Mais ces derniers s'y rendaient à peu près comme on fait aujourd'hui des voyages d'exploration dans les terrains peu connus de l'Afrique, sinon quant à la difficulté du voyage au moins quant à l'espoir de nouvelles découvertes. Cependant on n'obtint souvent que de médiocres résultats, parce que. malgré l'importance incontestable de ces efforts pour l'histoire de notre science, nos terrains. surtout dans les Alpes. ne paraissaient pas se prêter à la comparaison avec les terrains étudiés ailleurs.

Ce qui nous manquait c'étaient des recherches organisées et c'était aussi l'enseignement de notre science dans les hautes écoles. La géologie s'y trouvait abandonnée aux minéralogistes, quelquefois d'excellents savants, il faut bien le reconnaître, qui faisaient tout leur possible pour s'acquitter de bonne grâce de cette tâche, mais qui, à eux seuls, ne pouvaient guère contribuer suffisamment au développement d'une science qu'ils devaient regarder comme de second rang, surtout parceque dans le pays même il y avait encore tout à débrouiller pour nos terrains et que concernant ces terrains les professeurs n'en savaient pas plus long que les étudiants qu'ils auraient dû instruire.

Cet état des choses a complètement changé depuis une cinquantaine d'années et si nous demandons à qui nous devons ce changement, il ne faut pas nous y tenir seulement aux éminents savants qui ont élucidé les problèmes des Alpes et de nos autres montagnes ; pour bien répondre à cette question il faut penser aussi à celui, qui a eu le pouvoir de protéger les sciences en Autriche et qui a su employer ce pouvoir à secourir le mouvement scientifique de toute sagesse. Je parle de notre auguste souverain.

Rappelons-nous quelques faits. Comme nous devons au gouvernement de Sa Majesté la fondation nouvelle de plusieurs universités et d'autres hautes écoles en Autriche, l'enseignement de notre science a pu s'étendre au fur et à mesure de ces fondations. Mais pour nos universités il nous faut noter aussi la création de chaires spéciales qui permettaient de cultiver la géologie comme telle et indépendamment des branches voisines de la science. La première de ces chaires a été créée ici à Vienne déjà en 1862. Elle fut confiée à notre illustre maître, monsieur S u e s s et c'est aussi ici à Vienne qu'on a créé pour la première fois une chaire spéciale pour la paléontologie, laquelle nous considérons comme une des plus importantes branches auxiliaires de notre science. Mais avant tout je me permets de vous rappeler la fondation de notre institut géologique, de la Geologische Reichsanstalt, qui fut confiée à la direction de H a i d i n g e r et où par le zèle de François de H a u e r et de ses collaborateurs les traits généraux de la constitution géologique de notre empire furent bientôt suffisamment connus. Cette fondation se faisait très peu de temps après l'arrivée au trône de Sa Majesté et notre institut était même le premier institut scientifique fondé sous les auspices de l'empereur François Joseph. Pour mieux apprécier le mérite de cette fondation il suffit de dire que dans ce temps-là la plupart des instituts géologiques, qui fleurissent aujourd'hui, n'existaient pas encore et que l'Autriche dans l'organisation des relevées géologiques a devancé au commencement bien d'autres pays.

On peut donc soutenir avec de bonnes raisons, que nous avons le droit et le devoir de reconnaître avec la plus vive gratitude les soins de Sa Majesté pour notre oeuvre scientifique et je vous engage à exprimer nos sentiments de reconnaissance respectueuse envers notre bienaimé souverain en levant les verres : Vive Sa Majesté, l'Empereur F r a n ç o i s J o s e p h !"

M. G. Geyer au nom des géologues autrichiens porta ensuite la santé des géologues étrangers en rendant des hommages aux gouvernements des divers pays réprésentés au congrès et aux chefs d'état de ces pays.

Sir Archibald Geikie fit alors valoir le mérite du bureau du congrès et du comité d'organisation, M. Zirkel leva son verre en l'honneur de la ville de Vienne, le baron F. de Richthofen en buvant à la santé de M. Tietze, directeur actuel de l'institut géologique imp. et roy. d'Autriche (k. k. geologische Reichsanstalt), rappela à l'assemblée l'importance de cet institut, aux travaux duquel il avait participé au commencement de sa carrière scientifique. M. Termier en appréciant le travail des savants professeurs de l'université de Vienne exprima la reconnaissance des congressistes au sénat de cette haute école, qui en avait mis le palais à la disposition du congrès. Après un discours de M. Tchernyschew, qui au nom des géologues étrangers avait porté la santé de tous les collègues autrichiens, le président M. Tietze prit de nouveau la parole pour remercier les orateurs, qui avaient bien voulu témoigner leurs sentiments d'amitié dans des termes si flatteurs à tous ceux, qui avaient essayé d'assurer la réussite de la réunion de Vienne.

La santé des dames fut portée par M. Branco. Il nous faut mentionner ensuite les bons vœux, que M. Goll exprima pour la jeunesse, qui s'occupe de l'étude de la géologie, màis n'oublions pas non plus les paroles de M. Hauthal, qui démontra la géologie comme une de ces sciences qui, tendant à écarter tout ce qui sépare les nations, ne laissent aucune place aux ambitions exclusives et étroites d'un chauvinisme quelconque. Enfin nous pouvons citer encore un discours très applaudi de M. E. Suess, qui, faisant entrevoir aux savants convives les derniers buts de notre science, prouva, que l'illustre maître, malgré son âge avancé, embrasse encore avec l'enthousiasme ardent de la jeunesse les études auxquelles il s'est livré durant toute sa vie consacrée au travail.

TROISIÈME PARTIE.

COMPOSITION DU CONGRÈS.

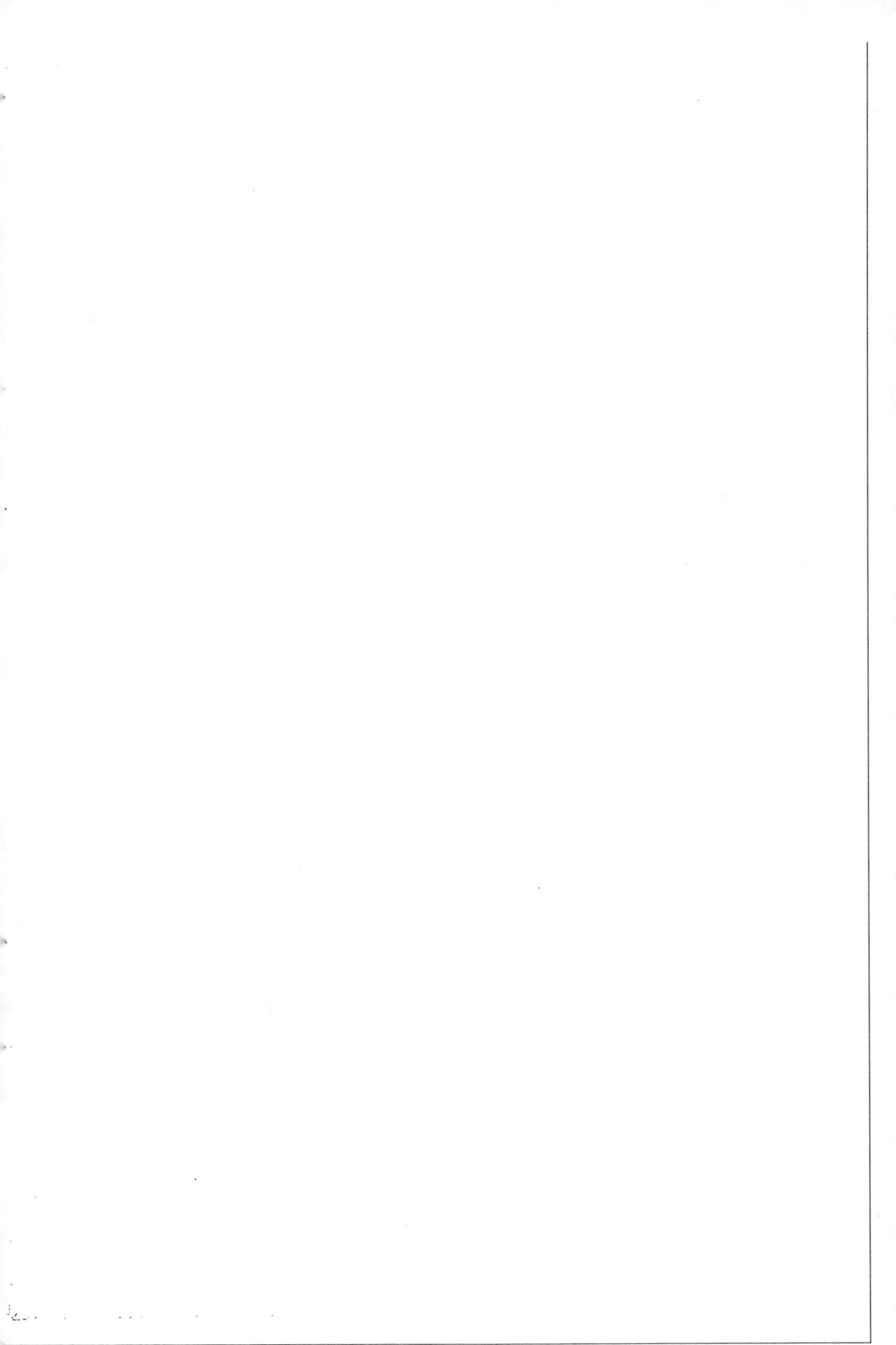

Liste générale des membres.

Algérie-Tunisie.

*Ficheur (Emile), Professeur de géologie à l'Ecole des sciences, Directeur adjoint du Service géologique de l'Algérie, Mustapha-Alger.

*Lamothe (Général de), Commandant l'Artillerie d'Algérie, Alger.

Allemagne.

Ammon (Dr. Ludwig von), Oberbergrat, Professeur à l'Ecole polytechnique. München.

*Bamberg (Paul), Fabriksbesitzer, Friedenau bei Berlin.

*Beck (Dr Richard), Professeur à l'Ecole des Mines, Freiberg in Sachsen.

*Bélowsky (Dr. Max), Kustos am kgl. Museum f. Naturkunde, Berlin.

*Bélowsky (Madame Anna), Berlin-Niederschönhausen.

*Berg (Dr Georg), Ingénieur des Mines, Géologue de la kgl. Preuß. Geologische Landesanstalt, Berlin.

Benecke (Dr. E. W.), Professeur de géologie à l'Université, Straßburg.

*Bergeat (Dr. Alfred), Professeur à l'Ecole des Mines, Klaustal im Harz.

*Bergt (Dr. Walter), Professeur, Dresden-Striesen.

*Beyschlag (Dr. Franz), Professor, Geh. Bergrat, wissenschaftlicher Direktor der kgl. preußischen Geologischen Landesanstalt, Berlin.

Bistram (Dr. Baron von), Freiburg i. B.

*Blanckenhorn (Dr. Max), Privatdocent de géologie à l'Université d'Erlangen, Pankow bei Berlin.

*Böhm (Dr. Georg), Professeur adjoint à l'Université, Freiburg i. B.

Böhm (Dr. Johannes), Kustos an der kgl. Geologischen Landesanstalt, Berlin.

*Branco (Dr. Wilhelm), Geh. Bergrat, Professeur de géologie à l'Université, Berlin.

*B r a u n s (Dr. Reinhard), Professeur à l'Université, Gießen.

B r o i l i (Dr. F.), Assistent an der Paläontologischen Staatssammlung München.

B r u n h u b e r (Dr. August). Vorstand des Naturwissenschaftl. Vereines, Regensburg.

*C h e l i u s (Dr. Karl), Professor. Oberbergrat. Darmstadt.

*C r e d n e r (Dr. Hermann', Geh. Bergrat, Direktor der kgl. sächsischen Geologischen Landesanstalt. Leipzig

*C r e d n e r (Mademoiselle). Leipzig.

*C r e d n e r (Dr. Rudolf). Professeur de géographie à l'Université, Président de la Société de géographie, Greifswald.

D a m m e r (Dr. Bruno). kgl. Geologe, Berlin.

D a n n e n b e r g (Dr. A.). Aachen

*D e e c k e (Dr. Wilhelm), Professeur de géologie à l'Université, Greifswald.

*D e n i n g e r (Dr. Karl). Assistant à l'Institut minéralogique de l'Ecole polytechnique, Dresden.

D r e v e r m a n n (Dr. Fritz). Assistant à l'Institut géologique de l'Universié, Marburg i. H.

D u B o i s (Dr. Georges Charles). Ingénieur des Mines. Frankfurt a. M.

*D z i u k (A). Ingénieur des Mines, Hannover.

*E r d m a n n (Dr. Hugo). Professeur à l'Ecole polytechnique. Charlottenburg-Berlin.

*E r d m a n n (Madame Marie). Charlottenburg-Berlin.

E r d m a n n s d ö r f e r Dr. O. H.), Geologe an der kgl. Geologischen Landesanstalt, Berlin.

*F e l i x (Dr. Johannes). Professeur à l'Université. Leipzig.

*F e l s (Dr. Gustav). Assistant à l'Institut minéralogique de l'Université, Bonn.

*F i n s t e r w a l d e r (Dr. Sebastian). Professeur à l'Ecole polytechnique, München.

F l e i s c h e r (Alexander). Reichenbach in Schlesien.

*F r a a s (Dr. Eberhard', Professeur. Directeur du Musée d'histoire naturelle, Stuttgart

*F r e u d e n b e r g (Wilhelm'. cand. geol.. Freiburg i. B.

F r i e d e r i c h s e n (Dr. Max). Hamburg.

*G ä b e r t (Dr. Karl). Geologe der kgl. Geologischen Landesanstalt, Leipzig.

G e i n i t z (Dr. Eugen). Professeur à l'Université. Rostock.

*G o t t s c h e. Professeur. Hamburg.

*G o t t s c h e (Madame), Hamburg.

*G r a e s s n e r (P. A.), kgl. Bergwerksdirektor a. D., Staßfurt.

Greim (Dr. Georg), Professeur à l'Ecole polytechnique, Darmstadt.

*Groth (P. von), Professeur de minéralogie à l'Université, München.

Hamm (Dr. Hermann), Médecin, Osnabrück.

*Heckmann (Dr. K.), Elberfeld.

*Heimbrodt (Dr. Friedrich), Leipzig.

Henrich (Ludwig), Frankfurt a. M.

*Hess von Wichdorff (Dr. Hans), kgl. preußischer Geologe, Berlin.

*Heusler (C.), Geh. Bergrat. Bonn.

*Hintze (Karl), Professor, Breslau.

Hoek (Dr. H.), Freiburg i. B.

Holzapfel (Dr. E.), Professeur à l'Ecole polytechnique, Aachen.

*Jentzsch (Dr. Alfred), kgl. Landesgeologe, Professor, Berlin.

Kayser (Dr. Emanuel), Professeur de géologie à l'Université, Marburg i. H.

*Keilhack (Dr. Konrad), Professor, Landesgeologe, Berlin.

*Klein (Dr. Karl), Geh. Bergrat, Professeur á l'Université, Berlin.

*Koenen (Dr. A. von), Geh. Bergrat, Professeur de géologie à l'Université, Göttingen.

*Kolbeck (Dr. Friedrich), Professeur à l'Ecole des Mines, Freiberg i. S.

*Krahmann (Max), Ingénieur des Mines, Editeur de la „Zeitschrift für praktische Geologie", Berlin.

*Krantz (Dr. Fritz), Bonn.

*Krause (Dr. Paul Gustav), kgl. Bezirksgeologe, Berlin.

*Kühn (Dr. Benno), kgl. Landesgeologe, Berlin.

Lenk (Dr. Hans), Professeur de minéralogie et de géologie à l'Université, Erlangen.

Lepsius (Dr. Richard), Geh. Oberbergrat, Professor, Direktor der Geologischen Landesanstalt, Darmstadt.

Lorenz (Dr. Theodor), Hamburg-Hohenfelde.

*Loretz (Dr.), Geh. Bergrat. Grunewald-Berlin.

*Lotz (Dr. Heinrich), kgl. Geologe, Berlin.

*Matuschka (Dr. F. Graf von), Berlin.

*Mentzel, Bergassessor, Bochum.

Mieg (Mathieu), géologue, Mulhouse.

Moehle (Dr. Fritz), Würzburg.

Naumann (Dr. Ernst), géologue, Berlin.

*Neumann (Dr. Ludwig), Professeur de géographie à l'Université, Freiburg i. B.

Oberdorfer (Richard), cand. rer. nat., Freiburg i. B.

Oebbeke (Dr. K.), Professeur à l'Ecole polytechnique, München.

*Oppenheim (Dr. Paul), Charlottenburg-Berlin.

*Osann (Dr. Alfred), Professeur à l'Université, Freiburg i. B.

*Paulcke (Dr. Wilhelm), Privatdocent de géologie à l'Université, Freiburg i. B.

*Philipp (Hans), Heidelberg.

*Philippson (Dr. Alfred), Professeur adjoint de géographie à l'Université, Bonn.

*Plagemann (Dr. A.), Hamburg.

Plieninger (Dr. Felix), Privatdocent à l'Université, Tübingen.

Proudzyvski (Vinzenz von), Directeur, Groschowitz. Preuß.-Schlesien.

*Rathsburg (Alfred), Leipzig.

*Reinisch (Dr. Reinhold). Privatdocent à l'Université, Leipzig.

Reiß (Dr. Wilhelm), Geh. Regierungsrat, Schloß Könitz (Thüringen).

*Richthofen (Dr. Ferdinand Freiherr von), Geh. Reg.-Rat, Professeur de géographie à l'Université. Berlin.

*Richthofen (Freifrau von), Berlin.

*Romberg (Dr. Julius), Berlin.

*Rothpletz (Dr. August), Professeur à l'Université, München.

*Rühl (Alfred), Königsberg.

*Sachs (Dr. Artur), Privatdocent à l'Université, Breslau.

*Salomon (Dr. Wilhelm), Professeur à l'Université, Heidelberg.

*Sauer (Dr. Adolf). Professeur à l'Ecole polytechnique. Stuttgart.

*Scheibe (Dr. Robert), Professeur a. d. kgl. Bergakademie, Berlin.

*Schellwien (Dr. Ernst), Professeur de géologie à l'Université, Königsberg.

*Schenck (Dr. Adolf), Professeur adjoint à l'Université, Halle a. d. S.

Schlagintweit (Otto), cand. geol., München.

*Schlüter (Dr. Otto), Berlin.

*Schmeisser (Karl), Geh. Bergrat, Direktor der kgl. Geologischen Landesanstalt und Bergakademie, Berlin.

*Schütze (Dr. Ew.), Assistent am kgl. Naturalienkabinet, Stuttgart.

*Seligmann (Gustav), Koblenz.

*Silberstein (Georg), cand. phil., Berlin.

*Soenderop (Dr. Fritz), kgl. Geologe, Berlin.

*Steuer (Dr. Alexander). Landesgeologe. Darmstadt.

Steinmann (D. G.), Hofrat, Professeur à l'Université, Freiburg i. B.

*Stille (Dr. Hans). kgl. Geologe, Berlin.

*Stübel (Dr. Alfons), Dresden.

*Vogelsang (Madame Antonie) Bonn.

*Vorwerg (Oskar), Hauptmann a. D., Herischdorf.

*Wahnschaffe (Dr. Felix), Geh. Bergrat, Professeur à l'Université, Charlottenburg-Berlin.

Walther (Dr. Johannes), Professeur de géologie et de paléontologie à l'Université, Jena.

W e b e r (Dr. Maximilian). Privatdocent à l'Ecole polytechnique. München.

*W e i g a n d (Dr. Bruno). Professeur. Straßburg.

*W e s s e l (Pedro M.) Consul général. Bremen.

W i l c k e n s (Otto). Assistant à l'Institut géologique de l'Université. Freiburg i. B.

*W i t k a m p (H.). Freiberg i. Sachsen.

*W ü l f i n g (Dr. E. A.). Professeur de minéralogie et de géologie à la kgl. Landwirtschaftliche Akademie. Hohenheim bei Stuttgart.

*Z a h n (Gustav W. von). cand. geogr., Halensee bei Berlin.

Z i m m e r m a n n (Dr. E.). kgl. Landesgeologe. Berlin.

*Z i r k e l (Dr. Ferdinand). kgl. Geheimer Rat. Professeur à l'Université. Leipzig.

Colonies Allemandes.

*U h l i g (Dr. Karl). Vorstand der Meteorologischen Hauptstation für Deutsch-Ostafrika. Dâres-Salâm.

Australie.

L i v e r s i d g e (A.). Professeur de géologie à l'Université. Sidney.

M a i t l a n d (A. Gibb). Géologue du Gouvernement. Perth.

Autriche-Hongrie.

a) Autriche.

*A b e l (Dr. Othenio). Privatdocent de paléontologie à l'Université. Wien.

*A l t i n g e r (Dr. Altmann). Professeur de géographie. Kremsmünster.

*A m p f e r e r (Dr. Otto). Assistent der k. k. Geologischen Reichsanstalt. Wien.

*A n g e r e r (P. Leonhard). Kremsmünster.

*A n g e r m a n n (Claudius). Ingénieur des Mines. Lemberg.

A r b e s s e r (Max von). k. k. Oberbergrat im k. k. Finanzministerium. Wien.

*A r t h a b e r (Dr. Gustav von). Privatdocent de paléontologie à l'Université. Wien.

A s c h e r (Franz A.). Generaldirektor. Graz.

*B a c h t l e r (Dr. Julius). Wien.

B a r t o n e c (Franz). Inspecteur des mines. Siersza par Trzebinia.

B a r v í ř (Dr. Henri). Professeur. Prague.

*B a y e r (Dr. Franz). Professeur. Prague.

*B e c k (Dr. Heinrich). Assistant à l'Institut géologique de l'Université. Wien.

*Becke (Dr. Friedrich), Professeur de minéralogie à l'Université, Wien.

*Berwerth (Dr. Friedrich), Professeur à l'Université, Wien.

*Blaas (Dr. Josef), Professeur de géologie à l'Université, Innsbruck.

*Böhm Edler von Böhmersheim (Dr. August), Professeur adjoint à l'Ecole polytechnique, Wien.

*Brzezina (Dr. Aristides), ancien Directeur au Musée Imp. et R. d'histoire naturelle, Wien.

*Bukowski (Dr. Gejza von), Chefgeologe der k. k. Geologischen Reichsanstalt, Wien.

Bullmann (Josef), Ingénieur et Architect, Graz.

*Burgerstein (Dr. Leo), Wien.

Buschman (Ottokar Freiherr von), Ministerialrat im k. k. Finanzministerium, Wien.

Canaval (Dr. Richard), k. k. Oberbergrat, Klagenfurt.

*Commenda (Hans), k. k. Realschuldirektor, Linz.

Cornu (Felix), stud. phil., Graz.

*Crammer (Hans), k. k. Professor, Salzburg.

Daneš (Dr. Georg U.), Prague.

*Demmer (Dr. Fritz), Wien.

*Deutsch (Paul), stud. phil., Wien.

*Diener (Dr. Carl), Professeur à l'Université, Wien.

*Diener (Madame Mietze), Wien.

*Doblhoff (Josef Freiherr von), Wien.

Döll (Eduard), Realschuldirektor, Wien.

*Doelter (Dr. Cornelio), Professeur de minéralogie à l'Université, Graz.

*Dreger (Dr. Julius), Geologe der k. k. Geologischen Reichsanstalt, Wien.

*Eger (Dr. Leopold), Wien.

*Eichleiter (C. Friedrich), Chimiste de la k. k. Geologische Reichsanstalt, Wien.

*Eissler (Dr. Hermann), k. k. Kommerzialrat, Wien.

*Enderle (Dr. J.), Wels.

Fillunger (Dr. August), k. k. Bergrat, Zentraldirektor, Mährisch-Ostrau.

*Focke (Dr. Friedrich), Assistant au Musée de minéralogie et de petrographie de l'Université, Wien.

*Freytag (Georg), Libraire-éditeur, Wien.

Fritsch (Dr. Antoine), Directeur du Musée National, Prague.

*Fuchs (Dr. Theodor), Directeur au Musée Imp. et R. d'histoire naturelle, Wien.

*Fugger (Eberhard), ancien Professeur, Salzburg.

K. K. Geographische Gesellschaft, Wien.

*Geyer (Georg), Chefgeologe der k. k. Geologischen Reichsanstalt, Wien.

*Götzinger (Gustav), Assistant à l'institut géographique de l'Université, Wien.

*Gränzer (Dr. Josef), k. k. Realschulprofessor, Reichenberg.

Gröger (F.), Idria.

*Grund (Dr. Alfred), Wien.

Grzybowski (Dr. Josef), Privatdocent à l'Université de Cracovie.

*Gutmann (Max Ritter von), k. k. Bergrat, Wien.

*Hammer (Dr. Wilhelm), Assistent der k. k. Geologischen Reichsanstalt, Wien.

*Hasenöhrl (Dr. Fritz), Privatdocent à l'Université, Wien.

*Hassinger (Dr. Hugo), Wien.

*Hauser (A. A.), Ingenieur, Wien.

Hilber (Dr. V.), Professeur à l'Université, Graz.

*Hinterlechner (Dr. Karl), Adjunkt der k. k. Geologischen Reichsanstalt, Wien.

*Hlawatsch (Dr. Karl), Wien.

Hoefer (Hans), k. k. Hofrat, Professeur à l'Ecole des Mines, Leoben.

Hoernes (Dr. Rudolf), Professeur de géologie à l'Université, Graz.

Hofmann (Adolf), Professeur à l'Ecole des Mines, Příbram.

Holler (Dr. Anton), Primararzt, Graz.

*Holobek (Johann), k. k. Oberbergrat, Krakau.

Jahn (Dr. Jaroslav), Professeur à l'Ecole polytechnique tchèque, Brünn.

*John (Konrad von), k. k. Regierungsrat, Vorstand des chemischen Laboratoriums der k. k. Geologischen Reichsanstalt, Wien.

*Karschulin (Dr. Georg), Wien.

*Kerner (Dr. Fritz von), Geologe der k. k. Geologischen Reichsanstalt, Wien.

*Kittl (Ernst), Conservateur au Musée Imp. et R. d'hist. naturelle, Privatdocent à l'Ecole polytechnique, Wien.

Klepsch von Roden (Eduard), Exzellenz, wirklicher Geheimer Rat, Feldmarschalleutnant d. R., Wien.

*Knett (Josef), Stadtgeologe, Karlsbad.

*Koch (Dr. Gustav Adolf), Professeur de géologie à la k. k. Hochschule für Bodenkultur, Wien.

*Koechlin (Dr. Rudolf), Kustosadjunkt au Musée Imp. et R. d'histoire naturelle, Wien

*König (Dr. Friedrich), Wien.

*Kossmat (Dr. Franz), Adjunkt der k. k. Geologischen Reichsanstalt, Wien.

*Krahuletz (Joh.), Conservateur du Musée Krahuletz, Eggenburg, N.-Ö.

*Kremla (H.), Professor an der k. k. Höheren Lehranstalt für Wein- und Obstbau, Klosterneuburg.

Kretschmer (Franz), Ingénieur des Mines. Sternberg.

Kreutz (Dr. Felix), ancien Professeur à l'Université. Cracovie.

Kundrat Ritter von Lüftenfeld (Josef), k. k. Sektionschef a. D., Wien.

Langer (Emil), k. k. Hofrat. Příbram.

*Lechleitner (Dr. Hans), k. k. Professor. Linz.

*Lechner (Dr. Adolf). Wien.

*Limanowski (Miesislas). Zakopane.

Lippmann (Dr. E.). Professeur à l'Université. Wien.

*Loehr (August Ritter von). k. k. Regierungsrat. Präsident der Mineralogischen Gesellschaft. Wien.

*Löwl (Dr. Ferdinand). Professeur de géographie à l'Université, Czernowitz.

*Loziński (Dr. Walery Ritter von). Lemberg.

Machaček (Dr. Fritz). Gymnasiallehrer, Brünn.

*Makowsky (Alexander). Professeur à l'Ecole polytechnique allemande, Brünn.

*Marek (Dr. Richard). Assistant à l'Institut géographique de l'Université. Graz.

*Matosch (Dr. Anton). Bibliothécaire de la k. k Geologische Reichsanstalt. Wien.

Mazuřek (Dr. Paul Johann). Lemberg.

Miller-Aichholz (Dr. Heinrich von). Wien.

*Mojsisovics Edler von Mojsvár (Dr. Edmund). k. k. Hofrat, Wien.

*Müller (Hugo M.). Wien.

*Müller (Wilhelm). Libraire. Wien.

*Muck (Josef). Ingénieur des Mines. Wien.

*Niedźwiedzki (Dr. Julian). k. k. Hofrat. Professeur à l'Ecole polytechnique. Lemberg.

*Noë (Dr. Franz). k. k. Gymnasialprofessor. Wien.

*Ohnesorge (Theodor). Volontir der k. k. Geologischen Reichsanstalt. Innsbruck.

*Palacky (J.). Professeur de géographie à l'Université tchèque. Prague.

*Penck (Dr. Albrecht), k. k. Hofrat. Professeur de géographie à l'Université, Wien.

*Perlep (Dr. Franz), ancien Avoué. Wien.

Perner (Dr. Jaroslav). Adjoint au Musée National. Prague.

*Petrascheck (Dr. Wilhelm). Assistent der k. k. Geologischen Reichsanstalt, Wien.

Pfeiffer von Inberg (Rudolf), k. k. Berghauptmann a. D., Wien.

*Počta (Dr. Philippe), Professeur de paléontologie à l'Université tchèque, Prague.

*Poech (Franz), k. k. Oberbergrat, Wien.

*Pollack (Vinzenz), Inspektor des k. k. Eisenbahnministeriums a. D., Wien.

*Porsche (Dr. Josef), Adjoint à l'Institut géologique de l'Ecole polytechnique, Wien.

*Posch (Anton Edler von), k. k. Bergrat, Wien.

*Redlich (Dr. Karl A.), Privatdocent à l'Ecole des Mines, Leoben.

*Reger (Carl), Libraire, Wien.

Reyer (Dr. Eduard), Professeur de géologie à l'Université, Wien.

*Richter (Dr. Eduard), Professeur de géographie à l'Université, Graz.

*Rosiwal (August), Chefgeologe der k. k. Geologischen Reichsanstalt, Wien.

*Rücker (Anton), k. k. Oberbergrat, Wien.

Ryba (Dr. Franz), Privatdocent et Adjoint à l'Ecole des mines, Příbram.

*Rzehak (Dr. Anton), Professeur à l'Ecole polytechnique allemande, Brünn.

*Schaffer (Dr. Franz X.), Assistant au Musée Imp. et R. d'historie naturelle, Wien.

*Scharizer (Dr. Rudolf), Professeur de minéralogie à l'Université, Czernowitz.

*Schneider (Leopold), k. k. Bergrat, Wien.

*Schubert (Dr. Richard Joh.), Géologue de la k. k. Geologische Reichsanstalt, Wien.

*Schwippel (Dr. Karl), k. k. Schulrat, Gymnasialdirektor d. R., Wien.

*Seidl (Ferdinand), Realschulprofessor, Görz.

*Sieger (Dr. Robert), Professeur de géographie à l'Université, Wien.

*Sigmund (Alois), k. k. Professor, Wien.

*Slavík (Dr. Alfred), Professeur à l'Ecole polytechnique tchèque, Prague.

*Slavík (Dr. František), Prague.

Söhle (Dr. Ulrich), Großpriesen bei Aussig.

Spitzmüller (Rudolf), Oberinspektor der Österr.-Ungar. Bank i. R., Feldkirchen (Kärnten).

Stache (Dr. Guido), k. k. Hofrat, ancien Directeur de la k. k. Geologische Reichsanstalt, Wien.

*Suess (Eduard), Präsident der kais. Akademie der Wissenschaften, Wien.

*Suess (Dr. Franz Eduard), géologue de la k. k. Geologische Reichsanstalt, Wien.

-Švambera (Dr. V.), Docent de géographie à l'Université tchèque. Prague.

*Szajnocha (Dr. Ladislas), Professeur à l'Université de Cracovie.

*Teller (Dr. Friedrich). k. k. Bergrat. Chefgeologe der k. k. Geologischen Reichsanstalt, Wien.

*Tesseyre (Dr. W.), Lemberg.

*Tietze (Dr. Emil). k. k. Oberbergrat, Directeur de la k. k. Geologische Reichsanstalt, Wien.

*Tietze (Mademoiselle Gertrud). Wien.

*Tietze (Mademoiselle Hildegard). Wien.

*Toula (Dr. Franz). k. k. Hofrat. Professeur de géologie à l'Ecole polytechnique. Wien.

*Trener (Dr. Giovanni Battista). Praktikant der k. k. Geologischen Reichsanstalt. Wien.

*Troll (Oskar Ritter von). stud. phil., Krumbach, N.-Ö.

*Tschermak (Dr. Gustav). k. k. Hofrat, Professeur de minéralogie à l'Université, Wien.

*Uhlig (Dr. Viktor). Professeur de géologie à l'Université, Wien.

*Uhlig (Madame Luise). Wien.

*Urban (Dr. Hans). Sekretär des Vereins der Bohrtechniker, Wien.

*Urban (Madame Leopoldine). Wien.

*Vacek (Michael). Chefgeologe der k. k. Geologischen Reichsanstalt. Wien.

*Vetters (Dr. Hermann). Assistant à l'Institut géologique de l'Université. Wien.

*Viditz (Dr. Richard). Wien.

Vrba (K.). Conseiller aulique. Professeur à l'Université tchèque, Prague.

*Vuković (Adolf). Conseiller royal, Wien.

*Waagen (Dr. Lukas). Géologue de la k. k. Geologische Reichsanstalt, Wien.

*Wähner (Dr. Franz). Professeur à l'Ecole polytechnique allemande, Prague.

*Webern (Karl von). Ministerialrat im k. k. Ackerbauministerium. Wien.

Wisniowski (Dr. Thaddäus). Professor am VI. Gymnasium, Lemberg.

*Woldřich (Dr. Josef). Assistant à l'Institut géologique à l'Université tchèque, Prague.

*Woldřich (Dr. J. N.). Professeur de géologie à l'Université tchèque, Prague.

Želízko (J. V.), Assistant au Musée de la k. k. Geologische Reichsanstalt, Wien.

Zugmayer (H.), k. k. Kommerzialrat, Wien.

b) Hongrie.

*Bene (Géza de), Ingénieur en chef des Mines, Vaskő, par Német-Bogsán.

*Franzenau (Dr. A.), Custode du Musée national hongrois, Budapest.

*Franzenau (Madame). Budapest.

de Inkey (Béla). Propriétaire, Taródháza. p. Dömötöri.

*Koch (Dr. Antoine), Professeur de paléontologie et de géologie à l'Université, Budapest.

*Krenner (Dr. Josef), k. k. Hofrat, Professeur à l'Université, Budapest.

*Krenner (Mademoiselle Angela), Budapest.

*de Lóczy (Lajos), Professeur de géographie à l'Université, Budapest.

*Lörenthey (Dr. Imre), Agrégé de l'Université, Budapest.

*Nopsca (Dr. Franz Baron), Szacsal, Hátszeg.

*Szádeczky (Dr. Gyula), Professeur à l'Université, Kolozsvár.

*Themak (Prof. Ed.), Temesvár.

c) Bosnie-Hercegovine.

*Katzer (Dr. Friedrich), bosnisch-herceg. Landesgeologe, Sarajevo.

Belgique.

Andrimont (René d'), Ingénieur des Mines, Liège.

Arctowski (Henryk). Bruxelles.

*Bertiaux (Achille), Ingénieur au Corps des Mines, Conillet.

*Bodart (Maurice), Ingénieur civil des Mines, Dison.

*Fourmarier (J.), Ingénieur au Corps des Mines, Assistant de géologie à l'Université, Liège.

*Habets (Alfred), Professeur d'exploitation des Mines à l'Université, Liège.

d'Huart (Baron Raymond), Ingénieur civil des Mines, Chateau de Mauffrin, par Natoye.

Lohest (Max), Professeur de géologie à l'Université, Liège.

*Magery (Jules), ancien Directeur de l'Aachener Hüttenaktienverein, Namur.

*Mourlon (Michel), Directeur du Service géologique de Belgique, Bruxelles.

Paquet (Gérard Théodore), Capitaine d'infanterie retraité, Bruxelles.

Polak (Gaston), Ingénieur civil des Mines, Bruxelles.

*Renier (Armand), Ingénieur au Corps des Mines, Liège.

Rutot (Aimé Louis), Conservateur au Musée Royal d'histoire naturelle, Bruxelles.

Société Belge de Paléontologie et d'Hydrologie, Bruxelles.

Stainier (Dr. Xavier), Professeur à l'Institut agronomique de l'État.
Président de la Société belge de géologie, Gembloux.
*Toubeau (J.). Bruxelles.
Van den Broeck (Ernest), Conservateur au Musée R. d'histoire
naturelle, Bruxelles.

Brésil.
Hussak (Dr. Eugen), Géologue du Service géologique. São Paulo.

Bulgarie.
Bontschew (Dr. G.). Professeur. Sofia.
*Ischirkoff (Dr. A.). Professeur de géographie à l'Universite, Sofia.
*Theodoroff (Petko), Ingénieur des Mines. Sofia.
*Wankow (Dr. Lazar), Géologue d'État. Sofia.
*Zlatarski (Georges N.), Professeur à l'Université, Sofia.

Canada.
Ami (Dr. Henry M.), Membre Geological Survey of Canada, Ottawa.
*Bell (Robert), Directeur du Service géologique du Canada, Ottawa.
Kennedy (Thomas George), Professeur de géologie à Kings College,
Windsor, Nova Scotia.
Laflamme (Mgr. J. C. K.), Professeur à l'Université Laval, Quebec.
*Walker (Dr. T. L.), Professeur de minéralogie à l'Université, Toronto.

Danemark.
*Madsen (Dr. Victor), Staatsgeologe. Copenhague.
Steenstrup (Dr. K. J. V.), Copenhague.
Ussing (Dr. N.V.), Professeur de minéralogie à l'Université, Copenhague.

Égypte.
Hume (Dr. Frazer William), Membre du Service géologique de l'Égypte,
Caire.

Espagne.
*Almera (Jaime), Géologue, Barcelona.
*Bofill (Arthur), Secrétaire perpétuel de la Real Academia de Ciencias
y Artes, Barcelona.
Socorro (Le Marquis del), Professeur à l'Université, Madrid.

États Unis d'Amérique.
American Museum of Natural History, New York.
*Becker (George F.), U. S. Geologist-in-charge, Washington, D. C.
*Becker (Madame G. F.), Washington, D. C.

*Blackwelder (Elliot). Palaeontologist. Washington.

*Bickmore (Albert S.). Professeur à l'American Museum of Natural History, New York.

*Bickmore (Madame Albert), New York.

Branner (Dr. John C.). Professeur de géologie. Stanford University, California.

Clark (William Bullock). Professeur de géologie. Johns Hopkins University. Baltimore.

Cobb (Collier). Professeur de géologie à l'Université de Chapel Hill, North Carolina.

Crook (A. R.), Professeur de minéralogie au Northwestern University, Evanston, Ill.

Cross (Whitman). Geologist U. S. Geol. Survey, Washington. D. C.

Davis (W. M.), Professeur de géologie. Harvard University, Cambridge, Mass.

Dwight (William Buck). Professor of Natural history, Vassar College, Poughkeepsie, New York.

*Emmons (Samuel Franklin), U. S. Geologist-in-charge. President Geological Society of America, Washington, D. C.

*Emmons (Madame S. F.). Washington. D. C.

*Fairchild (Herman Le Roy), Professeur de géologie à l'Université de Rochester, Secrétaire de la Geological Society of America, Rochester. N. Y.

Frazer (Dr. Persifor), Professor Horton Soc. of Pennsylvania, Philadelphia.

Gulliver (Dr. Frederic Putnam), Southboro. Mass.

Hague (Arnold), U. S. Geologist-in-charge, Washington. D. C.

Hitchcock (Dr. C. H.), Professeur à Dartmouth College, Hannover, New Hampshire.

*Hopkins (T. C.). Professeur de géologie. Syracuse University, Syracuse, New York.

*Hovey (Dr. Edmund Otis), Paléontologue à l'American Museum of Nat. History, New York.

*Hovey (Madame E. O.), New York.

Iddings (Joseph Paxton), Professeur de pétrographie à l'Université, Chicago, Ill.

Kemp (James Furman), Professeur de géologie, Columbia University, New York.

Kunz (George Frederick), Expert pierres précieuses, Agent spécial U. S. Geological Survey, New York.

Leverett (Frank), Geologist U. S Geological Survey, Ann Arbor, Michigan.

Marsden Manson (Ph. D.). San Francisco, Ca.

Mathews (Edward Bennett), Professeur adjoint de minéralogie, Johns Hopkins University, Baltimore.

Prosser (Charles S.), Professeur de géologie, Ohio State University, Columbus (Ohio).

*Reid (Dr. Harry Feilding), Professor in John Hopkins University, Baltimore.

Rice (William North), Professeur de géologie, Wesleyan University, Midletown, Conn.

Ries (Dr. Heinrich), Professeur de géologie économique, Cornell University, Ithaca, N. Y.

*Schuchert (Charles), Assistant-Curator U. S. National-Museum, Washington, D. C.

*Spencer (Dr. J. W.) Washington.

*Spencer (Madame), Washington.

Stoek (Harry E.), Editor Mines and Minerals, Scranton, Pennsylvania.

*Van Hise (C. R.), Président et Professeur de l'Université de Wisconsin, Madison, Wisconsin.

*Van Hise (Madame Charles), Madison, Wisconsin.

*Van Hise (Mademoiselle), Madison, Wisconsin.

*Vaughan (Dr. Thomas Wayland), Palaeontologist U. S. Gological Survey, Washington, D. C.

Walcott (Charles D.), Director U. S. Geological Survey, Washington, D. C.

*Ward (H. A.), Chicago.

*Ward (Lester F.), Palaeontologist U. S. Geological Survey, Washington, D. C.

Washington (Dr. Henry S.), Locust, New Jersey.

Westgate (Lewis G.), Delaware, Ohio.

White (David), Geologist U. S. Geological Survey, Washington, D. C.

White (J. C.), State geologist of West Virginia, Morgantown, West Virginia.

Whitfield (Robert Parr), Professeur, Conservateur du département géologique de l'American Museum of Natural History, New York.

*Willis (Bailey), Géologue U. S. Geological Survey, Washington, D. C.

Winchell (Horace), Geologist for the Anaconda Copper Mining Co., Butte, Montana.

France.

*Allorge (Maurice), Paris.

*Aron (Alexis), Ingénieur au corps des Mines de France, Paris.

*Barrois (Dr. Charles), Professeur de géologie à l'Université, Lille.

*Barrois (Madame Charles), Lille.

*Barrois (Jean), Etudiant phil., Lille.

*Bergeron (Dr. Jules), Professeur à l'Ecole Centrale, Directeur adjoint du Laboratoire des recherches géologiques de la Faculté des Sciences, Paris.

Bernard (Augustin). Chargé de cours à la Sorbonne, Paris.

Bertrand (Leon), Professeur à l'Université, Toulouse.

Bertrand (Marcel Alexandre), Ingénieur en chef des Mines, Paris.

Bigot (Alexandre), Professeur de géologie et de paléontologie à
. l'Université, Caen.

*Bioche (Alphonse), Paris.

Bioche (Madame Alphonse), Paris.

Brongniart (Marcel), Licencié-ès-sciences, Paris.

Camena d'Almeida (P. J.), Professeur de géographie à l'Université, Bordeaux.

Carez (Dr. Léon), ancien Président de la Société géologique de France, Paris.

Cayeux (Dr. Lucien), Professeur à l'Institut national agronomique, Chef des travaux de géologie à l'Ecole des Mines, Paris.

*Charnisay (Philippe de), Ingénieur, Docteur en droit. Courbessac près Nimes.

Corbin (Paul), Ingénieur, Chedde, par le Fayet (Hte· Savoye).

Courty (Georges), Chargé de mission scientifique dans l'Amérique du Sud, Paris.

*Delépine (G.), Lille.

*Depéret (Charles), Professeur de géologie à l'Université, Lyon.

*Dollé (Louis), Assistant de géologie et de minéralogie à la Faculté des sciences, Lille.

Dollfuss (G. F.), Collaborateur principal à la Carte géologique de France, Paris.

Dollot (Auguste), Ingénieur, Correspondant du Museum d'Histoire naturelle, Paris.

Douvillé (Henri), Ingénieur-en-chef des Mines, Professeur à l'Ecole des Mines, Paris.

*Douxami (Dr. Henri), Agrégé de l'Université, Paris.

*Fabre (Georges), Conservateur des Eaux et Foréts, Délégué du Ministère de l'Agriculture de France, Nimes.

Fallot (E.), Professeur de géologie à l'Université, Bordeaux.

*Fèvre, Ingénieur en chef des Mines, Paris.

*Fliniaux (André), stud. geol., Lille.

Fouquet (Camille), Député, Paris.

Froideraux (Dr. Henri), Agrégé d'histoire et de géographie à la faculté des lettres, Paris.

Gaudry (Albert), Président de l Académie des sciences. Institut de France, Paris.

Geaudey (Ferdinand), Lyon.

Girardin (Paul), Professeur au Collège des hautes études sociales. Paris.

Glangeaud (Ph.), Professeur à l'Université. Clermont-Ferrand.

Gosselet (J.), Professeur honoraire de la Faculté des sciences. Lille.

Grand-Eury (François Cyrille). Correspondant de l'Institut. St Etienne.

Grossouvre (A. de), Ingénieur-en-chef des Mines. Bourges (Cher).

*Haug (Emile). Professeur-adjoint à la faculté des sciences de l'Université, Paris.

Janet (Léon), Ingénieur au Corps des Mines de France, Paris.

Kilian (W.), Professeur à l'Université, Collaborateur principal au Service de la Carte géol. de France, Grenoble.

Lacroix (A.), Professeur de minéralogie au Muséum d'histoire naturelle. Paris.

Lapparent (A. de). Professeur à la faculté catholique. Membre de l'Institut, Paris

Leriche (Maurice), Assistant de géologie à l'Université. Lille.

*Leroinville. Lieutenant au 36e Regt d'Infie offr d'ordonnance du Génl Commt la 10 brigade. Caen.

*Lory (Pierre). Chargé de conférences de géologie à l'Université. Grenoble.

Margerie (Emm. de), ancien Président de la Société géologique de France. Paris.

*Martonne (Emanuel de), Professeur de géographie à l'Université, Rennes.

*Morel (Dr. Albert). Chef des travaux du laboratoire de minéralogie à l'Université. Lyon.

Morette (A.). Elève-ingénieur au Corps des Mines. Orsay, Seine et Oise.

Nicklès (René), Professeur adjoint de géologie à l'Université. Nancy.

Nicou (Paul), Elève-ingénieur au Corps des Mines. Paris.

*Oehlert (Daniel). Secrétaire de la „Palaeontologia universalis". Laval.

*Oehlert (Madame Pauline). Laval.

*Offret (Albert), Professeur de minéralogie à l'Université. Vice-président de la Société de minéralogie. Lyon.

Penchinat (Auguste), Ingénieur chimiste. Délégué de la Soc. d'Etudes des sc. naturelles, Nimes.

Ramond (Georges), Assistant de géologie au Musée d'histoire naturelle de Paris. Neuilly-sur-Seine, près Paris.

Raveneau (Louis). Secrétaire de la rédaction des Annales de géographie. Paris.

*Reymond (Ferdinand), Veyrins, par les Aveniéres. Dt Isère.

Riche (A.), Chargé de cours à la faculté des sciences de l'Université. Lyon.

*Rouveure (Charles), Ingénieur civil des Mines. St. Etienne.

*Sayn (G.), Montvendre, par Chabeuil (Drôme).

*Stuer (Alexandre), Comptoir français géologique et minéralogique, Paris.

*Termier (Pierre). Ingénieur-en-chef des Mines, Professeur à l'Ecole des Mines, Paris.

Thevenin (Armand), Assistant de paléontologie au Muséum d'histoire naturelle, Paris.

*Thomas (Hippolyte), Chef des travaux graphiques de la Carte géologique de France. Paris.

Trapet (Louis Joseph), parmacien-major de 1ère classe de l'armée, Paris.

Trautner (Marcel), Professeur, Paris.

*Vaffier (Dr. A.), Chânes (par Crèches). Saône et Loire.

*Vélain (Charles), Professeur de géographie et physique à la Sorbonne, Paris.

*Vidal de la Blache. Professeur de géographie à l'Université (Sorbonne), Paris.

Zürcher (Philippe), Ingénieur-en-chef des Ponts et Chaussées, Collaborateur de la Carte géol. de France, Digne (Basses Alpes).

Grande-Bretagne.

Anderson (Richard John), Professeur à Queen's College, Galway (Irlande).

Bather (Dr. Francis Arthur), Assistant - Keeper Dept. of geology, British Museum, London.

*Bauerman (H.), Professeur de métallurgie, Royal Ordonance College. London.

Blanford (Dr. W. T.), London.

Bowman (H. L.), Demonstrator in mineralogy, University Museum, Oxford.

Brough (Bennett H.), London.

Cole (Grenville Arthur James), M. R. J. A. Professeur de géologie, Royal College of Science, Dublin.

Crick (George C.), Conservateur au British Museum of Natural History, London.

*Cullis (C. Gilbert), Professeur adjoint au Royal College of Science, London.

*Dixon (Ernest), Membre du Geological Survey, London.

*Falconer (John D.), M A. B. Sc. Assistant à l'Institut géologique de l'Université, Edinburgh.

*Geikie (Sir Archibald), ancien directeur du Service géologique de la Grande-Bretagne, London.

Graves (Henry G.). Ingénieur. London.

*Green (Upfield). Professeur. Harlesden-London.

*Griesbach (C. L.), ancien Directeur du Geological Survey of India. London.

*Griesbach (Miss Hilda). London.

*Hinton (Henry Arthur). Darlington.

*Hobson (Bernard). Professeur à Owens College. Manchester.

Kidston (Robert), F. R. S.. Stirling, Scotland.

*Louis (David A.), London.

Medlicott (Henry Benedict). ancien Directeur Geological Survey of India, Clifton, Bristol.

*Pocock (T. J.). Membre du Geological Survey. London.

*Reynolds (S. H.). Professeur de géologie a l'University College. Bristol.

Royal College of Science. Dublin.

*Skeats (Ernest W.), Demonstrator of geology, Royal College of Science. London.

*Sollas (Dr. J. W.). Professeur de géologie à l'Université, Oxford.

Stuart-Menteath (P. W.). Associé de l'Ecole Royale des Mines, London.

*Trechmann (Dr. Charles Otto). West Hartlepol.

White (J. Fletcher). Ingénieur des Mines. Wakefield, Yorkshire.

Young (Alfred Collet), London.

*Young (Dr. Alfred P.), London.

Gréce.

*Chalikiopoulos (Dr. Leonidas). Caire.

Indes Orientales.

*La Touche (Thomas H. D.). Superintendent Geological Survey of India, Calcutta.

Vredenburg (E.), Curator Geological Survey of India, Calcutta.

Italie.

Angelis d'Ossat (Gioacchino de). Privatdocent de géologie à l'Université, Rome.

Bassani (Dr. Francesco), Professeur de géologie et de paléontologie à l'Université. Naples.

Botti (Comm. Ulderigo), Reggio-Calabria.

Brugnatelli (Dr. Luigi). Professeur de minéralogie à l'Université, Pavia.

Canavari (Dr. Mario), Professeur, Directeur du Musée géologique de l'Université de Pisa.

Capacci (Cher Celso), Ingénieur des Mines, Florence.

*Capellini (Giovanni), Sénateur, Professeur de géologie à l'Université, Bologna.

*Capellini, (Dr. Carlo), Professeur, Parma.

*Cerulli-Irelli (Dr. Serafino), Teramo, Abruzzi.

Cocchi (J.), Professeur de géologie à l'Université, Florence.

Crema (Dr. Camillo), Géologue du R. Ufficio Geologico d'Italia, Rome.

*Dainelli (Dr. Giotto), Assistant au Musée géologique de l'Université, Florence.

De Marchi (Dr. Marco), Milano.

Dervieux (l'abbé Ermanno), Torino.

Di Stefano (Dr. Giovanni), Paléontologue au Corps des Mines d'Italie, Rome.

Fabre (René), Ingénieur, Directeur de la fabrique d'huile, Oneglia.

Ferraris (Erminio), Ingénieur des Mines, Monteponi (Sardaigne).

Franchi (Secondo), Ingénieur des Mines, Turin.

Issel (Arturo), Professeur de géologie à l'Université, Gènes.

Levi (Baron Adolfo S.), Florence.

Mariani (Dr. Ernesto), Professeur, Directeur du département géologique du Museo Civico, Milano.

Mattirolo (Ettore), Ingénieur au Corps Royal des Mines, Rome.

Meli (Romolo), Professeur de géologie à l'Ecole R. des Ingénieurs, Rome.

Novarese (Vittorio), Géologue du R. Ufficio Geologico d'Italia, Rome.

Platania (Gaetano), Professeur, Acireale.

Portis (Dr. Alessandro), Professeur de géologie à l'Université, Rome.

*Sabatini (Venturino), Ingénieur au Corps Royal des Mines d'Italie, Membre du bureau géologique, Rome.

Sacco (Dr. Federico), Professeur à l'Université et à la Scuola d'application per gl' Ingegneri, Castello del Valentino, Torino.

*Segré (Claudio), Ingénieur, Chef de division aux chemins de fer du réseau Adriatique, Ancona.

Società geologica Italiana, Rome.

Stella (Augusto), Ingénieur-géologue du R. Ufficio geologico d'Italia, Rome.

Vinassa de Regny (Paolo), Professeur de géologie à l'institut supérieur d'agriculture, Perugia.

Viola (Carlo), Professeur et Ingénieur des Mines, Rome.

Zaccagna (Domenico), Ingénieur au Corps Royal des Mines, Rome.

10

74

Japon.

*Inouye (Kiosuke), Ingénieur au Ministère imp. de l'agriculture et du commerce, Tokyo.

Ogawa (T.), Géologue du service géologique, Tokyo.

*Kotö (B.), Professeur à l'Université, Tokyo.

*Omori (Dr. F.), Professeur à l'Université, Tokyo.

Mexique.

*Aguilera (Joseph G.), Directeur de l'Institut géologique National, Mexico.

Pays Bas.

van Calker (Dr. F. P.), Professeur à l'Université, Groningue.

*Hubrecht (P. T.), cand. geol., Utrecht.

Portugal.

Choffat (Paul), Professeur, Lisbonne

Delgado (Joaquin Filippe), Directeur du Service géologique du Portugal, Lisbonne.

Gonçálvez-Guimarais (Dr. A.), Directeur du Musée géologique, Coimbra.

Lima (Wenceslau de), Professeur, Ministre des affaires étrangères, Lisbonne.

*Mendez Guerreiro (Jean Verissimo), Inspecteur des travaux publics, Lisbonne.

Société de géographie de Lisbonne, Lisbonne.

République Argentine.

*Hauthal (Rudolf), Professeur à l'Université de La Plata.

Museo Nacional, Buenos Aires.

Roumanie.

*Alimanestianu (Constantin), Directeur au Ministère de l'agriculture de l'industrie, du commerce et des domaines, Boucarest.

*Alimanestianu (Madame S.), Boucarest.

Licherdopol (Jean P.), ancien Professeur, Boucarest.

*Mrazec (Dr. Louis), Professeur de minéralogie à l'Université, Boucarest.

*Munteanu-Murgoci (Dr. G.), Professeur de collège, docent à l'Université, Boucarest.

*Popovici-Hatzeg (Dr. V.), Directeur de la Section géologique au Ministère des Domaines, Boucarest.

*Stefanescu (Grégoire), Professeur de géologie et de paléontologie à l'Université, Boucarest.

Stefanescu (Sabba), Directeur du Lycée St. Sabba, Boucarest.

Russie.

*Agafonoff (Dr. Valerian). Maître des conférences à l'Institut polytechnique, St. Pétersbourg.

*Alexeewsky (P.), cand. geol., Gatschina.

Amalitzky (Wladimir), Professeur à l'Université, Varsovie.

Androussoff (N.), Professeur de géologie à l'Université, Jourieff (Dorpat).

Armachewsky (P.). Professeur à l'Université, Kiew.

*Arschinow (Woldemar), Moscou.

*Beresowsky (Grigorowitsch), Nikolay

Bogdanowitsch (Charles), Ingénieur des Mines, Professeur à l'Ecole des Mines, St. Pétersbourg.

*Borissiak (A.). Géologue du Comité géologique, St. Pétersbourg.

Chrustschoff (Dr. Constatin v.), Professeur à l'Académie de médicine militaire, St. Pétersbourg.

Commission géologique de la Finlande, Helsingfors.

*Doss (Dr. Bruno), Professeur à l'Ecole polytechnique, Riga.

Gourow (Alexandre), Professeur de géologie à l'Université, Kharkow.

Guérassimow (Alexandre). Ingénieur des Mines, St. Pétersbourg.

*Inostranzeff (A.), Professeur émer. de l'Université Imp., St. Pétersbourg.

*Ivanoff (Leonid), Usine de Miass, gouv. Orenburg.

Jaczewski (Leonard). Ingénieur des Mines, Chef de l'Expédition géol. d'Jeniséi, St. Pétersbourg.

*Janischewsky (Michel). Professeur de paléontologie à l'Institut polytechnique, Tomsk.

Jasiński (Bronislaw), Ingénieur des Mines, Professeur à l'Ecole des Mines, Dombrowa.

Joukoffsky (Wladislas), Ingénieur des Mines, St. Pétersbourg.

Joukoffsky (Madame Hedwig), St. Pétersbourg.

*Karakasch (Dr. Nicolas), Privatdocent et Conservateur au Musée géologique de l'Université, St. Pétersbourg.

*Karandéeff (Wissarion). Alexejewskaia, gouv. Riasan.

Karpinsky (Alexandre). Directeur honoraire du Comité géologique de Russie, St. Pétersbourg.

*Klementz (Dmitry), Directeur du Musée Russe de l'Empereur Alexandre III, St. Pétersbourg.

*Kontkiewicz (Stanislas), Ingénieur des Mines. Dombrowa.

L e b e d e w (N. J.), Professeur de géologie à l'Ecole supérieure des Mines, Ekaterinoslaw.

L i s t o w (Juri von), Tscherkassy, gouv. Kiew.

*L o e w i n s o n - L e s s i n g (Dr. François). Professeur de minéralogie et de géologie à l'Institut polytechnique, St. Pétersbourg.

L o u t o u g i n e (Leonid). Géologue du Comité géologique, St. Pétersbourg.

M a k e r o w (Jacques), Conservateur au Musée géologique de l'Université, St. Pétersbourg.

M e i s t e r (Alexandre), Ingénieur des Mines, Géologue de l'expédition du Jenisei, St. Pétersbourg.

M i c h a l s k i (Alexandre), Géologie-en-chef du Comité géologique de Russie, St. Pétersbourg.

N e t c h v o l o d o f f (Alexandre de), Colonel d'État-major, Varsovie.

N i k i t i n (S.), Géologue-en-chef du Comité géologique de Russie, St. Pétersbourg.

O b r o u t s c h e f f (W. A.). Professeur à l'Institut polytechnique, Tomsk.

P a w l o w (A. P.), Professeur de géologie à l'Université, Moscou.

*P a w l o w (Alexandre W.), Privatdocent à l'Université Moscou.

P a w l o w (Madame Marie), Moscou.

*P e e t z (H. von), Privatdocent, Conservateur au Musée géologique de l'Université, St. Pétersbourg.

*P i a t n i t z k y (P.), Professeur de minéralogie à l'Université, Kharkow.

*P o k r o w s k y (Alexandre). Privatdocent à l'Université, Kharkow.

*P o l e n o w (Boris), Privatdocent le géologie à l'Université, St. Pétersbourg.

*P o p o f f (Boris), Conservateur au Musée géologique de l'Université, St. Pétersbourg.

*P o p o f f (Madame Nadine), St. Pétersbourg.

*P r a w o s l a w e w (Dr. Paul A.), Assistant à l'Institut géologique de l'Université, Varsovie

*P r e n d e l (Dr. Romulus), Professeur à l'Université, Odessa.

*R é v o u t z k y (Madame Elisabeth), Assistant au Cabinet minéralogique de l'Ecole supérieure pour les femmes, Moscou.

R i t t i c h (Pierre de), St. Pétersbourg.

*S a m o j l o f f (J.), Professeur de minéralogie à l'Institut agronomique supérieur, Nowo-Alexandria.

S c h m i d t (Fr.), Membre de l'Académie Impér. des Sciences, St. Pétersbourg.

S c h o k a l s k y (Jules de), Colonel de la marine imp., Professeur à l'Ecole de marine, Adjoint au président de la section de géographie phys. de la Soc. imp. de Géographie, St. Pétersbourg.

*S i d o r e n k o (Michael), Odessa.

*S i o m a (Dr. Joseph), Assistant au Cabinet minéralogique de l'Université, Varsovie.

*S m i r n o f f (Woldemar), Conservateur au Musée minéralogique de l'Université, St. Pétersbourg.

S t a h l (A. F.), Ingénieur des Mines, Varsovie.

*S t i b i n g (Léonid), Conservateur au Musée minéralogique de l'Université, St. Pétersbourg.

*S u s t s c h i n s k y (Pierre), Conservateur au Musée minéralogique de l'Université, St. Pétersbourg.

*T s c h e r n y s c h e w (Théodore), Directeur du Comité géologique de Russie, Membre de l'Académie imp. des sciences, St. Pétersbourg.

*T o l m a t s c h e w (J. P.), Conservateur au Musée géologique de l'Académie Impér. des sciences, St. Pétersbourg.

T o l m a t s c h e w (Madame Eugénie), née K a r p i n s k y, St. Pétersbourg.

T o u t k o w s k i (Paul), Membre associé du Comité géologique de la Russie, Kiew.

T z w e t a e w (Mlle. Marie), Moscou.

V e n u k o f f (P. N.), Professeur à l'Université St. Vladimir, Kiew.

*V e r n a d s k y (W.), Professeur de minéralogie à l'Université, Moscou.

*V o g d t (Constantin de), Conservateur au Musée géologique de l'Université, St. Pétersbourg.

*W o l f f (Erich, Baron), Ingénieur des Mines, Hinzenberg (Livland).

W o r o b i j e f f, Conservateur au Musée géologique de l'Académie des Sciences, St. Pétersbourg.

*Z e m j a t s c h e n s k y (Pierre), Professeur de minéralogie à l'Université, St. Pétersbourg.

Serbie.

*A n t o u l a (Dr. Dimitri J.), Géologue au Service des Mines, Belgrade.

*C v i j i ć (Dr. J.), Professeur de géographie à l'Université, Belgrade.

*R a d o v a n o v i ć (Dr. S.), Professeur à l'Université, Belgrade.

*R a d o v a n o v i ć (Madame S.), Belgrade.

Z u j o v i ć (J. M.), Professeur de géologie à l'Université, Belgrade.

Suède.

B ä c k s t r ö m (Dr. Helge), Chargé des cours à l'Université, Stockholm.

*H a m b e r g (Dr. Axel), Docent à l'Université, Stockholm.

*H e i m e r (Dr. August), Jönköping.

J o h a n s s o n (K.), Ingénieur des Mines, Wykmanshyttan.

*N a t h o r s t (Dr. Alfred Gabriel), Professeur, Membre de l'Académie R. de sciences, Stockholm.

*T ö r n q u i s t (Sv. Leonh.), Professeur à l'Université, Lund.

*W i m a n (Carl), Docent à l'Université, Upsala.

Suisse.

*Baltzer (Dr. A.), Professeur de géologie à l'Université. Bern.

Brunhes (Jean), Professeur de géographie à l'Université, Fribourg.

Duparc (Dr. Louis), Professeur à l'Ecole de chimie. Genève.

Forel (François Alphonse), Professeur honoraire à l'Université de Lausanne, Morges.

*Früh (Dr. Jakob), Professeur à l'Institut polytechnique, Zürich.

*Gobet (Louis). Professeur de géographie au Collège, Fribourg.

*Goll (H.), Paléontologue, Lausanne.

*Grubenmann (Dr. Ulrich). Professeur de minéralogie à l'Ecole polytechnique, et à l'Université, Zürich.

*Heim (Albert), Professeur de géologie à l'Université et à l'Ecole polytechnique, Président de la Commission géol. Suisse, Zürich.

*Heim (Arnold), cand. geol., Zürich.

Hugi (Dr. Emil), Assistant à l'Institut géologique de l'Université. Bern.

*Jaccard (Frédéric), Assistant à l'Université. Lausanne.

*Jerosch (Mademoiselle Marie), Assistant de géologie à l'Institut polytechnique, Zürich.

Kissling (Dr. E.), Privatdocent à l'Université. Bern.

*Lugeon (Maurice). Professeur à l'Université. Lausanne.

*Mayer-Eymar (Dr. Charles), Professeur de paléontologie à l'Université, Zürich.

*Mühlberg (Dr. M.). Aarau.

*Periraz (John), lic. ès sciences phys. et nat., Montreux.

Preiswerck (Dr. Heinrich), Assistant à l'Institut minéralogique de l'Université, Basel (Bâle).

*Ricklin (Maurice), Lausanne.

Schardt (Dr. Hans), Professeur de géologie à l'Académie de Neuchâtel. Veytaux près Montreux (Vaud).

Schmidt (Dr. Karl), Professeur de minéralogie à l'Université, Basel (Bâle).

Tobler (Dr. August), Privatdocent à l'Université, Basel (Bâle).

Transvaal-Colony.

Molengraaff (Dr. G. A. F.), Ancien Professeur à l'Université d'Amsterdam, ancien Directeur du Service géol. de la République Sud-Africaine, Président de la Geological Society of South Africa, Johannesburg.

Liste classifiée des membres.

	Membres inscrits	Membres présents
Algérie-Tunisie	2	2
Allemagne	124	87
Colonies Allemandes	1	1
Australie	2	—
Autriche-Hongrie :		
_a_) Autriche	165	123
_b_) Hongrie	12	11
_c_) Bosnie-Hercégovine	1	1
Belgique	18	8
Brésil	1	—
Bulgarie	5	4
Canada	5	2
Danemark	3	1
Égypte	1	—
Espagne	3	2
États-Unis d'Amérique	51	22
France	74	32
Grande-Bretagne	31	17
Grèce	1	1
Indes Orientales	2	1
Italie	34	6
Japon	4	3
Mexique	1	1
Pays Bas	2	1
Portugal	6	1
République Argentine	2	1
Roumanie	8	6
Russie	69	36
Serbie	5	4
Suède	7	5
Suisse	23	14
Transvaal-Colony	1	—
Totaux	664	393

Délégations.

—

Algérie.

Gouvernement général de l'Algérie: E. Ficheur.

Allemagne.

Kgl. Bayrische Akademie der Wissenschaften in München: P. Groth, A. Rothpletz, S. Finsterwalder.
Kgl. Akademie der Wissenschaften in Berlin: W. Branco.

Autriche-Hongrie.

Académie tchèque de l'Empereur François Joseph à Prague: J. N. Woldřich.
K. k. Geographische Gesellschaft in Wien: E. Tietze.

Belgique.

Ministère de l'industrie et du travail: M. Mourlon.
Société Belge de géologie etc.: M. Mourlon.
Administration des Mines de Belgique: A. Bertiaux.

Bulgarie.

Gouvernement princier de Bulgarie: G. Zlatarski.
Université de Sofia: G. Zlatarski.
Ministère du Commerce et de l'Agriculture: L. Wankow.

Canada.

Geological Survey of Canada, Ottawa: R. Bell.
Royal Society of Canada, Ottawa: R. Bell.

États-Unis d'Amérique.

National Academy of Sciences, Cambridge, Mass.: S. F. E m m o n s,
  G. F. B e c k e r. C. R. V a n H i s e.
Smithsonian Institution, Washington: Ch. S c h u c h e r t.
Geological Society of America: S. F. E m m o n s. H. L. F a i r c h i l d.
U. S. Geological Survey. Washington: S. F. E m m o n s. G. F. B e c k e r.
  Bailey W i l l i s. C. R. V a n H i s e. T. Wayland V a u g h a n.
Carnegie Institution. Washington: C. R. V a n H i s e.
Geological Society of Washington: S. F. E m m o n s. Bailey W i l l i s.
  T. Wayland V a u g h a n, Ch. S c h u c h e r t.
University of Wisconsin, Madison: C. R. V a n H i s e.
American Museum of Nat. History. New York: E. O. H o v e y.

France.

Ministère de l'Agriculture: G. F a b r e.
Société d'études des sciences nat. de Nimes: A. P e n c h i n a t.
Université de Lyon: C. D e p é r e t. A. O f f r e t.
Société géologique du Nord à Lille: Ch. B a r r o i s.
Université de Paris: E. H a u g.
Société française de minéralogie: A. O f f r e t.

Indes Orientales.

Geological Survey of India, Calcutta: C. L. G r i e s b a c h, Th. H. La
  T o u c h e.

Italie.

Ministère de l'Agriculture, de l'Industrie et du Commerce: G. C a p e l l i n i.
Società di studi geografici e coloniali in Firenze: G. D a i n e l l i.
Società geologica Italiana. Roma: G. C a p e l l i n i.
Comitato geologico d'Italia: C a p e l l i n i.

Japon.

Gouvernement du Japon: I n o u y e.
Service géologique du Japon: K. I n o u y e.

Mexique.

Gouvernement de Mexique: José G. A g u i l e r a.

République Argentine.

Gouvernement de la République Argentine: R. Hauthal.

Roumanie.

Académie Roumaine des sciences. Boucarest: G. Stefanescu.
Ministère de l'Agriculture, de l'Industrie, du Commerce et des Domaines:
    V. Popovici-Hatzeg, C. Alimanestianu.

Russie.

Gouvernement de la Russie: Th. Tschernyschew.
Haute École des Ingénieurs à Moscou: A. W. Pawlow.

Suède.

Gouvernement de Suède: A. G. Nathorst.
Académie royale des sciences à Stockholm: A. G. Nathorst.

QUATRIÈME PARTIE.

PROCÈS-VERBAUX DES SÉANCES.

I. Procès-Verbaux des Séances du Conseil.

Première Séance.

20 août 1903.

La séance est ouverte à 9 heures $^1/_2$. dans la petite salle des fêtes au palais de l'Université.

Le président du Comité d'organisation souhaite la bienvenue aux membres du Conseil.

Étaient présents:

Allemagne: MM. F. Beyschlag. W Branco. H. Credner. P. Groth, F. Zirkel.

Autriche-Hongrie: MM. F. Becke. J. Blaas. A. v. Böhm. C. Diener, E. Fugger. G. Geyer. M. v. Gutmann. F. v. Kerner. F. Noe, A. Makowsky, A. v. Posch. E. Richter, A. Rosiwal. A. Rücker, E. Suess, F. E. Suess, F. Teller, E. Tietze. F. Toula, G. Tschermak. V. Uhlig. F. Wähner. K. v. Webern. J. N. Woldřich.

Belgique: M. M. Mourlon.

Bulgarie: MM. L. Wankow. G. N. Zlatarski.

Canada: M. R. Bell.

États-Unis: MM. G. F. Becker. S. F. Emmons, H. L. R. Fairchild, E. O. Hovey.

France: MM. C. Barrois, A. Bioche, C. Depéret, E. Haug, D. Oehlert, A. Offret. C. Vélain.

Grande-Bretagne: MM. C L. Griesbach, J. W. Sollas.

Indes-Orientales: M. Th. H. D. La Touche.

Italie: M. G. Capellini.

Mexique: M. J. G. Aguilera.

Portugal: M. J. V. Mendez Guerreiro.

Roumanie: M. G. Stefanescu.

République Argentine: M. R. Hauthal.

Russie: MM. F. Loewinson-Lessing, T. Tschernyschew.

Sur la demande du président, le secrétaire-général donne lecture de la liste des délégués.

Le président prie le secrétaire-général de faire connaître les propositions du Comité exécutif concernant la composition du bureau du Congrès.

M. Barrois, appuyé par M. Tschernyschew, propose de nommer M. Suess deuxième président d'honneur. La proposition est vivement applaudie par le conseil. M. Suess remercie le conseil de cette preuve d'estime, dont il sait très bien apprécier la grande valeur, mais il décline cet honneur en déclarant, qu'il désire prendre librement part aux discussions de la session. M. Barrois prie de fixer tout de même sa proposition dans le procès-verbal.

La liste ci-jointe des membres du bureau proposée par le secrétaire-général est adoptée ensuite à l'unanimité.

M. Suess fait néanmoins observer, que le nombre des vice-présidents s'est trop accru par la tradition à l'usage à chaque session et prie le président de lui donner l'occasion dans une des séances prochaines de soumettre au conseil une proposition tendant à diminuer le nombre des vice-présidents.

Après quelques observations de MM. Barrois et Capellini le conseil remet la discussion de cette question à sa deuxième séance.

Le programme détaillé de la neuvième session du Congrès est soumis à l'approbation du Conseil et adopté.

Le secrétaire-général fait connaître les propositions du Comité exécutif concernant les présidents des diverses assemblées.

Sont choisis comme présidents :

Jeudi, 20 août.

Séance d'après-midi . . . . M. Emmons.

Samedi, 22 août.

Séance du matin . . . . M. Zirkel.
Séance d'après-midi . . . . M. Loewinson-Lessing.

Lundi, 24 août.

Séance du matin . . . . Sir Archibald Geikie.
Séance d'après-midi . . . . . . M. Heim.

Mercredi, 26 août.

Séance du matin . . . . M. Tschernyschew.
Séance d'après-midi . . . . . M. Barrois.

Jeudi, 27 août.

Section A . . . . M. Termier.
Section B . . . . M. Branco.
Section C . . . . M. F. v. Richthofen.
Section D . . . . M. Schmeisser.

La séance est levée à 10 heures ¹/₂.

Le secrétaire-général: **C. Diener.**

Bureau de la neuvième session du Congrès géologique international.

Ancien-Président: M. Capellini.

Président: M. E. Tietze.

Secrétaire-général: M. C. Diener.

Vice-Présidents:

Allemagne	MM. H. Credner.
	Freiherr v. Richthofen.
	Schmeisser, Zirkel.
Autriche-Hongrie	E. v. Mojsisovics.
Belgique	Mourlon.
Bulgarie	Zlatarski.
Canada	Bell.
Espagne	Almera.
États-Unis	Emmons. Van Hise.
France	Barrois.
Grande-Bretagne	Sir Archibald Geikie.
Indes Orientales	Griesbach.
Japon	Inouye.
Mexique	Aguilera.
Portugal	Mendez Guerreiro.
République Argentine	Hauthal.
Roumanie	G. Stefanescu.
Russie	Inostranzeff,
	Loewinson-Lessing.
	Tschernyschew.
Suède	Nathorst.
Suisse	Baltzer, Heim.

Secrétaires:

MM. Abel, v. Arthaber. A. v. Böhm. Dollé. G. Geyer, Hammer. F. v. Kerner. Kossmat, P. Lory, Lugeon, Philippson, Schellwien, Teller.

Trésorier: M. M. v. Gutmann.

Deuxième Séance du Conseil.

22 août 1903.

La séance est ouverte à 9 heures du matin, sous la présidence de M. E. Tietze.

Étaient présents: MM. Aguilera, von Arthaber, Barrois, Becker, Bell, Branco, Capellini, Depéret, Diener, Dollé, Emmons, Fugger, Sir Arch. Geikie, Geyer, Griesbach, von Gutmann, Haug, Hauthal, Hovey, Loewinson-Lessing, Lory, Makowski, Mendez Guerreiro, Mourlon, Offret, Popovici-Hatzeg, von Richthofen, Rücker, Stefanescu, Suess, Tietze, Tschernyschew, Uhlig, Wähner, Zirkel, Zlatarski.

Le procès-verbal de la séance du 20 août est lu et adopté.

MM. Suess et Capellini demandent que le nombre des vice-présidents soit réduit. Ils proposent, que les anciens présidents deviendraient vice-présidents aux congrès suivants, et si leur nombre n'était pas suffisant, on pourrait en nommer de nouveaux, bien qu'ils n'aient pas été présidents aux précédents congrès.

M. Tschernyschew émet un autre avis. Selon lui les vice-présidents doivent se faire les interprètes des voeux du congrès auprès de leurs gouvernements respectifs. Il propose par conséquent de nommer autant de vice-présidents, qu'il y a de nations représentées.

M. Suess ne s'oppose pas à cette demande mais il ajoute, qu'il serait peutêtre préférable de nommer un comité par nations, dont les membres n'auraient pas le titre de vice-présidents.

Le président met aux voix la proposition suivante, qui est adoptée d'une façon unanime: Le conseil nomme une commission, composée de MM. Suess, Capellini, Sir Arch. Geikie, Barrois, Tschernyschew, chargée de lui présenter une proposition tendant à restreindre le nombre des vice-présidents.

MM. Tschernyschew et Barrois demandent que les conférences, faites pendant la session ne dépassent pas comme durée 30 minutes et que le temps accordé aux réponses et à la discussion soit de 5 minutes pour chaque orateur.

Cette proposition est votée à l'unanimité.

M. Barrois présente le rapport de la Commission sur le prix Spendiaroff. Le conseil propose de décerner ce prix au professeur Brögger à Christiania. Ce vote doit être soumis à l'approbation de l'assemblée générale du 27 août.

MM. Tschernyschew et Barrois demandent la nomination d'un comité pour l'examen des travaux à faire en vue du prix Spendiaroff.

Ils demandent aussi à établir un roulement dans l'ordre des sujets donnés, savoir:

1º Pétrographie,
2º Géologie,
3º Paléontologie.

Cette proposition est adoptée à l'unanimité.

M. Suess est nommé président de la Commission pour le prix Spendiaroff.

En font partie: MM. Barrois, Diener, Sir Arch. Geikie, von Richthofen, Tietze, Tschernyschew.

M. Emmons formule au nom du gouverneur de l'exposition universelle à St. Louis une invitation aux membres du Congrès à se rendre au Congrès International des arts et des sciences de St. Louis.

La séance est levée à 10 heures.

Les secrétaires:
G. v. Arthaber.   **L. Dollé.**

Troisième Séance du Conseil.

24 août 1903.

La séance est ouverte à 9 heures du matin, sous la présidence de M. E. Tietze.

Étaient présents: MM. Aguilera, von Arthaber, Barrois, Becker, Bell, von Böhm, Branco, Capellini, Credner, Depéret, Diener, Dollé, Emmons, Fairchild, Finsterwalder, Sir Arch. Geikie, Geyer, von Gutmann, Haug, Hauthal, Heim, Hovey, von Kerner, Koch, Makowsky, Mendez Guerreiro, Noë, Offret, Philippson, Penck, Popovici-Hatzeg, Richter, von Richthofen, Sollas, Stefanescu, Suess, Tschernyschew, Van Hise, Willis, Zirkel, Zlatarski.

Le procès-verbal de la séance du 22 août est lu et adopté.

M. Barrois présente le rapport de la Commission chargée de l'examen de la question des vice-présidents:

„Le Conseil dans sa séance du 22 août a nommé une commission, composée de MM. Suess, Capellini, Sir Arch. Geikie, Barrois, Tschernyschew, chargée de lui présenter une proposition, tendant à restreindre le nombre des vice-présidents."

12

„La commission croit qu'il sera possible d'arriver indirectement à ce but, en modifiant la composition du conseil lui-même, et en appliquant strictement les termes du premier règlement de 1878 (p. 7)."

„Aux termes de ce règlement le conseil se compose:

1⁰ des membres du Comité fondateur (Pumpelly. Lesley).

2⁰ des membres du Comité d'organisation.

3⁰ des membres du bureau du Congrès.

4" des présidents actuels des sociétés géologiques, et des directeurs des grands services géologiques.

5⁰ des membres du Congrès que le conseil appellera à siéger dans son sein."

„Dans ces conditions les congressistes ayant siégé dans les précédents conseils, les délégués des divers pays ou sociétés savantes dûment accrédités, cesseraient de faire partie de droit du conseil — comme l'usage s'en était établi depuis le Congrès de Zurich (p. 47)."

„Le conseil, ainsi constitué, aurait une liberté entière pour fixer à son gré, suivant les circonstances et suivant les pays, le nombre des vice-présidents qu'il jugerait opportun."

„Le conseil de Vienne se bornerait à exprimer le voeu que le nombre des vice-présidents soit aussi restreint que possible."

„Nous proposons par conséquent à vos suffrages les trois propositions suivantes:

1⁰ Retour aux termes du règlement de 1878 pour la nomination des membres du conseil.

2⁰ Liberté absolue laissée à chaque conseil de fixer le nombre des vice-présidents de la session correspondante.

3⁰ Voeu que le nombre des vice-présidents soit aussi restreint que possible."

Ces propositions sont mises aux voix et sont adoptées par une grande majorité.

M. Finsterwalder présente le procès-verbal de la séance de la Commission internationale des glaciers du 22 août:

Protokoll der Sitzung der internationalen Gletscherkommission in Wien, 22. August 1903.

(Geographisches Institut der Universität.)

Beginn 9½ Uhr.

Anwesend die ordentlichen Mitglieder: Finsterwalder als Präsident, Nathorst, Reid, Richter; die korrespondierenden Mitglieder: Heim, Hamberg. Als Gäste: Peuck, Cvijić.

Der Präsident begrüßt die anwesenden Mitglieder und Gäste und überträgt Herrn H a m b e r g das Amt des Schriftführers; er berichtet über Zuschriften der Mitglieder v. S c h o k a l s k y und P o r r o, die ihr Fernbleiben von der Sitzung entschuldigen. Sodann legt er den Entwurf eines Berichtes über die Tätigkeit der Kommission während der letzten drei Jahre an den Kongreß vor. Der Bericht enthält außer geschäftlichen Mitteilungen die Resultate einer mathematischen Untersuchung des Vorsitzenden über die F o r e l - R i c h t e r sche Theorie der Gletscherschwankungen. Auf Antrag des Vorsitzenden wird dem Ehrenpräsidenten der Kommission Prinz R o l a n d B o n a p a r t e der Dank für die moralische und finanzielle Unterstützung ausgesprochen. Der Bericht des Vorsitzenden fand die Zustimmung der Kommission. Es wird beschlossen, den Bericht in der vorgelegten Form zur Publikation in den Comptes rendus zu empfehlen; für den Vortrag im Plenum wird aus praktischen Gründen eine Abkürzung und Popularisierung des theoretischen Teiles gewünscht.

Zum Vorsitzenden für die nächsten drei Jahre wurde einstimmig Herr H. F. R e i d aus Baltimore gewählt, als Schriftführer Herr M u r e t aus Lausanne, der das Amt schon bisher innehatte. Es wurden noch Vorschläge zur Verbesserung der Berichterstattung in den englischen Kolonien erörtert. Herr N a t h o r s t erklärt seinen Rücktritt von der Kommission und schlägt an seiner Stelle Herrn Baron de G e e r vor. Die Kommission nimmt mit Bedauern von dem Rücktritte des Herrn N a t h o r s t Kenntnis, dankt für dessen langjährige Tätigkeit und acceptiert seinen Vorschlag. Sie bittet schließlich Herrn N a t h o r s t, der Kommission als korrespondierendes Mitglied weiter anzugehören. Als weitere korrespondierende Mitglieder werden vorgeschlagen und einstimmig gewählt die Herren: Prof. Dr. A. B l ü m c k e aus Nürnberg, Prof. Dr. Hans H e s s aus Ansbach, Hofrat Prof. Dr. A. P e n c k aus Wien und Ingenieur George V a u x aus Philadelphia. Die Kommission votierte schließlich dem bisherigen Präsidium ihren besten Dank.

Die aus der Sitzung hervorgegangenen Beschlüsse und Wahlen unterliegen wegen der zur endgültigen Beschlußfassung nicht hinreichenden Zahl der anwesenden ordentlichen Mitglieder einer schriftlichen Bestätigung seitens der nicht anwesenden Mitglieder.

W i e n, den 22. August 1903.

Dr. Seb. F i n s t e r w a l d e r
Präsident der internationalen Gletscherkommission.

Axel H a m b e r g
Protokollführer der Sitzung.

12*

Liste des membres de la Commission internationale des glaciers.

(Mise à jour le 22 août 1903.)

Allemagne: Dr. S. Finsterwalder, prof. à l'école techn. sup., Munich, Leopoldstraße 51, Président.

Autriche: Dr. Ed. Richter, prof. à l'université, Graz, Körblergasse 7.

Danmark: Dr. K. J. V. Steenstrup, Copenhague, Forhaubnigsholm Allé 10

France: S. A. le prince Roland Bonaparte, Paris, 10, Avenue de Jena (Président d'honneur). — W. Kilian, prof. à l'université, Grenoble.

Grande-Bretagne: Douglas W. Freshfield, London, Airlie Gardens, Campden Hill, W.

Italie: Francesco Porro, prof., Genova, Salita S. Francesco de Paola 22.

Norvège: J. A. Öyen, Christiania, université.

Russie: le Colonel J. de Schokalsky, S. Petersbourg, Canal Cathérine 144.

Suède: Dr. F. V. Svenonius, Stockholm, Institut géologique.

Suisse: F. A. Forel, Morges. — E. Muret, chef du service des forêts du canton de Vaud, Lausanne.

Terres polaires: le baron de Geer, prof. à l'université, Stockholm.

La lecture de ce procès verbal faite, M. Tschernyschew fait remarquer que la nomination du Colonel J. de Schokalsky en qualité de représentant de la Russie n'ait pas été soumise à l'approbation antérieure ni de la Société de géographie russe ni du Comité géologique de la Russie.

Le président, après observations de MM. Finsterwalder et Tschernyschew, constate que la Commission étant libre de choisir ses membres n'a pas eu l'intention d'empiéter sur un droit des dites corporations.

M. Aguilera, au nom du gouvernement mexicain, invite le Congrès à tenir sa dixième session en 1906 à la ville de Mexico.

M. Bell invite le Congrès à se réunir en dixième session au Canada.

Le président donne lecture d'une lettre de M. Molengraaff (au nom de la Geological Society of South Africa), demandant une réunion du Xème Congrès géologique international à Johannesburg dans l'Afrique du Sud.

Une discussion s'engage, à laquelle prennent part MM. Capellini, Penck, Suess et Barrois. Le président, se faisant l'interprète de la plupart des membres du conseil, demande que la question des invitations soit remise à une séance ultérieure. Cette proposition est adoptée.

M. Emmons fait une proposition relative à la création d'un Institut-modèle de géophysique, permettant d'aborder par des recherches de laboratoire l'étude des problèmes géologiques qui entrainent de nouveaux progrès en chimie et en physique.

Le conseil appuie cette proposition, qui sera soumise à l'approbation du Congrès dans sa dernière assemblée générale.

La séance est levée à 10 heures.

Les secrétaires:

L. Dollé.   A. Philippson.

Quatrième Séance du Conseil.

26 août 1903.

La séance est ouverte à 9 heures du matin sous la présidence de M. E. Tietze.

Étaient présents: MM. Aguilera, von Arthaber, Barrois. Becker, Bell, Beyschlag, Branco, Capellini, Diener, Dollé. Dreger, Emmons, Fairchild, Sir Arch. Geikie. Geyer, Griesbach, Hauthal, Heim, Hovey, von Kerner. Loewinson-Lessing, Mayer-Eymar, Offret, Penck. von Richthofen, Schmeisser, Schuchert, Stefanescu, Suess, Tschernyschew, Uhlig, Zlatarski.

Le procès-verbal de la séance du 24 août est lu et adopté.

M. Barrois présente le rapport de la Commission pour le prix Spendiaroff, qui après réunion. propose comme sujet de prix pour 1906:

„*Monographie d'un niveau stratigraphique determiné, sur des étendues du globe aussi grandes que possible.*"

L'examen des mémoires envoyés sera confié à la commission chargée du choix du sujet du prix, après un vote des membres du Congrès.

M. Stefanescu propose d'ajouter le nom de M. von Zittel à la liste des membres de la Commission du prix Spendiaroff.

Cette proposition est adoptée à l'unanimité.

Sir Archibald Geikie propose de nommer une nouvelle commission qui centraliserait les renseignements, méthodes et résultats scientifiques relatifs á la géologie, et qui sont hors de la compétence du Congrès. Cette commission fera.t en outre un relevé des instruments et méthodes donnant les meilleurs résultats dans les recherches géologiques.

Feraient partie de cette commission : MM. Karpinsky, Suess, Credner, Barrois, Sir Arch. Geikie, Becker.

Cette proposition est adoptée à l'unanimité.

L'ordre du jour appelle le choix du lieu de réunion du Xème Congrès géologique international. Prennent part à la discussion MM. Sir Arch. Geikie, Diener, Suess, Penck, Beyschlag, Schmeisser, Emmons, Loewinson-Lessing, Stefanescu, Bell, Aguilera, Hauthal.

La proposition du Mexique obtient une forte majorité.

Le conseil autorise le bureau du présent Congrès de s'adresser au Canada pour l'invitation du Xème Congrès au cas échéant, s'il y aurait des obstacles pour maintenir l'invitation du Mexique.

Le conseil exprime ses remerciments aux géologues du Mexique et du Canada.

L'invitation du Mexique sera soumise à l'approbation du Congrès dans sa dernière assemblée générale.

M. Barrois demande qu'il soit fait des demarches auprès des différents gouvernements afin d'être fixé sur le nom du pays où se réunira le XIème Congrès géologique international.

La séance est levée à 10 heures ½.

Les secrétaires:

C. Diener.   L. Dollé.

Cinquième Séance du Conseil.

27 août 1903.

La séance est ouverte à 9 heures ½ du matin, sous la présidence de M. E. Tietze.

Étaient présents: MM. Aguilera, v. Arthaber, Barrois, Becker, Branco, Capellini, Depéret, Diener, Dollé, Dreger, Emmons, Fairchild, Sir Arch. Geikie, Griesbach, Haug, Hauthal, Inouyé, v. Kerner, Mendez Guerreiro, Oehlert, v. Richthofen, Stefanescu, Suess, Tschernyschew, Uhlig, Zlatarski

Le procès-verbal de la dernière séance est lu et adopté.

M. O e h l e r t lit le rapport de la Commission de la „Palaeontologia Universalis".

MM. D e p é r e t et C a p e l l i n i émettent le vœu que des catalogues ou des publications de collections pour les descriptions des divers types des fossiles soient faits dans les revues scientifiques locales.

M. T s c h e r n y s c h e w remercie M. O e h l e r t du dévouement qu'il apporte à la publication de la „Palaeontologia Universalis".

Sir Archibald G e i k i e présente les rapports de la Commission des lignes de rivage de l'hemisphère Nord et de la Commission de coopération internationale dans les investigations géologiques.

Le président demande que conformément à la décision du VIIIème Congrès à Paris il ne serait accordé plus d'une feuille aux Comptes-Rendus des conférences faites pendant la session.

Cette motion est votée à l'unanimité.

La séance est levée à 10 heures.

Le secrétaire: **L. Dollé.**

II. Procès-Verbaux des Séances Générales.

Séance d'ouverture.

20 août 1903.

La séance est ouverte à 11½ heures dans la grande salle de fêtes au palais de l'Université, sous le haut protectorat de Son Altesse Impériale Monseigneur l'Archiduc Rainer et sous la présidence d'honneur de Son Excellence W. v. Hartel, ministre des cultes et de l'instruction publique.

Étaient présents environ 350 congressistes et un certain nombre de dignitaires invités par le comité à cette occasion solennelle. Nous citons ici entre autres Son Exc. le ministre président M. de Koerber, Son Exc. le ministre des chemins de fer M. de Wittek, Son Exc. le ministre de l'agriculture M. le baron de Giovanelli, Son Altesse le prince de Windischgraetz, président de la chambre des seigneurs, Son Exc. le feldmarschalleutnant M. Engel, commandant la ville de Vienne, M. Wurmb, chef de section au ministère des chemins de fer, M. le colonel Frank, commandant l'institut militaire de géographie, M. Strobach, premier maire-adjoint de la ville de Vienne, M. Schipper, Prorector de l'université, M. Bormann, doyen de la faculté des sciences, et M. le professeur Krafft, recteur de l'école polytechnique.

Son Altesse Impériale parut accompagné par Son Exc. le comte Orsini-Rosenberg. Avant le commencement de la séance Elle daigna se faire présenter plusieurs délégués et d'autres membres du congrès dans la salle du sénat. En ouvrant ensuite la séance Son Altesse Impériale prononça l'allocution suivante:

„Immer mehr wird der Wettbewerb der Völker auf wissenschaftlichem Gebiete durch die internationalen Kongresse und Versammlungen, welche die Männer der Wissenschaft zusammenführen, um Angelegenheiten ihrer Disziplinen zu erörtern, gefördert und geregelt.

Daß dabei die Geologie nicht zurückbleiben durfte, ist leicht verständlich. Ist sie ja doch eine Wissenschaft, welche dem menschlichen

Geiste hochbedeutsame Anregungen bietet, indem sie einen Blick in die Vergangenheit unseres Erdballes und in die Geschichte der Lebewesen vermittelt, und unbestritten ist ihre Bedeutung und Wichtigkeit für Industrie und Volkswirtschaft. Nachdem sich daher bereits im Jahre 1878 eine größere Zahl von Geologen verschiedener Staaten in Paris zusammengefunden hatte, ist seitdem die Bedeutung der internationalen Geologen-Kongresse mehr und mehr gewachsen. Auf den ersten Kongreß in Paris folgten die Versammlungen von Bologna, Berlin, London, Washington, Zürich und St. Petersburg und bei der vor drei Jahren abermals in Paris abgehaltenen Session des Geologen-Kongresses wurde Wien als der Ort der nächsten Tagung bestimmt. Mit Befriedigung wurde dieser Beschluß nicht allein von den beteiligten Fachleuten, sondern auch von anderen Kreisen in Österreich aufgenommen und bald war man hier in- und außerhalb Wiens, in allen Pflegestätten der österreichischen Geologie bei der Arbeit, um Vorbereitungen für den Wiener Kongreß zu treffen.

Dem Brauche dieser Kongresse gemäß wurde dabei ein besonderes Gewicht auf die Veranstaltung von Ausflügen gelegt, welche die Kenntnis des Landes den Fremden fachmännisch vermitteln sollen. Einen Teil derselben haben Sie bereits vor dieser Tagung durchgeführt. Ein anderer Teil wird während der Tagung und nach derselben folgen. Sie werden sich, wie ich hoffe, bei dieser Gelegenheit überzeugen, daß Ihnen in allen Teilen des Landes Sympathien für Ihre Bestrebungen entgegengebracht werden. Mit dem heutigen Tage aber beginnen Ihre Beratungen über einen Teil der Fragen, welche gegenwärtig im Vordergrunde des Interesses für Ihre Wissenschaft stehen. Für diese Beratungen und Verhandlungen wünsche ich Ihnen den besten Erfolg, und indem ich Sie an dieser Stelle willkommen heiße, erkläre ich die neunte Session des internationalen Geologen-Kongresses für eröffnet."

M. W. v. Hartel, Ministre des cultes et de l'instruction publique, prend ensuite la parole:

„Mit Freude begrüße ich Sie im Namen der Regierung, die Sie hier aus nah und fern sich vereinigt haben, um in unserem durch die Verschiedenartigkeiten seines Baues in so hohem Grade ausgezeichneten und eigenartigen Reiche Ihre neuen Anschauungen und Erfahrungen über die Struktur des Planeten auszutauschen und zu vergleichen.

Sie werden hier alte und junge Formationen sehen und auf diesem so gestaltungsreichen Boden altehrwürdige menschliche Kultur und junge Bildung, und diejenigen von Ihnen, welche Ihre Exkursionen nach dem Süden ausdehnen werden, werden auch jüngste Zivilisation zu sehen Gelegenheit haben. Verschiedene Völker mit eigenen Sprachen,

Sitten und Trachten werden Sie antreffen, bei allen aber eine herz-
liche Aufnahme und eine aufrichtige und warme Verehrung für die
Wissenschaft überhaupt und insbesondere ein allgemeineres Interesse
für Geologie finden. Wie sollte es auch anders sein in einem Reiche,
in welchem die Schätze des Bodens von jeher einen so beträchtlichen
Teil des Volkswohlstandes ausmachen, die mit der Wünschelrute
geologischer Wissenschaft leicht entdeckt und mit ihrer Hilfe sicher
gehoben werden können?

Wenn demnach, wie anderswo, so bei uns das Bedürfnis des
Lebens zu geologischen Forschungen angeregt hat und die werdende
Wissenschaft um ihrer praktischen Erfolge willen schätzen lehrte,
indem ja in zahlreichen Fällen von dem Urteile des Geologen über
die Beschaffenheit einer Gegend die Inangriffnahme oder Weiterführung
bestimmter Arbeiten abhängig erscheint, so ist doch die Beschäftigung
mit praktischen Fragen der Entwicklung der Theorie und der Erwerbung
jener Erkenntnisse, welche zunächst nur ein theoretisches Interesse
bieten, nicht nachteilig gewesen; befruchten sich ja Theorie und Praxis
kaum in einer anderen Wissenschaft in gleichem Maße.

Beide Seiten aber, Theorie und Praxis, haben bei uns in Österreich
eine gleichmäßige Pflege gefunden. Wir rühmen uns dessen nicht,
sondern halten es für eine Folge der natürlichen Lage der Dinge und
der gesunden Einsicht jener Männer, die auf diesem Gebiete richtung-
gebend waren, daß Österreich mit zu den ersten Staaten zählt, welche
ein selbständiges Institut für geologische Landesaufnahmen errichtet
haben, daß bei uns nicht lange darauf begonnen wurde, die geologischen Doktrinen von den mineralogischen Lehrkanzeln abzutrennen
und für sie an den Hochschulen selbständige Professuren zu schaffen,
daß später der Paläontologie an vielen unserer Hochschulen eine
selbständige Vertretung und besondere Institute gewidmet wurden
und daß anderseits durch außerordentliche Professuren für Petrographie
sowie in Wien durch Gründung einer zweiten selbständigen Lehrkanzel
für Geographie, nämlich durch die Scheidung der physischen und
historischen Geographie, die eingreifendere Behandlung aller mit der
Geschichte der Erde in Verbindung stehenden Zweige der Natur-
wissenschaften ermöglicht worden ist. Diese Reihe von Maßregeln,
von meinen Vorgängern im Amte planmäßig verfolgt, von mir selbst
gern weitergeführt, ist es, die Ihnen, meine Herren, die Sie gewohnt
sind, nach Tatsachen und nicht nach Worten zu urteilen, die Unterrichts-
verwaltung wie zum Gruße heute vorführt. Inwieweit der richtige
Weg eingeschlagen wurde und wie weit die Erfolge den Absichten
entsprechen, werden Sie, die großen Meister des Faches, selbst zu
beurteilen haben.

Nicht aber die, wenn auch der Anerkennung nicht unwürdigen Leistungen dieses Staates und anderer Staaten für sich haben die Entwicklung der Geologie auf jene Höhe gebracht, die sie heute einnimmt. Die Quelle dieser mächtigen Entwicklung, der großartige Ausbau Ihrer Wissenschaft nach Form und Inhalt, nach Genauigkeit und Strenge der Methoden sowie nach Sicherheit und Reichtum der Resultate entspringt vielmehr dem einträchtigen Zusammenwirken aller Staaten und Nationen und hat sich durch das Mittel Ihrer Kongresse, welche Mitglieder fast sämtlicher Staaten der Erde vereinigen, vollzogen. Sie haben damit wieder in glänzender Weise gezeigt, was sich durch den Zusammenschluß zersplitterter Kräfte erreichen läßt, und sind so vorbildlich geworden für jene Schöpfung unserer Tage, die Association générale der größeren Akademien und Institute, welche auf anderen Gebieten der Natur- und Geisteswissenschaften an die Lösung von Aufgaben herantritt, denen ein einzelner Staat oder ein einzelnes Institut mit seinen Mitteln und Kräften nicht gewachsen ist, und auf planmäßig vorbereiteten Wegen höchste Ziele zu erreichen strebt.

Indem ich hoffe und wünsche, daß ein reicher Ertrag Ihrer Beratung auch diesem Kongresse nicht fehlen werde, wiederhole ich den Gruß der Regierung. Unsere schönen Berge erwarten nun Ihren Besuch, erwarten den befragenden Schlag Ihrer Hämmer. Glück auf!"

M. E. Schipper, recteur de l'Université, souhaite la bienvenue aux Congressistes au nom de l'Université.

„Hochansehnliche Versammlung!

Es ist mir eine große Ehre und Freude, den IX. Internationalen Geologen-Kongreß hier im Namen des akademischen Senats begrüßen und willkommen heißen zu dürfen. Der akademische Senat hat Ihnen, hochgeehrte Herren, gern die Hochschule und sonstigen Räume dieses schönen Heims der Wissenschaft zur Abhaltung Ihrer Versammlungen und Sektionssitzungen zur Verfügung gestellt. Denn die allumfassende Kulturmission einer Universität kann kaum einen schöneren Ausdruck finden, als wenn sich in ihren Hallen von Zeit zu Zeit aus allen zivilisierten Ländern der Welt Männer der Wissenschaft zur Förderung eines besonderen Zweckes vereinigen. Und welchem Wissenschaftsgebiete könnte eine solche allgemeine Vereinigung aller ihm sich widmenden Kräfte näher liegen als dem Ihrigen, das von der wissenschaftlichen Kenntnis des Baues der Erde handelt.

Aber indem Sie so Ihr großes Forschungsgebiet mit gemeinsamen Kräften auszubauen bestrebt sind, erfüllen Sie noch eine höhere

13*

Kulturmission, die auch Ihrem Kongresse, ähnlich wie allen großen internationalen wissenschaftlichen Versammlungen, die fast alljährlich und mit Vorliebe in den europäischen Hauptstädten tagen, eine besondere Bedeutung verleiht. Dadurch, daß sie aus allen Ländern und Weltteilen die Geister, die sich auf anderen Gebieten öfters befehden, zusammenführen zur Anerkennung und Förderung gemeinsamer, hoher, über die Fragen des Nationalitätenhaders weit hinausgehender idealer Aufgaben und Ziele, stärken Sie die mehr und mehr durchdringende Überzeugung, daß schließlich die Gemeinsamkeit der kulturellen Interessen auch zu einem friedlichen Zusammengehen der Völker führen muß und führen wird. Solchen idealen Bestrebungen der Wissenschaft ein gastliches Obdach darbieten zu können, wird jede Universität sich zur hohen Ehre anrechnen. Und so heiße auch ich Sie im Namen unserer Hochschule, von der so viele hervorragende Mitglieder Ihrem Kongreß angehören, hier herzlich willkommen und wünsche Ihren Verhandlungen den schönsten Verlauf und reichen wissenschaftlichen Erfolg."

M. E. Schipper est suiv à la tribune par M. Strobach, maire-adjoint de la ville de Vienne, qui salue le Congrès au nom de la commune.

„In meiner Eigenschaft als geschäftsführender Vize-Bürgermeister habe ich die hochverehrten Herren Teilnehmer an dem IX. Internationalen Geologen-Kongresse namens der Reichshaupt- und Residenzstadt Wien auf das Herzlichste zu begrüßen.

Es gereicht der Stadt Wien zur besonderen Ehre und Freude, eine so stattliche Anzahl hervorragender Männer der Wissenschaft in ihren Mauern zu beherbergen.

Ich hoffe, daß sich die hochverehrten Herren in den wenigen Tagen, welche sie in unserer lieben Kaiserstadt zubringen, wohl und heimisch fühlen mögen und wünsche ihren wichtigen Beratungen und Exkursionen den besten Erfolg."

Après ces discours de bienvenue la parole est prise par M. Capellini, ancien président du Congrès de Bologne.

„Monseigneur!

Messieurs les membres du Congrès!

Les membres du 2me Congrès international de Géologie à Bologne en 1881 m'ayant fait l'honneur de m'élire leur Président, c'est à ce titre que dans cette circonstance solennelle je me trouve investi de la mission de me faire l'interprète des sentiments de cette brillante assemblée.

C'est vraiment avec une bien vive émotion que nous voyons notre assemblée présidée par Son Altesse Impériale l'Archiduc Rainer, curateur de l'Académie des Sciences.

S. A. I. ayant daigné accepter le Haut Protéctorat de ce neuvième Congrès, par son heureuse influence en avait assuré d'avance sa parfaite réussite.

Monseigneur! Au nom des géologues, et de tous ceux qui s'intéressent aux progrès des sciences je suis fier de pouvoir exprimer à Votre Altesse Impériale les sentiments affectueux de la plus vive reconnaissance.

Les aimables paroles que Votre Altesse Impériale nous a fait l'honneur de nous adresser, resteront à jamais gravées dans nos coeurs.

Son Excellence W. de Hartel, ministre des cultes et de l'instruction publique, qui a bien voulu se charger de la Présidence d'honneur, témoigne d'une manière éloquente que le Gouvernement autrichien, fidèle à ses nobles traditions, aime à donner son appui et son encouragement aux études géologiques.

De la part encore du Gouvernement italien qui s'intéresse d'une manière toute particulière de notre Congrès depuis son origine, pour notre Président d'honneur l'assurance de la gratitude la plus sincère.

Monsieur le Maire, qui honore de sa présence cette assemblée et qui nous a adressé des paroles si aimables de bienvenue prouve à tous que le culte des sciences géologiques est d'ancienne date dans cette noble ville de Vienne. De la courtoisie et de la cordialité viennoise nous avons déjà reçu bien de témoignages et je prie Monsieur le Maire de vouloir bien agréer nos meilleurs remerciments. De même, je crois bien interpréter les sentiments de l'assemblée en adressant aussi des remerciments à Monsieur le Recteur et au Sénat de l'Université pour l'hospitalité qu'ils viennent de nous accorder.

Qu'il me soit permis enfin d'exprimer la reconnaissance de tous au Président du Comité d'organisation à Mr. le directeur Tietze qui déjà à Bologne a si bien mérité des Congrès en proposant au nom des géologues autrichiens l'exécution d'une Carte géologique d'Europe. Cette initiative a eu pour résultat l'unification du coloriage et de la nomenclature géologique. Je remercie aussi tous ceux qui ont contribué à préparer ce neuvième Congrès admirablement organisé; qu'ils veuillent bien agréer nos compliments.

La carte géologique d'Europe votée à Bologne en 1881, après des nobles et pénibles efforts est maintenant un fait accompli; par les soins que le Comité d'organisation a voulu se donner, le succès de notre neuvième Congrès à Vienne est assuré.

Monseigneur! Messieurs les membres du Congrès! Je crains d'avoir exprimé d'une manière bien imparfaite les sentiments qui nous animent dans cette circonstance. Je regrette vivement que notre éminent confrère, Monsieur Albert Gaudry, président du huitième Congrès à Paris, n'ait pu venir à mon aide, car il aurait été un interprète plus éloquent que moi: aussi je réclame toute votre aimable indulgence."

M. Ch. Barrois, secrétaire-général de la dernière session du Congrès à Paris, prend alors la parole et propose la ratification par l'assemblée de la constitution du bureau du présent Congrès, telle qu'elle a été élaborée le matin par le conseil.

Discours de M. Barrois:

„Monseigneur, Mesdames, Messieurs!

J'ai le rôle ingrat de représenter le passé et la tradition dans une assemblée qui doit se préoccuper de l'avenir, et ma tâche se réduira à vous indiquer notre bureau.

Avant de présenter à vos suffrages, au nom du conseil, le nouveau bureau qui dirigera vos travaux, permettez-moi cependant de vous exprimer au nom du savant éminent qui présida le Congrès de Paris, ses regrets de ne pouvoir assister à cette séance. Actuellement Président de l'Académie des sciences, M. Albert Gaudry s'est trouvé retenu à Paris par les soins de sa charge. Il se rappelle que si le Congrès de 1900, qui devait se tenir à Vienne, s'est tenu à Paris, cela a été dû à la grande bienveillance des savants autrichiens et il aurait été heureux de leur en témoigner sa reconaissance, et aussi de leur dire son admiration pour leurs oeuvres géologiques. Il m'a chargé de le dire en son nom.

Les recherches éxécutées en Autriche par tant d'hommes éminents touchent à tous les cotés de la géologie, et chaque année a marqué chez vous un progrès nouveau de la science depuis Haidinger et von Hauer jusqu'à nos jours. La continuité de vos progrès n'a été interrompue semble-t-il que par une impulsion brusque, partie de Vienne, et communiquée aux géologues du monde entier, par la synthèse puissante de M. Suess. Aussi les représentants de tous les pays, assemblés en conseil ont voulu témoigner à M. Suess leur reconaissance en le proclamant deuxième Président d'honneur de ce Congrès. Nous avons le regret de vous dire que M. Suess a cru devoir décliner cet honneur: il veut prendre librement part à vos discussions.

Le nouveau bureau que le conseil présente aux suffrages du Congrès et que nous vous prions de nommer par acclamation, est composé de la façon suivante.

Ancien-Président: M. Capellini.

Président: M. E. Tietze.

Secrétaire-général: M. C. Diener.

Vice-Présidents:

Allemagne . . . . MM.	H. Credner, Freiherr v. Richthofen, Schmeisser, Zirkel.
Autriche-Hongrie	E. v. Mojsisovics.
Belgique	Mourlon.
Bulgarie	Zlatarski.
Canada	Bell.
Espagne	Almera.
États-Unis	Emmons, Van Hise.
France	Barrois.
Grande-Bretagne	Sir Archibald Geikie.
Indes Orientales	Griesbach.
Japon	Inouye.
Mexique	Aguilera.
Portugal	Mendez Guerreiro.
République Argentine	Hauthal.
Roumanie	G. Stefanescu.
Russie	Inostranzeff, Loewinson-Lessing, Tschernyschew.
Suède	Nathorst.
Suisse	Baltzer, Heim.

Secrétaires:

MM. Abel, v. Arthaber, A. v. Böhm, Dollé, Geyer, Hammer, F. v. Kerner, Kossmat. P. Lory, Lugeon, Philippson, Schellwien, Teller.

Trésorier: M. v. Gutmann."

Les propositions sont adoptées par acclamation. M. Barrois remet alors la présidence du IX. Congrès à M. Tietze.

Discours de M. Tietze:

„Monseigneur, Mesdames et Messieurs!

Permettez moi de vous dire les remerciments les plus sincères pour mon compte, comme au nom des autres fonctionnaires du bureau, que vous venez de nommer. Je vous remercie de la confiance que

vous nous prouvez par votre vote et de l'honneur que vous nous
conférez par cette confiance. De même je suis bien reconnaissant des
paroles bienveillantes que le digne président du congrès de Bologne
a bien voulu adresser aux organisateurs de la réunion de Vienne. Mais
j'avoue que pour ma part je ne peux accepter la présidence d'une si
illustre assemblée qu'en me reposant sur votre indulgence sous bien
des rapports, surtout. si je prends en considération les circonstances,
qui ont précédé la constitution définitive de notre comité d'organisation.

Selon la composition originaire de ce comité la place, que
j'occupe à présent aurait dû être occupée plus dignement par un
savant, dont le mérite surpasse bien le mien et dont la haute répu-
tation dans le monde scientifique l'a placé dans les premiers rangs des
géologues contemporains. Je parle de l'illustre Nestor des géologues
autrichiens, de Monsieur le professeur Suess. C'est lui qui était à la
tête de notre organisation au commencement du travail m'ayant à
son coté comme secrétaire général. Mais à notre regret il a refusé de
remplir à la longue la charge du président à cause des fatigues et
des inconvénients, qu'elle semblait imposer à son âge avancé. Néanmoins nous avons été assez heureux de le voir garder son siège dans
notre comité, où il n'a jamais manqué à nous aider de ses bons conseils et de son expérience étendue. Je me permets de l'en remercier
ici publiquement devant vous et de lui rendre tous les hommages
mérités par son zèle pour la cause du congrès.

Mesdames et Messieurs! C'est déjà depuis longtemps que nous
avons remué le projet d'inviter le congrès géologique international ici
à Vienne. Notre première tentative dans ce sens a été faite déjà à
l'occasion du congrès de Londres. tentative. il faut l'avouer encore
un peu timide et restée sans conséquences. Certes il me faudrait
cacher la vérité si je voulais affirmer. que notre désir de voir chez
nous cette réunion de savants se soit manifesté sans aucune hésitation
et sans quelques craintes, vue la grande responsabilité d'une telle
entreprise et vues les difficultés des arrangements à prendre. difficultés
qui chez nous, vous pouvez le croire, ne paraissaient en effet pas
moindres qu'ailleurs. Si nous doutions un peu de la réussite de notre
projet, nos doutes devaient même augmenter avec le temps. lorsque
nous voyions de quelle habileté les congrès géologiques avaient été
préparés par nos prédécesseurs et de quelle grâce les comités d'organisation des sessions antérieures jusqu'ici ont su accomplir leur tâche.

Mais enfin il nous fallait mettre de coté chaque hésitation, nous
ne pouvions plus longtemps différer de remplir un devoir international
envers nos confrères à l'étranger et peut-être puis-je ajouter un devoir
aussi envers nous-mêmes.

Veuillez, Mesdames et Messieurs, me permettre de m'expliquer un peu plus amplement à propos de ce que j'entends par ce devoir envers nous-mêmes.

C'est dans cette intention que je veux dire d'abord quelques mots sur les congrès en général. L'institution des congrès scientifiques s'est grandement développée dans la dernière moitié du siècle passé, mais à peine ce développement fait, on entend des voix, qui prétendent que l'institution en question soit déjà un peu surannée. On n'hésite cependant pas à admettre, que le contact personnel de tant de savants, qui souvent auparavant ne se connaissaient guère que de renom et par l'étude mutuelle de leurs travaux, puisse être avantageux pour un grand nombre de congressistes, mais on est quelquefois incliné à croire, que le profit à tirer de nos congrès ne se trouve pas toujours suffisamment en accord avec tout l'appareil de l'arrangement de ces réunions. Qu'on ne marche donc pas si vite et qu'on ne s'émousse pas prématurément sur les assemblées des savants.

Peut-être le scepticisme malin dont je viens de parler, pourrait avoir raison, si les problèmes à discuter commençaient à nous manquer et s'il nous fallait nous ambiliquer l'esprit à établir convenablement l'ordre du jour de nos séances. Nous en sommes encore bien loin. Ceux, qui étaient de même à poursuivre le mouvement scientifique produit par les congrès le savent bien et du reste ils ont appris à apprécier surtout une chose, savoir que les congrès préviennent l'isolement des idées et des études, sans toutefois en restreindre l'indépendance. S'il n'y avait que ce seul argument en faveur de nos réunions on pourrait en prouver leur raison d'être de toute certitude. Aussi ne voit-on guère d'autre expédient pour s'entendre sur certaines questions formelles comme par exemple sur la terminologie scientifique, quoiqu'on avouera volontiers et partout, qu'on ne puisse s'occuper de telles questions formelles à l'occasion de chaque session. Aussi les avons nous supprimées pour la nôtre. Mais il s'agit encore d'autre chose et c'est par là, que je reviens à l'explication du devoir que nous ressentions envers nous-mêmes en invitant ce congrès.

Nous avions le devoir de ne pas manquer une bonne occasion à faire valoir devant tout le monde chez nous et ailleurs le travail des géologues autrichiens.

Peut être vous ne me reprocherez pas trop de fatuité, si je dis, que l'Autriche occupe une place assez remarquée dans les études géologiques. Certes je n'en réclamerai pas le mérite entier pour les géologues autrichiens. Ce mérite est dû plutôt, au moins en grande partie, à la nature très compliquée et très variée de nos terrains, dont la simple description offre et offrira toujours un intérêt particulier.

14

C'étaient ces terrains, qui déjà depuis longtemps avaient attiré l'attention d'illustres savants étrangers comme par exemple des A m i B o u é, des B a r r a n d e, des S e d g w i c k, des M u r c h i s o n, des B u c h et des B e y r i c h, auxquels on doit d'importantes recherches faites dans nos montagnes à une époque, où la géologie chez nous commençait à peine sortir d'enfance. Mais on ne contestera non plus, que ces terrains ont trouvé aussi chez nous en Autriche de bons travailleurs, qui selon les moyens à leur disposition (au commencement encore quelquefois assez restreints) ont fait leur mieux pour déchiffrer ou au moins pour faire connaître les problèmes géologiques, qui se présentaient soit dans les Alpes, dans les montagnes illyriennes et dans la chaîne des Carpathes, soit dans les plaines onduleuses de la Galicie, soit enfin dans l'ancien massif de la Bohême et des pays qui l'environnent. C'est de cette manière que plusieurs contrées en Autriche comptent aujourd'hui parmi les pays quasi classiques de la géologie et que quelques uns de nos terrains comme par exemple les terrains triassiques des Alpes servent géologiquement parlant de types modèles pour de vastes régions du globe, où affleurent des couches ou des roches semblables à celles de nos montagnes.

Or, en vous rendant en si grand nombre à notre invitation vous nous donnez le témoignage bien précieux, que vous appréciez le travail, qui à été accompli dans le pays des H a i d i n g e r, des H a u e r, des H o c h s t e t t e r, des S t u r, des B i t t n e r, pour citer quelques noms seulement de ceux que couvre déjà la tombe, comme il est évident, qu'il me faut écarter chaque mention de ceux qui sont encore vivants et qui se trouvent encore parmi nous, peut-être même installés dans cette salle-ci. Nous vous sommes très reconnaissants de ce témoignage et nous sommes fiers des hommages, que vous nous rendez par votre présence. Ce sentiment d'orgueil paraît du reste assez naturel, parce que celui, qui invite une illustre compagnie et dont on accepte si cordialement l'invitation prouve à qui en veut ou à qui en peut tirer les conclusions, qu'il jouit (au moins dans son monde) d'une position reconnue.

En effet vous êtes venus ici en représentants presque de tous les états du monde civilisé et de toutes les parties du globe et en parcourant la liste des adhésions à notre congrès on n'y trouve pas seulement les noms de bien de jeunes savants, qui font l'espoir de l'avenir de la géologie, mais aussi les noms de vaillants explorateurs et d'illustres sommités, dont le mérite depuis longtemps fait la gloire de notre science.

Je vous répète donc, que nous vous savons gré de ce que vous vous êtes réunis en Autriche et en renouvelant mes remerciments je vous souhaite à tous la bienvenue.

Pour honorer votre présence nous ne vous conduirons pas de festins à festins, nous nous bornerons en général à poursuivre la tâche scientifique du congrès. Les congrès géologiques en fournissant l'occasion d'étudier de plus près le travail d'autrui et de visiter les divers pays sous la conduite de collègues savants ressemblent aujourd'hui à une école pratique de géologie comparée. Nous espérons, que les excursions organisées par nous, qui vous ont conduit et qui vous conduiront encore d'un bout de la monarchie à l'autre, vous feront connaître par autopsie la constitution variée de notre pays et nous espérons de même, que l'échange des idées, qui suivra nécessairement les conférences indiquées dans notre programme ne manquera pas d'élucider certaines questions d'un intérêt actuel pour nos études. Puisse le travail commun nous rendre tous amis et puissiez vous rapporter de votre séjour en Autriche les meilleurs souvenirs."

Discours de M. C. Diener:

„Monseigneur, Mesdames et Messieurs!

L'honneur que vous m'avez fait en me chargeant des fonctions de secrétaire-général m'inspire la plus vive reconnaissance. On se dirait bien exempt d'amour-propre pour ne pas être sensible à une pareille preuve de confiance. En renonçant complètement à mon individualité scientifique pendant l'année passée et en faisant don de ma personne entière à l'idée de préparer pour vous ce Congrès, j'ai obéi à un devoir moral envers mes illustres confrères. Malheureusement j'ai si rarement la chance de leur témoigner mon estime, qu'il faut profiter de l'occasion dès qu'elle se présente.

Je passerai brièvement en revue les résultats de l'activité de notre comité d'organisation. Après le discours explicite de notre président il me sera permis d'être bref.

A la session de St. Pétersbourg, en 1897, le délégué officiel de l'Autriche avait été chargé d'une invitation formelle au Congrès géologique international de tenir sa neuvième session à Vienne. Pendant la huitième session du Congrès à Paris cette invitation fut répétée et le Congrès de Paris, dans sa séance générale du 27 août 1900, résolut définitivement que sa neuvième session se tiendrait à Vienne.

Dans l'attente de cette résolution les géologues autrichiens avaient constitué un comité d'organisation chargé des démarches nécessaires à préparer la réunion des congressistes à Vienne. L'organisation du Congrès fut confiée à un comité exécutif, qui fonctionnait d'une façon définitive dès la résolution du Congrès de Paris. Il fut aidé dans la réalisation de sa tâche par les grands sacrifices budgétaires, que le haut

14*

108

Ministère des cultes et de l'instruction publique s'est imposés pour l'arrangement de la session et des excursions projetées.

Son Altesse Impériale, Monseigneur l'Archiduc Rainer, curateur de l'Académie Impériale des Sciences, daigna accepter le protectorat auguste du Congrès. De même Son Excellence W. de Hartel, conseiller intime de Sa Majesté et ministre des cultes et de l'instruction publique a bien voulu se charger de la présidence d'honneur.

L'organisation des excursions a été un des premiers actes, sinon le premier de notre comité. Quinze excursions différentes furent organisées simultanément avant et après la session dans le but de faire connaitre aux congressistes la géologie de l'empire autrichien. Ces excursions s'étendront sur les régions les plus intéressantes au point de vue géologique. Les excursions que vous avez déjà faites, vous ont montré les coupes classiques du système paléozoïque au centre de la Bohème, les phénomènes volcaniques le long de la grande ligne de dislocation, qui longe la pente méridionale de l'Erzgebirge, le terrain houiller d'Ostrau avec son industrie florissante, les „klippes" remarquables au Nord du Tátra, les vastes plateaux et les gorges profondes de la Galicie orientale. Mais il vous reste encore à visiter les montagnes grandioses et les vallées pittoresques de nos Alpes, les villes de la côte adriatique entre des grèves de sable rouge et les écroulements de roches et, grâce à la complaisance du gouvernement local de la Bosnie et de l'Hercégovine, les effets du coup de baguette, dont la civilisation a frappé cette vieille terre endormie, pour y reveiller une nouvelle Autriche.

Si nous nous efforçons de vous faire connaitre la géologie de notre beau pays, dont la composition géologique et éthnographique rivalisent en diversité, c'est parceque nous mettons dans l'organisation des excursions scientifiques une des raisons principales de ce Congrès. Nous arriverons certes à doter la science géologique d'un admirable instrument de travail par l'arrangement de ces excursions, qui remplaceront la lecture des descriptions régionales par la vue de faits.

La mythologie héllénique nous raconte l'histoire du fils de la terre, Antaeus, dont les forces épuisées se renouvelèrent en touchant sa mère. De même les géologues renouvelleront la force de leurs idées en cherchant le contact le plus intime avec la terre, l'objet de leur science. Les observations sur le terrain même auront l'influence salutaire d'un poids de plomb qui abaissera les ailes de leurs théories trop élevées. Elles seront l'élément le plus efficace pour rapprocher la géologie comparée aux sciences exactes.

Suivant l'usage des derniers Congrès un livret-guide écrit par les directeurs des excursions géologiques a été publié par le soin de notre secrétaire M. Te l l e r. Ce n'est pas à nous d'en juger la valeur. Je me bornerai à dire que, grâce à notre effort international nous aurons de cette façon peu à peu une description géologique du monde, qui sera une glorieuse récompense de l'activité des Congrès géologiques internationaux.

En dehors de l'organisation des excursions et de la publication du livret-guide il nous restait à fixer le programme scientifique de la session à Vienne.

Ce programme a été l'objet d'une longue étude dans le sein de notre comité. L'opinion de nos confrères n'est pas unanime sur la question de la préoccupation dominante des Congrès géologiques. Il y en a qui pensent, que le véritable but des Congrès doive être la décision des questions d'un caractère général, notamment l'unification du langage géologique. Mais il y en a d'autres qui affirment, que toutes les discussions dans le sens de l'unification de la nomenclature et des déterminations obligatoires se soient montrées impraticables et qu'il fallait sortir de cette voie, tracée par les trois premiers Congrès géologiques internationaux.

Je ne sais pas si vous applaudirez à la décision que nous avons prise, en nous rangeant du côté opposé à la discussion des questions de nomenclature. En prenant modèle de la session de Londres, notre comité s'est proposé d'arranger une série de conférences traitant des questions actuelles et encore fort discutées. De cette façon les membres du Congrès seront bien informés de l'état actuel de diverses questions d'un intérêt général. Nous avons la ferme conviction que par les discussions qui suivront ces conférences, on arrivera à modifier certaines idées en cours sur les grands problèmes de notre science par un travail commun, qu'aucun échange de publication ou de correspondance ne pourra jamais remplacer. Ce sera, bien entendu, une condition indispensable au succès de ce travail commun, que les questions discutées ne soient jamais résolues par les votations d'une majorité.

Trois questions mériteront d'attirer l'attention du présent Congrès en première ligne: l'état actuel de notre connaissance des schistes cristallines, le problème des lambeaux de recouvrement, des nappes de charriage et des Klippes, et la géologie de la Peninsule balcanique et de l'Orient.

Il n'en restera pas moins à traiter diverses propositions de coopération internationale et à écouter les rapports des commissions permanentes, qui réalisent la continuité de l'oeuvre des Congrès géologiques internationaux.

Voilà, Monseigneur, Mesdames et Messieurs, les travaux préparatoires de notre comité. Espérons, qu'ils servent à faciliter la tâche du neuvième Congrès géologique pour qu'il marche d'un pas ferme dans la voie du développement et du progrès de notre science."

La séance est levée à 1 heure.

Le secrétaire-général: **C. Diener.**

Deuxième Séance Générale.

20 août 1903 (après-midi).

La séance est ouverte à 3 heures $\frac{1}{2}$ sous la présidence de M. Emmons, vice-président.

Le Secrétaire-général informe l'assemblée qu'il a reçu les télégrammes suivants:

Wien, v. Annenheim.

Bitte dem Geologen-Kongreß meine besten Grüße und Wünsche zu entbieten und den Herren zu sagen, daß ich, wenn auch aus der Ferne, doch mit Interesse seinen für das Oberstkämmereramt wichtigen Verhandlungen folgen werde. *Weckbecker.*

Wien, de St. Pétersbourg.

Regrette infiniment ne pouvoir assister Congrès. Veuillez transmettre chaleureux souhaits collègues autrichiens et tous confrères. *Karpinsky.*

Le Secrétaire-général dépose sur le bureau, de la part des auteurs, les publications suivantes:

Maria M. O g i l v i e - G o r d o n: „The geological structure of Monzoni and Fassa."

M a r s d e n - M a n s o n: „The Evolution of Climates."

L. P e r v i n q u i è r e: „Étude géologique de la Tunisie Centrale" (présenté par M. H a u g).

V e r ö f f e n t l i c h u n g e n d e r D e u t s c h e n A k a d e m i s c h e n V e r e i n i g u n g z u B u e n o s A i r e s (I. Vol.) (présenté par M. H a u t h a l).

T. C o o r e m a n, G. F. D o l l f u s s et G. R a m o n d: „Compte Rendu des excursions de la session extraordinaire de la Société Belge de géologie, de paléontologie et d'hydrologie dans les départements français de la Marne et de l'Aisne (du 8 au 15 août 1901)."

G. Ramond et A. Dollet: „Études géologiques dans Paris et sa banlieue."

G. Ramond: „Le chemin de fer d'Issy à Viroflay."

C. G. Héréus (1720): „La caverne de Ratelstein en Styrie" (présenté par M. G. Ramond).

C. Diener, R. Hoernes, F. E. Suess, E. Suess et V. Uhlig: „Bau und Bild Österreichs", Tempsky & Freytag, Wien und Leipzig, 1903 (présenté par M. G. Freytag).

Le président donne la parole à M. Baltzer, qui fait sa conférence: „Über die Laccolithen des Aarmassivs."

M. W. Salomon: „Ich muß hervorheben, daß ich mit zahlreichen Punkten der Ausführungen von Baltzer nicht einverstanden bin, soviel Interessantes und Bemerkenswertes diese auch geboten haben, will jedoch in Anbetracht der Kürze der für die Diskussion zur Verfügung stehenden Zeit nur einen einzigen derartigen Punkt herausgreifen, nämlich die Laccolithnatur des Gasterengranits. Aus den ausgestellten Profilen geht hervor, daß derselbe Verrucano, der nach Baltzers Angaben Gerölle des Gasterengranits enthalten soll, auch dessen kuppelförmige Decke bildet. Auf der Kuppelform der Decke beruht aber eben die Bezeichnung der Intrusivmasse als „Laccolith". Enthält nun der Verrucano wirklich Gerölle des Granits, so ist er unstreitig jünger als dieser, aber der Kontakt zwischen Granit und Deckschicht ist dann ein Sekundärkontakt und die jetzige Form der Granitmasse verschieden von der ursprünglichen. Es fehlen also dann alle Elemente, die zu der Beurteilung der Lagerungsform des Granits nötig sind. Ist aber der Kontakt primär, der Verrucano also älter als der Granit, dann kann dieser ein Laccolith sein, aber die von Baltzer mit dem Gasterengranit identifizierten Gerölle müssen dann einen anderen Ursprung haben."

Avant de continuer l'ordre du jour le Président accorde la parole au Secrétaire-général pour faire les communications suivantes à l'Assemblée:

„Grâce à la complaisance du ministère commun austro-hongrois des finances un livret-guide spécial de l'Excursion en Bosnie et en Hercégovine a été publié par le gouvernement local à Sarajevo. Ce livret-guide sera envoyé aux congressistes, présents à la session de Vienne, par les soins des secrétaires au mois d'octobre. Il sera remis aux participants de l'excursion à Budapest par M. Katzer.

Le Conseil municipal de la ville de Vienne a bien voulu faire cadeau au congressistes d'un album artistique de la capitale. Cet album est à la disposition de tous les membres, qui pourront le recevoir au bureau.

M. J. Karabacek, conseiller aulique et directeur de la bibliothèque de la Cour Impériale a fait préparer une exposition d'un intérêt spécial pour les géologues étrangers et les invite à visiter cette exposition *).

_____ _ __ _

*) Catalogue de l'exposition dans la bibliothèque de la Cour Imp. et Roy., preparée pour le Congrès géologique International.

Reihe I.

Vitrine 1. Papyrus Nr. 290, 770 und 1078 (des Führers durch die Sammlung Erzherzog Rainer).

Vitrine 2. Kuttenberger Cantionale. XV. Jahrhundert. Mit der Darstellung des Kuttenberger Silberbergbaues. (Cod. 15501. Nr. 106 des Miniaturenausstellungskatalogs.)

Vitrine 3. Druckwerke:
I. Agricola Georg. 1490—1555. Vom Bergwerk. (Deutsche Übersetzung von „De re metallica".) Basel 1557.
II. — „De re metallica". Basel 1556.
III. — „De re metallica". Basel 1657.
IV. — De ortu et causis subterraneorum, de natura eorum quae effluunt ex terra, ... Bermannus sive de re metallica dialogus . . . . Basel 1546.
V. Münster Sebastian. 1489—1552. Cosmographia universa. Basel 1550.

Vitrine 4. Druckwerke:
I. Lister Martin. Historia sive synopsis methodica conchyliorum. London 1685.
II. — Historia conchyliorum. London 1685.
III. Born Ignaz, Edler von. Über das Anquicken der gold- und silberhaltigen Erze, Rohsteine, Schwarzkupfer und Huttenspeise. Wien 1786.
IV. Boetius de Boodt Anselmus. Gemmarum et lapidum historia. Hannover 1609.
V. Brown Edward. Reisen. Amsterdam 1682. Stich, Darstellung des Goldbergwerkes in Kremnitz (Ungarn). (Rarissimum.)

Vitrine 5. Simony F. Panorama des Schafberges. (Min. 10.)

Reihe II.

Vitrine 1. Genesis. IV.—V. Jahrhundert. Fragmente eines gekürzten Textes des I. Buches Moses, griechisch. Älteste erhaltene cyklische Darstellung aus der Bibel, hochbedeutendes Beispiel der Malerei der ausgehenden Antike. Alle 24 vorhandenen Blätter von purpurgefärbtem Pergament sind auf beiden Seiten zur Hälfte mit Schrift, und zwar in Silber und Gold, zur Hälfte mit einem Bildstreifen bedeckt. Unter anderen waren ausgestellt: Seite 3. Darstellung. Die Sintflut. Theol. 31. (Nr. 1 des Miniaturenausstellungskatalogs.)

(Fortsetzung der Anmerkung nächste Seite.)

M. Heim a bien voulu exposer son magnifique relief du Säntis
au grand vestibule du palais de l'Université pour les membres du
Congrès. Il fera une explication auprès du relief Mercredi le 26 août
à 10 heures ¹/₂.

M. F. Reid, qui est obligé de partir après-demain, fera sa conférence annoncée pour la section *C* de la dernière séance, demain à
3 heures de l'après-midi dans la salle d'amphithéatre de l'Institut
géologique.“

Suivent les conférences annoncées de

M. E. O. Hovey: „*The 1902 eruptions of La Pelée, Martinique,
and La Soufrière, St. Vincent*“

et de M. A. S. Bickmore: „*Illustrations of the volcanic phenomena
in the Hawaiian Islands.*“

Vitrine 2. I. Französische Bilderbibel. XIII. Jahrhundert. Links der Schöpfer
als Architekt mit dem Zirkel. Rechts die Schöpfungstage. Cod. 2554.
(Nr. 132 des Miniaturenausstellungskatalogs.)

II. Naturhistorisches Handbuch. Anfang des XVI. Jahrhunderts.
Miniaturen der italienischen Schule. (Cod. 2396. Nr. 247 des
Miniaturenausstellungskatalogs.)

III. Matfre Ermengau. Breviari d'amor (provencal). XIV. Jahrhundert.
In dieser mittelalterlichen Enzyklopädie auch kosmologische Betrachtungen. (Cod. 2583. Nr. 139 des Miniaturenausstellungskatalogs.)

Vitrine 3. Wenzelsbibel. Deutsche Bibelübersetzung in sechs großen Bänden.
XIV. Jahrhundert, für König Wenzel bestimmt. Links: Grablegung
Mosis. Rechts: König Wenzel mit seinen Badefrauen. (Cod. 2760.
Nr. 105 des Miniaturenausstellungskatalogs.)

Vitrine 4. Tabula Peutingeriana. (Altrömische Straßenkarte.) Kopie (XIII.
Jahrh.) einer altrömischen Straßenkarte des II. Jahrhunderts. Sector:
Roma und Vindobona

Vitrine 5. Sector: Aquileia.

Reihe III.

Vitrine 1. I. Born Ignaz, Edler von. Eigenhändige Schreiben. Eines über Funde
in Nordböhmen, ein zweites, die Übergabe eines der Kaiserin Maria
Theresia gewidmeten birmanischen Katechismus an die Hofbibliothek
betreffend. Dieses Widmungsexemplar in goldgesticktem, mit birmanischen Inschriften gezierten Einband liegt bei. Der Griffel ist mit
Brillanten und einem Rubin geschmückt.

II. Mineralogische Tafeln aus Philipp von Rottenbergs Institutions
archiducalis Ferdinandeae opus, von Karl Rottiers gemalt. Zum
Anschauungsunterricht dem Erzherzog Ferdinand 1769 gewidmet.

Vitrine 2. Fischer Josef. Ansichten aus Südtirol und dem Lombardo-Venezia-
nischen, 1831—1839, in Aquarell gemalt. Vermächtnis Sr. kaiserlichen
Hoheit des Erzherzogs Rainer, Vizekönig der Lombardei und Veneziens.

Vitrine 3. Blätter aus dem „Malerischen Atlas“ der im Bau begriffenen Italiener-
straße zwischen Tarvis und Arnoldstein, 1853—1858. Aquarelle.
Geschenk Sr. Majestät des Kaisers.

M. Holobek étant retenu à Cracovie par les soins de sa charge, sa conférence est ajournée et remplacée par une conférence de M. V. Sabatini: „*L'etat actuel des recherches sur les volcans de l'Italie centrale.*"

La séance est levée à 6 heures du soir.

Les secrétaires:

L. Dollé.   A. v. Böhm.

Troisième Séance Générale.

22 août 1903 (matin).

La séance est ouverte à 10 heures $^1/_2$, sous la présidence de M. Zirkel, vice-président.

Le président accorde la parole à M. Emmons, qui, au nom du gouverneur de l'exposition universelle à St. Louis en 1904, invite les membres du Congrès de se rendre au Congrès international des arts et des sciences de St. Louis.

M. Dollé formule la résolution du Conseil que les conférences, faites pendant la session ne doivent pas dépasser comme durée une demi-heure et que le temps accordé aux réponses et à la discussion soit de cinq minutes.

M. Becke fait sa conférence: „*Über kristallinische Schiefer mit besonderer Berücksichtigung ihrer Struktur.*"

M. Loewinson-Lessing (St. Pétersbourg): „Ich muß darauf aufmerksam machen, daß es nicht angeht, zu behaupten, daß die Minerale mit zu kleinem Molekularvolumen (in der Tabelle des Vortragenden) für die kristallinischen Schiefer charakteristisch seien. Wie ich nachgewiesen habe, sind auch in den Erstarrungsgesteinen Minerale mit großem und kleinem Volumen im Vergleiche mit dem Volumen der Oxyde vorhanden. Auf das Beispiel der Feldspate hat der Vortragende selbst hingewiesen.

In betreff der Strukturbilder, die vorgeführt wurden, habe ich den Eindruck gewonnen, daß manche der vorgeführten Gesteine als das Resultat einer unter besonderen Umständen erfolgten Erstarrung aus magmatischem Zustande aufgefaßt werden könnten."

Le Président accorde la parole au Secrétaire-général, qui fait une communication officielle concernant l'invitation de la commune de

Vienne pour la soirée du 24 août, et concernant les excursions projetées
à Pausram et à Krems.

M. Termier fait sa conférence: „*Les schistes cristallines des Alpes
occidentales.*"

Pas d'observations.

La séance est levée à midi.

Les secrétaires:

G. v. Arthaber.   **W. Hammer.**

Quatrième Séance Générale.

22 août 1903 (après-midi).

La séance est ouverte à 3 heures, sous la présidence de M.
Loewinson-Lessing, vice-président.

M. A. Sauer fait sa conférence: „*Die kristallinischen Schiefer der
mitteldeutschen Gebirge.*"

M. H. Credner: „In Anknüpfung an den Vortrag des Herrn Prof.
Sauer möchte ich konstatieren, daß es bereits den während der letzten
drei Jahre für die königlich sächsische Landesanstalt im Erzgebirge
tätigen Geologen, Herren Prof. Dr. R. Beck und Dr. C. Gäbert,
gelungen ist, die Scheidung der erzgebirgischen Gneisformation im
Gebiete von Eruptivgneisen und von Sedimentgneisen kartographisch
durchzuführen. Erstere sind mit normalen, massigen, Fragmente
führenden Graniten durch lokal Schritt für Schritt zu verfolgende,
immer flaseriger und gestreckter werdende Übergangsmodifikationen
innig verknüpft und bauen den größeren Theil des nordöstlichen Erzgebirges auf. Ihre ausgezeichnete Flaserung und Streckung ist kein
sekundärer, dynamometamorpher Erwerb, sondern eine primäre, d. h.
Erstarrungserscheinung.

Viel beschränkter ist die Verbreitung der Sedimentgneise. Diese
schließen sich meist randlich an die Massive der archäischen Eruptiv-
gneise an und zeichnen sich im Gegensatze zu der petrographischen
Monotonie der letzteren durch eine größere Mannigfaltigkeit ihrer Arten
und Varietäten, namentlich aber durch ihre Wechsellagerung mit
kristallinen Kalksteinen, mit Quarziten und mit zum Teil geröllführenden
archäischen Grauwacken aus.

Ebenso wie bezüglich der Genesis der erzgebirgischen Gneise,
so vollzog sich während ungefähr des nämlichen Zeitraumes bei Be-

15*

arbeitung der neu aufzulegenden Kartenblätter des sächsischen Granulit-
gebirges ein vollständiger Umschwung in der genetischen Auffassung
der Granulitformation, und zwar wesentlich mit auf Grund neuer
Aufschlüsse durch außergewöhnlich lange und tiefe Bahnein- und
-anschnitte. Unsere gegenwärtige Deutung der sächsischen Granulitformation läßt sich in folgende kurze Hauptsätze zusammenfassen:

1. Die Granulitformation des sächsischen Mittelgebirges nebst
den ihr eingeschalteten Pyroxengranuliten, Serpentinen und Gabbros
bildet einen regelmäßig elliptisch umrahmten, ziemlich flach geböschten
Lakkolith, der sich der Hauptsache nach aus vollkommen massigem,
kleinkörnigem Granulitgranit zusammensetzt, in welchem sich lokal
eine unregelmäßige Flammung und Streifung oder Andeutungen von
Bankung bemerklich machen.

2. Die ausgezeichnet ebenbankigen, plattigen, schiefrigen Granulite,
welche früher wegen dieser ihrer hervorragenden Parallelstruktur in
erster Linie das Auge der Geologen auf sich gezogen haben, stellen
sich, durch Übergänge mit dem Granulitgranit verknüpft, in ihrer
vollkommensten Ausbildung in den oberen Horizonten des Granulit-
lakkoliths ein. Das Streichen und Fallen derselben ist an der hangenden
Grenze des letzteren dieser konkordant. Keinesfalls ist ihre Parallelstruktur ein dynamometamorphes Produkt, sondern hat sich in dem
Granulitmagma noch vor dessen Erstarrung primär herausgebildet.

3. Der Granulitlakkolith wird von einem kontaktmetamorphischen
Hofe von kristallinen Schiefergesteinen umzogen, in dessen unterste,
also innerste Zone Granitlager von wechselnder Mächtigkeit, im allgemeinen der Schichtung der Kontaktschiefer parallel, injiciert wurden,
wobei letztere zugleich von Schmitzen, Nestern und kleineren Aggre-
gaten des granitischen Magmas imprägniert worden sind (Lagergranite
und Gneisglimmerschiefer).

Die äußere Kontaktzone charakterisiert sich durch ihren kristallinen
Habitus, durch ihre Führung von Andalusit (Garbenschiefer, Frucht-
schiefer, Andalusitglimmerschiefer) sowie durch die Amphibolitisierung
der silurischen Diabase und Diabastuffe (Amphibolite und Epidot-
amphibolschiefer).

Das sächsische Granulitgebirge gibt sich demnach als Torso, als
basaler Rest eines paläozoischen Lakkolithen mit ausgeprägtem Kontakt-
hof zu erkennen. Dieser Granulitlakkolith nebst seiner kontaktmetamorphischen Schieferbedeckung ist durch Denudation in dem Maße
planiert worden, daß an seinen Böschungen die von ihm in größter
Tiefe durch Injicierung und Imprägnation mit granitischem Magma
erzeugten Tiefenkontaktprodukte bloßgelegt wurden. "

M. F. E. Suess fait sa conférence: *„Alpine und außeralpine Schiefergesteine."*

Pas d'observations.

M Ch. R. Van Hise fait sa conférence: *„The crystalline rocks of the United States of North America."*

Pas d'observations.

M. Becke excuse M. Sederholm de ne pouvoir assister à la séance et donne lecture de la conférence annoncée: *„Über den gegenwärtigen Stand unserer Kenntnis der kristallinischen Schiefer von Finland."* Le Président estime que vu l'absence de l'auteur il n'y a pas lieu d'ouvrir une discussion.

M. Mrazec fait sa conférence: *„Les schistes cristallines des Carpates méridionales."*

Pas d'observations.

Le Président constate que les conférences entendues aujourd'hui ont mis en lumière la grandeur des progrès recemment réalisés dans la connaissance des schistes cristallins. A leur étude si difficile tous les ordres de recherches géologiques ont apporté leur contribution et il est necessaire qu'il en soit ainsi dans l'avenir pour que les progrès se poursuivent.

La séance est levée à 5 heures $^1/_2$ du soir.

Le secrétaire: **P. Lory.**

Cinquième Séance Générale.

24 août 1903 (matin).

La séance est ouverte à 10 heures $^1/_2$, sous la présidence de Sir Archibald Geikie, vice-président.

Le Président prononce l'allocution suivante:

„Parmi les questions tectoniques qui dans les dernières années ont beaucoup occupé l'attention des géologues, celle que le Comité d'Organisation a bien voulu nous soumettre à discussion aujourd'hui est une des plus importantes et des plus interessantes. Quoique nous possédons maintenant une foule de renseignements au sujet des „Nappes de Charriage" et „Lambeaux de recouvrement", des „Thrust-plains" et „Thrust-faults", et des „Überschiebungen" et Klippen nous sommes encore loin de comprendre tous les phénomènes que nous avons étiquettés par ces termes."

„J'espère que la discussion d'aujourd'hui contribuera à leur explication. Je voudrais prier messieurs les auteurs des communications
de vouloir bien se borner aux détails, qui sont essentiels, pour nous
donner un coup d'oeil clair et lumineux des phénomènes, et pour
nous conduire à de vraies conclusions théoriques. Ces messieurs sont
limités par le Conseil à une demi-heure pour chaque communication
et les orateurs, qui les suivront ne doivent pas passer la limite de
cinq minutes."

Ensuite M. U h l i g fait sa conférence: *„Die Klippen der Karpaten."*

M. E. F r a a s (Stuttgart): „Zunächst möchte auch ich dem Danke
Ausdruck verleihen, den wir unserem Führer in dem Pieniny und der
Tatra, Herrn Prof. Dr. U h l i g, schulden, und nicht minder meine volle
Anerkennung aussprechen für die geradezu staunenswerte Exaktheit,
mit welcher er diese schwierigen Gebiete kartiert hat.

Wenn ich mir hier gegenüber seinen theoretischen Ausführungen
über die Klippen eine Bemerkung erlaube, so möchte ich voraus-
schicken, daß ich mich ausschließlich auf das Gebiet beschränke, das
wir auf der Exkursion zu sehen Gelegenheit gehabt haben, und daß
es mir fernliegt, zu der Auffassung U h l i g s über die weiteren Gebiete
der Karpaten Stellung zu nehmen.

In dem von uns besuchten Gebiete beobachteten wir zwei recht
verschiedene F a c i e s d e s J u r a, eine Entwicklung mit crinoiden-
reichen Massenkalken und eine solche mit dünnbankigen Aptychen-
kalken. Diese beiden petrographisch so verschiedenen Gebilde haben
sich auch bei der intensiven Gebirgsbewegung, welche sie später erfahren haben, sehr verschieden verhalten, und zwar lieferte der Massen-
kalk ein ausgesprochenes B r u c h g e b i e t (Klippen von Czorsztyn und
Jaworki), während der Aptychenkalk ein ebenso ausgesprochenes F a l t e n-
g e b i r g e (Pieniny) ergab. Der Unterschied scheint mir ausschließlich
in der petrographischen Verschiedenheit zu liegen, während die tektonische Ursache bei beiden dieselbe ist.

Die sogenannten „H ü l l s c h i c h t e n" bestehen aus obercretacischen Inoceramenmergeln (P u c h o w e r S c h i c h t e n) und aus F l y s c h
von meist paläogenem Alter. Es ließ sich nun sowohl bei Czorsztyn
wie bei Jaworki mit Sicherheit beobachten, daß die Puchower Schichten
konkordant auf den obersten tithonischen Klippenkalken auflagern und
mit diesen tektonisch ein Ganzes bilden, während die Flyschregion
stets diskordant zur Juraklippe lagert, d. h. von dieser durch Verwerfungen getrennt ist. Diese beiden s t r a t i g r a p h i s c h w i e t e k-
t o n i s c h g e t r e n n t e n H o r i z o n t e einheitlich als „Hüllschichten"

zu erklären, ist nicht einleuchtend und sollte meiner Ansicht nach vermieden werden. Im Pieniny ist durch die intensive Faltung sowohl der petrographische Unterschied wie die Lagerungsverschiedenheit der beiden Horizonte verwischt, und ich möchte auf Grund der einen Exkursion in diesem Gebiete keinerlei bestimmte Ansicht aussprechen. Ich halte es jedoch nicht für ausgeschlossen, daß auch dort eine Ausscheidung und Trennung der beiden Formationen vorgenommen werden kann.

Die Conglomerate, welche wir zu beobachten Gelegenheit hatten, und ich bemerke nochmals, daß ich nur von diesen Lokalitäten rede, traten meines Wissens niemals in den Puchower Schichten, sondern nur im Flysch auf. An der ganz eigenartigen Triasklippe von Haligócz mit der sogenannten „Pseudoklippe der Aksamitka" tragen die mächtigen Conglomerate und Breccien allerdings einen ausgesprochen lokalen Charakter und lassen sich mit einem typischen Küstenconglomerat vergleichen. Diese Conglomerate (Typus der Sulower Conglomerate) sind aber sehr verschieden, sowohl was die Massenhaftigkeit ihres Auftretens als was die lokale Natur ihres Ursprunges anbelangt, von den Conglomeraten, welche sich im Bereiche der Juraklippen beobachten lassen. Nur am Ruskabache in Szlachtowa (Klippengruppe von Jaworki) konnte man von lokaler Bildung in der Art einer Reibungsbreccie oder lokal verarbeitetem Gehängeschutt reden, während sonst das Conglomerat sowohl bezüglich der Verarbeitung zu kleinen Geröllen als auch bezüglich des verarbeiteten Materials durchaus k e i n e n l o k a l e n C h a r a k t e r trug. Ich kann darin nur eine Bildung erkennen, welche darauf hinweist, daß zur Flyschzeit die Küste nicht allzufern war und daß das Meer an dieser Küste bereits an dem dort bloßgelegten jurassischen Untergrund leckte.

Wenn es erlaubt ist, aus dem wenigen, was wir auf der Exkursion gesehen haben — ich nehme freilich an, daß uns dabei gerade das besonders typische gezeigt worden ist — einen Schluß zu ziehen, so geht er dahin, daß im wesentlichen sich die Lagerungsverhältnisse auf einen einheitlichen gebirgsbildenden Vorgang zurückführen lassen, der je nach der Beschaffenheit des Materials zur Faltenbildung oder zur Bildung eines Bruchgebietes führte. Die Hüllschichten sind mit Ausnahme derjenigen an der Triasklippe von Aksamitka und vielleicht derjenigen von Szlachtowa nicht als Umhüllungen bereits bestehender „Klippen" im Sinne U h l i g s anzusehen, sondern sie bestehen teils aus konkordant auf dem Tithon lagernden obercretacischen Mergeln, welche die tektonische Bewegung der Juraschollen mitgemacht haben, teils aus Flysch, gegen dessen Schichten die Juraschollen gepreßt sind. Der Charakter der „Klippen" ist also wesentlich auf tektonische Vorgänge zurückzuführen, bei welchen sich das verschiedenartige Gesteinsmaterial sowohl der beiden Facies des Jura wie der Kreide und des Flysches sehr verschieden verhielt. Nicht zu unterschätzen ist endlich die weitgehende Erosion, welche die härteren Juraschollen orographisch als Klippen herausmodelliert hat."

M. A. Baltzer (Bern): „Ich kann als ein Teilnehmer an der Exkursion in die Karpaten die Anschauungen von Uhlig bestätigen, insofern als auch ich auf Grund der vorhandenen Strandconglomerate den Eindruck gewann, daß am Rande der Karpaten wirklich Inselklippen existieren. Die tektonische Beeinflussung der Klippen ist jedoch an mehreren der besuchten Punkte sehr deutlich ausgeprägt und könnten solche Klippen, für sich betrachtet, sehr wohl auch als tektonische Durchstoßungsklippen aufgefaßt werden.

In der Schweiz dagegen sind unzweifelhafte Überschiebungsklippen vorhanden (Schyn bei Iberg, Giswylerstöcke etc.). Die karpatischen und ein großer Teil der alpinen Klippen scheinen verschiedener Natur zu sein. Die Einteilung Uhligs dürfte den Tatsachen entsprechen. Ein abschließendes Urteil wäre für mich allerdings erst durch ein weiteres Studium typischer Inselklippen mit Strand und Conglomeratbildungen möglich. Für ein solches reichte jedoch die Zeit nicht aus."

V. Uhlig: „Die von Herrn Professor E. Fraas ausgesprochenen Anschauungen stimmen in mancher Hinsicht mit meinen eigenen überein Auch ich habe wiederholt betont, daß die verschiedenartige Tektonik der Klippen der versteinerungsreichen und der Hornsteinkalkfacies im wesentlichen auf die physikalische Verschiedenheit der Gesteine dieser Facies zurückzuführen ist. Nach meiner Ansicht äußert sich die nachmalige Faltung in vielen Fällen so bedeutungsvoll, daß vorwiegend sie den tektonischen Charakter der Klippen bedingt. Ich habe ferner bemerkt, daß diese Faltung auch zu kleineren Überschiebungen, vielfachen Verwerfungen und Abscherungen führen kann und speziell in den von uns besuchten Pieninen bei der großen Entfernung dieses Gebietes vom inneren älteren Gebirge zu besonders kräftiger Entwicklung gelangt. Auch ich räume daher der Faltung einen großen Einfluß auf die Gestaltung des Klippengebirges ein.

Was die Bemerkungen des Herrn Professors E. Fraas über die Klippenhülle betrifft, so gebe ich bereitwillig zu, daß die Puchower Mergel in Czorsztyn und Jaworki konkordant auf dem Tithon aufruhen. Diese Art der Lagerung ist ja als Erscheinung der Klippenzone schon vielfach beschrieben und diskutiert worden. Auch darin

stimme ich vollständig mit Herrn Professor F r a a s überein, daß sich
die Klippen samt der Oberkreide dem Eocän gegenüber als ein tektonisches Ganze verhalten. Wurden doch die Klippen samt ihrer Ober-
kreidehülle nach meiner Anschauung gehoben und auch wohl leicht
gefaltet, bevor noch das Eocän als zweite Hülle zum Absatze gelangte.
Nur darin kann ich ihm nicht beipflichten, daß zwischen den Juraklippen und den Puchower Mergeln stets Konkordanz, gegen das Eocän
dagegen stets Diskordanz bestehe. Dieselben Puchower Mergel, die in
Jaworki konkordant auf dem Tithon ruhen, müssen wenige Meter
weiter südlich an den Doggercrinoidenkalk der großen Klippe diskordant anstoßen. Anderseits besteht zwischen den eocänen Schichten
der Aksamitka, den Puchower Mergeln und der Triasliasklippe daselbst
vollkommene Konkordanz.

Nach meinen Erfahrungen verhält sich die Sache folgendermaßen:
Die obercretacische Hülle ist dem Stoffe nach von den Juraklippen
stets scharf getrennt und es bilden die Juraklippen ein Gebirge mit
eigenartiger Tektonik, aber auch mit eigenartiger Verteilung im Bereiche der obercretacischen Hülle. Das hindert nicht, daß sich die Juraklippen samt ihrer ersten obercretacischen Hülle den eocänen Schichten
gegenüber als ein geschlossenes Ganze verhalten. Ebensowenig schließt
das aber auch aus, daß auf der anderen Seite Oberkreide und Eocän
den Klippen gegenüberstehen und eine höhere Einheit bilden, die
durch gemeinsame tektonische Merkmale und eine ähnliche geohistorische
Rolle bedingt ist. Die obercretacischen und eocänen Hüllschichten
stehen aber auch den weitgedehnten Flyschbildungen im Norden und
Süden der Klippenzone insofern als eine höhere Einheit gegenüber,
als ihr Auftreten auf die eigentliche Klippenzone beschränkt ist, während
sich in der Region nördlich und südlich davon zunächst nur jüngere
Flyschgesteine ausbreiten. Eine Zusammenfassung der obercretacischen
und eocänen Hüllschichten kann daher in diesem Sinne wohl gestattet
werden. Leider zwang hierzu in manchen Fällen auch der bedauerns-
werte Umstand, daß es bei petrographisch ähnlicher Entwicklung der
Oberkreide und des Alttertiärs und ihrer Fossilarmut häufig unmöglich
ist, obercretacische und alttertiäre Gesteine mit Sicherheit zu sondern.
Daß echter Flysch auch in der Oberkreide vorkommt, beweisen die
typischen Flyschsandsteine mit großen dünnschaligen Inoceramen —
auch bei unserer Exkursion wurden wieder Bruchstücke davon gefunden — an der großen Hornsteinkalkklippe südlich von Czorsztyn.
Aber auch an mehreren anderen Punkten, die wir nicht besuchen
konnten, wurden innerhalb der Klippenhülle große Inoceramen in
typischen Flyschgesteinen, sogar in recht massigen Sandsteinen aufgefunden.

Die Voraussetzung des Herrn Professor Fraas, daß sämtliche Flyschgesteine der Klippenzone einfach dem Eocän angehören und die Oberkreide nur durch Puchower Mergel vertreten sei, trifft daher nicht zu. Leider ist man nur allzuoft im Zweifel über das geologische Alter gewisser Hüllschichten. Rote Schiefer und Sandsteine zum Beispiel, wie diejenigen, die die Schloßklippe von Czorsztyn im Norden unmittelbar umfassen, haben ebensoviel petrographische Beziehungen zum Eocän wie zur Oberkreide. Ihre Zugehörigkeit zum Eocän ist daher durchaus nicht sichergestellt. Ähnlich verhält es sich leider auch an anderen Punkten.

Die Forderung nach strenger Unterscheidung der obercretacischen und der eocänen Hüllschichten ist also zwar sehr berechtigt, konnte aber bisher aus Gründen, die in der Natur der Sache liegen, nicht zu voller Befriedigung durchgeführt werden.

Prof. Fraas betont den Mangel von Conglomeraten in den Puchower Schichten. Dieser ist aber bei der feinklastischen und kalkreichen Zusammensetzung dieser Schichten ganz natürlich. Deshalb mußte ich auf die zwar wenig zahlreichen, aber doch unbestreitbaren Kalkgeschiebe in den feinklastischen und kalkreichen Hüllschichten von Huti, die dem Streichen nach in Puchower Schichten übergehen und ihnen petrographisch nahestehen, besonders hohen Wert legen, denn dieses Vorkommen beweist, daß die Geschiebebildung in der Klippenzone so verbreitet war, daß selbst in feinklastische und kalkige Absätze Geschiebe hineingerieten. Wo aber obercretacische Hüllschichten einen mehr sandigen Charakter haben, wie bei der Hornsteinkalkklippe südlich von Czorsztyn, stellen sich auch sofort Geschiebe in Menge ein.

Prof. Fraas bestreitet ferner den lokalen Charakter der Geschiebe. Es ist richtig, daß bei sehr mächtigen Geschiebeanhäufungen auch Quarzite, Melaphyre und selbst Granite, also Einstreuungen aus größerer Entfernung, und zwar aus den inneren Zonen der Karpathen vorkommen. Die Hauptmasse der Geschiebe besteht aber fast überall aus Hornsteinkalken und Horsteinen, also denjenigen Bildungen, die in der Klippenzone an Masse weitaus vorherschen. Wenn wir zum Beispiel in der großen Hornsteinkalkklippe von Czorsztyn grüne Hornsteine und graue Kalke vorfinden und wenige Schritte davon entfernt in den obercretacischen Hüllschichten mehrere Meter mächtige Geschiebebänke antreffen, die fast nur aus Geschieben von grünem Hornstein und grauem Hornsteinkalk bestehen, so sind wir wohl berechtigt, dieser Geschiebebildung einen lokalen Charakter zuzusprechen. Denselben Charakter haben aber auch alle übrigen Geschiebebildungen, nur tritt er bald deutlicher, bald weniger deutlich hervor. Daß Geschiebe von rotem Czorsztyner Kalk und Crinoidenkalk eine nur geringe Rolle spielen, steht mit der schwachen Massenentwicklung dieser Facies in guter Übereinstimmung. Immerhin wurden auch solche Geschiebe an mehreren Punkten aufgefunden, am massenhaftesten in der Lokalität Littmanowa in Ungarn, die wir leider nicht besuchen konnten.

Prof. Fraas gibt selbst zu — und ich bin darüber sehr erfreut — daß die Conglomerate der Aksamitka und die von Szlachtowa einen lokalen Charakter haben, und daß sich erstere mit einem typischen Küstenconglomerat vergleichen lassen, bestätigt also in diesem Punkte vollständig meine Auffassung. Wenn er hieraus keinen weitergehenderen Schluß ziehen zu können glaubt, als daß die Küste nicht allzuferne war und das Meer an dieser Küste bereits an dem dort bloßgelegten jurassischen Untergrunde leckte, so entfernt er sich damit im Grunde genommen gar nicht weit von meiner eigenen Ansicht und bestätigt jedenfalls meine Auffassung der geologischen Geschichte der Karpaten.

Ist einmal der lokale Charakter der Geschiebe der Aksamitka und von Szlachtowa[1]) zugestanden, so ist kaum einzusehen, warum für die grünen Hornsteine und die grauen Hornsteinkalke nicht dasselbe gelten sollte.

Wenn ferner zugegeben werden muß, daß bei Haligócz und Szlachtowa bedeutende Aufragungen des älteren Gebirges zur Zeit der Ablagerung der Oberkreide und des Eocäns bestanden haben, dann ist auch die wesentliche Forderung der Inseltheorie der Klippen eingeräumt und es kann sich nur noch um untergeordnete Differenzen handeln.

Halten wir uns vor, daß die Klippenzone vom Rande des Wiener Beckens bis nach Rumänien von einem ununterbrochenen Kranze von Geschiebebildungen begleitet ist, bemerken wir, daß diese Geschiebebildungen eine um so größere Mächtigkeit haben, je mächtiger die betreffenden Muttergesteine sind, betrachten wir endlich die Conglomerate der Ostkarpaten mit ihren kopf- bis hausgroßen Jura- und Neocomkalkblöcken und Urgebirgsgeschieben, Conglomerate, welche die Jura- und Neocomkalke in so wunderbarer Weise ummanteln und in einzelnen Regionen bis zu 1000 und mehr Meter mächtig werden können, so werden wir die Annahme, daß der letzten Faltung der Klippenregion eine Hebung, beziehungsweise eine erste Faltung und Denudation vorangingen, nicht ganz unbegründet finden.“

---

[1]) Die merkwürdigen roten Hornsteinkalkbruchstücke von Szlachtowa können keine richtige Reibungsbreccie bilden, wie es Prof. Fraas für möglich hält, da sie den Schichten bankweise eingelagert sind und geschiebeführenden Schiefern und Sandsteinen streng konkordant liegen. Südlich von dieser Bildung kommen an der Klippe Rabstein rote Hornsteine und rote Kalke im Malm vor.

M. M. L u g e o n (Lausanne) fait sa conférence: „*Les nappes de recouvrement des Alpes Suisses.*"

M. A. H e i m (Zürich): „Ich hatte nicht die Absicht, mich an der Diskussion zu beteiligen. Nun da ich dazu aufgefordert werde, kann ich nur sagen, daß ich tief ergriffen bin von der herrlichen Darlegung, die wir eben gehört haben. Seit mehreren Jahren habe ich mich bemüht, Gegengründe gegen die Auffassung von L u g e o n zu finden, allein ich fand bisher nur Gründe für dieselbe. Daß die „Glarner Doppelfalte" nur eine einzige von Süd kommende enorme liegende Falte sein möchte, ist zuerst von B e r t r a n d und von S u e s s mir gegenüber ausgesprochen werden. Ich meinerseits bin heute hiervon fast vollständig überzeugt trotz großer Schwierigkeiten, die sich in einigen Punkten noch daraus ergeben. Ich habe im besonderen gefunden, daß alle unterliegenden Eocänschichtenköpfe von der überliegenden Verrucanoplatte in gleichem Sinne nach Norden geschleppt sind. Eine ganze Anzahl von Erscheinungen der östlichen Schweizer Alpen, vor denen wir bisher als ungelöste Rätsel gestanden haben, werden uns durch diese neue Auffassung verständlich. Ich erwähne diesbezüglich bloß die im Tal der Reuss sich erweisende Wurzellosigkeit der Juramasse des Glärnisch und des Urirothstockes, die Facieswechsel von Kreide und Lias in den verschiedenen Ketten, die eine ganz verstellte Reihenfolge aufweisen, oder die Triasberge Graubündens, die auf liasischem Bündnerschiefer schwimmen. Unsere neuesten detaillierten Untersuchungen in der Umgebung von Glarus sprechen alle mehr für die L u g e o n sche als für die bisherige Auffassung. Gewiß ist es schwer, solche ungeheure Bewegungen sich vorzustellen. Gewiß geben viele Gebiete, wie zum Beispiel der Säntis, auch bei genauester Untersuchung keine Anhaltspunkte für oder gegen die L u g e o n sche Auffassung. Jedenfalls wird diese letztere eine große Anregung zu erneuter Beobachtung sein. Ganz besonders sind nun genaue Untersuchungen über den Facieswechsel von Kette zu Kette notwendig. Was ich aber vor allem L u g e o n wünschen möchte, das ist ein Bohrloch an passender Stelle, etwa bei Brunnen auf etwa 3000 m Tiefe. Das könnte entscheiden!"

M. B a l t z e r: „Ich anerkenne durchaus die große Bedeutung der Überschiebungen, wie sie im tiefen Aufschluß des Rhonetales im Unterwallis, in der „Nappe des Bréches", im Kiental, in der Basis des Glärnisch, im Rhätikon, in den Ost- und Westalpen auftreten und auch der Südseite der Alpen (camunische Überschiebung) nicht fremd sind.

Dagegen verhalte ich mich zweifelnd und kritisch zu dem, was man die „Hypothese L u g e o n" nennen kann, wonach mit Benützung der vorhandenen Grundlagen. weiterhin aber in meist konstruktiver Weise das Prinzip der Überschiebung auf die gesamten nördlichen Kalkalpen plus Karpaten übertragen wird. Zwar ist S c h a r d t der Vater der Überschiebungen der Préalpes und ihrer Abkunft von Süden. L u g e o n s Hypothese geht aber viel weiter.

Anfechtbar erscheint zunächst die Methode, ein fremdes Gebirge noch vor der eigenen Untersuchung in ein theoretisches Schema einzuzwängen, wie es hinsichtlich der Karpaten geschah. Auch wechselt L u g e o n seine Theorien rascher als es sonst üblich ist. Seine Anschauungen erscheinen vielfach zu weitgehend und phantastisch. zum Beispiel wenn er die Wurzel der mittleren Préalpes in die Amphibolitzone von Ivrea versetzt. Charakteristisch ist folgender den „Nappes de recouvrement" entnommener Satz: „Si la région granitique du Piz d'Err est bien réellement charriée vers le nord, le phénomène prend une ampleur inattendue: c'est l'ensemble des Alpes de l'Engadine qui a été charrié." Es frägt sich aber doch. ob solche granitische Massen nicht autochthone Lakkolithen darstellen [1]).

Wenn L u g e o n das vindelicische Randgebirge als eine veraltete Hypothese hinstellt, so muß dem widersprochen werden, da die bunte Nagelfluh, die Faciesverschiedenheiten. die Überschiebungen von Norden her, in ihm eine gute Erklärung finden. Desgleichen besteht die Annahme der Rückstauung bei Krustenbewegungen noch zu Recht und ist mechanisch leicht verständlich. was man von den wunderbaren. langen „nappes" von L u g e o n nicht behaupten kann (vergl. L u g e o n s Schema der Nappes).

Ich bin ferner nicht der Meinung, daß die Glarner Doppelfalte schon ein überwundener Standpunkt sei oder die Ableitung der Überschiebungsklippen von Norden. Um hier Bresche zu schießen. wäre schwereres Geschütz und vor allen Dingen weitere Untersuchung nötig. Ähnliches gilt für die erste Kalkkette: Hohgant—Pilatus—Säntis. Der Überkippung der Falten nach Norden wird zu viel Gewicht beigelegt. Nicht nur gibt es eine Reihe von Ausnahmen (Unterwalden, Schwyz. Schächentaler Windgälle). es sind auch die Falten oft nur deswegen nach Nord übergefaltet. weil ihr Nordfuß tiefer stand.

Auf die Erklärung der bis 80 und 100 km langen. zur Oligocänzeit vor der großen Hauptfaltung gebildeten „Nappes" geht L u g e o n wenig ein, der Fall ist auch mechanisch vorläufig noch unfaßbar: um so mehr muß man verlangen. daß die Tatsachen sichergestellt werden.

---

[1]) Vergl. z. B. die z. T. auf Sediment sich ausbreitenden Meissen—Lausitzer Granitlakkolithen und gewisse amerikanische Lakkolithen.

Warum in der Oligocänzeit eine so ganz andere Tektonik wie am Schlusse der Miocänzeit?

Lugeons Hypothese beruht auf dem Bestreben, die ganze nördliche Kalkalpenzone tektonisch gleichmäßig zu gestalten, gleichsam zu uniformieren. Sogar die Karpazen müssen sich dem obligatorischen Schema fügen. Nun sind die Alpen zwar eine großartige Einheit, das schließt aber eine ungleichmäßige Wirksamkeit der tektonischen Kräfte selbst in benachbarten Gebieten keineswegs aus. Der Bauplan unserer schweizerischen Kalkalpen kann nicht ohne weiteres auf die Ostalpen übertragen werden, wie auch nicht umgekehrt, es gibt keinen Passepartout, mittels dessen man, wie Lugeon meint, alle tektonischen Pforten öffnen könnte."

A. Rothpletz: Auf die hohe Begeisterung und Beredsamkeit, mit der Herr Lugeon uns ein so farbenprächtiges Bild von der Entstehung der Alpen soeben entworfen hat, klingt der trockene Ton nüchterner Kritik kalt und unlieb in die Ohren. Gestern habe ich in einer längeren Unterredung Herrn Lugeon zu bewegen versucht, daß er heute wenigstens die Ostalpen aus dem Spiele lasse — leider ohne Erfolg — und so muß ich denn, wenn auch mit Widerstreben, das Wort ergreifen.

Seit über 20 Jahren bin ich mit der Erforschung des Baues der Ostalpen beschäftigt, die Herr Lugeon kaum aus eigener Anschauung kennt, und es ist mir in dieser Zeit keine einzige geologische Tatsache bekannt geworden, welche mit der Auffassung im Einklang stände oder gar zu ihr hinführen müßte, nach der die weit ausgedehnten und so gewaltigen Massen der nördlichen Kalkketten unserer Ostalpen ursprünglich auf der Südseite der Alpen gelegen, von dort über die Zentralketten herübergeworfen und über ein daselbst befindliches Flyschgebirge heraufgeschoben worden wären. Unsere gesamte Kenntnis dieses Gebirges steht vielmehr in unvereinbarem Gegensatz zu Herrn Lugeons neuester Hypothese und wenn er auch auf einige eigene Beobachtungen hingewiesen hat, die seiner Auffassung zur Stütze dienen sollen, so unterließ er es doch, dieselben so genau anzugeben, daß uns eine Beurteilung ihrer Beweiskraft ermöglicht wäre.

Besser begründet erscheint mir, was er über das Gebiet der Glarner Alpen sagte, insofern er die sogenannte Glarner Doppelfalte in eine einzige Überschiebung aufgelöst hat. Zu einem ähnlichen Ergebnis haben mich langjährige Studien geführt, die ich vor sechs Jahren veröffentlicht habe (siehe „Das geotektonische Problem der Glarner Alpen" Jena 1898). Aber freilich bleiben auch da im einzelnen zwischen seiner und meiner Auffassung erhebliche Verschiedenheiten bestehen. Die

genaue Untersuchung der verschiedenartigen Faciesentwicklung innerhalb derjenigen Formationen, welche sowohl im basalen als auch im
überschobenen Gebirgsteile vorkommen, hat mich belehrt, daß der Schub
in ostwestlicher Richtung erfolgt sein müsse, während Herr L u g e o n
einen Schub von Süden her annimmt, obwohl er dabei zugibt, daß
gewisse stratigraphische Bedenken, die schon früher Herr H a u g
dagegen aufgeworfen hat, nicht völlig zu beseitigen sind. Da er indessen auch heute wieder meine diesbezügliche Beweisführung gänzlich
unerwähnt läßt, so sehe ich mich der Mühe enthoben, darauf näher
einzugehen und ich begnüge mich, die Hoffnung auszusprechen, daß
er mit der Zeit deren Bedeutung anerkennen und dementsprechend
seine Hypothese umändern werde.

Gründe ähnlicher Art sind es auch, die eine Überschiebung der
Ostalpen von Süden her ausschließen. Wer die Verbreitung und Faciesentwicklung der dortigen Trias- und Juraformation aus eigener Anschauung kennt, wird keinen Augenblick über die Unwahrscheinlichkeit
jener Hypothese im Zweifel geblieben sein. Großartige flache Überschiebungen treten allerdings sehr deutlich im Grenzgebiete der Ost-
und Westalpen auf. In Vorarlberg und im Rhätikon hat sie schon vor
50 Jahren Herr von R i c h t h o f e n erkannt. Aber lange Zeit wußte
man nichts damit anzufangen, bis in neuerer Zeit Herr S t e i n m a n n
und der Redner den Gegenstand wieder in Angriff genommen haben.
Auch Herr L u g e o n hat diese Überschiebungsflächen acceptiert, aber
er betrachtet sie nicht als die Unterlage am Stirnrande eines von
Osten kommenden Schubes, sondern als den durch Erosion freigelegten
Boden einer von Süden her bewegten Schubmasse Die Trias des Allgäu,
Vorarlbergs, Graubündens und des Ortler sind ihm fremde Gäste, die
aus dem Gebiete des Veltlin und des Adamello stammen sollen.

Wenn man aber die rhätischen Überschiebungsflächen Schritt für
Schritt nach Süden und Norden verfolgt, dann ergibt sich ein ganz
anderes Bild Die flach, oft sogar horizontal liegenden Schubflächen
stellen sich plötzlich bei Hindelang im Allgäu steil aufrecht und zugleich dreht sich ihr Streichen aus der Nordsüd- in die Ostwest-
richtung um, das heißt sie gehen ohne Unterbrechung in jene schon
seit langem wohlbekannten longitudinalen Bruchflächen über, welche die
nördliche Kalkalpenzone von der Flyschzone trennen. Auch im Süden
zeigt sich die gleiche Erscheinung und vom Casannapaß bis Livigno
an läuft in östlicher Richtung eine große Längsspalte bis zum Stilfser
Joch und dem Suldentale. Hier tritt sie dann in ein Gebiet stark
gefalteter und umgewandelter paläozoischer Schiefer und Marmore ein,
in dem ihr weiterer Verlauf mit Sicherheit wohl erst festgelegt werden
kann, wenn die im Gange befindliche geologische Aufnahme dieses

Distrikts durch Herrn Hammer vollendet sein wird. Aber am Iffinger bei Meran tritt sie wieder mit voller Deutlichkeit hervor und setzt sich in den großen Längsbrüchen gegen Osten fort. die durch die Aufnahmen der österreichischen Geologen. insbesondere der Herren Suess, Geyer und Teller in Drautal. in den Karnischen Alpen und den Karawanken längst nachgewiesen sind. So also ist die große rhätische Schubmasse im Norden wie im Süden von Längsspalten begrenzt. längs deren die horizontale Bewegung der Gebirgsmassen gegen Westen stattgefunden hat, wo sanft ansteigende Schubflächen ein Gleiten um mindestens 30 *km* über die Westalpen ermöglichten. Es ist das ausschließliches Ergebnis geologischer Aufnahmen im Felde. Theoretische Spekulationen haben keinen bestimmenden Einfluß darauf ausgeübt und auch jetzt noch habe ich es absichtlich unterlassen, dasselbe in eine spekulative Gewandung einzukleiden und dadurch gefälliger zu machen. Bei der noch immer bestehenden Lückenhaftigkeit des Tatsachenmateriales könnte man sich bei jeder weiteren Ergänzung desselben sehr leicht gezwungen sehen, andere Hypothesen aufzustellen. Herr Lugeon hat vor zehn Jahren mit der sogenannten Champignontheorie begonnen, fünf Jahre später ist er zu der Schardtschen Überschiebungstheorie übergegangen und seit einem Jahre hat er sich seine dritte Hypothese gebildet, die er uns heute vorgetragen hat, aber nicht ohne seine Bereitschaft zu erklären, wenn es nötig werde. zu einer vierten Hypothese überzugehen zu wollen. Ich glaube. daß er schon heute dazu Veranlassung nehmen könnte.

Ein Gedanke liegt so nahe, daß ich ihn kaum auszusprechen brauche. In der Erdkruste bestehende tangentiale Spannung — nimmt man zumeist an — soll durch Zusammenschub in der NS-Richtung die Faltung der Ostalpen erzeugt haben. Müßte das nicht auch eine Tendenz zum Zusammenschub in der OW-Richtung zur Folge gehabt haben? In der Tat wissen wir, daß der rhätische Ostwestschub erst nach der ersten alpinen Faltung. welche in die Oligocänperiode gefallen ist, erfolgte. Liegt dieser zeitlichen Folge nicht vielleicht ein ursächlicher Zusammenhang zugrunde? Leider wissen wir etwas, was bei Beantwortung dieser Frage unbedingt gewußt werden muß, noch nicht, nämlich das zeitliche Verhältnis dieses Schubes zu der zweiten alpinen Faltung zu Ende der Miocänperiode. Es ist denkbar. daß sie ihr vorausging, nachfolgte oder gleichzeitig eintrat. Die Antwort darauf ergibt sich vielleicht, wenn wir das östliche Ende jener die Schubmasse begrenzenden Längsspalten kennen gelernt haben werden. das anscheinend in Ungarn liegt. Dort haben wir wohl auch den Schlüssel für das Verständnis der großen Schubbewegung zu suchen und je tiefer wir in dieses einzudringen versuchen, um so weiter werden wir von dem westlichen Stirnrande weggeführt. Das Untersuchungsgebiet nimmt dadurch Ausdehnungen an, die die Arbeitskraft eines einzelnen weit überschreiten. Nur gemeinsame Arbeit vieler kann hier helfen und ich erwarte diese Hilfe in erster Linie von den Feldgeologen, die in unentwegter stiller Arbeit das Material zusammentragen, aus dem einstmals das klare Bild der großen alpinen Überschiebungen zusammengefügt werden wird."

M. Haug, en réponse aux observations de M. Baltzer, croit devoir protester contre l'attribution à M. Schardt de l'interprétation que vient de développer si brillamment M. Lugeon. C'est M. Marcel Bertrand et non M. Schardt qui, dès 1884. émettait l'hypothèse du recouvrement des Préalpes et du pli unique de Glaris. M. Schardt a repris beaucoup plus tard une partie de cette hypothèse, sans apporter à son appui des faits suffisamment probants pour l'imposer à l'acceptation de tous. Il était réservé à M. Lugeon de donner à la théorie des nappes de charriage sa forme actuelle en la basant sur des faits qui n'admettent guère d'autre interprétation et qui sont de nature à entraîner la conviction des plus réfractaires.

M. Termier fait connaître que l'étude du Briançonnais, commencée longtemps avant la naissance de la théorie de M. Lugeon conduit à des résultats fort analogues à ceux que M. Lugeon vient d'exposer. Les Alpes franco-italiennes ont été enfouies sous un paquet de nappes, dont il ne reste plus que quelques lambeaux ; et ces nappes proviennent de la région centrale du Piémont. Il y a là une confirmation intéressante de la doctrine de M. Lugeon.

M. Lugeon: „Je répondrai tout d'abord à M. Baltzer. Les arguments que soulève mon honorable confrère de l'Université de Berne ne sont pas faits pour m'étonner et me surprendre. Dans les nombreuses conversations que j'ai eues avec de savants maîtres et collègues avant et pendant la publication de mes travaux, les objections que l'on vient d'entendre m'ont été souvent opposées, mais lorsque j'ai conduit sur le terrain ces contradicteurs de jadis. je les ai vus, tour à tour, se rallier à ma manière de voir, même ceux qui furent militants dans les débats.

En science, et peut-être plus encore en géologie, toute nouvelle idée — et je reconnais que la théorie que je vous ai exposée s'y prête particulièrement. à cause de son envergure qui dépasse un peu la norme habituelle — toute nouvelle idée suscite souvent non seulement la méfiance, mais parfois une sorte de répugnance. L'habitude, les préjugés des questions de sentiments jouent un grand rôle, et je comprends

17

que les esprits de nature conservatrice mettent plus de temps à se convertir que les autres.

M. Baltzer attaque ma méthode. Discutons un peu sur ce point. J'ai comme base dans mes principes scientifiques la confiance mutuelle, mon collègue me paraît poser en principe la défiance. Il est impossible à un homme qui cherche à construire une synthèse de tout voir: il faut qu'il se base avec discernement sur des faits observés par ses confrères, si non toute corrélation est impossible. Après avoir mis à l'épreuve la valeur des observations d'un auteur, après s'être incarné l'esprit d'observation de ce dernier, on peut se servir de ses monographies avec fruit. Rester dans le domaine limité des monographies purement régionales, ce qui a été le caractère, parce qu'il en était le temps, à une partie de la génération dont M. Baltzer a appartenu, n'est plus guère en accord avec la tendance de la science actuelle. Nous avons gravi péniblement un échelon de plus, ce n'est pas mon confrère qui me le fera redescendre.

M. Baltzer, qui compare les dômes granitiques du massif de l'Aar avec les laccolites, a-t-il vu le territoire classique de ces dernières? Je ne le crois pas. Quand on veut faire la critique des autres il faut d'abord la faire à soi-même. Mon confrère parle d'un passe-partout qui ferait croire au temps de la magie. Je lui dirais, puisqu'il m'oblige à le faire — à mon regret, car je ne voulais pas dire un seul mot des Carpates ici — que c'est en me confiant aux brillantes observations de mes savants et illustres collègues autrichiens que j'ai essayé d'interpréter cette chaîne. Aujourd'hui, après avoir vu les lieux qui m'intéressaient, je me félicite de ne point m'être trompé, ce qui prouve que ma méthode n'est pas si mauvaise. C'est en comparant le bassin houiller du nord avec la région glaronnaise, où il n'avait jamais été, que M. Marcel Bertrand a émis le premier, quoi qu'en dise mon confrère, l'idée de la grande marche vers le nord des régions sédimentaires du versant nord des Alpes suisses.

M. Baltzer ajoute que je change souvent de théorie. Je répondrai à mon savant collègue qu'en dix ans, dans un tel domaine on a, suivant l'expression d'un de nos grands maîtres et d'un des plus grands critiques, le droit si non le devoir de se tromper. Et si mon adversaire de ce jour voulait un peu se donner le soin, cela en vaut la peine, c'est prudent, quand on veut entrer dans l'arène, de lire tout mon oeuvre en matière tectonique, il verrait que le changement d'idée dont il veut faire arme, n'est qu'une évolution de la pensée, la marche lente, travaillée, étudiée, pour l'édification d'une théorie dont les adeptes deviennent de plus en plus nombreux. Ne soyez donc pas plus cataclystiques que nos devanciers. J'ai toujours dit les raisons qui faisaient évoluer ma manière de voir. J'ai même été, pour moi, assez sévère dans ma critique. Et si dans l'avenir je modifie encore ma manière de voir, j'en serai heureux car cela m'amènera peut-être à voir plus loin encore. Une science finie est une science morte. La mienne je la veux vivante.

Le professeur de l'Université de Berne ne m'étonne pas non plus quand il parle du caractère fantastique de la théorie que je viens d'exposer. C'est là un terme qui est propre à ceux qu'une grande idée effraye. En son temps, qui ne vit pas dans les plis des gneiss de la Jungfrau quelque chose de si extraordinaire que jusqu'ici la géogénie n'en a pas été plus expliquée que le travail mécanique des nappes de recouvrement? Il ne faut pas confondre les faits avec la théorie. Tout restera hypothèse dans l'explication mécanique, car un mécanisme ne devient indiscutable que lorsque la science s'est élevée dans le domaine des voies mathématiques. Nous sommes loin encore de pouvoir faire le mécanique même d'un simple anticlinal.

Quant à vouloir soutenir encore l'hypothèse de la chaîne vindélicienne, c'est faire à tel point abstraction d'une telle série de faits que je crois qu'il est dans mon droit de ne point répondre laissant — mais là M. Baltzer ne m'appartient plus parce qu'il n'est plus mon contradicteur — laissant à regret mon confrère en contemplation devant un des plus fameux avatars de la géologie suisse.

Et les plis tournés vers le sud que cite mon collègue? J'ai le regret encore de lui dire que toutes les fois que j'ai essayé de voir quelques uns de ces fameux plis je me suis aperçu que l'on avait confondu les charnières anticlinales avec les synclinales, erreur très excusable à l'époque. Du reste je suis loin de nier les „Rückfaltungen“. L'exemple grandiose de l'éventail des Alpes françaises est trop significatif. Dans le Schächental, j'ai donné l'explication du fameux pli, tourné vers le sud, qui semblait un argument péremptoire de la théorie du double-pli de Glaris. Et cette explication détruisant le caractère péremptoire de l'argument, il n'y avait plus à hésiter. Mon cher maître M. Heim m'a heureusement apporté le secours de sa conviction nouvelle. Et il fallait que la théorie du double-pli soit bien enracinée et solide pour que son auteur l'abandonnant et cela avec une telle noblesse de pensée que l'on en reste ému, d'autres s'y cramponnent avec la ténacité de ceux qui s'accrochent aux épaves.

M. Baltzer demande de nouvelles recherches. Je suis aussi de cet avis car elles ne pourront que perfectionner nos connaissances et je les attends, confiant dans l'avenir, puisque les propres élèves de mon savant contradicteur ont apporté, pour ma manière de voir, des faits importants.

17*

Je n'irai pas plus loin, car M. Baltzer admet déjà la possibilité des nappes de recouvrement. Seule la synthèse lui paraît inacceptable. L'histoire de la science se renouvelle chaque fois qu'une idée nouvelle, un peu subversive, apparaît et vient troubler les esprits de ceux qui s'étaient fait un schéma. Ainsi Léopold de Buch qui avait vécu aux temps de la vieille théorie du Diluvium n'a jamais voulu croire à la théorie glaciaire. Sachons prendre des leçons dans l'histoire de la pensée humaine, elles sont réconfortantes.

* * *

Je réponds maintenant à M. Rothpletz et je lui citerai tout d'abord une simple anecdote, à propos du poids de ses vingt années de travail dans les Alpes orientales dont il veut m'accabler moi qui n'ai fait que passer dans ces régions.

Un de nos illustres ancêtres, de Saussure, dont on se plait à juste titre à signaler l'esprit éminemment critique, connaissait admirablement les glaciers et leurs moraines. Ce savant célèbre passa cependant presque toute son existence sur les moraines qui entourent Genève sans se douter que les glaciers, qui lui étaient tout familiers, avaient été les agents créateurs de ces collines qu'il aimait à parcourir. Vingt ans, ce n'est pas encore une vie. Je laisse faire l'apologue à mon confrère.

Une partie de la réponse à M. Baltzer s'appliquant directement aussi à M. Rothpletz j'arrive aux faits et je serai très bref, car je maintiens entièrement ma manière de voir malgré la tentative bien intentionnée de mon collègue. Examinons seulement une conséquence de la théorie de M. Rothpletz, qui, comme un grand coin, fait avancer les Alpes orientales d'un seul bloc vers l'ouest. Dans sa manière de voir comme dans la mienne, le bord actuel de la nappe du Rhäticon a été coupé par l'érosion. Or tout revient à se demander jusqu'où primitivement allait le bord frontal du coin Rothpletz.

Les différents auteurs qui se sont occupés des masses sans racines que l'on trouve dans la région d'Yberg, plus loin aux Mythen, plus loin encore dans le Giswylerstock ont montré la parenté de faciès de ces montagnes exotiques avec les Alpes orientales. Ces masses sont, par leurs faciès, étrangères aux chaînes qui les entourent, prolongeant la nappe du Rhäticon. Dans l'idée de M. Rothpletz, cette nappe aurait dû s'étendre par dessus les Alpes suisses déjà jusqu'au Giswylerstock. Mais ce dernier massif se rattache par ses faciès aux Préalpes médianes, celles-ci aux Annes et à Sulens en Savoie. On voit alors que le fameux coin aurait marché sur près de trois cents kilomètres et, fidèle à sa patrie les Alpes, il aurait suivi la chaîne en s'incurvant aussi. Voilà où mène forcément la théorie que l'on oppose à la mienne.

On avouera que je suis encore bien modeste avec les soixante à quatre-vingts kilomètres de mes estimations maximales!

J'ai montré l'erreur de ceux qui avaient cru voir vers la vallée du Rhin des mouvements de l'est vers l'ouest. Je m'en rapporte à ce que j'ai dit et vu. Et je ne crois pas, comme l'espère mon confrère, que j'abandonnerai ma manière de voir pour la sienne. Jadis j'ai cru que le long de la vallée du Rhône il y avait un phénomène quelque peu semblable à celui qu'expose M. Rothpletz. C'est lui dire que c'est lui qui me suit et non moi. J'ai pu évoluer heureusement dans ma manière de voir, tandis que mon confrère ne me paraît pas pousser assez loin la critique vis-à-vis de lui-même.

Et le ton sec de la critique, dont parle M. Rothpletz, sonne froidement et désagréablement en effet aux oreilles car il nous paraît entendre le glas annonçant la fin de sa théorie."

La séance est levée à midi et demi.

Les secrétaires:

O. Abel.   **A. Philippson.**

Sixième Séance Générale.

24 août 1903 (après-midi).

La séance est ouverte à 3 heures, sous la présidence de M. Heim, vice-président.

Le président informe l'assemblée que l'invitation du Conseil municipal au Rathaus exigera la clôture de la séance à 5 heures et que les conférences qui n'ont pas été faites aujourd'hui seront remises à la section *A* de la dernière séance, tenue en sections.

M. Haug fait sa conférence: „*Les grands charriages de l'Embrunais et de l'Ubaye.*"

Pas d'observations.

M. Bailey Willis fait la conférence annoncée: „*The overthrust faults of the United States of North America*" en allemand.

Pas d'observations.

Le secrétaire-général excuse M. Kilian de ne pouvoir assister au séances du Congrès et annonce l'envoi d'une communication écrite au sujet du „*Phénomène de charriage dans les Alpes delphino-provençales.*"

L'intérêt qui s'attache à cette communication justifiera sa publication dans les Comptes-Rendus du Congrès.

M. Kossmat fait sa conférence: *„Überschiebungen am Westrande der Laibacher Ebene."*

Pas d'observations.

La communication de M. Toernebohm, absent: *„Die große skandinavische Überschiebung"* est lue par M. A. v. Boehm.

La conférence de M. Griesbach est ajournée.

Le président lève la séance à 5 heures avec les paroles suivantes:

„Das Phänomen der Überschiebung findet sich viel häufiger, als man ursprünglich glaubte, fast in allen Teilen der Erde. Aber man wird eine strenge Kritik dabei üben müssen, damit man nicht dort Überschiebungen sieht, wo sie nicht sind. Wir dürfen nicht vergessen, daß die Züge im Bauplan der Erde sehr verschieden sind von Ort zu Ort, während unsere Auffassung sehr verschieden ist von Zeit zu Zeit."

Les secrétaires:

G. v. Arthaber.   **G. Geyer.**

Septième Séance Générale.

26 août 1903 (matin).

La séance est ouverte à 10 heures sous la présidence de M. Barrois, vice-président, au vestibule de l'Université.

Le président accorde la parole à M. Heim pour faire une explication de son relief du Säntis auprès du relief exposé.

Discours de M. A. Heim:

„Das Gebirgsrelief gehört gewiß zu denjenigen Erfindungen, die an verschiedenen Orten und zu verschiedenen Zeiten unabhängig voneinander öfters gemacht worden sind. Das älteste bekannte Werk ist das Relief der Zentralschweiz von Oberst Pfiffer in Luzern, das vor zirka 150 Jahren fertiggestellt worden ist. Dann folgte Eugen Müllers Relief eines großen Teiles der Schweiz in zirka 1 : 20.000. Da wurde stets das Relief nach der Natur gemacht und nachher die Landkarte nach dem Relief gezeichnet. Mit den topographischen Karten kehrte sich das Verhältnis um. Es folgt eine lange Periode, wo man das Relief nur als eine grobe Übersetzung der Karte in das Räumliche auffaßte.

Erst in einer dritten Phase ist die Reliefkunst wieder auf die Naturbeobachtung zurückgekommen. Das Relief hat nur Sinn, wenn es
mehr bietet, als die Karte bieten kann. Nur der in Anatomie Geschulte
kann eine menschliche Figur richtig modellieren. Ebensosehr kann
nur der in Anatomie der Erde nach Bau und Form der Erdrinde
Geschulte ein Stück Gebirge im Relief richtig darstellen. Der Relief-
darsteller muß Topograph und Geologe sein.

Vielleicht sind mir hier einige persönliche Mitteilungen erlaubt.
Als zehnjähriger Knabe habe ich aus eigener Erfindung zuerst probiert,
ein Relief herzustellen. Dieses Streben hat mich fort und fort begleitet.
Ich fand, daß die Karten nicht genügen und zeichnete nach der Natur.
Ich fand, daß man das Gebirge verstehen müsse, um es richtig dar-
zustellen, und dies hat mich zuerst mit meinem Meister Arn. Escher
v. d. Linth in Verbindung gebracht und hat mich der Geologie für
immer zugeführt. Das Reliefwesen ist mir immer nahe geblieben. Es
hat sich eine Reliefschule entwickelt. Nun, in dem Alter, von dem
es heißt „stillestahn“, wollte ich nochmals versuchen, soweit als
möglich das zu verwirklichen, was mir mehr und mehr als Reliefideal
vorschwebte. Ich fand in der Person des Herrn Kunstzeichners C. Meili
einen tüchtigen Helfer, der sich in meine Auffassung einschulen ließ.

Als Gegenstand der Darstellung wählte ich das Säntisgebirge,
weil ich es für eines der schönsten Gebirgsstücke der Erde halte, wo
am klarsten der Zusammenhang von Form und Bau sich ausspricht.
Ich begann mit einer vollständigen, detaillierten geologischen Neu-
aufnahme des Säntisgebirges. Dabei machte ich gegen 400 Zeichnungen
nach der Natur und zirka 600 Photographien. Überdies standen mir
noch zirka 200 Photographien von anderen zu Gebote. Die Dimen-
sionen sind den eidgenössischen topographischen Vermessungen entnommen. Der Maßstab ist 1 : 5000 — Längen und Höhen selbstverständlich in genau gleichem Maßstabe. Mein ständig angestellter Künstler
hat unter meiner steten Leitung und Mithilfe volle $3^1/_2$ Jahre an dem
Werke gearbeitet.

Betreffend die Bemalung ist hervorzuheben, daß sich die vier
Hauptabteilungen des Kreidesystems, welche den Säntis bilden, schon
so deutlich durch ihre nur wenig schematisierten natürlichen Farben
unterscheiden, daß keine konventionellen geologischen Farben an-
gewendet werden mußten, sondern auch bei Bemalung in den natürlichen Farben die Geologie deutlich zum Ausdrucke kommt. Wenn
man ein Relief in den direkt natürlichen Farben bemalt, wird es
häßlich, hart und klein. Viele Versuche, ebenso wie meine zum größten
Teil zu diesen Studien unternommenen Ballonfahrten, haben gelehrt,
daß man das Bläulichweiß der Luftperspektive in demjenigen Grade

allen Farben beimengen muß, welcher der Entfernung im Maßstabe des Reliefs entspricht, in welcher gewöhnlich des Beschauers Auge davorsteht.

Sie sehen in dem Relief den herrlichen Faltenbau des Säntisgebirges. Es sind sechs parallele Falten, alle etwas nördlich überliegend, alle haben den überkippten, verkehrten Schenkel reduziert oder fast ganz verquetscht. Oft löst die eine Falte die andere ab, die eine taucht auf, eine andere taucht unter.

Man sieht ferner im Relief eine große Anzahl von horizontalen Querverschiebungen („Blätter"). Viele haben geringen Betrag, eine aber scheert Täler ab und schiebt einen Bergkamm davor, so daß im abgescherten Tale ein See entsteht.

Sie sehen ferner, wie die prachtvoll scharfen Formen bedingt sind teils durch die Steilstellung der Schichten, teils dadurch, daß die Verwitterung die resistenzfähigen Schichtkomplexe aus den leichter verwitterbaren herausgeschält hat. Meistens sind die Gewölbe Kämme, die Mulden aber Täler geworden; nur der prädestiniert höchste Kamm ist Antiklinaltal geworden. Schuttkegel, Moränen, Bergstürze, Karrenfelder etc. sind alle bis ins kleinste exakt nach der Natur dargestellt. Ich glaube, ich darf wohl garantieren dafür, daß Sie auf der ganzen, fast 4 m² großen Relieffläche keine noch so kleine Form finden, deren Richtigkeit ich Ihnen nicht an der Hand der Photographien und Zeichnungen, von denen eine kleine Auswahl vorliegen, nachweisen könnte.

Wie man die Natur nicht auf den ersten Blick ganz erfaßt, so erfordert auch das vorliegende Säntisrelief ein eingehendes Studium. Je länger Sie es ansehen, desto mehr werden Sie darin finden. Ich hoffe, durch dieses Stück den Beweis geleistet zu haben, daß dem fachmännisch durchgeführten Relief des Gebirges noch eine große Zukunft bevorsteht in zwei Richtungen: teils als Unterrichtsmittel, teils als Dokument geologischer Erkenntnis.

Ich konnte nicht hoffen, jemals wieder in meinem Leben mein Relief einer so großen Zahl von Sachverständigen vorlegen zu können, wie hier beim Geologenkongreß. Ich habe deshalb diese Gelegenheit benützt und es bleibt mir noch übrig, der Kongreßleitung für ihr Entgegenkommen in dieser Angelegenheit meinen herzlichsten Dank auszusprechen."

Après le discours de M. Heim, qui est couvert d'applaudissements, les congressistes se rassemblent dans la petite salle des fêtes, où l'ordre du jour appelle les conférences sur la géologie de la Peninsule Balcanique et de l'Orient.

M. F. Toula fait sa conférence: „*Der gegenwärtige Stand der Erforschung der Balkanhalbinsel und des Orients.*"

Ensuite M. J. Cvijić fait sa conférence: „*Die Tektonik der Balkanhalbinsel mit besonderer Berücksichtigung der neueren Fortschritte in der Kenntnis der Geologie von Serbien, Makedonien und Bulgarien.*"

Le président félicite M. Cvijić sur les résultats importants de ses études géologiques et accorde ensuite la parole à M. Palacky.

M. Palacky: „Ich habe mir das Wort zu einer Anfrage an Hofrat Toula erbeten, ob die bisher bekannten Resultate der Tiefseeforschung im nördlichen Ägäischen Meere (Pola), insbesondere in der Tiefenrinne im Zentrum, zu geologischen Schlüssen hinreichen. Wenn nicht, so möge eine Ergänzung derselben, speziell nach dem Muster der Forschungen des Fürsten von Monaco, durch die berufenen Faktoren angeregt werden."

M. F. Toula fait remarquer, que les notes publiées sur la Mer de Marmara se trouvent dans sa liste des publications géologiques concernant l'Orient, mais que les études submarines mentionnées par l'interlocuteur n'ont aucun rapport spécial avec le sujet de sa conférence.

A la suite de cette communication M. Toula fait voir une carte géologique de la Bulgarie dressée par M. Zlatarski et publiée tout récemment, que l'orateur vient de recevoir pendant la séance.

M. F. Katzer fait sa conférence: „*Der heutige Stand der geologischen Kenntnis von Bosnien und der Hercegovina.*"

Le président remercie M. Katzer pour sa communication intéressante et accorde la parole à M. Richter.

M. Richter: „Da ich selbst mit geographischen Studien über Bosnien beschäftigt bin, so kann ich Zeugnis dafür ablegen, welche Fortschritte in der Erkenntnis des geologischen Baues jener Länder über die erste Aufnahme hinaus wir Herrn Dr. Katzer verdanken, der nun seit einigen Jahren dort tätig ist. Es ist einerseits eine beneidenswerte Aufgabe für einen Geologen, ein Land von der Größe Bosniens — mehr als 50.000 km^2 — gewissermaßen als seine eigene Domäne zur Erforschung zugewiesen zu erhalten; anderseits könnte ein weniger rastloser und rüstiger Mann als Herr Dr. Katzer angesichts einer solchen Aufgabe wohl erlahmen. Von ihm können wir aber erwarten und hoffen, daß er dieser schweren Aufgabe gewachsen ist, und wir können nur wünschen, daß die bosnische Regierung, welche unserem Kongreß ein so großes Entgegenkommen gezeigt hat, in weiterer Würdigung des Wertes geologischer Erforschung Herrn Katzer in der wissenschaftlichen Seite seiner Tätigkeit fördern und unterstützen möge, hauptsächlich durch Gewährung von Hilfs-

18

138

arbeitern. Als Österreicher freut es mich aber besonders, daß wir imstande sind, den Kongreßteilnehmern das erfreuliche Bild eines großen wissenschaftlichen Fortschrittes aufweisen zu können, der nur mit den persönlichen und moralischen Mitteln des alten Österreich errungen worden ist."

La séance est levée à midi et demi.

Les secrétaires:

F. v. Kerner.   F. Kossmat.

Huitième Séance Générale.

26 août 1903 (après-midi).

La séance est ouverte à 3 heures, sous la présidence de M. T s c h e r - n y s c h e w, vice-président.

M. A. P h i l i p p s o n fait sa conférence: *„Der heutige Stand der geologischen Kenntnis von Griechenland."*

En l'absence de M. C a y e u x, qui est retenu par un deuil à Paris. M. T e r m i e r fait lecture de la communication annoncée: *„Les lignes directrices des plissements de l'île de Crète."*

M. A. P h i l i p p s o n: „Ich möchte darauf hinweisen, daß die kristallinen Schiefer vielfach ein anderes Streichen besitzen als die auflagernden jüngeren Sedimente. Soweit ich die Mitteilungen von C a y e u x verstanden habe, zeigen die mesozoisch-alttertiären Sedimente in Kreta das annähernd westöstliche Streichen. das man nach der Annahme eines südägäischen Faltenbogens erwarten durfte. dagegen streichen die kristallinen Schiefer des westlichen Teiles der Insel Nordost. Dieses letztere Streichen findet sich aber auch schon in den kristallinen Schiefern Kytheras und der südöstlichen Halbinsel des Peloponnes. Es handelt sich dabei augenscheinlich um zwei verschiedene Faltungsperioden und die abweichende Richtung der kristallinischen Schiefer ist kein Grund, um den Zusammenhang der Faltung der mesozoisch - alttertiären Schichten Kretas und des Peloponnes zu leugnen."

M. T e r m i e r répond, que le devoir de défendre son opinion reste à M. C a y e u x, qui a étudié les terrains de l'île de Créte en personne.

M. G. v. B u k o w s k i fait sa conférence: *„Neuere Fortschritte in der Kenntnis der Stratigraphie von Kleinasien."*

M. Schellwien: „Die von dem Vortragenden als obertriadisch gedeuteten roten Kalke der Insel Chios dürften dem Muschelkalke angehören. Aus dem einzigen fossilführenden Gesteinsstücke, das Herr Professor Philippson mitgebracht hat, sind durch Herrn Dr. Quitzow in Königsberg fünf oder sechs Ammoniten herauspräpariert worden, die zu folgenden Formengruppen gehören: Erstens einige kleine Monophylliten mit einfacher Lobenlinie, wie *Monophyllites Suessii* aus dem alpinen Muschelkalke oder jene einfachen Monophylliten, die Diener aus dem Muschelkalke von Chitichun im Himalaya und Toula aus der Umgebung des Golfes von Ismid beschrieben haben. Ferner fand sich ein Windungsbruchstück eines Ammoniten aus der Gruppe der *Ceratites geminati Mojs.*, ähnlich jenen Formen, die im Daonellenkalke von Spitzbergen vorkommen, oder noch ähnlicher einer von Diener als *Ceratites sp. ind.* abgebildeten Art aus dem Muschelkalke von Chitichun, allerdings mit stärkerer Biegung der Rippen. Das letzte Faunenelement war ein nicht näher bestimmbares Windungsbruchstück eines sehr involuten Ammoniten mit einfacher, ceratitischer Lobenlinie. Nach dem Zusammenvorkommen dieser Formen kann kaum ein Zweifel darüber bestehen, daß der rote Kalk von Chios dem Muschelkalke angehört."

Le secrétaire-général informe l'assemblée, que M. Vinassa de Régny, qui s'est trouvé retenu à Perugia, a envoyé au secrétariat le manuscrit de sa conférence sur la géologie du Montenegro et de la région voisine de l'Albanie. Il est décidé, que cette conférence sera insérée dans les Comptes Rendus du Congrès.

Le président remercie les orateurs et lève la séance à 5 heures.

Le secrétaire: E. Schellwien.

Neuvième Séance Générale.

Séance de Clôture.

27 août 1903 (après-midi).

La séance est ouverte à 3 heures dans la petite salle des fêtes de l'Université, sous la présidence de M. E. Tietze, président.

La parole est accordée à M. Beyschlag qui présente le rapport de la Commission de la Carte géologique d'Europe.

Le rapport est adopté par l'assemblée générale et vivement applaudi.

18*

Sir Archibald G e i k i e présente les rapports de la Commission des lignes de rivage de l'hémisphère Nord et de la Commission de coopération internationale dans les investigations géologiques.

Il propose de nommer une Commission, composée des MM. B a r - r o i s, B e c k e r, H. C r e d n e r, Sir Archibald G e i k i e, K a r p i n s k y et S u e s s, qui soit chargée de se mettre en rapport avec les bureaux scientifiques des divers pays, pour centraliser les documents relatifs aux méthodes et aux résultats jusqu'à présent obtenus dans les recherches, qui sont hors de la compétence du Congrès, mais qui ont une grande importance géologique. En outre cette commission sera chargée d'obtenir tous les renseignements de chaque pays sur les instruments et les méthodes qu'on a trouvées les plus convenables pour les recherches purement géologiques.

L'assemblée générale adopte à l'unanimité les conclusions de ces rapports et ratifie à l'unanimité les noms des géologues proposés pour faire partie de la dite commission.

M. D. O e h l e r t présente le rapport de la Commission de la „Palaeontologia Universalis“.

Le rapport est adopté à l'unanimité.

La parole est donnée à M. S. F i n s t e r w a l d e r pour présenter le rapport de la Commission internationale des glaciers.

Le rapport de la Commission est adopté.

M. B a r r o i s présente le rapport de la Commission du Prix S p e n d i a r o f f. La proposition du Conseil de décerner ce prix à M. B r o e g g e r, professeur à l'Université de Christiana est soumise à l'approbation de l'assemblée générale.

Le nom de M. B r o e g g e r est acclamé et à l'unanimité l'assemblée générale ratifie le choix heureux de la Commission.

M. B a r r o i s, en résumant les déterminations du Conseil à propos du sujet du prix Spendiaroff en 1906. lit le rapports suivant:

Le Conseil du IXème Congrès géologique international dans sa séance du 24 août a chargé une Commission, composée des MM. S u e s s, président, B a r r o i s, D i e n e r, Sir Archibald G e i k i e, v. R i c h t - h o f e n, T i e t z e et T s c h e r n y s c h e w, d'indiquer le sujet pour le prix Spendiaroff en 1906.

Le Conseil ayant décidé que le prix Spendiaroff serait successivement attribué dans les diverses sessions du Congrès à la pétrographie, géologie générale et paléontologie, notre Commission a dû faire choix d'un sujet de géologie générale.

Après avoir discuté diverses motions elle propose comme sujet de prix pour 1906:

„*Monographie d'un niveau stratigraphique déterminé, sur des étendues du globe aussi grandes que possible.*"

Conformément au règlement du prix fixé par le Congrès de Paris, le droit de priorité pour obtenir le prix appartiendra aux oeuvres traitant le sujet indiqué. Toutefois si les oeuvres de cette catégorie n'étaient pas jugés dignes du prix, le congrès pourra, sur la proposition du jury, choisir parmi les ouvrages publiés pendant les cinq années précédentes ceux, qui seront reconnus les plus importants par leur portée scientifique.

Le Conseil propose de confier l'examen des mémoires envoyés á une Commissions, composée des MM. B a r r o i s, D i e n e r, Sir Archibald G e i k i e, v. R i c h t h o f e n, S u e s s, T i e t z e, T s c h e r n y s c h e w, v. Z i t t e l.

Les propositions de ce rapport et la composition du jury du prix Spendiaroff sont adoptées par l'assemblée générale.

M. E m m o n s prend la parole pour faire part à l'assemblée générale de la proposition du Conseil sur la création d'un laboratoire international de géologie.

„Messieurs!

C'est un fait généralement admis, que nombre de problèmes fondamentaux de la géologie ne peuvent pas être actuellement abordés sérieusement, faute de connaître suffisamment les conditions physiques et chimiques nécessaires pour leur solution. Tels sont par exemple les problèmes relatifs aux mouvements du sol, oscillations positives ou négatives, formation des montagnes, volcanisme, déformations et métamorphisme des roches, genèse des gites métallifères etc. La théorie des grands étirements, soit dans les corps plastiques ou dans ceux qui sont élastiques, n'a pas encore été controlée; d'autre part il faut reconnaître que nos connaissances sont encore bien restreintes sur les phénomènes chimiques et physiques quant aux températures qui dépassent le rouge.

Il n'y a donc pas que la géologie, mais aussi la physique, la chimie, l'astronomie, qui profiteraient d'investigations poussées dans les voies que nous indiquons. Il est vrai que des recherches de ce genre offrent de grandes difficultés. Elles exigent d'abord des dépenses considérables, longtemps continuées, et surtout l'organisation et la coopération d'un état-major de spécialistes. Il nous semble qu'aucune de nos universités n'est aujourd'hui installée d'une manière qui lui permette de mener ces investigations à bonne fin.

En conséquence le Conseil du Congrès géologique international estime qu'il serait de la plus haute importance pour le monde scientifique tout entier, qu'il fut fondé un *Institut-modèle de géophysique*, permettant d'aborder par des recherches de laboratoire l'étude des problèmes géologiques qui entraînent de nouveaux progrès en chimie et en physique."

Le président donne la parole à M. Suess qui appuye vivement la proposition de M. Emmons. A l'unanimité l'assemblée générale adopte et fait sienne la proposition émise.

L'ordre du jour appelle ensuite le choix du lieu de réunion du Xème Congrès géologique international.

Le président M. Tietze fait observer, que l'assemblée aura à faire son choix entre trois invitations et rappelle l'histoire de ces invitations:

En 1900, pendant la session du Congrès géologique international à Paris, un grand nombre de congressistes avait exprimé le désir, que la session de 1906 eut lieu dans les pays scandinaves. Conformément à ce voeu le Comité d'organisation du présent Congrès avait fait les démarches nécessaires auprès des géologues de la Suède et de la Norvège; mais ceux-ci, après des négociations de longue durée, prirent enfin la décision de ne rassembler le prochain Congrès ni à Stockholm ni à Christiania. De même le Japon, dont les délégués à des occasions antérieures avaient fait entrevoir la possibilité d'une réunion à Tokio, ne paraissait pour le moment pas disposé à recevoir le congrès. La succession du Congrès de Vienne restait donc ouverte et non sollicitée. C'était au commencement du mois de mars 1903, que sous ces auspices défavorables le Comité éxécutif s'adressa en même temps aux géologues du Portugal, de l'Écosse, du Mexique et du Canada, en les priant de prendre en considération une invitation de la dixième session du Congrès, que le Comité éxécutif serait enchanté de soumettre à l'approbation de l'assemblée générale du Congrès de Vienne.

M. Delgado, directeur du service géologique du Portugal donna une réponse négative. MM. Horne, directeur du service géologique de l'Écosse, et Bell, directeur du service géologique du Canada, informèrent le secrétaire-général, qu'ils étaient bien disposés d'inviter le Congrès et qu'ils se chargeraient des démarches nécessaires pour obtenir l'autorisation à une invitation officielle, mais leurs réponses ne pouvaient guère être considérées comme définitives. De la part du gouvernement du Mexique, par l'intermédiaire de M. Aguilera, un cablogramme fut adressé au président le 3 avril 1903, contenant l'invitation officielle du Congrès de se réunir en dixième session à Mexico.

Jusqu'au 12 juin, le jour de la publication de notre troisième circulaire, aucune nouvelle ne fut reçue ni de M. Horne ni de M. Bell, concernant la question des invitations de l'Écosse et du Canada. Il ne restait donc en ce moment que l'invitation du Mexique, qui fut portée à la connaissance de tous les congressistes par la dite circulaire.

Ce ne fut que par une lettre datée du 7 juillet que le secrétaire-général fut informé de la part de M. Bell que le Canada sollicitait l'honneur de recevoir le Congrès géologique en 1906 à Ottawa et que la Royal Society of Canada et le gouvernement du Canada avaient offert leur concours bienveillant à ce sujet. En même temps une lettre de M. Molengraaf, datée Johannesburg, le 28 juin, nous annonça la nouvelle d'une invitation du Congrès à Johannesburg de la part de la Geological Society of South Africa.

L'invitation dans l'Afrique du Sud n'a pas été renouvelée devant le Conseil par un délégué dûment accrédité, comme M. Molengraaf n'est pas présent à Vienne. Aussi a-t-elle été écartée par le Conseil. Il reste donc à examiner avant tout les propositions du Mexique et du Canada.

M. Aguilera prend la parole. En quelques mots chaleureux et vivement applaudis il invite, au nom du gouvernement du Mexique, le Congrès à se réunir en 1906 à Mexico.

M. Bell, dans des termes non moins chaleureux et également applaudis, invite au nom de son pays le Congrès pour 1906. Il affirme qu'il ne s'attendait pas à rencontrer une concurrence à Vienne, vue la réponse qu'il avait faite à la lettre du Comité exécutif.

En réponse à la demande d'un membre, le président indique que le Conseil a voté pour l'invitation du Mexique. Il ajoute que les lettres écrites par le secrétaire-général au nom du Comité exécutif aux directeurs des services géologiques du Portugal, de l'Écosse, du Mexique et du Canada étaient toutes dans le même sens, et qu'à propos de ces demandes, la décision de l'assemblée générale n'était en rien engagée ni par la forme, ni par le contenu des dites lettres, cette assemblée étant seule compétente pour faire le choix en question.

Au vote l'invitation du Mexique est adoptée à une grande majorité.

Le président exprime le voeu que le XIe Congrès ait lieu au Canada. Ces paroles sont acclamées.

MM. Barrrois et Tschernyschew font observer que l'usage des Congrès est non seulement de fixer la réunion suivante mais encore de donner des indications au futur Conseil. Donc, on pourrait dans le cas particulier recommander au comité du prochain congrès de s'adresser pour la XIe session au Canada.

Le président se conformant à cet avis exprime le désir, que le Canada veuille bien réitérer son invitation au Congrès suivant.

M. A g u i l e r a fait part d'un télégramme du gouvernement du Mexique, le remerciant de son succès à propos du choix qu'avait fait le Conseil du Congrès votant pour la réunion à Mexico.

M. B a r r o i s prend alors la parole. Ecouté très attentivement son discours est plusieurs fois couvert par des applaudissements.

Discours de M. Ch. B a r r o i s :

„Monsieur le président!

Les membres du IXᵉ Congrès géologique international ont bien voulu me confier la mission de vous exprimer leurs sentiments de reconnaisance envers le Gouvernement Autrichien et envers le Comité d'organisation du Congrès.

C'est à vous, M. T i e t z e, que nous devons le succès de cette session. Vous nous avez donné non seulement l'appui de la haute autorité dont vous jouissez dans votre patrie, mais aussi votre activité, votre science et tout votre dévouement: votre tact a su grouper toutes les bonnes volontés éparses, éviter tous les écueils. Notre reconnaissance envers vous est grande, car elle s'attache non seulement à votre personne, mais à cet admirable service de la Geologische Reichsanstalt, que vous dirigez et dont tous les membres ont été vos collaborateurs et les guides de nos excursions: elle s'adresse à notre éminent vice-président M. de Mojsisovics, à M. T e l l e r, rédacteur du Livret-guide, à M. D i e n e r, notre si distingué secrétaire-général, prodigue, pour nous, d'un temps qu'il sait si bien mettre à profit pour la science.

Il y a bien longtemps que le Congrès géologique international désire se réunir à Vienne. Vous nous avez dit que la raison en était dans le sol même de votre pays, si beau, si varié — nous estimons qu'elle est plutôt dans le mérite des géologues autrichiens, et dans la valeur hors-ligne de leurs oeuvres. Nous savions aussi que l'Autriche aime les savants et qu'elle honore même les savants étrangers: le souvenir d'Ami B o u é est pieusement conservé dans l'Académie de Vienne, et sur la rive rocheuse de la Moldau, dominant Prague, le nom de B a r r a n d e est inscrit en caractères ineffaçables. A Přibram, dans la mine de l'Etat, à 1000 m de profondeur le nom de B a r r a n d e est encore gravé sur une plaque de marbre, et à côté, il en est une autre, qui porte le nom de l'Archiduc R a i n e r, rapprochant ainsi dans votre respect le culte que vous avez de la majesté impériale et de la valeur scientifique.

Vienne nous a dit dans sa Rathaus qu'elle aimait les géologues; mais les géologues, s'ils ne sont pas des ingrats, sont des nomades. Aujourd'hui à Vienne, demain à Mexico, ils n'ont pas de domicile

reconnu, pas de panneau de marbre où ils puissent porter les noms
de son Altesse Impériale l'Archiduc R a i n e r. leur protecteur. de son
Excellence le Ministre W. de H a r t e l. de MM. le Burgmeister et
Vice-Burgmeister de Vienne L u e g e r et S t r o b a c h : ils le regrettent.
et les prient d'agréer leurs remerciements.

Messieurs.

Nous allons nous séparer bientôt. et aller dire dans les chaires.
dans les journaux géologiques du monde entier. ce que nous avons
fait à Vienne. Quand nous dirons à nos confrères. à nos élèves : j'ai vu
S u e s s ! — Ils nous envieront. Quand ils sauront que nous avons
entendu. ou suivi T s c h e r m a k. F u c h s. P e n c k. B e c k e. U h l i g.
ils trouveront que nous avons grandi — sous ce toit hospitalier de
l'Université de Vienne. dans cette atmosphère encore vibrante des voix
de W a a g e n et de N e u m a y r.''

Le président. M. T i e t z e. s'adressant une dernière fois au Congrès. s'exprime comme suit :

„M. B a r r o i s vient de reconnaître dans des termes extrêmement
flatteurs l'oeuvre des géologues autrichiens. qui seront bien fiers. d'avoir
emporté en présence de cette illustre assemblée le suffrage d'un juge
aussi compétent. De même il a bien voulu adresser dans son discours
de toute à l'heure de bonnes et aimables paroles non seulement au
bureau du congrès. mais aussi à ma personne. Je l'en remercie bien
vivement pour mon compte. comme au nom de nos confrères. qui se
trouvaient chargés des diverses fonctions du bureau pendant nos séances.
Je suis vraiment touché par les sentiments d'amitié. qui ont été exprimés
par notre honorable collègue et par la bienveillante appréciation de nos
efforts. appréciation. dont il s'est fait l'interprète au nom de cette
assemblée entière. Mais il me semble. que c'est plutôt à moi de dire
des mots de reconnaissance au moment. où la neuvième session du
congrès géologique international touche à sa fin.

Dans tous les cas j'éprouve le devoir de vous remercier vous
tous de l'appui. que vous avez prêté à notre bureau en facilitant de
chaque manière la charge du président et du secrétariat. Je vous
remercie aussi de l'attention. que vous avez accordée aux conférences
énoncées pendant cette session. en élucidant souvent les questions
traitées dans ces conférences par le concours complaisant de vos
lumières. De même il me faut exprimer la plus sincère gratitude pour
l'intérêt que vous avez porté aux excursions organisées par notre comité.
car cet intérêt honore aussi bien notre oeuvre. que le pays même.
que nous habitons et dont nous avons essayé plus ou moins soigneu-

19

sement à esquisser les traits géologiques dans le cours de nos publications. Mais nous sommes surtout très reconnaissants de l'indulgence, que vous avez prouvée pour tous nos préparatifs à l'occasion de ce congrès, parce que, vous pouvez le croire, nous savons nous mêmes très bien, combien ces préparatifs sont restés au-dessous de notre bonne volonté.

A l'exception des excursions, qui sont encore à exécuter après la session et pour lesquelles je vous souhaite un bon voyage, le congrès de Vienne appartient désormais au passé. D'autres se chargeront de continuer notre oeuvre et j'espère qu'ils iront lever glorieusement l'étendard du congrès. Mais nous autres, qui restons ici, nous garderons de votre présence chez nous les plus agréables souvenirs. Ces souvenirs feront naître en nous le désir de vous rencontrer de nouveau et de jouir de votre compagnie à la première occasion, qui s'offrira. Je ne vous dirai donc pas adieu pour toujours. Permettez-moi plutôt de vous dire: Au revoir. Au revoir. Mesdames et Messieurs, au delà de l'océaan, au revoir en Mexique."

Le président déclare alors la session comme close.

Le secrétaire: **M. Lugeon.**

III. Procès-Verbaux des Séances de Sections.

27 août 1903 (matin).

— · ·

Section A.

La séance est ouverte à 10 heures $^1/_2$, dans la salle d'amphithéâtre de l'Institut géologique, sous la présidence de M. H a u g, qui remplace M. T e r m i e r, absent.

M. C. L. G r i e s b a c h fait sa conférence: „*The exotic blocks of the Chitichun and Balchdhura regions in the Central Himalayas.*"

Sir Archibald G e i k i e félicite l'orateur de sa communication très intéressante, appellant l'attention à un nouveau type de „Klippen" d'un origine tout-à-fait différent des lambeaux de recouvrement des Alpes Suisses ou des Klippes des Carpates. Il fait remarquer que l'hypothèse de M. A. v. K r a f f t sur l'origine des blocs exotiques de l'Himalaya est corroborée par des observations faites dans les roches éruptives de l'Écosse:

„Among the palaeozoic and tertiary volcanic rocks of Scotland numerous examples have been observed of large masses of rock enclosed in the necks or pipes of old volcanoes, or carried up and involved in outflows of lava. Thus huge blocks of gneiss and micaschist have been floated up in the tertiary basalts of the island of Mull and masses of cretaceous, liassic and rhaetic strata, many square kilometres in area, have been entombed in a volcanic neck in the island of Arran. The possibility of the ejection of enormous bodies of solid rock by volcanic agency and the preservation of masses which have fallen into volcanic pipes fom above have thus been amply demonstrated."

M. W a l k e r fait observer, que parmi les cinq géologues qui ont visité la région difficilement accessible de Chitichun trois assistent à cette séance. Il met en doute la nature éruptive des blocs exotiques de la région de Chitichun en ajoutant que M. G r i e s b a c h sous l'influence de ses propres observations avait émis une autre hypothèse sur leur origine. M. A. v. K r a f f t, dont les études sur les blocs éxotiques de Balchdhura forment la base de la présente hypothèse de M. G r i e s b a c h, n'a pas examiné de près les Klippes de Chitichun.

19*

148

M. D i e n e r est d'accord avec M. W a l k e r en ce qui concerne l'insignifiance des masses volcaniques effusives dans la région de Chitichun tandisqu'elles semblent prendre un développement énorme dans les régions de Balchdhura jusqu'au lac Manasarowar.

M. G r i e s b a c h maintient l'hypothèse du regretté Dr. A. v. K r a f f t, quoiqu'on la trouve hardie : il affirme que les observations exactes de ce géologue ne permettent pas d'autres explications.

M. J. H o l o b e k fait sa conférence : „*Das Erdwachsvorkommen von Boryslaw.*"

Pas d'observations.

M. G. B o e h m fait sa conférence : „*Über die Geologie der Molukken.*"

M. P. H u b r e c h t (Utrecht) : „Ich habe die Ehre, im Namen der niederländischen Regierung dem Herrn Vortragenden für seine erfolgreiche Teilnahme an der Erforschung jener entlegenen Inselgebiete zu danken. Gleichzeitig möchte ich mitteilen, daß eine von dieser Regierung ausgesendete Expedition unter der Leitung W i c h m a n n s kürzlich über die Auffindung von carbonischen Ablagerungen auf Neuguinea Nachricht gegeben hat. Durch diese Entdeckung werden die Anschauungen B o e h m s über den Aufbau der in Rede stehenden Gebiete wesentlich unterstützt und erweitert."

M. G. B o e h m : „Ich möchte bemerken, daß auch mir eine briefliche Mitteilung von W i c h m a n n zugekommen ist, aus der hervorgeht, daß auf Neuguinea nicht allein carbonische, sondern auch mesozoische Fossilreste entdeckt wurden, so daß die Beziehungen zwischen der Formationsentwicklung auf Neuguinea und auf den Molukken sehr eng zu sein scheinen. Ich benütze diesen Anlaß, meinen besonderen Dank für die Förderung und Unterstützung zum Ausdrucke zu bringen, die mir im Verlaufe meiner Reise von seiten der niederländischen Regierung zuteil geworden ist."

M. R. H a u t h a l (La Plata) fait sa conférence : „*Mitteilungen über den heutigen Stand der geologischen Erforschung Argentiniens.*"

Pas d'observations.

M. E. F i c h e u r (Alger) fait une conférence sur *les résultats de l'expédition de M. Brives dans la région occidentale du Maroc*, et présente une carte géologique de cette région en 1 : 1,000.000.

M. V. U h l i g présente deux nouvelles publications de M. P. C h o f f a t, dont l'une est une communication sur la craie de Pondicia (côte orientale de l'Afrique), tandis que l'autre fait part de la découverte de *Terebratula Renieri* au lias moyen du Portugal.

M. E. H a u g présente de la part de l'auteur, M. Léon P e r v i n-
q u i è r e, chef des travaux pratiques de géologie à l'Université de Paris, un
mémoire intitulé „É t u d e g é o l o g i q u e d e l a T u n i s i e c e n t r a l e". [1]
C'est une monographie stratigraphique et tectonique très complète
d'une vaste région correspondant comme étendue à plusieurs départements français. Elle constitue le 1er volume d'une nouvelle publication
que fait paraître la Direction générale des Travaux publics de la Régence
et qui sera consacrée à l'étude géologique du pays de protectorat. Le
présent ouvrage, dont l'exécution typographique ne laisse rien à désirer.
peut-être considéré comme un modèle de description régionale.

M. E. F i c h e u r présente la nouvelle carte géologique du bassin
de Tafna (Oranie) par Louis G e n t i l à l'échelle de 1 : 200.000.

Le président félicite les conférenciers du progrès de leurs travaux
scientifiques et remercie l'auditoire très nombreux de l'intérêt qu'il a
montré pour les questions traitées par les orateurs en suivant avec
assiduité ces importantes communications.

La séance est levée a 1 heure.

Le secrétaire: **F. Teller.**

Section B.

La séance est ouverte à 10 heures $^1/_2$, dans l'auditoire de l'Institut
géologique, sous la présidence de M. B r a n c o.

M. J. W. S o l l a s présente la reconstruction agrandie de *Palaeo-
spondylus* et explique sa méthode d'obtenir des reconstructions de
ce genre.

M. O. A b e l fait sa conférence: „*Über das Aussterben der Arten.*"

M. J. P a l a c k y: „Ich möchte darauf hinweisen. daß B e r o s u s
der erste gewesen ist, der Nachrichten über ausgestorbene Tiere gab
und „Fabeltiere" schilderte.

Für das Aussterben von Arten sind mir nachstehende Ursachen
bekannt:

1. Feinde und ausrottende Katastrophen — der Mensch, Parasiten,
Raubtiere, Kampf ums Dasein, Ausrodung der Wälder. Austrocknung
der Sümpfe, Ausbrüche vulkanischer Natur.

2. Klima (Eiszeit, Vernichtung der schützenden Wälder etc.),
was aber zum Beispiel mit Rücksicht auf den langen Kampf des
Mammuts, das sogar von *Polygonum*-Samen leben wollte, langsam vor
sich geht.

---

[1] In-4°. Paris 1903. F. R. de R u d e v a l, éditeur. 359 pp., 42 fig., 36 vues
photogr., 3 pl. de coupes. 1 carte en couleurs au 1 : 200.000.

3. Nahrungsmangel. der oft mit den früher erwähnten Ursachen zusammenhängt.

4. Jene Ursachen, die uns noch nicht klar sind. so zum Beispiel bei den Ratiden. Hamameliden. Testudo. Von *Apinagia Preissii* kennt man nur wenige Exemplare.

Ein Rätsel bleibt das Aussterben von *Machairodus*. Es ist das Aussterben nicht gleichmäßig. sondern häufiger bei einzelnen Familien als bei anderen. ebenso in einzelnen geologischen Perioden. Die Südhälfte der Erde hat mehr aussterbende Formen als die Nordhälfte. insbesondere auf Inseln (Mauritius. Madagaskar. Neuseeland. St. Helena)."

M. D e p é r e t fait observer. que la grandeur d'une espèce permet souvent d'établir une conclusion sur l'âge de la dite espèce.

M. B r a n c o : „Ich glaube. die Ursache für die zunehmende Größe einer Art in einer übermäßig gesteigerten Nahrungsausnützung suchen zu sollen."

M. Ch. D e p é r e t présente à l'assemblée les photographies agrandies de deux crânes complets. mâle et femelle de *Lophiodon leptorhynchus* des argiles éocènes du Minervois (Hérault). et la reconstitution des pieds de devant et de derrière du même animal. Ces pièces. entièrement inconnues jusqu'à ce jour permettent maintenant d'apprécier les caractères et les affinités de ce genre *Lophiodon* si caractéristique de l'époque éocène dans l'ancien monde.

Les principales conclusions de cette étude sont les suivantes:

1. Les *Lophiodon* sont des I m p a r i d i g i t é s à c a r a c t è r e s p r i m i t i f s aussi bien pour la structure du crâne que pour celle des membres. en particulier de leur patte antérieure pentadactyle.

2. Ils diffèrent très notablement à ces divers points de vue du groupe des Tapirs et de celui des Rhinocéros. auxquels ils ne sont reliés par a u c u n e f o r m e d e p a s s a g e.

3. Les trois groupes Lophiodonte. Tapirodonte et Rhinocérodonte peuvent être suivis parallèlement. le premier (*Heptodon, Lophiodon*) et le deuxième (*Systenodon*) jusqu'à l'époque sparnacienne. le dernier jusqu'à l'éocène moyen (*Hyrachyus*). Leur différenciation originelle remonte vraisemblablement au delà des temps tertiaires.

4. Les *Lophiodon* présentent avec divers ordres d'Ongulés à caractères primitifs. les Hyracoidés. les Condylartrés, et plus encore avec les Amblypodes des rapports de structure importants. qui doivent être interprétés comme la trace d'a n c i e n s l i e n s d'a n c e s t r a u x c o m m u n s avec des formes plus primitives encore inconnues. datant sans doute de l'époque secondaire.

5. On peut affirmer avec certitude que le *Lophiodon* n'a point évolué et s'est éteint à la fin de l'époque bartonienne, s a n s l a i s s e r d e d e s c e n d a n t s.

M. M a y e r - E y m a r fait deux communications: 1. *Défense, pièces en main, de ma terminologie des étages tertiaires.* 2. *Classification détaillée du Nummulitique Vicentin.*

Le président félicite l'orateur de sa conférence intéressante et pleine de gaieté fine et spirituelle. Il lève la séance à midi.

Le secrétaire: **G. v. Arthaber.**

Section C.

La séance est ouverte à 10 heures $^1/_2$ dans l'auditoire de l'Institut de géographie, sous la présidence de M. F. Freiherr von R i c h t h o f e n, vice-président.

Selon l'ordre du jour de cette séance M. H. F. R e i d aurait été appelé le premier à énoncer sa communication: „*On the stratification and blue bands of glaciers*", si M. R e i d n'avait pas trouvé l'occasion de faire sa conférence déjà l'après-midi du 22 août. Par conséquent la parole est donnée à M. E. de M a r t o n n e, qui parle „*sur la periode glaciaire dans les Carpates meridionales*". Après le discours de M. de M a r t o n n e vient la communication de M. A x e l H a m b e r g: „*Zur Technik der Gletscheruntersuchungen.*" Une discussion assez vive s'engage en suite de ces conférences. Mais à notre regret nous sommes obligés de renoncer à en publier les détails, parce que les secrétaires n'ont pas donné le texte du procès-verbal de cette séance.

Section D.

La séance est ouverte à 10 heures $^1/_2$ dans l'auditoire de l'Institut de minéralogie et de pétrographie, sous la présidence de M. S c h m e i s s e r, vice-président.

Le président donne la parole à M. C. A n g e r m a n, qui fait la conférence annoncée: „*Das Naphthavorkommen von Boryslaw in seinen Beziehungen zum geologisch-tektonischen Bau des Gebietes.*"

M. S z a j n o c h a. se rapportant à une remarque de l'orateur, se permet de constater. que les géologues de la Galicie s'occupent déjà depuis longtemps avec beaucoup de zèle de l'étude exacte de la tectonique du terrain pétrolifère de Boryslaw.

M. D z i u k demande, s'il y a des observations sur la longueur et sur l'étendue des fentes pétrolifères.

M. A n g e r m a n répond, en donnant des explications supplémentaires à sa conférence.

Le président demande. si l'on a fait à Boryslaw seulement des forages (Bohrlöcher) ou encore des puits (Schächte) pour l'exploitation du pétrole.

M. Angerman répond. que dans les derniers temps l'exploitation du pétrole s'y fait seulement par des forages.

Le président désire ensuite accorder la parole à M. Redlich et puisque M. Redlich n'est pas présent. à M. Canaval. M. Canaval n'étant non plus présent. le président lève la séance à 11 heures $^1/_4$. en regrettant. que l'auditoire assemblé en grand nombre n'a pu entendre les conférences annoncées par ces messieurs.

Le secrétaire: **F. v. Kerner.**

CINQUIÈME PARTIE.

RAPPORTS DES COMMISSIONS.

Rapports des Commissions.

Rapport de la Commission de la „Palaeontologia Universalis".

Présenté au Congrès géologique international, à Vienne, en 1903, par M. D. Oehlert, secrétaire de la Commission.

Monsieur le Professeur Karl von Zittel, président de la Commission, n'ayant pu, à son grand regret, assister au Congrès de Vienne, avait prié M. v. Mojsisovics de vouloir bien le remplacer. M. v. Mojsisovics, président, MM. Almera, Schuchert, Stefanescu, Tschernyschew, Uhlig, membres de la Commission, et M. Oehlert, secrétaire, se sont réunis pour examiner l'état d'avancement de la publication et prendre des décisions en vue de son avenir.

Il a été donné lecture d'un rapport rappelant l'origine de cette œuvre, ainsi que son but, qui est de rééditer, sur fiches mobiles, les types d'espèces fossiles décrites et figurées anciennement, ou dont la recherche bibliographique est difficile. Une Commission Internationale, nommée au Congrès de Paris (1900), a eu pour mission d'étudier ce projet, et de le faire entrer dans la voie d'exécution. Le Secrétaire a montré comment a fonctionné cette Commission, dont les membres se trouvaient trop éloignés pour pouvoir se réunir. Des circulaires, sous forme de questionnaires, ont été adressées, à plusieurs reprises, à tous les membres de la Commission; ceux-ci ont bien voulu envoyer leurs observations, et, en tenant compte des avis émis et de la majorité des voix, on a pu arriver à donner au projet primitif une forme définitive.

La réussite de cette entreprise dépendait évidemment des efforts faits par la Commission en vue de perfectionner son programme, mais elle dépendait aussi des ressources matérielles dont elle pouvait disposer. Il était, en effet, nécessaire d'avoir une avance de fonds suffisante pour couvrir les frais de premier établissement, en attendant les souscriptions qui devaient assurer l'avenir de la publication. Ces différentes aides ne nous ont pas fait défaut. Le Comité d'organisation du Congrès de

20*

Paris avait ouvert en France, avant le Congrès, une souscription pour subvenir à différents frais d'organisation générale; or, sur les fonds provenant de cette souscription, 8000 francs nous ont été accordés, dès le début de notre entreprise. Depuis cette dotation s'est de nouveau accrue et nous sommes heureux de vous annoncer qu'une nouvelle somme de 4000 francs vient d'être, tout récemment, versée dans notre caisse; elle nous est gracieusement abandonnée par les pétrographes français auxquels cette subvention avait été attribuée dans le but de publier des fiches analogues aux nôtres, mais concernant les roches françaises. Le Comité d'organisation du Congrès de Paris (dont M. Gaudry était le président) pouvait seul disposer de ces fonds; il a bien voulu ratifier cette décision, en montrant ainsi toute la sympathie qu'il a pour notre œuvre: nous sommes heureux de lui témoigner ici toute notre gratitude.

Quant aux souscriptions, elles sont venues nombreuses, plus nombreuses que nous ne l'espérions, car nous avons actuellement, avant l'apparition de la première livraison, un revenu assuré qui permet déjà de prévoir que les frais annuels seront couverts; nous entrevoyons même, dans un avenir prochain, des bénéfices, qui, ainsi qu'il a été convenu, seront employés à augmenter le nombre des fiches publiées annuellement, sans majorer le prix de l'abonnement.

La Commission est heureuse de pouvoir présenter au Conseil la première livraison de la *Palaeontologia Universalis*.

Le président a rappelé que deux vides s'étaient produits au sein de la Commission: l'un, par la mort du regretté professeur Lindström, de Stockholm; l'autre, par la démission de M. Gaudry, qui malgré des instances réitérées, a persisté dans son désir de se retirer. Il a demandé de ratifier les nominations de M. Holm pour la Suède, et de M. Douvillé pour la France; il a proposé également de nommer M. Whiteaves pour représenter le Canada, et de s'adjoindre M. Schuchert pour les Etats-Unis. Ces nominations ont été approuvées à l'unanimité.

Le secrétaire a fait connaître que le nombre des abonnés est actuellement de 182, ce qui représente, en tenant compte des remises à faire aux libraires, une somme de plus de 6000 fr. Si on y ajoute les 12.000 fr. donnés par le Comité d'organisation du Congrès de Paris, et si on en déduit les dépenses faites pour la mise en œuvre de la publication et pour la propagande nécessaire, on constate que la *Palaeontologia Universalis* dispose, au début de son existence, d'une somme de 15.000 fr. environ. La Commission s'est félicitée de l'état prospère de ses finances et a remercié le Secrétaire du zèle qu'il a apporté à cette œuvre, dont il a été le promoteur.

Elle a ensuite examiné s'il y avait lieu, suivant la proposition de M. Van den Broeck, d'admettre, parallèlement aux abonnements globaux, des abonnements partiels: ceux-ci-donnant la possibilité de souscrire à une partie de la publication en choisissant des séries soit stratigraphiques, soit paléontologiques: elle a pensé que, tout au moins pour le moment, ce morcellement des livraisons ne pouvait être accepté. Elle émet le vœu que les fiches publiées forment, comme dans la première livraison, un mélange d'espèces, appartenant à différents terrains, aussi bien qu'à des groupes zoologiques divers, de façon à satisfaire le plus grand nombre d'abonnés possible. Elle ne doute pas que le nombre des souscripteurs ne s'accroisse rapidement et que, par suite, la prospérité de cette œuvre ne s'accentue de plus en plus.

La Commission voulant assurer le caractère international de cette publication, s'est occupée du choix des espèces types à rééditer dans chaque pays, du recrutement des collaborateurs, et a adopté une réglementation pour la rédaction des fiches, qui devront être établies d'après le programme arrêté. Ce programme sera d'ailleurs annexé à la première livraison, à laquelle il servira en quelque sorte de préface.

Sur la proposition de M. Depéret, le Conseil a émis le vœu que les Directeurs de Musées publient les Catalogues des espèces types qu'ils possédent ou qui existent dans des Collections particulières. Ces Catalogues, publiés dans des Recueils scientifiques régionaux, seraient distribués largement aux savants s'occupant de paléontologie et viendraient ainsi en aide à la *Palaeontologia Universalis*.

Commission :

Président: M. K. v. Zittel (München).
Secrétaire: D.-P. Oehlert (Laval).

M. J. Almera (Barcelona).
  „ F. A. Bather (London).
  „ M. Canavari (Pisa).
  „ P. Choffat (Lisboa).
  „ H. Douvillé (Paris).
  „ J. Fraipont (Liège).
  „ F. Frech (Breslau).
  „ G. Holm (Stockholm).
  „ J. Kiœr (Christiania).
  „ Le Fort de Loriol (Genéve).
  „ E. Mojsisovics v. Mojsvar (Wien).

M. A. Pavlow (Moscou).
  „ C. Schuchert (Washington).
  „ G. Stefanescu (Bucuresci).
  „ T. Tschernyschew (Saint-Pétersbourg).
  „ V. Uhlig (Wien).
  „ E. van den Broeck (Bruxelles).
  „ C. D. Walcott (Washington).
  „ J. F. Whiteaves (Ottawa).
  „ H. S. Williams (New-Haven).
  „ A. S. Woodward (London).

Rapport de la Commission des Lignes de Rivage de l'Hémisphère Nord.

Présenté au Congrès géologique international, à Vienne, en 1903, par Sir Archibald Geikie, président de la Commission.

La Commission soumet les propositions suivantes à la considération du Congrès.

1. Jusqu'ici on a ordinairement mesuré la hauteur des Lignes de Rivage (Raised Benches, Strandlinien) du „niveau des hautes eaux", du „niveau moyen de la mer", de la „Zone de *Fucus*" etc. Mais aucune de ces limites n'est précisément définie, et elles varient notablement dans la même région. Pour des déterminations exactes il faut absolument avoir un point ou plan de niveau pour chaque pays, incisé ou marqué d'une manière durable sur la roche solide, près de la marée haute. De cette pointe fixe toutes les altitudes des lignes de rivage doivent être mesurées ou calculées.

2. Il faut prendre note des variations possibles du niveau moyen de la mer, et dans ce but on doit consulter les archives des ports.

3. La hauteur d'une ligne de rivage doit être toujours calculée de sa marge intérieure ou supérieure, où celle-ci est visible, mais on doit aussi donner la hauteur de la marge extérieure ou inférieure, quand on peut l'observer, comme indication de l'étendue de la marée à l'époque ou cette ligne de rivage fut formée.

4. Il est important de suivre l'extension horizontale d'une ligne de rivage d'un bout à l'autre d'un pays.

5. Les variations de hauteur d'une ligne de rivage doivent être mesurées en deux directions, où cela est possible (1^0) le long de la côte, c'est à dire, parallèle à l'axe du pays; et (2^0) transverse à cet axe, dans les baies ou fjords.

6. On doit observer si une ligne de rivage ou une série de ces lignes disparait dans une direction donnée, et les conditions sous lesquelles cette disparition se fait, doivent être exactement constatées. En Ecosse, par exemple, les lignes de rivage, si nettement définies le long des côtes de l'est et de l'ouest, disparaissent vers l'extrémité du nord, dans la comté de Caithness et dans les Isles Orkney et Shetland.

7. Les diversités de caractère d'une ligne de rivage méritent d'être enregistrées. Certaines parties de la ligne ont peut-être été incisées dans la roche solide (Seter de Norvège); d'autres ont été formées des depôts détritiques. Les relations de ces diversités aux contours ou aux autres configurations topographiques doivent être examinées.

8. Dans une série successive de lignes de rivage il est important de déterminer avec précision leurs variations relatives de niveau, de telle manière à faire voir si les mouvements ont été inégaux, et à démontrer la direction de ces inégalités. On doit aussi prendre note des différences dans la profondeur de l'érosion de leurs roches solides, et dans la largeur et l'épaisseur de leurs depôts détritiques.

9. Il est evident q'une grande importance s'attache aux restes organiques d'une ligne de rivage. Non seulement les depôts détritiques doivent être fouillés, mais la recherche doit aussi comprendre les plateformes de roche, les falaises et les cavernes où l'on pourrait trouver des coquilles perforantes, et des cirripèdes ou des coraux adhérents.

Rapport de la Commission de Coopération internationale dans les investigations géologiques.

Présenté au Congrès géologique international, à Vienne, en 1903, par Sir Archibald Geikie, président de la Commission.

Chargé lors du dernier Congrès de présider la Commission, nommée à Paris, pour la coopération internationale dans les investigations géologiques, j'ai écrit individuellement à tous les membres de cette Commission, leur demandant de vouloir bien me faire parvenir leurs vues ou leurs propositions sur les sujets soumis à notre considération. À ces lettres je n'ai reçu que deux réponses. Je ne puis donc, et c'est à grand regret, développer en ce jour devant le Congrès les conclusions de la Commission. L'importance toutefois, des sujets proposés est telle, qu'elle m'autorise à y revenir devant vous.

Les questions soumises à la Commission étaient les suivantes:
1°. Quelles sont les branches des recherches géologiques dans lesquelles l'action internationale paraît la plus désirable? 2°. Quelles sont les meilleurs moyens pour assurer l'uniformité de méthode dans les recherches?

1. On peut répondre à la première de ces questions, en signalant à l'effort des coopérations internationales les problèmes qui ont trait à la Géologie Dynamique: tels les tremblements de terre, les mouvements de l'écorce terrestre, le régime, les fluctuations et les fonctions géologiques des glaciers, la mesure de la vitesse de la dénudation sous l'action des agents épigènes dans les différents climats etc.

2. La réponse à la seconde question doit être traitée à deux points de vue. On peut en effet distinguer d'abord parmi les recherches scientifiques internationales celles qui, en raison de leur caractère

spécial, doivent être entreprises par des géologues proprement-dits. Pour cette première catégorie d'investigations, il semble bien que le Congrès n'ait qu'à suivre la voie deja tracée. et le but sera atteint par l'organisation de Commissions spéciales, semblables à celles qui fonctionnent deja pour la Carte Géologique d'Europe, pour les Glaciers, pour la Pétrographie, et qui ont deja donné d'importants résultats. De nouvelles commissions spéciales devront être installées: ce n'est pas ici le lieu de les proposer.

Mais il est une autre série de recherches internationales. d'une importance capitale pour la géologie, et dont la poursuite me parait exiger une organisation et des resources supérieures à celles de nos Congrès. Depuis quelques années, d'ailleurs. diverses Associations savantes se sont proposé, comme la nôtre, de combiner, pour les progrès de la science, des ententes internationales. Je crois que le Congrès pourrait mettre à profit cette tendance, et s'efforcer de faire entreprendre en collaboration l'étude des problèmes qui l'intéressent et dont la solution exige des connaissances techniques variées et des frais matériels considérables. Ainsi, par exemple, on peut considérer un problème du plus vif intérêt pour la géologie, celui de savoir si une chaîne de montagnes, assujettie aux tremblements de terre, subit aussi en même temps de lents mouvements d'élévation ou d'affaissement. Sa solution necessiterait des mesures minutieuses, nombreuses et très prolongées. Mais pourquoi les géologues s'en chargeraient ils seuls? Il est aussi intéressant pour les géodésiens que pour les géologues; la précision comme l'exactitude de leurs méthodes nous serait précieuse. Or il existe une „Association Géodésique Internationale". etablie pour l'étude approfondie de la forme de la terre. Pourquoi ne rechercherons nous pas la coopération de nos confrères pour des investigations comme celles-ci, où la géodésie a un rôle capital, mais qui ont aussi une grande importance géologique?

D'autre part. depuis le Congrès Géologique de Paris a été fondée „L'Association Internationale des Académies". composée de délégués de toutes les Académies du monde. Elle s'est proposée la double tâche de coordonner les investigations scientifiques et d'obtenir des gouvernements des divers pays un concours positif et efficace. Cette Association puissante paraît si merveilleusement organisée pour faire aboutir les questions scientifiques internationales que nous devons nous demander, si elle n'arriverait pas plus facilement et plus complètement. que notre Commission du Congrès à résoudre les questions que je lui avais soumises.

Si tel était votre avis, et que le Congrès jugeât opportun de recourir à „L'Association Internationale des Académies", je vous pro-

poserais de nommer une Commission chargée de définir l'objet exact
des recherches géologiques à entreprendre et d'indiquer les méthodes
à employer pour arriver au but proposé.

Ce programme, sanctionné par l'autorité et le prestige d'un
Congrès Géologique International, serait soumis à „L'Association Internationale des Académies" dans sa prochaine assemblée, à Londres en
1904, lors de la Pentecôte.

- - --

Bericht der internationalen Gletscherkommission.

Dem IX. Internationalen Geologen - Kongreß zu Wien 1903 erstattet von S. Finsterwalder, z. Z. Präsident der Kommission.

Die internationale Gletscherkommission, welche 1894 vom VI. Geologen-Kongreß in Zürich zum Studium der Größenänderung der Gletscher
in den verschiedenen Gegenden des Erdballes eingesetzt wurde, hat
seit der letzten Berichterstattung in Paris 1900 ihre Tätigkeit in der
bis dahin eingehaltenen Richtung fortgesetzt und jährlich eine Zusammenstellung der von den einzelnen Mitgliedern gesammelten Nachrichten über die Gletscherschwankungen ihres Landes veröffentlicht. [1]
Die letzte dieser Veröffentlichungen, welche sich auf das Jahr 1902
bezieht, habe ich die Ehre, dem IX. internationalen Geologen-Kongreß
vorzulegen. Die Kommission hat im Laufe der letzten drei Jahre in
der Person des Professors J. Muschketow ein hervorragendes und
überaus pflichteifriges Mitglied, den Vertreter für Rußland, verloren.
Mit dem Ausdrucke der tiefen Trauer über diesen Verlust verbinde
ich die zuversichtliche Hoffnung, daß sein von der Kommission ge-
wählter Nachfolger, Herr Oberst J. v. Schokalsky, die für unsere
Ziele besonders wichtige Vertretung des russischen Reiches in gleich
erfolgreicher Weise weiter betätigen wird, so wie er es in der Zwischen-
zeit seit dem Hinscheiden seines Vorgängers bereits getan hat. Die
Organisation der Kommission hat sich auch in den verflossenen drei
Jahren gut bewährt. Dank dem regen Eifer ihrer Mitglieder sind die
Nachrichten aus den wichtigsten Gletschergebieten regelmäßig ein-
gelaufen. Die nationale Organisation hat namentlich in Frankreich
durch Gründung einer französischen Gletscherkommission eine erfreuliche
Kräftigung erfahren. Es ist ein dringender Wunsch unserer Kommission
und entspricht einem unabweisbaren Bedürfnis, daß eine ähnliche Organisation in England, von wo aus die Anregung zur Gründung der internationalen Gletscherkommission erging, geschaffen werde, damit die

---

[1] Vergl. Archives des Sciences physiques et naturelles 1896—1903. Genève.

wichtigen Gletschergebiete des Himalaya und der neuseeländischen Alpen eine regelmäßige Überwachung erfahren. Die Kosten der Verwaltung der Kommission hat wie seit ihrer Gründung der Ehrenpräsident Prinz Roland Bonaparte bestritten, wofür ihm auch an dieser Stelle der gebührende Dank ausgesprochen sei.

Wenn wir nun zu den positiven Resultaten übergehen, welche unsere Kommission zutage gefördert hat, so müssen wir zunächst daran erinnern, daß die neun Jahre ihres Bestehens einen sehr kurzen Zeitraum im Vergleiche zu jenen bedeuten, innerhalb welcher sich die Gletscherschwankungen abspielen. Mit einiger Wahrscheinlichkeit können wir erwarten, daß die von E. Brückner entdeckte 35jährige Klimaschwankung, so wie sie die Veränderungen der Alpengletscher beherrscht, auch jene der übrigen Gletscher der Erde beeinflußt. Nicht minder wahrscheinlich ist indessen die Existenz längerer klimatischer Perioden, welche an den Gletschern ebenso zum Ausdrucke kommen müssen wie die 35jährige und deren Verhalten ungemein komplizieren gestalten. Zweifellos ist außerdem der individuelle Charakter der Veränderungen des einzelnen Gletschers, je nach seinen Neigungsverhältnissen, den Größenbeziehungen zwischen Sammelgebiet und Zungenfläche und ähnlichen orographischen Elementen. Wir stehen daher vor einem Phänomen von ungeheurer Variabilität im einzelnen, dessen Studium uns erst eine lange Reihe von Jahren beschäftigen wird, ehe wir die Gesetze des Zusammenhanges zwischen Klima und Gletschergröße klar erkennen können. Die bemerkenswerteste und für alle bekannten Gletschergebiete der Erde sichergestellte Tatsache ist das Vorherrschen der rückgängigen Tendenz der Gletscher in der gegenwärtigen Zeit. Der stationäre Zustand und das Vorschreiten einzelner Gletscher erscheinen als Ausnahmen und energische, ins Auge fallende Verstöße sind geradezu Seltenheiten. Diese Ausnahmen, welche naturgemäß das Interesse der Spezialforscher beherrschen, finden sich überall und verlaufen keineswegs regellos. So ist in den Alpen, die auch in dieser Richtung weitaus das bestdurchforschte Gebirge darstellen, ein gleichzeitiges Auftreten der vorschreitenden Gletscher innerhalb einer Gruppe und ein Wandern des gruppenweisen Auftretens, ausgehend von der höchsten Gruppe des Montblanc, nach Osten und Süden unverkennbar. Von der Montblancgruppe aus, wo übrigens die vorschreitende Tendenz in den achtziger Jahren allgemein war und seither gänzlich verschwunden ist, rückte innerhalb 20 Jahre das Vorkommen wachsender Gletscher bis zum äußersten Osten, der Ankogel- und Hochalmspitzgruppe vor, wobei allerdings die Intensität des Vorschreitens im allgemeinen abgenommen hat. Es wird eine lohnende Aufgabe der Zukunft sein, die orographischen und vielleicht auch klimatischen Ursachen jener Wanderung festzustellen und namentlich auch das Überspringen einzelner am Alpenrande gelegener und die Bevorzugung anderer der Zentralkette angehöriger Gebirgsgruppen zu erklären. Von den vorhin als Seltenheiten bezeichneten auffallenden Vorstößen möge hier nur jener des Vernagtferners im Herzen der Ostalpen Erwähnung finden. Dieser Gletscher ist in den Jahren 1897—1902 um etwa 400 m gewachsen, was an sich nichts Außerordentliches ist. Dabei hat sich aber seine Abflußgeschwindigkeit an einem bestimmten Profil an der Wurzel der Zunge in geometrischer Progression von 17 m auf über 250 m gesteigert, um dann plötzlich innerhalb eines Jahres auf 80 m wieder zu sinken. Allein der Vernagtferner ist in vieler anderer Hinsicht ein Unikum, dessen fleißiges Studium der Gletscherkunde noch manche Aufklärung bringen wird. Die scheinbare Regellosigkeit und der Mangel auffallender Ursachen der Gletscherschwankungen haben schon lange Erklärung gefordert und eine Theorie gezeitigt, welche sich an die Namen meiner beiden hochverdienten Vorgänger in der Leitung der Gletscherkommission, Prof. F. A. F o r e l [1] in Morges und Prof. E. R i c h t e r [2] in Graz, knüpfen. Hiernach kommen für die Gletscherschwankungen zwei Ursachen in Betracht: eine weit zurückliegende, nämlich die Füllung des Sammelbeckens, und eine augenblicklich wirksame, die Ablation. Die Verknüpfung beider Ursachen geschieht in folgender Weise. Starke Füllung des Firnbeckens erhöht den obersten Querschnitt der Zunge. Der größere Querschnitt hat die Neigung, rascher abwärts zu wandern, er schwellt die weiter abwärts liegenden an, die ihrerseits ein rascheres Tempo einschlagen, und so pflanzt sich die Tendenz zum Wachsen rascher nach unten fort, als das Eis selbst. Der angeschwollene Gletscher fließt rascher als der schmächtige und liefert mehr Eis als die Ablation fortzuschaffen vermag; er verlängert sich, und zwar so weit, bis entweder das Firnfeld erschöpft ist oder der Gletscher eine Größe erreicht, auf welcher die Ablation die gesteigerte Massenzufuhr aufzuzehren imstande ist. Liefert das Firnfeld weniger Eis, als der gesteigerten Abflußtendenz des Gletschers entspricht, so tritt eine Erniedrigung des obersten Querschnittes der Zunge und damit eine geringere Geschwindigkeit desselben ein. Auch die unteren Querschnitte werden dann geringer ernährt und sinken ein, indem sie zugleich ihre Geschwindigkeit vermindern; die Ablation überwiegt und trägt zur weiteren Erniedrigung der Querschnitte bei; der Gletscher g e h t r a s c h z u r ü c k, indem die wenig

---

[1] Essai sur les variations périodiques des glaciers. Archives des Sciences phys. et naturelles. 1881, pag. 5 und 448.

[2] Beobachtungen an den Gletschern der Ostalpen. Zeitschrift des Deutschen und Österr. Alpenvereins 1833, pag. 57.

bewegten Eismassen fast an Ort und Stelle schmelzen. Gesteigert wird
der Vorgang wesentlich, sobald die Ablation in der Periode des Vorschreitens kleiner, in jener des Zurückweichens größer als im Durchschnitt wird. Es legen dann die rasch bewegten vorschreitenden Eismassen einen noch längeren Weg zurück, ehe sie durch die Ablation
vernichtet werden, und die langsam bewegten Eismassen des Rückzugs-
stadiums kommen noch weniger weit, ehe sie zu Wasser werden.

Die Folgerungen aus der Forel-Richterschen Theorie stehen
mit den an den Alpengletschern beobachteten Tatsachen in guter Übereinstimmung und bestätigen somit die Voraussetzungen derselben. Dennoch bleibt dem Wunsche Raum, es möchten die nur qualitativ gezogenen
Folgerungen durch eine quantitative mathematische Analyse kontrolliert
und erweitert werden. Eine solche läßt sich verhältnismäßig leicht
durchführen, wenn man die Voraussetzungen der Theorie in geeigneter
Weise formuliert. Wir legen den Betrachtungen einen idealen zwei-
dimensionalen Gletscher zugrunde, wie er etwa in dem Längsschnitt
eines wirklichen Gletschers vorliegt. Genauer würden die Resultate der
folgenden Ableitungen für den Längsschnitt eines breiten Hängegletschers
auf gleichförmig geneigter Unterfläche gelten, bei dem der Einfluß der
seitlichen Ränder verschwindet. Ferner nehmen wir an, daß der Gletscher
nur an der Oberfläche abschmelze, und zwar gleichförmig über die
ganze Zunge proportional der Horizontalprojektion. Auch die Neigung
des Bettes sei gleichmäßig und die Geschwindigkeit des Abfließens
eines Querschnittes werde proportional einer passenden Potenz der Dicke
des Eises, nach Analogie mit dem fließenden Wasser etwa proportional
der Wurzel aus der Tiefe gesetzt. Irgendeine Stelle, bezw. ein Querschnitt des Gletschers sei durch seine Entfernung x von dem obersten
Querschnitt, an welchem die Eismassen vom Firnfelde in den Gletscher
eintreten, gekennzeichnet. Die Dicke y des Gletschers ist dann eine
Funktion von x und außerdem von der Zeit t und, wenn wir diese
Funktion kennen, so ist das Problem der Gletscherschwankung unter
den genannten Voraussetzungen mathematisch gelöst. Wir können aus
dieser Funktion zu jeder Zeit die Abhängigkeit der Dicke des Eises y
von der Entfernung x vom oberen Querschnitt, d. h. das Längsprofil
des Gletschers, entnehmen und außerdem berechnen, wie sich in einer
bestimmten Entfernung x die Eisdicke y mit der Zeit t verändert. Zur
Bestimmung dieser Funktion haben wir eine lineare partielle Differentialgleichung 1. O. [1]), die den mathematischen Ausdruck der soeben formu-

$$ {}^1)\ (n + 1)\ k y^n \frac{dy}{dx} + \frac{dy}{dt} = -a, $$

wo k von der Neigung des Bettes abhängt und a die Ablation in der Zeiteinheit
bedeutet. Die Integration läßt sich nach bekannten Regeln ausführen. Besondere

lierten Voraussetzungen bildet, und außerdem müssen wir wissen, wie sich der Anfangsquerschnitt der Zunge mit der Zeit ändert. Die Integration der Differentialgleichung läßt sich allgemein durchführen und in eine verhältnismäßig einfache geometrische Konstruktion der sukzessiven Längsprofile des veränderlichen Gletschers umsetzen. Gestatten Sie mir, daß ich Ihnen einige Resultate diesbezüglicher Konstruktionen vorführe. Es liegen ihnen noch die speziellen Annahmen zugrunde, daß die Geschwindigkeit eines Querprofils der Wurzel aus der Eisdicke proportional ist und daß der oberste Querschnitt regelmäßige wellenförmige Schwankungen von gleicher Dauer und gleicher Amplitude macht. Außerdem ist die Ablation zunächst unabhängig von der

Fig. 1.

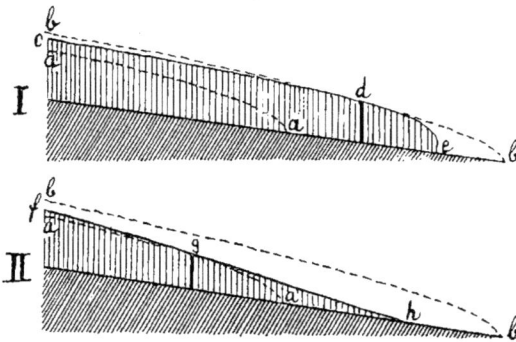

I. Vorrückender Gletscher. — II. Zurückweichender Gletscher.

aa = untere Grenze der Minimalstände der Profile.
bb = obere Grenze der Maximalstände der Profile.

Auf den Strecken *de* und *fg* sind die Profile im Zunehmen; auf den Strecken *ed* und *gh* im Abnehmen begriffen.

Zeit vorausgesetzt. Unter solchen Verhältnissen gilt der Satz, daß die Fortpflanzungsgeschwindigkeit der Schwellung über die Gletscherzunge überall proportional der Abflußgeschwindigkeit ist, und zwar $1\frac{1}{2}$mal [1]) so groß als jene. Die Schwankung der Gletscheroberfläche (Fig. 1) spielt sich dabei in einem Raume ab, der nach oben begrenzt ist von einer Gletscherfläche, die einem stationären Gletscher zugehört, für welchen sich der oberste Querschnitt dauernd auf der Maximalhöhe erhält, während die untere Grenze der Gletscheroberfläche einem stationären

---

Untersuchung erheischen die Singularitäten am Gletscherende ($y = o$). Als Formel für die Abflußgeschwindigkeit r wurde: $r = ky^n$ angenommen.

[1]) Im allgemeinen Falle: $(n + 1)$ mal.

Gletscher entspricht, dessen oberster Querschnitt dauernd auf dem Minimalstande seiner Schwankung verbleibt. Niemals ist der Raum zwischen den beiden Grenzen ganz mit Eis erfüllt, der Gletscher hält sich während des Vorstoßes zu verschiedenen Zeiten an verschiedenen Stellen der oberen Grenze, ohne sie in ihrer ganzen Ausdehnung gleichzeitig zu erreichen, wie er auch während des Rückganges die untere Grenze zu verschiedenen Zeiten an immer anderen Stellen erreicht. Gegen Schluß des Vorschreitens ist immer ein Querschnitt an der oberen Grenze; die oberhalb gelegenen Querschnitte nehmen bereits ab, die unterhalb gelegenen steigen noch, der kritische Querschnitt, der stets aus anderen Eisteilen besteht, wandert mit der Schwellungsgeschwindigkeit abwärts. Ist derselbe an das Gletscherende gekommen, so ist das Maximum der Länge erreicht und die Abnahme der Querschnitte greift über die ganze Zunge. Das Rückzugstadium beginnt. Ein zweiter kritischer Querschnitt, aus immer neuen Eisteilchen gebildet, oberhalb dessen die Querschnitte sich heben, während sie unterhalb abnehmen, bewegt sich mit der nun wesentlich geringer gewordenen Schwellungsgeschwindigkeit nach abwärts und wenn er am Ende angelangt ist, so tritt das Minimum der Zungenlänge ein. Von da ab herrscht Zunahme über der ganzen Zunge. Sehr auffällig sind die Unterschiede in der Form des Längsprofils während der verschiedenen Stadien der Gletscherschwankung. Mit Beginn des Vorstoßes wölbt sich die Gletscherstirn und bildet alsbald eine steile Wand, die an Höhe zunimmt. In dem Maße, wie der Vorstoß seinem Ende entgegengeht, nimmt die Höhe der Steilwand ab, um beim Eintritt des Maximums wieder zu verschwinden. Während des Vorstoßes ist das Längsprofil stark nach oben gewölbt (Fig. 1, I). Nach Ablauf desselben verschwindet die Wölbung alsbald und macht erst einer geradlinigen, später einer leicht eingesunkenen Profillinie Platz (Fig. 1, II). Das Gletscherende läuft dünn aus und zieht sich rasch zurück. Erst wenn die von oben herablaufende Schwellung dem sich zurückziehenden Ende begegnet, bildet sich wieder die normale Form der Gletscherstirn aus.

Wir wenden uns nun der Frage zu: In welcher Weise kommt die als regelmäßige Sinusschwankung vorausgesetzte Änderung des obersten Querschnittes in der Schwankung des Zungenendes zum Ausdruck? Die Antwort lautet: Erstens in verstärktem Maße, d. h. das Verhältnis vom Maximum zum Minimum der Zungenlänge ist größer als jenes der größten und kleinsten Eisdicke am obersten Querschnitt; zweitens zeitlich verspätet, insofern die Extreme der Zungenlängen nach jenen der Eisdicken am obersten Querschnitt eintreten, und zwar ist die Verspätung des Maximums größer als jene des Minimums; das

Gletscherende geht langsam vor und rasch zurück (Fig. 2). Dieser Umstand widerspricht einigermaßen der Erfahrung, insofern viele Gletscher rasch wachsen und langsam schwinden. Der Widerspruch kann dadurch gelöst werden, daß man annimmt, die Schwankung des obersten Querschnittes sei keine regelmäßige, sondern weise steilen Anstieg und flachen Abfall auf.

Bisher haben wir ausschließlich die Längenänderung des Gletschers in Betracht gezogen. Mit ihr geht die Volumänderung keineswegs parallel. Es tritt vielmehr das Maximum des Volumens

Fig. 2.

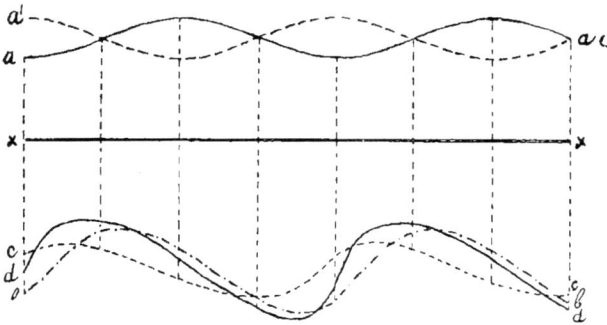

aa = Linie, welche die zeitlichen Schwankungen des obersten Querschnittes (der Zufuhr) anzeigt.

a'a' = Linie, welche die zeitlichen Schwankungen der Ablation anzeigt.

cc = Änderung der Länge (xc) eines Gletschers mit konstanter Zufuhr und variabler Ablation.

bb = Änderung der Länge (xb) eines Gletschers mit variabler Zufuhr bei konstanter Ablation.

dd = Änderung der Länge (xd) eines Gletschers mit variabler Zufuhr und variabler Ablation.

erheblich vor jenem der Länge ein und auch das Minimum des Volumens geht jenem der Länge voraus.

Wie ich vorhin betonte, blieb bei den soeben angestellten Untersuchungen die zeitliche Veränderung der Ablation außer Betracht. Falls wir dieselbe berücksichtigen und eine Schwankung in gleichem Zeitraum und in verhältnismäßig gleicher Größe für sie annehmen, wie vorhin für den obersten Querschnitt, so ergibt sich folgendes: Für einen Gletscher von konstanter Zufuhr, d. h. unveränderlichem obersten Querschnitt sind die durch die veränderliche Ablation hervorgerufenen Längsschwankungen verhältnismäßig kleiner als jene der Ablation. Die Extreme sind zwar auch etwas verspätet, aber nur ganz unbedeutend. Wirken die Schwankungen der Zufuhr und der Ablation in der Weise zusammen, daß dem Minimum der Zufuhr ein Maximum der Ablation und umgekehrt entspricht, so verstärken sich die Extreme der Längsschwankung. Die Verspätung der Extreme wird vermindert, die Rückzugsgeschwindigkeit vermehrt und das Minimum verbreitert, so daß annähernd jener von F o r e l als typisch erklärte Fall eintritt, wo der Minimalzustand die Regel, der Vorstoß die Ausnahme bildet. (Fig. 2.)

Es zeigt sich also, daß der mathematische Gletscher, d. h. jenes künstliche, abstrakte Gebilde, das durch wenige einfache Gesetze regiert wird, die Eigentümlichkeiten eines wirklichen Gletschers, wie sie die Natur hervorbringt, in vielen Punkten überraschend genau wiedergibt und daß die F o r e l - R i c h t e r sche Theorie der Gletscherschwankungen mithin auch vor dem Forum der mathematischen Analyse stand hält. Dennoch wäre es übereilt, sie als für alle Fälle ausreichend zu erklären. Der Vorstoß des Vernagtferners in den letzten Jahren hat uns ein Beispiel geliefert, wo ihre Voraussetzungen entschieden nicht erfüllt sind, wie sehr auch der Ablauf des Vorstoßes in manchen Dingen der Theorie entspricht. Die großen Geschwindigkeitsänderungen an der Wurzel der Zunge von 17 m auf 250 m sind vor sich gegangen, ohne daß der Querschnitt an dieser Stelle entsprechende Schwankungen aufweist. Derselbe ist vielmehr nach einer Schwellung von etwa 15 m fast unverändert geblieben und namentlich auch dann noch, als die Geschwindigkeit bereits wieder auf 80 m gesunken war. Schon vor bald 20 Jahren hat Prof. M. v. F r e y[1] auf das kaskadenförmige, ja eruptive Ablaufen mancher Gletschervorstöße hingewiesen, das durch die F o r e l - R i c h t e r sche Theorie nicht zu erklären sei. Neuerdings hat Prof. H. H e s s[2], der an der Erforschung des Vernagtferners großen Anteil hat, experimentell gezeigt, daß Eis unter gleichem Druck mit immer wachsender Geschwindigkeit ausfließt und diesen Umstand auf eine mit der Zeit vom Beginn des Fließens an abnehmende innere Reibung des Eises zurückgeführt. Noch sind die Anschauungen über diese Veränderung der Eigenschaften des Eises während des beschleunigten Fließens zu wenig präzisiert, um sie einer mathematischen Analyse zugrunde zu legen; hier führt eben die Erforschung der Gletscherschwankungen zu neuen Fragestellungen der Glazialphysik. Ähnlich wie in diesem Falle ein begrenztes geographisch-klimatolo-

---

[1] Über die Ursachen der Gletscherschwankungen. Zeitschrift des Deutschen und Österr. Alpenvereins 1883, pag. 244.

[2] Plasticität und innere Reibung des Eises. Annalen der Physik. Bd. 8, 1902, pag. 405.

gisches Problem die Glazialphysik anregt, ist auch unsere Kommission, die zum Studium jenes Problems eingesetzt ist, ein nicht zu unterschätzender Faktor in der Förderung der allgemeinen Gletscherkunde. Sie bildet nicht nur den natürlichen Vereinigungspunkt der Forscher, welche großangelegte und mühevolle Versuchsreihen an Gletschern, so am Rhonegletscher, am Hintereisferner, an der Mer de Glace, an schwedischen Gletschern und anderwärts, durchführen, in ihren Berichten kommen auch die zahlreichen Entdeckungen neuer Gletschergebiete, so namentlich innerhalb des russischen Reiches und in Nordamerika, zum Ausdruck und manches für die Gletscherkunde wichtige Faktum findet dort den gebührenden Platz. Ich erinnere nur an die Tatsache, daß im Jahre 1899 der Muirgletscher in Alaska infolge eines Erdbebens $2^1/_2$ km seines ins Meer mündenden Endes verlor, oder an die Existenz grönländischer Gletscher, die im Laufe der Zeit ihr Firnfeld durch Abschmelzung eingebüßt haben, während das Eis der Zunge, durch Schutt geschützt, zum Teil erhalten geblieben ist.

Die internationale Gletscherkommission hat sich in der Sitzung vom 22. August 1903 statutengemäß neu konstituiert und für die nächsten drei Jahre Herrn Prof. Harry Fielding Reid aus Baltimore, den Vertreter für Nordamerika, zum Präsidenten gewählt. Das Amt des Sekretärs ist Herrn Ernst Muret, Chef du service des forêts du canton de Vaud, in Lausanne weiter übertragen worden. Die Kommission hat eine Anzahl um die Gletscherkunde hochverdienter und für die Förderung der speziellen Zwecke derselben eifrig bemühter Männer zu korrespondierenden Mitgliedern vorgeschlagen. Es sind dies die Herren: Dr. A. Blümcke, Professor in Nürnberg, Dr. Hans Hess, Professor in Ansbach, Hofrat Dr. A. Penck, Professor in Wien, und G. Vaux, Ingenieur in Philadelphia. Sie erbittet vom IX. Internationalen Geologen-Kongreß die Verlängerung ihres Mandats auf weitere drei Jahre und hofft der ihr gestellten Aufgabe in immer vollkommenerer Weise gerecht zu werden.

Mag immerhin das in wohlerwogener Absicht engbegrenzte Arbeitsgebiet unserer Kommission dem Interressenkreise der meisten Geologen ferner liegen, mag dasselbe vielleicht in bezug auf Arbeitsmethode der Geographie und Klimatologie näher stehen, in einem Hauptpunkte weist es seine Zugehörigkeit zur Geologie unverkennbar auf: es ist die notwendig zu bewältigende Vorstufe zur Erkenntnis der Eiszeit. So sei es denn der internationalen Gletscherkommission gegönnt, unter der Ägide des Internationalen Geologen-Kongresses jene langjährige Tätigkeit zu entfalten, die allein einen vollen Erfolg verbürgt.

———— —— —

Rapport de la Commission du Prix Spendiaroff.

Présenté au Congrès géologique international, à Vienne, en 1903
par M. Ch. Barrois, secrétaire de la Commission.

La commission du prix Spendiaroff composée de MM. Albert Gaudry,
Président, Marcel Bertrand, Sir Archibald Geikie, Karpinsky,
Tschernyschew, Zirkel, von Zittel, Barrois, remplaçant
M. Gaudry, démissionnaire, avait proposé comme sujet de concours
pour 1903:

„Revue critique des méthodes de classification des roches."

Un seul manuscrit a été envoyé à la commission. L'auteur anonyme
„Post tenebris lux" a écrit une œuvre intéressante sur les méthodes
de classification des roches: il a éxécuté de nombreuses recherches
bibliographiques et groupé d'une façon didactique les résultats obtenus.
Il a ainsi mérité nos éloges. Son œuvre toutefois présente diverses
lacunes historiques qui ont frappé les membres de la commission. La
partie critique de la revue est faible; elle ne nous a paru ni suffisamment
approfondie, ni assez personnelle, pour enlever les suffrages de la commission. En attribuant le prix au mémoire unique qui nous a été
adressé, nous donnerions un encouragement à l'effort personnel et
estimable d'un individu, mais nous ne décernerions pas un prix
international à un savant ayant bien mérité de la science.

Les conditions du concours nous permettant de décerner le prix,
en dehors de la question proposée, à des savants, qui par leurs écrits
ou leurs recherches personnelles auraient rendu à la pétrographie des
services signalés, votre commission s'est trouvée ainsi autorisée à
examiner les titres des divers pétrographes contemporains.

Parmi le grand nombre d'œuvres remarquables parues dans ces
dernières années, et qui depuis l'emploi du microscope ont fait de la
pétrographie une science nouvelle, il lui a semblé que les travaux
éxécutés dans le massif de Christiania avaient une valeur exceptionelle,
tant par les faits importants signalés, que par l'originalité des géné-
ralisations, et même par l'importance des discussions auxquelles ils
ont donné lieu dans les diverses écoles pétrographiques. Aussi, votre
commission, réservant toutes opinions personnelles sur les théories de
l'auteur, déclare professer la plus grande admiration pour l'œuvre
pétrographique de M. W. C. Brögger, et vous propose de lui décerner
le prix Spendiaroff.

Rapport de la Direction de la Carte géologique d'Europe sur l'état des travaux de cette carte.

Présenté au Congrès géologique international à Vienne, en 1903,
par M. F. Beyschlag.

Les progrès que la carte géologique internationale de l'Europe a faits depuis mon dernier rapport à l'occasion de la huitième session du congrès géologique international à Paris, sont les suivants :

La quatrième livraison, présentée à cette époque en épreuve en couleur, contenant la Scandinavie et des parties de la Russie, a été imprimée et publiée dès lors.

D'ailleurs je me suis efforcé de réunir les matériaux — sans doute encore très incomplets — pour une esquisse des pays situés le plus au Sud de la carte, c'est-à-dire des vastes territoires, encore insuffisamment explorés du Maroc, de l'Algérie, de la Tunisie, de l'Égypte et de l'île de Crète.

Il me sera bien permis de répéter ici mes remerciements les plus sincères à Messieurs mes collègues, qui ont contribué à atteindre ce but.

Une part essentielle de ce travail appartient à Mr. Blanckenhorn, qui a tâché de donner un tableau uni de ces territoires-là en combinant les résultats de ses propres voyages et de ceux d'autrui.

Quant au Maroc, c'est Mr. le Prof. Fischer à Marburg qui a mis à ma disposition les résultats de son dernier voyage dans ce pays. De même il m'a transmis les matériaux géologiques fournis par Mr. le Prof. Ficheur à Alger.

Mr. Cayeux avait la grande bonté de se charger de l'élaboration des données concernant l'île de Crète.

Pour l'Égypte le chef du Geological Survey, Captain Lyons, a fait espérer son assistance.

Pour hâter l'achèvement des feuilles de la Russie, j'ai réuni tous les matériaux accessibles des cartes géologiques imprimées sur la base topographique de notre carte.

Mr. Karpinsky a promis d'achever jusqu'au commencement de l'année prochaine les dessins géologiques des feuilles F. I., F. II. et F. III. et il présente maintenant la feuille F. IV.

Pour l'Asie mineure et la presqu'île de Balcan il nous manque encore des matériaux tant topographiques que géologiques. Chez Dietrich Reimer à Berlin vient de paraître — d'après les élaborations de Dr. Kiepert et d'autrui — une nouvelle grande carte de l'Asie mineure, qui sera réduite aussitôt pour les buts de notre carte. Pour l'élaboration géologique MM. Toula, Schaffer, Leonhardt et Blanckenhorn ont promis leur assistance.

22*

À cause de difficultés financielles qui mettaient en question l'achèvement de notre oeuvre, le congrès géologique international dans sa session de Paris a résolu de demander aux gouvernements des différents pays l'augmentation de leurs souscriptions.

C'est avec la plus grande joie que je puis vous annoncer, Messieurs, que les hauts gouvernements de presque tous les grands pays ont accédé à la proposition que je leur ai faite, et qu'ils ont élevé leurs souscriptions de la moitié.

Mais c'est encore une autre chose, dont je vous parle avec beaucoup de joie: Les feuilles centrales de notre carte, contenant l'Allemagne, l'Autriche-Hongrie, les Alpes etc. sont à présent déjà presque toutes vendues — malgré une édition de 2000 exemplaires.

C'est pourquoi je m'occupe d'une nouvelle élaboration (édition) de ces feuilles-là, et je vous prie, Messieurs mes collègues, de vouloir bien me donner avis des erreurs qui se trouvent dans la première édition, et de faire des propositions pour les corriger, afin que la deuxième édition de notre carte représente un progrès essentiel en comparaison à la première édition, que je regarde comme un premier coup d'essai et une esquisse.

SIXIÈME PARTIE.

MÉMOIRES SCIENTIFIQUES COMMUNIQUÉS DANS LES SÉANCES.

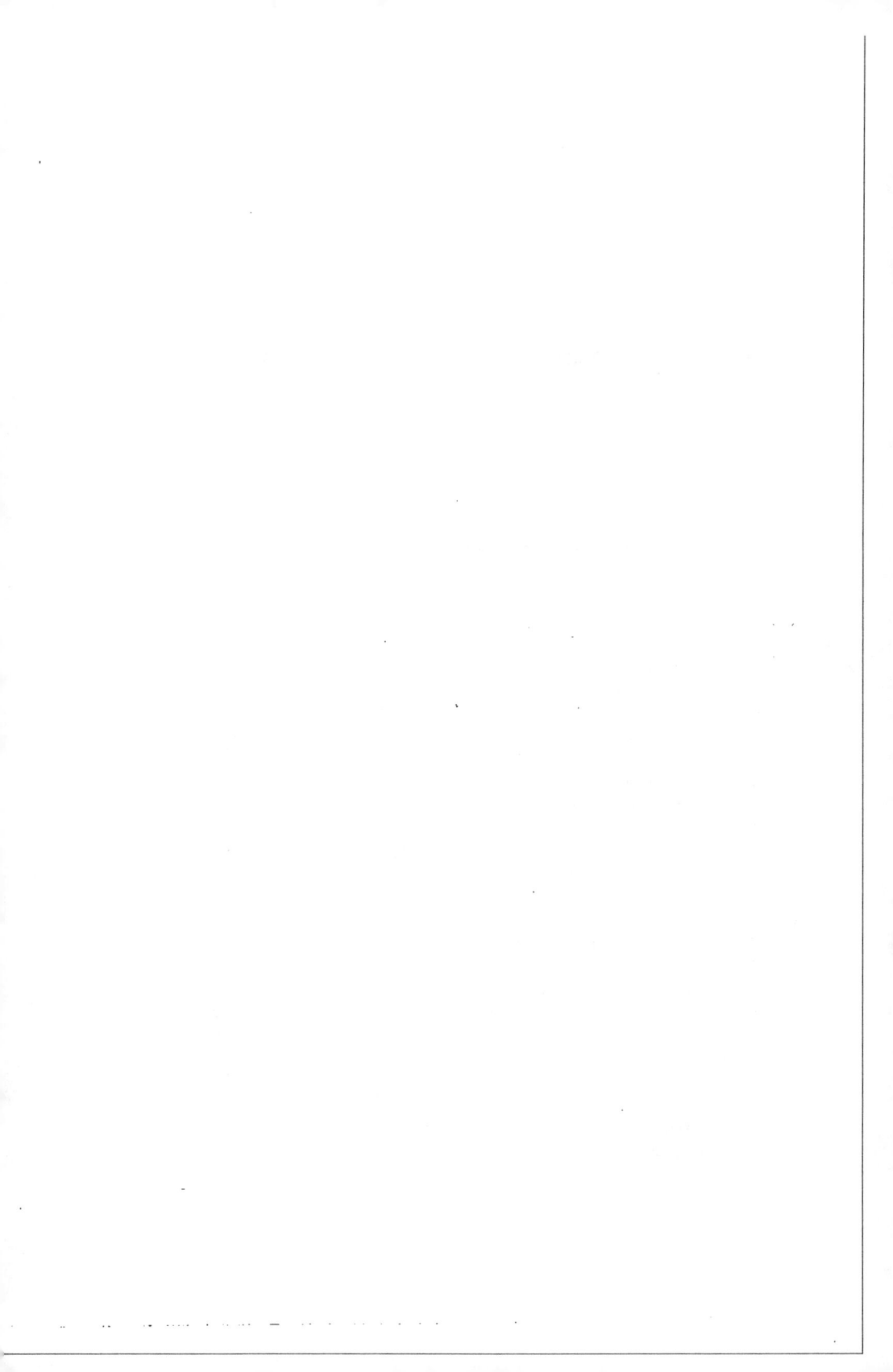

Der gegenwärtige Stand der geologischen Erforschung der Balkanhalbinsel und des Orients.

(Einleitender Vortrag für die Behandlung dieses Gegenstandes bei dem IX. Internationalen Geologen-Kongreß in Wien am 26. August 1903.)

Von **Franz Toula** in Wien.

Mit zwei Kartenbeilagen.

Von seiten des Exekutivkomitees des IX. Internationalen Geologen-Kongresses wurde mir die Aufforderung zuteil, den einleitenden Vortrag zu halten über den gegenwärtigen Stand der geologischen Erforschung der Balkanländer und des Orients. Dieser mich sehr ehrenden Aufforderung entsprechend, ging ich zunächst daran, eine Übersicht zu geben über das, was mir selbst von Abhandlungen und geologischen Karten bekannt geworden ist. Die Zusammenstellung der etwa 1300 Veröffentlichungen war keine ganz kleine Arbeit. Sie dürfte jedoch, trotz der Lückenhaftigkeit, welche jeder derartigen Sammlung von Schriften und Karten anhaften wird, eine nicht ganz undankbare gewesen sein.

Im Verfolge dieser Zusammenstellung und bei ihrem Anwachsen drängte sich mir die Überzeugung auf, es werde notwendig sein, besonders den auf die geologischen Karten bezüglichen Teil so übersichtlich als möglich zu gestalten.

Man soll das Gebiet überblicken und sofort erkennen können, wie weit unsere Erkenntnis vorgeschritten ist.

Dies läßt sich nach meiner Meinung am besten durch eine kartographische Übersicht erreichen.

Ich habe diese Art der Darstellung schon einmal durchgeführt, als es sich im Jahre 1891 beim IX. Deutschen Geographentag in Wien darum handelte, für die Balkanhalbinsel, ohne Morea, eine Vorstellung „über den Stand der geologischen Kenntnis" zu geben.

Der Umfang des Gebietes, über welches ich berichten soll, ist diesmal ein viel größerer; er wurde mir in seinem Ausmaße von seiten des Komitees umschrieben. Er ist so groß, daß es mir von allem Anfange an klar sein mußte, daß an eine irgendwie befriedigende umfassende

Darstellung zu denken bei der so kurz zugemessenen Zeit ein Ding der Unmöglichkeit sei, soweit es auf das zu sprechende Wort ankommt.

Da ich gewöhnt bin, eine übernommene Verpflichtung so gut zu erfüllen, als es eben in meinen Kräften steht, scheute ich die Mühe nicht, jene Zusammenstellung zu machen [1]) und auch die erwähnte kartographische Darstellung zur Ausführung zu bringen (man vergl. Karte I). Eine Betrachtung dieser Karte läßt uns nun tatsächlich recht wohl erkennen, wie weit die geologische Feldarbeit gediehen ist.

In Dalmatien schreitet die geologische Detailaufnahme in den letzten Jahren erfreulich vorwärts. Schon liegen drei Blätter im Maßstabe 1 : 75.000 vollendet vor (Fr. v. Kerner 1902 und 1903). Möge es den Reichsgeologen gelingen, weitere Blätter in möglichst rascher Folge zur Herausgabe zu bringen.

In Bosnien arbeiteten und arbeiten E. Kittl und Fr. Katzer, und stehen Detailkarten in demselben Maßstabe in naher Aussicht.

Über Montenegro liegt eine neuere kleine Karte von Hassert vor (1895).

Über Rumänien besitzen wir außer der bekannten Karte von Draghicenu (1890) eine Karte in beträchtlich größerem Maßstabe (1 : 200.000), welche von dem seither aufgelösten geologischen Bureau unter der Leitung von Greg. Stefanescu aufgenommen worden ist, eine Karte, von welcher ich 28 Blätter besitze. Die rumänische Regierung hat vor einiger Zeit eine Reihe von Geologen eingeladen, das Land zu bereisen, und liegen schon mehrere Früchte dieser Bereisungen vor (z. B. von Th. Fuchs, Redlich und Toula).

In Bulgarien sind in neuerer Zeit mehrere der Landessöhne mit Detailkarten über einzelne Gebiete hervorgetreten, so besonders G. Bontscheff, L. Dimitrow, L. Wankow und G. N. Zlatarski. Der erfreulichen, auch über Bulgarien sich erstreckenden Tätigkeit J. Cvijić' wird im weiteren Verlaufe noch zu gedenken sein. Sein Arbeitsgebiet erstreckt sich durch Albanien bis Nordgriechenland, über Makedonien und große Teile von Donau-Bulgarien und Ostrumelien. Freilich liegen bis nun nur tektonische Kartenskizzen vor.

In Herstellung begriffen ist eine recht ausführliche geologische Karte von Altserbien und Makedonien. Einen Probedruck dieser schönen und ausführlichen Karte erhielt ich von Herrn Cvijić vor drei Tagen. Eine Karte mit den zahlreichen Reisewegen ihres Autors bildet eine

---

[1]) Für die Balkanhalbinsel ohne Morea habe ich eine solche Zusammenstellung (186 Nummern) schon 1883 (Jahrb. d. k. k. geol. R.-A. Bd. XXXIII, S. 61—114) herausgegeben, so daß ich mich für dieses Gebiet und zwar für die Zeit vor 1883 diesmal auf die Anführung der Titel und Quellen beschränken konnte.

löbliche Beigabe. Prof. Cvijić wird uns darüber wohl in seinem heutigen Vortrage noch manches berichten.

A. Philippson hat bekanntlich seine Arbeiten in Morea abgeschlossen und im weiteren Verfolge einerseits über Nordgriechenland und Epirus, anderseits aber auch über die Inseln des Archipelagus erstreckt.

In Nordgriechenland hat er das Aufnahmsgebiet der Österreicher A. Bittner, M. Neumayr und F. Teller kennen gelernt und ist er für weite Strecken, im westlichen Teile, zu einer abweichenden Auffassung in der Deutung des geologischen Alters der dort auftretenden Kalke, Sandsteine und Schiefer gekommen (Eocän anstatt Kreide). In Epirus arbeitete auch V. Hilber und gab es mehrfache wissenschaftliche Auseinandersetzungen zwischen ihm und A. Philippson.

Die Inseln des Archipels haben außer A. Philippson schon vor ihm eine ganze Reihe von Forschern beschäftigt. Es haben geologische Karten veröffentlicht:

R. Hoernes schon 1874 von Samothrake,

M. Neumayr von Kos (1879),

F. Teller von Chios (1880),

H. v. Foullon und V. Goldschmidt von Syra, Tinos und Siphnos (1887),

K. Ehrenberg von Milos (1889),

G. v. Bukowski von Rhodus (1898),

de Launay von Thasos, Limnos und Lesbos oder Mytilini (1898).

A. Philippson aber hat (1901) die Kykladen, die Insel Skiros, die Magnesischen Inseln: Skiathos, Skopelos und die Erimonisia geologisch-kartographisch bearbeitet.

Über Kreta haben, nach V. Raulin (1848—1860) und T. A. Spratt (1865), V. Simonelli (1894) und neuerlichst L. Cayeux (1902) Mitteilungen gebracht.

Über die Jonischen Inseln liegen Karten und Studien vor von: F. Unger (1862), J. Partsch (1887), Issel (1893) und Leonhard (1899); über Cypern von Gaudry (1860) und Unger (1865).

Immer entbehren noch nicht wenige der Inseln des Archipels, besonders solche auf der kleinasiatischen Seite, der geologischen Erforschung, so z. B. Imbros, Hagiostrati, Psara, Nikaria, Ascypalaéa und andere.

Was Anatolien anbelangt, so sind wir für weite Strecken noch immer allein auf P. Tschihatscheff's Übersichtskarte (1867) angewiesen, wenngleich für kleinere Gebiete genauere neue Karten bereits vorliegen. So über die Umgebung von Brussa von K. v. Fritsch

(1882), über die Troas von Diller (1883), über Lykien von E. Tietze (1885), über die Gegend von Balia Maden von G. v. Bukowski (1892).

Über Teile von Paphlagonien (das Kohlenrevier von Heraklea-Amasra) erhielten wir sehr ausführliche Darstellungen von Ralli (1896), über Cilicien endlich besitzen wir die geologische Kartenskizze von Fr. Schaffer (1902).

In Aussicht stehen uns wohl noch ausführlichere Darlegungen E Naumann's über seine Reisewege durch Anatolien (1890). Einige Früchte der E. Naumann'schen Reise liegen uns in den Arbeiten J. F. Pompeckj's (1897) über den Lias in der Gegend von Angora, und Leonhard's (1903) über das galatische Andesitgebiet vor.

Ausführlichere Mitteilungen dürfen wir erwarten von G. v. Bukowski über seine Reise (1891) im Seengebiete des westlichen Kleinasien, der uns ja heute noch Mitteilungen machen wird, und von A. Philippson (1901—1902).

Wenn ich hier einen Wunsch aussprechen dürfte, so wäre es der, es möchte Fr. Schaffer vergönnt sein, seine Arbeiten gegen Norden und Nordwesten. A. Philippson aber gegen Westen und Osten weiterführen zu können; dann dürften wir wohl hoffen, recht bald zu einer neuen geologischen Übersichtskarte, zunächst der westlichen Teile von Anatolien, zu gelangen.

Was Syrien und Palästina anbelangt, so erfreuen wir uns darüber einer Reihe neuerer ausführlicherer Karten, so von K. Diener (1885 und 1889) über das Libanongebiet und von M. Blanckenhorn (1890—1896) über das gesamte Syrien und Palästina.

Im Verlaufe meiner Arbeit kam mir eine weitere Überzeugung. Wir stehen in den letzten Jahren in einer neuen Phase unserer Wissenschaft, in jener der intensiven Bestrebungen, die tektonischen Verhältnisse erneuert in den Vordergrund zu rücken. Die Anfänge dieser Bestrebungen reichen für unser Gebiet recht weit zurück und niemand geringerer als L. v. Buch war es, der schon im Jahre 1824 in seiner Abhandlung über die geognostischen Systeme in Deutschland bei Besprechung der nordwestlich-südöstlichen Richtung darauf hingewiesen hat, daß „alle griechischen Ketten, selbst die Inseln des Archipelagus" dieser Richtung folgen, aber auch alle Ketten von Albanien und Epirus, und — so schließt er — „schon das Adriatische Meer bezeichnet durch seinen Lauf die große Herrschaft dieses Gesetzes". In die Fußstapfen dieses Meisters (und seines Nachfolgers Elie de Beaumont) trat 60 Jahre später unser berühmter Altmeister E. Suess („Antlitz der Erde" 1. 1885, Taf. V, S. 547). Er zog seine „Leitlinien" und setzte unter anderem jene L. v. Buch'sche in schönem Bogenzuge über Kreta und Cypern bis durch den Amanus in Nordsyrien fort, ja E. Naumann, noch kühner als Suess, schloß daran einen Bogen, der geologisch recht wenig bekannte Länder, ganz Iran umziehend, mit dem Himalaya zur Scharung gebracht wird (Hettner's Geograph. Zeitschr. II. 1896, Taf. II). Nach meiner unmaßgeblichen Meinung über diese „Phase der Leitlinien" sollte die sichere Feststellung der Tektonik eines Gebietes die erwünschte Krönung der geologischen Aufnahmsarbeit sein. sie muß sich ergeben aus einer Summe von möglichst vielen, vollkommen sichergestellten Lagerungsverhältnissen, als eine zwingende Schlußfolgerung aus reicher und sicherer Erkenntnis.

In Erwägung dieser Auffassung ging ich daran, auf einer Karte (Karte II) unseres Gebietes die tektonischen Linien, wie sie von verschiedenen Autoren angenommen worden sind. einzutragen, um eine vergleichende Betrachtung zu ermöglichen.

M. Neumayr und seine Mitarbeiter haben für das festländische Griechenland und die angrenzenden Gebiete schon 1880 eine solche tektonische Karte gezeichnet. A. Philippson hat dann zuerst im Jahre 1894 eine ähnliche Kartenskizze entworfen und später, in der Tat als Abschluß seiner umfassenden Aufnahmsarbeiten in Griechenland und auf den Inseln des Ägäischen Meeres, eine viel ausführlichere Darstellung der tektonischen Verhältnisse gegeben, während Negris (1901) auf derselben Kartengrundlage ein rein schematisches Liniennetz mit fünf Richtungen verzeichnet hat, eine Art Pentagonalnetz.

Die wichtigste Nachfolge haben die Neumayr-Philippson'schen Bestrebungen in der Person des Belgrader Professors J. Cvijić gefunden, der (1901) eine tektonische Skizze von Makedonien und dessen Nachbargebieten herausgegeben hat, welche im Norden bis an die Südgrenze seines engeren Vaterlandes reicht.

Nach Peucker's Mitteilung im Londoner geographischen Journal (1902) hat Cvijić die Zeichnung der „Strukturlinien" über den größten Teil der Balkanhalbinsel, im Osten bis über Philippopel hinaus zur Durchführung gebracht, worüber Cvijić selbst uns noch heute mit einem Vortrage erfreuen wird, ebenso wie A. Philippson einen solchen über Griechenland angekündigt hat. Lebhaft haben wir zu bedauern, daß Cayeux nicht erschienen ist, um seinen gleichfalls angekündigten Vortrag über Kretas Tektonik zu halten. Der Letztgenannte hat ja in jüngster Zeit, im vorigen Jahre erst, unsere Aufmerksamkeit auf die NS-Richtung im westlichsten Teile von Kreta gelenkt, auf eine Richtung, die sich auf der erwähnten Karte Philippson's vom Jahre 1888 nicht verzeichnet findet und deren Bestand wohl ebenso auffallend erscheint wie jene merkwürdigen Umbiegungen

23*

und Scharungen, welche Cvijić in der Prokletia-Masse im NO von Cattaro—Dulcigno erkannt hat, eine Erscheinung, welche sich als die auffallendste Störung des früher angenommenen Faltenwurfes des dinarischen Systems darstellt. Als Historiograph muß ich übrigens anführen, daß ich jüngst, ganz zufällig — durch ein Antiquariat — in den Besitz einer sehr sauber gearbeiteten geologischen Manuskriptkartenskizze von Dr. Ad. Gurlt kam (aus dem Jahre 1882), auf Grundlage der H. Kiepert'schen Generalkarte der südosteuropäischen Halbinsel. Auf dieser Kartenskizze findet sich eine Umbiegung der eigenartigen Ausbruchsgesteine (Diorite, Serpentine etc.) im Gebiete der Bojana recht deutlich eingetragen. Diese Kartenskizze weist übrigens auch eine größere Arzahl von Struktur-(Störungs-)Linien auf, welche ich auf der schon erwähnten zweiten Karte zu meinem einleitenden Vortrage zur Anschauung bringen zu sollen glaube. Jene auffallende Störung des dinarisch-albanesischen Systems wird noch dadurch interessant, weil sie zusammenfällt mit der Knickung der Uferlinie der Adria in der Gegend von Skutari. Sie scheint in hervorragendem Maße beeinflußt durch die Gruppierung der aus älteren Bildungen bestehenden Massen, w e sich bei Betrachtung der Philippson'schen Linien zum Beispiel in der Gegend von Trikkala deutlich genug erkennen läßt. Einerseits ist es die westlich-südwestliche Scholle der Rhodope-Masse, die vom Golf von Volo bis in die Gegend von Üsküp (Skopia) reicht, anderseits die in dinarischer Richtung verlaufende Zone älterer Gesteine, welche aus dem südöstlichen Montenegro durch Bosnien bis an die Unna zieht und noch darüber hinaus. Zwischen diesen beiden Gebieten liegt die Umbiegung der Faltenzüge gegen ONO und NO, wie sie uns Cvijić kennen gelehrt hat. — Der Veröffentlichung seiner geologischen Aufnahmsausbeuten dürfen wir in gespannter Erwartung entgegensehen, und zwar um so mehr, als sie in Gebieten gewonnen worden sind, die zu den am wenigsten bekannten des gesamten Europas gehören.

Daß die zwischen der nördlichen Fortsetzung der Rhodope-Masse einerseits und den alten Gebilden des westlichen Balkans anderseits gelegenen jüngeren Sedimentbildungen, von der Kreide hinab bis in den Jura und die Trias reichend, im allgemeinen der dinarischen Richtung folgen, habe ich in meinen eigenen Veröffentlichungen auf das bestimmteste dargelegt.

Inwieweit die große, dem Südfuße des zentralen Balkans folgende Störungslinie, welche ich als die „Thermenlinie südlich vom Balkan" bezeichnet habe (1884), mit diesem transversalen Bruche bei Skutari in einen Zusammenhang zu bringen wäre, möge dahingestellt bleiben. Auffällig ist immerhin, daß ihre Fortsetzung gegen West noch durch das Gebiet der nordalbanischen Umbiegung zieht und genau auf die Knickung der Uferlinie der Adria bei Skutari trifft. Ein noch näher zu erörterndes Verhältnis, ähnlich jenem zwischen dem nordalbanesischen und dem dinarischen System, dürfte nach der Peucker'schen Darstellung der Cvijić'schen Strukturlinien auch dort bestehen, wo im östlichen Serbien, zwischen den ostserbischen Bogenstücken und den westbalkanischen Zügen, die Eruptivgesteinsmasse an der serbischen Tscherna, im Westen von Zaitschar, auftritt.

Auch hier zeigen die betreffenden Bogenstücke eine Neigung, gegen Ost zu ziehen.

Zwischen beiden „Systemen" erscheint eine recht deutliche Unterbrechung in dem Verlaufe des von den transsylvanischen Alpen zum Balkan gezogenen Bogens, den seinerzeit schon Ami Boué angenommen hat und der in der einen der Suess'schen Leitlinien festgehalten wurde.

Daß zwischen gewissen auf der banatischen Seite der Donau aus Norden gegen Süden ziehenden Sedimenten und metamorphischen Schiefergesteinen und solchen am gegenüberliegenden serbischen Ufer ein direkter Zusammenhang besteht, ist eine alte Annahme, welche auch in den Erzvorkommnissen der banatischen Kontaktregion einen Ausdruck findet, wie seinerzeit B. v. Cotta (1864) darzutun versucht hat.

Nach den Cvijić'schen Linienzügen könnte man an Störungen des Zusammenhanges denken, die vielleicht mit gewissen Laufstrecken des Donaudurchbruches zusammenfallen mögen.

So einfach schematisch aber, wie man sich nach Boué die Entstehung des Bogens durch einfache Umschwenkung dachte (die Torsionsvorstellung B. v. Inkey's [1884] sei gleichfalls erwähnt), scheint es nicht zu sein, wenngleich auch nach Cvijić die an beiden Seiten der Donau auftretenden Züge nach wie vor als zu einem und demselben System gehörig angenommen werden.

Jene schon erwähnte, zwischen dem Berkowitza-Tschiprowitza-Balkan und der alten Formationenscholle des Morawagebietes gelegene Sedimentzone mit annähernd dinarischem Verlaufe reicht östlich nur bis an das Becken von Sofia, während sie sich, an der Morawa umbiegend, ziemlich weit nach Norden erstrecken dürfte, zum mindesten nach der Žujović'schen Karte von Serbien (1891), nach welcher sie unterhalb Moldawa die Donau übersetzt. Nach der erwähnten Peucker'schen Darstellung der Cvijić'schen Strukturlinien würde sich dieses Verhältnis etwas anders gestalten.

Eine recht markante Störungslinie wird im nördlichen Balkanvorlande durch das von mir und eingehender durch G. N. Zlatarski schon in den achtziger Jahren nachgewiesene Auftreten einer ganzen

Reihe von Basaltdurchbrüchen angedeutet, welche in NNO—SSW-Richtung aus der Nähe der Donau, unweit Sistow beginnend, gegen den Balkan hin verläuft. Ihre Fortsetzung würde die Thermenlinie in der Gegend von Karlowo treffen. Was die „Leitlinien" des zentralen und östlichen Balkans anbelangt, so verlaufen sie im allgemeinen aus West gegen Ost, und zwar nicht ohne mehrfache Störungen, wie die örtlichen, teils von mir selbst, teils von Skorpil bestimmten Schichtstreichen beweisen können. (Man vergl. z. B. meine Karte des östlichen Balkans 1896.)

Eine alte Annahme läßt die balkanische „Leitlinie" quer durch das nordwestliche Becken des Schwarzen Meeres verlaufen, entlang der Seichtwassergrenze, gegen den Jaila Dagh, das einseitig gebaute Gebirge der südlichen Hälfte der taurischen Halbinsel und von hier weiter durch den Kaukasus.

Die Verschiedenheit des geologischen Aufbaues des östlichen Balkans einer- und des Jaila Dagh anderseits hat mich das Hinfällige dieser, aus einer gewissen orographischen Übereinstimmung gefolgerten Annahme deutlich erkennen lassen. Jene Seichtwasserlinie des Schwarzen Meeres könnte ganz wohl als die Südgrenze eines unterseeischen Deltas der schlammreichen Ströme gedeutet werden. Der Balkan selbst, gegen den Pontus Euxinus nach und nach an Höhe abnehmend, dürfte nicht allzu weit vom heutigen Ufer des Meeres sein Ende erreicht haben, vergleichbar dem Ausklingen eines kräftig angeschlagenen Tones. H. Douvillé dagegen glaubte seine Fortsetzung in der Gegend von Heraklea annehmen zu sollen (1896). Rätselhaft nimmt sich das alte Gebirge der Dobrudscha aus, mit seinem vorherrschend von NW gegen SO gerichteten Gesteinsstreichen.

Im südlichen Teile der Dobrudscha haben wir es mit dem nördlichsten Ende der großen nordbulgarischen Tafel zu tun.

Schon K. Peters (1865) erkannte, daß die hellen Kalke von Rustschuk mit jenen der Donauuferfelsen zwischen Rasowa und Hirschowa übereinstimmen; daß er sie für oberjurassisch hielt, während sie, wie ich beweisen konnte, cretacische Requienienkalke sind, ist dabei ganz nebensächlich. Auch die obere Kreide (Inoceramenkreide) im mittleren Teile der Dobrudscha entspricht ganz ähnlichen Bildungen im nördlichen Balkanvorlande.

Eine Kreidescholle tritt noch im Norden der Dobrudscha auf, zwischen dem fast vollkommen ausgeebneten Grünschiefergebiete im Süden[1]) und dem alten Gebirge von Matschin im Norden.

---

[1]) Eine schöne Abrasionsfläche habe ich (Verein zur Verbreitung naturwissenschaftlicher Kenntnisse. Wien 1889: Eine geologische Reise in der Dobrudscha Fig. 2) aus der Gegend von Silistria in Ostbulgarien zur Abbildung gebracht.

Erst vor kurzem (1902) hat nun R. Zuber in seinen neuen Karpatenstudien, als er die Herkunft der exotischen Gesteine am Außenrande des karpatischen Flyschgebirges besprach, dieselben auf einen „alten zerstörten Gesteinswall" zurückgeführt und die Meinung ausgesprochen, „jene alte Dobrudschascholle sei der letzte anstehende Überrest des alten vorkarpatischen Uferwalles". Es ist dies wenigstens, ein Versuch der Lösung des Dobrudscharätsels.

Wirft man einen Blick auf M. Draghicenu's geologische Übersichtskarte (1890), auf welcher Streichungsrichtungen eingezeichnet sind, so ersieht man, daß in der Tat das moldauisch-siebenbürgische Grenzgebirge auf rumänischer Seite ein ganz ähnliches Schicht- und Faltenstreichen aufweist, wie es in der Dobrudscha vorherrscht. Ganz besondere Übereinstimmungen zeigen auch die Einlagerungen kristallinischer Kalke und die Massengesteinsvorkommnisse in der nordwestlichen Ecke der Moldau. Freilich liegen die betreffenden kristallinischen Gesteine an der Innenseite des moldauischen Flyschgebirges.

Über diese Frage dürfen wir wohl von Mrazec über kurz oder lang nähere Ausführungen erhoffen.

So viel mag aber bereits heute feststehen, daß man auch an einen kontinuierlichen Bogen von den Nordkarpaten zum transsylvanischen Gebirge kaum wird denken dürfen.

Was die Rhodope-Masse anbelangt, so habe ich dieselbe auf Karte II zu umgrenzen gesucht.

Ob ich mit der Vorstellung, daß das nach SO gegen den Bosporus hinziehende Istrandschagebirge eine dazugehörige Scholle sei, Recht habe, darüber wird uns wohl Fr. Schaffer, der es vor kurzem bereiste (1902), in nicht ferner Zeit zu berichten haben.

Was die Grundlinien Anatoliens anbelangt, wie sie E. Naumann entworfen hat, so können wir dieselben nach meiner unmaßgeblichen Meinung dermalen kaum als sichergestellt betrachten. Erst wenn uns Bukowski's und Philippson's ausführliche Darlegungen vorliegen werden, wird sich darüber, zum mindesten für den westlichen Teil der Halbinsel, sprechen lassen. Wenn ich die Richtungen betrachte, wie ich sie nach den vorläufigen Angaben der genannten Forscher auf Karte II eingetragen habe, und wenn ich sie mit den Naumann'schen Linien vergleiche, so glaube ich zu erkennen, daß die Verhältnisse nicht so einfach liegen dürften, wie sie E. Naumann konstruierte. Mit wahrer Herzensfreude habe ich Philippson's neue Reisen begrüßt. Was er ausführte und ausführen wird im Anschlusse an das schon zur Durchführung Gebrachte, war ein Lieblingsgedanke, den ich vor Jahren selbst gehegt habe. Die Ungunst der damaligen Verhältnisse hat mich an der Durchführung gehindert, und mich bei meinem ersten Versuche genötigt, mit einem einfachen Teskeret zu reisen, wie es jeder Steinbrucharbeiter für beschränkte Gebiete erhält; dadurch ward ich gezwungen, ein ekles Transportschiff zur Rückfahrt von Karabigha nach Stambul zu benützen, auf welchem ich an der Cholera asiatica erkrankte und gerade noch rechtzeitig das österreichische Hospital in Pera erreichte. Unter den heutigen Verhältnissen und bei den freundschaftlichen Beziehungen zwischen dem Deutschen und Osmanischen Reiche wird es P h i l i p p s o n leichter haben und ich rufe ihm ein h e r z h a f t e s G l ü c k a u f! zu zur ergebnisreichen Fortsetzung seiner Arbeiten auf seinem für den Geologen so reiche Ausbeute versprechenden neuen Arbeitsgebiete.

Was S y r i e n u n d P a l ä s t i n a anbelangt, so wird ein Blick auf Karte 11 die Anatolien gegenüber selbständige Stellung dieses Länderstriches deutlich genug erkennen lassen, dessen frühere Erforscher R u s s e g g e r (1842 und 1847), L a r t e t (1865 und 1869) und H u l l (1884) in neuerer Zeit in den schon genannten K. D i e n e r und M. B l a n c k e n h o r n hingebungsvoll arbeitende Nachfolger gefunden haben.

Ein wahrer Wettkampf aller Kulturnationen ist, wie schon aus dem Gesagten hervorgeht, wie eine Durchsicht der Bibliographie aber noch deutlicher erkennen lassen wird, in unablässigem Gange, ein Wettkampf um wissenschaftliche Eroberungen in Gebieten, deren Erforschung zum Teil noch alles, zum Teil sehr viel zu wünschen übrig läßt, ein Wettkampf, der zu dem idealen Zwecke geführt wird: Unbekanntes zu entschleiern, Gebiete, die zum Teil wenigstens im Altertume Kulturstätten ersten Ranges waren, mit dem Lichte unserer heutigen Kultur zu durchleuchten. Die Erkenntnis des geologischen Baues dieser Ländereien wird einen wichtigen, grundlegenden Schritt in diesem Sinne bedeuten. Sie zu fördern, der Vollendung näher zu bringen, ist sicherlich wert der Betätigung der wissenschaftlichen Kräfte aller Kulturvölker von heute.

Wenn etwas, so ist die wissenschaftliche Forschung der friedlichen internationalen Betätigung fähig, denn die Errungenschaft jedes einzelnen, er möge was immer für einer Nation angehören, fördert das Erreichen ethischer Ziele und kommt allen anderen zugute.

Übersicht über die geologische Literatur

der Balkanhalbinsel mit Morea, des Archipels mit Kreta und Cypern, der Halbinsel Anatolien, Syriens und Palästinas.

Von Franz Toula.

Die vorliegende Übersicht umfaßt die dem Referenten bekannt gewordenen Abhandlungen. Sie will und kann auf eine Vollständigkeit keinen Anspruch machen. doch wird sie immerhin einen Grundstock bilden, an den sich andere Publikationen unschwer werden anschließen lassen. Der Referent hat sich von vornherein entschlossen, alle nicht geologischen oder von Nichtgeologen verfaßten Abhandlungen. also topographische, archäologische und ähnliche Schriften außer Betracht zu lassen.

Was die Anordnung anbelangt. so wurde versucht. die chronologische Anordnung zugrunde zu legen, was sich freilich nicht in allen Fällen genau durchführen ließ. da es sich vornehmlich um periodische Schriften handelt, deren Erscheinen in nur zu vielen Fällen nicht genau feststellbar war. Die Erscheinungen jedes Jahres wurden daher. wo sich die Priorität nicht feststellen ließ, in alphabetischer Anordnung der Autoren aneinandergereiht. Fälle. wo es sich um ein und dasselbe Beobachtungsgebiet handelt, werden, wie Referent hofft, nicht allzuhäufig sein und kann die Versicherung ausgesprochen werden, daß bei solchen Verstößen gewiß in keinem einzigen Falle eine Absicht zugrunde lag. Gar manche der Arbeiten hat er nicht zu Gesichte bekommen können, obwohl er sich redlich bemühte und vielfältige Förderung bei den verschiedenen Bibliotheksverwaltungen gefunden hat, für die er seinen innigen Dank sagt.

Der auf die Balkanhalbinsel (ohne Morea) bezügliche Teil dieser Bibliographie bildet eine Fortsetzung und Ergänzung der „Materialien zu einer Geologie der Balkanhalbinsel", welche im Jahrb. der k. k. geol. R.-A. für 1883 (XXXIII. Bd., S. 61—114) erschienen ist, und gewissermaßen auch jener Angaben, welche in dem Vortrage über den „Stand der geologischen Kenntnis der Balkanländer", gehalten beim IX. Deutschen Geographentage in Wien („Verhandlungen" Berlin 1891. S. 92—113), enthalten sind. Erstere wurden der Übersichtlichkeit wegen mit ihren Titeln und Quellen kurz angeführt und auf die „Materialien" verwiesen.

Abhandlungen topographisch-touristischen Inhaltes sowie solche über Vulkanausbrüche, Erdbeben, Quellen, Bergbaue etc. sind nur mit Auswahl berücksichtigt worden.

1. **1703. Maraldi.** Bericht an die Akademie der Wissenschaften in Paris über die fossilen Fische des Libanon.
2. **1714. Corneille Lebrun.** Abbildung solcher Fische.
   Voyage au Levant. (Bei Lartet.)
3. **1751. Guettard.** Charte minéralogique sur la nature d'une partie de l'Orient et particulièrement de l'Égypte, de la Palestine et de la Syrie.
4. **1778. Fortis.** Travels into Dalmatia with observations on natural history (Geology). London 1778. (Italienisch 1771.)
4 *a.* **1790. B. Hacquet.** Physikalisch-politische Reisen durch die Dacischen und Sarmatischen Karpathen.
   4 Bde. Nürnberg 1790—1796.
4 *b.* **1805. F. C. Pouqueville.** (Voyage en Grèce.) Reise durch Morea und Albanien nach Konstantinopel und in andere Teile des ottomanischen Reiches in den Jahren 1798—1801. Aus dem Französischen übersetzt von K. L. M. Müller.
   Englische Übersetzung von A. Plumptre. London 1813.
   Das ganze westliche Epirus eine einzige ungeheuere Kalkmasse, während in Makedonien und Thessalien die Schiefergebirge vorwalten.
5. **1808. Castellau.** Lettres sur la Morée et les îles de Cerigo, Hydra et Zante. Paris 1808.
6. **1809. Olivier.** Voyage dans l'empire Ottoman.
   Berichtet über die jungen Meeresablagerungen bei Abydos und Sestos am Hellespont 20 Fuß über dem heutigen Meeresspiegel. (*Solen vagina*, *Venus Chione* und *cancellata*, *Ostrea edulis*, *Cerithium vulgatum*, *Buccinum reticulatum*.) Paris 1809.
7. **1810. Héron-Villefosse.** De la richesse minérale de la Grèce. Paris 1810.
8. **1812. E. D. Clarke.** Travels in various countries of Europe, Asia and Africa.
   Viele auf die Troade bezügliche Angaben in Virchows Abhandlung. London 1812. 4 Bde., im Bd. II, Kap. IV—VI.
9. **1814. E. J. Germar.** Reise nach Dalmatien und in das Gebiet von Ragusa.
   Leipzig 1814. Der „Alpenkalk" hauptsächlich Übergangsgebirge.
10. **1818. Boekh.** Die laurischen Bergwerke in Attika.
    Mineralogische und bergmännische Angaben.
    Abhandl. der histor.-philos. Klasse der Berliner Akad. d. Wissensch. 1814 u. 1815 (1818). S. 85—140.
11. **1821. Ph. Barker-Webb.** Osservazioni intorno allo stato antico e presente dell' Agro Trojano. Mailand 1821. (Topographie de la Troade ancienne et moderne. Paris 1844.) Auch über den Bosporus. Trachyte an der Adramiti Bucht. Serpentin. Weiße Übergangskalke von der Insel Marmara. Die Troas, die Grenzregion des vulkanischen Gebietes von Vorderasien. Mailand. Biblioth. ital. 1821. 112 S. mit Karte. Deutsch von Hase. Weimar 1822.
12. **1822. J. Woods.** Notice on the rocks of Attica. Piräushügel: Glimmerschiefer und kristallinischer Kalk. Hymettus und Pentelicus. Nahe bei Athen chloritische Schiefer. Körnige Kalke.
    Transact. Geol. Soc. London. 2. ser. I. 1822. S. 170—172.

13. **1823. Férussac.** Monographie des espèces vivantes et fossiles du genre Melanopsis. Fossile Melanopsiden von Sestos.
    Mém. Soc. d'hist. natur. Paris. I. 1823.

14. **1823. Sir Francis Darwin.** Beschreibung der Insel Milo.
    Notice upon the Volcanic Island of Milo. Thomson, Ann. Philos. VI. 1823. S. 274—276.

15. **1824. L. v. Buch.** Über die geognostischen Systeme von Deutschland. — Die nordwestliche oder südöstliche Richtung. Alle griechischen Ketten, selbst die Inseln des Archipelagus folgen dieser Richtung; alle Ketten von Albanien und Epirus. Schon das Adriatische Meer bezeichnet durch seinen Lauf die große Herrschaft dieses Gesetzes.
    Min. Taschenb. 1824. S. 501—506. Gesammelte Schriften. III. S. 220.

16. **1825. L. v. Buch.** Physikalische Beschreibung der Canarischen Inseln. Reihenvulkane der griechischen Inseln, mit Karten von Santorin und den griechischen Inseln. Diese sind Bestandteile von Griechenland selbst. Die zwei festländischen Ketten setzen sich fort; jene von Negroponte über Andro, Tino, Mýkno; jene von Attika durch Tzia, Syra, Paro, Naxiá, Amurgo, Stampalia (Astropalia). „Nicht eine dieser Inseln ist basaltisch oder vulkanisch". Angaben über ihre Gesteine. An die Pindus-, Epirus- und Helikonkette . . . schließt sich die Reihe der Trachyt- oder vulkanischen Inseln von der Halbinsel Methana bis Santorin. Santorin und Milo werden eingehender besprochen.
    Berlin 1825. Gesammelte Werke. III. S. 554—560, Taf. XV.

17. **1825. P. Partsch.** Die Detonationsphänomene auf Melleda. Mit einer geognostischen Skizze von Dalmatien.
    Féruss. Bull. Sc. Nat. IV. 1825. S. 153 und 154. Hertha XI. 1828. S. 93—114.

18. **1826. Is. Bird.** Notice of Minerals etc. from Palestine, Egypt etc.
    Sill. Journ. X. 1826. S. 21—29.

18a. **1826.** Über die Insel Kos sollen im Journal des Voyages Nr. 93, 1826 und im Bull. sect. statist. von Férussac 1827, Nr. 9 und 133 Nachrichten enthalten sein.

19. **1827. C. G. Ehrenberg.** Nähere Bestimmung des im Jahre 1822 beim Erdbeben von Halep (Aleppo) im Mittelländischen Meere (bei Cypern) zum Vorschein gekommenen Felsens.
    Poggend. Ann. IX. 1827. S. 601 u. 602.
    Man vergl. Hoff, Geschichte der Erdoberfläche 1841. V. Chronik der Erdbeben. S. 172—174.

20. **1827. P. Partsch.** Nachrichten über die Knochen-Breccie von Dalmatien.
    Leonhard's Zeitschrift 1827. S. 524—528.

21. **1828. A. Boué.** Zusammenstellung der bekanntesten geognostischen Tatsachen über die europäische Türkei und über Kleinasien.
    Mitteilungen auch über Griechenland und die griechischen Inseln enthaltend.
    Kristallinische Gesteine werden aus Attika, von Tino, Naxia und Paro, Tzia und Syra, Mýcono und Andro, aber auch von Kos, Rhodos und Cypern (Cu führende Syenite) angeführt. Als vulkanisch werden angegeben: die Halbinsel Methana und die Inseln Poros, Milo, Anti-Milo, Kimolo, Polino. Polýkandro und Santorin. Auch Limni, Mytilini u. a. Die vulkanischen

Gebiete (Trachyte und Basalt) Kleinasiens werden gleichfalls verzeichnet, ebenso jene am Bosporus.

Verzeichnung der älteren Arbeiten von Parolini, Richardson, Webb (Mitteilungen über die Troas. Basalt über Granit, Flötzkalk durch Basalt in Marmor umgewandelt), Andreossy, A. Brown, Férussac und Wood (über die Natur der Gegend von Athen. Geol. Transact. new series I. S. 171.) („Mat. Nr. 1").
Zeitschr. f. Min. 1828. XXII. 1. S. 270--282.

22. 1828. **A. Boué.** Übersicht der geognostischen Karten und Gebirgsdurchschnitte. Griechenland betreffend: Karten und Ansichten von Tournefort, Choiseul, Daubeny. Eine Karte von Milo.
Ann. of Philos. Okt. 1823. S. 316.
Taschenbuch. S. 283—321.

23. 1829. **Bird.** Zur Kenntnis der Geognosie von Palästina. Der Ölberg, Tabor und Karmel: Kalkstein. Am Toten Meer keine vulkanischen Gesteine. Fossilien am Libanon.
Mag. of nat. hist. Nr. IV. S. 390. (Taschenb. Zeitschr. f. Min. 1829. II. S. 785.)

24. 1829. **Ém. le Puillon de Boblaye.** Lettre sur la géognosie de la Morée.
Férussac, Bull. Sc. Nat. XIX. 1829. S. 34—38.
Edinburgh. Journ. nat. geogr. Soc. II. 1830. S. 44—46.
Bull. Soc. géol. de Fr. I. 1830. S. 150—156.

25. 1829. **Al. Brongniart.** Rapport sur deux mémoires de M. Virlet, relatifs à la Géologie de la Messénie et notamment à celle des environs de Modon et de Navarin.
Ann. Sc. Nat. XIX. 1830. S. 259—269.

26. 1830. **Ém. le Puillon de Boblaye.** Notice sur les altérations des roches calcaires du littoral de la Grèce.
Bull. Soc. géol. de Fr. 1. ser. I. 1830. S. 150—156. II. 1831. S. 300.
Man vergl. Boué, Journ. de Géol. III. 1831. S. 144—166.

27. 1830. **P. E. Botta.** Sur la structure géognostique du Liban et l'Anti-Liban. Streichen der Schichten von NNO—SSW.
Bull. Soc. géol. de Fr. 1. ser. I. 1830. S. 212—225, 234—239.

28. 1831. **É. le Puillon de Boblaye.** Beobachtungen über die geognostische Beschaffenheit von Morea. Alte Ton- und Glimmerschiefer im Taygetischen Gebirge (N—S streichend), Talkschiefer mit marmorähnlichen Kalken. Porphyre, Amygdaloide und Ophite derselben Formation. Belemniten in rauchgrauen kompakten Kalken, Plattenkalke mit Jaspis, Grünsand und Kreide mit Diceraten, Hippuriten und Nerineen (NO—O streichend). Tertiäre blaue Mergel mit Lignit (auch marine Entwicklung) und Süßwasserkalke. Hebungen des Landes. Auf Ägina Porphyr-Trachyte. Trachytische Zone bis Santorin.
Ann. Soc. nat. 1831. XXII. S. 113—134. Erste Mitteil. Bull. Soc. géol. 1. Ser. 1. 1830. S. 82—86. Zugleich legte der Autor eine topograph.-geologische Karte der Insel Ägina vor.

29. 1831. **Théodore Virlet.** Geognostische Notiz über die Insel Thermia (Kythnos), Fortsetzung der Kette von Livadien und Thessalien. Kristallinische Schiefer und Kalke.
Bull. Soc. géol. de Fr. 1831,32. 1. Ser. II. S. 329—333.

30. **1831. Virlet.** Sur le déluge de la S a m o t h r a c e.
Bull. Soc. géol. de Fr. 1. Ser. II. 1831. S. 341—348.

31. **1831. Virlet.** Sur un gisement de trachytes alunifères dans l'île d'É g i n e.
Ebend. S. 357—360.

32. **1831. Botta.** Observations sur le L i b a n et l'Antiliban. Kalk dès oberen Jura
(mit Silex), Grünsand (!), untere Kreide, zu oberst Kalke und Mergelkalke
mit Silex und *Gryphaea*. Hebungsvorgänge. In einem der Profile ein Gewölbe bildend. Diskordanz zwischen den Liegendkalken gegen die beiden
oberen Horizonte.
Mém. de la Soc. géol. de Fr. 1. Ser. 1. S. 135—160 mit Taf. (geol.
Kartenskizze). Gelesen in den Sitzungen der Soc. géol. de Fr. 1831.

33. **1832. É. le Puillon de Boblaye.** Recherches sur les roches désignées par les
anciens son les noms de marbre l a c é d e m o n i e n et d'Ophite.
Bull. Soc. géol. de Fr. 1. Ser. III. 1832. S. 66 u. 67.

34. **1832. Hauslab.** Geographische und geologische Studien an beiden Ufern
des B o s p o r u s und im B a l k a n. Balkan zwischen Widdin und Adria-
nopel: Grauwacken, quarzitische und Talkschiefer, Glimmerschiefer, Kalke.
Die Seen von Ochrida und Kastoria in Makedonien „vielleicht alte Krater"!
Bull. Soc. géol. de Fr. 1. Ser. III. 1832. S. 97—100.

35. **1832. Th. Virlet.** Sur le système volcanique de l'île de S a n t o r i n.
Eine geologische Beschreibung von Santorin aus dem großen Werke
(B o b l a y e et V i r l e t), ist als Monographie für sich herausgegeben worden
(31 S.). Bemerkungen über Milo, Aspronìsi, Therasiá usw.
Bull. Soc. géol. de Fr. 1. Ser. III. 1832/33. S. 103—110.

36. **1832. Th. Virlet.** Sur les roches de l'A r c h i p e l G r e c.
Ebend. S. 201—204.

37. **1832. Th. Virlet.** Sur la craie inférieure de la M o r é e.
Ebend. S. 251—253.

38. **1833. Ém. le Puillon de Boblaye.** Des dépôts terrestres à la surface de
la M o r é e.
Ann. des Mines. IV. 1833. S. 99—126. Edinb. New Phil. Journ. XVIII.
1835. S. 1—19. Poggend. Ann. XXXVIII. 1836. S. 253—263.

39. **1833. P. de Boblaye.** (Notiz.) Observations des cavernes sur le bord de la
mer en M o r é e.
Bull. Soc. géol. de Fr. 1. Ser. III. 1832/33. S. 345.
Man vergl. auch Ann. sc. nat. 1831 und Journ. de géol. 1831.

40. **1833. Puillon de Boblaye et Théodore Virlet.** Expédition scientifique de M o r é e.
T. II. 2. Sect. des sciences physiques. Géologie et Minéralogie. Mit geol.
Karte (im Atlas).
Zoologie und Paläontologie von G. St. H i l a i r e, D e s h a y e s, B i r r o n,
B. de St. V i n c e n t.
Die jungen Conglomerate und Mergel werden für Eocän (Parisien)
und für Molasse (Nagelfluh) und „Tertiaire moyen" erklärt.
Neun Erhebungssysteme.
Paris 1833. (Man vergl. Bull. Soc géol. de Fr. 1. Ser. II. 1831. S. 298—302.

41. **1833. G. de Lysel.** Description des observations minéralogiques faites en
M o l d a v i e et W a l a c h i e. Auch petrographische Angaben über die
Gesteine der Walachei.
Russ. Bergjourn. 1833. S. 1.

42. 1833. **Th. Virlet.** Altersbestimmung der Sedimentformation von Morea. Kalke mit Rudisten, Nummuliten, Korallen. „Pindisches System" (N 26° O). Conglomerate.

Bull. Soc. géol. de Fr. 1. Ser. III. 1833. S. 149 u. 150.

43. 1833. **Th. Virlet.** Über Knochenhöhlen auf Thermia. Katavothren mit Pflanzenresten und Knochen.

Bull. Soc. géol. de Fr. 1. Ser. III. S. 223 u. 224.

44. 1833. **Th. Virlet.** Geognostische Bemerkungen über die nordgriechischen Inseln und insbesondere über ein braunkohlenführendes Süßwassergebilde.

Skiatho, Skantzura und Dio-Delphia: fast ganz aus Urgesteinen. Xero, Xera-Panagia, Jaura, Piperi etc.: größtenteils Kreide. Skopelo: Urgestein und Kreide. Hippuritenkalk auf Tonschiefer. (*Tornatella prisca* und *Turritella antiqua* bei Krifospilia). Jaura und Piperi nach der Volksmeinung die Enden einer versunkenen Insel. Risse im Kalk an den zugewendeten Ufern. Höhlenreich. — Jaura (Giura) aus Glimmerschiefer, Tonschiefer und körnigem Kalk. Kreidekalk und Süßwasserablagerungen, bei Iliadtoma (mergelige Paludinenschichten) mit Lignit (mit *Taxodium europaeum*).

Ann. Sc. nat. 1833. XXX. S. 160—168.

45. 1833. **Th. Virlet.** Über die Kreideformation in Griechenland. (Über Radioliten in Ober-Arkadien.)

Die „Kreide" wird in Abteilungen geschieden: 1. dunkle Kalke mit Nummuliten, Diceraten, Hippuriten und Radioliten; 2. darüber Grünsand mit Jaspis, dünnplattiger Kalk mit Jaspis und „Feuerstein" (Diceraten, Nerineen etc.); 3. Mergel und Grünsand („Macigno") mit Holzstämmen (Alcyonien), Fischschuppen, Astraeen und Dentalinen; 4. Scagliaähnliche Stinkkalke mit Pisolithen, Hippuriten, Nummuliten, Madreporen und Alcyonienstämmen. Durch das Pindische System gehoben in der Richtung NNO. Ophiolithische Gesteine im Kreidesystem.

Bull. Soc. géol. de Fr. 1. Ser. III. S. 148—150.

46. 1833. **Th. Virlet.** Details suivants sur les roches de l'Archipel grec. Euphotide, Amphibolit.

Ein Profil der Insel von Mýkono. Granit, Pegmatit, schwarze aderige Kalke, darüber mächtige Arkosen, in vielen Schichten mit Erzführung.

Bull. Soc. géol. de Fr. 1. Ser. III. S. 201—203.

Man vergl. auch ebend. VI. 1834 35. S. 278—281.

(„Sur les roches volcaniques de la Grèce.")

47. 1834. **A. Boué** gibt in seinem Résumé des progrès des sciences géologiques pendant l'année 1832 eine Zusammenstellung über Griechenland und die griechischen Inseln. Es zieht eine „grande bande' von Jura- und Kreidegesteinen aus Krain, durch Albanien und über die jonischen Inseln bis zum Golf von Lepanto.

Bull. Soc. géol. de Fr. 1. Ser. V. 1834. S. 346—383.

48. 1834. **Th. Virlet.** Über die Quellen und Gruben von Asphalt und Erdpech Griechenlands und einiger anderer Gegenden. (Nauplia, Navarin, Nisi, in Argolis. Auf Zante, in Albanien. Insel Koraka, Busen von Arta, Dalmatien [Vergoraz und Insel Bua].

Bull. Soc. géol. de Fr. 1. Ser. IV. 1834. S. 203—211.

Man vergl. ebend. S. 372—376.

L'Institut. II. 1834. S. 184 u. 185.

49. 1835. **J. Audjo.** Journal of a visit to Constantinople and some of the Greek Islands.
London 1835, mit Tafeln.

50. 1835. **P. de Boblaye** und **Th. Virlet.** Über die Emporhebungen der Bergketten in Griechenland. Erhebungssysteme: Das olympische N 42—45° W durch Makedonien und Thessalien bis Dalmatien und Illyrien. Das pindische System N 24—45" W von Albanien bis Lepanto. Das achaische System N 59—60° W. vor der Bildung der tertiären Trümmergesteine in N.-Morea. Das erymanthische System N 65—70° O. nach jenen Trümmergesteinsbildungen und den subapenninen Gebilden. Trachyte auf Skyro damit im Zusammenhange. Das argolische System O—W auch in Thessalien. Das System von Tenare N 4—5" W. Das dardanische System in N.-Griechenland N 40° O: hat die Dardanellen erzeugt.
Bull. Soc. géol. de Fr. 1. Ser. V. 1835. S. 207.

51. 1835. **Fr. v. Kobell.** Über Hydromagnesit von Kumi auf Negroponte.
Erdmanns Journ. f. prakt. Chemie. IV. S. 50 u. 51.

52. 1835. **Leake.** Travels in Northern Greece.
Angaben über das Anwachsen des Spercheus-Deltas in historischer Zeit. (II. Kap.)

53. 1835. **G. de Lysel.** Coupes et plans des mines de sel d'Okna.
Gornoi Journ. St. Petersburg. 1. S. 125 u. 2. 325. (Mat. Nr. 3.)

54. 1835. **E. Strickland.** Über Kephalonia.
Sekundäre weiße Kalksteine gegen O einfallend. Argostoli.
Proc. geol. Soc. London 1835. II. S. 220 u. 221.

55. 1836. **A. Boué.** Resultats de ma primière tournée en Turquie d'Europe. faite, en partie. en campagne de MM. de Montalembert et Viquesnel.
Bull. Soc. géol de Fr. 1836. VIII. S. 14—63.

56. 1836. **A. Boué.** Geognostische Ergebnisse der Reise in der Türkei.
Neues Jahrb. für Min. 1836. S. 700—708. (Mat. Nr. 7.)

57. 1836. **Capt. Cailler.** Manu-skriptkarte des Libanon und Anti-Libanon. Kalkketten: Jura.
Bull. Soc. géol. de Fr. 1. Ser. VII. 1836. S. 135.

58. 1836. **J. Davy.** On a curious phenomen observed in the Island of Cephalonia, and on the proximate causes of earthquakes in the Jonian Islands.
Edinb. New. Phil. Journ. XX. 1836. S. 116—123.
Froriep Notizen. XLVII. 1836. S. 241—246.

59. 1836. **P. W. Forchhammer.** Der Kopaische See und seine unterirdischen Abzugskanäle.
Poggend. Ann. XXXVIII. 1836. S. 241—252.

60. 1836. **F. O. Martin.** Über Kephalonia und die Meermühlen von Argostoli.
Proc. geol. Soc. London 1838. II. S. 393.

61. 1836. **J. Russegger.** Reise von Wien nach Triest und Patras.
Neues Jahrb. für Min. 1836. S. 343—347.

62. 1836. **J. Russegger.** Geognostische Erscheinungen an der Griechischen Küste. Ebend. S. 348—350.

63. 1836. **H. E. Strickland.** Allgemeine Skizze der Geologie des westlichen Teiles von Klein-Asien. Smyrna Ost. Konstantinopel. Phrygien nach Smyrna. Schiefrige und metamorphische Gesteine. Das Streichen der Schichten fällt zusammen mit dem Streichen der Ketten. „Silur" (Bosporus).

Hippuritenkalk und Schiefer. Tertiäre Süßwasserablagerungen (Kalkmergel, Sandstein und Kalk) in allen breiteren Tälern (keine *Melanopsis!*), Trachyte und Trapp und jüngere Bildungen.

Geol. Ges. London 1836. 2. Nov. — Edinb. Mag. 1837. X. S. 68—71. Geol. Trans. 2. Ser. V. S. 393. Bull. Soc. géol. de Fr. 1. Ser. VIII. 1837. S. 257—259.

64. **1836. Strickland.** Über die Seewasserströme, welche auf K e p h a l o n i a landeinwärts gehen.

Lond. Edinb. phil. Mag. 1836. VIII. S. 556 u. 557.

65. **1836. Th. Virlet.** Hebung des Meeresbodens bei S a n t o r i n.

Bull. Soc. géol. de Fr. 1. Ser. VII. 1836. S. 260 u. 261.

66. **1836. Th. Virlet.** Note sur l'apparition prochaine d'une nouvelle île dans l'archipel de la G r è c e.

Compt. rend. II. 1836. S 531 u. 532.

67. **1836/37. H. v. Schubert** und **Roth.** Reisen in das M o r g e n l a n d in den Jahren 1836 und 1837. Enthält nach Lartet eine große Zahl von geologischen Angaben über den Libanon und Antilibanon. R o t h sammelte fossile Fische (O. F r a a s). S c h u b e r t erkannte die Depression des Toten Meeres ("93 Toisen"). Messungen stellten M o o r e und B e c k an.

Journ. of the R. Geogr. Soc. 1837.

68. **1836/37. de Verneuil.** Bull. de la Soc. géol. de Fr. 1836. Ser. I. Vol. VIII. Über die Umgebung von K o n s t a n t i n o p e l. S. 268—278 mit petrographischer Karte. Trachyte, Tertiärablagerungen. Silur oder Cambrium von Buyukdere. Die Prinzeninseln, der Olymp.

69. **1837. A. Boué.** Some observations on the geography and geology of N o r t h e r n and C e n t r a l T a r k e y.

Edinb. New phil. Journ. XXII. S. 47—62 u. S. 253—270. XXIII. S. 54—69. (Deutsch in Berghaus' Almanach. 1838. S. 25 ff. Franz.: Bull. Soc. géol. de Fr. 1838. S. 123—145. (Mat. Nr. 8.)

70. **1837. A. Boué.** Note géologiqu sur le B a n a t et en particulier sur les bords du Danube.

Bull. Soc. géol. de Fr. 1. Ser. 1838. VIII.

71. **1837. W. J. Hamilton.** Extracts from notes made on a journey in A s i a M i n o r in 1836.

Journ. geogr. Soc. VII. 1837. S. 34—60.

72. **1837. J. Hedenborg.** Om tertiar-bildningen paön R h o d o s.

Skandia IX. 1837. S. 238—260.

73. **1837. X. Landerer.** Die Heilquellen in G r i e c h e n l a n d.

Bamberg 1837.

L a n d e r e r hat außerdem geschrieben: 1838. Rep. f. Phar. LXIII. S. 196—197; über das Vorkommen des Meerschaums in T h e b e n : über neue in Griechenland aufgefundene Braunkohlenlager, ebend. S. 197 u. 198; über das Mineralwasser auf Algina ebend. S. 198—200 und später über griechische Quellen, ebend. 1841. S. 100—102; Mytilini, ebend. S. 102 u. 103 und ebend. 1846, S. 289—309. Auch über die Mineralien Griechenlands, ebend. LXXVII. 1842. S. 186—194.

74. **1837. J. Russegger.** Geognostische Beschaffenheit des T a u r u s.

Neues Jahrb. für Min. 1837. S. 40—48.

75. **1837. J. Russegger.** Über den L i b a n o n.

Ebend. S. 169 und 170.

76. 1837. **W. J. Strickland.** An account of a tertiary deposit near Lixouri in the island of C e p h a l o n i a. Fossilien von Mittelmeercharakter.

Proc. geol. Soc. London 1838. II. S. 545 u. 546.

77. 1837. **Strickland.** Über die Geologie von Z a n t e. Hippuriten- und Nummulitenkalk, ähnlich wie im Apennin. Streichen NNW. Subapenninen-Formation.

Proc. geol. Soc. London. II. 1838. S. 572. Transact. geol. soc. 2. Ser. V. S. 403.

Bull. Soc. géol. de Fr. 1. Ser. IX. 1838. S. 247 u. 248.

78. 1837. **H. E. Strickland** und **W. J. Hamilton.** Über die Geologie des Thrakischen B o s p o r u s. (Mat. Nr. 9.)

London Edinb. phil. Mag. 1837. X. S. 473 u. 474. Proc. geol. Soc. II. 1838. S. 437 u. 438.

Transact. geol. Soc. London 1839. V. S. 385—392. Tfl. XXXII.

79. 1837. **de Verneuil.** Notice géologique sur les environs de C o n s t a n t i n o p l e. Trachyte, Tertiär, Silur und Cambrium. — Prinzeninseln: Alte Formation. Quarzite auf den Gipfeln. Der Olymp: Kalke zu unterst, Gneis und Glimmerschiefer. Geschichtete Kalke über Talkschiefer, Gneis- und Gneisgranit.

Bull. Soc. géol. de Fr. 1. Ser. VIII. 1837. S. 268—278. Mit Karte.

80. 1838. **Ainsworth.** Observations faites dans l'A s s y r i e, la B a b y l o n i e et la C h a l d é e pendant l'expédition de l'Euphrat. Parallelketten des T a u r u s. Granitisches Zentrum, Gneis und Glimmerschiefer, Diorite, Euphotide und Kalke. Auch Tonschiefer, Sandstein und Kalke. Nummulitenkalk. Tertiäre Kalke mit *Pecten* und Austern. Kreidekalk mit mediterranem Charakter.

Bull. Soc. géol. de Fr. 1. Ser. IX. 1838. S. 348—351.

81. 1838. **J. de Bertou.** Voyage de l'extrémité sud de la M e r M o r t e à la pointe nord du golfe Elanitique.

Bull. Soc. Géogr. X. 1838. S. 18—32.

82. 1838. **A. Boué.** Reisebericht über die zweite Reise (B a l k a n , M ö s i e n , A l b a n i e n und B o s n i e n).

Bull. Soc. géol. de Fr. 1. Ser. IX. 1838. S. 126—145 mit Karte. Ebend. S. 162—168.

Neues Jahrb. für Min. 1838. S. 44 u. 45. (Mat. Nr. 10.)

Edinb. New. Phil. Journ. XXV. 1838. S. 174—196.

83. 1838 (?). **G. Bowen.** M o u n t A t h o s , T h e s s a l y and E p i r u s. Edinb. Review (1838 ?).

Die Abhandlung ist mir nicht bekannt geworden. (Auch 1855 wird angegeben.)

84. 1838. **A. Brown.** On the streams of sea water which flow into the land in C e p h a l o n i a (1836).

Proc. geol. Soc. II. 1838. S. 393 u. 394.

85. 1838. **Gaillardot.** Brief aus S y r i e n. Vulkanische Terrains im SO von Damaskus.

Bull. Soc. géol. de Fr. 1. Ser. IX. 1838. S. 373.

86. 1838. **W. J. Hamilton.** Notes of a journey in A s i a M i n o r in 1837.

Journ. Geogr. Soc. VIII. 1838. S. 137—156.

87. 1838. **W. J. Hamilton.** On part of Asia Minor. Zwischen dem Hassan Dagh (Trachyt und trachytische Conglomerate) und Caesarea. On the geology of part of Asia Minor, between the Salt Lake of Kodj-hissar and Caesarea of Cappadocia, including a brief description of Mont Argaeus.
   .. Proc. Geol. Soc. II. 1838. S. 651—654.
   Transact. geol. Soc. London 1838. V. S. 583—593. Bull.
   Soc. géol. de Fr. 1. Ser. IX. 1838. S. 351 u. 352.

88. 1838. **Moore.** On the earthquake in Syria in January 1837.
   Proc. geol. Soc. II. 1838. S. 540 u. 541.

89. 1838. **Bergrat Schülers** Reise in die Moldau, Walachei und⁺ nach Bulgarien.
   Neues Jahrb. für Min. 1838. S. 30—35. (Mat. Nr. 12.)
   Schüler soll auch eine geologische Karte der Walachei verfaßt haben (Boué Esquisse. S. 97), die mir nicht bekannt geworden ist.

90. 1838. **A. Viquesnel.** Mention d'une communication sur la géologie de la Turquie d'Europe.
   Bull. Soc. géol. de Fr. 1. Ser. IX. 1838. S. 296.

91. 1838. **Th. Virlet.** Die Vulkane von Santorin und von Milo: weder Reihen-vulkane, noch Erhebungskrater.
   Bull. Soc. géol. de Fr. 1838. 1. Ser. IX. S. 168—176 mit Kärtchen.

92. 1839. **J. de Bertou** besprach die Fortsetzung der Furche des Toten Meeres bis zum Golf von Akabah. (Notes on a journey from Jerusalem by Hebron, the Dead Sea, El Gh'or and W'adi'Arabah to Akabah and back by Petra. April 1838.)
   Geogr. Soc. Journ. IX. 1839. S. 277—288. Man vergl. ebend. XIV. 1843.
   S. 336—342. (F. de Bertou und Russegger.)

93. 1839. Derselbe Autor veröffentlichte: Itinéraire de la Mer Morte à Akabah.
   Bull. Soc. géogr. Paris. XI. 1839. S. 274—331, und

94. 1839. über: Dépression de la vallée du Jourdain et du lac Asphaltide.
   Ebend. XII. 1839. S. 113—166.

95. 1839. **A. Boué.** Sur la Thessalie et la Bulgarie.
   Bull. Soc. géol. de Fr. 1. Ser. XI. S. 93.

96. 1839. **A. Boué.** Mitteilungen aus der westlichen Türkei (Serbien und Albanien).
   Neues Jahrb. für Min. 1839. S. 553. (Mat. Nr. 15.)

97. 1839. **Domnandos.** Rocce principali dell' Isola di Santorin.
   Atti Sc. It. 1839. S. 72—74.

98. 1839. **Hamilton** berichtete am 13. März 1839 in der Londoner geologischen Gesellschaft über seine Reise auf der Halbinsel Cyzicus (Kleinasien, NW). Kristallinische Schiefer, körnige Kalke über Granit. Kompakte Kalke, wie Scaglia, tertiärer glimmeriger Sandstein mit schiefrigem Ton von Eruptivgesteinen durchsetzt im S. davon.
   Bull. Soc. géol. de Fr. 1. Ser. 1839. S. 163 u. 164.
   Proc. geol. Soc. of London. III. 1842. S. 102—108.

99. 1839/40. **W. J. Hamilton** und **H. E. Strickland.** On the geology of the western part of Asia Minor. Eruptivgesteine in drei Perioden, hauptsächlich tertiären Alters (Trachyte und Basalte und junge Laven in Strömen, auch Tuff-konglomerate), kristallinische Schiefer (Glimmerschiefer) und metamor-phische Gesteine, weit verbreitet auch kristallinische Kalke, sowie Granite.

Sekundäre Kalke und glimmerige Sandsteine. Lakustrine Schichten (Limnaeen, Paludinen etc.). Die vulkanischen Szenerien werden mit jenen der Auvergne verglichen. Die ältesten organischen Reste cretazisch (Hippuriten, Nordseite des Olymps).

> Proc. geol. Soc. London. III. 1838—1842. Seite 102—108.
> Transact. geol. Soc. London 1840. VI. S. 583—598. Mit 3 Taf. (Eine Karte der Gegend zwischen Adala und Kula sowie Profile.)

100. **1839. G. Kovalevski.** Relation d'une ascension au mont Komm dans Monte-negro en 1838. Nur wenige Angaben über Gesteine. Kreidekalk, chloritische und Talkschiefer, Dolomite, rote Tone etc.
> Bull. Soc. géol. de Fr. 1. Ser. X. 1839. S. 112—118.

101. **1839. Russegger** berichtete in einem Briefe über den Berg Karmel. Kreidekalk und Nagelfluh über Jurakalk und Dolomit. Ein Basaltgang durch den Jurakalk am Wege nach Nazareth. Einsenkung des Toten Meeres.
> Neues Jahrb. für Min. 1839. Seite 305—309.
> Bull. Soc. géol. de Fr. 1. Ser. XI. 1839. S. 15 und 16.

102. **1839. Russegger.** Mitteilungen über Euböa und den Peloponnes. Hier alte große Binnenseebecken. Im Norden „Übergangskalkstein, Ton- und Grauwackenschiefer", bedeckt mit Molasse und Nagelfluh. Diese ganze „Stückgebirge" bis 2000 *m* Meereshöhe bildend, zu unterst mit Molasse wechsellagernd. An der Westküste und in Arkadien Diluvium mit Meereskonchylien und Lignit. Taigetos und Maina: körniger Kalk, stellenweise herrlicher Marmor. Glimmer- und Tonschiefer, darüber alte rote Conglomerate („Oldred").
> Neues Jahrb. für Min. 1839. S. 690 - 693.

103. **1839. H. E. Strickland.** Geologie der Insel Zante.
> Über gefaltetem „Apennin-Limestone", die antiklinale Achse der Insel in ihrer Westhälfte bildend (Nummuliten, Hippuriten in Spuren), älteres Tertiär: Kalke, Sande, Kalkmergel, blaue Mergel und Tone. (Marine Fossilien werden angegeben).
> Das Tertiär an eine Verwerfung angrenzend. Große Alluvialebene.
> Transact. geol. Soc. London 1839. S. 403—408 mit Taf. XXXIII.

104. **1839. A. Wagner.** Fossile Reste eines Affenschädels und anderer Säugetiere aus Griechenland (Mesopithecus Pentelicus).
> München. Abhandl. d. Akad. d. Wiss. III. 1837—1843. S. 151—172. München. Geol. Anz. 1839. S. 306—311. Wiegmann, Archiv V. 1839. S. 171—175. Abhandl. Münch. Akad. d. Wissensch. 1840. III. 1. 19 S. mit 1 Taf. u. V. 2. S. 335—378. mit 4 Tafeln.

105. **1840. A. Boué.** Sur un dépôt d'eau douce isolé, dans les montagnes de la Bosnie méridionale. — Novibazar.
> Bull. Soc. géol. de Fr. 1840. 1. Ser. XI. S. 104—105. Eine Notiz über Makedonien (131). Boué legte am 20. April eine geologische Karte vor (265). Eine Notiz (278) betrifft das Vorkommen von Lignit bei Rodosto (am Marmarameere).

106. **1840. A. Boué.** La Turquie d'Europe in 4 Bänden. Paris 1840. Geologie Bd. I. S. 219—407 (Mat. Nr. 18).

107. **1840. W. J. Hamilton.** On a few detached places along the coast of Jonia and Caria; and on the Island of Rhodes. Scaglia auf Rhodus sehr verbreitet, sowie auch im S von Kleinasien (Taurus). Nummuliten bei Adalia.

196

Eruptivgesteine viel seltener, (im S) mit der Scaglia in einem gewissen Verbande. Trachyte begleiten halbkristallinische Kalke (Erythräa und Budrum). Keine Fossilreste.

Proc. geol. Soc. London 1838 42. III. S. 293—298.

108. **1840 (1839). J. J. N. Huot.** Über die geognostischen Verhältnisse der Walachei und Moldau.

Bull. Soc. géol. de Fr. 1. Ser. X. S. 153—155 (Mat. Nr. 17).

(Über einen Teil von Rußland und Bessarabien, Ebend. X. 1838 39. S. 230—232.)

109. **1840. G. Kovalevski.** Vier Monate in Montenegro.

St. Petersburg 1840. 78 S. mit Karte (russisch). XIII.

Erwähnt: Bull. Soc. géol. de Fr. 1. Ser. XIII. 1842. S. 146.

110. **1840. Russegger.** Über Attika, Euböa und die Kykladen.

Brief vom 23. September 1839. Zwei parallele Gebirgsketten und ihre Fortsetzung am Meere: Kalke. Glimmerschiefer und Tonschiefer; selten Durchbrüche von Granit und Porphyr. Auch auf den vulkanischen Inseln dieselben Bildungen im Grundgerüste. Kurze Charakteristik der einzelnen Inseln. Auch Santorin.

Neues Jahrb. f. Min. etc. 1840. S. 196—208.

111. **1840. G. H. Schubert.** Über die organischen Findlinge des Toten Meeres.

München. Gel. Anz. XI. 1840. S. 356—364.

112. **1840. W. J. Strickland.** On the geology of the western part of Asia Minor.

Transact. geol. Soc. London. 2. Ser. VI. 1841. S. 1—39 mit 3 Taf. (1 Karte von Hamilton u. Strickland mit 7 Ausscheidungen. Man vergl. Nr. 63.)

113. **1840. Virlet.** Eine Mitteilung über das Vorkommen alter Gesteine auf Samothrake und auf Tenedos.

Gibt das Vorkommen von Spiriferen an.

Bull. Soc. géol. de Fr. 1. Ser. XI. 1840. S. 174 u. 175.

114. **1840,41. G. K. Fiedler.** Reise durch alle Teile des Königreiches Griechenland (1834—1837).

Man vergl. Mater. Nr. 19 (1840).

Man vergl. auch das Ref. v. Dechen: Jahrb. f. wissensch. Kritik. 1841.

Der erste Band (1840) behandelt Griechenland u. Euböa, der zweite die Inseln des Archipels. Geologische Angaben in großer Zahl: Hymettos, Pentelikon, Laurium. Vorkommen des Porfido verde antico etc. Mit geologischer Karte.

115. **1841. G. de Cigalla.** Brevicenni sulle acque minerali e termali dell' Isola Santorino in Grecia.

Atti Acc. Siena. X. 1841. S. 113—143.

116. **1841. Domnandos.** Über Santorin und andere nachbarliche Eilande. Trachytisches Gestein. Körniger Kalk im SO und O der Insel Santorin.

Oken, Isis 1841. S. 559 u. 560.

117. **1841. Ch. Fellows.** An account of discoveries in Lycia (1840).

S. 112. Abbildung des Sarkophages mit ins Meer versenkter Basis.

London 1841. 8°.

118. **1841. A. Griesebach.** Reise durch Rumelien und nach Brussa.

Führt handschriftliche Mitteilungen v. Friedrichsthal's an über Kumanova (Tertiär, Dolerite und trachytitsche Conglomerate). Karatova

(Syenit, Porphyr, Trachyt. Molasse) und Istip (Schtiplje: Granit und Molasse).

(Man vergl. Materialien Nr. 20.)

119. **1841. Em. Harless.** Über einige der bedeutenderen Mineralquellen des ehemals Griechischen Kleinasiens.

Ber. d. Deutsch. Naturf.-Vers. 1841. S. 103—106.

120. **1841. C. Messala.** Narrazione del terremoto di Z a n t e.

Malta 1841.

121. **1841. J. Russegger.** Über die Depression des T o t e n M e e r e s und des ganzen Jordantales.

Poggend. Ann. LIII. 1841. S. 179—194.

122. **1841/48. Russegger.** Reisen in Europa, Asien und Afrika.

Unterscheidet (1. Bd., S. 85) schon die kristallinischen Schiefer von den Kreideschichten. Im IV. Bande, S. 46, denkt er bei den kristallinischen Kalken und Schiefern an Umwandlungsvorgänge. Er hält die Kalkberge in P a l ä s t i n a für Jura (1847, S. 247). Von den geologischen Karten betreffen unser Gebiet: 1. jene über die Paschalike: A d a n a und M a r a s c h (1842), über den L i b a n o n und A n t i l i b a n o n (1842) und über das südliche S y r i e n (1847).

Stuttgart 1841—1848.

Man vergl. Neues Jahrb. 1838. S. 36—41.

Bull. Soc. géol. de Fr. 1. Ser. X. 1839. S. 234—239.

123. **1842. J. Davy.** Notes and observations on the J o n i a n I s l a n d s.

London Smith 1842.

124. **1842. P. W. Forchhammer.** Observations on the topography of T r o y.

Journ. Geogr. Soc. XXI. 1842. 28—44.

Frankfurt a. M. 1850. (Mit Karte von S p r a t t.)

125. **1842. W. J. Hamilton.** On the geology of the northwestern part of A s i a M i n o r, from the peninsula of Cyzicus on the coast of the sea of Marmara to Koola, with a description of the Kata Kekaumene (1839).

Proc. Geol. Soc. III. 1842. S. 102—108.

126. **1842. Fr. v. Kobell.** Über einen Meerschaum von T h e b e n in Griechenland.

München. Gel. Anz. XV. 1842. S. 292—295.

Erdm. Journ. prakt. Chemie XXVIII. 1843. S. 482--483.

127. **1842. F. Perrier.** La S y r i e sous le Gouvernement de Mehémet Ali. Eruption (1839) von schwarzem Schlamm bei Restâu. (II. Kap. S. 29.)

Paris 1842.

128. **1842. Russegger.** Bohrungen am P i r ä u s und zwischen Piräus und Athen (58 u. 80 *m*). Die ersten durch dichten Kalk (Hippuritenkalk) und „Ton mit Quarz und Kalktrümmern" bis auf Glimmerschiefer. die zweite durch „Alluvium des Beckens von Athen". Lehm, Mergel, Sandstein, Ton etc.

Neues Jahrb. 1842. S. 431—433.

129. **1842. T. A. Spratt.** Notices connected with the geology of the Island of R h o d e s (1840). Glimmerschiefer, in der Mitte Kalk mit dunklen tonigen Schiefern (Hippuritenkalk?). Die höchsten Berge: Atabyrius, Elias, Archangilo etc. (bis 4000 Fuß) bestehen aus Kalk. Im Tertiär emporgetaucht. Ausbruchsgesteine. Das Tertiär jünger als die Ausbrüche. Im

W nur Süßwasserbildungen. W von Kalavorda auch marine Schalen.
Im O nur marine Bildungen. Auch an der N.-Küste. (Große Austern.
Kalkconglomerate mit *Turbo rugosus*, blätterige Mergel, grobe Sande
(*Pecten*, *Turbo* etc.), feine Sande mit *Venus*; Mergel, grünliche Sande,
braune Sande mit zahlreichen Fossilien. 100 *m* Gesamtmächtigkeit.
Proc. geol. Soc. London 1842. III. S. 773—775.

130. **1842. A. Viquesnel.** Journal d'un voyage dans la Turquie d'Europe.
Mém. Soc. géol. de Fr. V. 1842. S. 35—128. 2. Ser. I. 1844.
(Man vergl. Mat. Nr. 21.)

131. **1842/43. A. Viquesnel.** Sur la Macédoine et Albanie. Kristallinische
Schiefer, Kreide, Tertiär, Travertin. Granit, Serpentine, Trachyte etc.
Bull. Soc. géol. de Fr. 1. Ser. 1842/43. XIV. S. 287—292.

132. **1843. V. F. Angelot** erörtert die Frage, ob das Tote Meer eine Dependance
des Mittel- oder des Roten Meeres sei. Salzgehalt.
Bull. Soc. géol. de Fr. XIV. 1843. S. 370 u. 371.

133. **1843. A. Boué** erwähnt in einem Briefe bei Besprechung von Glazial-
erscheinungen das von ihm und Viquesnel beobachtete Vorkommen
von gestreiften Felsen am Prokletiaberge in Hoch-Albanien und am
See von Plava.
Bull. Soc. géol. de Fr. XIV. 1843. S. 235.

134. **1843. Ed. Forbes.** Report on the mollusca and radiata of the Aegean Sea
and on their distribution considered as bearing on geology.
Brit. Ass. Rep. 1843. S. 130—194. Froriep Not. XXVIII. 1843.
S. 117—120.

135. **1843. W. J. Hamilton.** Researches in Asia Minor. Pontus and Armenia.
Deutsche Ausgabe von O. Schomburgk. Reiseschilderungen.
Leipzig 1843. 2 Bände. (Englische Ausgabe London 1842.)
Journ. Geogr. Soc. XIII. 1843. S. 148—155.

136. **1843. F. Hedenborg.** Resa i Egypten och det inre Afrika.
Notiz über Beirut.
Stockholm 1843. 8°. Man vergl. Nagot ofver Egyptens Geognosi.
Skandia. IX. 1837. S. 75—98.

137. **1843. E. Hitchcock.** Notes on the geology of several parts of Western
Asia: founded chiefly on specimens and descriptions from American
Missionaries. (St. Hebard in Beirut, Benjamin Schneider in Brussa,
Ol. Ph. Pawers in Brussa, H. J. v. Lennep in Smyrna etc.)
Chemische Analysen von einigen Libanongesteinen (S. 354 u. 360 ff.)
Über vulkanische Gebiete etc. in Syrien und Palästina, Sodom und
Gomorhafrage (S. 365—382), marine Fossilien von Rhodus (von Lennep
S. 382), über Quellen am Mys-Olymp (S. 387). Drift-Phänomene im west-
lichen Asien (S. 417).
Rep. Ass. Am. Geol. and Natur. Boston (1840—1842) 1843. S. 348—421.
Nachträge erschienen im Bde. VI. 1845.

138. **1843. Landerer.** Griechenlands Mineralquellen und insbesondere dessen
Thermen.
Ber. allg. Vers. d. Naturf. von 1843.

139. **1843. De Cigalla.** Analise delle acque minerali di Grecia. (Analysen zumeist
nach Landerer.)
Giorn. Tosc. sc. med. fis. e nat. Pisa. 1843 (1840?). S. 549—565.

140. **1844. W. Fairbairn.** Experimental researches into the properties of the iron ores of Samakoff in Turkey etc.
    Proc. Civ. Eng. Inst. III. 1844. S. 225—229.

141. **1844. W. N. Clay.** On the iron-ores or iron sand of Samakoff.
    Civ. Eng. Inst. Proc. III. (1844.) S. 230—240.

142. **1844. Landerer.** Untersuchung des Wassers des Styx.
    Rep. f. Pharm. 84. Nürnberg 1844. S. 64.

143. **1844. Portlock.** Some remarks on the white limestone of Corfu and Vido. Ammoniten und Terebrateln. (*Terebratula pala* und *resupinata*, Oolitharten.)
    Lond. Edinb. Dubl. Phil. Mag. 1844. XXV. S. 217.
    Journ. Geol. Soc. I. 1845. S. 87—89.

144. **1844. A. Viquesnel.** Journal d'un voyage dans la Turquie d'Europe.
    Mém. Soc. géol. de Fr. 2. Ser. I. 207—303. (Karte von Makedonien und Teilen von Albanien, Epirus und Thessalien.)
    (Mat. Nr. 22.)

145. **1845. P. G. Egerton.** Description of a fossil ray from Mount Libanon. (*Cyclobatis oligodactylus.*)
    Quart. Journ. London 1845. I. S. 225—229 mit Tafel.

146. **1845. Hausmann.** Beiträge zur Oryktographie von Syra und ein neues Mineral, der Glaucophan.
    Gött. geol. Anz. 1845. S. 193—198. Erdmann Journ. Prakt. Chemie. XXXIV. 1845. S. 239—241.

147. **1845. W. Smyth.** Geological features of the country round the mines of the Taurus in the pashalic of Diarbekr. Profil von Arghauch Maden und von Kebban Maden: Kalke, metamorphische Schiefer mit Diallag, Kalk (hauptsächlich Kreide), „Feldspat-Porphyr", Talkschiefer.
    Quart. Journ. I. 1845. S. 330—340.

148. **1845. Edw. Forbes and T. A. B. Spratt.** On the Geology of Lycia. „Scaglia oder Apenninenkalk", Sandstein (Macigno?). Nummuliten, *Pectines* und *Ostraea.* Marines Tertiär mit Fossilien (34 Arten, 12 davon = solchen von Bordeaux), Mergel, Schiefer und Conglomerate; von 700—2000 m Meereshöhe Süßwasserschichten in den großen Tälern. Serpentin, Grünsteine, Porphyrite, Mandelsteine.
    Quart. Journ. London 1846. II. S. 8—11.

149. **1845. T. Spratt.** Observations on the geology of the Southern Port of the Gulf of Smyrna and the Promontory of Karabournon. (Note on the fossils in the freshwater. Tertiary formation of the Gulf of Smyrna von E. Forbes). Lakustrine Mergel (in horizontaler Lage), Kalke, Schieferton und Schiefer (aufgerichtet). Serpentine, Trapp.
    Quart. Journ. I. 1845. S. 156—164 mit geol. Karte.

150. **1846. Josef Abel und Freih. v. Ransonet** vermuten Schwarzkohlen im Becken von Senitza in Bosnien.
    Innerösterr. Industrie- u. Gewerbebl. Nr. 46 (Juli 1846).

151. **1846. E. Harless.** Über Heilquellen Griechenlands und des Orients.
    Berlin 1846. (I. Bd. des Werkes: Die sämtlichen Heilquellen und Kurbäder des südlichen und mittleren Europa.)

152. **1846. Freih. v. Herder.** Bergmännische Reise (1835) in Serbien. Pest 1846. (Mat. Nr. 24.)

153. **1846. Landerer.** Beschreibung der Insel Milo, ihrer Thermen und Mineralprodukte.

Ausland 1846. S. 640.

154. **1846. Sauvage.** Geologische Schilderung des Eilandes Milo im Griechischen Archipel. Zwei Perioden: Ergießung der Trachyte; Emporhebung der trachytischen Massen, vor Ablagerung des Tertiärs. (Bimsstein, Conglomerate und Tuffe.) Vergleich mit den Phlegräischen Feldern. Auch sandige Kalke und kieselig-tonige Gesteine.

Ann. des Min. Ser. IV. X. 1846. S. 69—100 mit Karte.

155. **1846. Sauvage.** Observations sur la géologie d'une partie de la Grèce continentale et de l'île d'Euboea. Den pentelischen Marmor und die kristallinischen Schiefer erklärt er für umgewandelte jurassische und untercretazische Bildungen.

Ann. des Min. Ser. IV. X. 1846. S. 101—157.

156. **1846. v. Zentner.** Mineralreichtum Griechenlands.

L'Inst. I. Sc. m. ph. et natur. XIV. 1846. S. 208.

157. **1846—49. Heckel.** Fossile Fische vom Libanon (Russeggers Sammlung). 13 Arten.

Russeggers Reisewerk. III. S. 335—354.

158. **1847. Blanche.** Geognosie des Dorfes Abey am Libanon. Profil von Damur nach Abey (Augitporphyrit); zu höchst Kalke; eine Schichte mit Nerineen. Gegen die Basis Sande und Austern, Lignit, Pyrit. Der Einschnitt des Tales von Damur in Augit- u. Feldspat führenden porphyrischen Gesteinen.

Bull. Soc. géol. de Fr. 1847/48. 2. Ser. V. S. 12—17.

159. **1847. A. Boué.** Über Nummuliten und Hippuriten in Albanien.

Ber. Fr. d. Naturw. Wien 1847. III. S. 446 ff. (Mat. Nr. 26.)

160. **1847. Ed. Forbes.** On the tertiary of the island of Cos.

Edinb. New Phil. Journ. XLII. 1847. S. 271—275.

161. **1847. T. Spratt.** Remarks on the geology of the Island of Samos.

162. **1847. T. Spratt (and E. Forbes).** On the geology of a part of Euboea and Boeotia. Geologisches Profil von Kumi. Sekundärer Kalk und Serpentin, dazwischen die lakustrinen Schichten; bei Kastrovalla die Fische und Pflanzen führende Schicht. Im Profil von Markopolo mit Lignit. Auf den beiden Karten (Teile von Samos und Euboea): Trapp, Serpentin, kristallinische Gesteine (und Marmor); sekundäre Gesteine; lakustrine Ablagerungen und Gerölle. Grenze des kristallinen Gebietes gegen die sekundären Bildungen bei Aliveri.

Quart. Journ. III. 1847. S. 65—74. Mit 2 geol. Karten.

163. **1847. E. Forbes.** On the fossils collected by Lieut. Spratt in the island of Samos and Euboea.

Quart. Journ. III. 1847. S. 73.

164. **1847. W. J. Hamilton und H. E. Strickland** On a tertiary deposit near Lixouri in the island of Cephalonia. 76 Arten aus pliocänen Schichten. (Profil). Stammt aus 1837.

Quart. Journ. London. III. 1847. S. 106—113.

165. **1847. T. A. B. Spratt und E. Forbes.** Travels in Lycia, Milyas and the Cibyratis. Die beigegebene geologische Karte führt an: Travertin und alluviale Ebenen, marines Tertiär am Aktschai, Horzum-Tschai, im Becken von Kassabar, am unteren Xanthus und Arycandus. Süßwassertertiär.

Eruptivgesteine (am Golf von Makos und an einzelnen Punkten, nordöstlich davon, im Quellgebiete des Xanthus und Horzum-Tschai, sowie nahe der Westküste des Golfes von Adalia.

London 1847. 2 Bände

166. **1847. A. Viquesnel.** Remarques relatives aux roches crétacées de Gouzinié (Haute Albanie).

Bull. Soc. géol. de Fr. 1847. II. Ser. IV. S. 426. (Mat. Nr. 27.)

167. **1847. J. A. Wagner.** Urweltliche Säugetierüberreste aus Griechenland. München. Ak. Abhandl. V. 1847. S. 333—378.

168. **1847. D. Wolf.** Ansichten über die geognostisch-montanistischen Verhältnisse Bosniens.

Gran 1847 (30 S.) (Mat. Nr. 28.)

169. **1848. H. J. Anderson.** Geological report of Palestine.

Amer. Exped. 1848.

170. **1848. J. J. Bianconi.** Se il mare abbia in tempi antichi occupato le pianure d'Italia, di Grecia, dell' Asia Minore etc.

Nuovi Ann. Sc. Nat. IX. 1848. S. 27—62.

171. **1848. A. Boué.** Über Viquesnels Reise im Jahre 1847.

Ber. Fr. d. Naturw. Wien 1848. IV. S. 75—83. (Mat. Nr. 29.)

172. **1848. F. v. Hauer** über Russeggers Einsendungen aus Syrien (Orontestal), wo er N—S streichende Schichten des Tertiärs (Grobkalk, Ton, Sandstein) angetroffen hat (*Clypeaster conoideus*): von „Thor Oglu" am Taurus: tertiäre Sandsteine, horizontal liegend, mit großen Austern und von „Hudh" in Karamanien: Tertiär bis 4000 Fuß Meereshöhe mit marinen Fossilien, welche vollkommen mit solchen aus dem Wiener Becken übereinstimmen.

Haidingers Berichte. IV. 1848. S. 311—313.

173. **1848. Hommaire de Hell.** Sur les résultats d'un nivellement du Bosphore

Compt. rend. Paris. XXVI. 1848. S. 143—147.

174. **1848. Landerer.** Über die Höhlen in Griechenland.

Neues Jahrb. für Min. 1848. S. 420—423.

175. **1848. Landerer.** Über die in Griechenland vorkommenden Petrefakten. — Pikermiknochen. — Hinter der Akropolis: „Madreporen und Turbiniten". Hippuriten (zwischen Livadien und Theben und bei Kalamata in Messenien). Fische von Kumi auf Euboea etc.

Neues Jahrb. für Min. 1848. S. 513—518.

176. **1848. A. von Morlot.** Über die geologischen Verhältnisse von Istrien mit Berücksichtigung Dalmatiens etc.

Haidingers Abhandl. II. S. 257—317.

177. **1848. Perrey.** Sur les tremblements de terre de la péninsule Turco-Hellenique et de la Syrie.

Brüssel 1848—50. Mém. Couronn. XXIII.

178. **1848. V. Raulin.** Geologische Verhältnisse der Insel Kreta. Talkschiefer (im W bis Canea, am Kap Retimo, südlich von Candia, in der Provinz Setia) mit Diorit, Serpentin und Porphyr, und mit Pegmatit am Golf von Mirabello; sie umschließen auch grauen, kristallinischen Kalk. Kreide das Hauptgestein der Insel: Macigno, mit Talk und Jaspis, schwarzer Kalk mit Lydit, Schleifsteine. (Gebirge von Sphakia, Psiloriti [Ida], Lassiti, auch im S und O der Insel.) Die Kalke der Talkschiefer in weiße Gipse

umgewandelt! Bei Lassiti ein Rudist, beim Kastell Pediata riesige Nummuliten. Tertiär (wie auf Malta) an der Nordküste: Mergel und Kalke, Sande
und Konglomerate. Süßwasserbecken mit schlechter Braunkohle zwischen
Kap Buso und dem Kap von Retimo. Auch im S, bis zur Kette des
Messara bis gegen 600 m Meereshöhe. Auch an der Setia etc. Tertiärer
Gips mit fossilen Fischen (ähnlich jenen von Sinigaglia). In der Ebene
von Lassiti (1000 m) Gebilde wie im Val d'Arno (*Hippopotamus*). Rezente
Meeresablagerungen bei Canea bis 10 m ü. d. M. Keine Spur von vulkanischen Gesteinen.

> Haidingers Berichte. Wien. IV. 1848. S. 301–304.

179. **1848. O. Sendtner.** Reise nach Bosnien.
> Ausland 1848. (Mat. Nr. 30.)

180. **1848. P. de Tschihatscheff.** Lagerstätten von Smirgel in Kleinasien (in
Blöcken zwischen Eskihissar und Melassa). Überbleibsel aus zerfallenem
Glimmerschiefer und Kalk. (Auch in Samos soll Smirgel vorkommen.)
> Compt. rend. XXVI. 1848. S. 363–366.

181. **1849. Ehrenberg.** Mikroskopische Untersuchung des Jordanwassers und des
Wassers und Bodens des Toten Meeres. „Ein brackischer Süßwassersee".
Meeresorganismen fehlen fast ganz. Im Wasser Süßwasserformen.
> Berlin. Monatsber. 1849. S. 187–193.

182. **1849. J. W. Hamilton.** Observations on the geology of Asia Minor,
referring more particularly to positions of Galatia, Pontus and
Paphlagonia.
> Granite, Grünsteine und Trapp, Porphyrite und andere Ausbruchs-
gesteine. Jura (?), Scaglia (*Terebratula*, *Pecten* OSO von Angora). Tertiär:
Nummulitenschichten. Salz- und gipsführende Formation, Aralo-Kaspische
Formation (?), Süßwasserablagerungen.
> Quart. Journ. IV. 1849. S. 362–376.

183. **1849. E. Huyot u. d'Archiac.** Über Tertiärbildungen von Kladova (Walachei).
> Hist. d. Progr. de la géologie II. 1849.

184. **1849. Landerer.** Über die in Griechenland sich findenden Bergwerke aus
den Zeiten der alten Hellenen. Laurion, Kupfergruben in Korinth, Chalkis
und auf Euböa. Viele Angaben über griechische Inseln.
> Neues Jahrb. f. Min. 1849. S. 415–436.

185. **1849. Landerer.** Analyse der Quellen bei Atros in Griechenland. Einen
Sumpf bildend.
> Buchners Rep. XXIV. S. 296.

186. **1849. W. F. Lynch.** Notice of the narrative of the U. S. expedition to the
river Jordan and the Dead Sea.
> Sill. Journ. VIII. 1849. S. 317–333.

187. **1849. F. J. Pictet.** Description de quelques poissons fossiles du Mont Liban.
14 Arten (*Beryx*, *Pagellus*, *Picnosterinx* etc.)
> Genève. Mém. Soc. Phys. XII. 1849. S. 277–334.

188. **1849. P. de Tchihatcheff.** Notice of researches in Asia Minor.
> Devon am N-Ufer des Golfs von Nicomedia. Alveolinen u. Nummuliten
am Kizil Irmak. Juraammoniten südlich von Angora. Besteigung des
Argaeus.
> Quart. Journ. London. V. 1849. S. 360–362.

189. **1850. A. Boué.** Über die physische Möglichkeit, leicht Fahr- und Eisenbahnwege in der europäischen Türkei anzulegen.
Sitzungsber. d. Wiener Akad. 1850. S. 259—266. (Mat. Nr. 31.)

190. **1850. A. Boué.** Über die Höhe, die Ausbreitung und die jetzt noch vorhandenen Merkmale des Miocänmeeres in Ungarn und vorzüglich in der europäischen Türkei.
Ebend. 1850. S. 382—397. (Mat. Nr. 32.)

191. **1850. A. Boué.** Bemerkungen über sein Werk: „La Turquie d'Europe".
Ebend. 259—266. (Mat. Nr. 33.)

192. **1850. J. Carrara.** Asphalt von Mosor (Dalmatien).
Jahrb. d. k. k geol. R.-A. I. 1850. S. 749. II. 1851. S. 137. VII. 1857. S. 760—761.

193. **1850. Delesse.** Über sphäroidischen Granit auf Tino und über Meerschaum von Theben.
Neues Jahrb. f. Min. etc. 1850. S. 313—317.

194. **1850. Landerer.** Über die Heilwirkung der Quellen von Kythnos (Thermia), Hypate und Ädipsos.
Athen (griechisch).

195. **1850. Lynch.** Narrative of the U. St. Expedition 1850.
Booth u. Muckle beschrieben und analysierten die gesammelten Gesteine. Sill. Journ.
Official report of the United States Expedition to explore the Dead Sea and the River Jordan.
Sill. Journ. XIX. 1855. S. 147—149.

196. **1850. P. de Tchihatcheff.** Sur les dépôts sédimentaires de l'Asie Mineure. Devon, Jura, Kreide, Eocän, Miocän (Cilicien und Lycien). Lakustrine Ablagerungen.
Bull. Soc. géol. de Fr. 2. Ser. 1850. VII. S. 388—424. 1851. VIII. S. 24.

197. **1850. A. Viquesnel.** Notice sur la collection des roches recueillie en Asie par feu Hommaire de Hell, et sur les divers travaux exécutés pendant le cours de son voyage.
Bull. Soc. géol. de Fr. 2. Ser. VII. S. 491—514. (Mat. Nr. 34.)

198. **1850. A. Viquesnel.** Note sur l'emplacement du Bosphore à l'époque du dépôt du terrain nummulitique.
Ebend. S. 514—520. (Mat. Nr. 35.)

199. **1850. A. Viquesnel.** Rapports adressés au ministre de l'Instruction publique renfermant une déscription sommaire de la partie de la Thrace comprise dans la Carte de l'ouvrage suivant.
Archives des missions scientifiques 1850.

200. **1850/51. A. Viquesnel.** Extrait d'une lettre sur les environs de Constantinople. Terrain de transition: Angabe der Störungsrichtungen. Nummulitenschichten und jüngere Bildungen. Ausbruchsgesteine.
Bull. Soc. géol. de Fr. VIII. 2. Ser. 1850/51. S. 508—514.

201. **1851. Jos. Abel.** Über den Bergbaubetrieb in Serbien.
Jahrb. d. k. k. geol. R.-A. 1851. II. S. 57—67. (Mat. Nr. 38.)

202. **1851. A. Boué.** Über das Erdbeben (Oktober 1851) in Oberalbanien.
Sitzungsber. d. Wiener Akad. 1851. VII. S. 776—784. (Mat. Nr. 39.)

203. **1851. G. Brankovich.** Übersicht der aus verschiedenen Erzen Serbiens erhaltenen Produkte.
Jahrb. d. k. k. geol. R.-A. 1851. II. S. 174.

26*

204. **1851. E. M. Leycester.** Some account of the volcanic groups of Santorin or Thera, once called Calliste.
Journ. Geogr. Soc. XX. 1851. S. 1—37.

205. **1851. P. de Tchihatcheff.** Mémoire sur les terrains jurassiques, crétacés et nummulitiques de la Bithymie, la Galatie et la Paphlagonie.
Bull. Soc. géol. de Fr. 2. Ser. VIII. 1851. S. 280—297. Mit Karte. (Taf. VIII.)

206. **1851. P. de Tchihatcheff.** Sur les dépôts nummulitiques et diluviens de la presqu'île de Thrace.
Bull. Soc. géol de Fr. 2. Ser. VIII. 297—313. (Mat. Nr. 37.)

207. **1851. Aug. Viquesnel.** Observations sur les alluvions aurifères des cours d'eau de la Turquie d'Europe et sur les exploitations auxquelles elles ont donné lieu.
Bull. Soc. géol. de Fr. 2 Ser. VIII. S. 482—485. (Mat. Nr. 35.)

208. **1851. A. Viquesnel.** Note sur la collection des roches recueillie en 1846, par feu Hommaire de Hell, sur le litoral européen de la Mer Noire. Kreide, Nummulitenschichten Pliocän und junge kristallinische Schiefer, Ausbruchsgesteine. Auch aus der Gegend von Varna.
Bull. Soc. géol. de Fr. S. 515—532. (Mat. Nr. 36.)

209. **1852. A. Boué.** Sur l'établissement de bonnes routes et surtout de chemins de fer dans la Turquie d'Europe.
Vienne. Braumüller. 1852. (Mat. Nr. 41.)

210. **1852. T. A. Conrad.** Description of the fossils of Syria. Conrads Typen wurden neuerlich 1900 von Beecher besprochen. Ein Teil der Conradschen Originale (22 von 100) ist wieder aufgefunden worden.
Official Rep. U. St. Exp Dead Sea and River Jordan by Lynch. Baltimore 1852.
Amer. Journ. of Sc. IX. 1900. S. 176—178.

211. **1852. Ch. Fellows.** Travels and researches in Asia Minor. Enthält hie und da kurze geognostische Angaben. Kalkstein bei Smyrna, vulkanisches Gestein (S. 13), ähnliche Kalke bei „Bérgama" (S. 27), Granitszenerie (S. 30), Kalk mit Muschelschalen bei Alexandria Troos (S. 42), muschelführende Schichten an den Dardanellen (S. 62). Ein kleines Profil (S. 95), förmliche Tafelberge bei Kootaya (Cotyaeium) etc.
London 1852. Man vergl. Edinb. Review 77.

212. **1852. Fischer v. Waldheim.** *Platacanthus*, fossiler Fisch von Kumi auf Euboea.
Bull. Soc. des Natur. Moscou. XXV. 1852. S. 285—288. Mit Taf.

213. **1852. E. M. Leycester.** Some account of the volcanic group of Milo, Anti-Milo, Kimolo and Polino. Über Strandlinien auf Kreta.
Journ. Geogr. Soc. 1852. XXII. S. 201—227.

214. **1852. Lynch und Anderson.** Official report of the U. St. expedition to explore the Dead Sea and the river Jordan. Conrad beschrieb die gesammelten Fossilien (s. o.). Verwechslungen von Kreide mit Jura.

215. **1852. L. Neugeboren.** Literarische Notiz über M. T. Ackners Monographie: Geologisch-palaeontologisches Verhältnis des siebenbürgischen Grenzgebirges längs der kleinen Walachei.
Verhandl. Siebenb. Ver. Hermannstadt. III. 1852. S. 23—30.

216. **1852. v. Prokesch-Osten.** Die versteinerten Holzstämme im Hafen von Sigri auf Lesbos. An der Nordostküste nach Fr. Unger fünf Arten Nadel- und Laubhölzer.
Sitzungsber. Wiener Ak. d. W. IX. 1852. S. 855—857.

217. **1852. Schlehan.** Versuch einer geognostischen Beschreibung der Gegend zwischen Amasry und Tysla-asy an der Nordküste von Kleinasien. Auf der Karte werden ausgeschieden: Granit, Übergangskalk, Tonschiefer und Grauwacken, Steinkohlen und bunter Sandstein, Großoolith, weißer Jurakalk. Verbranntes Gebirge. Schuttland. Besprechung der Niveauveränderungen. Nach den Profilen die Schiefer und Grauwacken, die Steinkohlenformation und der „bunte Sandstein" gefaltet. Der Jura diskordant darüber.
   Zeitschr. Deutschen. geol. Ges. 1852. IV. S. 96—142. Mit geol. Karte, mit Profil und 2 Taf.

218. **1852. A. de Viquesnel.** Exploration dans la Turquie d'Europe; description des montagnes du Rilo-Dagh et du bassin hydrographique de Lissa.
   Bull. Soc. de géographie. 4. Ser. IV. S. 549—567. (Mit Karte.)

219. **1853. Bursian.** Über das Vorgebirge Taenaron (der Halbinsel Lakoniens). Horizontale Lagen schwarzgrauen Marmors (alte Steinbrüche des Tainarischen Marmors), bis 1 m mächtig, mit schwarzen Kalkmergelzwischenmitteln. Auch rot-, grün- und weißaderige Bänke. (Rote Marmore östlich von Kyparosos).
   Abhandl. bayr. Ak. phil. Kl. VII. 1855. S. 771.

220. **1853. D'Archiac** erwähnt das Vorkommen von Fischen zu Makri Kiöi bei Konstantinopel, vom Charakter jener des Libanons.
   Bull. Soc. géol. de Fr. 2. Ser. XI. 1853. S. 21.

221. **1853. Duvernoy.** Fossile Säugetiere von Pikermi bei Athen am Fuße des Pentelikon.
   Compt. rend. 1853. XXXVIII. S. 251—257. Ebend. 1854. S. 607—610. L'Inst. 1854. XXII. S. 50. 127.

222. **1853. Konst. v. Ettingshausen.** Fossile Flora vom Monte Promina in Dalmatien. 45 Arten.
   Denkschr. und Sitzber. Wiener Akad. 1853.

223. **1853. A. Gaudry.** Sur les environs du Bosphore de Thrace. Der Mont Géant besteht aus Kalken, Schiefern und Grauwacken.
   A. Viquesnel. Bull. Soc. géol. 2. Ser. Vol. XI. S. 13—17.
   Daran schlossen sich (ebend. 17—21) Bemerkungen.

224. **1853. A. Gaudry** und **Am. Damour.** Sur la géographie de l'île de Chypre. Sur la composition de l'île de Chypre (Bereisung 1853). Erst im Miocän erhoben.
   Hippuritenkalk und Macigno, darüber weiße Mergel (weit verbreitet) mit *Ostraea, Chenopus, Toxobrissus* etc. Ophite und Serpentin die Masse des Olymps bildend, mit Kontaktwirkungen auf die Nachbargesteine. Horizontal lagert das marine Pliocän. Ufersäume von Kalkstein, Conglomeraten und Sanden mit rezenten Fossilien.
   Bull. Soc. géol. de Fr. 2. Ser. XI. 1853. S. 11 und 121.
   Peterm. geogr. Mitteil. 1860. S. 154—155. (Nach Gaudrys vorläufigen Berichten an die Akademie.)

225. **1853. Lacroix.** Iles de la Grèce.
   L'univers pittoresque. Paris 1853. S. 472 ff.

226. **1853. Mezières.** Le Pelion et l'Ossa(?). Nach Boués Angaben macht er es wahrscheinlich, daß in den körnigen Kalken Thessaliens organische Einschlüsse vorkommen.
   (Mat. Nr. 44.)

227. **1853. F. Unger.** Notiz über ein Lager von Tertiärpflanzen im Taurus (aufgef. von Kotschy) am Südhange (Bulgardagh) und von Tschibatscheff am unteren Cydnus (in 4000 Fuß Höhe). 8 Arten: *Podocarpus eocaenica*, *Comptonia laciniata*, *Quercus Lonchitis* etc. (Sotzkaarien).
Sitzungsber. Wiener Akad. d. W. XI. 1853. S. 1076 u. 1077.

228. **1853. A. de Viquesnel.** Résumé des observations géographiques et géologiques faites en 1847 dans la Turquie d'Europe.
Bull. Soc. géol. de Fr. 1853. X. S. 454—474. (Mat. Nr. 42.)

229 **1853. A. de Viquesnel.** Remarque sur les dépôts de lignite tertiaire supérieure d'Agatchili sur le litoral de la Mer Noire.
Bull. Soc. géol. de Fr. 1853. XI. S. 17—21. (Mat. 43.)

230. **1853. A. de Viquesnel.** Dépôts stratifiés, roches pyrogènes de la Turquie d'Europe.
L'Institut. XI. 1853. S. 132—134.

231. **1853—1859. Hommaire de Hell.** Voyage en Turquie et en Perse. 4 Bände mit Atlas von 119 Taf.
Paris 1853—1859.

232. **1854. A. Boué.** Recueil d'itinéraires dans la Turquie d'Europe.
Wien 1854. 2 Bde. (Mat. Nr. 46.)

233. **1854. A. Boué.** Über Viquesnels neue „Carte de la Thrace, d'une partie de la Macédoine et de la Moesie".
Sitzungsber. Wiener Akad. XIV. 1854. S. 284—287.

234. **1854. Lyman Coleman.** Textbook and Atlas of Biblical Geography.
London 1854. 8°.

235. **1854. W. J. Hamilton.** On a specimen of nummulitic rock from the neighbourhood of Varna (Aladyn) in Bulgarien. (*Orbitoides cf. dispansus* *R. Jones.*)
Quart. Journ. London. XI. 1855. S. 10 und 11. (Literary Gazette, 29. Juli 1854. S. 690. F. W. Hamilton.)

236. **1854. N. Garella et Huyot.** Rapport sur les mines de houille d'Héraclée.
Ann. des mines 1854. 5. Ser. VI. S. 173—234.

237. **1854. Gaudry.** Sur le mont Pentélique et le gisement d'ossements fossiles situé à sa base. Über seine Arbeiten bei und über Pikermi.
Bull. Soc. géol. 2. Ser. XI. 1854. S. 359—365. Compt. rend. XXXVIII. 1854. S. 611—613. XLI. S. 894—897. XLII. 1856. S. 291—293. XLIII. 1857. LI. 1860. S. 457—460, 500—502.
Bull. Soc. géol. de Fr. 2. Ser. XIX. 1862. S. 629—640. (Vögel u. Reptilien.) Ebend. 2. Ser. XIII. 1856. S. 509.

238. **1854. Herm. v. Meyer.** Über das *Anthracotherium dalmatinum* vom Monte Promina in Dalmatien. Von Schlehan aufgefunden.
Jahrb. d. k. k. geol. R.-A. IV. 1854. S. 165. VI. 1855 (1856). S. 184, 652. Meyer Palaeont. IV. 1854. S. 61—66.
Man vergl. die schöne Monogr. Fr. Tellers: Neue Anthracotherienreste. Abhandl. d. k. k. geol. R.-A. XXXIV. 1884. 133 S. u. 4 Taf.

239. **1854. J. Pančič.** Über Tertiärversteinerungen aus der Umgebung von Belgrad.
Jahrb. d. k. k. geol. R.-A. 1854. Verh. 89.

240. **1854. F. Roth u. A. Wagner.** Die fossilen Knochenüberreste von Pikermi in Griechenland.
Münch. gel. Anz. 1854. XXXVIII. S. 234, 337—343. Abhandl. Münch. Akad. d. Wiss. VII. 1854/1855. (2). S. 371—464 mit 8 Taf.

241. 1854. **P. de Tchihatcheff.** Dépôts tertiaires d'une partie de la Cilicie Trachée, de la Cilicie Champître et de la Cappadoce. Ermenektal gegen Karaman (Laranda). Mächtiges Miocän mit horizontaler Lagerung, auf Schiefern, Kalken und Mergeln. Reiche marine Fauna: *Clypeaster, Panopaea, Lucina, Venus, Arca, Ostrea crassissima, Turritella, Pleurotoma, Fusus* etc. Zwischen Mersine und Tarsus unter diluvialer Decke Ton und sandige Mergel mit reicher mariner Fauna einer etwas anderen Fazies. Auch von Tarsus bis Namroun hoch am Bulgar Dagh hinan. Steil aufgerichtete kristallinische Kalke am Engpaß jenseits Gulek. Nordöstlich davon Sandsteine und Kalke mit *Ostrea*. Auch Conglomerate (mit Melaphyr), zwischen „Melaphyr", eocäne Ablagerungen mit Nummuliten. Miocän bis gegen Hudh. Trapp sehr verbreitet.

    Bull. Soc. géol. de Fr. 2. Ser. XI. 1854. S. 366—393 (m. top. Karte).

242. 1854. **P. de Tchihatcheff.** Dépôts tertiaires du midi de la Carie et d'une partie septentrionale de la Pisidic. Zwischen Latmus- und Lida-Kette marines und Süßwassertertiär. Tonschiefer, graue (paläozoische?) Kalke und Melaphyr.

    Bull. Soc. géol. de Fr. 2. Ser. XI. 1854. S. 393—402.

243. 1854. **P. de Tchihatcheff.** Dépôts paléozoïques de la Cappadoce et du Bosphore. Devon (und auch Bergkalk) am Anti-Taurus und am Bosporus. Silur, Devon und Bergkalk in Kleinasien. Am Seihunfluße *Productus semireticulatus* und *Spirifer. aff. ovalis.*

    Bull. Soc. géol. de Fr. 2. Ser. XI. S. 402—410 m. top. Karte.

244. 1854. **P. de Tchihatcheff.** Considérations sur les terrains paléozoïques de l'Asie Mineure.

    Compt. rend. XXXVIII. 1854. 1. Ser. S. 678—681.

245. 1854. **P. de Tchihatcheff.** Dépôts miocènes de l'Asie Mineure.

    Ebend. S. 727—730.

246. 1854. **A. de Viquesnel.** Présentation de la Carte de la Thrace, d'une partie de la Macédoine et de la Moesie.

    Bull. Soc. géol. de Fr. 1854. XII. S. 11. (Mat. Nr. 47.)

247. 1854. **A. de Viquesnel.** Présentation de quatre planches d'itinéraires, faisant part de l'atlas du voyage dans la Turquie d'Europe.

    Ebend. XII. S. 36. (Mat. Nr. 48.)

248. 1854/55. **Spratt.** Letter on Crete. Strandlinien. — Niveauveränderungen.

    Journ. R. Geogr. Soc. XXIV. S. 238 u. 239.

249. 1855. **Spratt.** Über das Emporsteigen des westlichen Kreta.

    Ann. d. voyag. 1855. III. S. 111.

250. 1855. **C. Andrae.** Der Bucsecs bei Kronstadt u. Skit la Jalomitza. (Walachei).

    Verhandl. u. Mitteil. siebenb. Ver. VI. S. 40—52.

251. 1855. **Costa** beschrieb neue Fische vom Libanon. „Descrizione di alcuni pesci fossili del Libano."

    Atti Acad. sc. nat. Napoli 1855. II. S. 97—112.

251 *a*. 1855. **C. v. Ettingshausen.** Die eocäne Flora des Monte Promina (Dalmatien).

    Denkschr. Wiener Akad. VIII. 1855.

252. 1855. **Ch. Gaillardot.** Description géologique de la montagne appelée Djebel Khaisoûn au nord de Damas. Zwei Hauptreihen von Ketten von Djebel-Chaikh aus. Eine derselben parallel zum Libanon gegen Nord bis an die Ebene von Homs (Antilibanon). Die andere Reihe in mehreren Zweigen mit dazwischenliegenden Tälern (auch Damaskus in einem derselben).

Am Djebel Khaisoûn mergelige Hornsteinkalke, dichter und kristallinischer Kalk mit Mergellagern und tonigkalkige Mergel. Eruptivgesteine bei Damaskus und im Antilibanon. (Profil des Djebel Khaisoûn.)
Bull Soc. géol. de Fr. 2 Ser. XII. 1855. S. 333—345.

253. **1855. Fr. Lanza** Essai sur les formations géognostiques de la Dalmatie et sur quelques nouvelles espèces de Radiolites et d'Hippurites. Diluvium. Tertiaire, Supercrétacée, Crétacée, Jurassique, Trias-Paléozoique. Terrain d'éruption.
Bull. Soc. géol. de Fr. 2. Ser. XIII. 1855. S. 127—138 mit Taf.

254. **1855. Lindermayer.** Euboea, eine naturhistorische Skizze. Keinerlei weitergehende neue geologische Mitteilungen.
Bull. Soc. natur. de Moscou. XXVIII. 1855. S. 401—455.

255. **1855. H. Poole** On the coal of the NW. districts of Asia Minor. (Zwischen Brussa und Gemlik (Ghio) in Bithynien.) Kalksteine und steil aufgerichtete Sandsteine bei „Solis". Am See von Sabandscha „Lignit", auch bei Kuriköi; fand *Stigmaria, Calamites* und *Sigillaria* bei Koslu.
Quart. Journ. London. XII. 1856. S. 1.—4.
Man vergl. auch D. Sandison ebend. XI. 1855. S. 476 mit Notiz von Hamilton (S. 477) über den möglichen Zusammenhang der Kohlen von Eregli mit jenen am Golf von Nikomedia.

256. **1855. T. Spratt** Brief über das Kohlenvorkommen von Koslu im Revier von Heraclea.
Edinb., New Phil. Journ. 1855. S. 172 u. 173.

257. **1855. A. Viquesnel** Note sur quelques-uns des accidents les plus remarquables que présente l'étude géographique de la Thrace.
Compt. Rend. XL. 1855. S. 185—188.

258. **1855/1856. C. Gaillardot** Découverte d'un gisement de nummulites près de Séida (Syrie).
Bull. Soc. géol. de Fr. XIII. 1855 56. S. 538 u. 539.

259. **1856. A. Boué.** Über das Erzrevier Maidanpek in Serbien.
Bull. Soc. géol. de Fr. 1856. XIII. S. 63. (N. Jahrb. für Min. 1856. S. 710 u. 711.)

260. **1856. Gaudry.** Sur les tremblements de terre qui ont renversé en août 1835 la ville de Thèbes.
Compt. rend. XLII.

261. **1856. A. Gaudry** legt den 1. Bd. seiner Recherches scientifiques en Orient vor. (Reise 1853—1854.) Griechenland, Ägypten, Syrien u. Cypern.
Bull. Soc. géol. de Fr. 2. Ser. XIII. 1856. S. 252.

262. **1856. Mor. Hoernes** Sur les fossiles d'espèces marines modernes recueillis par M. de Heldreich. 84 subfossile Arten von Kalamaki auf dem Isthmus von Korinth. Zwischen Kalamaki und Lumaki 9—11 *m* über dem Meeresspiegel in Serpentinsanden. Durchaus mediterrane Formen.
Bull. Soc. géol. de Fr. 1856. S. 571—573.

263. **1856. Th. Kotschy** Aus dem Bulghar Dagh des Cilicischen Taurus.
Zeitschr. allg. Erdk. I. 1856. S. 121—139. Mitteil. geogr. Ges. Wien. I. 1857. S. 82—95.

264. **1856. J. Michel.** Note géologique sur la Dobrudscha entre Rassova et Kustendjé. Die Kalke von Rasova werden richtig als Neocom bezeichnet. (Peters scheint diese Arbeit entgangen zu sein, sie findet sich nicht in seinem Literaturverzeichnisse.) Auch Orbitulitenkalke führt Michel aus

dieser Gegend an. Ebenso das Vorkommen großer Ostreen im „grès vert". Weiße Feuersteinkreide.

Die Nummulitenfunde scheinen nur in Bausteinen gemacht worden zu sein.

Bull. Soc. géol. de Fr. 2. Ser. XIII. 1856. S. 539—542.

265. **1856. H. Poole.** Notice of a visit to the Dead Sea.

Am Nordufer des Sees keine Salzinkrustation.

Quart. Journ. London XII. 1856. S. 203.

266. **1856. V. Raulin.** Note sur la constitution géologique de l'île de Crête.

Ausführlichere Darstellung. Alluvium, Molassen und Subapenninenkalk, Nummulitenkalke, Macigno (hauptsächlich Kreide), Serpentin, Diorite (älter als Kreide), Talkschiefer.

Bull. Soc. géol. de Fr. 2. Ser. XIII. 1856. S. 439—458.

Man vergl. Actes de la Soc. linéenne de Bordeaux. „Déscr. phys. de l'île de Crête" 1858.

267. **1856. F. A. B. Spratt.** Route between Kustendjé and the Danube.

Geogr. Soc. London 1856 (23. Juni) mit Karte.

268. **1856. Spratt.** Kohlenlager in der Türkei, und zwar an der Südküste des Schwarzen Meeres zwischen Erakle und Amastris (Eregli und Amasra), fast in jedem Tale in Höhen von 50—1000 Fuß.

Edinb. New. Phil. Journ. — Peterm. geogr. Mitteil. 1856. S. 37 u. 38 (wird irrtümlich als an der Nordküste des Marmarameeres angegeben).

269. **1856. F. A. B. Spratt.** On the geology of Varna and the neighbouring parts of Bulgaria.

Quart. Journ. geol. Soc. XIII. 1856. S. 72—83. (Mat. Nr. 54.)

Erste Notiz. Quart. Journ. London. XII. 1856. S. 387 u. 388.

On the geology of Varna and its vicinity, and of other parts of Bulgaria (Cap Emineh, Burgas etc.).

270. **1856. A. de Viquesnel.** Présentation de la 7. livraison du voyage dans la Turquie d'Europe.

Bull. Soc. géol. de Fr. 2. Ser. 1856. XIV. S. 249.

271. **1857. A. Brauns.** Beobachtungen in Sinope; mit einer geologischen Karte der Halbinsel. Andesite bedeckt von Kreidekalk. Ein kleines Auftauchen von devonischen Kalkschiefern.

Zeitschr. f. allg. Erdkunde. Neue Folge. II. Bd. 1857. S. 27—34 mit geol. Karte.

272. **1857. Breithaupt.** Exposé über Maidanpek (Serbien).

Berg- u. Hüttenm. Zeitung. LVII. 1—4, 13—15, 21 u. 22.

Neues Jahrb. f. Min. 1857. S. 87. (Mat. Nr. 52.)

273. **1857. Breithaupt.** Alter Silber- und Bleibergbau zu Petrovi und an anderen Orten in Serbien.

Berg- u. Hüttenm. Jahrb. Freiberg. XI. S. 123.

274. **1857. M. Hoernes.** Subfossile Seetierreste aus Kalamaki am Isthmus von Korinth. Von 87 Arten 50 im Wiener Becken.

Hebungsvorgänge bedingten die Umwandlungen der Faunen.

Jahrb. d. k. k. geol. R.-A. VII. S. 173.

275. **1857. R. Owen.** On the fossil vertebra of a serpent (*Laophis crotaloïdes*) discovered by Capt. Spratt in a tertiary formation at Salonica.

Quart. Journ. London. XIII. 1857. S. 196—199 mit Tafel.

27

276. **1857. J. B. Roths** Reise von Jerusalem und dem Toten Meere durch die Araba bis zum Roten Meere. Nur spärliche Angaben geologischer Natur.
Peterm. geogr. Mitteil. 1857. S. 260—265, 410—416. 1858. S. 1—5, 267—272. 1859. S. 283—294.

277. **1857. T. Spratt.** On the freshwater deposits of Euboea, the coast of Greece and Salonica. Profil an der Küste von Lokris. Sande und Sandsteine mit Mergeln und Schottern, Melanien, Paludinen. Limnaeen, *Planorbis*, *Helix* etc. Bei Atalanta als Grundgebirge Hippuritenkalk über Schiefern. (Mat. Nr. 55.)
Quart. Journ. XIII. 1857. S. 177—184.

278. **1857. A. Wagner.** Neue Beiträge zur Kenntnis der fossilen Säugetierüberreste von Pikermi.
Abhandl. Münch. Akad. d. Wiss. 1857. VIII. 1. S. 109—158 mit 8 Taf.
Man vergl. auch die späteren Arbeiten Wagners: Sitzungsber. d. Münch. Akad. d. Wiss. 1860. S. 647—655 (Berichtigung einiger Angaben Lindermayers) und 1861. S. 78—82.

279. **1857. Wutzer.** Erdbeben im Tale von Brussa im Jahre 1855.
Verhandl. niederrhein. Ges. Bonn 1857.

280. **1858. Th. Kotschy.** Reise in den cilicischen Taurus über Tarsus.
Gesteinsunterlage (Boden) S. 362—366. Bis Nimrud und Güllek: Mergel, Conglomerate, Sandstein, Kalk tertiären (miocänen) Alters. Die Gebirge aus dichten, grauen oder feinkörnigen Kalken mit Hornstein. Die höchste Höhe des Bulghar Dagh: körniger Kalk, tiefer: dichte Kreidekalke, Ton- und Glimmerschiefer (an der Cydnusquelle). Diorit. Erzführung. Unter dem Schiefer dichte lichtgraue Kalke.
Gotha (J. Perthes) 1858. 443 S.

281. **1858. V. Landerer.** Thermen von Hierapolis in Phrygien. „In vulkanischem Gebiete", 75—80° R. Inkrustationen.
Buchners N. Rep. für Pharm. VI. S. 567
(Ref. Neues Jahrb. f. Min. 1858. S. 575.)

282. **1858. V. Raulin.** Description physique de l'île de Crète.
Bordeaux. Act. Soc. Linn. II. 1858. S. 109—204, 307—442, 491—584.
III. S. 1—50, 70—157, 321—444.

283. **1858. F. A. B. Spratt.** On the geology of the northcoast part of the Dobrudscha.
Quart. Journ. geol. Soc. XIV. S. 203—212. (Mat. Nr. 56.)

284. **1858. T. Spratt.** On the freshwater deposits of the Levante. Profile. Westküste von Marmara: Granit zwischen dunkelgrünen Schiefern, im NW von kristallinischem Kalk überlagert. Mytilini: Eruptivgesteine zwischen Sand, Mergeln etc., Kalke im Norden. Tenedo: Sekundärer Kalk im Osten (steiler aufgerichtet), gegen W flach liegende Mergelsandsteine mit Fossilien, überlagert von weißen, sandigen Kalken mit Fossilien. Das Ägäische Meer war ganz oder teilweise ein Binnensee. Über das Gebiet von Troja.
Quart. Journ. XIV. 1858. S. 212—219. (Vorgelegt 1857.)

285. **1858. P. de Tchihatcheff.** Sur l'orographie et la constitution géologique de quelques parties de l'Asie Mineure.
Compt. rend. XLVII. 1858. S. 118—120.
Man vergl. auch ebend. S. 216—219, 446—448, 515—517, 667 u. 668.

286. 1858/59. **A. Boué.** Note sur la géologie de l'Hercégovine, de la Bosnie et la Croatie turque. Dolomite mit Megalodonten, Hippuriten- und Nerineenkalk (Gosau), Schiefer und Sandsteine der Kreide, Macigno, Nummulitenkalk (Gatzko). Miocänbecken.
Bull. Soc. géol. de Fr. 2. Ser. XVI. S. 621—628.

287. 1859. **A. Boué.** Über die Straße von Prisren nach Scutari in Ober-Albanien.
Sitzungsb. d. Wiener Akad. XXXVII. 1859. S. 128—136.

288. 1858/59. **A. A. Damour.** Sur la Gmelinite de l'île de Chypre
Bull. Soc. géol. de Fr. 2. Ser. Bd. XVI. 1858/59. S. 678 u. 679.

289. 1859. **A. Gaudry.** Géologie de l'île de Chypre.
Geologische Karte (1 : 250.000) mit 7 Ausscheidungen: Roches plutoniques: Aphanite, Ophitone, Wacken, Serpentine, Granite; kompakter Kalk (Kreide?); Psammit und Macigno (Eocän); Kalke mit Gips (Miocän); Pliocän und Quartär. Grünsteine, im SW die Hauptkette bildend (auch den Olymp), umsäumt von tertiären Kalken und Mergeln mit Gips. Fast mitten durch die Insel von W—O eine Senke von Tertiär und Quartär erfüllt. Im N bilden helle Kalke (Kreide?) die Uferkette; von Macigno (Flysch) umsäumt und dieser vom Tertiär.
Hebung der Insel nach dem Miocän, endgültig nach dem Pliocän. Bildung der Hügel südlich von der Ebene von Nicosia.
Mém. Soc. géol. de Fr. 2. Ser. VII. 1859. S. 149—314. Mit Karte (1 : 250.000). 1860.
Auszug Compt. rend. 1859. S. 912. Engl. Übers. von F. Maurice 1878. 98 S. mit Karte und 20 Taf.

290. 1859. **M. v. Hantken.** Über Serbiens Bergbau.
Bericht über d. 1. allg. Vers. von Berg- u. Hüttenmännern in Wien 1858. (Mat. Nr. 58.)

291. 1859. **M. V. Lipold.** Über die geologische Zusammensetzung eines Teiles des Kreises Cattaro in Dalmatien und des benachbarten Teiles von Montenegro.
Verhandl. d. k. k. geol. R.-A. 1859. S. 23—27. (Mat. Nr. 59.)

292. 1859. **R. de Visiani.** Piante fossili della Dalmazia.
Mem. Ist. Veneto. VII. S. 423. Jahrb. d. k. k. geol. R.-A. X. 1859. Verh. S. 109.

292 a. 1859. **Alb. Mousson.** Ein Besuch auf Corfu und Cefalonien im September 1858. Fund von fraglichen Nerineen bei Scripero.
Zürich 1859. 83 S.

293. 1860. **A. Breithaupt.** Erster Bericht über den Timazit.
Berg- u. Hüttenm. Ztg. 1860. Nr. 12.
Man vergl. auch desselben Autors: Timazit, eine neue Gesteinsart, und Gamzigradit, ein neuer Amphibol.
Ebend. 1861. Nr. 6.

294. 1860. **A. Gaudry.** Plantes fossiles de l'île Eubée.
Compt. rend. L. S. 1093—1095.

295. 1860. **A. Gaudry.** Note sur quelques os gigantesques, provenant des nouvelles fouilles entreprises en Grèce. Dinotherium, Mastodon etc.
Bull. Soc. géol. de Fr. 2. Ser. XVIII. S. 91—96.

296. 1860. **Fr. v. Hauer.** Über die Verbreitung der Inzersdorfer (Congerien-Schichten).
Jahrb. d. k. k. geol. R.-A. 1860. XI. S. 1—10. (Mat. Nr. 61.)

212

297.   **1860. X. Landerer.** Über ein ewiges Feuer in Lycien; über eine neu aufgefundene Höhle auf der Insel P a r o.
       Regensburger Korresp.-Bl. XIV. 1860. S. 93—98.
298.   **1860/62. A. Lindermayer.** Die fossilen Knochenreste in Pikermi in G r i e c h e n l a n d.
       Regensburger Korresp.-Bl. XIV. 1860. S. 109--122. XV. 1861. S. 181—185. XVI. 1862. S. 137—139.
299.   **1860. V. Raulin.** Note sur les Almyros de la C r è t e.
       Brackwasserquellen im Bereiche der kompakten Kreidekalke.
       Bull. Soc. géol. de Fr. 2. Ser. XVII. S. 504—507.
300.   **1860. F. A. B. Spratt.** On the freshwater deposits of Bessarabia, Moldavia, W a l a c h i a and B u l g a r i a.
       Quart. Journ. geol. Soc. 1860. XVI. S. 281—292. (Mat. Nr. 60.)
301.   **1861. Ad. Brongniart.** Note sur une collection des plantes fossiles recueillies en G r è c e par M. G a u d r y.
       Plantes fossiles de Koumi.
       Compt. rend. LII. 1861. S. 1232—1239.
302.   **1861. d'Archiac.** Note sur quelques fossiles tertiaires et crétacés de l'A s i e M i n e u r e (Mat. Tschihatscheffs).
       Eocän mit *Nummulites perforatus*, Miocän mit *Pecten planicostatus*, Kreide mit *Exogyra columba*, Rudisten, Inoceramen etc.
       Bull. Soc. géol. de Fr. 2 Ser. XVIII. 1861. S. 552--564.
303.   **1861. E. J. A. d'Archiac.** Rapport sur un mémoire de M. A. Gaudry, intitulé: Géologie de l'A t t i q u e et des contrées voisines.
       Compt. rend. Paris. LIII. 1861. S. 666—669.
304.   **1861. A. Gaudry.** Note sur les Antilopes trouvées à Pikermi (G r è c e). *Palaeotragus Rouenii, Tragocerus Amaltheus* und *Valenciennesi, Gazella brevicornis. Palaeoryx speciosus* und *parvidens.*
       Bull. Soc. géol. de Fr. 2. Ser. XVIII. S. 388--400. Mit 3 Taf.
305.   **1861. A. Gaudry.** Note sur les carnassiers fossiles de Pikermi (G r è c e): *Metarctos diaphorus, Promephitis Lartetii, Thalassictis Orbignyi, Mustela Pentelici, Hyaenictis graeca, Hyaena Choeretis.*
       Bull. Soc. géol. de Fr. 2. Ser. XVIII. S. 527—538. Mit 2 Taf.
306.   **1861. A. Gaudry.** Note sur la Girafe et l'Helladotherium trouvé à Pikermi (G r è c e).
       Bull. Soc. géol. de Fr. 2. Ser. XVIII. 1861. S. 587—597. Mit Taf.
307.   **1861. H. Grimm.** Über die von Herrn Professor Siegel in G r i e c h e n l a n d aufgefundenen Marmorbrüche des Rosso antico und Verde antico. Auf Tino (Tenos) der grüne Marmor, in der Maina der rote Marmor, im Kalkstein.
       Zeitschr. f. allgem. Erdk. Berlin. N. F. XI. 1861. S. 131—134
308.   **1861. Hocquard** hat über Kohlen aus Rieka (Ploča in M o n t e n e g r o) berichtet. (Nach Tietze Asphaltschiefer.)
       Ann. des Min. 5. Ser. XIX. 1861. S. 495. Auszug aus einer Depesche an das Ministerium des affairs étrangères.
309.   **1861. J. Schmidt.** Beiträge zur physikalischen Geographie von G r i e c h e n l a n d. Athen 1861.
310.   **1861. G. Tschermak.** Analyse eines hydrophanähnlichen Minerals von T h e b e n.
       Sitzungsber. d. Wiener Akad. d. Wissensch. XLIII. 1861. S. 381.

311. **1861. Valenciennes.** Rapport sur les collections des espèces mammifères
déterminées par leurs nombreux ossements fossiles recueillis par M. A. Gaudry
à Pikermi.
   Compt. rend. LII.

312 a. **1862. A. Boué.** Die Karte der Herzegowina, des südlichen Bosniens
und Montenegros von Herrn de Beaumont.
   Sitzungsber. d. Wiener Akad. XLV. 2. 1862. S. 643—659.

313. **1862. A. Gaudry.** Note sur les débris d'oiseaux et de reptiles trouvés à
Pikermi (Grèce).
   Bull. Soc. géol. de Fr. 2. Ser. XIX. S. 629—640.

314. **1862. A. Gaudry.** Sur le singe fossile de Grèce.
   Bull. Soc. géol. de Fr. 2. Ser. XIX. S. 1022—1025.

315. **1862—1867. A. Gaudry.** Animaux fossiles et géologie de l'Attique. Die verschiedenen Ton- und Talkschiefer, Kalksteine, Psammite und Breccien
mit Grünsteinen und Serpentinen über den alten Glimmerschiefern und
unter sedimentären Formationen, in einer Zone eines großen regionalen
Metamorphismus. (Eruption von Gabbro- und Serpentinmassen.) Rhynchonellen und Rudisten in Kalken von Salamis (S. 398). Die Kalke der
Akropolis und des Lykabettos Einlagerungen in kristallinischen Schiefern.
   Paris 1862—67. 474 S. Mit Atlas und geol. Karte (10 Farben) 1867,
   nebst Profilen. Man vergl. auch Quart. Journ. XXIV. 1868. S. 1—7. Les
   Mondes. XVI. 1868. S. 377--379 und Compt. rend. LXVI. 1868. S. 103—105.

316. **1862 (und 1867). Fr. v. Hauer** und **G. Stache.** Bericht über die Aufnahmen
im südlichen Dalmatien: Trias (*Halobia Lommeli*, Cassianer Schichten),
Jura, Kreide. Eocän; auch über ein Eruptivgestein von der Insel Lissa
und aus Dalmatien (melaphyrartig mit Tuffen und Conglomeraten). Südlich
von Knin Diorit am Monte Cavallo. Das Gestein von Lissa ist nach
Tschermak ein Diorit, bei Comisa auch Diallagit (1867).
   Verhandl. d. k. k. geol R.-A. 1862. S. 257. Ebend. 1867. S. 89—91.

317. **1862. Lindermayer.** Geschichte der Veränderungen, welche die Provinz
Attika erlitten hat, ehe sie von Menschen bewohnt wurde.
   Ber. Augsburger naturw. Vereines. XV. S. 23—28.

318. **1862. J. F. Jul. Schmidt.** Reisestudien in Griechenland. Reiseschilderungen
und Höhenangaben.
   Peterm. geogr. Mitteil. 1862. S. 201—204. S. 329--333.

319. **1862. J. Szabó.** Über eine Erhebung und Senkung des Festlandes im südöstlichen Teile von Europa (ungarisch) 1862. Akad. Schr.
   Quart. Journ. 1863. XIX. S. 113. (Mat. Nr. 62.)

320. **1862. Ch. Texier.** Asie mineure. Artikel im l'Univers pittoresque. S. 34. An-
gaben über Spuren früher höheren Meeresstandes. (E Suess, Antl. d. Erde.
II. S. 547—590 bestreitet alle auf derartige Beobachtungen bezüglichen
Angaben, soweit sie sich auf die historische Zeit beziehen.)

321. **1862. Fr. Unger.** Wissenschaftliche Ergebnisse einer Reise in Griechenland
und in den Jonischen Inseln. Die geologische Karte von Korfu nur
Kreide und Tertiär, Tassello und Macigno wird nur erwähnt. Das Tertiär in
flachen Mulden zwischen den gleichmäßig verflächenden Kreidegesteinen.
Die Meermühlen von Argostoli (S. 80—42). Die fossile Flora (56 Arten)
von Kumi auf Euboea (S. 143—186, mit Profil). Viele Arten gemein-

schaftlich mit den Sotzkaschichten. Vegetation, mehr Analogien in der nördlichen Hemisphäre. (Mit Literaturangaben.)

Wien 1862. 213 S. mit geol. Karte von Korfu (mit Profil; viele treffliche Illustrationen).

322. **1863. D. T. Ansted.** The Jonian Islands. London 1863. Man vergl. auch On the physical geography of the Jonian Islands.
Popular Sc. Rev. III. 1864. S. 44—55.

323. **1863. D. G. Barbiani** und **B. Barbiani.** Mémoire sur les tremblements de terre dans l'île de Zante, avec une introduction par Alexis Perrey.
Mém. de l'Ac. de Dijon. XL. 1863. S. 1—112.

324. **1863. A. Boué.** Über Hahns Funde von marinen Schichten von Leithakalkcharakter zwischen Scutari und Durazzo.
Bull. Soc. géol. de Fr. 2. Ser. XXI. 1863. S. 109.

325. **1863. de Cigalla.** Über die Insel Christiana im griechischen Archipel (im Kretischen Meere). Trachyt, Bimsstein, Pozzolanerde etc.
Man vergl. Peterm. Mitteil. 1863. S. 234 u. 235. Aufsatz von Dr. Kind nach der Athenischen Zeitschrift Νέα Πανδώρα vom 15. März 1863.

326. **1863. Fr. v. Hauer.** Geologische Karte von Dalmatien auf Grund der Arbeiten G. Staches und K. Zittels. Angaben über ältere Arbeiten von P. Partsch, Lanza (Profile. 1852. S. 192, Eocän S. 193 etc. ebend. Hippuritenkalk. Jahrb. 1853, S. 157). Schlehan (über Kohlenlager. Jahrbuch d. k. k. geol. R.-A. 1851. IV. 137).
Verhandl. d. k. k. geol. R.-A. 1863. S. 14. — Karte (1 : 576.000) erschien 1866. Jahrb. d. k. k. geol. R.-A. S. 431—454.

327. **1863. K. Peters.** Bemerkungen über die Bedeutung der Balkanhalbinsel in der Liasperiode.
Sitzungsber. Wiener Akad. XLVIII. (Mat. Nr. 63.)

328. **1863. K. Peters.** Bericht über den geologischen Bau der Dobrudscha.
Verhandl. d. k. k. geol. R.-A. 1863. XI. S. 3. (Mat. Nr. 64.)

329. **1863. F. Römer.** Geognostische Bemerkungen auf einer Reise nach Konstantinopel und im besonderen über die in den Umgebungen von Konstantinopel verbreiteten devonischen Schichten.
Neues Jahrb. für Min. 1863. (Mat Nr. 65.) S. 515—524. Man vergl. auch Breslau. Jahresb. 1863. S. 41—43.

330. **1863. G. Stache.** Bau der Gebirge in Dalmatien. Die Faltung der Kreide und des Eocäns zwischen dem Ende der Eocän- und der jüngsten Tertiärzeit. (Detailaufnahme 1859.)
Jahrb. d. k. k. geol. R.-A. XIII. 1863. S. 18 und 19. (Neues Jahrb. 1864. S. 92 und 93.)

331. **1864. A. E. Bielz.** Die jungtertiären Schichten nächst Krajova in der Walachei.
Verhandl. Siebenb. Ver. f. Naturw. 1864. (Mat. Nr. 71.)

332. **1864. A Boué.** Der albanesische Drin und die Geologie Albaniens, besonders seines tertiären Beckens.
Sitzungsber. Wiener Akad. XLIX. (2. Jänner 1864.) (Mat. Nr. 66.)
Man vergl. ebend. LIII. 1866. S. 10—13.

333. **1864. A. Boué.** Geologie der europäischen Türkei, besonders des slawischen Teiles.
Ebend. März 1864. S. 310—322. (Mat. Nr. 67.)

334. **1864. A. Cordella.** Über eine neue Gesteinsbildung oder alluviales Schlacken-
conglomerat. An der Süd- und Ostküste von Attika. Bleischlacken; alte
antike Schlackenhalden. Aus Erzen der Glimmerschieferregion.
Berg- und Hüttenm. Zeitung. 1864. XXIII. S. 285 u. 286.

335. **1864. B. v. Cotta.** Erzlagerstätten im Banat und in Serbien.
Wien 1864. (Mat. 70.) Man vergl. Neues Jahrb. für Min. 1864. S. 822—827.

336. **1864. Edm. Dallor.** La production minérale en Turquie.
Le moniteur universel. 20. Sept. 1864.

337. **1864. H. M. Jenkins.** Brakish-water fossils of Crete. Levantinische Stufe.
Das Vorkommen von *Cerithium* mit Binnenconchylien nach M. Neumayr
zweifelhaft. Melanien, Melanopsiden und Neritinen ähnlich wie auf Ko.
Quart. Journ. of science (Samuelson and Crooker). I. 1864. S. 413.

338. **1864. X. Landerer.** Mitteilungen über die Bergbaue der Hellenen.
Neues Jahrb. für Min. 1864. S. 45—48.

339. **1864. K. Peters.** Vorläufiger Bericht über eine geologische Untersuchung der
Dobrudscha.
Sitzungsber. d. Wiener Akad. 1864. (Mat. Nr. 69.)

340. **1864. J. Róskiewicz.** Studien über Bosnien und Hercegovina.
Wien 1864. (Mat. Nr. 84.)

341. **1864. P. de Tchihatcheff.** Le Bosphore et Constantinople.
Paris 1864. (Mit geol. Karte.) (Mat. Nr. 68.)

342. **1864. H. B. Tristram.** On a bone breccia with flints in Lebanon.
Rep. Brit. Ass. XXXIV. 1864. S. 72 u. 73.

343. **1864. H. B. Tristram.** On the sulphur and bitumen deposits at the south-
west corner of the Dead Sea.
Ebend. S. 73.

344. **1864. E. de Verneuil.** Note sur les fossiles recueillis en 1863 par M. de
Tchihatcheff aux environs de Constantinople. Zwischen dem Silur
und Devon am Bosporus keine scharfe Grenze. Fossilienliste.
Bull. Soc. géol. de Fr. 2. Ser. XXI. S. 147—156.

345. **1865. J. J. Bianconi.** Sur l'ancien exhaussement du bassin de la Méditerranée (Man vergl. 1848.)
E. Suess bezweifelt die Vorraussetzungen über die Niveauverschieden-
heiten. (Antl. d. Erde. II. S. 552.)
Bull. Soc. géol. de Fr. 2. S. XXIII. 1866. S. 72—80.

·346. **1865. A. Boué.** Exposé des raisons pour lequelles j'ai modifié aujourd'hui
une partie de mes classements géologiques de la Turquie. 15 verschiedene Auffassungen.
Bull. Soc. géol. de Fr. 2. Ser. XXII. 1865. S. 164—174.

347. **1865. B. v. Cotta.** Über Eruptivgesteine und Erzlagerstätten im Banat und
in Serbien.
Berg- u. Hüttenm. Zeitung. Freiberg 1865. S. 118.

348. **1865. A. Damour.** Note sur un hydrate d'alumine ferrugineuse trouvé dans
l'île d'Egine (Grèce).
Bull. Soc. géol. de Fr. 2. Ser. XXII. 1865. S. 413—416.

349. **1865. A. Gaudry.** Resumé des recherches sur les animaux fossiles de Pikermi.
Bull. Soc. géol. de Fr. 2. Ser. XXIII. S. 509—516.

350. **1865. Louis Lartet.** Note sur la découverte des silex taillés, en Syrie,
accompagnée de quelques remarques sur l'âge des terrains qui constituent

la chaine du Liban. Cavernöse Kalke (Jura). Sandige Terrains mit Eisen-
und Lignitcinschlüssen (Grünsand). Mergelige Kalke (untere Kreide).
Bull. Soc. géol. de Fr. 2. Ser. XXII. 1865. S. 537—745.
Man vergl. auch Compt. rend. LVIII. 1864. S. 522 u. 523.

351. **1865. L. Lartet** Note sur la formation du bassin de la Mer Morte etc.
Hebung gegen Ende des Eocäns. Ältere Störungen in der Kreide.
N-S-Spalten: Feldspatporphyre brechen empor. Das Becken gebildet
unabhängig von jeder marinen Mitwirkung. Nach dem Tertiär war der
Seespiegel um mehr als 100 *m* höher als jetzt. Absatz von Gips- und
Salz führenden Mergeln. Ausbrüche NO vom Becken (Basalte).
Bull. Soc. géol. de Fr. 2. Ser. XXII. 1865. S. 420—463. Mit Karte
(1 : 2,700.000).

352. **1865. K. Peters.** Über die geographische Gliederung der unteren Donau.
Sitzungsber. d. Wiener Akad. 28. April 1865. (Mat. Nr. 72.)

353. **1865. A. E. Reuss.** Foraminiferen u. Ostracoden der Kreide am Kanarasee
bei Küstendsche (Dobrudscha). (Sammlung K. Peters'.)
Sitzungsber. d. Wiener Akad. d. Wiss. LII. S. 265 mit 1 Taf.

354. **1865. G. Somerville.** Das geologische Bild der Gegend um Jerusalem.
Weißer Kreidekalkstein mit Feuersteinknollen. Flach geschichtet.
Geol. Mag. XII. 1865. S. 279.

355. **1865. T. Spratt.** Travels and researches in Crete. (Geologie. II. S. 352 bis
396.) Auf der geologischen Karte finden sich mit beiläufigen Grenzen
ausgeschieden: shales and schists, limestone, marine tertiary deposits,
fresh or brackish water deposits and igneous rocks. Die ältesten Fossilien
im Kalke sind Hippuriten zum Teil zusammen mit Nummuliten („wie in
Lycien"). Ein Reisender „at beginning of the latest century discribes
Belemnites . . . at the base of M. Ida." — Die schiefrigen Gesteine teils
im Liegenden der Kalke („Scaglia"), teils im Hangenden. Schotter, weiße
Mergel und sandige Lagen, wahrscheinlich jüngeres Pliocän (marine und
Süßwasserablagerungen). Das marine Miocän: Kalke und mergelige Sandsteine. Postpliocän: rote Schotter bis zu 170 *m* Seehöhe, finden sich in
Tälern bis zu 600 *m*. Horizontale Süßwasserablagerungen mit Paludinen,
Melanien, Neritinen und Unionen. (Jenkins' Bestimmungen.) Vergleiche
mit nordafrikanischen Vorkommnissen. *Hippopotamus*-Reste von Kritzo
(die ersten Funde [1842] machte H. Ittor) in über 1200 *m* Seehöhe. Herkunft
von W.-Kleinasien wird angenommen.
S⁰. London 1865. 2 Bde. mit 2 geol. Karten 1 : 340.000.

356. **1865. H. B. Tristram.** Über die Geologie des Toten Meeres und der an-
grenzenden Distrikte. Nur ältere Kreide („Lower Chalk"), im NO (im
Distrikt von Lejah) auch vulkanische Massen. Um das Tote Meer viel
jüngere, wahrscheinlich posttertiäre Ablagerungen mit salzführenden
Mergeln. Terrassenbildungen.
Geol. Mag. 1865. XII. S. 254 u. 255.

357. **1865. F. Unger und Th. Kotschy.** Die Insel Cypern ihrer physischen und
organischen Natur nach, mit Rücksicht auf ihre frühere Geschichte.
(Literaturangaben über Cypern.) Topographisch-geognostische Verhältnisse (1—63 von Unger). Die geologische Karte mit 7 Ausscheidungen:
Grünsteine im SW die Hauptkette bildend (auch den Olymp), umsäumt
von tertiären Kalken und Mergeln mit Gips. Mitten durch die Insel von

W—O eine Senke vom Quartär erfüllt. (Gaudry „Miocän" mit teilweiser
junger Bedeckung.) Im Norden weiße Kalke, die Uferkette bildend (rote
Kalke nur im Pentadactylon). Von Flysch („Wienersandstein") umsäumt
und dieser vom Tertiär. Am Capo Greco (SO) wird Jurakalk angegeben
(Gaudry „Miocän").

Wien 1865. 593 S. mit geol. Karte (1 : 500.000).

358. **1866. M. E. Beral.** Sur les mines de plomb argentifère et non argentifère
de Bulghar-Dagh, Mahden, Kulekmahden et Berecketly (Cilicien). Die
geologische Karte wurde dem Referenten durch seinen lieben Freund
Dr. Halil Edhem Bey zur Einsichtnahme von Stambul aus übermittelt.
Sie weist 7 Ausscheidungen auf: Kalke fraglichen Alters (Kreide oder
Eocän), Nummulitenkalk, tertiäre Terrains, Porphyre, Eruptivgesteine
und Amphibolite, Basalte, Serpentin und metamorphische Gesteine.
Rezente Conglomerate.

1866. Mit zwei Karten.

359. **1866. A. Boué.** Einige Bemerkungen über die amerikanisch-mexikanische
Geographie, sowie über die sogenannte Zentralkette der europäischen
Türkei.

Sitzungsber. d Wiener Akad. 1866. LIII. S. 325—328. (Mat. Nr. 73.)

360. **1866. Ami Boué.** Über die in der Türkei nachgewiesenen geologischen
Gruppen.

Bull. Soc. géol. de Fr. 1866. 2. Ser. XXII. S. 165. Neues Jahrb. f.
Min. 1866. S. 857 ff. (Mat. Nr. 74.)

361. **1866. F. Fouquet.** Kurze Notizen über Methana und Santorin.

Compt. rend. LXII. 1866. S. 904, 1121 u. 1122.

Die Zahl der Abhandlungen Fouquets über Santorin ist eine sehr
große. Man vergl. Proc. Geogr. Soc. X. 1866. S. 323—325.

Compt. rend. LXIII. 1866. S. 796—799, 896—905. LXIV. 1867.
S. 121—126, 184—189, 666—668. LXXI. 1870. S. 902—906. LXXV. 1872,
S. 1089—1091.

Außerdem erschien von demselben Autor eine Mitteilung im Phil.
Mag. XXXIII.

362. **1866. A. Gaudry.** Des animaux fossiles de Pikermi au point de vue de l'étude
des formes intermédiaires.

Compt. rend. LXII. 1866. S. 376—379.

Man vergl. auch Bull. Soc. géol. de Fr. XXIII. 1866. S. 509—516.
Geol. Mag. III. 1866. S. 213 u. 214.
Ann. Sc. Nat. VII. 1867. S. 32—81.

363. **1866. Fr. v. Hauer.** Vulkanische Erscheinungen in Santorin.

Jahrb. d. k. k. geol. R.-A. 1866. Verhandl. S. 20—23, 35—54 mit
bildlichen Darstellungen.

364. **1866. F. Zirkel.** Über die mikroskopische Zusammensetzung und Struktur
der diesjährigen Laven von Nea-Kaimeni bei Santorin.

Neues Jahrb. f. Min. etc. 1866. S. 769—787.

365. **1866. Fr. v. Hauer.** Über Eruptivgesteine von Santorin.

Jahrb. d. k. k. geol. R.-A. 1866. S. 78—80.

366. **1866. L. Lartet.** Sur les gites bitumineux de la Judée et de la Coelé-Syrie
et sur le mode d'arrivée de l'asphalte au milieu des eaux de la Mer
Morte. Bull. Soc. géol. de Fr. 2. Ser. XXIV. 1866 (1867). S. 12—32.

367. **1866. L. Lartet.** Gisement et nature des masses salines du Djebel Usdom et de Zuweirah-el-Fok (Syrien). Mehr oder weniger dolomitische Kalke. darüber Kreidemergel mit Silex. Salz unter gipsführenden Tonen. Faltung.
Bull. Soc. géol. de Fr. XXIII. 1865/66. S. 739—760.
Man vergl. auch die Bemerkungen über „Mer Morte" ebend. S. 719—739.

368. **1866. F. J. Pictet et Alois Humbert.** Recherches sur les poissons fossiles du Mont Liban.
Genève. H. Georg. 1866.

369. **1866—1869. P. de Tchihatcheff.** Asie mineure. Description physique de cette contrée. Paris.
(Paléontologie [1866] par A. d'Archiac, P. Fischer und E. de Verneuil.) Paris 1866—1869. Geologie. 3 Bde. mit geol. Karte (1:2.000.000), mit 23 Ausscheidungen, 13 verschiedene Gesteine, 11 stratigraphische Einheiten: Devon, Karbon, Jura, Kreide, marines und lakustrines, unteres, mittleres und oberes Tertiär, Quartär. Großes, alle geologisch-paläontologischen Reiseergebnisse zusammenfassendes Werk. Der erste Band behandelt die Eruptivgesteine (S. 1—472) und das Übergangsgebirge (S. 474—739). Der zweite Band (466 S.) die sekundären, der dritte (528 S.) die tertiären Formationen. Der erste Band enthält auch eine geologische Karte des Bosporus und seiner Nachbarschaft (1:200.000) in 7 Farben.

370. **1866. Virlet-d'Aoust T.** Histoire des Kaïmenis ou îles volcaniques nouvelles du golfe de Santorin dans l'archipel de la Grèce.
Les Mondes. XI. 1866. S. 350—357, 476—484.

371. **1867. Abdullah Bey (Dr. Hammerschmidt).** Eine Notiz über eine Sammlung von Devonfossilien vom Bosporus, ausgestellt auf der Weltausstellung zu Paris.
Bull. Soc. géol. Ser. 2. Vol. XXIV. 1867. S. 621.

372. **1867. D'Archiac et de Verneuil.** Sur la faune devonienne du Bosphore. 54 verschiedene Formen, mit den von Tschichatscheff angegebenen im ganzen 71 Arten, davon 8 Trilobiten und 36 Brachiopoden.
Compt. rend. 1867. S. 64 und 1217—1221.

373. **1867. O. Blau.** Ausflüge in Bosnien.
Zeitschr. d. Ges. für Erdk. Berlin 1867. S. 497—515. (Mat. Nr. 78.) Man vergl. Reisen in Bosnien und der Hercegovina. Berlin 1877. (Mat. Nr. 127.)

374. **1867. De Cigalla.** Die neuesten vulkanischen Ereignisse auf Santorin.
Sitzungsber. d. Wiener Akad. LIII. 1866. S. 411—415.
Neues Jahrb. für Min. S. 455—457 (C. W. C. Fuchs).
Compt. rend. LXIII. 1866. S. 47 u. 48, 611 u. 612, 642—644, 831 u. 832.
Atti Acc. Sc. Torino. II. 1863/67. S. 24—29. Sowie: Compt. rend. LXVI. 1868. S. 553 u. 554 und Verhandl. d. k. k. geol. R.-A. 1870. S. 175 u. 176.

375. **1867. Coleman Lyman.** The great crevasse of the Jordan and of the Red Sea. Von Bab-el-Mandeb bis an den Libanon. (? Man vergl. Nr. 234, 1854.)

376. **1867. Coquand.** Sur les gites de pétrole de la Valachie et de la Moldavie et sur l'âge des terrains qui les contiennent. Über oberem Eocän, Salz und Gips führend, mit Salzton, Merilit und Mergeln das Miocän: unten Salzton mit *Cyrena convexa*, Sande (Grès de Fontainebleau) und Molasse, sowie mariner Tegel (Neogen), zu oberst Tone und Sande mit Congerien.

Im „Miocän" der erste Petroleumhorizont. Ein zweiter im Pliocän. Conglomerate und sandige Tone. Neuere Ablagerungen. (Mat. Nr. 77.)
Bull. Soc. géol. de Fr. XXIV. 1867/68. S. 505—570.

377. 1867. F. Fouqué. Les anciens volcans de la Grèce. Auffindung einer jungen Ausbruchstelle bei Methana.
Rev. des Deux Mondes. 1867. S. 471 ff.

378. 1867. O. Fraas. Aus dem Orient. Geologische Beobachtungen am Nil, auf der Sinaihalbinsel und in Syrien. In dem auf das Kreidegebirge Palästinas bezüglichen Teile (S. 40—109) wird erwähnt: Nicht eine Spur von Juraammoniten. Nummuliten östlich von Jerusalem in grauen Feuersteinen (N. variolata n. var. prim.). Parallele Verwerfungsklüfte (stufenförmig). Kein Tertiär „vom Libanon bis nach Ägypten".
Württemb. naturw. Jahresh. XXIII. 1867. S. 145—362 mit 3 Taf.
Man vergl. auch Neues Jahrb. für Min. 1868. S. 493—498.

379. 1867. K. v. Fritsch, W. Weiss und A. Stübl. Santorin. Die Kaimeniinseln. Ähnlichkeit mit dem Baue des Vesuv.
Heidelberg 1867. 7 S. Fol. mit 4 Taf. (Karte 1 : 100.000).

380. 1867. C. W. C. Fuchs. Die vulkanischen Erscheinungen im Jahre 1866 (Santorin).
Neues Jahrb. für Min. 1867. S. 325—336, 455—457. Forts. ebend. 1868. S. 433—439 und ebend. 1869. S. 692.

381. 1867. v. Hahn. Reise durch die Gebiete des Drin und Wardar (1863). Eine Angabe über den Einbruch des Drin in die Bojana (Albanien).
XVI. Bd. der Denkschr. d. Wiener Akad., phil.-hist. Klasse.
Man vergl. Mater. 1883. Nr. 66.

382. 1867. M. v. HantKen. Neue Meerschaumvorkommen in Bosnien.
Verhandl. d. k. k. geol. R.-A. 1867. S. 227. (Mat. Nr. 76.)

383. 1867. L. Lartet. Sur les gisements bitumineux de la Judée (et de la Coelé-Syrie), et sur le mode d'arrivée de l'aspalte au milieu de la Mer Morte. Hornsteinkalke (Calcaire à silex), bituminöse Kreidekalke und bitumenführende Alluvionen (im Wadi Mahawat).
Bull. Soc. géol. de Fr. 2. Ser. XXIV. 1867. S. 12–32.

384. 1867. A. Lennox. Rapport sur la géologie d'une partie de la Roumélie.
London 1867. Geologie. S. 31—43. (Nach F. v. Hochstetter „ein Kuriosum".) (Mat. Nr. 79.)

385. 1867. K. Peters. Grundlinien zur Geographie und Geologie der Dobrudscha.
Denkschr. d. Wiener Akad. XXVII. 1867. S. 83—207. (Mat. Nr. 75.)

386. 1867. V. Raulin. Note additionnelle sur la constitution géologique de l'île de Crète. Kritische Bemerkungen über Spratts Werk (1865). Spratts Tonschiefer (Shales and schists) sind Macigno. Eocäne und cretazische Kalke. Die „Scaglia"-Flächen der Spratt'schen Karte, im O und W verschiedene Gesteine. Im Westen alte Kalke und Talkschiefer. Von Spratt für alt gehaltene Kalke sind zum Teil miocän etc.
Bull. Soc. géol. de Fr. 2. Ser. XXIV. 1867. S. 724—730.

387. 1867. Reiss und Stübel. Ausflug nach den vulkanischen Gebirgen von Ägina und Methana im Jahre 1866, nebst mineralogischen Beiträgen von K. v. Fritsch. Entstehungsgeschichte und Bau der Trachytberge. Submarine Bildung. Bemerkungen über die Umbildung von Gesteinen bei Susaki auf dem Isthmus durch Gase und Quellen.
Heidelberg 1867. Mit Karte (1 : 150.000) in 4 Farben.

26*

388. 1867. K. v. Seebach. Über den Vulkan von Santorin und die Eruption von
      1866. Zusammenfassende Darstellung. Früher ein gangloser Stratovulkan,
      jetzt ein homogener Cumulovulkan.
          Göttingen. 81 S. mit Karte u. 4 Taf.

389. 1867. W. R. Swan. On the geology of the Princes Islands in the Sea of
      Marmora. Turkey. Prinkipo: im N vulkanische Gesteine (Trachyte
      und Trappe). im S Devon; Andirovitho: Devon; Chalki: helle Trachyte
      und metamorphosiertes Devon; Petala und Antigoni: weiße Trachyte;
      Proti: glimmerige rote Sandsteine und Quarzit (Oldred); Niandros und
      Plati: weiße Quarzite.
          Quart. Journ. 1868. XXIV. S. 53—63 (erste Notiz ebend. XXIII. S. 381).

390. 1867. P. de Tchihatcheff. Consicérations géncrales sur les roches éruptives
      de l'Asie Mineure.
          Trachyte, Dolerite, Augitporphyrite, Syenite, Granite, Serpentine
          und Diorite.
          Compt. rend. 1867. I. S. 75.

391. 1867. P. de Tschihatscheffs Reisen in Kleinasien und Armenien (1847
      bis 1863). Itinerar, redigiert von H. Kiepert
          Peterm. geogr. Mitt. Erg.-Heft 20. 1867. 68 S. mit Karte (1:2,000.000)
          (Reisewege).

392. 1867. F. Unger. Die fossile Flora von Kumi auf der Insel Euboea.
          Denkschr. d. Wiener Akad. d. Wiss. XXVII.

393. 1867/68. G. Saporta. Note sur la flore de Koumi (Eubée).
          Bull. Soc. géol. de Fr. 2. Ser. XXV. 1868. S. 315—328.
          Man vergl. auch Paris. Ann. Éc. Norm. II. 1873. S. 323—352.
          Examen critique d'une collection des plantes fossiles de Koumi (Eubée).

394. 1868. G. Capellini. Giacimenti petroleiferi di Valachia.
          Vergleicht die Schotter der walachischen Ebene mit dem Schotter
          des Wiener Beckens. Erwähnt das Vorkommen von Salzlinsen in Petroleum
          führenden Tonen von Cinta und Demla mit Cardium littorale, Dreissena,
          Paludina acuta (Congerienstufe. Bei Colibassi sarmatische Cerithien.
          Mem. dell' accad. Bologna. Ser. II. 1868. VII. S. 323.

395. 1868. Coquand. Description géologique des gisements bituminifères et pétroli-
      fères de Sélenitsa dans l'Albanie et de Chieri dans l'île de Zante.
      Bitumen zwischen Sanden und Conglomeraten. Auf Zante: Nummuliten-
      kalk und tonige Kalke von Hydes, darüber diskordant Subapenninenton
      und sandige Kalke. (Mat. Nr. 80.)
          Bull. Soc. géol. de Fr. 2. Ser. XXV. 1867/68. S. 20—74 (mit Profilen).

395 a. 1868. E. Curtius. Topographie von Athen. Sieben Karten mit erläutern-
      dem Texte.
          Gotha. Jahrb. Perthes 1868. (Man vergl. Peterm. Mitteil. 1869. S. 47.)

396. 1868. F. Fouqué. Rapport sur les tremblement de terre de Céphalonie
      et de Métélin en 1867. (Impr. Impér.)
          Paris 1868. 38 S. (Impr. Impér.)

397. 1868. Über den Stand unserer Kenntnisse von dem geologischen Baue von
      Dalmatien im Jahre 1868, gibt Fr. v. Hauers Erklärung zur geologischen
      Übersichtskarte der österreichischen Monarchie, Blatt X Dalmatien, eine
      genaue Vorstellung. Bekannt waren: das Carbon, die untere Trias, Vir-
      gloriakalk (alpiner Muschelkalk), die obere Trias, Jura nur an einigen

isolierten Stellen; die Kreide, und zwar: Plattenkalke (Neocom mit *Amm. Astierianus*), Caprotinenkalk, Radioliten- und Hippuritenkalk; Eocän, und zwar: Cosinaschichten, Nummulitenkalk, Macigno oder Tassello mit Plattenkalken (fischführend), die Kohlenflötze vom Mte. Promina, Flyschsandstein; Neogen: weiße Kalkmergel mit Süßwasserfossilien, Süßwasserkalke, auch kohlenführend; Diluvium und Alluvium.

Jahrb. d. k. k. geol. R.-A. 1868. XVIII. S. 431—454.

Außer dem Blatte X kommen in Betracht:

1868. Blatt VI: Die östlichen Alpenländer.

Ebend. S. 1—14.

1870. Blatt VII: Ungarisches Tiefland.

Ebend. XX. 1870. S. 463—500.

1873. Blatt VIII: Siebenbürgen.

Ebend. XXIII. 1873. S. 71—115.

398. **1868. F. Kanitz** (G. St.). Gebirgsarten und Petrefakten aus dem Balkangebiete.

Verhandl. d. k. k. geol. R.-A. 1868. S. 406. (Mat. Nr. 83.)

399. **1868. L. Lartet.** Sur une formation particulière de grès rouge en Afrique et en Asie, à propos de la valeur du caractère lithologique en stratigraphie. 1. Grès de Petra (grès de la Mer Morte, terrains sablonneux du Liban (= Gault); 2. Calcaires, argiles et marnes jaunes à *Ostr. flabellata, Matheroniana* etc., *Janira quadricostata* etc. (Cenoman).

Bull. Soc. géol. de Fr. 1868. 2. Ser. XXV. S. 490—499.

400. **1868. Lessmann.** Minele de fer de la Sinaia.

Românul, 4. Aug. 1868. S. 664.

401. **1868. W. Reiss** und **A. Stübel.** Geschichte und Beschreibung der vulkanischen Ausbrüche bei Santorin von den ältesten Zeiten bis auf die Gegenwart.

Heidelberg 1868.

402. **1868. Schwarcz.** On the failure of geological attemps made by the Greeks. From the earliest ages down to the epoch of Alexandre.

London 1868. (Revised and enlarged edition. Frühere Mitteil. darüber 1862.)

403. **1868. H. B. Tristram.** On the geographical and geological relations of the fauna and flora of Palestine.

Proc. Roy. Soc. XVI. 1868. S. 316—319.

Ann. Mag. Nat. Hist. II. 1868. S. 46—66.

404. **1868. Fr. Unger.** Die Meermühlen von Argostoli auf Cephalonia.

Ann. Phys. Chem. CXXXIV. 1868. S. 584—596.

405. **1868. Viquesnel.** Voyage dans la Turquie d'Europe.

2 Bde. mit Atlas. Geologie. II. S. 30—447. (Mat. Nr. 82.)

406. **1868. Warrington Smyth.** Bericht über geologische Arbeiten in Palästina.

Quart. Journ. 1868. XXIV. Annivers. Adress. I. 1.

407. **1868—1872. C. Bursian.** Geographie von Griechenland.

Leipzig 1868—1872.

408. **1869. Abdullah Bey** (Dr. Hammerschmidt). Die Umgebung des Sees Kütschüktschekmetsche in Rumelien.

Verhandl. d. k. k. geol. R.-A. 1869. S. 263. (Mat. Nr. 87.)

409. **1869. Abullah Bey.** Faune de formation devonienne du Bosphore de Constantinople.

Gaz. Médicale d'Orient. Constantinople 1869. (Mat. Nr. 90.)

410. 1869. **F. v. Andrian.** Reisenotizen vom Bosporus und von Mytilene.
Verhandl. d. k. k. geol. R.-A. 1869. S. 235. (Mat. Nr. 86.)

411. 1869. **A. Boué.** Über türkische Eisenbahnen und die Geologie der Zentral-Türkei.
Sitzungsber. d. Wiener Akad. LX. Oktober 1869. (Mat. Nr. 89.)

411 a. 1869. **A. Boué.** Etwas über Vulkanismus und Plutonismus, in Verbindung
mit Erdmagnetismus, sowie ein Aufzählungsversuch der submarinischen
brennenden Vulkane. Enthält eine Bibliographie über Santorin
(35 Artikel).
Sitzungsber. d. Wiener Akad. d. Wiss. LIX. I. 1869. S. 65—103.

412. 1869. **H. Cordella.** Le Laurium.
Berichtigt Angaben Gaudrys über die Lagerung der Akropoliskalke.
Marseille 1869.

413. 1869. **G. Cotteau.** Notice sur les Échinides fossiles recueillis par M. L. Lartet
en Syrie et en Idumée etc. 12 Arten, dem Cenoman entsprechend.
Bull. Soc. géol. de Fr. 2. Ser. XXVI. S. 196—198, 533—538.

414. 1869. **Foetterle.** Die geologischen Verhältnisse der Gegend zwischen Plevna
und Jablanica in Bulgarien.
Verhandl. d. k. k. geol. R.-A. 1869. S. 187 ff. u. 373—378. (Mat. Nr 85.)

415. 1869. **F. v. Hochstetter.** Geologische Untersuchungen in Rumelien.
Verhandl. d. k. k. geol. R.-A. 1869. S. 185, 352—356. (Mat. Nr. 88.)

416. 1869. **L. Lartet.** Essai sur la géologie de la Paléstine et des contrées
avoisinantes.
Die dem I. Teile beigegebene Karte mit 17 Ausscheidungen. Granit,
Porphyre und Trappe (z. B. Mt. Hor), Diorite (Gänge im Granit), Basalte,
und Trachyte; kristallinische Schiefer (Gneis) nur im Süden. Kalk mit
Collyrites. Nubischer Sandstein. Kreidekalk (Hauptgestein), Nummulitenkalk (Carmel), Conglomerate (Djebel Haroun), jüngere Bildungen.
Der II. Teil enthält die Paläoanthropologie und Paläontologie. (Kreide
und Eocän). Fische vom Libanon. Cephalopoden vom Libanon (Ammoniten-
verzeichnis). *Ancyloceras, Baculites.*
Ann. Sc. géol. I. 1869. S. 5—116, 149—329 und III. 5. 98 S. mit
4 Taf. Mit Karte (1 : 1,000.000 vom Libanon bis zum Golf von Akabah)
und Ansichten.

417. 1869. **M. Neumayr.** Beiträge zur Kenntnis fossiler Binnenfaunen. „Die
dalmatinischen Süßwassermergel."
Jahrb. d. k. k. geol. R.-A. XIX. 1869. S. 355—382.

418. 1869. **J. Pančič.** Das Kapaonikgebirge und seine Umgebung (serb.). Die
Erzvorkommnisse und deren Muttergesteine werden behandelt. Belgrad 1869.

419. 1869. **K. v. Seebach.** Über die Eruption bei Methana im dritten Jahrhundert
vor Christi Geburt. Kritik der alten Autoren (Strabo, Pausanias,
Ovid). Virlets und Fouquets Angaben werden bestätigt.
Zeitschr. d. Deutschen geol. Ges. XXI. 1869. S. 275—280.

420. 1869. **P. de Tchihatcheff.** Note sur la paléontologie de l'Asie mineure et sur
une introduction à la nouvelle édition de l'Asie mineure.
Bull. Soc. géol. de Fr. 2. Ser. XXVII. S. 218—222.

421. 1870. **Abdullah-Bey** (Dr. Hammerschmidt). Remarques géologiques sur le
calcaire dévonien du Bosphore.
Boll. Com. Geol. Ital. Firenze. I. 1870. S. 187—189.

422. 1870. **F. v. Andrian.** Geologische Studien aus dem Orient. (Die vulkanischen
Gebilde des B o s p o r u s)
Jahrb. d. k. k. geol. R.-A. 1870. S. 201—226. (Mat. Nr. 92.)

423. 1870. **D. T. Ansted.** Notice: Sulphur in C o r f u.
Mining. and Smelting Mag. IV. 1863. S. 99.

424. 1870. **A. Boué.** Mineralogisch-geologisches Detail über einige meiner Reiserouten in der e u r o p ä i s c h e n T ü r k e i.
Sitzungsber. d. Wiener Akad. LXI. 1870. (Mat. Nr. 91.)

425. 1870. **A. Conrad.** B o s n i e n mit Bezug auf seine Mineralschätze.
Mitteil. d. geogr. Ges. Wien 1870. S. 219. (Mat. Nr. 78 *a*.)

426. 1870. **H. Cordella.** Description des produits des mines et des usines de
L a u r i o n. Beschreibung des alten Bergbaues mit Ansichten und Karten.
Athen 1870.

427. 1870. **F. Foetterle.** Die Gegend zwischen B u k a r e s t und der siebenbürgischen Grenze.
Verhandl. d. k. k. geol. R.-A. 1870. S. 209. (Mat. Nr. 95)

428. 1870. **F. Foetterle** und **Fr. v. Hauer.** Congerienschichten in der W a l a c h e i.
Verhandl. d. k. k. geol. R.-A. 1870. S. 210 (Mat. Nr. 93.)

429. 1870. **F. Foetterle.** Die Gegend zwischen Turn-Severin, Tirgu-Jiului und
Kraiova in der Kleinen W a l a c h e i.
Ebend. S. 234 u. 235. (Mat. Nr. 96.)

430. 1870. **Th. Fuchs** in seiner Beschreibung der Fauna von Radmanest erwähnt
auch einige jungtertiäre Versteinerungen aus der Gegend von Krajova
(S e r b i e n).
Jahrb. d. k. k. geol. R.-A. 1870. S. 343, 347, 359 u. 360.

431. 1870. **H. Gorceix.** Sur l'état actuel du vulcan de S a n t o r i n.
Compt. rend. LXX. 1870. S. 274—276. Man vergl. über Santorin
auch: ebend. LXXV. 1872. S. 270—272, 372—374.
Über N i s i r o s. Ebend. LXXVII. 1873. S. 597—601, 1039, 1474—1477.

432. 1870. **F. v. Hochstetter.** Die geologischen Verhältnisse des östlichen Teiles
der e u r o p ä i s c h e n T ü r k e i.
Jahrb. d. k. k. geol. R.-A. 1870. S. 265—461 mit geol. Karte. (Mat. Nr. 94.)

432 *a*. 1870. **V. Raulin.** Description physique de l'île de C r è t e. Kalkschiefer und
Quarzite. Gneis fehlt. (S. 474 f.) Kreide- und Eocänkalke lassen sich nicht
unterscheiden. (S. 507 f.)
Paris. 2 Bde. 1078 S. mit 21 Tafeln.

433. 1870. **J. Schmidt.** Erdbeben in G r i e c h e n l a n d vom 31. Juli und 5. August 1870.
Verhandl. d. k. k. geol. R.-A. 1870. S. 226.

434. 1870. **E. Tietze.** Auffindung des braunen Jura bei Boletin in S e r b i e n.
Verhandl. d. k. k. geol. R.-A. 1870. S. 323. (Mat. Nr. 97.)

435. 1870. **E. Tietze.** Neocom und Turon im nordöstlichen S e r b i e n.
Ebend. S. 324. (Mat. Nr. 98.)

436. 1870. **E. Tietze.** Geologische Notizen aus dem nordöstlichen S e r b i e n.
Jahrb. d. k. k. geol. R.-A. 1870. S. 567—600. (Mat. Nr. 99.)

437. 1871. **K. v. Fritsch.** Geologische Beschreibung des Ringgebirges von S a n t o r i n.
Zeitschr. d. Deutschen geol. Ges. XXIII. 1871. S. 125—213.

438. 1871. **H. Gorceix.** Sur les bassins lacustres de l'A c h a ï e et de la C o r i n t h i e.
Große Massen von Conglomeraten (Nagelfluh) mit Einlagerungen von
Tonen, Sanden, sandigen Kalken und Ligniten.
Bull. Soc. géol. de Fr. 2. Ser. XXVIII. 1871. S. 269—274.

439. 1871. **A. Lessmann.** Die Gegend von Turn-Severin bis gegen den Berg Schirgen an der Grenze Rumäniens.
Verhandl. d. k. k. geol. R.-A. 1871. S. 187—191. (Mat. Nr. 100.)

440. 1871. **J. Pick.** Die letzten Erdbeben, dann Thermen und Solfataren auf Milo.
Verhandl. d. k. k. geol. R.-A. 1871. S. 128 ff.

441. 1871. **O. Schneider.** Über die Entstehung des Toten Meeres. Einige nummulitenführende Gesteine (Lartet, Eocän; Fraas, Kreide) stellt er zur obersten Kreide. (Hinweis auf die Glanecker Schichten.)
Osterprogr. Erz-Anst. in Friedrichstadt. Dresden 1871. 27 S.
Neues Jahrb. für Min. 1871. S. 79—81.

442. 1871. **Fr. Schröckenstein.** Geolog sche Notizen aus dem mittleren Bulgarien.
Jahrb. d. k. k. geol. R.-A. 1871. XXI. S. 273—279. (Mat. Nr. 101.)

443. 1871. **R. Tate.** On the age of the Nubian Sandstone. Unter der Kreide (Syrien) *Orthis Michelini* (aus dem Sinaigebiete auch *Lepidodendron*, Ungers Dadoxylon).
Quart. Journ. 1871. XXV I. S. 404—406.

444. 1872. **A. Boué** erwähnt in einem Briefe an Collomb die von Fr. Foetterle ausgesprochene Meinung, daß das Salz der Walachei mit jenem von Wieliczka gleichen Alters sei.
Bull. Soc. géol. de Fr. 2. Ser. XXIX. 1872. S. 245.

445. 1872. **v. Dücker.** Sur les traces de la main de l'homme sur les ossements de Pikermi. (Brief an Gaudry und Entgegnung.)
Bull. Soc. géol. de Fr. 2. Ser. XXIX. 1872. S. 227—229.
Man vergl. Compt. rend. VI. 1872. S. 104—107.

446. 1872. **A. Gaudry.** Über einige fossile Säugetiere aus Rumänien: *Elephas primigenius, Equus.* Speziell aus der Gegend von Galatz: *Mastodon arvernensis, Elephas meridionalis, Hipparion gracile, Bison* und *Cervus* aus eisenschüssigen Schottern.
Bull. Soc. géol. 3. Ser. Vo . l. S 142 u. 143.

447. 1872. **F. v. Hochstetter.** Die geologischen Verhältnisse des östlichen Teiles der europäischen Türkei. Zweite Abteilung.
Jahrb. d. k. k. geol. R.-A. 1872. S. 331—388 mit geol. Karte. (Mat. Nr. 103.)

448. 1872. **Hans Höfer.** In einem Schreiben an Bergrat v. Mojsisovics findet sich die Angabe, daß der Autor des Briefes auf einem Ausfluge nach Cetinje das Vorkommen von rhätischen Megalodus- und Lithodendronkalken nachzuweisen imstande gewesen sei.
Verhandl. d. k. k. geol. R.-A. 1872. S. 67 u. 68.

449. 1872. **A. Pelz.** Aus der europäischen Türkei.
Verhandl. d. k. k. geol. R.-A. 1872. S. 313. (Mat. Nr. 105.)

450. 1872. **K. Paul.** Geologische Notiz aus Bosnien.
Verhandl. d. k. k. geol. R.-A. 1872. S. 327. (Mat. Nr. 106.)

451. 1872. **Fr. Schröckenstein.** Vom Czipka-Balkan.
Jahrb. d. k. k. geol. R.-A. XXII. 1872. S. 234—240 mit Tafel. (Mat. Nr. 102.)

452. 1872. **G. Stefanescu.** Sur le terrain quarternaire de la Roumanie et sur quelques ossements des mammifères tertiaires et quaternaires du même pays.
Bull. Soc. géol. de Fr. 3. Ser. I. 1873. S. 119. (Mat. Nr 104.)

453. 1873. **Ansted.** On the solfataras and deposits of sulphur at Kalamaki (Isthmus von Korinth).
In lichten Mergeln, die an weißen Miocänkalk anlagern.
Quart. Journ. 1873. S. 360—363.

454. 1873. **E. Fuchs** et **Sarasin.** Notes sur les sources de pétrole de Campina (Valachie).
Arch. Soc. Phys. Nat. Genf. XLVI. 1873. S. 89—113.

455. 1873. **H. Gorceix.** Notiz über geographische und geologische Beobachtungen in Thrakien und Makedonien. Auffindung eines Vorkommens fossiler Säugetierreste bei Lapsista in Makedonien (Pikermifauna).
Bull. Soc. géol. de Fr. 3. Ser. 1. 1873. S. 254, 720 u. 721.

456. 1873. **H. Gorceix.** Notice sur le bassin miocénique d'eau douce de Koumi (Eubée).
Ann. École Norm. Paris. II. 1873. S. 317—321.

457. 1873. **K. v. Hauer.** Analysen von Felsarten von Mytilini (Lesbos). Grünsteintrachyt von Mytilini, Rhyolith von Malido, Andesit von der Nordküste, Perlit von Molivo etc. (Gesammelt von Bar. v. Andrian.)
Verhandl. d. k. k. geol. R.-A. 1873. S. 218—221. Lotos 1873 über Obsidiane.

458. 1873. **A. Kornhuber.** Über einen neuen fossilen Saurier aus Lesina.
Abhandl. d. k. k. geol. R.-A. 1873.

459. 1873—1878. **Landerer.** Mitteilungen aus Griechenland.
Berg- u. Hüttenmänn. Zeitung. Leipzig. 34.—37. Bd.

460. 1873. **Edm. v. Mojsisovics.** Über das Vorkommen der Ammonitengattung *Sageceras* in der Dobrudscha.
Verhandl. d. k. k. geol. R.-A. 1873. S. 33.

461. 1873. **R. Nasse.** Mitteilungen über die Geologie von Laurion und den dortigen Bergbau.
Zeitschr. für Berg-, Hütten- u. Salinenw. im pr. St. Berlin 1873. XXI.

462. 1873. **A. Pelz.** Die Maritzatalbahn. Geologische Profile aus der europäischen Türkei.
Verhandl. d. k. k. geol. R.-A. 1873. S. 61. (Mat. Nr. 106.)

463. 1873. **A. Pelz.** Über das Vorkommen tertiärer Bildungen im oberen Maritzatale (Hasköi).
Jahrb. d. k. k. geol. R.-A. 1873. XXIII. S. 289—294 mit Karte. (Mat. Nr. 108.)

464. 1873. **G. Washburn.** Geology of the Bosporus.
Devon und Ausbruchsgesteine in Massen (nördlich) und in Gängen von verschiedenem Alter, mit ersteren nicht im Zusammenhange.
Entstehung des Bosporus bleibt unentschieden.
Amer. Journ. 3. Ser. VI. 1873. S. 186—194.

465. 1873. **G. Washburn** schrieb auch über: Calvert's supposed relics of man in the miocene of the Dardanelles.
Proc. Am. Ass. XXII. 1873. S. 203—205. Canadian Naturalist. VII. 1873. S. 155—157.

466. 1873. **F. Wibel.** Die Insel Kephalonia und die Meermühlen von Argostoli.
Hamburg. 1873. Man vergl. Ber. d. Deutschen chem. Ges. VI. 1873. S. 184 u. 185.

467. 1873. Description des marbres et autres minéraux de Grèce expédiés à Vienne pour l'exposition universelle. Athen 1873. .

468. 1874. **Abegg.** Die Bäderstadt Aedipsos auf E u b ö a. Ausland 1874.
469. 1874. **A. Boué.** Note sur les frontières de la B o s n i e, de l'H e r c é g o v i n e et du M o n t é n é g r o. Excursion au Kom et au Dormitor.
Mém. Soc. géol. de Fr. 1874. XIII. S. 17—22.
Man vergl. auch ebend. S. 83—87 über die Umgebung von Philippopel. (Mat. Nr. 112.)
470. 1874. **Fontannes.** À propos de quelques notes prises à A t h è n e s.
Bull. Soc. d'études scient. Lyon, 9. Dezember 1873.
471. 1874. **0. Fraas.** Über fossile Reste aus P a l ä s t i n a (gesammelt vom Missionär Z e l l e r). Vom Gebirge Osba bei Solt (dem alten Rammoth Gilead) Austern, *Cardium hillanum, Pauli* und *Combei, Trigonia, Amm. Milletianus* und andere. Cenomane Arten.
Neues Jahrb. für Min. etc. 1874. S. 410—412.
472. 1874. **Gorceix.** Éruption du volcan de N i s i r o s. (Sept. 1873.) Kurze Notiz. Kristallinischer Kalk und Schiefer (sekundären Alters), Tertiär (Pliocän).
Compt. rend. . 1874. LXXVIII. S. 565—568.
Bull. Soc. géol. de Fr. 3. Ser. II. 1874. S. 146 u. 147, 398—403.
473. 1874. **Gorceix.** Note sur l'île de C o s et sur quelques bassins tertiaires de l'E u b é e, de la T h e s s a l i e et de la M a c é d o i n e.
Metamorphische Sekundärformation, darüber kristalline Kalke. Die Kette (NW—SO) mit Trachytgängen (Kontaktmetamorphosen). Warme Mineralquellen am Südufer. Eisensäuerlinge im Norden. Im Westen ein zweites kristallinisches Massiv. Eruptive Gesteine und Tertiär (Süßwasserablagerungen in der Hauptkette der Insel) und junge marine Ablagerungen. Auf Euböa Süßwasserbecken. In Makedonien Mergel mit *Cerithium margaritaceum, plicatum, papaveraceum.* Süßwasserablagerungen mit *Melania Escheri.* (Öninger Stufe nach Tournouër). Marine und lakustrine Miocänbildungen in NO-Thessalien, bei Trikala mit Lignit. Fossiles Holz. Zähne von Mastodon und Rhinoceros.
Bull. Soc. géol. de Fr. 3. Ser. II. 1874. S. 146, 398—403.
Compt. rend. 1874. S. 456. Ann. École norm. 1876. II. Ser. V. S. 205.
Vorläufige Notiz Bull. Soc. géol. de Fr. 3. Ser. 1873. I. S. 365.
474. 1874. **H. Gorceix.** Aperçu géographique de la région des Khassia — nördlich von Trikala (T h e s s a l i e et E p i r e).
Bull. Soc. géogr. 1874. I. S. 449—457.
Das Vorkommen metamorphisch-kristalliner Kalke mit Schiefer und Serpentin. Sandige Mergel gegen den Salambria. Schichten mit *Cerithium margaritaceum* und *plicatum.*
475. 1874. **Rud. Hoernes.** Geologischer Bau der Insel S a m o t h r a k e. Granit von Tonschiefer und Hornblendegesteinen umgeben (Streichen SW—NO), Trachytdurchbrüche und vulkanischer Tuff. Sande und Schotter (diluvial) im SW, N und O; junge Meeresablagerungen im W. Schwarzer eocäner Nummulitenkalk am Westfuße des Agios Georgios. (Mat. Nr. 111.)
Denkschr. d. Wiener Akad. d. Wiss. XXXIII. 1874. 12 S. m. Karte (zirka 1 : 100.000) und Profiltaf.
476. 1874. **J. Pantoczek** und **Knapp.** Reise nach der H e r c e g o v i n a, M o n t e n e g r o und D a l m a t i e n.
(„Aducationes ad floram et faunam.")
Schriften d. Gesellsch. f. Naturwiss. Presburg 1874. VIII. S. 143.
(Mat. Nr. 112.)

477. **1874. E. Rockstroh.** Über den Balkan. Von Vraca nach Sofia
Mitteil. d. geogr. Gesellsch. Wien 1874. S. 439—455. (Mat. Nr. 111 *a*.)

478. **1874. J. Woldřich.** Mitteilungen aus Dalmatien.
Verhandl. d. k. k. geol. R.-A. 1874. S. 185—189.

479. **1875. C. Doelter.** Trachyte von der Insel Kos. Rhyolith, Augitandesit, Trachyt.
Verhandl. d. k. k. geol. R.-A. 1875. S. 233 u. 234.

480. **1875. Dozon.** Excursion en Albanie.
Bull. Soc. géogr. 1875. I. S. 598—621. Nichts Geologisches.

481. **1875. v. Dücker.** Notiz über Niveauveränderungen bei Kalamaki. Hebung
des Isthmus von Korinth in neuester geologischer Zeit. Östlich am
Pyräus Senkung. Eleusis, Mosaik unter dem Meeresniveau. Terrassen auf
Naxos.
Zeitschr. d. Deutsch. geol. Gesellsch. 1875. S. 966.

482. **1875. A. L. Fox.** On some fossils from Mount Lebanon. *Isocardia, Hippurites, Nummulites* etc.; auch einige lakustrine Fossilien.
Transact. geol. Soc. Cornwall. 1875. IX. S. 46—48.

483. **1875. Rud. Hoernes.** Süßwasserschichten unter den sarmatischen Ablagerungen am Marmarameer (Melanopsisschichten).
Verhandl. d. k. k. geol. R.-A. 1875. S. 174 u. 175.

484. **1875. F. Hofmann.** Bericht an den Finanzminister über das Vorkommen der
Steinkohle und über die Begrenzung der Grubenfelder bei Sénje (Serbien).
Belgrad: Izveschtaj g Min. Fin. o Pojavljiva uju Kamenog Uglja i o
Ograničenju rudnog Prosioro za Dlozavu u Senju.

485. **1875. R. Nasse.** Ein Ausflug nach Samos.
Metamorphische Schiefer (Granaten-Glimmerschiefer in Tonschiefer
übergehend, chloritische Schiefer und Serpentin) und kristallinischer
Kalk (zum Teil cipollinartig). Streichen NW mit steilem NO-Einfallen
Zeitschr. d. Gesellsch f. Erdk. 1875. X. S. 222—235 mit (orogr.) Karte.

486. **1875. M. Neumayr.** Die Insel Kos. Vorläufige Mitteilung.
Verhandl. d. k. k. geol. R.-A. 1875. S. 170—174.

487. **1875. M. Neumayr.** Über den Kalk der Akropolis von Athen.
Auffindung eines *Nerinea*-Durchschnittes (im Mittelgange der Propyläen, 13 Schritte vom Ausgange). Jura oder Kreide. Gleichalterig:
Akropolis, Lykabettos, Pnyx, Areopag; sie waren einst eine fast horizontal
gelagerte, zusammenhängende Kalkschichte. Die Kalke des Hymettos in
kristallinischen Schiefern konkordant eingelagert.
Verhandl. d. k. k. geol. R.-A. 1875. S. 68—70.

488. **1875. J. Niedzwiedzki.** Gesteine der Insel Samothrake: Granit, Quarztrachyt, Basalt und Gabbro.
Tschermak's Min.-petr. Mitteil. 1875. 2.

489. **1875. A. W. Popowić.** Geološke crtice o Srbiji. (Geologische Notizen aus
Serbien.)
Otačbina 1875. Juniheft. (Mat. Nr. 113 *a*.)

490. **1875. W. Runge.** Reisebriefe aus Serbien.
Die Bergbau- und die geognostischen Verhältnisse werden im fünften
Briefe kurz berührt.
Dortmund 1875.

491. **1875. Ad. Schlehan.** Notizen über das Erzvorkommen von Laurion in Attika.
Verhandl. d. k. k. geol. R.-A. 1875. S. 66.

492. 1875. **G. Stache.** Neue Beobachtungen in den Schichten der liburnischen Stufe (D a l m a t i e n).
Verhandl. d. k. k. geol. R.-A. 1875. S. 334—338.

493. 1875. **F. Szabó.** Reise in S e r b i e n.
Ausland 1875. S. 150—153. (Mat. Nr. 114 a.)

494. 1875. **Fr. Toula.** Geologische Untersuchungen im westlichen B a l k a n und in den angrenzenden Gebieten. 1. Übersicht über die Reiserouten und die wichtigsten Resultate der Reise.
Sitzungsber. d. Wiener Akad. LXXII. Oktober 1875. (Mat. Nr. 113.)

495. 1876. **A. Bittner, M. Neumayr** und **F. Teller.** Geologische Arbeiten im O r i e n t.
Pentelikon stimmt mit dem Hymettos überein: Hippuriten und Dactyloporen (N e u m a y r), am Parnes Dactyloporen (B i t t n e r), Kreide und Macigno in Ätolien (N e u m a y r), Euböa im S metamorphisch, im N Hippuritenkalk und Macigno, auch schwarze bituminöse Kalke streichen NO—SW im S. Die Serpentine kretazisch, veränderte Eruptivbildungen, auch im Kreidekalk Kontakterscheinungen (T e l l e r). Im östlichen Nordgriechenland SO—NW-Streichen. Kalke, Schiefer und Serpentine. Hie und da Süßwasserablagerungen, gegen S beträchtlich geneigt, bei 1000 m Höhe erreichend (B i t t n e r). Um Lamia unterer Hippuritenkalk, Macigno, oberer Hippuritenkalk, im Macigno mittlerer Hippuritenkalk. Oeta und Othrys W—O-Streichen. Ausstrahlende Züge des illyrischen Faltensystems (N e u m a y r).
Verhandl. d. k. k. geol. R.-A. 1876. S. 219—227.

496. 1876. **F. Fouqué.** Rapport sur une exploration géologique de l'île de S a n t o r i n.
Eruptionsprodukte, Fumarolen, heiße Quellen, Gasaushauchungen.
Ann. sc. Géol. 1876. VII. 2. S. 43 mit 3 Taf.
Compt. rend. 1876. S. 878—884. Man vergl. auch L'Institut 1875. Nr. 33.

497. 1876. **F. Fouqué.** Die Laven von T h e r a.
Sämtlich zwei trikline Feldspate enthaltend (Albit und Anorthit oder Labradorit). Saure und basische Laven. In den ersteren Magnetit und wenig Olivin, in den basischen mehr Olivin und wenig Magnetit.
L'Institut 1876. Nr. 175.

498. 1876. **Th. Fuchs.** Die Solfatara und das Schwefelvorkommen von K a l a m a k i.
Die Solfatare aus Serpentin aufsteigend. Die Mergel pliocän, miocäne Kalke nicht vorhanden (A n s t e d Nr. 453).
Verhandl. d. k. k. geol. R.-A 1876. S. 54 u. 55.

499. 1876. **Th. Fuchs.** Über die in Verbindung mit Flyschgesteinen und grünen Schiefern vorkommenden Serpentine bei Kumi auf E u b ö a. Übergang von Grünschiefern in Hippuritenkalk. Zahlreiche Verwerfungen. Serpentine, Grünschiefer und Serpentine vielleicht vom Alter des Macigno.
Sitzungsber. der Wiener Akad. d. Wiss. 1876. LXXII. S. 338.

500. 1876. **Th. Fuchs.** Studien über das Alter der jüngeren Tertiärbildungen G r i e c h e n l a n d s. 1. Nulliporenkalk und Korallenkalk von Trakones (jünger als Leithakalk). 2. Congerienschichten. 3. Jüngere Süßwasserschichten. 4. Rote fluviatile Lehme und Conglomerate mit der Säugetierfauna von Pikermi. — Am Isthmus von Korinth: über Hippuritenkalk (diskordant in flacher Lagerung) weiße Mergel und darüber marines Pliocän (mit reicher Fauna). — Megara: Travertin zu unterst, graue Mergel mit Conglomeratbänken. Weiße Mergel mit Melanopsiden, Paludinen etc.; Lignit und Brackwasserlagen. Graue Mergel und zu oberst rote Mergel.

Athen etc., vor allem Trakones. Marines Pliocän am Piräus. — Kumi auf
Euböa: Lignitführende, sandige, graue Mergel über Serpentin (inmitten
der Hippuritenkalke). Weiße, plattige Mergel, darüber Sande, Gerölle und
Conglomerate.

Sitzungsber. d. Wiener Akad. d. Wiss. 1876. LXXXIII. S. 75.
Denkschr. d. Wiener Akad. d. Wiss. XXXVIII. 1877. 42 S. mit 5 Taf.
und vielen Profilen.

501. 1876. O. Fraas. Drei Monate am Libanon. Mittlere Kreide. Basaltite und
Melaphyre in vielen Durchbrüchen (S. 65 – 68.) Reiseschilderungen.
Stuttgart 1876. 106 S.

502. 1876. Gorceix. Aperçu géologique sur l'ile de Cos. Metamorphische sekundäre
Formationen. Vulkanische Gesteine, lakustrines Infra-Pliocän und marines
Pliocän.
Ann. sc. de l'école norm. sup. Ser. II. V. Paris 1876. S. 205 – 216
mit 2 Taf. (orograph. Karte u. Profile).

503. 1876. R. Hoernes. Ein Beitrag zur Kenntnis fossiler Binnenfaunen (Süßwasserschichten) unter den sarmatischen Ablagerungen am Marmarameere.
Sitzungsber. d. Wiener Akad. LXXIV. 28 S. mit Taf. (Mat. Nr. 115.)

504. 1876. J. J. Landerer. Mitteilungen aus Griechenland. Lignite, Mineralien.
Marmor.
Berg- u. Hüttenm. Zeitung 1876. 1877.

505. 1876. O. Luedecke. Der Glaukophan und die Glaukophan führenden Ge-
steine der Insel Syra. Gneis. Glimmerschiefer mit Einlagerungen von
Glaukophangesteinen. Marmor. Glaukophan - Eklogit - Glimmerschiefer.
Smaragdit-Chloritgesteine. Glaukophan-Epidotgesteine. Omphacit-Zoisit-
Gabbro. (Von K. v. Fritsch gesammelt.)
Zeitschr. d. D. geol. Ges. 1876. XXVIII. S. 248 – 291 mit Taf.

506. 1876. C. de Marchesetti. Descrizioni di Isola di Pelagosa.
Triest 1876. Mit 3 Taf.

507. 1876. S. Merill. Palestine explorations. (Physik.-geogr. Notizen.)
Athenaeum 1876. S. 84, 85, 117.

508. 1876. Capt. Miaulis. Of the occurence of a submarine crater within the
harbour of Karavossva in the Gulf of Arta. Kurze Notiz.
Proc. geol. Soc. London 1876. (Quart. Journ. XXXII. Proc. 123 u. 124.)

509. 1876. M. Gj. Miličević. Fürstentum Serbien. Die Bergbauverhältnisse und
Mineralvorkommnisse in den einzelnen Kreisen werden in besonderen
Kapiteln besprochen.
Belgrad. (Serbisch.)

510. 1876. K. Muszynski. Die Regulierung der Sulinamündung und die Veränderungen im Donaudelta (1857—1873).
Mitt. d. geogr. Ges. Wien. 1876. S. 329. Mit Karte (1 : 364.500). ·

511. 1876. M. Neumayr. Über einige neue Vorkommnisse jungtertiärer Binnenmollusken (Paludinenschichten von Plojesti und Krajova, Walachei).
Verhandl. d. k. k. geol. R.-A. 1876. S. 366. (Mat. Nr. 117.)

512. 1876. M. Neumayr. Das Schiefergebirge der Halbinsel Chalkidike und der
thessalische Olymp. Profil vom Athos im SO gegen NW: Chloritschiefer
(ein Gewölbe bildend), Gneis (gefaltet), Glimmerschiefer und Marmoreinlagerungen, hauptsächlich im Chloritschiefer. Am Olymp Kalke mit
vielen Fossilien (Gastropoden, Bivalven, Brachiopoden und Korallen:

F. Tellers Funde) in den Schiefern eingelagert, neben Talkschiefer auch Serpentinschiefer, Gneis, Glimmerschiefer etc.

Jahrb. d. k. k. geol. R.-A. XXVI. 1876. S. 249–260.

513. **1876.** Notiz über Kohlen von „Déré—Keny in der Nähe von Ismid in der Türkei".

Mont.-Ind. Belge. 1876. III. S. 253 (aus „La Turquie").

514. **1876. K. Peters.** Die Donau und ihr Gebiet. Das daco-mysische und das pontische Becken, der Balkan und die Dobrudscha.

Leipzig 1876. S. 313–348. (Mat. Nr. 120.)

515. **1876. Pomel.** Marines Karbon SO vom Toten Meere etc.

Bull. Soc. géol. de Fr. 3. Ser. IV. 1876. S. 524–529.

516. **1876. G. Stache.** Geol. Notizen über die Insel Pelagosa: nach Stossich über älterem Kalk (Kreide?): Hebixkalk, überlagert von marinem Nulliporenkalk. Darüber Mergel mit Gips und Pflanzenresten (Pliocän).

Verhandl. d. k. k. geol. R.-A. 1876. S. 123–127.

Man vergl. auch M. Groller v. Mildensee: Topogr.-geol. Skizze d. Insel Pelagosa, mit einem Überreste der alten Landverbindung gegen den M. Gargano. Jahrb. der ung. geol. Anst. 1885. VII. S. 135–152, mit Karten, und M. Stossich (Excursione sull' isola di Pelagosa. Boll. Soc. Adriat. di Sc. nat. Triest 1875, Okt.)

517. **1876. Gr. Stefanescu.** Nota assupra bassinului tertiar si lignitului de la Bahna (in der Walachei).

Bull. Soc. géogr. Romane. 1876. Nr. 9. S. 97–106 mit geol. Karte. (Mat. Nr. 119.)

Bull. Soc. géol. de Fr. 3. Ser. V. S. 387–393 mit Taf.

518. **1876. Br. Symons.** Über serbische Erzbergbaue (Maidanpek und Majdan Kučaina).

Mining Journ. Okt. 1876. (Mat. Nr. 121.)

519. **1876. F. Szabo.** Untersuchung einiger vulkanischer Gesteine aus Ungarn und Serbien.

Földt. Közl. Budapest 1876. S. 1–15.

520. **1876. Szabo.** A Glaukophan-trapp. Néhány más koz és Lauriumban. Budapest 1876.

521. **1876. Tournouër.** Étude sur les fossiles tertiaires de l'île de Cos (Samml. von Gorceix aus 1873). Beschreibung vieler Süßwasserformen: *Planorbis, Limnaeus, Melania, Melanopsis, Paludina, Neritina* etc. — Marine Arten werden 73 nachgewiesen.

Ann. scient. de l'école norm. sup. Paris 2. Ser. V. 1876. S. 445–475 mit 1 Taf.

522. **1877. L. Burgerstein.** Beitrag zur Kenntnis der jungtertiären Süßwasserdepots bei Üsküp (Makedonien).

Jahrb. d. k. k. geol. R.-A. 1877. S. 243–250.

523. **1877. O. Fraas.** Juraschichten am Hermon. Über der Kreide des Djebel esch Schech bei Medjdel esch Schems angelehnt: Lacunosen-Mergel, unterer weißer Jura, oberster brauner Jura und oberer brauner Jura, auf den wieder Kreide folgt, vor Basalt bedeckt. Überkippte Lagerung. Jurafauna mit 34 Arten.

Neues Jahrb. f. Min. 1877. S. 17–30.

524. **1877. Th. Fuchs.** Die geologische Besschaffenheit der Landenge von Suez. — Über die Pliocänbildungen von Zante und Korfu. Charakter des norditalienischen Pliocän (Bologna). Gips im Pliocän.

Denkschr. d. Wiener Akad. d. Wiss. 1877 XXXVIII. S. 25—42. Mit 2 Taf. u. Karte.

525. **1877. Th. Fuchs.** Die Pliocänbildungen von Zante und Korfu. Faltung. Auf Zante spielt Tegel eine wichtige Rolle, der unten aufgerichtet und vielfach zerstückt ist, darüber ein blaugrauer feinsandiger Tegel mit feinsandigen Bänken, in Falten gelegt. Alles Pliocän. Hippuritenkalkgrundlage. Auf beiden Inseln gipsführendes Pliocän.

Sitzungsber. d. Wiener Akad. d. Wiss. LXXV. 1877. S. 309—320 mit Profiltafel.

526. **1877. A. Issel.** Geologische Beobachtungen in Montenegro.

Rom 1877.

527. **1877. F. Kanitz.** Donau-Bulgarien und Balkan. Histor.-geogr. Reisestudien (1860—1875).

Leipzig 1877. II. (I. Mat. Nr. 114, II. Mat. Nr. 126.) III. 1879. (Mat. Nr. 157.)

528. **1877. L. Lartet.** Exploration géologique de la Mer Morte, de la Palestine et de l'Idumée.

Esquisse géologique et paléontologique de la P. et de l'Id. (S. 1—213). Die zweite Hälfte behandelt die Prähistorie von Syrien und Palästina. Paris 1877. 326 S. mit 2 geol. Karten (1 : 1,000.000 und 1 : 300.000 [Totes Meer]), 4 Profiltafeln (mit Detailkärtchen) und 8 paläont. Tafeln. (III. Bd. von Voyage d'explor. à la Mer Morte etc. von Duc de Luynes.)

529. **1877. F. Molon.** Sulle note geologiche del Montenegro del prof. Issel. La Concordia (San Remo) Nr. 79.

530. **1877. M. Neumayr.** Über einige Vorkommnisse von jungtertiären Binnenmollusken.

Paludinenschichten der Walachei.

Verhandl. d. k. k. geol. R.-A. 1877. S. 366—368.

531. **1877. C. D. Pilide.** Fund von Fossilresten des Albien im Karpathensandsteine der Walachei (Prahovatal).

Verhandl. d. k. k. geol. R.-A. 1877. S. 71. (Mat. Nr. 123.)

532. **1877. C. D. Pilide.** Über das Neogenbecken nördlich von Plojesti (Walachei). Mediterran mit Lignit und Petroleum. Sarmatische und Congerienstufe.

Jahrb. d. k. k. geol. R.-A. 1877. S. 131—142. (Mat. Nr. 124.) Man vergl. auch Bull. Soc. géol. de Fr. Ser. 3. VI. 1878. S. 22—31.

533. **1877. V. Radimski.** Arbeiten über die Insel Pago in Dalmatien. (Lignitvorkommen. Hippuriten von Scardona, Nummulitenschichten, Congerienschichten.)

Verhandl. d. k. k. geol. R.-A. 1877. S. 95—98, 181—183 (mit Profil). Jahresber. d. Bergakad. Leoben und Přibram. XXV. 1877. S. 325—353.

534. **1877. T. Spratt.** Remarks on the coal-bearing deposits near Erekli (the ancient Heraclea Pontica, Bithynia). Mit Bemerkungen von R. Etheridge über die fossilen Pflanzen (26 Arten) von Koslu. (Spratt hat das Gebiet schon 1854 besucht.)

Ein *Glossopteris sphenophyllum*-ähnlicher Rest wird erwähnt.

Quart. Journ. London. XXXIII. 1877. S. 524—533.

535. 1877. **H. Sterneck.** Geographische Verhältnisse in Bosnien. in der Hercegovina und in Montenegro.
Wien 1877. 56 S. mit 4 Tafeln und einer Karte mit petrographischen Einzeichnungen. (Mat. Nr. 128.)

536. 1877. **Gr. Stefanescu.** Note sur le bassin tertiaire de Bahne (Walachei). Bull. Soc. géol. de Fr. 3. Ser. V. 1877. S. 387. (Mat. Nr. 132.)

537. 1877. **Fr. Toula.** Geologische Untersuchungen im westlichen Balkan etc.
2. Barometrische Beobachtungen.
3. Die sarmatischen Ablagerungen zwischen Donau und Timok.
4. Ein geologisches Profil über den Sveti—Nikola—Balkan etc.
Sitzungsber. d. Wiener Akad. LXXV. 1877. Jänner, März und April.
(Mat. Nr. 122.)

538. 1877—1881. **P. Fischer.** Paléontologie des terrains tertiaires de l'ile de Rhodes.
Tournouër. Coquilles fossiles tertiaires de l'ile de Rhodes.
Mém. Soc. géol. de Fr. Ser. III. I. S. 47. 1877—1881.

539. 1878. **F. Becke.** Gesteine der Halbinsel Chalcidice. Massengesteine (Gabbros) und kristallinische Schiefer: Gneise. Amphibolite. Phyllite, Grün- und Ottrelithschiefer.
Tschermaks mineral.-petrogr. Mitt. 1. 3. 1878 mit 2 Tafeln.

540. 1878. **Fr. Becke.** Gesteine aus Griechenland. Serpentine, Diabase und Melaphyre, Schalsteine und Melaphyrtuffe. Gneise, Amphibolite, Chloritschiefer, Glimmerschiefer, Phylitgneise und Phyllite. Arkosengneise im Norden von Euböa. Klastische Gesteine.
Tschermaks min.-petrogr. Mitteil. 1. 1878. S. 142, 459—464, 469—493. II. S. 17—77.
Sitzungsber. d. Wiener Akad. d. Wiss. 1879. LXXVIII. S. 417.

541. 1878. **A. Bittner.** Der geologische Bau von Attika, Böotien, Lokris und Parnassis. Kreidekalk, Schiefer und Sandstein der Kreide, Jaspis, Serpentin und Tertiär, zum Teil deutlich gefaltet. Im Parnass zwei, im Helikon drei Antiklinalen. Das Streichen SO bis SSO. Im Kythaeron östliches, in den östlichen Ausläufern des Parnis ostnordöstliches Streichen. Pentelikon und Hymettos zeigen nordöstliches, das Lauriungebirge nordnordöstliches Streichen. Nördlich von der böotischen Niederung fallen die Schichtmassen gegen das Innere des Landes. Querbrüche und Verschiebungen. Angabe der Fossilienfundstellen (Rudisten, Nerineen, Korallen, Caprotinen, Gastropoden, Dactyloporiden etc.). Ältere Formationen (Boblaye und Virlet: Jura. Gaudry vielleicht sogar vorsekundäre Bildungen) wurden nicht angetroffen. Ammonitenführende Kalkblöcke am Hypsilo-Kotroni im Parnassgebiete (Gaultarten).
Das granitische Gestein von Plaka im Laurium hat E. Neminar untersucht.
Denkschr. d. Wiener Akad. d. Wiss. XL. 1878. S. 1—74 mit 6 Taf.

542. 1878. **A. Boué.** Erläuterungen über einige orographische und topographische Details der europäischen Türkei.
Sitzungsber. d. Wiener Akad. LXXVII. 1878. 8 S.

543. 1878. **H. Coquand.** Sur les terrains tertiaires et trachytiques de la vallée de l'Arta (Turquie d'Europe). Bei Arta: Über den Trachyten: trachytische Conglomerate (Suessonien), trachytische Tuffe (Parisien). Jaspis und chalcedonführende Schichten mit Korallen (Bartonien), Kalke mit Num-

muliten und *Ostrea gigantea* (Bartonien). rote Tone (= Calcaire de Saint Ouen) an Säulenbasalt abstoßend.

Bull. Soc. géol. de Fr. 3. Ser. VI. 1878. S. 337—347. (Mat. Nr. 131.)

544. **1878. H. Coquand.** Notice géologique sur les environs de Panderma (Kleinasien). Das Vorkommen folgender Formationen wird angegeben: Granit. Glimmerschiefer und Phyllit. körniger Kalk. Devon. Kohlenkalk *(Productus. Atrypa, Spirifer).* Nummulitenkalk. Miocän mit Congerien, alte Alluvionen. NW-Streichen.

Bull. Soc. géol. de Fr. Ser. 3. VI. 1878. S. 347—357.

545. **1878. A. Cordella.** Notes sur les mines du Laurium et sur les nouveaux gîtes de minerai de zinc (Smithsonite). Im Minengebiet (Glimmerschiefer mit Talk und Chlorit. mit Kalk und Quarzadern. kristallinischem Kalk) „Granite à andésine ou des roches feldspathiques" in Gängen von W - O streichend und mit 45⁰ gegen N verflächend. Auch geschichteter Serpentin.

Bull. Soc géol. de Fr. 3. Ser. VI. 1878. S. 577—581.

546. **1878. A. Cordella.** La Grèce sous le rapport géologique et minéralogique. Führt aus dem Kalke von Laurion einen schlechten Abdruck an. den er als einen silurischen Crinoiden zu deuten versucht ist.

Paris 1878. (Expos. univ.) 188 S.

547. **1878. B. v. Cotta.** Fortsetzung der Banater Erzlagerstättenzone in Serbien.

Berg- u. Hüttenm. Zeitung 1878. S. 37. (Mat. Nr. 129.)

548. **1878. G. R. Credner.** Die Deltas. Niveauveränderungen an den Küsten Kleinasiens (S. 69).

Peterm. geogr. Mitteil. Erg.-H. Nr. 56. 1878.

549. **1878. Th. Fischer.** Küstenveränderungen im Mittelmeer.

Zeitschr. für Erdk. 1878.

550. **1878. O. Fraas.** Geologisches aus dem Libanon. Cenoman. Glandarienzone. Sandsteine mit Kohle und Bitumen. Turon. Gastropodenzone von Abeih. Cardiumschichten. Zone des *Amm. Syriacus,* Radiolitenzone. Schiefer von Hakel, Mergel mit Fischen von Sâbil Ahna. Senone Mergel.

Jahrb. Ver. Nat. Württ. 1878. XXXIV. S. 258—391.

551. **1878. Th. Fuchs.** Intorno alla posizione degli strati di Pikermi. Congerienschichten und die Schichten von Pikermi sind pliocän. (Gegen De Stefani.)

Boll. Com. Geol. Ital. 1878. S. 110.

552. **1878. E. R. Lewis.** The fossil fish-localities of the Lebanon.

Geol. Mag. 1878. N. Ser. 11. Bd V. S. 214—220.

553. **1878. M. Neumayr.** Der geologische Bau des westlichen Mittelgriechenland. Außer alluvialen und diluvialen Bildungen junges Tertiär (Conglomerate und Tone; *Melanopsis aetolica).* obere Kalke (Hippuriten) über dem Macigno (Kreideflysch). Mittlere Kalke (zum Teil eingelagert im Macigno) vielleicht Gault. Untere Kalke in Akarnanien (untere Kreide. vielleicht zum Teil sogar Jura). Serpentin mit Macigno und dem oberen Kalke in Verbindung. - - Kristallinische Schiefer überlagert vom oberen Marmor. Im kristallinischen Schiefer (ähnlich wie im Macigno) Marmor mit Spuren von Versteinerungen (Mat. Nr. 158.)

Denkschr. d. Wiener Akad. d. Wiss. XL. 1878. S. 91—128 mit Profiltafel.

554. **1878. H. Rittler.** Das Kohlenvorkommen von Dolni Tuzla in Bosnien. Auch Bemerkungen über Salzbrunnen zu Ober- und Untertuzla.

Verhandl. d. k. k. geol. R.-A. 1878. S. 375—377.

555. 1878. **C. de Stefani.** Sull' epoca degli strati di P i k e r m i. Polemisch gegen
Th. F u c h s.
Boll. com. geol. d'It. 1878. S. 396.

556. 1878. **Fr. Teller.** Der geologische Bau der Insel E u b o e a. Eine untere
Schichtgruppe: Ton- und Tonglimmerschiefer; flyschartige Schiefer und
Sandsteine; Arkosen und grobe Breccien, Serpentine, Schalsteine, Horn-
steine, veränderte Sandsteine und Schiefer. Eine obere Schichtgruppe:
Schwarze, dünnplattige Kalke, bankige und schiefrige Kalke (*Hipp.
cornu vaccinum*); eisenschüssige, schiefrige Sandsteine und jaspisähnliche
Hornsteine mit Serpentin; Schiefer mit Rudistenkalk wechsellagernd
Alles zur Kreide gerechnet. Tertiäre Süßwasserbildungen. Trachyt.
OW-Streichen im Norden, SW-Streichen im südlichen Teile. Im NO
gegen Skyro bin an mehreren Stellen NW-Streichen, auf dieser Linie
der Trachyt.
Denkschr. d. Wiener Akad. d. Wiss. XL. 1878. S. 119—182 mit
2 Profiltafeln.

557. 1878. **O. Terquem.** Les foraminifères et les Entomostacés — Ostracodes du
pliocène supérieur de l'île de R h o d e s. 200 Foraminiferen (76 neu). Nicht
der Mittelmeerhabitus, sondern eher jener des Kanals und der Nordsee.
— 93 Ostracoden.
Mém. Soc. géol. de Fr. 1878. 3. Ser. I. S. 1—135. Mit 14 Taf.

558. 1878. **Thomas Ward.** The salt lakes, deserts and salt districts of A s i a.
Proceed. Lit. Phil. Soc. Liverpool. XXXII. S. 233—255 mit Karte.

559. 1878. **Fr. Toula.** Geologische Untersuchungen im westlichen B a l k a n etc.
5. Ein geol. Profil von Sofia über den Berkovica-Balkan. 6. Von Berkovac
nach Vraca. 7. Ein geol. Profil von Vraca an den Isker und durch die
Iskerschluchten nach Sofia. (Mat. Nr. 130.)
Sitzungsber. d. Wiener Akad. LXXVII. März 1878. Mit 12 Taf.

560. 1878. **H. Walter** und **H. Gintl.** Vorkommen des Petroleums in R u m ä n i e n.
Österr. Zeitschr. f. Berg- u. Hüttenwesen. 1878. S 460 und 475.
(Österr. Monatschr. f. d. Orient.) (Mat. Nr. 135.)

561. 1878. **A. Ziegler.** Zur Geschichte des Meerschaums mit besonderer Berücksichtigung der Meerschaumgruben bei Eskishehir in K l e i n a s i e n.
Dresden 1878.

562. 1879. **Th. Andrée.** Die Erzlagerstätten vom Oreskovicabach in S e r b i e n.
Österr. Zeitschr. f. Berg- u. Hüttenwesen. 1879. Nr. 20. (Mat. Nr. 141.)

563. 1879. **Th. Andrée.** Die Erzlagerstätten von Krivelj. Bor und Umgebung
(S e r b i e n).
Ebend. 1879. Nr. 34. S. 409. (Mat. Nr. 142.)

564. 1879. **Alex. Bittner.** 1. Route S a r a j e v o—M o s t a r.
Verhandl. d. k. k. geol. R.-A. 1879. S. 257. (Mat. Nr. 150.)
2. Aus der H e r c e g o v i n a.
Ebend. S. 287 u. 310. (Mat. Nr. 151.)
3. Vorlage der geologischen Übersichtskarte der H e r c e g o v i n a
Ebend. S. 351. (Mat. Nr. 152.)

565. 1879. **A. Boué.** Über die Oro-Potamo-Limne-(Seen) und Lekavegraphie
(Becken) des Tertiären der e u r o p ä i s c h e n T ü r k e i.
Sitzungsber. d. Wiener Akad. LXXIX. S. 261—326 mit 2 Karten.

566. **1879. L. Burgerstein.** Geologische Untersuchungen im südwestlichen Teile der Halbinsel Chalkidike. Kristallinische Gesteine und Tertiär. (Kalk, Sand und Tegel.) Roter Lehm.

> Denkschr. d. Wiener Akad. d. Wiss. 1879. XL. S. 321—327. (Mat. Nr. 161.)

567. **1879. R. F. Burton.** A visit to Lissa and Pelagosa (Dalmatien).

> Journ R. Geogr. Soc. 1879. XLIX S. 151—189.

568. **1879. F. Fouqué.** Santorin et ses éruptions. Umfassendes Hauptwerk. Paris 1879. XXXII und 440 S. mit 61 Taf. (4 Karten).

> Ref. Neues Jahrb. 1880. II. S. 305—319 (Rosenbusch) mit geol. Karte von Santorin (Taf. X) mit 12 Ausscheidungen zumeist für die Ausbruchsgesteine (1 : 133.000).

569. **1879. K. v. Fritsch.** Beitrag zur Geognosie des Balkans. Vortrag. Halle 1879. Reise in Bulgarien und Ostrumelien.

> Hallenser Ver. Schriften. 1879 S. 769—775. (Mat. Nr. 154.)

570. **1879. Th. Fuchs.** Über neue Vorkommnisse fossiler Säugetiere von Jeni Saghra in Rumelien etc.

> Verhandl. d. k. k. geol. R.-A. 1879. S. 49 ff. (Mat. Nr. 136.)

571. **1879. Th. Fuchs.** Über die lebenden Analogien der jungtertiären Paludinenschichten und der Melanopsismergel SO-Europas. Analogien zu Neu-Kaledonien, Indien. China, Japan, aber nicht zu Afrika. Auch die Flora des europäischen Tertiärs weist keinen afrikanischen Charakter auf, während die Säugetierfauna dagegen ausgesprochen afrikanischen Charakter zeigt.

> Verhandl. d. k. k. geol. R.-A. 1879. S. 297—300.

572. **1879. Th. Fuchs.** Über Solfataren in Serpentinstöcken bei Kalamaki (Griechenland).

> Neues Jahrb. f. Min. 1879. S. 857.

573. **1879. Fr. v. Hauer.** Einsendungen aus Bosnien. Pflanzen von Zenica etc. Gesteine und Sarmat von Tuzla.

> Verhandl. d. k. k. geol. R.-A. 1879. S. 170 u. 171.

574. **1879. R. Helmhacker.** Über die heutige Eisenindustrie Bosniens.

> Jahresber. d. Bergakad. zu Leoben u. Přibram. 27. Bd.

575. **1879. Hans Jahn.** Bemerkungen über einige griechische Mineralquellen.

> Min.-petr. Mitt. Wien 1879. II. S. 137—176.

576. **1879. C. J. Jireček.** Die Handelsstraßen und Bergwerke von Serbien und Bosnien während des Mittelalters.

> Prag 1879. (Mat. Nr. 155.)

577. **1879. K. v. John.** Über einige Eruptivgesteine aus Bosnien.

> Verhandl. d. k. k. geol. R.-A. 1879. S. 239. (Mat. Nr. 147.)

578. **1879. E. v. Mojsisovics.** Reiseskizzen aus Bosnien.

> Verhandl. d. k. k. geol. R.-A 1879. S. 265 u. 282. (Mat. Nr. 149.)

579. **1879. M. Neumayr.** Über den geologischen Bau der Insel Kos und über die Gliederung der jungtertiären Binnenablagerungen des Archipels. (Mit einem Anhange von R Hoernes.) Phyllitkern mit Marmor. Im NO Trachytdurchbrüche durch Kreidekalke, im SW (M. Zeni) Rhyolith und kleine Augitandesitvorkommnisse im weitverbreiteten marinen Oberpliocän mit Rhyolithtuffen. Außerdem weiße Mergel im O über der Kreide und einige Vorkommnisse von Mergeln der levantinischen Stufe. Vergleichende Tabelle über die neogenen und diluvialen Ablagerungen. Geschichte des östlichen Mittelmeerbeckens. Ausführliche Auseinandersetzungen über die

jungtertiären Süßwasserablagerungen (der levantinischen Stufe). Südrand des ägäischen Festlandes verlief südlich von Kreta und Rhodus.
Denkschr. d. Wiener Akad. d. Wiss. 1879. XL. S. 213—314. Mit geol. Karte (1 : 120.000) und 2 Taf.

580.   1879. M. Neumayr. Geologische Beobachtungen im Gebiete des thessalischen Olymps. Ein flaches Gewölbe mit untergeordneten Synklinalen im Westen. Beiderseits Verwerfungen.
Ebend. S. 315—320. (Mat. Nr. 160.)

581.   1879. M. Neumayr. Geologische Untersuchungen über den nördlichen und östlichen Teil der Halbinsel Chalkidike. Gegensatz zwischen Kassandra (horizontal gelagertes Tertiär), Longos (Gneisgebiete) und Hagion Oros. das Stück eines Gewölbes aus kristallinischen Schiefern, mit einem auf die Längserstreckung annähernd normalen Streichen.
Ebend. S. 328—339. (Mat. Nr. 162.)

582.   1879. J. Niedzwiedzki. Fr. Teulas Geologische Untersuchungen im westlichen Balkan etc.
—. Zur Kenntnis der Eruptivgesteine des westlichen Balkan.
Sitzungsber. d. Wiener Akad. LXXIX. März 1879. 45 S. (Mat. Nr. 139.)

583.   1879. K. Paul. Aus der Umgebung von Doboj und Maglaj (Bosnien)
Verhandl. d. k. k. geol. R.-A. 1879. S. 205. (Mat. Nr. 143.)

584.   1879. K. M. Paul. Beiträge zur Geologie des nördlichen Bosnien.
Jahrb. d. k. k. geol. R.-A. 1879. S. 759—778. (Mat. Nr. 153.)

585.   1879. A. Pelz. Über das Rhodope-Randgebirge südlich und südöstlich von Tatar-Bazardžik.
Jahrb. d. k. k. geol. R.-A. XXIX. 1879. S. 69. Mit Karte. (Mat. Nr. 137.)

586.   1879. A. Pelz Quartärformation in Thrakien.
Verhandl. d. k. k. geol. R.-A. 1879. S. 248—252. (Mat. Nr. 148.)

587.   1879. K. F. Peters. Über nutzbare Mineralien der Dobrudscha.
Verhandl. d. k. k. geol. R.-A. 1879. S. 160—162.

588.   1879. F. Perry. The surface rocks of Syria (suggested by the Quarries at Baalbek). Gesteinsveränderungen.
Rep. Brit. Assoc. 1879. S. 348 u. 349.

589.   1879. J. S. Phené. On the deposit of carbonate of lime at Hierapolis in Anatolia. Naturwälle bis 50 Fuß hoch.
Rep. Brit. Assoc. 1879. S. 344 u. 345.

590.   1879. R. Bar. Potier des Echelles. Die Produktionsverhältnisse in Bosnien und der Hercegovina.
Wien 1879. 58 S. Mit Karte. (Mineraleinzeichnungen.) (Mat. Nr. 156.)

591.   1879. G. vom Rath. Naturwissenschaftliche Studien. Erinnerungen an die Pariser Weltausstellung 1878.
Bonn 1879. 442 S. Griechenland (S 325—346).

592.   1879. Ant. Rzehak. Mitteilungen über die geognostischen Verhältnisse auf der Route Brod—Sarajevo. Eocän von Doboj, Jura und Serpentin von Maglaj, Miocän über Eocän von Zenica etc in Bosnien.
Verhandl. d. k. k. geol. R.-A. 1879. S. 98—104.
Ber. d. Naturf. Ges. Brünn. XVIII. S. 1—22.

593.   1879. J. Schmidt. Studien über Erdbeben.
2. Ausg. Leipzig 1879. S. 78 ff.

594.   1879. Fr. Teller. Geologische Beschreibung des südöstlichen Thessalien. Kristallinische Schiefer und Marmore, die NW—SO verlaufende Küsten-

kette zusammensetzend (zwischen Tricheri und dem Tempetale). Jüngere
isolierte, jungsekundäre Ablagerungen westlich der Ebene von Larissa.
O- bis NO-Streichen in dem die Schiefer durchsetzenden Marmorlager
und in den Schollen im SW von Larissa.

Denkschr. d. Wiener Akad. d. Wiss XL. 1879. S. 183—208.

595. 1879. E. Tietze. Über die wahrscheinliche Fortsetzung einiger in Kroatien
entwickelter Formationstypen nach Bosnien.

Verhandl. d. k. k. geol. R.-A. 1879. S. 156—160. (Mat. Nr. 140.)

596. 1879. E. Tietze. Aus dem Gebiete zwischen Bosna und Drina (Bosnien).

Ebend. 1879. S. 232 ff. (Mat. Nr. 144.)

597. 1879. E. Tietze. Route Vareš– Zwornik (Bosnien).

Ebend. S. 260 ff. (Mat. Nr. 145.)

598. 1879. E. Tietze. Aus dem östlichen Bosnien.

Ebend. S. 283 ff. (Mat. Nr. 146.)

599. 1879. R. Tournouër beschrieb einige von Greg. Stefanescu in den ober-
tertiären Ablagerungen von Nisipula, Josseni etc., in Rumänien gesammelte Fossilien.

*Melania fossariformis, Paludina praecursa, Paludina rumana Neum.,
Neritina Pilidei, Unio Stefanescoi, Unio romanus, Cardium Stefanescoi.*

Journ. de Conchyl. XXVII. S. 261—264.

600. 1879. Virchow. Beiträge zur Länderkunde der Troas. Gesteinsanhäufungen
der Ebene von Troja werden als glazialen Ursprunges gedeutet. Die
geologische Geschichte (S. 140—173) bezieht sich hauptsächlich auf die
Alluvialebene.

Abhandl. d. Berliner Akad. d Wiss. 1879 (1880). III. Abt. 176 S. Mit
2 Taf. (Reise nach Troja. Verhandl. d. Anthropol. Gesellsch. Berlin 1879.
S. 204—216.)

601. 1880. Th. Andrée. Die Umgebungen von Majdan Kucaina in Serbien
Jahrb. d. k. k. geol. R.-A 1880 S. 1—27. Mit geol. Karte. (Mat. Nr 166.)

602. 1880. A. Bittner, M. Neumayr u. Fr. Teller. Überblick über die geologischen Verhältnisse eines Teiles der ägäischen Küstenländer. Mit reichhaltiger
Literaturübersicht. Die O—W und SW—NO gerichteten Falten älter als
das Pindussystem, mit Verwerfungen, welche tektonisch dem letzteren
angehören. Beziehungen zwischen den Kreideablagerungen und den
kristallinischen Schiefern und Serpentinen. Echt kristallinische und
kristallinisch-klastische Schiefer demselben Niveau angehörig.

Denkschr d. Wiener Akad. XL. 1880. S. 379—415. Mit 3 geol. Karten.
(1 : 1,850.000 tektonisch, 1 : 500.000 ägäische Küstenländer, 1 : 400.000
Übersichtskarte über das festländische Griechenland.)

603. 1880. A. Boué. Sur la vallée de la Soukava (Serbien).
Bull. Soc. géol. de Fr. 3. Ser. VII. 1880. S. 412—415.

604. 1880. J. R. Bourguignat. Étude sur les fossiles tertiaires et quaternaires de
la vallée de la Cetina en Dalmatie.
St. Germain 1880.

605. 1880. Frank Calvert u. M. Neumayr. Die jungen Ablagerungen am Helles-
pont. Rote Tone; Melanopsisschichten (*Melan. buccinoidea* etc.): Tone,
Mergel, Sande, Gerölle, oolithische Kalke und Braunkohlen; Sarmat am
Hellespont bis 800 Fuß hoch. Mactrakalke. Sande und Gerölle mit

Säugetierresten (Pikermifauna). Diluviale Muschelbänke bei Gallipoli und Tschanak-Kalessi.

Denkschr. d. Wiener Akad. d. Wiss. XL. 1880. S. 357—378. (Mat. Nr. 163.)

606. 1880. F. Fuchs. On the Asiatic alliances of the fauna of the „Congerien" deposits of South-eastern Europe.
Nature 1880. XXI. S. 528 u. 529.

607. 1880. J. Halavats Die mediterrane Fauna von Galubatz in Serbien. Leithakalkformen und solche des Grinzinger Mergels.
Földt. Közl. 1880. S. 375.

608. 1880. Fr. Herbich. Geologisches aus Bosnien-Hercegovina.
Neues Jahrb. für Min. etc 1880. S. 94—96. (Mat. Nr. 169.)

609. 1880. V. Hilber. Diluvische Landschnecken aus Griechenland. Bucht von Phokis. zwischen Hippuritenkalken Lehm mit Landschnecken. Bei Larissa Maïmuli) Faunen mit den jetzt lebenden übereinstimmend
Denkschr. d. Wiener Akad. d. Wiss. XL. S. 209.

610. 1880. R. Hoernes. Tertiär bei Derwent in Bosnien.
Verhandl. d. k. k. geol. R.-A. 1880. S. 164. (Mat. Nr. 167.)

611. 1880. L. Luiggi. Report on the island of Cyprus.
(Giorn. del Genio civ. 1880. S. 337. (Proc. Inst. Civ. Eng. LXII. S. 362—365.)

612. 1880. E. v. Mojsisovics. Vorlage der geologischen Übersichtskarte von Bosnien-Hercegovina
Verhandl. d. k. k. geol. R.-A. 1880. S. 23. (Mat. Nr. 164.)

613. 1880. E. v. Mojsisovics, E. Tietze und A. Bittner. Grundlinien der Geologie von Bosnien-Hercegovina mit geol. Übersichtskarte (1:576.000).
Jahrb. d. k k. geol. R.-A. 1880. XXX. Bd XII und 322 S. mit 3 Tafeln. (Mat. Nr. 170.)

614. 1880. M. Neumayr. Tertiär von Bosnien
Verhandl. d. k. k. geol. R.-A. 1880. S. 90. (Mat. Nr. 165.)

615. 1880. M. Neumayr. Die Mittelmeerkonchylien und ihre jungtertiären Verwandten.
Plan einer großangelegten Arbeit.
Jahresber. d Deutschen malacoz. Ges 1880. Heft 2.

616. 1880. E. Pélagaud. La préhistoire en Syrie.
Compt rend. Assoc. Fr. 1880. S. 448—857.

617. 1880. H. Stopes. On a palaeolithic flint implement from Palestine.
Rep. Brit. Assoc f. 1880. S. 624.

618. 1880. F. Teller. Geologische Beobachtungen auf der Insel Chios. Ältere halbkristallinische Gesteine der Spalmatoriinseln. paläozoische Schiefer und Sandsteine mit Kieselschiefer- und Kalkeinlagerungen (besonders im NW). Fusulinenkalk von Kardamilé (N), mesozoische Kalke (Hauptgestein der Insel). Hornblendeandesit (im NW vom M Elias), limnische Tertiärbildungen an der SO-Seite. Strandebenen und Flußalluvionen. Schiefer und Sandsteine N S streichend in O—W-Richtung gefaltet.
Denkschr. d. Wiener Akad. d. Wiss. 1880. XL. S. 340—356 mit geol. Karte. (7 Ausscheidungen.)

619. 1880. **Fr. Toula.** Geologische Untersuchungen im westlichen Teile des Balkans etc. 9. Von Ak-Palanka über Nisch. Leskovac, die Rui Planina bei Trn nach Pirot.

    Sitzungsber. d. Wiener Akad. LXXXI. 1880. S. 188–265 mit 6 Taf. (Mat. Nr. 168.)

620. 1881. **H. Bücking.** Vorläufiger Bericht über die geologische Untersuchung von Olympia. Tertiär und Alluvium. Zu unterst Conglomerate mit Sanden und Mergeln wechselnd, marine Fossilien (Hebung). Darüber Süßwasserbildungen mit Planorben und Melanopsiden. Braunkohlenflöze.

    Monatsber. d. Berliner Akad. d. Wiss. 1881. S. 315–324.

621. 1881. **H. Bücking.** Über die kristallinischen Schiefer von Attika. Die Kalke der Akropolis und des Lykabettos. Kreidekalke (Reste einer zusammenhängend gewesenen Tafel) über kristallinischen Schiefern. Der Marmor des Pentelikon zwischen kristallinischen Schiefern, denen der Kreidekalk aufgelagert ist. Die kristallinischen Schiefer von Südeuboea stehen mit jenen von Attika in engen Beziehungen, sie sind echte kristallinische Gesteine.

    Zeitschr. d. Deutschen geol. Ges 1881. XXXIII. S. 118–138.

622. 1881. **Th. Fuchs.** Einige Bemerkungen zu Prof. Neumayrs Darstellung der Gliederung der jungtertiären Bildungen im Griechischen Archipel. *Elephas meridionalis* und *Hippopotamus major* sind nicht pliocän, sondern pleistocän. Die marinen Conchylien von Raphina (*Ostrea lamellosa, Cerithium vulgatum, Pecten benedictus* etc.) sind pliocän.

    Verhandl. d. k k. geol. R.-A. 1881. S. 173—178.

623. 1881. **Jannettaz** et **L. Michel.** Serpierit, ein neues Mineral (basisches Kupferzinksulfat) von Laurium.

    Bull. Soc. min. de Fr. 1881. S. 196—205

    Man vergl. auch E. Bertrand (ebend.) über ein neues Mineral: Zinkaluminat neben Serpierit.

624. 1881. **C. Janssen.** Der Mineralreichtum Bulgariens

    Berg- u. Hüttenm. Zeitung 1881. Nr. 34.

625. 1881. **Baron v. Löffelholz.** Einige geognostische Notizen aus Bosnien.

    Verhandl. d. k. k. geol. R.-A. 1881. S. 23—27. (Mat. Nr. 171.)

626. 1881. **M. Losanić.** Analysen der serbischen fossilen Kohlen. Mit Streiflichtern auf die Lagerungsverhältnisse (serbisch)

    Belgrad. Glasnik.

627. 1881. **K. M. Paul.** Über Petroleumvorkommnisse in der nördlichen Walachei.

    Verhandl. d k. k. geol R.-A. 1881. S. 93—95.

628. 1881. **F. Pisani.** Sur un vanadate de plomb et de cuivre du Laurium.

    Compt. rend. 1881. S. 1292.

629 1881. **G. Primicz.** Zur petrographischen Kenntnis von Bosnien. Mikroskopische Beschreibungen einiger von Herbich gesammelten Gesteine.

    Földt. Közl. 11. Jahrg. S. 195—199.

630. 1881. **R. C. Porumbaru.** Étude géologique des environs de Craïova par cours Bucovatziu — Cretzesci (Walachei).

    Paris 1881. (Mat. Nr. 175.)

    (Auch Tournouër schrieb über tertiäre Fossilien von Krajova. Man vergl. auch Bielz 1864.)

631. **1881. O. Radimsky.** Über den geologischen Bau der Insel Arbe in Dalmatien. Gefaltete Kreide- und Eocänschichten.
     Jahrb. d. k. k. geol. R.-A. XXX 1880. S. 111—114 mit 2 Tafeln (Karte und Profile).

632. **1881. Gerh. vom Rath.** Geologische Skizze von Palästina und dem Libanongebiet. Reiseschilderungen.
     Bonn 1881 Verh. Ver. d. pr. Rheinl. etc. Corresp.-Bl. Nr. 2. 48 S.

633. **1881. H. Schliemann.** Ilios Stadt und Land der Trojaner. Die geographischen Schilderungen nach Barker, Webb und Virchow.
     Leipzig 1881.

634. **1881. H. P. Shilston.** Curious natural phenomena in Cephalonia „Seawater flowing into the land".
     Trans. Liverpool Geol. Soc. 1881. S. 15—18.

635. **1881. E. Tietze.** Bericht aus Montenegro.
     Verhandl. d. k. k. geol. R.-A. 1881. S. 254 u. 255. (Mat. Nr. 174.)

636. **1881. E. Tietze.** Zur Würdigung der theoretischen Spekulationen über die Geologie von Bosnien. (Polemik gegen E. v. Mojsisovics.)
     Zeitschr. d. Deutsch. geol. Ges. 1881 S. 282 297. (Mat. Nr. 176.)

637. **1881. Fr. Toula.** Grundlinien der Geologie des westlichen Balkan. Mit geol. Übersichtskarte (1 : 300.000) u. 4 Taf.
     Denkschr. d. Wiener Akad. d. Wiss. XLIV. 56 S. (Mat. Nr. 173.)

638 **1882. G. Cobalcescu.** Geologische Untersuchungen im Buzeuer Distrikt (Walachei).
     Verhandl. d. k. k. geol. R.-A. 1882. S. 227—231. (Mat. Nr. 181.)

639. **1882. W. Dames.** Über das Vorkommen fossiler Hirsche im Pliocän von Pikermi.
     Sitzungsber. Ges. naturf. Fr. Berlin 1882. S. 71 u. 72.

640. **(1883.) W. Dames.** Über hornlose Antilopen von Pikermi.
     Ebend. 1883. S. 25 u. 26.

641. **(1883.) W. Dames.** Hirsche und Mäuse von Pikermi.
     Zeitschr. d. Deutsch. geol. Gesellsch. 1883. S. 92—100. Mit Taf. V.

642. **(1883.) W. Dames.** Über das Vorkommen von *Hyaenarctos* in den Pliocänablagerungen von Pikermi bei Athen.
     Sitzungsber. Ges. naturf. Fr. Berlin 1883. Nr. 8. 8 S.

643. **1882. M. Draghicénu.** Carta geologica a Judetului Mehedinti (W. Walachei). 1 : 444.000, mit 18 Ausscheidungen.
     Wien. F. Köke.

644. **1882. H. Bar. v. Foullon.** Über die Eruptivgesteine Montenegros.
     Verhandl. d. k. k. geol. R.-A. 1882. S. 128.

645. **1882. K. v. Fritsch.** Acht Tage in Kleinasien. Die kristallinischen Gesteine des Olymps archäisch (wie jene in Attika und auf den Kykladen). Granitkern, Gneis und Glimmerschiefer, im O mit Marmoreinlagerungen. Am Nordabhang des Olymps eine Verwerfung (über Brussa) nach OSO. Nördlich davon kommen kristallinische Gesteine zutage. Heiße Quellen. Grauwackenartige Gesteine in Verbindung mit Diabas (paläozoisch) Pflanzenführende Tonschiefer; Sandstein und Mergel fraglichen Alters. Jüngere Eruptivgesteine besonders zwischen paläozoischen Formationen und Eocän (Kreidealter?). Augitandesit vom Katerlü Dagh. (Auch Dacit.) Kalksteine

mit Lithothamnien und *Pecten* (Eocän), Melanopsisschichten besonders
nördlich von Nicaea; bis 100 *m* mächtig.

Mitteil. Ver. f. Erdk. Halle 1882. S. 101—139 mit geol. Karte (1 : 1,000.000).

646. 1882. **A. Gurlt**. Die Bergwerksindustrie in G r i e c h e n l a n d und im türkischen
Reiche. Nur in archäischen Gebieten und in Eruptivgesteinsmassiven.
Berlin 1882. 35 S.

647. 1882. **F. v. Hauer**. Der Scoglio Brusnik bei St. Andrea (D a l m a t i e n) besteht
aus Diabas (nach C. v. J o h n s Bestimmung).
Verhandl. d. k. k. geol. R.-A. 1882. S. 75—77.

648. 1882. **R. Hoernes**. Zur Würdigung der theoretischen Spekulationen über die
Geologie von B o s n i e n. (Polemik gegen E. T i e t z e)
Graz 1882. (Mat. Nr. 178.)

649. 1882. **W. H. Hudleston**. On the geology of P a l e s t i n e. Die geologische
Karte umfaßt die Sinai-Halbinsel und reicht bis Baalbeck und Damaskus.
Ein Generalprofil von Jaffa über das Tote Meer zum Dschebel Schiban
mit der Spalte; Senkung und Schichtenkrümmung. Abbildungen einiger
Fossilien vom Libanon und Hermon. (*Exogyra olisiponensis*, *Trigonia scabra*,
Amm. syriacus, *Nerinea* etc.)
Proc. geolog. Assoc. VIII. (1883—84) 1885. S. 1—53. Mit Karte. 1 Taf.
u. Prof. (Liter. Ang.). Nature 1885. 30 Apr. — Proc. Geol. Soc. W. Riding
Yorksh. VIII. 1883. S. 174.
Von demselben Autor erschien: The geology of P a l e s t i n e. London
1885. (E. Stanford.)

650. 1882. **Nasse**. Bemerkungen über die Lagerungsverhältnisse der metamorphischen Gesteine in A t t i k a. Die Altersfrage der Marmore der Gegend
von A t h e n wird erörtert. Der obere Marmorhorizont des Hymettos wird
als Liegendes des metamorphosierten oberen Schiefers aufgefasst und als
verschieden von den Kalken des Lykabettos, die im Hangenden auftreten.
Zeitschr. d. Deutsch. geol. Ges. 1882. S. 151—155. Mit Karte (1 : 20.000)
und Profil.

651. 1882. **M. Neumayr** hat einen Entwurf zu einer Geschichte des ö s t l i c h e n
M i t t e l m e e r b e c k e n s veröffentlicht und gezeigt, daß dasselbe durch
Einbrüche vor dem oberen Pliocän (IV. Mediterranstufe nach Ed. S u e s s)
entstanden sei.
V i r c h o w und H o l t z e n d o r f f. Vorträge Nr. 392.

652. 1882. **G. Pilar**. Geološka opožanja uzapadnoj B o s n i. (Kroatisch.)
Agram 1882. (Mat. Nr. 179.)

653. 1882. **G. vom Rath**. Über eine Schwefelwasserstoffexhalation im Meere, unfern
M i s s o l o n g i. (15.—16. Dez. 1881.) Gleichzeitig ein Erdbeben.
Neues Jahrb. f. Min. 1882. I. S. 233—236.

654. 1882. **G. vom Rath**. Geologische Mitteilungen über die Umgebung von
S m y r n a. Tonschieferähnliche, vielfach gefaltete Schiefer unter Kalk- und
Schiefertrümmergesteinen und cretazischen Kalken. Über diesen das ande-
sitische Gebirge.
Sitzungsber. nat. Ver. d. pr. Rheinl. 1882. S. 16—26.

655. 1882. **G. vom Rath**. Durch Italien und G r i e c h e n l a n d nach dem h e i l i g e n
L a n d e.
Heidelberg 1882. (II. Auflage in 2 Bänden. 1888.)
Eine geologische Skizze der Reise : Verhandl. d. Ver. d. pr. Rheinl.
4. F. IX. Sitzungsber. S. 61—114. 1881. (Nr. 632).

656.' **1882. J. G. Schoen.** Mitteilungen in topographisch-geologischer Beziehung über eine Reise längs der Küsten Griechenlands und durch die europäische Türkei.

> Verhandl. naturf. Ver. Brünn 1882. S. 69—86. (Mat. Nr. 109.)

657.' **1882. Fr. Toula.** Geologische Übersichtskarte der Balkanhalbinsel.

> Peterm. geogr. Mitteil. 1882. X. Heft. S. 361—369. Mit Karte mit 16 Ausscheidungen (1:2,500.000).

658. **1883. A. Bittner** hat eocäne und neogene Versteinerungen aus der Hercegovina besprochen. Nummuliten- und Alveolinenkalk südlich von Blagaj und westlich von Mostar; tertiäre Süßwasserschichten von Mostar mit *Congeria, Melanopsis, Valenciennesia* etc. Aufsammlungen des Hauptmannes von Löffelholz.

> Verhandl. d. k. k. geol. R.-A. 1883. S. 134—136.

> Ebend. 1884. S. 202—204 *Congeria, Melanopsis, Melania* etc. von Banjaluka.

659. **1883. Botea.** Geologia judetului Mehedinti (W. Walachei).

> Jurnalul Rom. Liberă Nr. 1786, 1789, 1796, 1802.

660. **1883. G. Cobalcescu** hat geologisch-paläontologische Studien über einen Teil des rumänischen Tertiärgebietes in der Moldau angestellt. Untermenilitische oligocäne Mergel, Menilitschichten, Magurasandstein. Die miocäne Salzformation. Sarmatische Schichten. Paludinenschichten von Jassy. Das Eocän ist durch die Nummulitenformation vertreten. Die sarmatischen Bildungen liegen fast horizontal, nur ganz leicht gegen SO geneigt. Die Salzformation liegt diskordant über den Magurasandsteinen und wird durch Conglomerate eingeleitet. Sandsteine herrschen vor, unter welchen gipsführende Tone und Sandsteine mit Salzstöcken und darunter Kalke und Mergel auftreten. Stellenweise „sehr gefaltet". Bukarest. 165 S. (rumänisch).

> Man vergl. Mat. Nr. 181.

> Verhandl. d. k. k. geol. R.-A. 1883. S. 73, 149—157.

661. **1883. A. Cordella.** Mineralogisch-geologische Reiseskizze aus Griechenland. Über Laurium, Mineralquellen, Quarzphyllit, Serpentin, Ophicalcite. (alte Steinbrüche).

> Berg- u. Hüttenm. Zeitung. XLII. 1883. S. 21—23, 33—36, 41—44, 57—59.

662. **1883. J. S. Diller.** Über den Amphibolgranitit vom Chigri-Dagh des westlichen Teiles der Landschaft von Troja.

> Neues Jahrb. f. Min. etc. 1883. I. S. 187—193.

663. **1883. J. S. Diller.** Notes on the geology of the Troad. Mit Zusätzen von W. Topley. Mit Literaturangaben. Der Berg Ida archäisch aus kristallinen Schiefern, der Chigri-Dagh Granit. Bei Adramyti und im Westen vom Berge Ida metamorphische Gesteine: Kreide, vielleicht zum Teil paläozoisch, zum Teil eocän. (Ähnliche Verhältnisse wie bei Athen.) Obermiocän (marines [?] Sarmat) und Süßwasserablagerungen pliocänen oder miopliocänen Alters. Diorite (Bairamitsch SO und Edremit N), Andesite (von Ineh bis zur Küste), Liparite (Baba Kalessi), Basalte (Troja SO). Auch Diabas und Quarzporphyr werden angegeben. Bei der Diskussion

erwähnte Admir. Spratt, daß er marine und Süßwasserablagerungen wechsellagernd angetroffen habe.

Quart. Journ. 1883. S. 627—636 mit Karte (1 : 570.000), welche von der Skamandermündung bis Edremit reicht.

Man vergl. auch Papers Arch. Inst. Am. 1882. I. S. 166—179. Science II. 1883. S. 255—258. Rep. Brit. Assoc. f. 1883, 1884. S. 508 und 509.

664. 1883. M. Draghicénu hat das Gebiet zwischen Cerna und Donau besprochen. (Walachei.)

Bukarest 1885. 202 S. mit Karte (rumänisch).

665. 1883. H. Engelhardt beschrieb Tertiärpflanzen von Bjelo Brdo bei Vjschegrad in Bosnien.

Isis 1883. S. 85—88.

666. 1883. H. v. Foullon. Das Gestein des Scoglio Pomo ist ein Augitdiorit.

Verhandl. d. k. k. geol. R.-A. 1883. S. 283—286.

667. 1883. C. v. John. Untersuchungen verschiedener Kohlen aus Bulgarien.

Verhandl. d. k. k. geol. R.-A. 1883. S. 99.

668. 1883. A. Locard. Malacologie des lacs de Tibériade, d'Antioche et d'Homs. Syrie.

Arch. du Muséum d'hist. natur. Lyon. III. 1883.

669. 1883. M. Neumayr. Über einige tertiäre Süßwasserschnecken aus dem Orient. Zwei von Diller gesammelte: *Limnaeus Dilleri, Paludomus (?) trojanus.- Melanopsis aetolica* von Stamna in Ätolien etc.

Neues Jahrb. f. Min. 1883. II. S. 37—43 mit Taf.

670. 1883. Stan. Olszewski. Studien über die Verhältnisse der Petroleumindustrie in Rumänien. Das Hauptniveau bilden die Congerienschichten, die bis 1000 *m* Mächtigkeit erreichen und in ganz flache Falten gelegt, einen wesentlichen Anteil nehmen an dem Aufbau des südlichen Abhanges der transsylvanischen Alpen. Darunter liegen bei Kimpina sehr gestört die Salztonschichten, grünliche und dunkelgraue tonige Schiefer, Sandsteine, Mergelschiefer und zu oberst rote Tone. Das Liegende der Salztonschichten bildet Eocän über Ropiankaschichten.

Österr. Zeitschr. f. Berg- u. Hüttenwesen. 1883. Nr. 32—37, 39 u. 41. Man vergl. das ausführliche Ref. V. Uhligs: Verhandl. d. k. k. geol. R.-A. 1883. S. 246 u. 247.

671. 1883. A. Pelz. Reisenotizen aus Mittelbulgarien. Petrographische Mitteilungen über die Routen Rustschuk - Tirnova, Gabrovo—Schipka- Kazanlik.

Verhandl. d. k. k. geol. R.-A. 1883. S. 115—124.

672. 1883. A. Pelz hat Mitteilungen über das Trachytgebiet der Rhodope gemacht. E. Hussak hat die Gesteine petrographisch untersucht. Liparite und Andesite. Biotitandesite älter (eocän?) als die Liparite. Basalt fraglich.

Jahrb. d. k. k. geol. R.-A. 1883. S. 115—130.

673. 1883. F. Teller. Diluviale Knochenbreccie auf Cerigo. Notiz über Funde E. Tietzes (Molaren von *Cervus Dama*).

Verhandl. d. k. k. geol. R.-A. 1883. S. 47.

674. 1883. E. Tietze hat das Salz in der Gegend zwischen Plojeschti und Kimpina (Walachei) als in den Horizont der Congerienschichten gehörig erklärt (Capellini), während es nach K. M. Paul dem Schlier ange-

31*

hören soll. Die Ölgruben in blauem Tegel und steil aufgerichteten Sanden, was mit Angaben Pilide's übereinstimmt.

Jahrb. d. k. k. geol. R.-A. 1883. S. 381—396. (Man vergl. Mat. Nr. 185.)

675. **1883.** Geologische Geschichte des Toten Meeres und des Jordantales. Ausland 1883. LVI. S. 375 u. 376.

676. **1883. Fr. Toula.** Materialien zu einer Geologie der Balkanhalbinsel. Bibliographie bis zum Jahre 1883 mit 186 kurz charakterisierten Abhandlungen.

Jahrb. d. k. k. geol. R.-A. 1883. XXXIII. S. 61—114.

677. **1883. Fr. Toula** brachte die Berichte über seine Arbeiten im westlichen Teile des Balkans und in den angrenzenden Gebieten, für das Gebiet zwischen Sofia, Trn, Nisch und Pirot zum Abschlusse. Im östlichen Teile herrscht Kreide, und zwar zumeist Neocom in verschiedener Ausbildung über Trias und Jura. Paläozoische Bildungen sind wenig verbreitet. Im Westen kristallinische Schiefergesteine. Eine Antiklinale. Trachytisch-andesitische Gesteine und Diabas. Das Hauptstreichen verläuft parallel mit der Haupterstreckung des Gebirges von NW—SO.

Sitzungsber. d. Wiener Akad. 88. Bd. 1279—1346 mit Karte (1 : 300.000).

678. **1883. Fr. Toula.** Die im Bereiche der Balkanhalbinsel geologisch untersuchten Routen.

Mitt. Geogr. Ges. Wien 1883. 10 S. mit Karte (1 : 2,500.000).

679. **1883. G. N. Zlatarski.** Materijali po geologijata i mineralogijata na Blgarija. Geologisches Profil von Vidin, Boinica, Makresch, Belogradschik, Lomtal nach Berkowica.

Zeitschr. d. bulg.-wissensch. Vereines in Sofia 1883. (Bulgarisch.)

In derselben Zeitschrift finden sich noch: Geologische und paläontologische Notizen, aufgezeichnet zwischen Pleven und Trojanski Balkan, 29 S., und geologische Exkursionen im südwestlichen Bulgarien, 73 S. (Bulgarisch ohne Zusammenfassung in einer der Weltsprachen)

680. **1883. G. N. Zlatarski.** (Fortsetzung der geologisch-mineralogischen Materialien.) Geologisches Profil von Orhanie, Jablanica, Dragovica etc. nach Plevna. (Balkanvorland.)

Sofia 1883. (Bulgarisch.)

681. **1883. J. Žujović.** Note sur la paléontologie de la Serbie. Belgrad. 15 S. mit Tafel. 1883.

682. **1884. Bücking** hält in einer Besprechung der Arbeit Nasses seine Annahme, daß am Pentelikon unter dem Gipfelkalke des Hymettos eine ältere Formation auftrete, aufrecht.

Neues Jahrb. 1884. I. Ref. S. 237.

683. **1884.** In dem Berichte über F. **Bückings** Aufnahmen wird die Ausdehnung der metamorphischen Schichten wesentlich beschränkt. Der Lykabettos-kalk sei obercretazisch, die Schiefer von Athen und die Gesteine des Hymettosvorhügel entsprechen dem Macigno und dem älteren Kreidekalk; die Hymettosschichten werden als die oberen metamorphischen Schiefer von Attika bezeichnet, die Marmore, Glimmerschiefer und Kalkglimmerschiefer liegen darunter. Serpentin und Gabbro treten in zwei Horizonten auf, u. zw. in den Hymettos- und Pentelikonschichten. Korallen im unteren Marmor des Hymettos.

Sitzungsber. d. Berliner Akad. 1884. S. 935—950.

684. **1884. E. Cortese** et **M. Canavari**. Nuovi appunti geologici sul Gargano. Von W—O: über Dolomit: Jura (*Posidonomya alpina*), Diceraskalke, Neocom, Hippuritenkalk. Eocän (Verkarstung).

685. **1884. M. Canavari**. Osservationi intorno all' esistenza di una terraferma nell' attuale b a c i n o a d r i a t i c o. Festlandskonfiguration Italiens, Tyrrhenis im W (vortertiär), Adriatis im O (Miocän).

Boll. com. geol. 1884. XV. S. 225—240, 289—304.

Proc. verb. Soc. tosc. sc. nat. Pisa 1885. V. 151 ff.

686. **1884. Hamlin**. S y r i a n molluscan fossils.

Mem. of the Mus. of Comp. Zool. X. 3.

687. **1884. Fr. v. Hauer** hat von K e l l n e r gesammelte Cephalopoden vom Han Bulog (S a r a j e v o OSO) als untertriadisch und dem oberen Muschelkalke der Schreyeralpe bei Hallstatt entsprechend bestimmt. (Verhandl. d. k. k. geol. R.-A. 1884. S. 217--219.) Zone des *Ceratites trinodosus*.

688. **1884. Fr. v. Hauer**. Erze und Mineralien aus B o s n i e n.

Jahrb. d. k. k. geol. R.-A. 1884. S. 751—758.

689. **1884. B. v. Inkey**. Geotektonische Skizze der westlichen Hälfte des u n g a r i s c h - r u m ä n i s c h e n G r e n z g e b i r g e s. Das ganze Gebirge vom südöstlichen Siebenbürgen rings um die Donauebene und durch das östliche Serbien war einer allgemeinen Drehung des Streichens ausgesetzt (Torsion) und wird dadurch die Verbindung der Karpaten mit dem Balkan hergestellt. Vier Faltenzüge an der Aluta.

Földtani Közlöny 1884. S. 116—121.

Man vergl. auch: Ebend. 1881. XI. S. 190—194 und M. T. Akad. Term. Tud Ertekezék. Budapest 1883. XIX. 32 S. (Ungar.)

690. **1884**. Die Minendistrikte von Karahissar in K l e i n a s i e n.

Österr. Zeitschr. f. Berg- u. Hüttenw. XXXII. 1884. S. 339—341.

691. **1884. C. Post**. On a deposit of marine shells in the alluvium of the Latakia Plain in S y r i a. (Nach K. D i e n e r eine ältere Ablagerung. Man vergl. „Libanon". S. 101.)

Nature. XXX. 21. Aug. 1884.

692. **1884. G. Primics**. Das kristallinische Schiefergebirge (Gneis und Glimmerschiefer) der Fogarascher Alpen und des benachbarten r u m ä n i s c h e n G r e n z g e b i r g e s mit ihrer kretazischen und tertiären Umsäumung. Die kristallinischen Schiefer fallen im O des Massivs gegen NO und N, gegen Westen hin im N gegen N, im Süden gegen S und SW. Die Sedimente zeigen bis zum Eocän im allgemeinen mit dem der Schiefer übereinstimmendes Verhalten. Das kristallinische Massiv dürfte am Ende des Eocäns schon die gegenwärtige Gestalt gehabt haben. Zwei mächtige Druckwirkungen, eine aus N im Westen und eine aus S im Osten, haben die Entstehung des Gebirges beeinflußt. Aus den Neigungsverhältnissen der Schichten (die Kreide unter 80°, das Eocän zwischen 20 u. 25°, das Neogen zwischen 5 u. 20°) wird geschlossen, daß die Erhebung des Massivs „nach Ablagerung der Kreide- und Eocänschichten im besten Gange war, hingegen zur Zeit der Neogenablagerungen schon sehr gering sein mußte".

Mitteil. aus dem Jahrb. d. ung. geol. Anst. 1884. VI. S. 283—315 mit Karte.

693. **1884. Fr. Sandberger**. *Lanistes* fossil in Tertiärschichten bei T r o j a. *Paludomus? trojanus Neumayr* (Neues Jahrb. 1883. S. 38. Taf. I, Fig. 56) wird als

246

Lanistes trojanus sichergestellt. Vergleich mit Formen aus dem Nil- und Senegalgebiete.

Neues Jahrb. für Min. etc. 1885. I. S. 73 u. 74.

694. **1884. S. Stefanescu** gab eine Mitteilung über den südlichen Teil des siebenbürgisch-rumänischen Grenzgebirges. Glimmer- und Hornblendeschiefer werden von Jura und Kreide überlagert.

Ann. Biur. geol. Bukarest 1884.

Derselbe Autor hat auch die Geologie von „Judet. de l'Arges" behandelt. Ebend. 1882 bis 1883 (1886), französ.

695. **1884. E. Tietze** hat eine „Geologische Übersicht von Montenegro" gegeben. Im NO paläozoische Tonschiefer und Konglomerate. Darüber im N und NO, in einer im S schmäler werdenden Zone, in der Nähe des Meeres, Trias, und zwar rote, graue und gelbliche Schiefer (Werfener Schiefer) mit Diabasen; ausgedehnte Kalkmassen am Dormitor. Der Kern besteht aus einer auf paläozoischen Gesteinen lagernden Triasscholle. Im S und W des Landes herrschen in weiter Verbreitung Kreidekalke (Karstplateau). Zwischen Antivari und Dulcigno tritt Eocän auf. Auch einige kleinere isolierte Flyschvorkommnisse. Neogene Lithothamnienkalke wurden bei Dulcigno nachgewiesen. In den Kesseltälern und an den Wasserläufen finden sich Quartärbildungen. Das Gebirgsstreichen ist vorherrschend von NW—SO gerichtet, das Verflächen gegen NO.

Jahrb. d. k. k. geol. R.-A. 1884. S. 1—101 mit geol. Karte (1:450.000).

696. **1884. Franz Toula** gab eine Übersicht über seine geologischen Untersuchungen im zentralen Balkan und in den angrenzenden Gebieten. Zwischen Elena und Sofia-Berkovica wurden zehn Durchquerungen des Balkans und zwei der Sredna Gora (Karadscha Dagh) ausgeführt. Granit, Gneis, kristallinische und halbkristallinische Schiefer in den Hauptkämmen. Darüber liegt untere Trias (im Tvardica-, Schipka-, Trojan- und Teterenbalkan und in der Sredna Gora) und Lias. Die Kreide spielt im nördlichen Teile des untersuchten Gebietes die Hauptrolle. Besonders das Neocom ist weit verbreitet. Oolithe, Requienienkalke, Inoceramenmergel (Travnabalkan), flyschähnliche Sandsteine. Die balkanischen Kohlen werden sicher als nicht älter als kretazisch bezeichnet. (Laubpflanzen an mehreren Stellen.) Bei Tirnova ein wenig ausgedehntes Vorkommen von Nummulitengesteinen. Basaltgänge am Südhange des Travnabalkans (man vergl. Mat. Nr. 182). Zwischen Selvi und Svischtova (an der Donau) eine Reihe von Basaltvorkommnissen. Thermenlinie der Sredna Gora.

Sitzungsber. d. Wiener Akad. 90. Bd. S. 274—307 (mit Übersichtskärtchen).

697. **1884. V. Uhlig** besprach die von M. J. Žujović gesammelten Jurafossilien aus Serbien. Lias von Rgotina, Basara, Milanovac. Dogger der Vřka Čuka bei Zaičar.

Verhandl. d. k. k. geol. R.-A. 1884. S. 178—184.

698. **1884. G. N. Zlatarski.** Petrographische Untersuchungen über eruptive und metamorphische Gesteine Bulgariens.

Sofia 1884. (Bulgarisch.)

Derselbe Autor schrieb auch über die Mineralien Bulgariens.

699. **1884. J. M. Žujović** hat Materialien für eine Geologie von Südostserbien herausgegeben.

Belgrad. Mit Karte (1:300.000). Man vergl. Material. etc. Nr. 182.

700. **1885. G. Cobalcescu.** Über die geologische Beschaffenheit des Gebirges im W und N von Buzeu (Walachei). Sarmatische Kalke bis 400 *m* mächtig im Hangenden der salzführenden Formation, welche sich weiter im O an die steilaufgerichteten, petroleumführenden Menilitschiefer lehnen, die weiter im O von Magurasandstein überlagert werden. Gegen S ist die salzführende Formation von Paludinenschichten bedeckt.

Verhandl. d. k. k. geol. R.-A. 1885. S. 275.

701. **1885. K. Diener.** Die Struktur des J o r d a n q u e l l g e b i e t e s. Grabenversenkung zwischen treppenförmig gebrochenen Horsten. Zwischen dieser und dem Graben von Coelesyrien (Libanon und Antilibanon) eine Brücke (Dahar Litani), nördlich davon Umbiegung der Spalten gegen NO. Virgation.

Sitzungsber. d. Wiener Akad. d. Wiss. 1885. S. 633—642. Mit Kartenskizze (Taf. I).

Man vergl. Mitteil. d. Wiener geogr. Ges. 1886. XXIX. S. 87 und 156 und Mitteil. d. Berliner Ges. f. Erdk. 1886. XIII. S. 64.

702. **1885. Math. M. Draghicénu.** M e h e d i n t i i. Studii geologice technice si agronomice ca privere particulara asupra Mineralelor utile.

Bucuresti 1885. Mit geol. Karte (1882).

703. **1885. H. Bar. v. Foullon.** Bericht über den Verlauf einer Reise nach G r i e c h e n l a n d zum Zwecke der Untersuchung der kristallinischen Schiefer. Umgebung von Athen, Laurium und die Inseln Tino, Syphcno und Syra.

Verhandl. d. k. k. geol. R.-A. 1885. S. 249 u. 250.

704. **1885. K. v. Fritsch** veröffentlichte zwei von K. Ritter (1837) ausgeführte Zeichnungen des Bimssteinhügels Lophiskos, welcher später (1866) von Lava überflutet worden ist, und vertritt die Meinung, daß der Golf von S a n t o r i n als Explosionskrater aufzufassen sei.

Mitteil. d. Ver. f. Erdk. Halle 1885. S. 27.

705. **1885. Th. Fuchs** besprach aus dem Becken von Bahna (W. W a l a c h e i) kohleführendes Neogen mit *Cerithium margaritaceum*, normale Leithakalke und Badener Tegel.

Verhandl. d. k. k. geol. R.-A. 1885. S. 70—75.

706. **1885. Th. Fuchs.** Miocäne Fossilien aus L y k i e n (gesammelt von F. v. L u s c h a n und E. Tietze). Schlier (Aturienmergel) und Äquivalente der Fauna von Lapugy (Grunder Schichten?).

Verhandl. d. k. k. geol. R.-A. 1885. S. 107—112.

707. **1885. A. v. Groddeck** gab eine Mitteilung über das Vorkommen von Quecksilbererzen am Berge Avala bei B e l g r a d.

Zeitschr. f. Hüttenw. u. Salinenk. XXXIII.

708. **1885. F. Herbich.** Donées paléontologiques sur les C a r p a t h e s R o u m a i n s. Mergel der unteren Kreide im Quellgebiete der Dimbovicoara mit reicher Ammonitenfauna, Kalke von der Jalomitza (Oxford).

Anuarulu biur. geol. Bukarest 1885. Nr. 1. — Abhandl. d. Siebenb. Mus.-Ver. Klausenburg. I.

709. **1885. E. Hull.** Mount Seir, Sinai und W e s t e r n P a l e s t i n e. Hauptsächlich Reiseschilderungen. Der nubische Sandstein teils paläozoisch (Carbonpflanzen wurden gefunden), teils mittelcretazischen Alters. Der Wüstensandstein reicht bis zum Toten Meere. Terrassen an dessen Ufer bis 1400 englische Fuß über dem heutigen Spiegel. Ein abgeschlossener See seit dem Miocän. Die Laven im Jaulân und Haurân jungen Alters. Die

angenommene weiteVerbreitung des Eocäns wurde von Noetling bezweifelt, das Vorkommen am Karmel direkt negiert.

Publ. for the Comm. of the Palestine Explor. fund. London. Mit geol. Karte (Wadi el Arabah—Totes Meer 1 : 380.000).

Man vergl. auch Hudleston (Nature 1885. 31. Bd. S. 614).

710. **1885. Paul Lehmann** hat in einer zusammenfassenden Arbeit über die Fogarascher Alpen die Primics- und Inkeyschen Ansichten wiedergegeben und besonders das Gebiet zwischen Retjezat und Königstein ins Auge gefaßt.

Lehmann betrachtet die Kette von Fogarasch als eine nach Nord etwas überschobene Antiklinale.

Zeitschr. d. Ges. f. Erdk. Berlin 1885. XX. S. 325.

711. **1885. M. Neumayr** und **Al. Bittner** zweifeln an der Richtigkeit der Auffassung Bückings (682, 683). Die Schichtfolgen des Pentelikon- und Hymettoskalkes ließen sich vollkommen ungezwungen in Paralle stellen. Al. Bittner ist der Meinung, der Lykabettoskalk lasse sich ganz wohl mit dem oberen Hymettosmarmor „zu einem größeren Komplexe" vereinigen.

Neues Jahrb. f. Min. 1885. I. S. 151—154.

712. **1885. M. Neumayr.** Die geographische Verbreitung der Juraformation. Lias (Balkanländer). Jura (Dobrudscha und auf Korfu).

Unser Gebiet liegt ganz im Bereiche des Meeres „der äquatorialen Zone" des Jura, mit zwei kleinen Inseln im NW der Balkanhalbinsel und im Gebiete des Marmarameeres. Das Liasmeer bedeckte die Balkanhalbinsel und Kreta. Kleinasien wurde erst durch die Transgression des oberen Jura überflutet. Man vergleiche die Darlegungen Pompeckjs (1897), welche das gefährliche solcher geistreichen Spekulationen über un- oder zu wenig bekannte Gebiete hinweg dartun können.

Denkschr. Wiener Akad. L. 1885. S. 57—142 mit Karte.

Man vergl. auch: ebend. 1883. S. 276—310: die klimatischen Zonen während der Jura- und Kreideperiode. Unser Gebiet liegt in seiner Gänze innerhalb der äquatorialen Zone.

713. **1885. Neumann u. Partsch.** Physikalische Geographie von Griechenland. Breslau 1885.

714. **1885. Fr. Noetling.** Über das Alter der Lavaströme im Dscholân. Einige Lavaströme über höchstens diluvialen Geröllablagerungen.

Sitzungsber. d. Berliner Akad. d. Wiss. 1885. S. 807.

Neues Jahrb. f. Min. etc. 1886. I. S. 254 u. 255. (Prioritätsanspruch gegenüber K. Diener.) Zeitschr. d. Deutsch. Palästinavereins. 1886. IX. S. 159—161.

715. **1885. E. Oberhummer.** Zur Geographie von Griechenland. Untersuchungen über die Beziehungen Leukadiens zum Festlande.

Jahresber. d. Geogr. Ges. München 1885. X. S. 115 mit Karte (1 : 100.000).

716. **1885. J. Partsch** hat mit Benützung der Kollegienhefte C. Neumanns eine physikalische Geographie von Griechenland mit besonderer Rücksicht auf das Altertum herausgegeben. Die geologischen Verhältnisse (Kap. IV) werden auf Grund der Arbeiten von Bittner, Fiedler, Neumayr, Teller u. a. erörtert.

Breslau 1885.

717. **1885. H. Sanner** veröffentlichte Beiträge zur Geologie der Balkanhalbinsel,
und zwar im Balkan zwischen Schipka-Jantra bis Sliven, in der Rhodope,
und auf der Route Philippopel, durch den Karadscha-Dagh nach Kazanlik.
— Zeitschr. d. Deutsch. geol. Ges. 1885. S. 470—518. — Fr. Toula hat
ebend. S. 519—528 eine von Sanner NW von Sliven gesammelte Fauna
in den kohleführenden Gesteinen untersucht und als obercretazisch oder
jünger bestimmt.

718. **1885. E. Suess.** Das Antlitz der Erde. 1. Die adriatische Senkung,
und zwar die dinarischen und Karstbrüche und die junge Erweiterung
der Adria (S. 344—348) „Adriatis". Das Mittelmeer (auf den Osten
bezüglich S. 393—395, 397, 404, 406, 412, 419, 421, 427—430 [III. Medi-
terranstufe], 436 und 437 [die letzten Einbrüche]). Die Beziehungen
der Alpen zu den asiatischen Gebirgen: Das Gebirge von Matschin „ein
unaufgeklärtes Rätsel" (S. 613). Die Karpaten und der Balkan (S. 614—627).
„Die Verbindung zwischen den Karpaten und dem Balkan wird durch
die allgemeine Drehung im Streichen des Gebirges hergestellt." Der
Taurus (S. 635 und 636). Cypern die Fortsetzung der taurischen Gebirge.
Das dinarische Gebirge (S. 636—639). Der dinarisch-taurische Bogen;
zwischen Kreta und Cypern eingebrochen.
Wien, Prag, Leipzig 1885.

719. **1885. L. v. Tausch.** Reisebericht über Thessalien. Von Volo über Vele-
strino, Kara-Dagh, Aïvali, Orman-Magoula nach Phersala, zum Nizero-
see und bis Thrapsumi. Phersala auf Serpentin in kalkigem Sandstein.
Kreidekalke über Schiefern und mergeligen Sandsteinen bei Domokos.
Flyschgesteine. O—W-Streichen der Berg- und Hügelketten bis Smokowo,
wo sie gegen N umbiegen.
Verhandl. d. k. k. geol. R.-A. S. 250—252.

720. **1885. E. Tietze.** Beiträge zur Geologie von Lykien. Eocäne Kalke herrschen
weithin vor. Kreidekalke nur im NW und W von Sura und im Insuz-
Dagh. Flysch sporadisch, so im W von Phaselis und Olympos. Eruptiv-
gesteine (Serpentin etc.) in der Nachbarschaft des Flysch und W von
Telmessos. Marines Tertiär im großen Becken von Arneai-Kasch. Tertiäre
Süßwasserbildungen am Xanthos. Quartäre Schotter, Sand und Löß;
Kalktuff. Senkungsvorgänge bei Makei und Kekowa.
Jahrb. d. k. k. geol. R.-A. 1885. S. 283—384 mit Karte (1:300.000,
8 Ausscheidungen. Kein Profil.

721. **1886. Cold.** Küstenveränderungen im Archipel. Nachgewiesene Hebungen
und Senkungen. Veränderungen durch Alluvionen, durch Erosionen und
fragliche Niveauveränderungen.
11. Auflage. München. 69 S. mit Karten. (Karte der Küstenländer mit
den Meerestiefen 1:1,500.000. Das Delta des Gedis (Hermos) bei Smyrna
und des Mäander 1:240.000.)

722. **1886. W. Dames.** Über einige Crustaceen aus den Kreideablagerungen des
Libanon. (Noetlings Sammlung.) Zumeist von Hakel. Zwölf Arten,
darunter sechs neue. „Mischung von Nachzüglern der Juraformation und
Vorläufern der Tertiärformation und der Jetztzeit."
Zeitschr. d. D. geol. Ges. 1886. XXXVIII. S. 551—575 mit 3 Taf.

723. **1886. K. Diener.** Libanon. Eine größere monographische Arbeit mit einer
Karte, welche vom 33·15° bis 34·50° n. Br. und vom Meere, im Süden bis
Damaskus, im Norden bis Palmyra reicht. Ausgeschieden wurden: oberer

32

Jura (die bekannten Ornatentone und Malmkalke des Hermon). Kreide in vier Abteilungen, die Hauptmasse des Libanons und Antilibanons bildend. Nummulitenkalk im Westen und eocäner Wüstensandstein im Antilibanon und östlich davon über dem Senon. Marines Unterpliocän (neu) zwischen Homs und Palmyra, in zirka 650 m Meereshöhe gehoben?). Westlich von Homs und im Süden und Südwesten von Palmyra spielen basaltische Gesteine eine wichtige Rolle. Was die tektonischen Verhältnisse, „die Leitlinien des Libanons" anbelangt, so werden ausführliche Spekulationen darüber dargelegt. Die Täler von Hûleh und el Bekâa werden als wahre Gräben zwischen treppenförmig gebrochenen Horsten bezeichnet. Im Arz-Libnân nur eine einzige „Schichtbeugung" von beträchtlicher Höhe. Außer parallelen Störungslinien auf der phönizischen Seite, fächerförmig auseinandertretende Dislokationen im östlichen Antilibanon, die über Palmyra hinausreichen. („Virgation der Horste in Mittelsyrien.")

Wien. Hölder. 1886. 412 S. mit Karte (1 : 500.000).

724. 1886. **Bruno Doss.** Über die basaltischen Laven und Tuffe der Provinz Haurân und vom Diret et Tulûl in Syrien. (Stübels Aufsammlungen aus 1882.) Feldspatbasalte (olivinführend) und Palagonittuffe.

Tschermaks Min.-petr. Mitt. 1886. VII. S. 461—535.

725. 1886. **F. Fontannes.** Contribution à la faune malacologique des terrains néogènes de la Roumanie. Von Craiova 72, von Plojeschti 23, von Jassy 80 Arten von Süßwasserfossilien. Die betreffenden Schichten werden in Parallele gestellt mit den Mergeln und Ligniten mit Paludinen von la Bresse und mit den Sanden mit *Mastodon arvernensis* im Becken der Rhone.

Arch. mus. d'hist. natur. Lyon. IV. 1886. S. 321—365 mit 2 Taf.

726. 1886. Derselbe Autor schrieb auch über die sarmatischen und levantinischen Schichten in Rumänien.

Bull. Soc. géol. de Fr. 3. Ser. 1886—1887. XV. S. 49—61.

727. 1886. **Götting.** Über Manganerzlager bei Cevljanovic und über Bleierzgänge von Sebrenica in Bosnien.

Berg- u. Hüttenm. Zeitung 1886. S. 89 u. 345.

728. 1886. **A. B. Griffith** gab eine Notiz über das Eocän im westlichen Serbien. Er vergleicht dasselbe mit den „paraffin"- und salzführenden Gesteinen Galiziens. In den Tonen fanden sich *Nummulites, Ostrea, Cerithium, Nautilus* u. a.

Quart. Journ. XLII. S. 565.

729. 1886. **Fr. v. Hauer** bearbeitet die merkwürdige Muschelkalkfauna vom Han Bulog in Bosnien (1884). Dieselbe dürfte (nach E. v. Mojsisovics, Verhandl. d. k. k. geol. R.-A. 1886. S. 195) neben anderen Formen aufweisen, die einem höheren Niveau entsprechen als jenem der Schreyeralpe.

Denkschr. d. Wiener Akad. d. Wiss. 54. Bd.

730. 1886. **Rafael Hofmann.** Der Quecksilberbergbau Avala in Serbien.

Zeitschr. f. Berg- u. Hüttenwesen. 1886. S. 318—324.

Über diesen Bergbau schrieb auch W. v. Zsigmondy. Földt. Közl. XVII. S. 156—249.

731. **1886. E. Hull.** Survey of West Palestine. Meeresablagerungen im Norden
bis 85 *m* Meereshöhe. Das Salz vom Djebel Usdom ist eine junge Bildung
des Toten Meeres.

Vorläufiger Ber. Geol. Mag. 1886. S. 286—288.

Man vergl. auch: Rep. Brit. Assoc. for 1885. S. 1066—1068 über den
Ursprung der Fische im See von Galiläa.

732. **1886. E. Hull.** Memoir on the geology and geography of Arabia petraea,
Palestine and adjoining districts. In dem unser Gebiet betreffenden Teile
der geol. Karte: Nubischer Sandstein (Neocom und Cenoman) auf der
Ostseite des Toten Meeres. Kreidekalke die Hauptformation. Nummuliten-
kalk, eocäne Sandsteine gegen das Meer. Basalte im Jaulân (Tiberiassee).
Ältere Ausbruchgesteine (Mt. Hor). Kohlenkalk SO vom Toten Meer.
Postpliocäne Salzsceablagerungen im Graben. Alluvionen. Tektonische
Linien sind in einer größeren Karte für das Gebiet südlich vom Toten
Meere eingezeichnet.

Com. of Pal. Expl. fund. London 1886. IX und 145 S. mit Karten
und Profilen.

733. **1886. B. v. Inkey** hat geologische Reiseskizzen aus Montenegro, vom
Isthmus von Korinth, aus der Umgebung von Salonik und von
Bitolia veröffentlicht. Jura von Njegus und Muschelkalk bei Virpazar in
Montenegro. — Über treppenförmige Absenkungen am Schiffahrtskanal von
Korinth. Pontische sandige Mergel unter marinem Pliocän. — Gneis und
grünliche Schiefer bei Salonik. — Dolomitischer Kalk und gefaltete Ton-
schiefer über Gneis und diskordant lagernde Süßwasserablagerungen bei
Bitolia (Monastir).

Földt. Közl. 1886. S. 129—142.

734. **1886. F. Noetling.** Meine Reise im Ostjordanlande und in Syrien im
Jahre 1885.

Zeitschr. d. D. Palästina-Ver. IX. 1886. S. 146.

735. **1886. Fr. Noetling.** Über die Lagerungsverhältnisse einer quartären Fauna
im Gebiete des Jordantales. Schichten mit Melanopsiden. Reine Fluß-
absätze. Altalluvium.

Zeitschr. d. D. geol. Ges. 1886. S. 807—823 mit 1 Taf.

736. **1886. Fr. Noetling.** Entwurf einer Gliederung der Kreideformation in
Syrien und Palästina. Jura: Ober-Oxford mit *Cidaris glandifera*.
Unterturon: Stufe der *Trigonia syriaca* und Stufe der *Trigonia distans*.
Oberturon: *Buchiceras-*, *Radiolites-* und *Pileolus-*Stufen. Senon: Unter-
senone Fischschiefer, obersenone feuersteinführende Kreide. Viel Polemik
gegen K. Diener.

Zeitschr. d. D. geol. Ges. 1886. XXXVIII. S. 824—875.

Über das Alter der Lavaströme im Dscholân schrieb derselbe
Autor: Neues Jahrb. f. Min. 1886. I. S. 254. Frühester Beginn im Post-
senon, Fortdauer bis ins Diluvium. — Eine kartographische Aufnahme
des Dscholân wurde von G. Schumacher ausgeführt. Zeitschr. d.
D. Pal.-Ver. 1886. S. 203—222. Man vergl. auch: Across the Jordan.
London 1886.

737. **1886. L. Thonard** schrieb eine skizzenhafte Übersicht über den geologischen
Bau und die Mineralvorkommnisse Bulgariens.

Rev. Univ. des Mines. Paris et Liège. S. 1—22.

738. **1886. E. Tietze** gab ziemlich scharfe kritische Bemerkungen über die Spekulationen Dieners (Syrien). welche zum Teil der tatsächlichen vorhergegangenen Beobachtung entbehren sollen, wie dies ja leider bei so vielen ähnlichen Darlegungen der Fall sei.

Verhandl. d. k. k. geol. R.-A. 1886. S. 358—362.

Man vergl.: „Noch ein Wort zu Dr. Dieners Libanon." Ebend. 1887. S. 77—81.

739. **1886. Vidal.** Sur le tremblement de terre du 27. août 1886 en Grèce.

Compt. rend. CIII. 1886.

740. **1886. G. N. Zlatarski.** Beiträge zur Geologie des nördlichen Balkanvorlandes zwischen den Flüssen Isker und Jantra. Die Ergebnisse dieser Bereisung, welche Zlatarski (1884) auf die Anregung des Referenten ausgeführt, haben für die Karte desselben (man vergl. Nr. 809, 1869) für das betreffende Gebiet als Grundlage gedient. Sarmatischer mariner Tegel von Plevna, Eocän von Tirnovo, Kreide, und zwar Apt-Urgon, Gault, Cenoman, Turon und Senon. Jura westlich von Trojan. Verfolgung der transversalen Basaltzone des Balkanvorlandes zwischen Osma und Jantra.

Sitzungsber. d. Wiener Akad. d. Wiss. XCIII. 1886. S. 249—341 mit Profilen und 2 Tafeln.

741. **1886. J. M. Žujović** gab eine geologische Übersicht des Königreiches Serbien. Im SO ein Massiv aus kristallinischen Schiefern. Eine insulare Masse derselben Gesteine reicht als Fortsetzung des Banater Gebirges in das Land. In diesen Gebieten treten auch granitische und trachytische Gesteine auf. Im westlichen Teile des Landes spielen paläozoische Schiefer eine Rolle, Gesteine, welche auch nach Bosnien hinüberreichen. An mehreren Stellen liegen rote Sandsteine darüber. Im W und O treten auch die Triasgesteine auf. Jura ist nur sporadisch vorhanden. Die Kreide dagegen besitzt eine große Verbreitung, so im O, in dem Gebiete zwischen Pirot und Nisch und bis gegen die Donau, in einer breiten Zone. Sie ist auch westlich von dem großen kristallinischen Massiv weit verbreitet. Serpentine und Euphotide sind verbreitet, besonders im SW, wo diese Gesteine ganze Gebirge zusammensetzen.

Jahrb. d. k. k. geol. R.-A. 1886. S. 71—126 mit geol. Karte (1:750.000).

742. **1887. O. Ankel.** Grundzüge der Landesnatur des Westjordanlandes. Kurze Erwähnung der geologischen Verhältnisse.

Frankfurt a. M. 1887. S. 46—56.

743. **1887. A. Bittner.** Zur Kenntnis der Melanopsidenmergel von Dzepe bei Konjica in der Hercegovina.

Verhandl. d. k. k. geol. R.-A. 1887. S. 298.

744. **1887. J. Boïatzis** gab in seiner Inaugural-Dissertation eine Zusammenstellung über die geologischen und nautischen Forschungen am Bosporus. Dieser eine Grabensenkung der Diluvialzeit.

Königsberg 1887.

745. **1887. G. v. Bukowski** gab einen vorläufigen Bericht über die geologische Aufnahme der Insel Rhodus. Kreide- und Eocänkalke bilden ein in einzelne Stöcke aufgelöstes Kettengebirge, das von jüngeren diskordant darüber gelagerten Flyschhüllen umgeben ist. Auf der Westseite finden sich Becken mit gestörten Ablagerungen der levantinischen Stufe (Paludinenschichten). Das marine Oberpliocän ist besonders mächtig auf der Nordspitze der

Insel entwickelt und zieht sich an der Ostküste nach Süden. Mächtige Schottermassen mit zum Teil der Insel fremden Elementen stammen aus der Zeit des Zusammenhanges mit Anatolien.

Sitzungsber. d. Wiener Akad. XCVI. 1887. S. 167—173.

746. **1887. J. W. Davis.** The fossil fishes of the chalk of Mount Lebanon in Syria. 54 Gattungen mit 114 Arten. 69 von Sahel Alma (viele kleine Haie), 45 von Hakel (viele *Clupea*-Arten), nur 8 Gattungen mit verschiedenen Arten an beiden Lokalitäten. Faziesunterschiede.

The Scient. transact. Dublin Soc. III. (Ser. II.)

747. **1887. K. Diener.** Über einige Cephalopoden aus der Kreide von Jerusalem, gesammelt von O. Fraas und Dr. Roth. *Ammonites rotomagensis* ließ sich sicherstellen. Die übrigen fünf Arten sind neu (*Acanthoceras n. sp.*, Gruppe des *A. Lyelli* Leym., *Hoplites n. sp. ind., Placenticeras n. sp. ind., Schloenbachia n. sp. ind., Schloenbachia cf. tricarinata d'Orb.*).

Verhandl. d. k. k. geol. R.-A. 1887. S. 254—257.

748. **1887. K. Diener.** Ein Beitrag zur Kenntnis der syrischen Kreidebildungen. Polemik gegen Noetling. *Cidaris glandifera*, fraglicher Kreidehorizont. Die Trigoniensandsteine und ein Teil der Libanonkalke (mit *Amm. rotomagensis*) sind Cenoman, die Fischschiefer von Hakel Oberturon.

Zeitschr. d. Deutschen geol. Ges. 1887. S. 314—342.

749. **1887. H. v. Fouilon** und **V. Goldschmidt** haben die geologisch-petrographischen Verhältnisse der Inseln Syra, Sypheno und Tino zur Darstellung gebracht. Auf Tino liegen über einem Gneiskerne mantelförmig Hornblendegneise und Muskowitschiefer mit Marmor-Ein- und Auflagerungen. Auf Syra und Sypheno über jüngerem Albitgneis glaukophanartige Schiefer und kristallinische Kalke. Nördliches Verflächen.

Jahrb. d. k. k. geol. R.-A. 1887. S. 1—34 mit Karte (1:100.000).

750. **1887. Edm. Fuchs.** L'isthme de Corinthe; sa constitution géologique, son percement. Das Kreidegrundgebirge wird von einem Serpentingang durchbrochen (zwischen Oligocän und Miocän) und vom Tertiär überlagert: Kalke und Mergel mit Cerithien (Tortonien) und blaue Mergel des Pliocäns. Sandige marine Kalke („Kalktuffe") darüber in neun verchiedenen Schichten mit Sanden und Conglomeraten. Vielfach erodiert. Zu oberst mächtige Lagen von Sanden und Schottermassen. 62 Verwerfungen, besonders in der Nähe des Meeres, wodurch eine Art von Terrassierung entsteht.

Assoc. franç. p. l'avanc. des sciences. Toulouse 1887. II. S. 431 mit Tafel.

751. **1887. R. Gasperini.** Secondo contributio alla conoscenza geologica del diluviale Dalmato. Diluviale Säugetierreste von Dernis, Trau, Gardun, Liesa und Lesina betreffend.

Spalato 1887. Progr. Scuolaneale sup. Mit Tafel.

752. **(1885.)** Eine frühere Mitteilung desselben Autors erschien zwei Jahre vorher. Ein Vorkommen diluvialer Säugetierreste von Dubci (Maskarska NW): *Rhinoceros Merckii, Elephas primigenius, Ursus spelaeus, Cervus* und *Capra.*

Ann. dalmato. II. Zara 1885.

753. **1887. Von F. Herbich** (gest. am 19. Jänner 1887) erschien ein paläonto_logischer Beitrag zur Kenntnis der rumänischen Karpathen. Er

handelt über die Kreide im Quellgebiete der Dambovitia. Meist Neocomformen, aber auch solche des Gault und noch jüngere werden beschrieben.
Siebenb. Mus.-Ver. Klausenburg 1887. S. 48.
Ann. birul. geol. Bukarest (rumänisch).

754. **1887. H. Kiepert.** Veränderungen im Mündungsgebiete des Flusses Hermos in K l e i n a s i e n.
Globus 1887. Ll. S. 150 mit Karte.

755. **1887. E. Kittl** besprach das Vorkommen von mittelpliocänen Sanden mit *Elephas meridionalis, Mastodon arvernensis, Rhinoceros leptorhinus* und *etruscus* bei Giurgevo in R u m ä n i e n.
Ann. d. k. k. naturhist. Hofmus. II. S. 75 u. 76.

756. **1887. F. Loewinson-Lessing.** Étude sur la porphyrite andésitique à amphibole de Dewebyoyun en T u r q u i e.
Pr. Soc. belge Géol. I. 1887. S. 110.

757. **1887. M. Neumayr.** Über Trias- und Kohlenkalkversteinerungen aus dem nordwestlichen K l e i n a s i e n (Balia Maden). Obere Trias in alpiner Entwicklung. (Das nächstgelegene Vorkommen ähnlicher Art dürfte das von K. F. P e t e r s in der Dobrudscha nachgewiesene sein. Denkschr. d. Wiener Akad. d. Wiss. 1867. XXVII. S. 160. Anm. d. Ref.)
Anz. d. Wiener Akad. d. Wiss. 1887. XXI. S. 242.

758. **1887. Fr. Noetling.** Der Jura am H e r m o n. Eine geognostische Monographie. Oxford, Trigoniensandstein, einschließlich Radiolitenkalk („Turon"), Untersenon. Am Hermon schollenförmig zerstückt, im SO die Schollen am tiefsten abgesunken. Gliederung des Jura am Hermon: Untere Schichtengruppe (mitteleuropäischer Typus) dunkle, blaugraue Tone mit vielen Ammoniten (*Phylloceras, Harpoceras* und *Perisphinctes* — Zone des *Harpoceras Socini*). Obere Schichtengruppe jünger als die Perarmatuszone, aus hellgrauen bis weißen Kalken und hellen Toneinlagerungen mit *Perisphinctes,* vielen Brachiopoden und Crinoiden: Zone des *Collyrites bicordata,* Zone des *Pecten capricornus,* Zone der *Rhynchonella moravica* und Zone der *Cidaris glandifera* (Spongitenhorizont).
Stuttgart. Schweizerbart. 4°. 1887. 46 S. mit Karte (1 : 25.000) der Umgebung von Medsch del esch Schems.

759. **1887. F. Noetling.** Eine geologische Skizze der Umgebung von el H a m m. Senon, schollenförmig zerstückt. Altalluviale Laven im Schotter. Jungalluviale Schotter, Quelltuffe und Gehängeschutt.
Zeitschr. d. D. Paläst.-Ver. X. S. 59—88 mit geol Karte (1 : 10.000) und Profilen.

760. **1887. Ornstein.** Die w e s t p e l o p o n n e s i s c h e Erdbebenkatastrophe.
Ausland 1887. S. 221 und 248.

761. **1887. J. Partsch.** Die Insel K o r f u. Eine geographische Monographie. Im Norden von Korfu drei Sättel. Im Nordostflügel Hornsteinkalke (Jura und zum Teil Kreide), nach Ost fallend, über dunklen Schiefern und Mergelkalken des Lias mit *Posidonomya Bronni* und Ammoniten (bei Karya). Kristallinische Kalke (Trias?) liegen darunter. Im Westen Kalkmassen gegen SO fallend, auf Macignogesteinen (Sandsteinen und Mergelschiefern) lagernd, weiterhin Hippuriterkreidekalke und an der Westküste Jura. Im

Süden marines Miocän und Pliocän. Kephalonia und Ithaka bestehen aus obercretazischen Rudistenkalken.

Peterm. Erg.-Hft. 88. 97 S. mit 3 Karten. Geol. Kartenskizze (1:300.000). Über die wissenschaftlichen Ergebnisse seiner Reise auf den Inseln des Jonischen Meeres hat derselbe Autor berichtet: Jahrb. d. Berliner Akad. XXXVI. 1887. S. 622.

762. **1887. Ed. Pergens.** Pliocäne Bryozoën von R h o d u s.

Ann. d. k. k. naturh. Hofm. Wien. II. 1887. S. 1—33 mit Taf.

763. **1887. Ed. Pergens** beschrieb auch zahlreiche Bryozoën aus dem Leithakalke von Tasmajdan bei B e l g r a d.

Bull. Soc. Malac. Belg. XXII.

Ann. d. k. k. naturh. Hofmuseum. I. 1887. Mit Taf.

764. **1887. A. Philippson.** Bericht über eine Rekognoszierungsreise im P e l o - p o n n e s. Über das Hochland von Arkadien und seine nördlichen Rand-gebirge, Argolis und Achaia.

Verhandl. d. Ges. f. Erdk. Berlin 1887. S. 409—427 u. 456—463.

Weitere Berichte über seine erste Reise finden sich ebend. 1888.

S. 201—207 u. 314—333.

765. **1887. G. vom Rath** veröffentlicht „Einige geologische Wahrnehmungen in G r i e c h e n l a n d". M i l o besteht aus Trachyten, Rhyolithen und tertiären vulkanischen, und zwar trachytischen Tuffen und -Conglomeraten über kristallinischen Schiefern. An der Ostküste finden sich rezente Meeres-sedimente. Andalusitschiefer werden von Sikino erwähnt. Die Mit-teilungen über Attika (besonders über Laurion) schließen sich an N e u m a y r s Darstellungen an.

Sitzungsber. d. naturw. Ver. der Rheinl. 1887. S. 47—66 u. 77—106.

766. **1887. Gr. Stefanescu.** Harta geologica generala a R o m a n i c i, lacratä de membri biuroului geologie.

Bukarest 1887. 28 Bl. (1:200.000 ohne Terrain).

Man vergl. Ann. du Bureau Géol. 1886. Nr. 1. 1888. V.

767. **1887. E. Tietze.** Über rezente Niveauveränderungen auf der Insel P a r o nach Mitteilung E. L ö w y s. Rezente marine Schalen: *Cerithium vulgatum*, *Murex brandaris*, *Murex trunculus*, *Fusus liguarius* und *Turbo rugosus* in Mergeln unter Sarkophagen.

Verhandl. d. k. k. geol. R.-A. 1887. S. 63—66.

768. **1887. P. de Tschihatscheff.** K l e i n a s i e n. Mit geologischer Karte.

Leipzig 1887.

769. **1887. Bruno Walter.** Beitrag zur Kenntnis der Erzlagerstätten B o s n i e n s. Sarajevo 1887. Mit Karte (1:300.000) und Abbildungen. Földt. Közl. XVIII. S. 229—321.

770. **1888. C. Alberts.** Geologische und bergbauliche Skizzen aus R u m ä n i e n.

Berg- und Hüttenm. Zeitung. 1888. S. 131—133.

771. **1888. Alex. Bittner.** Geologische Mitteilungen aus dem Werfener Schiefer- und Tertiärgebiete von Konjica und Jablanica an der N a r e n t a. Werfener Schiefer und Triaskalke in flachen Falten, darüber in Mulden diskordant das Tertiär.

Jahrb. d. k. k. geol. R.-A. 1888. S. 321—342.

772. **1888. Alex. Bittner.** Lößschnecken, hohle Diluvialgeschiebe und Megalodonten aus B o s n i e n - H e r c e g o v i n a.

Verhandl. d. k. k. geol. R.-A. 1888. S. 162.

256

773. 1888. L. C. Cosmovici. Les couches à poissons des monts Petricia et Cozla (Distr. de Neamtz), Roumanie.
Bull. Soc. des Médic. et Nat. de Jassy. I. 1888. S. 96.

774. 1888. A. Ehrenberg, Das Erzvorkommen von Rudnik in Serbien.
Zeitschr. f. Berg-, Hütten- u. Salinenw. Berlin 1888. S. 281.

775. 1888. C. J. Forsyth-Major. Faune mammalogiche dell' isole di Kos e di Samos.
P. soc. tosc. Sc. nat. V. 1888. S. 272—277.

776. 1888. C. v. John. Über die Gesteine des Eruptivstockes von Jablanica an der Narenta. Augitdiorite, Diorite, Gabbros und Olivingabbros durch allmähliche Übergänge miteinander verbunden. Ein geologisch einheitlicher Eruptivstock.
Jahrb. d. k. k. geol. R.-A. 1888. XXXVIII. S. 343—354.

777. 1888 und 1890. L. de Launay hat geologische Untersuchungen auf Mytilini und Thaso ausgeführt. Auf Mytilini im Osten Glimmerschiefer (Str. NNO, Verfl. gegen W) mit Marmoreinlagerungen und Granitdurchbrüchen. Trachytische Conglomerate im W und SW. Trachyte und Andesite im N und in der Mitte. Im W und NW des Olymp Serpentin (Eocän). Basalt an den O- und NW-Küsten (Pliocän). Miocäner Süßwasserkalk an dem äußersten SO- und NW-Ende der Insel. Thaso wird mit der Halbinsel Athos verglichen: Kristallinische Schiefer (Glimmerschiefer) mit Marmor.
Rev. archéol. 1888. 12 S.
Compt. rend. 1890. CX. S. 150. 20. Jänner.
Arch. des Miss. sc. et litt. 3. Ser. XVI. 1890. Mit Bibliographie und einer geol. Karte.

778. 1888. F. v. Luschan. Über seine Reisen in Kleinasien. Hat nirgends Anzeichen von negativen Strandverschiebungen in historischer Zeit wahrgenommen.
Verhandl. d. Ges. f. Erdk. Berl. 1888. S. 56.

779. 1888. Mitzopulos. Berg-, Hütten- und Salinenwesen von Griechenland in der Nationalausstellung von Athen 1888.
Dinglers Polyt. Journ. LXX. Hft. 11—13.

780. 1888. Fr. Noetling. Über eine Reise in Syrien und im nördl. Palästina.
Compt. rend. III. Congr. géol. intern. Berlin 1885 (1888). S. 38—43,

781. 1888. J. Partsch. Geologie und Mythologie in Kleinasien. Philologische Abhandlung. Martin Hertz zum 70 Geburtstage.
Berlin 1888.

782. 1888. F. Poech. Über den Manganerzbau Čevljanović in Bosnien. Im Horizont der unteren Werfener Schiefer.
Österr. Zeitschr. f. Berg- u. Hüttenwesen Nr. 20 u. 21. XXXVI. 1888.
Derselbe Autor schrieb später (1893) über den Kohlenbergbau in Bosnien. Ebend. XLI. 1893. S. 313—323.

783. 1888. G. E. Post. The physical geography and geology of Syria and Palestine.
Transact. New-York Ac. Sc. VII. 1888. S. 166.

784. 1888. Isr. C. Russel. Über die Depression: Jordan—Arabah und Totes Meer. Verwerfungsbecken mit dem Great-Basin Nordamerikas vergleichbar. Die Terrassen werden auf Wellenschlag und Strömungen zurückgeführt.
Geol. Mag. 1888. V. S. 338—344, 387—395 u. Bemerkungen dazu von E. Hull. Ebend. S. 502—504.

785. **1888. G. Stache.** Die physischen Umbildungsepochen des istro-
dalmatischen Küstenlandes. FünfEntwicklungsphasen der jüngeren
Sedimentbildungen: 1. Die marinen Dolomite und Kalke mit ihren Fazies-
verschiedenheiten: Zufuhr vom Rhät-Jura-Hinterlande. 2. Erosionsperiode
mit oszillatorischer lagunarer Meeresbedeckung (Protocän). 3. Marines
Eocän: Nummulitenkalk und jüngerer Flysch. Das tonig-sandige Material
stammt vom apenninischen Kreidefestland. 4. Festlandsepoche (Terrassen-
bildung). 5. Eindringen der Adria in das große Senkungsgebiet.

    Verhandl. d. k. k. geol. R.-A. 1888. S. 49—53.

786. **1888. S. Stefanescu** gab einen Überblick über die Geologie des „Judet
de Mehedinţi“ in der westlichen Walachei. Kristallinische
Schiefer, Kalktonschiefer und metamorphosierte Kalke bilden das ältere
Grundgebirge, auf welchem das Tertiär und jüngere Bildungen lagern.
Eocän, Oligocän (mit Lignit), Miocän (marin mit reicher Fauna), Pliocän
(Congerien- und Paludinenschichten).

    Anuar. Biur. Geol. Bukarest 1888. S. 151—315 (rum. u. franz.).

787. **1888. A. Weithofer.** Beiträge zur Kenntnis der Fauna von Pikermi bei
Athen. Es werden einige neue Arten beschrieben: *Mustela palaeattica,
Machairodus Schlosseri, Camelopardalis parva* u. *Varanus Marathonensis.*

    Paläont. Beitr. aus Österr.-Ungarn. VI. S. 225—292 mit 10 Taf.

788. **1888. J. M. Žujović.** Lamprofiri u Srbiji.

    Srpska Kral. Akad. III. 1888. 31 S.

789. **1889. L. Baldacci.** Mineralvorkommnisse Montenegros. Vermutet, daß
das Komgebirge paläozoisch sein könnte (nach E. Tietze Trias), ohne
daß Beweisstücke vorlägen. Das Durmitorgebirge (nach E. Tietze Trias)
vielleicht oberer Jura (Ellipsactinienfund). Große petrographische Ähnlichkeit mit dem Apennin Mittelitaliens und Siziliens. Im NW-Teile des Durmitor
sollen Fossilien gefunden worden sein. Cetinje 1889. Schon früher erschienen (1887): Ricognicione geologico-mineraria del Montenegro.

    Bol. Com. Geol. d. It. 2. Ser. VII. S. 416—419.

790. **1889. A. Boué.** Die europäische Türkei.

    Deutsche Neuauflage. Der geol. Teil I. S. 144—260. Von der Wiener
Akad. d. Wiss. herausgegeben.

791. **1889. G. Bukowski.** Grundzüge des geologischen Baues der Insel Rhodus.
Nahe Übereinstimmung mit dem nahen Kleinasien. Kreide-Eocänkalke
(Trennung nicht möglich), von eocänem Flysch überlagert, bilden insulare
Vorkommnisse. Dazwischen Gesteine der levantinischen Stufe (Paludinenschichten, Schotter, Sandsteine und Conglomerate). Marines Pliocän auf
der NO- und O-Seite. Serpentin und Diabas am Rande der Kreide-Eocänkalke. Im Miocän Festland. Die Einbrüche im oberen Pliocän.

    Sitzungsber. d. Wiener Akad. d. Wiss. 1889. XCVIII. S. 208—272
mit Karte (8 Ausscheidungen). E. Jüssen hat (ebend. 1890. 11 S.) die
pliocänen Korallen beschrieben.

792. **1889. G. Bukowski.** Der geologische Bau von Kasos (Kreta NO). Kreidekalk bildet die Hauptmasse, Eocän (Sandstein, Tonschiefer und Nummulitenkalk) nur spärlich im Norden, marines Miocän („II. Mediterranstufe“) im
N und SW. Das Streichen ONO; Rest einer von Kreta ausgehenden
Gebirgskette.

    Sitzungsber. d. Wiener Akad. d. Wiss. XCVIII. S. 653—669 mit
geol. Karte.

258

793. **1889. K. Ehrenburg.** Die Inselgruppe von Milos. (Milo, Kimolo, Polino, Erimomilo). Ein gefaltetes altkristallinisches Grundgebirge an zwei Stellen der Hauptinsel. Quarzite, poröse Quarzite („Mühlsteinquarzit") und silicifizierte Tuffe weit verbreitet. Eruptivgesteine und Conglomerate. Darüber deckenartige perlitische und andesitische Gesteine. Pliocänkalke mit Obsidianknollen auf Ostmilo, mit zahlreichen Verwerfungen. Das Pliocän reich an Fossilien (mit Ko verglichen). Quartär an den Küsten, besonders im Osten. Das Meeresniveau im Pliocän 200 m hoch.
  Leipzig. Fock. 1889. 120 S. mit 2 Karten (1 : 100.000).

794. **1889. E. Hull.** Memoir on the geology and geography of Arabia Petraea, Palestine and adjoining districts, published for the commitee of the Palestine Exploration Fund. 1889.
  Über die Struktur des Jordantales und seiner südlichen Fortsetzung, des Toten Meeres, Wâdi el'Araba und des Golfes von 'Akaba.
  (Man vergl. Outline of the geological features of Arabia Petraea and Palestine. Proc. Quart. Journ. 1893. XLIX. S. 2—5 und On the physical geology of Arabia Petraea and Palestine. Brit. Ass. Edinburgh meeting. S. 718.)

795. **1889. B. de Inkey** besprach die Fortschritte der geologischen Untersuchungen in Rumänien.
  Földt. Közl. 1889. S. 313—365 (ungar. u. franz.).

796. **1889 u. 1890. E. Ludwig.** Über die Mineralquellen Bosniens. Analysen von 31 Quellen: Säuerlinge, Jodquelle (Navioci), arsenhaltige Eisenquellen, Schwefelquellen und Thermen.
  Tschermaks Min. u. petr. Mitt. XXI. 1889 u. 1890. 110 S.

797. **1889. M. Neumayr.** Kurze Schilderung der geologischen Gliederung Griechenlands.
  Monatsbl. d. Wissensch Klubs 1889. Beil. II. 5 S.

798. **1889. J. Partsch.** Die Insel Leukas. Eine geographische Monographie. Auch geologische Angaben. Hornsteinreiche Kalke über Mergeln und Sandsteinen des Flysch (Macigno). Auch kristallinischer Kalk. (Die oberen Kalke Neumayrs) Im SO auch fragliches Tertiär, Gips führend.
  Peterm. geogr. Mitt. Erg.-Heft 95. 29 S. mit topogr. Karte.

799. **1889. Petersen u. F. v. Luschan.** Reisen in Lykien, Milyas und Kibyratis. Wien 1889.

800. **1889. A. Philippson.** Über die jüngsten Erdbeben in Griechenland. Die hervorragendste Schütterzone die Grabenbucht von Patras bis Ägina.
  Petermanns Geogr. Mitt. 1889. S. 251 u. 290.
  Man vergl. auch Ornstein: Das Erdbeben von Vostitza. Ausland 1889. S. 281 u. 310.

801. **1889. V. Radimsky.** Bosniens Serpentine und ihre Übergemengteile, besonders Meerschaum. Im Flyschgebirge.
  Glasnik. Sarajevo. I. 1889. S. 88—92. (Mitt. d. Sekt. f. Naturk. d. Österr. Tour. Klub 1891. IV. S. 9.)

802. **1889 u. 1891. S. Radovanovic.** Beiträge zur Geologie und Paläontologie Ostserbiens. Die Liasablagerungen von Rgotina in Ostserbien (44° n. Br.): Sandstein der Grestene-Fazies, Schichten mit *Terebratula numismalis, Belemnites paxillosus* und *Gryphaea cymbium*, Sandstein mit Pflanzenabdrücken (Oberlias). Im oberen Lias des westlichen Balkan ist dagegen eine höhere marine Gliederung entwickelt. — In einem zweiten Beitrage wird

der kohleführende Lias von Dobra an der Donau, in einem dritten werden die geologischen Verhältnisse der Umgebung von Crnajka behandelt. Lias über kristallinischen Schiefern. Klausschichten und Tithon; auch Granit und Serpentin.

Ann. géol. de la pénins. balc. I. S. 1—106 mit 2 Taf. III. S. 17—64 mit 1 Taf.

803. **1889. G. Stache.** Die liburnische Stufe und deren Grenzhorizonte (Dalmatien). Eine vorcretazische Grundlage (Karbon. Trias, Jura), unten aus Sandsteinen und Schiefern. oben aus Kalken. Das Hauptgebirgsskelett bilden Kreide und Eocän mit procänen (ureocänen) Lagunen- oder Ästuargebilden (liburnische Stufe). Neogen-quartäre Decke unregelmäßig verteilt. Neogene Faltung von NW—SO mit transversalen Verwerfungen. Faltung durch Pressung aus O und NO: Bildung der ungarischen Tiefebene. Treppenförmige Absenkungen gegen das Meer. Bezeichnet den Stand unseres Wissens über Dalmatien in dem genannten Jahre. Die wichtigste Neuerung ist die Einzeichnung der Cosinaschichten.

Abhandl. d. k. k. geol. R.-A. Wien 1889. XIII. I. Mit geol. Karte. Man vergl. auch: Verhandl. d. k. k. geol. R.-A. 1862, S. 235; 1872, S. 115; 1880, S. 195—209.

804. **1889. Sabba Stefanescu.** Mémoire relatif à la géologie du Judet de Doljiu (Walachei).

Ann. biuroului geologica. Bukarest 1882—1883 (1889). S. 318.

805. **1889. R. Swan.** The island of Paros in the Cyclades and its marble quarries.

Br. Ass. Newcastle Meeting. Geol. Mag. 1889. VI. S. 528.

806. **1889. Fr. Toula.** Geologische Untersuchungen im zentralen Balkan. Die kristallinischen Massengesteine granitischer Natur treten im Osten bis an den Südrand des Gebirges und die Wasserscheide liegt dort weit nördlicher im Flyschgebirge. während im zentralen Teile die kristallinischen Schiefer die gewaltigsten Kammhöhen bilden oder bis nahe an diese hinanreichen. Die obere Tundscha liegt weithin inmitten des Granitgebirges, indem im Süden die Granite der östlichen Sredna Gora nahe an den Balkanrand herantreten. von dem sie nur durch die Tundschafurche getrennt sind, so daß beide Teile als ein zusammengehöriges Ganzes betrachtet werden müssen. Im Westen tritt der einseitige Charakter des Gebirges besonders scharf hervor. Trias (Gyroporellen-Crinciden-kalk etc.). Jura: Lias und Malm. Kreide (Neocom: Astierianus-Cryptoceras-Schichten, Caprotinenkalk, Aptmergel, Cenoman mit *Exogyra*, Turon und Senon). Eocän mit Nummuliten (bei Tirnova), Mediterran (Plevna). Sarmatisch (am unteren Isker, nach Zlatarski).

Denkschr. d. Wiener Akad. d. Wiss. LV. 108 S. mit 9 Tafeln und Karte (1 : 300.000).

807. **1889. F. Toula.** Vorkommen von *Pyrgulifera Fichleri* in Westbulgarien. Anz. d. Wiener Akad. d. Wiss. 1889. XIII. (Ann. géol. pénins. balcanique. III. 1892. S. 256—257.)

808. **1889. C. H. T. Zboinski.** L'Attique décrite au point de vue géologique. métallifère. minier et métallurgique (Explor. 1880). Mém. Soc. belge Géol. Hydr. III. 1889. S. 137—148. (Eine Mitteilung darüber auch P. Soc. belge Géol. II. S. 296.)

809. **1889. G. N. Zlatarski.** Analyse du mémoire de Franz Toula: Geologische Untersuchungen im zentralen Balkan.

  P. V. Soc. belge Géol. Hydr. III. 1889. S. 422—430.

810. **1889. J. M. Žujović.** Esquisse géologique du Royaume de Serbie. Serbisch geschriebene Abhandlung. Kartenskizze mit 12 Ausscheidungen.

  Ann. géol. pénins. balcanique. I. S. 1—130 mit Karte (1 : 1,500.000).

811. **1889. J. M. Žujović.** Annales géologiques de la Péninsule Balcanique. I. Bd. II. Bd. Der III. Band erschien 1891, der IV. 1892, V. 1. 1893, der V. II. 1900. Serbisch und zum Teil französisch oder deutsch. Mit Bibliographien. Die Einbeziehung der Gebiete nördlich der Save entspricht gewiß nicht dem geographischen Begriffe.

812. **1890. Alex. Bittner.** Einsendungen von Gesteinen aus dem südöstlichen Bosnien und aus dem Gebiete von Novibazar durch Herrn Oberleutnant Jihn. Darunter Gosaukreide von Bjelobrdo. Gabbro und Serpentin von Višegrad. Hornblendeschiefer und grüne Schiefer neben Serpentin von Prjepolje. Werfener Schiefer von Plevlje und Čajnica. Süßwasserneogen von Plevlje etc.

  Verhandl. d. k. k. geol. R.-A. 1890. S. 311—316.

813. **1890. Max Blanckenhorn.** Beiträge zur Geologie Syriens. Die Entwicklung des Kreidesystems in Mittel- und Nordsyrien, nebst einem Anhange über den jurassischen Glandarienkalk. Übereinstimmung der Schichtfolgen im NW Libanon mit jener am Toten Meer. Zu unterst liegen im NW Libanon Sandsteine mit *Trigonia* und Mergel mit *Protocardia hillana* (Cenoman), dann folgen: Feuersteinkreide, eine Bank mit *Gryphaea capuloides*, der Fischkalk von Hakel. Kalk mit *Exogyra flabellata* und Rudistenkalk mit *Amm. Rotomagensis* (Turon), darüber Pholadomyenmergel, weiße Mergel bei Sähel Alma (reich an Fischen) und Feuersteinkreide mit *Terebratula carnea* (Senon).

  Kassel 1890. 135 S. mit 11 Tafeln und 3 Tabellen.

814. **1890. M. Blanckenhorn** berichtete auch über das Eocän in Syrien. In Nordsyrien zwei Stufen: 1. Mergel und Tone, Kalke, nach oben mit Feuerstein. Hornstein und Quarzit. Darüber harte Kalke mit Operculinen und spärlichen Nummuliten 2. Kalke mit *Nummulites intermedius*, *Fichteli* etc., auch als marmorartige Nummulitenkalke entwickelt; Karstszenerien im Orontesgebiete. Eocän diskordant auf dem Senon.

  Zeitschr. d. D. geol. Ges. 1890. XLII. S. 318—359 mit 3 Tafeln.

815. **1890. M. Blanckenhorn.** Über das marine Miocän in Syrien; Übergangsstufe vom Miocän zum Pliocän, Korallriffe. Ähnlichkeit mit den Kalken von Trakones bei Athen und von Rignano in Toskana.

  Denkschr. d. Wiener Akad. d. W. 1890. LVII. S. 591—619.

816. **1890. Gr. Cobalcescu.** Observatiuni asupra depozitelor neo comiare din basinul Dambovicíorei si a faunei de amoniti dinaceste depozite, aflati si descrisi de F. Herbich (Walachei).

  Arch. soc. scint. si liter. Jassy. I. 1889.

817. **1890. M. St. Dinić.** Les roches éruptives aux environs de Sofia. Granite, Mikrogranulite, Mikropegmatite und Porphyrite (Berkovica-Balkan). Diorite und Andesite vom Vitosch und Lülün, Diabas von Vladaja.

  Die frühere Abhandlung J. Niedzwiedzkis in den Sitzungsb. d. Wiener Akad. LXXIX. Bd. 1879, Toulas Aufsammlungen betreffend („Mat. Nr. 139"), dürfte vom Autor nicht benützt worden sein.

818. **1890. M. Draghicénu** gab Erläuterungen zu einer geologischen Übersichtskarte von Rumänien. Die Karte mit 20 verschiedenen Ausscheidungen.
Jahrb. d. k. k. geol. R.-A. 1890. S. 399—420 mit Karte (1 : 800.000).
Es gibt auch eine vom rumänischen geologischen Bureau durch Gr. Stefanescu herausgegebene größere Karte, von der Ref. 28 Blätter besitzt. Das Jahr der Herausgabe ist nicht verzeichnet. Der Ref. konnte sie jedoch auf seinen Reisen in den transsylvanischen Alpen Rumäniens in den Jahren 1897 und 1898 benützen. Nur Flußnetz. (Maßstab 1 : 200 000).

819. **1890. H. Fischer.** Karte des Dschebel Haurân und der benachbarten Eruptionsgebiete.
Leipzig 1890. (1 : 400.000.)

820. **1890. H. v. Foullon** hat die von G. v. Bukowski aus Karien (vom Baba Dagh) mitgebrachten kristallinischen Gesteine untersucht. Die Hauptmasse des Gebirges besteht aus kristallinischem Kalk; außerdem kommen vor: Glimmer-, Kalkglimmer-, graphitische, Chlorit- u. Chloritoidschiefer („Kalkphyllitgruppe").
Verhandl. d. k. k. geol. R.-A. 1890. S. 110—113.

821. **1890. F. Fouqué.** Révision de quelques minéraux de Santorin.
Bull. Soc. Min. de Fr. 1890.

822. **1890. Th. Fuchs.** Fossilien aus Bosnien und Serbien.
Ann. d. naturh. Hofm. Wien 1890. V. 114.

823. **1890. A. Franović Gavazzi.** Die Mündung der Kerka.
Agram 1890 (kroatisch).

824. **1890. T. R. Jones.** On some devonian and silurian Ostracoda from North America, France and the Bosporus.
Quart. Journ. XLVI. S. 534.
Geol. Mag. VII. S. 327.

825. **1890. E. Jüssen.** Über pliocäne Korallen von der Insel Rhodus. (Bukowskis Aufsammlungen.) Von Lardos und Malona an der Ostseite. Neun Arten für tieferes Wasser sprechend.
Sitzungsber. d. Wiener Akad. d. Wiss. XCIX. 1890. 13 S. mit Tafel.

826. **1890. F. Krasser.** Fossile Pflanzenreste aus dem Okkupationsgebiete (Bosnien-Hercegovina). Aus dem Tertiärbecken von Travnik und Zenica—Sarajevo. 21 Arten.
Ann. naturhist. Hofmus. 1890. V. S. 90 u. 91.

827. **1890. A. Lacroix.** Sur l'existence des roches à leucite dans l'Asie Mineure et sur quelques roches à hypersthène du Caucase.
Compt. rend. 1890. CX. S. 302—305.

828. **1890. R. Lepsius** hat den griechischen Marmoren eine interessante Abhandlung gewidmet. Marmore von Attika, Thessalien, Euboea, Karysto, Paro, Naxo, Litho und des Peloponnes.
Berliner Akad. d. Wiss. 1890. S. 135.

829. **1890. W. von der Mark.** Über die Verwandtschaft der syrischen Fischschichten mit denen der oberen Kreide Westfalens.
Verhandl. naturhist. Ver. pr. Rheinl. XLVI. S. 139—185.

830. **1890. K. Mitzopulos.** Die Erdbeben in Griechenland und in der Türkei im Jahre 1889.
Peterm. geogr. Mitteil. 1890. S. 56 u. 57.

831. **1890. Paul Oppenheim.** Neue und wenig gekannte Binnenschnecken des Neogen im Peloponnes und im südlichen Mittelgriechenland (Philippsons Materialien). Pliocäne Melanopsiden und Viviparen, ähnlich jenen von Slavonien und von Kos. Die Süßwasserablagerungen lassen sich bis zum Golf von Arta verfolgen.

    Zeitschr. d. Deutsch. geol. Ges. 1890. XLII. S. 588—592.

832. **1890. J. Partsch.** Kephalonia und Ithaka. Eine geogr. Monographie. Über einem Gewölbe des unteren Kalkes Flyschgestein, und darüber die oberen Kalke. Auf Paliki miocäner Kalk mit *Pecten Koheni* und *Ostrea cochlear.* Auf Ithaka im O dünnplattige Hornsteinkalke unter massigen Kalken.

    Peterm. Erg.-Heft 98. 108 S. mit 2 topogr. Karten (1:100.000).

833. **1890. P. S. Pavlović.** Die zweite Mediterranstufe von Rakovica. (Serbisch und deutsch.) Eine Fauna von 117 Arten, die auf das beste übereinstimmt mit jener von Gainfahrn in der Wiener Bucht.

    Ann. géol. pénins. balc. II. S. 17—69.

834. **1890. Alfred Philippson.** Über die Altersfolge der Sedimentformationen in Griechenland. Über kristallinen Schiefern „Tripolicakalk" (Rudistenkalk unten und Mitte, Nummulitenkalk oben). Eocäne Sandsteine, Schiefertone und Conglomerate mit Nummulitenkalklinsen im liegenden Teile. „Kalk von Pilos" an der Westküste des Peloponnes: Rudisten, Nummuliten und Alveolinen führend. „Olonoskalk", Plattenkalke mit Hornstein, Obereocän.

    Zeitschr. d. Deutsch. geol. Ges. 1890. S. 150—159.

835. **1890. A. Philippson.** Der Isthmus von Korinth. Eine geologisch-geographische Monographie. Zwischen den Kreidekalken im Norden und Süden ganz flach bis horizontal gelagerte Sedimente mit großem Wechsel sowohl in vertikaler als horizontaler Erstreckung. Unten blaue Mergel (*Neritina*), darüber weiße Mergel (Melanopsiden), beide als unterpliocän betrachtet, darüber Sande und Conglomerate mit einer marinen, artenreichen Fauna. 172 Arten, nur 15°/₀ davon wurden nicht mehr im Mittelmeer angetroffen, nach dem Autor oberpliocän und nicht quartär, wie M. Neumayr angenommen hatte. Ein Netz von Verwerfungen; die tektonischen Vorgänge vom unteren Pliocän bis heute andauernd. Der Isthmus in einer Schütterzone gelegen.

    Zeitschr. d. Ges. f. Erdk. Berlin 1890. S. 1—98 mit Karte (1:50.000) und Profilen.

836. **1890. A. Philippson.** Bericht über eine Reise durch Nord- und Mittelgriechenland. Während auf der Karte von A. Bittner, M. Neumayr und Fr. Teller das ganze gebirgige Gebiet, mit Ausnahme der kristallinischen Gebiete in Attika, der Kreideformation zugewiesen erscheint, wird auf der neuen Karte, auf Grund der Nummuliteufunde in Ätolien und Akarnanien, die westliche Hälfte dem Eocän zugerechnet.

    Zeitschr. Ges. f. Erdk. Berlin 1890. S. 331—406 mit Karte (1:900.000).

836 a. **1890. P. Radimiri.** Sulla formazione delle Bocche di Cattaro. Progr. scuola nautica in Cattaro. Zara 1890. Auch ebend. 1893. (Roccie e minerali.)

836 b. **1890. R. Röhricht.** Bibliotheca Geographica Palaestinae. Chronologisches Verzeichnis der auf die Geographie des heiligen Landes bezüglichen Literatur vom Jahre 333—1878 und Versuch einer Kartographie.

    Auch geologische Abhandlungen enthaltend („Geologie").

    Berlin 1890. XX u. 744 S.

837. **1890. A. Rosiwal.** Zur Kenntnis der kristallinischen Gesteine des zentralen Balkan. (Materialien F. Toula's.)

Unter anderem wurde auch das Vorkommen von Mikroklin-Granitit, Quarzglimmer- und Nadeldiorit, Uralitdiabas, Nephelinbasalt und Limburgit nachgewiesen.

Denkschr. d. Wiener Akad. d. Wiss. 1890. LVII. S. 265—322 mit 3 Tafeln. (Neues Jahrb. f. Min. 1890. I. 263 ff.)

838. **1890. A. Stanojević.** Les roches éruptives de Slatina et de Rajac (Serbien). Ann. géol. pénins. balcanique. II. S. 191 (serb.), 188—190 (franz.).

839. **1890. Gr. Stefanescu.** Cursŭ elementarŭ di Geologiă. Mit einer geol. Karte von Rumänien nach der großen Karte des geologischen Instituts.

Bukarest 1890. Mit Karte (1:2,000.000), 1891 auch für sich erschienen. (20 Ausscheidungen.)

840. **1890. G. Steinmann.** Einige Fossilreste aus Griechenland. Untersuchung von Hymettosgesteinen (Bittner's u. Bücking's Korallen) und Materialien Philippsons. Die Korallen sicher mesozoisch. Aus Argolis (Philippson) eine sichere *Ellipsactinia*. Globigerinen und Textularien im Olonoskalk.

Zeitschr. d. Deutsch. geol. Ges. 1890. S. 764—771.

R. Lepsius hat eine Berichtigung gegeben. (Ebend. 1891. S. 524—526).

841. **1890. A. Tellini.** Oservazione geoliche sulle Isole Tremiti e sull' Isola Pianosa nell' Adriatico.

Pliocän (Astiano und Piacentino). Miocän (Torton und Helvet). Eocän (Barton und Pariser Stufe) und Kreide. Ausdehnung des Festlandes im Miocän quer über die Adria, Trennung im Pliocän. (Karte 1:3,000.000.)

Boll. com. geol. XXI. S. 442—514 mit geol. Karte (1:25.000).

842. **1890. Fr. Toula.** Mitteilungen über eine Exkursion an beiden Ufern des Donaudurchbruches zwischen Moldawa und Orsowa. Nachweis des Vorkommens von Caprotinenkalken und Orbitolinenschichten bei Golubac. Übereinstimmungen an beiden Ufern. Einige Korrekturen der geologischen Kartenskizze (1889).

Anz. d. Wiener Akad. d. Wiss. 1890. Nr. X. Ann. géol. pénins. balc. III. S. 252—255. Von Pavlović über diese Exkursion eine serbisch geschriebene Notiz. Hactabnik 1890. IV.

843. **1890. Fr. Toula** besprach eine Anzahl von Säugetierresten von Eski Hissar (zwischen Skutari und Ismid) in Kleinasien. *Mastodon pandionis*, *Rhinoceros*, *Hippotherium* (vielleicht *H. antilopinum*), *Equus* (vielleicht *E. namadicus*), ein nicht näher bestimmbarer Rest eines Carnivoren und ein Backenzahnbruchstück von *Stegodon* (*St. Cliftii*?). Ähnlichkeit mit der Siwalikfauna.

Anz. d. Wiener Akad. d. Wiss. 1890. XII.

844. **1890. Fr. Toula.** Geologische Untersuchungen im östlichen Balkan und in den angrenzenden Gebieten. Der Ostbalkan ist der Hauptsache nach ein Sandsteinwaldgebirge. Ältere Massengesteine nur im Sliven-Balkan. Jüngere Eruptivgesteine in großen Massen am Südfuße des Gebirges (Andesite, Trachyte, Augitit, Nephelin-Tephrit). Von Sedimentformationen: Trias nur im Sliven-Balkan. Jura nur südlich von Eski Dschuma, bei Kotel und am Tschalakavak-Passe. Kreide ist die Hauptformation: Hauterive-Stufe im O von Schumla, im S von Osmanbazar etc.; Barrême-Stufe bei Rasgrad; Orbitolinensandsteine bei Kotel; Untercenoman bei Pratscha, Obercenoman bei Madara, Schumla O; Senon bei Schumla und Provadia;

Kreideflyschformation. Eocän und Oligocän (Flyschfazies und mit Nummuliten bei Sliven). Die Balkankohle wahrscheinlich Oligocän. Älteres Tertiär mit Korallen und Lithothamnien bei Sliven. Spaniodonschichten bei Varna, neben Pectenoolithen. Südlich davon Mergel mit mediterraner Fauna (*Lucina*, *Nucula*, *Dentalium* etc.). Sarmat bei Varna und im Emineh-Balkan. Belvedereschotter (eisenschüssiger Quarzschotter) bei Lidscha.

Denkschr. d. Wiener Akad. d. Wiss, LVII. S, 323—400. Mit 7 Taf.

845. **1890. Fr. Toula.** Reisen und geologische Untersuchungen in B u l g a r i e n. Balkanvorland: Tafelschollenland; das gefaltete Balkansystem; das im S vorgelagerte Mittelgebirge (Sredna Gora); das Ausbruchsgebiet von Jambol - Aitos - Burgas, das alte kristallinische makedonische Festland, und das Kalksteingebirge im Westen, als Fortsetzung des Banater und des ostserbischen Gebirges.

Schriften d. Ver. z. Verbr. naturw. Kenntn. 1890. 144 S. Mit Kartenskizze (1 : 1,600.000)

846. **1890. G. N. Zlatarski.** Geologische Karte der westlichen S r e d n a G o r a in O s t - R u m e l i e n (zwischen Topolnica und Struma). Alte kristallinische Schiefergesteine, durchbrochen von granitischen und ausgedehnten trachytischen Massen. Dolomit (Trias). Sandsteine und Mergel der unteren Kreide. Diluvium.

Anz. d Wiener Akad. d. Wiss. XI. Denkschr. ders. Akad. LVII. S. 559—568. Karte mit 9 Ausscheidungen (1 : 300.000).

847. **1890. J. M. Žujović.** Les lamprophyres de S e r b i c. In Rudnik und in der Nähe von Belgrad: syenitische und dioritische Gesteine von granulöser, dichter oder porphyrischer Struktur — in Kreidefelsen, jünger als diese.

Ann. géol. de la pénins. balc. II. S. 76—108. Mit 2 bunten Taf.

In demselben Bande findet sich von Žujović eine Notiz über den Mont Povlen bei Rogatica (Drina). S. 192—194.

848. **1891. Alex. Bittner.** Triaspetrefakten von Balia-Maden in A n a t o l i e n. Obertriadische Halobienschiefer und Brachiopodenkalk. Nach den Brachiopoden wäre man berechtigt, „die Fauna von Balia-Maden als rhätisch (im weiteren Sinne) zu bezeichnen".

Jahrb. d. k. k. geol. R.-A. 1891. S. 97—116. Man vergl. auch ebend. 1892. S. 77—89. Mit 2 Taf.

849. **1891. M. Blanckenhorn.** Grundzüge der Geologie und physikalischen Geographie von N o r d - S y r i e n. In Nord-Syrien werden unterschieden: Das Küstengebirge, die Zone der Grabenversenkungen und das nordsyrische Hinterland. Die Senke zwischen Libanon und dem Küstengebirge ist altpliocänen Alters. Nummulitenkalk tritt neben den Kreidekalken (Rudistenkalk) im Dschebel el Ansârîje zurück. NS-Streichen. N und NW von der Wasserscheide zwischen Nahr el Kebir und Nahr el Abiad beginnt das gefaltete Taurussystem. Hier bilden Grünsteine neben Kreidekieselkalk die Hauptgesteine. Miocän und Pliocän im N und S daranschließend. Die Hermonspalten jünger als pliocän. Das Hinterland ist ein Schollenland (Senon-Eocän) mit NNO-Brüchen.

Berlin 1891. 102 S. Mit 2 Karten (1890, 1:500.000) geol. u. orograph. Man vergl. auch: B l a n c k e n h o r n s Syrien in seiner geologischen Vergangenheit. Ber. d. Ver. f. Naturk. Kassel 1891. 36. u. 37. Bericht.

850. **1891. M. Blanckenhorn.** Das marine Pliocän in S y r i e n. Das mittlere Pliocän im unteren Orontesbecken aus der Bucht von Iskenderun etc. 72 miocäne

Arten unter 112; nur 24 aus dem syrischen Miocän; viele Formen, die sich auch im Wiener Becken finden. Das obere Pliocän nördlich von der Orontesmündung auf und zwischen Klippen des obermiocänen Kalkes liegend, äquivalent dem oberen Pliocän von Kos.

Sitzungsber. phys. med. Soc. Erlangen 1891. 51 S.

851. 1891. **G. Bukowski**. Geologische Forschungen (1890 u. 1891) im westlichen Kleinasien. Glimmerschiefer und andere kristallinische Schiefer bilden den Baba Dagh, von fraglich paläozoischen Kalken überlagert, ähnlich im Sultan Dagh (Phyllite, Karbon und Trias). Gestörte Kreidekalke mit Rudisten weit verbreitet Plattige Kalke, Sandsteine und Hornsteineinlagerungen zwischen Kreide und Eocän (Sandstein, Schiefer und Conglomerate). Serpentine, Gabbros und Diorite mit Kreide und Eocän in Verbindung stehend. Gestörtes Oligocän darüber. Marines Miocän nur im Süden. Tertiäre Binnenablagerungen weit verbreitet (Brackwasserablagerungen und Süßwasserkalke). Tertiäre Eruptivgesteine noch auf Süßwasserkalk. Vorherrschende Streichungsrichtung SO—NW. Nach dieser Richtung auch die Falten des Seengebietes.

Sitzungsber. d. Wiener Akad. d. Wiss. 1891. S. 378--498.

Verhandl. d. k. k. geol. R.-A. 1892. S. 134--141.

852. 1891. **A. Ely Day**. Funnel-holes on Lebanon.

Geol. Mag. VIII. S. 91 u. 92.

853. 1891. **M. St. Diniè**. Sur quelques roches cristallophylliennes de la Bulgarie occidentale. Gneise, Glimmerschiefer und Amphibolite.

Ann. géol. pénins. balc. III. S. 193—217.

854. 1891. **H. v. Foullon**. Über Gesteine und Minerale von der Insel Rhodus. (Bukowskis Materialien.) Diabase, Diorite, Porphyrite, Gabbros, Serpentine, feldspatführende Kalke.

Sitzungsber. d. Wiener Akad. d. Wiss. 1891. C. S. 144—176.

854 a. 1891. **Gorjanović-Kramberger**. Palaeichtyoložki prilozi.

Rad. jugosl. akad. Zagreb (Agram). CVI. 1891.

Man vergl. auch ebend. LXXII. 1885.

855. 1891. **A. Guilloux**. Notes de voyage sur la Bulgarie du Nord. Hypothesen über die Entstehung des Balkans ohne jede Begründung.

Ann. Géogr. 1891. 15. Okt.

856. 1891. **Raphael Hofmann**. Antimon- und Arsen - Erzbergbau „Allchar" in Makedonien. Gneis mit kristallinischem Kalke und Serpentineinlagerungen. Darüber Kalke und Sandsteine (wahrscheinlich) der Kreide. Trachyttuffe und Conglomerate weit verbreitet, wahrscheinlich mit der großen Trachytmasse des Karadzovogebirges im Zusammenhange. Hochplateaus bildend, bis an das große Neogenbecken von Kjöprülü reichend.

Österr. Zeitschr. f. Berg- u. Hüttenw. 1891. XXXIX. Nr. 16. Mit Taf. Über die Mineralvorkommnisse berichteten H. v. Foullon (Verhandl. d. k. k. geol. R.-A. 1890. S. 318—322) und A. Pelikan (Min. u. petrogr. Mitt. 1892. XII.).

857. 1891. **B. v. Inkey**. Die transsylvanischen Alpen vom Rotenturmpasse bis zum Eisernen Tor. Darstellung der im Westen auseinanderstrahlenden Hauptfalten, von denen zwei nach Süden umbiegen.

Math. u. naturw. Ber. aus Ungarn. IX. 1891. 54 S. Mit Kärtchen.

858. **1891. Konst. Jireček.** Das Fürstentum B u l g a r i e n. Geologische Skizze von
Fr. T o u l a (S. 12—30).
Wien (Tempsky) 1891.

859. **1891. G. Jovanović.** La faune de la caverne P r e k o n o g e. Eine Knochenbreccie.
Ann. géol. pénins. balc. III. 1891. S. 181--192.

860. **1891. A. Lacroix.** Sur les roches à leucite de Trebizonde (A s i e m i n e u r e).
Bull. Soc. géol. 3. Ser. XIX. S. 732—740.

861. **1891. Forsyth Major** hat die Säugetierfauna von S a m o s als gleichhalterig
mit jener von Pikermi, Baltavar und M. Léberon erklärt.
Compt. rend. 1891. S. 708—710.

862. **1891. Paul Oppenheim.** Beiträge zur Kenntnis des Neogens in G r i e c h e n-
l a n d. Mit einer geologischen Einleitung von A. P h i l i p p s o n. 1. Unterpliocän (levantinische Stufe, erste Pliocänfauna N e u m a y r s mit *Mastodon
arvernensis*), marin in Messenien, marin-limnisch in Elis, Megara etc.
2. Oberpliocän (zweite Pliocänfauna N e u m a y r s mit *Elephas meridionalis*)
Sande, Conglomerate von Kalamaki und am Isthmus von Korinth.
Zeitschr. d. Deutsch. geol. Ges. 1891. XLIII. S. 421—487.

863. **1891. J. Partsch.** Die Insel Z a n t e. Im S bei Keri: Nummuliten und Hippu-
riten in demselben Gestein. Bei Lagopogon: Gebirgskalk, mürbe, dünn-
plattige Kalkschiefer mit Diatomaceen, hornsteinreiche Plattenkalke,
Mergelkalke, Mergel (Miocän) und blauer Tegel. Störungen bis in das
Pliocän. Miocäne Globigerinenkalke mit Fischresten an der Bucht von
Keri. Im blauen Tegel „Pechbrunnen".
Peterm. geogr. Mitteil. 1891. S. 161—174.

864. **1891. P. S. Pavlović.** Kreide- und Eocänspuren am Gučevo-Gebirge (S e r b i e n).
Ann. géol. pénins. balc. III. S. 249—251.

864*a*. **1891. A. Philippson.** Der Gebirgsbau des P e l o p o n n e s.
Verhandl. d. IX. Deutschen Geogr.-Tag. Wien 1891. S. 124—132.
Mit Karte.

865. **1891. E. Suess.** Die Brüche des östlichen Afrika. (In den Beiträgen zur
Kenntnis des östlichen Afrika nach L. R. v. H ö h n e l s Reiseergebnissen.)
Der J o r d a n - B r u c h und seine Fortsetzungen (l. c. S. 571—577). Mit
Kartenskizze „des syrischen Grabens" vom Golf von Akaba, 28⁰ n. B. bis
zum 36⁰ n. B., mit Einzeichnung von Bruchlinien (in NW—NO-Richtung).
Denkschr. d. Wiener Akad. d. Wiss. 1891. LVIII. S. 555—584.

866. **1891. Franz Toula.** Der Stand der geologischen Kenntnis der B a l k a n l ä n d e r.
Verhandl. d. IX. Deutschen Geographentages in Wien. 1891. S. 92- 113.
Mit 1 Karte.

867. **1891. V. Uhlig.** Über F. H e r b i c h s Neocomfauna aus dem Quellgebiete
der Dimbovicioara (W a l a c h e i). Durchbestimmung der Cephalopoden-
reste. Echt mediterraner Typus der Barrêmestufe.
Jahrb. d. k. k. geol. R.-A. 1891. XLI. Bd. S. 217--234.

868. **1891. O. Weismantel.** Die Erdbeben des vorderen K l e i n a s i e n s in geschichtlicher Zeit.
Wien 1891. 29 S. Mit Taf.

869. **1891. J. E. Whitfield.** Observations on some cretaceous fossils from the
Beyrut District of S y r i a. Turon fehlt wie auf der Sinai-Halbinsel (R o t h-
p l e t z 1893). Der Horizont, welcher von B l a n c k e n h o r n dem Turon
zugeschrieben wird, sei Cenoman.
Bull. Am. Mus. Nat. Hist. III. 1891. Mit 8 Taf.

870. 1891. **J. M. Žujović.** Geologische Karte von Serbien (1:750.000) mit 12 Ausscheidungen.

Prosvetni Glasnik 1892. S. 246—256.

871. 1891. **J. M. Žujović.** Sur la distribution des roches volcaniques en Serbie. — Derselbe über: Les euphotides de Serbie, sowie: Contribution a l'étude géologique de l'ancienne Serbie, und Note sur la créte Greben. (Bath, Kelloway, Tithon etc.) Angaben über den Schar-Dagh: über gefalteten Phylliten: Quarzite, Marmore, Kalkschiefer und feinkörnig kristalline Kalke, und über das vulkanische Terrain von Zvečan und das Becken von Skoplje.

Ann. géol. de la pénins. balcanique. III. S. 96—107, 108—122, 123—134, 145—157.

872. 1892. **A. Bergeat.** Zur Geologie der massigen Gesteine der Insel Cypern. Profil durch die Nordkette bei Lapithos und bei Ajios Crysóstomos: Kreide, zum Teil abgesunken, miocäne Sandsteine, gefaltet, zwischen beiden Andesit und Tuff. Profil südlich des Kokkinokremnos bei Kythraea: Liparit ganz im miocänen Sandstein. Diabase (keine Kontakterscheinungen, Tróodosgebirge). Das Tertiär wurde verändert durch: Diallagfels, Gabbro etc.; Andesit, Liparit, Trachyt. — Tuffe.

Min.-petr. Mitt. (Inaug.-Diss.) Wien 1892. S. 263—312. Mit Profilen.

873. 1892. **Alex. Bittner.** Petrefakten des marinen Neogens von Dolnja Tuzla in Bosnien. Schlier-Fossilien (*Solenomya Doderleini*) werden nachgewiesen.

Verhandl. d. k. k. geol. R.-A. 1892. S. 180.

874. 1892. **S. Brusina.** Frammenti di malacologia terziaria serba. 50 Arten.

Ann. géol. pénins. balc. IV. 1892. S. 25—74. Mit Taf.

Von S. Brusina liegen aus früherer Zeit eine große Zahl von Arbeiten über fossile Mollusken Dalmatiens vor, und zwar: 1874. Fossile Binnenmollusken. Agram. — 1876. Journ. de Conch. Paris. XXIV. — 1878 ebend. XXVI (*Molluscorum fossilium* etc.). — 1882. Über *Orygoceras*, eine neue Gastropodengattung der Melanopsismergel Dalmatiens. Beitr. zur Pal. Österr.-Ung. etc. II. — 1884. Die *Neridonta* Dalmatiens etc. Jahrb. d. Deutschen malakoz. Ges. Frankfurt.

875. 1892. **G. v. Bukowski.** Die geologischen Verhältnisse der Umgebung von von Balia Maden im nordwestlichen Kleinasien. Carbon, Sandstein und Halobienschiefer der oberen Trias, in einer Synklinalen zwischen Karbonkalken, Andesite und Tuffe.

Sitzungsber. d. Wiener Akad. d. Wiss. CI. S. 214—235. Mit Profil u. Karte (1:30.000). Mit 4 Ausscheidungen.

876. 1892. **J. Cvijić.** Die Gebirgssysteme der Balkan-Halbinsel.

Ann. géol. pénins. balcanique. III. 2. S. 243—248. (Serb. u. deutsch.)

877. 1892. **J. Dreger.** Versteinerungen aus der Kreide und aus dem Tertiär von Corcha in Albanien. (*Aspidiscus cf. cristatus*, eine Einzelkoralle, bisher nur aus der mittleren Kreide von Nordafrika bekannt geworden).

Jahrb. d. k. k. geol. R.-A. 1892. S. 337—340.

878. 1892. **Fr. Fiala.** Über Höhlen in Bosnien. Marinova Pečina bei Rogušic: *Arctomys, Sus, Cervus.* Mijatova Pećina: *Ursus spelaeus.*

Glasnik zemaljskog Muz. Bosnu i Hercegovinu. IV. S. 237—243.

879. 1892. **H. v. Foullon.** Die Goldgewinnungsstätten der Alten in Bosnien. Diluviale Goldseifen, zumeist im Gebiete der paläozoischen Schiefer. In den Porphyrdecken keine Anzeichen.

Jahrb. d. k. k. geol. R.-A. 1892. S. 1—52. Mit Karte (1:75.000).

34*

880. **1892. A. Gobantz.** Über die Silbererze von Milos. Der Osten besteht aus kristallinischen Schiefern, bedeckt von Quarztrachyt und von pliocänen Kalken. Im Süden Malm und Neocom. Sonst Trachyte.
Österr. Zeitschr. f. Berg- und Hüttenw. 1892. S. 18.

880 a. **1892. D. Gorjanović-Kramberger.** *Aigialosaurus,* eine neue Eidechse aus den Kreideschiefern der Inseln Lesina.
Glasnik nar. društva. VII. Zagreb (Agram) 1892. Mit 2 Taf.

880 b. **1892. M. v. Hantken.** Brief an A. Philippson. Pylos- und Tripolitzakalke stimmen im wesentlichen überein. Olonoskalk (Hochseefazies mit Radiolarien). Die ersteren: Alveolinen-, Nummuliten-, Lucasana-, Tschihatscheffi- und Orbitoidenkalke. Auch C. Schwager untersuchte diese Kalke und erklärt den Olonoskalk für einen Globigerinenkalk.
Philippson. Peloponnes. S. 608—610.

881. **1892. J. d'Harweng** besprach das produktive Carbon von Heraklea. Sandsteine und Conglomerate umschließen die Flötze. Im Hangenden Trias.
Rev. univ. des mines. XX. 1892. S. 34—70.

882. **1892. Fr. v. Hauer.** Neue Funde aus dem Muschelkalke von Han Bulog bei Sarajevo. Beschreibung von 120 Arten, davon 68 neue.
Denkschr. d. Wiener Akad. d. Wiss. LIX. 1892.

883. **1892. H. H. Howorth.** The absence of glacial phenomena in large parts of Western Asia and Eastern Europe.
Geol. Mag. IX. S. 54—64.

883 a. **1892. M. Kispatić.** Eruptivno kamenje u Dalmaciji.
Rad. jug. ak. CXI. Zagreb. S. 158. (Kroatisch.)

884. **1892. L. de Launay.** Observations sur les directions des plissements de la Mer Egée.
Bull. Soc. géol. de Fr. (Compt. rend. des séances Soc. géol. 4. Apr.) 3. Ser. 1893. XX. S. 66.

885. **1892. Forsyth Major.** Die Fauna von Mytilini gleichalterig mit jener von Samos. 43 Arten in einer Tuffablagerung, welche von N—S die Insel durchzieht. Spricht für ein zusammenhängendes Festland mit ausgedehnten Ebenen. (Pferde, Antilopen.)
Samoswerk v. Stefani, F. Major und Barbey. Étude géolog. paléontol. et botan. Lausanne 1892.

885 a. **1892. R. Lepsius** hat die von Philippson gesammelten Gesteine des Peloponnes untersucht. Gabbros und Serpentine, Porphyre und Porphyrite, Trachyte und kristallinische Schiefer.
Philippson. Peloponnes. S. 599—605.

886. **1892. J. Muck.** Über neue Schürfungen auf Steinkohle an der Küste des Schwarzen Meeres in Kleinasien. (Über Heraclea.)
Österr. Ing.- u. Arch.-Ver. Org. d. Ver. d. Bohrtechn. 1892. Nr. 8. S. 3—4.
Man vergl. auch W. Möllmann: Glückauf. XXXVIII. S. 865—867.

887. **1892. Z. Petković.** Geologische Notizen aus dem Distrikt von Jablanica (Serbien).
Ann. géol. pénins. balc. IV. I. S. 230—238 (serb. II. S. 185 franz. Res).

888. **1892. A. Philippson.** Der Peloponnes. Ausführliche Schilderungen über die Gebirgszüge der Halbinsel. Kristallinische Schiefer und Kalke unbestimmbaren Alters, Faltung vor dem oberen Jura. Versenkung des Landes

im Verlaufe der Kreidezeit. Das Emportauchen beginnt gegen Ende der Kreidezeit im Osten, während im Westen marine Ablagerungen bis in das untere Eocän andauern. Keine Kontinentalperiode. Unterschied gegen den Nordwesten der Balkanhalbinsel (österr. Küstenland). Gebirgsfaltung im Westen des Peloponnes zwischen Unter- und Mittelcocän einsetzend. Diskordanz des mitteleocänen Flysch Schub aus O mit stellenweisen Überschiebungen. Das Mitteltertiär eine Kontinentalperiode, von den jonischen Inseln bis zum südlichen Kleinasien reichend. Am Ende des Miocäns beginnen die Zerstückungen und tiefen Senkungen. Während der levantinischen Zeit Trachytausbrüche (Golf von Ägina), Bildung mächtiger Schottermassen. Bildung des korinthischen Golfes, Einbrüche des Meeres. Der Isthmus nach dem Oberpliocän auftauchend. Einbrüche an der Ostseite im Quartär.

Berlin 1892. 642 S. mit top. und geol. Karte in 4 Blättern (1 : 300.000) u. Profiltaf. — Ausf. Bespr. des Ref. N. Jahrb. 1893. I. S. 306—317. Man vergl. auch F. Toula: D. Rundsch. f. Geogr. u. Stat. XIV. 1892. S. 327 mit Karte (1 : 600.000).

889. **1892. S. A. Radovanović u. P. S. Pavlović.** Über die geologischen Verhältnisse des serbischen Teiles des unteren Timokbeckens. 66 mediterrane Arten, 32 sarmatische. „Gebirgsbildung hauptsächlich nach dem Schlusse der sarmatischen Stufe."

Ann. géol. pénins. balc. IV. 1892. S. 89—132. (Auszug aus „Glas." XXIX der serb. Akad. d. Wiss.)

890. **1892. S. A. Radovanović.** Über die Fauna der Kellowayschichten von Vrška Čuka und über *Belemnites ferrugineus* (Ostserbien)

Ann. géol. pénins. balc. IV. 1892. S. 133—146.

891. **1892. A. O. Saligny.** De l'anthracite de Skéla (Distr. Gorj) et celui de la vallée Badeana (Distr. Muscel in der Walachei).

Bukarest 1892. 31 S. Deutsch in Österr. Zeitschr. f. Berg- u. Hüttenwesen. XL. S. 545 u. 546.

892. **1892. Th. G. Skuphos.** Über Hebungen und Senkungen auf der Insel Paros. Die von E. Tietze angeführten Anzeichen einer Hebung bei Paroikia werden als eine Folge von Ablagerungsvorgängen erklärt, von einer Strandverschiebung könne nicht gesprochen werden. Dagegen müsse das Kap Korakas, der Berg Vigla etc. im N der Insel (Glimmerschiefer, Gneis mit Granitdurchbrüchen von Marmor überlagert) gehoben, der Süden (Kap Abyssos) dagegen gesenkt worden sein.

Zeitschr. d. D. geol. Ges XLIV. 1892. S. 504—506.

893. **1892. A. Stanojević.** Notizen über Exkursionen im Distrikt von Čačak (Serbien). Tertiär, Werfener Schiefer (Jelica), granitische Gesteine (Gornji Dubac), Rhyolithe und Serpentine.

Ann. géol. pénins. balc. IV. 1892. I. S. 211—230 (serbisch. -- Res. v. Žujović. Ebend. II. S. 184.)

894. **1892. G. Stefanescu.** On the existence of the Dinotherium in Roumania. Bull. Geol. Soc. Am. III. S. 81—83.

Bull. Soc. géol. de Fr. 3. Ser. XXI. CXXXIV—CXL. (1893.)

895. **1892. C. de Stefani, C. J. Forsyth-Major et W. Barbey.** Samos. Étude géologique, paléontologique et botanique. Nach de Stefani: Vier vortertiäre Züge von N—S verlaufend. Diorit, Glimmerschiefer, Cipollin.

Limnisches Obermiocän mit viel vulkanischem Tuffmaterial, Conglomeraten, Travertinen, pflanzenführenden Mergeln, in zwei Becken. Die Säugetierreste entstammen den Tuffen.

Lausanne 1892. 101 S. mit 14 Taf.

896. **1892. J. H. Taunton.** Notes on the dynamic geology of P a l e s t i n e.
Proc. Cotteswold Nat. Field Club. X. S. 323.

897. **1892. Fr. Toula.** Geologische Untersuchungen im ö s t l i c h e n B a l k a n und in anderen Teilen von Bulgarien und Ostrumelien. II. Ruschtschuk und das untere Lomtal: Requienienkalk und Orbitulinenschichten. Congerienschichten. Varna und Umgebu ıg: Pholasschichten. Pectenoolith. Spaniodon-Helixschichten (analog jenen der Krim. Diatomeenschiefer. Sarmat. Junge marine Bildungen. Provadia - Schumla: Dilatatus-Mergel. Nummuliten-Alveolinensandsteine. Bei Bergas: eine reiche eocäne (oligocäne) Meeresfauna. (Man vergl. v. K o e n e n 1893.)
Denkschr. d. Wiener Akad. d. Wiss. LIX. 1892. S. 409—478 mit 6 Taf.

898. **1892. Fr. Toula.** Zwei neue Säugetierfundorte auf der B a l k a n h a l b i n s e l (von G. N. Z l a t a r s k i eingesendet). Von Katina (Krtina) am Nordrande des Beckens von Sofia *Mastodon sp., Aceratherium sp.* — Von Kajali (Burgas NW) *Menodus rumelicus Toula.* (Man vergl. Z i t t e l: Handbuch d. Paläontologie. IV. S. 309 „*Titanotherium* oder *Leptodon*".)
Sitzungsb. d. Wiener Akad. d. Wiss. CI. 1892. S. 608—615 mit Taf.

899. **1892. Fr. Toula.** Reisebilder aus B u l g a r i e n.
Schriften d. Ver. zur Verbr. naturw. Kenntn. XXXII. 1892. S. 255 bis 290 mit 6 Taf.

900. **1892. L. Vankov** untersuchte den Schipka-B a l k a n. Neu ist vor allem die Angabe des Vorkommens von Tithon in der Reihe der fossilienarmen Sandsteinformationen.
Agram 1892. 109 S. (südslav.) mit Übersichtskärtchen (18 Ausscheidungen).

901. **1892. Fr. Wähner** besprach ein Liasvorkommen von Gacko in der H e r c e g o v i n a. Mergelschichten m t *Amaltheus margaritatus.*
Ann. k. k. naturh. Hofmus. Wien 1892. VII. S. 123.

902. **1892. E. Wisotzki.** Die Strömurgen in den Meeresstraßen.
Ausland 1892. Nr. 29—36.

903. **1892. M. Limpricht.** Die Straße der D a r d a n e l l e n.
Inaug.-Diss. Breslau 1892 mit Karte.

904. **1892. G. B. Magnaghi.** Die alcune esperienze eseguite negli stretti dei D a r d a n e l l i e del Bosfore per mismarvi le correnti a varie profondita.
Atti Primo Congr. Geogr. Ital. Genova 1892. II. S. 440—453. 5 Taf. (Karte 1894).

905. **1892. M. Zivković.** Über das Tertiär des mittleren T i m o k b e c k e n s: Mediterran, Cerithienstufe, Levantin.
Ann. géol. pénins. balc. IV. S. 147—157.

906. **1893. M. Blanckenhorn.** Die Strukturlinien S y r i e n s und des Toten Meeres. Übersichtliche Zusammenfassung seiner Forschungsergebnisse. Die Karte umfaßt das ganze Gebiet von Sinai bis an den Taurus.
Richthofen-Festschrift. 1893. S. 115—180 mit Karte (1 : 2,400.000) und Profiltafel.

907. **1893. E. Brandis.** Zentralbosnien. Geognostische Beobachtungen, angestellt an der in Angriff genommenen Bahnstrecke Janjici — Travnik — Bugojno.
Jahresber. d. naturw. Ver. d. Trencsiner Kom. XV. 1893.

908. **1893. G. v. Bukowski.** Monographie über die levantinische Molluskenfauna der Insel Rhodus. 30 Arten in 16 Gattungen. Drei Paludinenbecken und fluviatile Ablagerungen der levantinischen Stufe.
I. Denkschr. d. Wiener Akad. d. Wiss. 1893. LX. S. 265—306 mit 6 Taf.
II. Ebend. 1895. LXIII. 70 S. mit 5 Taf.
Man vergl. auch: Anz. d. Wiener Akad. d. Wiss. 1892. S. 240—254.
Verhandl. d. k. k. geol. R.-A. 1892. S. 196—200.

909. **1893. G. v. Bukowski.** Eruptivgesteine im südlichsten Teile Dalmatiens. (Melaphyr und Melaphyrtuffe.) Trias weit verbreitet: Muschelkalkmergel, Halobien und *Monotis* (Hallstätter Entwicklung).
Verhandl. d. k. k. geol. R.-A. 1893. S. 249. 1894. S. 120—124.

910. **1893. Italo Chelussi** hat Gesteine von der Insel Samos besprochen. Glimmerschiefer, Glaukophanschiefer und sphärolithische Porphyre.
Giorn. min. crist. e petr. 1893. IV. S. 33—38.

911. **1893. G. Cotteau.** Les échinides crétacés du Liban.
Ass. fr. Congr. de Besançon. I. 1893. S. 218.

912. **1893. Luka Dimitrow.** Beiträge zur geologischen und petrographischen Kenntnis des Vitoschagebietes in Bulgarien. Ein Syenitstock von Augit-, Hornblende-, Diabas- und Uralitporphyriten nebst ihren Tuffen umgeben (Niedzwiedzki [Mat. 1883, Nr. 139] hat diese Gesteine als Andesite bestimmt). Granit und Diorit spielen eine „unbedeutende Rolle" in vereinzelten Gängen. Im Westen stößt die Vitoschamasse an die Braunkohlenformation. Im Süden treten Gneise und Glimmerschiefer, im SO auch „Grauwacke" auf. Die Altersbestimmung dieser „Grauwacken" ist eine offene Frage geblieben. (Foraminiferen kommen auch im obereocänen Olonoskalk vor.)
Denkschr. d. Wiener Akad. d. Wiss. 1893. LX. S. 477—530 mit Karte und 3 Tafeln.

913. **1893. Th. Fischer.** Die südosteuropäische Halbinsel ohne Griechenland.
Länderk. von Europa. II. 2. 1893. S. 63—148.
Griechenland. Ebend. S. 199—281.

914. **1893. H. v. Foullon.** Über das Kupferwerk Sinjako in Bosnien. Intensive Störungen der Lagergänge. Jüngere Gänge.
Österr. Zeitschr. für Berg- u. Hüttenw. 1893. S. 18.

915. **1893. G. A. Georgiades.** Étude sur le gisement cuivreux de Limogardi, Montagnes de l'Othrys, Grèce.
Bull. Soc. de l'ind. min. St. Etienne. VII. 1893. S. 143—153.

916. **1893. (1902.) R. Hoernes.** *Chondrodonta (Ostrea) Joannae Choffat* in den Schiosischichten von Görz. Istrien, Dalmatien und Hercegovina.
Sitzungsber. d. Wiener Akad. CXI. 1902. S. 1—18. mit 2 Tafeln.

917. **1893. Fr. v. Kerner.** Über das im SW des Mte. Promina (Dalmatien) in den Kreidekalk eingefaltete Eocän. In der Umgebung von Dernis Kreide und Eocän.
Verhandl. d. k. k. geol. R.-A. 1893. S. 242 u. 261. 1894. S. 75—81.
Man vergl. auch ebend. S. 406—416 (Umgebung des Petrovo polje).

918. **1893. A. v. Koenen.** Über die unteroligocäne Fauna der Mergel von B u r g a s. Neubearbeitung der von dem Ref. (1892) für Äquivalente des Bartontones gehaltenen Fauna, eine Fauna, welche v. K o e n e n mit der von Sokolow bei Jekaterinoslaw aufgefundenen in Vergleich brachte. (Sokolow. Mém. Com. géol. IX. 1893.) Ein Bindeglied zwischen dem Unteroligocän Südrußlands mit jenem des südlichen Alpenrandes.
Sitzungsber. d. Wiener Akad d. Wiss. 1893. CII. S. 179—189.

919. **1893. W. G. Forster.** The recent earthquakes in Z a n t e.
The Mediterr. Natural. II. Malta 1893.

920. **1893. Freydier-Dubreuil** schrieb über das Kohlenbecken von H e r a k l e a am Schwarzen Meer.
Lyon 1893. 32 S.

921. **1893. K. v. Fritsch.** Z u m o f f e n s Höhlenfunde im L i b a n o n. Anteliashöhle, NO von Beirut, wahrscheinlich in Kreidekalken und andere. In der Antelias, eine von der heutigen etwas verschiedene Fauna zusammen mit Menschenresten. *Cervus, Capra* (vielleicht *C. primigenia O. Fraas*).
Abhandl. d. naturf. Ges. Halle 1893. XIX. S. 41—81.
G. Z u m o f f e n s L'homme préhistorique dans la grotte d'Antelias au Liban erschien: La Nature. XXI. 1893. S. 341 u. 342.

922. **1893. A. Issel.** Cenno sulla constituzione geologica e sui fenomene geodinamici dell' isola di Z a n t e. Hippuritenkalk besonders im Westen. Nummulitenkalk, Miocän mit Gips (nach Th. F u c h s Pliocän), Pliocän (Mergel, Grobkalk und Conglomerat), Terra rossa (auf dem Kreidekalke). Nur am Ostrande des älteren Gebirges eine von N nach S sich ausdehnende Fläche mit jungen Ablagerungen.
Bol. Com. geol. d'Ital. Rom. 1893. S. 144—182 mit Karte (1 : 100.000).

923. **1893. Jousseaume.** Examen d'une série de fossiles provenant de l'isthme de C o r i n t h e. Zwei marine Faunen: eine kleine jungtertiäre und eine zahlreiche quartäre. Die jungen marinen Bildungen des Isthmus gehören in die gleiche Epoche mit den gehobenen Strandbildungen am Roten Meere. Ihre Hebung infolge derselben tektonischen Vorgänge, welche von Griechenland bis nach Zentralafrika sich erstrecken. (Man vergl. Nr. 865.)
Bull. soc. géol. de Fr. XXI. 1893. S. 394—405.

924. **1893. R. Lepsius.** Geologie von A t t i c a. Bei den azoisch-kristallinischen Gesteinen werden unterschieden: Kalkglimmerschiefer mit Quarzlinsen (Varistufe), Dolomitkalkschiefer (Pinaristufe), unterer Marmor (Hymettos-Hauptgestein), Glimmerschiefer von Kalsariani, Kontaktglimmerschiefer von Laurion, oberer gebänderter Marmor. (Im Hymettosgestein fanden Alex. B i t t n e r und H. B ü c k i n g seinerzeit sichere Korallenstöcke!) Kretazisch sind: Mergel und Kalke der unteren Stufe, die Schiefer (Grünschiefer zum Teil) von Athen mit Kalklagen, die obere Kalksteinstufe. Der Granit von Plaka wird als nachkretazisch bezeichnet. Gabbro (in Serpentin umgewandelt) in vielen Durchbrüchen am nördlichen Hymettos und im O der Laurionfalte.
Berlin 1893. VIII u. 196 S. mit Atlas (9 Karten 1 : 25.000), 29 Profilen und 8 Tafeln.
Man vergl. die kritischen Bemerkungen P h i l i p p s o n s: Sitzungsber. Niederrh. Ges. f. N.- u. Heilk. 1894. S. 14—32.

925. **1893.** Report of the mineral resources of the island of M i l o.
London 1893 mit Plan.

926. 1893. M. S. de Rossi. L'odierna attività sismica dell' Arcipelago greco studiata in Italia.

Atti Ac. pont. dei N. Lincei. XLVI. Rom 1893.

927. 1893. (1895.) F. Schafarzik. Geologische Notízen aus Griechenland.

Jahresber. d. ungar. geol. Anst. für 1893 (1895). S. 177—192.

927 a. 1893 und 1894. F. Schafarzik. Die geologischen Verhältnisse des Csernathales und der Kasanenge an der unteren Donau etc.

Budapest 1893 und 1894.

928. 1893. V. Simonelli. Fossili terziari e post-pliocenici dell' Isola di Cipro (ges. von A. Bergeat). Der Korallenkalk vom Capo greco, von Gaudry zum Miocän gestellt, dürfte Kreide oder Jura sein. Diskordant über den Kreidekalken Nummulitenkalke und grüne Mergel (Obereocän). Sandiges, fossilienarmes Miocän. Helle Foraminiferenmergel. Pliocän (die höhere Stufe Gaudrys) reich an Fossilien. 75 Ostracoden. Die typischen italie-nischen marinen Pliocänarten fehlen. Nordische Arten stellen sich ein, daher vielleicht unteres Postpliocän.

Mem. R. Accad. d. Sc. Bologna. Ser. V. III. 1893. S. 353—362.

929. 1893. V. Simonelli. Le sabbie fossilifere di Selenitza in Albania. Bitumenreiche Sandsteine, Sande und Conglomerate mit mariner pliocäner Fauna, neben dem sarmatischen *Cerithium pictum*. Auch Flußconchylien.

Boll. Soc. geol. Ital. XII. 1892. S. 552—558.

930. 1893. Fr. Toula. Der Jura im Balkan, nördlich von Sofia (nach G. N. Zlatarskis Aufsammlungen). Lias und Jura in diesem Gebiete weiter verbreitet, als Referent seinerzeit angenommen hatte; es sind aber dieselben Horizonte, die er festgelegt hat.

Sitzungsber. d. Wiener Akad. d. Wiss. 1893. CII. S. 191—205. Mit 2 Taf.

931. 1893. G. Steinmann. Über triadische Hydrozoën vom östlichen Balkan (Kotel-Kasan) und ihre Beziehungen zu jüngeren Formen. Aus den Materialien des Ref. und G. N. Zlatarskis. Wurden vom Ref. anfangs für Vertreter des Geschlechtes *Parkeria* gehalten. (G. Steinmanns erste Meinung.) Sie sind nun als Heterastridien erkannt; die betreffenden korallenreichen Schichten würden sonach der oberen Trias zufallen.

Sitzungsber. d. Wiener Akad. d. Wiss. 1893. CII. S. 457—502. Mit 3 Taf.

932. 1893. Fr. Toula. Eine geologische Reise in die Dobrudscha. Planorbis-Schichten 40 m über der Donau bei Silistria an der rumänischen Grenze. Landeinwärts von Silistria die Fortsetzung der Kreidetafel von Ruschuk mit Caprotinen und Monopleuren (bei Akkandelar). Darüber typischer Süßwasserkalk. Schöne Abrasionsflächen auf der Kreide bei Doimuschlar (Nerineen', Caprotineukalk). Kreidesandsteine im Karasutale oberhalb Mirdschavoda (viele kleine Exogyren).

Schr. d. Ver. z. Verbr. naturw. Kenntn. Wien 1893. S. 543—604.

933. 1893. C. Viola e M. Casetti. Contribuzioni alla geologia del Gargano. Zugehörigkeit zum dinarischen System.

Boll. com. geol. 1893. S. 101—128. Mit Karte (M. Gargano 1:300.000) und Taf. Tschihatscheff (Neues Jahrb. für Min. etc. 1841. S. 39—53) hielt ihn für eine vom Apennin abgetrennte Masse.

934. **1893. C. Viola e G. di Stefano.** La punta delle Pietre Nere presso il Lago di Lesina in provincia di Foggia. Zusammengehörigkeit mit dem dinarischen Systeme.

> Boll. com. geol. 1893. XXIV. S. 129 - 143. (Man vergl. auch C. Viola ebend. 1894. XXV. S. 391—403. Mit Karte und G. di Stefano ebend. 1895. XXVI. S. 4—50.)

935. **1893. Fr. Wähner.** Über *Inoceramus Cripsi* von Albesti bei Campolung in der Walachei. (Von Draghicénu aufgefunden.)

> Ann. k. k. naturh. Hofmus. 1893. S. 84.

936. **1893. J. Žujović.** Geologija srbije. Die schon Nr. 870 erwähnte Karte (1 : 750.000) ist unverändert beigegeben. Die Reisewege der Geologen sind auf zwei Karten eingezeichnet.

> Belgrad. K. serb. Akad. 1893. 334 S. (serb.). Mit Atlas.

937. **1893. J. M. Žujović.** Sur les terrains sédimentaires de la Serbie.

> Compt. rend. CXVI. 1893. S. 1308—1311. Unter demselben Titel eine Mitteilung in den Belgrader Ann. géol. pén. balc. V. II. 1900. S. 71—76. Derselbe Autor: Sur les roches éruptives de la Serbie.
>
> Compt. rend. CXVI. S. 1406—1408. (Auch in den Belgrader Ann. géol. V. II. 1900. S 77—80.)

938. **1894. Al. Bittner.** Über neue Rhynchonellinen von Risano in Dalmatien. (Ges. v. G. v. Bukowski.)

> Verhandl. d. k. k. geol. R.-A. 1894. S. 406 und Jahrb. d. k. k. geol. R.-A. 1894. XLIV. S. 547—572.

939. **1894. G. v. Bukowski.** Über den geologischen Bau des nördlichen Teiles von Spizza in Süddalmatien. Werfener Schiefer, Muschelkalk mit reicher Fauna (*Ceratites, Acrochordiceras, Ptychites*). Diploporenkalk und Dolomit (Norit-Porphyrit), Cassianer Schichten (*Monotis lineata, Daonella* etc.). Obertriadische Kalke (*Monotis, Halobia, Daonella* und *Ammonites*). Korallenkalk und Oolithe unbestimmten Alters. Streichen parallel der Küste; Längsbrüche, Überschiebungen und Verwerfungen.

> Verhandl. d. k. k. geol. R.-A. Vorläuf. Bericht. 1893. S. 247; 1894. S. 120; 1895. S. 95—119, 133—138, 325—331, 379—385. Man vergl. auch ebend. S. 319—324. (Muschelkalk von Braič.)

940. **1894. K. v. John.** Noritporphyrit aus Süddalmatien.

> Verhandl. d. k. k. geol. R.-A. 1894. S. 133.

941. **1894. A. d'Archiardi.** Sul bacino boratifero di Sultan-Tschair nell' Asia minore.

> Proc. verb. Soc. Tosc. se. nat. Pisa 1894. 24 S.

942. **1894. G. F. Dollfuss** erklärt die Jousseaumeschen Faunen (Nr. 923) für altpleistocän, nur zwei ausgestorbene Formen. Kritik der Namengebung Jousseaumes (Griechenland).

> Bull. Soc. géol. de Fr. 8. Ser. XXII. 1894. S. 286—294.

943. **1894. Fouqué.** Contribution à l'étude des feldspaths des roches volcaniques. Beschreibt Felsarten von Mytilini (Lesbos): Dacit mit Hornblende und Obsidian-Trachyt.

> Bull. Soc. Min. XVII. 1894. 7. u. 8. S. 315 u. 317.

944. **1894. Th. Fuchs.** Geologische Studien in den jüngeren Tertiärbildungen Rumäniens. Lignitformation (Bahna) mit *Cerithium margaritaceum* nur im NW. Salzführende Formation am Südfuße der Karpaten. Nulli-

porenkalk (Slanik), Foraminiferenmergel (Turn-Severin). Sarmatische Stufe am Südfuße der Karpaten in großer Mächtigkeit. Congerienschichten (Congerien, Cardien, Unionen und Viviparen). Psilodontenschichten. Unionenschichten mit *Elephas meridionalis*.

Neues Jahrb. f. Min. etc. 1894. I. S. 111—170.

945. **1894. A. Gobantz.** Die Schmirgellagerstätten auf Naxos. Sie sind an kristallinische Kalke im Glimmerschiefer gebunden.

Österr. Zeitschr. f. Berg- u. Hüttenw. 1894. S. 143- 147.

946. **1894. V. Hilber.** Geologische Reise in Nordgriechenland und Makedonien 1893 u. 1894. Südöstlich von Certa Hornsteinkalk (untere Kreide nach Neumayrs Auffassung, Eocän nach Philippson) mit *Radiolites*. Flysch mit Gabbro, Serpentin und Diabas, in langen Falten, zum Teil steil aufgerichtet, NW-streichend, Kalksteinbänke umschließend (mittlerer Kreidekalk Neumayrs), vom Hochgebirgskalk überlagert, die drei Pindusketten bildend, mit Hornsteinschichten und rotem Jaspis. *Radiolites*, *Nerinea*, *Actaeonella* wurden gefunden. Kohlenschmitzen (liburnisch?) zwischen Kalaryte und dem Peristéri. Kristallinisches Grundgebirge im nordthessalischen Grenzgebirge (Boué und Viquesnel), bedeckt mit tertiären Conglomeraten. Pflanzen und *Cerithium margaritaceum* in Mergeln und Sandsteinen (Kalambáka und Kónitza), Paludinen (Janina). Nummulitenkalkfindling bei Kanauiá.

Anz. d. Wiener Akad. d. Wiss. 1894. XX. — Sitzungsber. derselben Akad. 1894. CIII. S. 575—600 u. 616—623.

947. **1894. Istrati.** Über die Steinsalzlager und die chemische Zusammensetzung des Steinsalzes in Rumänien.

Österr. Zeitschr. f Berg- u. Hüttenw. 1894. S. 400—410.

947 a. **1894. Fr. v. Kerner.** Reisebericht aus dem nördlichen Dalmatien.

Verhandl. d. k. k. geol. R.-A. 1894. S. 231.

948. **1894. L. de Launay.** L'île de Lemnos.

Ann. du Club Alpin. 1894.

949. **1894. J. Luksch und J. Wolf.** Große Tiefen (3865 m) zwischen Rhodus und Lykien. Nach E. Suess (III. S. 408): Querbruch des äußeren dinarischen Bogens.

Ber. d. Komm. zur Erf. des östl. Mittelmeeres. III. Denkschr. d. Wiener Akad. d. Wiss. LXI. 1894 mit Karte.

950. **1894. Konst. Mitzopulos.** Die Erdbeben von Theben und Lokris in den Jahren 1893 u. 1894. Bruchlinie (von Theben) und Spalten von Atalanti etc. sind verzeichnet.

Peterm. geogr. Mitt. 1894. S. 217—227 mit Karte (1:1,000.000) nach Bittner und Teller.

951. **1894. E. Naumann.** Makedonien und seine Eisenbahnlinie Salonik—Monastir. Das Becken von Ostrovo der „Einbruch eines stufenförmigen Stückes der Erdrinde". Die Falten der Kreide „scheinen durch die Dislokationsfläche quer abgeschnitten zu sein". Lignit bei Banitza unweit Monastir (S. 39).

Über die Geologie der die pelagonische Ebene umgebenden Gebirge (S. 36): Glimmerschiefer, Granit („Eruption"), Syenit bei Florina. Im O und NO des Sees von Kastoria Protogin. Eine Kalkzone innerhalb des makedonischen Zentralmassivs. Das archäische Territorium dürfte sich bei späteren Detailforschungen „in Streifen auflösen, welche mit jüngeren Gebilden wechsellagern". (S. 46 u. 47.)

München und Leipzig 1894. 58 S.

952. **1894. A. Philippson.** Über seine im Auftrage der Gesellschaft für Erdkunde ausgeführte Forschungsreise in Nordgriechenland. Eine Karte mit den Reisewegen versinnlicht das Streichen der Züge aus Kalkstein, Serpentin, Flysch und der kristallinischen Gesteine. Der Pindos ist der Hauptsache nach ein eocänes Kalkfaltengebirge mit nahe aneinandergepreßten Sätteln. Im W das dinarische Streichen, im O darauf fast normal. (Im allgemeinen gute Übereinstimmung mit den Linien der Bittner-Neumayrschen Übersichtskarte. Nur im Othrys und nördlich davon einige Verschiedenheiten.

Verh. d. Ges. für Erdk. 1894. XXI. S. 52—69 mit Karte (1:750.000). Man vergl. auch ebend. 13. April 1893, S. 236 und 15. Juni, S. 360 über Thessalien und den Pindos.

953. **1894. A. Philippson.** Der Kopaïssee in Griechenland und seine Umgebung. Der geologische Bau nach Bittners Darstellungen. Faltung, Entstehung des Beckens nach der Faltung durch Einbrüche. Die Katavotbren-Auflösung längs Gesteinsspalten.

Zeitschr. d. Ges. für Erdk. 1894. S. 1—90 mit 2 Karten.

954. **1894. A. Philippson u. G. Steinmann.** Über das Auftreten von Lias in Epirus. In den Kalken von Kukuleaés: *Koninckina Geyeri* Bittner, *Rhynchonella flabellum* Men. und *Sordellii* Parona, *Terebratula ceravulum* Zitt. Auch Ammoniten-Durchschnitte. Mittlerer Lias.

Zeitschr. d. Deutsch. geol. Ges. 1894. S. 116—125 mit Tafel.

955. **1894. A. Philippson und P. Oppenheim.** Tertiär in Nord-Griechenland sowie in Albanien und bei Patras im Peloponnes. Bei Sinu Kerasia in Nordwest - Thessalien: *Cerithium plicatum* und *margaritaceum*, *Murex*, *Melanopsis*, *Congeria cf. Basteroti* etc. (Oberstes Oligocän oder unterstes Miocän.) Vergleich mit dem Oligocän Siebenbürgens und Rumäniens. Von Koriča in Albanien eine neue *Arca*. Von Nikopolis (Süd-Epirus): *Melanosteira (Melanopsis) aetolica var.* (Pliocän wie in Ätolien). Aus NW-Epirus (Zarovina) *Corbula gibba*, Limnaeen („halbbrackisches" Pliocän). Von Patras: *Paludina Fuchsi*, *Melanopsis anceps*, *Unio* (Pliocän).

Zeitschr. d. Deutsch. geol. Ges. 1894. S. 800—822.

956. **1894. A. Philippson.** Über die geologischen und tektonischen Probleme, die in der westlichen Balkanhalbinsel noch zu lösen sind. Hinweis auf die Gegensätze im Norden und Süden. Hier fehlt die zentrale Auffaltung der älteren Formationen. Verhältnis zum Apennin.

Verh. d. naturw. Ver. d. pr. Rheinl. Bonn 1894. S. 97—99.

957. **1894. V. Simonelli.** Appunti sulla constituzione geologica dell' Isola di Candia. Dieselben dem Alter nach fraglichen Schiefer kristallinischer Natur wie in Attika, mit Einlagerungen von Kalk und Diorit. Spuren von Schnecken im Kalk. Die obere Kreide davon deutlich geschieden, mit Nerineen und Korallen. Serpentin an der Basis. Eocän (wie in Italien), marines Miocän (Tiefsee- und Strandfazies), pontische Schichten mit *Melanopsis*, *Unio* und Neritinen. Quartäre Conglomerate etc. und Terra rossa.

Rend. Acc. Lincei Roma III. Heft 7. 1894. S. 236—241 und Heft 8. S. 265—268.

958. 1894. **Sabba Stefanescu.** L'âge géologique des conglomérats tertiaires de la Muntea (im Westen nahe dem Donaudurchbruche). Sarmatisch (Sacel), Mediterran (Ilovatz), Eocän mit Nummuliten (Salatrucu Mare).

L'extension des couches sarmatiques en Valachie et en Moldavie. Derselbe Autor: Les couches géologiques traversées par le puits artésien de Marculesti dans le baragan de Jalomitza.

Bull. Soc. géol. de Fr. XXII. 1894. S. 229—233, 321—330, 331—333.

959. 1894. **G. Stefanescu** hat auf die Deutung als Sarmat der von ihm als Eocän aufgefaßten Conglomerate von Muntenia (Walachei) durch Sabba Stefanescu erwiedert. Der Referent hat in den sogenannten Eocänconglomeraten am Südrande der transsylvanischen Alpen an mehreren Stellen sarmatische Fossilien angetroffen.

Bull. Soc. géol. de Fr. 1894. 3. Ser. XXII. S. 502—505.

960. 1894. **Ch. de Stefani.** Observations géologiques sur l'île de Corfou. Es finden sich: Mittlerer und oberer Lias im NO und NW; mächtige Kalksteine (Tithon und obere Kreide) im Norden, in der Inselmitte und im S Durchragungen durch Tertiär. Hornsteinreiche Plattenkalke im Ostflügel (Eocän). Mergelschiefer, Conglomerate und Sandsteine (im N mit Gips und an der W-Küste) sind miocän (nach Partsch Flysch). Pliocän und Quartär.

Bull. Soc. géol. de Fr. 1894. XXII. S. 445—464.

Partsch hat schwerwiegende Bedenken gegen einige der Ausführungen erhoben. (Peterm. geogr. Mitt. 1896. S. 262—264.)

961. 1894. **H. S. Washington.** On the basalts of Kula [Anatolien] („Kulaïte"). Sie durchbrechen tertiäre Kalke und bilden Decken. Olivinarme Amphibol-Plagioklasgesteine (amphibolandesitähnliche Gesteine).

Am. Journ. Sc. 1894. XLVII. S. 114—123. — Inaug. Diss. Leipzig 1894. 65 S.

962. 1894/95. **H. S. Washington** veröffentlichte eine petrographische Skizze der Insel Ägina und der Halbinsel Methana. Augithypersthenandesit mit Dacitdurchbrüchen an der Südspitze, Amphibolandesit in der Inselmitte, kristallinischer Kreidekalk im NO, neogene Mergel und Kalke im Nordwesten. Methana hängt durch Kreidekalk mit dem Peloponnes zusammen. Im Kern Amphibolandesit, Hornblendehypersthendacit am weitesten verbreitet.

Journ. of Geol. Chicago 1894/95. II. S. 789—813. III. S. 21—46, 138—168.

963. 1895. **C. Alimanestianu.** Sondagiul din Bărägan (Walachei). Auch dieser Abhandlung ist ein leider in sehr unnatürlichen Verhältnissen gezeichnetes Idealprofil beigegeben, worin recht beträchtliche Verwerfungen verzeichnet sind. Das ganze Gebirgsvorland hätten wir uns als ein durch nachmiocäne Absenkungen schollenförmig zerstücktes Senkungsgebiet vorzustellen, auf welchem die jüngeren Formationen lagern. Die tatsächlich zur Durchführung gebrachten Tiefbohrungen dürften nicht hinreichend sein, um die gemachten Vorstellungen entsprechend zu beweisen. Wertvoll sind die beiden Bohrprofile, von welchen jenes von Marculesti (Bärägan) 530 *m* tief bis in die Kreide reicht. Bei 350 *m* Tiefe fand sich *Belemnites cf. subfusiformis.*

Bul. Soc. Politecnice. XI. 3. 52 S. Bukarest 1895.

964. 1895. **N. Andrussow.** Kurze Bemerkungen über einige Neogenablagerungen Rumäniens. Vergleiche mit den Ablagerungen der Halbinsel Kertsch

Sarmatische, Mäotische, Congerien- (mit *Cong. subcarinata rhomboidea* und mit Valenciennesien) und Paludinenschichten (über Psilodonschichten).

Verhandl. d. k. k. geol. R.-A. 1895. S. 189—197.

Mém. Ac. St. Petersbourg. VIII. I. 4.

965. **1895. Al. Bittner.** Neue Brachiopoden (Rhynchonellen, *Koninckina, Amphiclinodonta*) und eine neue *Halobia* aus der Trias von Balia Maden (Anatolien).

Jahrb. d. k. k. geol. R.-A. 1895. S. 249—254.

966. **1895 und 1896. M. Blanckenhorn.** Entstehung und Geschichte des Toten Meeres. Im Westjordanland wird der tektonische Bau festgestellt. Einbruch des Beckens des Toten Meeres gegen Ende des Tertiärs. Vorwaltend annähernd meridional verlaufende Bruchspalten und Flexuren (N—S und NNO—SSW) scharen sich mehrfach mit kürzeren aus NW—SO. Treppenförmiger Schollenbau.

Zeitschr. D. Paläst. Ver. XIX. 1895. Karte von Jerusalem (1:20.000). 1896. 59 S. mit 2 Karten (1:2,400.000 tektonisch, 1:500.000 geologisch-stratigraphisch).

Man vergl. Zeitschr. f. prakt. Geol. 1897. S. 363.

967. **1895. M. Draghicénu.** Geologia aplicata. Hydrologische Studien über die Untergrundwasserverhältnisse im mittleren Rumänien mit Hinblick auf die Wasserversorgung von Bukarest. Ein Profil von den transsylvanischen Alpen bis an das Schwarze Meer versinnlicht seine Vorstellungen über Hauptstörungslinien am Südrande des Gebirges und an der Grenze der Dobrudscha.

Bukarest 1895. 183 S. mit Karte und Profil.

Man vergl. auch: Zeitschr. d. Österr. Ing.- und Arch.-Ver. 1896. Nr. 43 u. 44.

967 *a*. **1895. D. Gorjanović-Kramberger.** De piscibus fossilibus Comeni, mrzleci, Lesinae et M. Libanonis etc. Zagrebu (Agram) 1895 m. 12 Tafeln.

968. **1895. J. W. Gregory.** The great Rift Valley.

London 1895. 442 S.

969. **1895. K. Hassert.** Beiträge zur physischen Geographie von Montenegro mit besonderer Berücksichtigung des Karstes. Die geologische Übersicht (S. 14—44) nach Boué, Tietze und L. Baldacci. Geologische Übersichtskarte von Montenegro (1:500.000) mit 15 Ausscheidungen.

Peterm. Mitt. Erg.-Hft. 115. 174 S.

970. **1895. V. Hilber.** Zur Pindos-Geologie. Die Hauptmasse des Pindos-Flysches ist cretazisch und liegt unter Kreidekalk. Nur der Flysch der Arta- und des westlichen Teiles der Asproszone ist nach Hilber Kreideflysch. Bezweifelt die Richtigkeit der Erklärung durch Überschiebung; es besteht keine Diskordanz, keine Reibungsbreccien. Bestreitet die Richtigkeit der Annahme Philippsons: der ganze Westen sei Eocän.

Verhandl. d. k. k. geol R.-A. 1895. S. 213—222.

971. **1895. E. Hull.** On the physical conditions of the Mediterranean Basin which have given rise to a community of some species of freshwater fishes in the Nile and the Jordan Basin. Im Nachmiocän bestand eine Reihe von Becken im Bereiche des Mittelländischen Meeres. Im Osten Süßwasserbecken. Das Tote Meer war in der neueren Zeit, seit Beginn des Miocän, in keiner Verbindung mit dem Golf von Akaba.

Proc. Vict. Inst. 1895 mit Karte. Quart. Journ. LI. 1895. S. 93 u. 94.

972. 1895. **Fr. v. Kerner.** Kreidepflanzen von Lesina. *Cunninghamia* spricht für
Cenoman.
Jahrb. d. k. k. geol. R.-A. 1895. S. 37—58. (Man vergl. auch Verhandl.
d. k. k. geol. R.-A. 1895. S. 258—263, 442—444.)

973. 1895 bis 1898. **Fr. v. Kerner.** Über den geologischen Bau des mittleren und
unteren Kerkagebietes in Dalmatien (Faltengebirge). — Auch bei
Sebenico Faltengebirge: Kreide und Nummulitenkalk.
Verhandl. d. k. k. geol. R.-A. S. 242, 258, 413—433. Ebend. 1896.
S. 278—283. Ebend. 1898. S. 364—387.

973 *a*. 1895. **E. Kittl.** Bericht über eine Reise in Norddalmatien und einem
Teile Bosniens.
Ann. d. k. k. naturhist. Hofmus. 1895.

974. 1895. **L. de Launay.** Vorläufige Notiz über den geologischen Bau der Insel
Lesbos. Gefaltete und aufgerichtete eocäne und cretazische Sandsteine
und Schiefer mit Pflanzenabdrücken werden von Trachytgängen durchbrochen. Die Falten streichen SW—NO (wie auf Samothrake und am
thrakischen Chersones). Verwerfungen. Eine rezente Muschelbreccie bei
Hephaestia.
Rev. archéol. Paris 1895. 21 S. mit geol. Karte.

975. 1895. **L. Mrazec.** Considérations sur la zone centrale des Carpathes
roumaines. Zum Teil weitgehende metamorphosierte paläozoische
Bildungen.
Bull. Soc. sc. phys. Bucarest 1895. Nr. 5 und 6. 12 S.

976. 1895. **L. Mrazec.** Feuille Verciorova-Turnu Severin (W.-Walachei). Granit-
gänge, Glimmerschiefer. Gneisglimmerschiefer.
Bull. Soc. sc. phys. Bucarest 1895. 11. 12. 3 S. Man vergl. auch
Anuarulu 1895. S. 37—85.

977. 1895. **L. Mrazec.** Über die Anthracitbildungen des südlichen Abhanges der
Südkarpaten.
Anzeiger d. Wiener Akad. d. Wiss. 1895. XXVII.

978. 1895. **K. Natterer.** Tiefseeforschungen im Marmarameer auf Sr. M. Schiff
„Taurus" im Mai 189:.
Denkschr. d. Wiener Akad. d. Wiss. LXII. 1895. (Ber. d. Komm.
f. d. Erf. d. östl. Mittelmeeres. 4. Reihe. S. 14—117. 7 Taf. u. 2 Karten.

979. 1895. **A. Philippson.** Zur Pindos-Geologie. Nur der untere Teil der
Pindos- und Olonoskalke ist Kreide, die oberen Teile sind Eocän. Viele
Richtigstellungen. Wichtigere Gegensätze bestehen noch in der Auffassung
der Artaflyschzone und in bezug auf das Alter der Zygos-Serpentine; sie
sind nach Philippson cretazisch, Hilber hält sie für eocän. Die
Sandsteine von Trikkala hält ersterer für oligocän-miocän, der letztere
für Flyschbildungen. Auch in bezug auf die Streichungsrichtung im
kristallinischen Gebiete bestehen noch Gegensätze
Verhandl. d. k. k. geol. R.-A. 1895. S. 276—289.

980. 1895. **A. Philippson.** Reisen und Forschungen in Nordgriechenland. II.
Das Gebirge der östlichen Agrapha (Verbindung zwischen Othrys und
Pindos). Das Gebirge von Trikkala. Die Chássia. Das Gebirge von
Trikkala besteht aus gefalteten und steil aufgerichteten kristallinischen
Schiefern (NW, NNW und N streichend); Kreidekalke am Rande der
Ebene des oberen Peneios: Serpentin, bunte Schiefer und Kalk,

nummulitenführender Flysch diskordant über der Kreide (Voïvoda).
Tertiär im Gebiete von Chassia: Oligocän bis Untermiocän.
Zeitschr d. Ges. f. Erdkunde. Berlin. XXX. 1895. S. 417—448 mit
(orogr.) Karte und Profiltafel.

981. **1895. A. Philippson.** Zur Geologie des Pindosgebirges. Polemisch gegen
V Hilber (1894). Die Pindos- und infolgedessen die Olonoskalke (fallen
nach O unter den cocänen Flysch) werden etwas anders gedeutet (zum
Teil Kreide). Überschiebung gegen W.
Sitzungsb. d. Niederrh. Ges. f. Nat. u. Heilk. Bonn, 4. Febr. 1895. 9 S.

982. **1895/96. G. Ralli.** Le bassin houiller d'Héraclée. Die Karte mit 14 Ausscheidungen und Einzeichnung der Antiklinalen und Verwürfe. Ein
zweites Kärtchen (nach Schlehan), ein drittes 1 : 800.000. Zahlreiche
Profile. Die Kohle in drei Etagen. Fossilienlisten für die einzelnen Vorkommnisse.
Ann. Soc. géol. Belg. XXIII. 1895/96. S. 151—267 mit 15 Tafeln,
u. Karte (1 : 40.000).

983. **1895. K. A. Redlich.** Ein Beitrag zur Kenntnis des Tertiärs im Bezirke
Gorju (Cernadia in der Walachei). Es liegt auf Karpatensandstein
und „Jurakalk". Leithakalk mit *Alveolina melo*, sowie Tegel und Sande
des Leithakalkes, fossilienreich. Über dem Leithakalke konkordant sarmati-
sches Conglomerat mit *Mactra podolica*.
Verhandl. d. k. k. geol. R.-A. 1895. S. 330—334.

984. **1895. Greg. Stefanescu** hat ein Jahrbuch des geologischen Museums in
Bukarest herausgegeben. Geologie der Moldau. Unterkieferreste eines
fossilen Kamels. Sande an der Aluta bei Slatina mit *Elephas primigenius*
und Antilopenresten. *Dinotherium gigantissimum* von Manzaţi.
Anuarulu 1895.

985. **1895. C. de Stefani, F. Forsyth Major** und **W. Barbi.** Karpathos. Étude
géologique, paléontologique et botanique. Das Südende dürfte tertiär
sein, die Mitte besteht aus Kreidekalk, an welche sich Sandsteine anschließen. (Nach Forsyth Majors Aufsammlungen.)
Lausanne 1895. 180 S. (153—180 Geologie.)

986. **1895. Fr. Toula.** Vorläufiger Bericht über eine geologische Reise an den
Südküsten des Marmarameeres. Muschelkalk, obere Kreide, pflanzen-
führendes Alttertiär (steil aufgerichtet). Vorsarmatische Süßwasserablagerungen. Altes Gebirge bei Kara Bigha (Priapos d. Alten).
Schrift. d. Ver. zur Verbr. naturw. Kenntn. Wien 1895 (1896). 52 S.

987. **1895. Fr. Toula.** Muschelkalkvorkommen am Golf von Ismid (Marmara-
meer). Reiche Fauna, 56 fast durchwegs neue Arten von *Pleuronautilus,
Ceratites, Koninckites, Beyrichites, Nicomedites* (n. g.), *Acrochordiceras, Pro-
cladiscites, Monophyllites, Hungarites, Ptychites, Sturia, Atractites*. Nur neun
Arten lassen sich in Vergleich bringen mit drei alpinen, drei arktischen
und drei Himalayaarten. Über Encrinitenkalk.
Zeitschr. d. Deutsch. geol. Ges. 1895. S. 567—570. Anz. d. Wiener
Akad. 1896. I. S. 3—7. N. Jahrb. 1896. I. S. 149—151. II. S. 137—139.
Monographie: Beitr. z. Geol. von Österreich-Ungarn und d. Orient 1896.
S. 153—191 mit 5 Tafeln.

988. **1895. G. Tschermak.** Über den Schmirgel von Naxos. Im körnigen Kalk
der Gneisformation, Linsen bildend.
Min.-petr. Mitt. Wien 1895. S. 311—342.

989. **1895. W. F. Wilkinson.** Notes on the geology and mineral resources of Anatolia. Profil von Mudania am Marmarameere über Brussa (Süßwassertertiär), der Olymp (Glimmerschiefer und Kalk), Nilufer (Granit), Rhyndacos (Tertiär zwischen „Grünstein" und Granit) und Hermanjik. Quart. Journ. 1895. 51, S. 95—97.

990. **1895. R. Zeiller** hat die Bearbeitung der Carbonflora von Heraclea vorgenommen. Kulm (*Sphenopteris distans* etc.) und Westphalien.
Compt. rend. 4. Juni 1895. Ausführliche Bearbeitung: Mém. Soc. géol. de Fr. Paléont. Nr. 21. 91 S. mit 6 Tafeln. VIII. S. 1—56 mit 3 Taf. IX. 1899—1902. S. 57—91 mit 2 Taf.

991. **1896. V. Anastasiu.** Note préliminaire sur la constitution géologique de la Dobrogea (Dobrudscha). Bei Cekir gesa wurde das Vorkommen von Rauracien, Séquanien und Kimmeridgien, bei Topal jenes der beiden ersten Stufen, bei Cernavoda Kimmeridge und Kalke mit *Monopleura* nachzuweisen versucht. (Vergleich mit Toulas Nachweisen bei Rustschuk, welche Vorkommnisse mit dem Balkan selbst jedoch nichts zu tun haben.) Bei Enisemli und Hazarlik (nahe an der Grenze Bulgariens) weiße Nummulitenkalke.
Bull. Soc. géol. de Fr. 1896. S. 595—601.

992. **1896. St. Bontscheff.** Das Tertiärbecken von Haskowo (Ostrumelien).
Jahrb. d. k. k. geol. R.-A. 1896. S. 309 ff. mit geol. Karte (1:126.000) mit 7 Unterscheidungen.

993. **1896. J. J. Binder.** Die attischen Bergwerke im Altertum.
Laibach 1895. 54 S. mit Karte und 4 Taf. (Zeitschr. f. Bergrecht. 1896. S. 323—339.)

994. **1896. S. Brusina.** Bemerkungen über makedonische Süßwasser-Mollusken.
Leiden 1896. 6 S. — Compt. rend. III. Intern. zool. Kongr. Sept. 1895.

995. **1896. G. v. Bukowski.** Über den geol. Bau des Nordteiles von Spizza in Dalmatien. Werfener Schiefer, Muschelkalk, Diploporenkalk und Dolomit, Noritporphyrit, Tuffe mit Monotiskalken, Hornsteinkalke der oberen Trias, Korallenkalke und Oolithkalke unbestimmten Alters. Längsbrüche (parallel der Küste). Überschiebungen gegen SW.
Verhandl. d. k. k. geol. R-A. 1896. S. 95—119.

996. **1896. G. v. Bukowski.** Zur Stratigraphie der süddalmatinischen Trias. Die Monotis-Kalke werden als karnische (untere) Hallstätter Kalke bezeichnet (Aonoides-Zone). Über der Trias transgredierend auch jüngere Oolithe.
Verhandl. d. k. k. geol. R.-A. 1896. S. 379—385.

997. **1896. H. Douvillé.** Constitution géologique des environs d'Heraclée. Kohlenkalk mit *Productus giganteus* und Korallen. Produktive Steinkohle und Pflanzenreste (Zeiller). Diskordant darüber Urgon (*Requienia gryphoides* und *Toucasia*), Albien (= Flysch), Tone mit *Ammonites Agassizi, Hamites, Inoceramus concentricus* etc. Auch Orbitolinen-, Rudisten-, Naticeen- und Neithea quadricostatus-Schichten kommen vor. In dieser Gegend sei die Fortsetzung des Balkans anzunehmen.
Compt. rend. CXXII. 1896. I. Ser. S. 678—680.

998. **1896. H. Douvillé.** La craie à Hippurites de la province orientale. Verfolgt die Kreideablagerungen von Catalonien und Südfrankreich durch Südosteuropa nach Kleinasien und bis nach Persien etc.
Compt. rend. CXXII. 1896. S. 1431—1434.

999. 1896. **Douvillé.** Sur une Ammonite triasique recueillie en G r è c e. Von der Akropolis von Mykene. *Joannites*, spricht für obere Trias. Gestein anstehend nicht bekannt.

Bull. Soc. géol. de Fr. 1896. 3. Ser. XXIV. S. 799—800.

1000. 1896. **M. Draghicénu.** Les tremblements de terre de la R o u m a n i e et des pays environnants. Contribution à la théorie tectonique.

Bukarest 1896. 82 S. mit Karte.

1001. 1896. **Fr. v. Hauer.** Beiträge zur Kenntnis der Cephalopoden aus der Trias von B o s n i e n. Nautileen und Ammoniten mit ceratitischen Loben aus dem Muschelkalke von Haliluci bei Sarajewo. 65 Arten werden beschrieben. Nach E. K i t t l derselbe Horizont wie Han Bulog, aber viele verschiedene Formen trotz der geringen Entfernung der beiden Fundpunkte.

Denkschr. d. Wiener Akad. d. Wiss. 1896. LXIII. 40 S. mit 13 Taf.

1002. 1896. **V. Hilber.** Vorläufiger Bericht über eine geologische Reise in N o r d - g r i e c h e n l a n d und T ü r k i s c h - E p i r u s. Kristallinische Schiefer reichen mit Nordstreichen durch die ganze Othrys, Diabas- und Serpentinlager und -Gänge umschließend. Im Pindos Serpentin, Gabbro und Diabas unter und in eocänen Sandsteinen und Tonen. Im östlichen Nordgriechenland Serpentine in cretazischen und älteren Sedimenten. Ein Basaltstrom über tertiärem Süßwasserkalk (Pirsufli-Almyrós); Melanopsismergel am ambrakischen See in Akarnanien.

Sitzungsber. d. Wiener Akad. d. Wiss. CV. 1896. S. 501—520.

1003. 1896. **J. Kaczvinszky.** Über einen Ausflug nach den Erzgruben von Kratova (Vilajet Kossowo) in M a k e d o n i e n.

Graz 1896. Selbstverlag. 12 S.

1004. 1896. **Fr. v. Kerner.** Aufnahme des Blattes Kistanje - Dernis (S ü d d a l m a t i e n) (1 : 75.000). — Reiseberichte über angrenzende Gebiete. Die geologische Karte (1 : 75.000) erschien 1901 mit Erläuterungen. 40 S.

Verhandl. d. k. k. geol. R.-A. 1896. S. 426—433. Ebend. 1898. S. 238—242.

1005. 1896. **A. Lacroix.** Les minéraux néogènes des scories athéniennes du L a u r i u m.

Comp. rend. C XXIII. 1896. S. 955—958.

1006. 1896. **A. de Lapparent.** La structure et l'histoire des B a l c a n s d'après Fr. T o u l a.

Revue gén. des Sc. 15. Juni 1896.

1007. 1896. **R. Lepsius.** Die geologischen Verhältnisse des Bergbaues von L a u r i o n in Griechenland.

Zeitschr. f. prakt. Geol. 1896. S. 152 u. 1893. S. 341.

Über den Bergbau von Laurium gibt es eine reiche neuere bergtechnische Literatur. (Man vergl. Krahmann: Fortschr. d. prakt. Geol. Berlin 1903. S. 196. Ebend. S. 199 eine geologische Karte des laurischen Erzlandes [nach L e p s i u s].)

1008. 1896. **Edm. v. Mojsisovics.** Einige Cephalopoden aus dem oberen Hallstätter Kalke von Balia Maden (M y s i e n).

Sitzungsber. d. Wiener Akad. 1896. CV. S. 39.

1009. 1896. **L. Mrazec.** Considérations sur la zone centrale du C a r p a t h e s r o u m a i n e s. L'étude petrographique. Serpentine, Amphibolite, Mikrogranit – Amphibolgranit etc.

Bull. Soc. sc. phys. Bukarest 1896. 1 u. 2. 29 S.

1010. **1896. L. Mrazec.** Das Hochplateau von Mehedinți (W. Walachei). In der Zentralzone: Glimmerschiefer, Amphibolite, granitische Gänge. Kristallinische Kalke wahrscheinlich metamorphisch-mesozoisch. Die verkarsteten Kalke in einer von SW—NO geschobenen Falte.

    Bull. Soc. sc. phys. Bukarest 1896. 6 S. — Arch. Sc. phys. Genéve. 1897. 5 S.

1011. **1896. L. Mrazec** und **R. Pascu** haben über die geologische Struktur der Gegend von Ortakiöi im Distrikte Tuldscha (Dobrudscha) berichtet. Gneise, Sericitphyllit, Quarzite, Granite, Quarzporphyr, Augitporphyrit und Porphyrittuffe.

    Bull. Soc. sc. phys. Bukarest 1896. 7 S.

1012. **(1896) 1899. L. Mrazec** hat eine Studie über die Flußläufe der Walachei durchgeführt.

    Anuar. Mus. de Geol. (1896) 1899. S. 1—109. (Rum. u. franz.) Mit Karte.

1013. **1896. E. Naumann.** Die Grundlinien Anatoliens und Zentralasiens. Versuch, die Leitlinien ganz im Ed. Suessschen Sinne festzustellen. Interessant ist die überraschende Übereinstimmung der „Leitlinien" mit den orographischen Zügen, wie sie etwa auf der Karte von Kleinasien, zum Beispiel in Stielers Atlas gezeichnet sind. Der ostpontische, westpontische, der taurische und der ägäische Bogen. Der eine Bogen am Golf von Iskenderun wird um Iran bis an den Himalaya, ein anderer in mehrfachen Bögen über Kreta bis nach Epirus geführt.

    Die von Naumann selbst ausgeführten Routen reichen weit ins Land, sind jedoch so wenig zahlreich, daß sie für das weite Gebiet keinerlei Sicherheit gewähren können, und da auch die vorliegenden Arbeiten kaum ein für das ganze Gebiet ausreichendes Material bieten, wird das vorliegende Kartenbild der Leitlinien erst der Sicherstellung bedürfen. „Der grosse Überblick in der Natur" und selbst wenn die topographische Grundlage eine über alle Zweifel erhabene wäre, kann nur zu geistreichen Hypothesen führen. Das Endziel geologischer Feldarbeit, sichere Erkenntnis über den geologischen Aufbau so weiter Ländermassen, wird sich erst erreichen lassen, wenn die geologischen Grundlagen festgestellt sind. Ich habe versucht, die Reiserouten Naumanns einzutragen. Weite Strecken sind auf der Eisenbahn im Fluge zurückgelegt. Lesenswert für die Beurteilung der Naumannschen Grundlinien ist der Absatz (S. 15) über Tietzes Arbeiten in Lykien.

    (Vom goldenen Horn zu den Quellen des Euphrat. 1893. S. 373 ff. Mit reichhaltigem Literaturverzeichnis, S. 480—494).

    Hettner. Geogr. Zeitschr. II. 1896. S. 7—25 mit 2 schemat. Karten.

1014. **1896. P. Oppenheim.** Die Richtigkeit der Bestimmungen von Bontscheff (Das Tertiärbecken von Haskowo) wird zum Teil in Frage gestellt. Toulas Fossilien von Burgas erinnern den Autor lebhaft an jene aus den Priabonamergeln.

    Jahrb. d. k. k. geol. R.-A. 1896. S. 309 ff.

1015. **1896. K. A. Penecke.** Marine Tertiärfossilien aus Nordgriechenland und dessen türkischen Grenzländern. Es werden nachgewiesen: Mitteloligocän (Castel Gombertoschichten) von Emborja, Trikkala, Skitsa etc. (V. Hilbers Materialien). Oberoligocän (aquitanische Stufe), Kalambáka. Untermiocän (Horner Schichten) an der griechisch-türkischen Grenze und bei Grewená. Mittelmiocän (Grunder Schichten) in Makedonien bei Lapsista, Kastoria, Arta, Türkisch-Epirus.

Denkschr. d. Wiener Akad. d. Wiss. LXIV. 1896. S. 41—66 mit 3 Taf.

1016. 1896/97. **A. Philippson.** Reisen und Forschungen in Nordgriechenland. (III.) Der Übergang über den Zygóspass (Kalabaka—Janina . Epirus. Zwischen parallelen, im N östlich, im S meridional verlaufenden Faltengewölben aus mesozoischen und eocänen Kalk- und Hornsteinen liegen in Faltenmulden Flyschgesteine. Neigung zur Überschiebung gegen West. Die geologische Karte umfaßt Epirus und West-Thessalien (mit 19 Ausscheidungen). Kristallinische Schiefer und kristallinischer Kalk: Trikkala NO. Lias am Viros (Arta NNW). Mesozoische Kalke unbestimmten Alters, hauptsächlich nahe der W-Küste.

Weitere Mitteilungen behandeln (IV.) den thessalisch-epirotischen Pindos und den ätolischen Pindos (mit Literatur). Zusammenfassung über den Pindos: Die Pindos-Kalke: Untere Kalke mit Hornstein und obere Kalke sind eocän, Fortsetzung der Olonoskalke, die beiden Flyschzonen Eocän bis Oligocän. Im Inneren Tonschiefer, Sandsteine (oft grauwackenartig) und Conglomerate: fraglich cretazisch. Actaeonellenkalk an der Korakubrücke. Gavrovogebirge: Rudistenkalk von Nummulitenkalk überlagert („Riesennummuliten"), Serpentine der Zygós-Kreide (nach Hilber Eocän). In der Othrys und im nordwestlichen Pindos-Kalke mesozoischen fraglichen Alters.

Eine östliche Flyschzone, stark gefaltet zwischen der Zentralkette und dem aus Kreidekalk-Hornstein bestehenden Koziakasgebirge. Das Zygósgebiet im Osten: ein Serpentin-Flyschgebirge, aus NNW—SSO streichend und nach ONO einfallend, steil gefaltet. Im zentralen Pindos herrscht eocäner Plattenkalk vor, mit Hornsteinen und Schiefern, östlich fallend, selten stehende Falten, schuppenförmig gegen W überschoben oder überliegend, diskordant unter dem Flysch einfallend. Eine Flyschzone im W zum Teil durch das Grabovokalkgebirge (Nummulitenkalk und über den Flysch geschobener Rudistenkalk) in zwei Zonen geschieden.

Zeitschr. d. Ges. f. Erdk. Berlin 1896. XXXI. S. 193—294 mit geol. Karte (1 : 300.000).

Ebend. S. 385—450 mit Profiltaf. — Ebend. 1897. S. 244—302.

1017. 1896. **A. Philippson.** Geologisch-geographische Reiseskizzen. Bemerkungen über Belgrad, Konstantinopel, den Bosporus und Hellespont. Der alten Anschauung, daß man es bei den letzteren mit Erosionstälern zu tun habe, wird beigepflichtet und die Entstehung ins Oberpliocän verlegt. Fahrten im Ägäischen Meere, Samothrake, die Troas.

Sitzungsber. d. niederrh. Ges. Bonn 1897. S. 112—141 mit 2 Karten. (Bespr. d. Ref. N. Jahrb. 1899. S. 121—124.)

1018. 1896. **W. Poltz.** Beiträge zur Kenntnis der basaltischen Gesteine von Nordsyrien. Meist Feldspatbasalte, welche mit jenen des Haurân übereinstimmen. Palagonittuffe. Die Verbreitung der Basalte zwischen 37·5—34·5 nördl. Breite wird zur Darstellung gebracht und in größerem Verhältnis jene von Markab (von Blanckenhorn entworfen).

Zeitschr. d. Deutschen geol. Ges. 1896. S. 522—556 mit 2 Karten (1 : 2,400.000 u. 1 : 200.000).

1019. **1896. V. Popovici-Hatzeg**. Les couches nummulitiques d'Albesti (Campulung NO in der Walachei). Über den Nummuliten Sande mit Fischzähnen. Überlagerung gegen S durch Paludinenschichten.

Bull. Soc. géol. de Fr. 3. Ser. 1896. XXIV. S. 247—249.

1020. **1896. V. Popovici-Hatzeg**. Note sur le jurassique des districts de Muscel, Dimbovitza et Prahova (Walachei).

Bull. Soc. sc. phys. Bukarest 1896. Nr. 12.

1021. **1896. K. A. Redlich** hat im Gebiete zwischen Lotru und Aluta (Olt) in der Walachei nachgewiesen: Hippuritenkreide, diskordant darüber Eocän mit Nummuliten und *Alveolina longa*, Flyschsandsteine. Bei Cernadia-Polowratsch: Jura über Alttertiär übergekippt.

In der Dobrudscha an der Ostseite der Triasinsel von Jenikiöi in in roten Kalken Ammoniten des Muschelkalkes (Schreyeralmschichten) und bei Hagighiöl solche des Hallstätter Kalkes. Bei Baschkiöi nicht Lias (K. Peters), sondern alpiner Muschelkalk.

Verhandl. d. k. k. geol. R.-A. 1896. S. 492—503.

1022. **1896. A. Rücker**. Monographie über das Goldvorkommen in Bosnien. Karte mit den goldführenden Flüßen. Im Paläozoischen Schiefergebirge mit Eruptiv- und Quarzgängen.

Wien 1896. 101 S. mit Karte (1:150.000).

1023. **1896. R. Sachsse**. Beiträge zur chemischen Kenntnis der Mineralien, Gesteine und Gewässer Palästinas.

Erlangen 1896. 35 S.

1024. **1896. J. B. Spindler**. La mer de Marmara.

Exp. Soc. Imp. R. de Géogr. en 1894.

Zap. Soc. Imp. R. de Géogr. XXXIII. 2. 180 S. 4 Tafeln, 5 Karten (russ. mit franz. Res.).

1025. **1896. S. Stefanescu**. Études sur les terrains tertiaires de la Roumanie. Die sarmatische, pontische und levantinische Stufe behandelnd.

Mém. Soc. géol. de Fr. Nr. 15. 1896. 147 S. mit 12 Tafeln.

1026. **1896. Fr. Toula**. Geologische Untersuchungen im östlichen Balkan. Abschließender Bericht über seine geologischen Arbeiten im Balkan. Begleitworte zur geologischen Kartenskizze des östlichen Balkans. Autorenverzeichnis, Orts- und Sachregister.

Das nordbalkanische Vorland mit Löß bedeckte Tafel. Das gefaltete Balkansystem, das südliche Mittelgebirge und das Ausbruchsgebirge von Jambol-Aitos-Burgas. Der westliche Balkan mit granitischen Kernen und entwickelter kristallinischer Schieferzone; der zentrale Balkan mit gefalteter Flyschzone im N, weitreichenden Längsbrüchen und einer südlichen Sedimentzone; der östliche mit zurücktretenden älteren Gesteinen gegenüber der vorherrschenden Kreide und den Flyschzügen, die südliche Sedimentzone fehlt. Im Balkangebiete festländische Bildungen bis zur Trias, diese unvollkommen (auch marine Seichtwasserbildungen). Lias und Jura mit Unterbrechungen, Tithon angedeutet, Kreide ziemlich vollständig, Eocän und Oligocän von SO her bis in die zentrale Region. Andesitische Durchbrüche in der oberen Kreide (Inoceramenkreide) beginnend. Karte mit 28 Ausscheidungen.

Denkschr. d. Wiener Akad. d. Wiss. LXIII. 1896. S. 277—316 mit geol. Karte (1:300.000).

1027. **1896. Fr. Toula.** Geologenfahrten am Marmarameere. Reiseschilderungen.
Schriften d. Ver. zur Verbr. naturw. Kenntn. Wien 1896. XXXVI.
Heft 14. 54 S. mit 5 Orig.-Bildern und Photogr. des Autors.

1028. **1897. V. Anastasiu** gab eine Notiz über die Trias in der Dobrudscha:
Bei Zibil *Tirolites*, Werfener Schichten, Wellenkalk bei Hagikiöi, Baschkiöi
und Prnina (mit *Monophyllites sphaerophyllus*); Muschelkalk. Die roten
Kalke von Hagikiöi werden dem „Aon"·, die darüber liegenden dem
Aonoides-Horizont zugewiesen. Zu oberst dolomitische Kalke.
Bull. Soc. géol. de Fr. 3. Ser. 25. 1897. S. 890.

1029. **1897. E. Ardaillon.** Les mines du Laurion dans l'antiquité. Die Erzlager,
besonders auf den Grenzen zwischen dem unteren Kalkstein und dem
Glimmerschiefer und zwischen dem mittleren Kalk (oberer Marmor nach
Lepsius) und dem oberen Schiefer (Schiefer von Athen nach Lepsius).
Bibl. des écoles franç. d'Athènes et de Rome 1897. 77. Heft. 218 S.
mit Karte (1:50.000). Paris 1898 mit Karte.

1030. **1897. M. Blanckenhorn** hat eine größere Arbeit über die Süßwasserablagerungen
und Mollusken Syriens veröffentlicht. Auf der Karte ist die Verbreitung
des marinen Mittel- und Oberpliocän an der Orontesmündung (in Mulden
des leicht geneigten Obermiocänkalkes) und des Süßwasserpliocäns am
Orontes und oberen Leontes angegeben. Das marine Mittelpliocän reicht
bis in Höhen gegen 200 m, das marine Oberpliocän nur bis zu 80 m Höhe.
Das Süßwasserpliocän (viele isolierte Vorkommnisse) erscheint im mittleren
Orontesgebiete teilweise von postpliocänem Basalt überdeckt. Es sind
fossilienreiche, aber artenarme Binnenseeablagerungen.
Stuttgart, Paläontogr. 1897. 44. Bd. 74 S. 10 Tafeln u. 1 Karte.

1031. **1897. M. Blanckenhorn.** Nutzbare Mineralien am Toten Meere.
Zeitschr. f. prakt. Geol. 1897. S. 360.

1032. **1897. V. C. Butureanu** hat Studien über Eruptivgesteine der transsylvanischen Karpathen ausgeführt.
Bull. Soc. sc. Bukarest 1897. 30 S. mit geol. Karte.

1033. **1897. K. Kannenberg.** Kleinasiens Naturschätze.
Berlin 1897. 278 S. mit Bildern und Plänen.

1034. **1897. Fr. Kerner.** Die Insel Zlarin, die Halbinsel Oštrica und die Scoglien
(Dalmatien). Reste eines bogenförmig verlaufenden Schichtgewölbes.
Verhandl. d. k. k. geol. R.-A. 1897. S. 275--282.

1035. **1897. Von W. Kilian** und **V. Paquier** erschien eine Notiz über eine Kreidefauna
von Plevna: *Ammonites peramplus var.*, Requienien und *Cyprina sp.*
Das Vorkommen von Oberkreide in der Gegend von Plevna ist lange
bekannt. Das Zusammenvorkommen von Requienien, die sonst überall im
Balkan und seinen Vorländern einen Urgon-Horizont charakterisieren,
mit *Amm. peramplus* wäre gewiß überaus überraschend.
Arch. Sc. phys. et nat. 1897. 4 S.

1036. **1897. E. Kittl** hat bei Majevica (Bosnien) in kohleführenden Schichten
das Vorkommen von Fossilien nachgewiesen, welche dem Alter nach
dem Pariser Grobkalke entsprechen.
Ann. d. Hofmus. XII. 1897. S. 71--73.

1037. **1897. A. Lacroix.** Sur la constitution minéralogique de l'île de Polycandros.
Kristallinischer Kalk und Phyllit wechsellagernd. Im Liegenden (Nordhälfte) Chlorit-, Glimmer- und Kalkschiefer (glaucophanführend neben

Riebeckit, Chloritoid und Cyanit). Ähnlich den Glanzschiefern von Korsika und den Westalpen. Vulkanische Brocken nur am Strande.

Compt. rend. 124. 1897. S. 628—630.

1038. 1897. A. Lacroix. Sur les minéraux cristallisés, aux dépens des andésites de l'île de Théra (Santorin).

Compt. rend. 125. 1897. S. 1189—1191.

1039. 1897. L. Mrazec et C. Alimanestianu. O escursiune geologica in judet Dâmbovita (Walachei).

Bul. Soc. ing. si industr. de mine din Romania. I. 1897. S. 46—56.

1040. 1897. L. Mrazec u. G. M. Murgoci untersuchten einige Gesteine: Cordieritgneis aus den Bergen von Lotru, Wehrlit vom M. Ursu (Walachei).

Bull. Soc. sc. Bukarest 1897. 13 S. mit 2 Taf.

1041. 1897. L. Mrazec hat auch neuerlich über die kristallinische Zentralzone der rumänischen Karpathen berichtet.

Arch. Sc. phys. Genève 1897. 5 S.

1042. 1897. C. R. Mircea. Harta geologica a regiunei Paciósa, Pietroşiţa, Strunga (Rap. de explorari). (Walachei.)

Bul. Soc. ing. de mine din Romania. Bukarest. I. S. 79—98. (Karte 1 : 115.000.)

1043. 1897. W. R. Paton und J. L. Myres. Researches in Karien. Gneis (Halikarnass und Latmos-Beschnarmak-Dagh) und Kalk, überlagert und durchsetzt von verschiedenen Ausbruchsgesteinen. Keine irgendwie verläßliche Angabe über Streichungsrichtungen. Geologische Beobachtungen hat J. L. Myres schon früher gegeben. (Brit. Ass. Rep. [Nottingham.] 1893. S. 716 und Journ. of Oxf. Inn. Scientific Club. II. S. 33.)

Geogr. Journ. 1897. IX. S. 38—54 mit topogr. Karte.

1044. 1897. A. Philippson. Die griechischen Inseln des Ägäischen Meeres. „Über den einstigen Zusammenhang der Faltengebirge Griechenlands und Kleinasiens." Die Gebirge des westlichen Kleinasiens streichen sämtlich N bis NO von den Faltengebirgen Griechenlands getrennt und haben nur im Süden damit zusammengehangen. Auf der Karte sind die Streichungsrichtungen eingetragen.

Verhandl. d. Ges. f. Erdk. 1897. XXIV. S. 264—280 mit Karte (1 : 2,000.000).

1045. 1897. A. Philippson. Der Gebirgsbau des Balkans (nach Toula).

Geogr. Zeitschr. 1897. S. 166.

1046. 1897. J. F. Pompeckj. Paläontologische und stratigraphische Notizen aus Anatolien. (Materialien E. Naumanns und K. Escherichs.) Aus dem Gebiete von Balyk-Kojundji (Jura von Tschihatscheff aufgefunden), SW von Angora. Nachgewiesen wird das Vorkommen von unterem Lias (*Arietites* aus der Gruppe der *A. rotiformis*), mittlerer Lias (Zone des *Amaltheus margaritatus*) und oberer Lias. Ausführliche Darlegungen über die Verbreitung des Lias im ostmediterranen Juragebiete (mit kartographischer Einzeichnung). Verbindung durch das walachisch-bulgarische Becken zwischen der Dobrudscha und dem östlichen Balkan. Eine Fortsetzung des mediterranen Liasmeeres.

Zeitschr. d. D. geol. Ges. 1897. XLIX. S. 713—828 mit 3 Taf. u. 1 Karte.

288

1047. 1897. **V. Popovici-Hatzeg** bat eine vorläufige Mitteilung über die Tithonkalke und das Neocom in den Distrikten von Muscel, Dimbovitza (Rucar)
und Prahova (Walachei) veröffentlicht.
Bull. Soc. géol. de Fr. 3. Ser. XXV. 1897. S. 549—553.

1048. 1897. **V. Popovici-Hatzeg.** Über das Alter der mächtigen Bucsecs-Conglo-
merate. Älter als Mucronatenkreide.
Bull. Soc. géol. de Fr. 3. Ser. 1897. XXV. S. 669—675.

1049. 1897. **V. Simonelli, A. Baldacci** und **Cecconi.** C a n d i a. Ricordi di escursione.
Parma 1897.

1050. 1897. **J. Simionescu** bat die durch F. Herbich und V. Uhlig bekannt
gewordene Barrême-Fauna im Quellgebiete der Dimbovicioara in der
Walachei neuerlich ausgebeutet und vergrößert.
Verhandl. d. k. k. geol. R.-A. 1897. S. 131—134. Ausführlicher in
der Stud. geol. şi pal. Bukarest. 1898. 111 S. mit 8 Taf.

1051. 1897. **J. Simionescu** hat die vom Referenten entdeckte Lokalität bei Podul
Dimbovitzei (Walachei) ausgebeutet. (Durchbestimmung von Fr. K o s s m a t
und S i m i o n e s c u.)
Verhandl. d. k. k. geol. R.-A. 1897. S. 269—273. (Man vergl. F. T o u l a
1897.)

1052. 1897. **S. Stefanescu.** Mitteilung über die eogenen und neogenen Faunen
R u m ä n i e n s.
Bull. Soc. géol. de Fr. 3. Ser. XXV. S. 310—314 mit 1 Taf.

1053. 1897. **S. Stefanescu** hat über den Kalk von Podeni (Distrikt von Prahova,
Walachei) berichtet. Er ist untercretazisch und entspricht den Roß-
felder Schichten der Alpen oder den Mergelkalken von Eski Dschuma
im Derbent-Balkan.
Bull. Soc. géol. de Fr. 3. Ser. XXV. 1897. S. 308.

1054. 1897. **S. Stefanescu.** Étude sur les terrains tertiaires de R o u m a n i e. Karte
mit 9 Ausscheidungen: Nummulitenkalk, Flysch, Schichten von Molt,
Salzformation (Helvet), Trachyttuff, Torton, sarmatische, pontische und
levantinische Stufe.
Ziemlich umfangreiche stratigraphische Studien über die Tertiärablagerungen Rumäniens. Eogene Ablagerungen: mediterrane Nummulitenkalke und die Flyschfazies; miocäne Ablagerungen: Burdigalien mit
Cerithium margaritaceum etc.; Helvet: gipsführende, glimmerigschiefrige
Sandsteine; Torton, und zwar Mergel mit *Ostrea cochlear* und *digitalina*
etc.; Sarmat mit *Tapes gregaria, Cardium obsoletum* etc.; pontische Stufe,
und zwar Schichten mit *Valenciennesia*, mit *Congeria rhomboidea*, mit
Dreissensia rumana, Viviparen, Prosodacneen etc.; „Pliocän", und zwar
Mergel und Tone mit *Unio*, Viviparen etc.; Sande mit *Unio procumbens*
etc.; Mergel und Tone mit *Unio Porumbarui* und vielen anderen Arten.
Fünf Dislokationsperioden werden angenommen.
Lille 1897 (Dissertation). 179 S. mit Karte (Walachei und Moldau
1 : 1,000.000).

1055. 1897. **W. Teisseyre** hat seine Studien in R u m ä n i e n im Distrikt Buzeu
fortgesetzt. In der Salzformation wird das Vorkommen eines Riesen-
conglomerats mit hausgroßen Korallenkalkblöcken besprochen. Sarmatische Stufe, Dosinienschichten, Congerienschichten, und zwar Schichten
mit *Congeria simplex* (Odessaer Kalk) und solche mit *Congeria aperta*

und *Valenciennesia*, die Psilodonschichten (mit vielen Viviparen), in welchen drei Zonen unterschieden werden, in den obersten Unionenbänke. Das oberste Petroleumniveau in den Dosinien- und untersten Congerien-schichten.

Verhandl. d. k. k. geol. R.-A. 1897. S. 159—166.

1056. **1897. W. Teisseyre.** Zur Geologie der Bacauer Karpathen. (Moldau). Jahrb. d. k. k. geol. R.-A. 1897. S. 567—763 mit 2 Tafeln.

1057. **1897. Thomae.** Vorkommen und Gewinnung des Schmirgels in Kleinasien. Berg- u. Hüttenmänn. Zeitung. 1898. S. 256.
Transact. Am. Institut. Min. Eng. Atlantic meet. Februar 1898.

1058. **1897. Fr. Toula.** Eine geologische Reise in die transsylvanischen Alpen Rumäniens. Fossilienführende Horizonte in den meisten halb-kristallinischen Kalken (Jura-Kreide). Die „Jurakalke". zum Teil sichere Caprotinenkalke. Am Königstein Schichten mit Posidonomyen. Ein neuer Kreidehorizont mit reicher Fauna (Untercenoman mit *Amm. planulatus* bei Podul Dimbovitzei etc.) Der Fundpunkt liegt unmittelbar an der neuen prächtigen Hauptstraße (,,Kilometer 82"). Die noch unbestimmten Funde sah Herr Simionescu beim Ref., ging hin und beutete die Fundstelle aus, an der er schon ein Jahr früher vorbeigekommen sein dürfte (l. c. S. 269).

Neues Jahrb. f. Min. 1897. I. S. 142—188, 221—225 mit Prof. 1898. S. 160—162 mit 3 Taf.

1059. **1897. H. S. Washington.** On igneous rocks from Smyrna and Pergamon (Anatolien). Pyroxen-Andesit. Der Burgfelsen von Pergamon „Biotit-dacit" (freier Quarz nicht vorhanden).

Am. Journ. of Sc. 153. 1897. S. 41—50.

1060. **1898. V. Anastasiu** gab eine Notiz über die Kreide in der Dobrudscha, worin er sich des Referenten Meinung anschließt und gewisse von Peters für Tithon erklärte Kalke (Cernavoda etc.) zur unteren Kreide stellt.

Bull. Soc. géol. de Fr. 1898 3. Ser. XXVI. S. 192.

1061. **1898. V. Anastasiu** veröffentlicht eine ausführliche Studie über die sekun-dären Bildungen in der Dobrudscha.

Paris 1898.

1062. **1898. M. Blanckenhorn** schrieb über das Tote Meer und den Untergang von Sodom und Gomorrha.

Berlin 1898. 44 S. mit Karte.

(Dieners Entgegnungen. Mitteil. der geogr. Ges. in Wien 1899. Heft 1 u. 2. 5 S. — Entgegnung Blanckenhorns. Wien 1900. Heft 5 u. 6. 4 S.)

1063. **1898. G. v. Bukowski** hat eine schöne geologische Karte der Insel Rhodus, mit ausführlichen Erklärungen versehen, erscheinen lassen. Ausgeschieden sind: cretazische und eocäne Kalke mit einer Farbe, da sie der Fazies nach gleich sind; sie bilden insel- oder klippenförmige Massen in einer ge-falteten Flyschhülle oder von fluviatilen Schottern und Sanden der levantinischen Stufe bedeckt. Die Flyschbildungen werden in eocäne (mit Serpentin und Diabas) und oligocäne unterschieden. Die ersteren bestehen aus bunten bröckeligen Mergelschiefern,· dünnbankigen harten Sand-steinen und Kalkeinlagerungen, die letzteren aus massigen, meist fein-körnigen, dickbankigen Sandsteinen. Eine unteroligocäne (!) Fauna wurde im Gebiete von Mesanagrose (im südlichen Teile der Insel) aufgefunden, die mit den Schichten von Sangonini (im Vicentinischen) äquivalent sein soll. Neogenablagerungen unbestimmten Alters werden als „Tharischichten"

bezeichnet (Fossilien fehlen, grüne Serpentinsandsteine etc.). Levantinische
Binnenablagerungen. und zwar See- und Flußablagerungen nehmen große
Räume ein und erreichen eine große Mächtigkeit. Marines Jungpliocän
findet sich an der Nord- und Ostseite, jenem vom Mte. Mario bei Rom
äquivalent, mit borealen und westafrikanischen Typen, etwa 80°/₀ Mittel-
meerarten. Porphyrit wurde bei Kastelos aufgefunden mitten im Terrain
des „eocänen" Flysches. Abrasionserscheinungen in der Form von Hohl-
kehlen an den Küsten. Profildarstellungen fehlen in der Abhandlung.

Jahrb. d. k. k. geol. R.-A. 1898. S. 517—688 mit Karte (1:120.000).

1064. **1898.** Von der Carte géologique internationale de l'Europe (1:1,500.000).
Berlin bei D. Reimer 1894 — umfaßt das Blatt 32. D. V den west-
lichen Teil der Balkanhalbinsel mit Ausnahme des Ostens, Das
Blatt 39. D. VI den größten Teil des Südens der Balkanhalbinsel mit
Morea.

1065. **1898. J. Cvijić.** Das Rilagebirge und seine ehemalige Vergletscherung.
Verzeichnung der Kare und Karseen. Bergstürze, Rundhöcker und Moränen.
Zeitschr. d. Ges. f. Erdk. Berlin 1898. XXXIII. S. 201—253 mit Karte
(1:150.000).

1066. **1898. v. Diest.** Von Tilsit nach Angora.
Petermanns Mitteil. Erg.-Hft. 125. 1898. 98 S. mit 3 Karten.

1067. **1898. L. Finckh** schrieb über Gabbro- und Serpentingesteine von N-Syrien.
(Blanckenhorns Materialien.)
Zeitschr. d. Deutsch. geol. Gesellsch. 1898. S. 79—146.

1068. **1898. Fliche** hat fossile Hölzer von Mételin (Lesbos) besprochen (de Launays
Aufsammlungen).
Ann. des Mines. 1898. S. 293—303.

1069. **1898. F. Hiller.** Thera. Untersuchungen, Vermessungen und Ausgrabungen
1895—1898. Mit einem geologischen Beitrage von A. Philippson.
Berlin 1898. Mit geol. Karte (1:80.000).

1070. **1898. Fr. v. Kerner.** Die Mulden von Danilo und Jadertovac bei Sebenico
(Süddalmatien). Ein System von nach SW geneigten Falten. Über-
schiebung von Rudistenkalk auf Nummuliten-Alveolinenkalk (Mte. Tartaro).
Die Mulde von Jadertovac von Verwerfungen begleitet.
Verhandl. d. k. k. geol. R.-A. 1898. S. 64, 78 u. 364—387.

1071. **1898. Kinkelin** lieferte einen Beitrag zur Geologie von Syrien. Von acht
verschiedenen Lokalitäten in Mittel- und Nordsyrien, welche vier verschiedenen Horizonten entsprechen: Gault (kristall. Kalk mit *Inoceramus
concentricus* Sow.), Oberkreide (poröser Kalk mit Schalentrümmern), Untereocän (kreideartiger Kalk) und Mitteleocän.
Ber. d. Senckenb. Naturf. Ges. Frankfurt a. M 1898 S. 147—172.

1072. **1898. A. Lacroix** hat in der Gegend zwischen Korinth und Mykene
unterhalb der neogenen Conglomerate Lherzolithe aufgefunden, welche
mit jenen der Pyrenäen übereinstimmen. Serpentine in den erwähnten
Conglomeraten sind auf Lherzolithe zurückzuführen.
Compt. rend. 127. S. 1248—1250.

1073. **1898. L. de Launay.** Ètudes géologiques sur la Mer Egée. La géologie
des îles de Mételin (Lesbos), Lemnos et Thasos.
Auf Lesbos pontische Süß- und Brackwasserablagerungen, steil aufgerichtet. Steil abbrechende, pliocäne (?) Conglomerate an der Südküste
deuten auf eine nachpliocäne Störung. Ältere Peridotit- und Serpentin-

zonen, östlich das Massiv aus kristallinischen Schiefern und Kalken. Tertiäre Ausbruchsgesteine im Westen, von sauren zu immer basischeren aufeinanderfolgend. — Auf Lemnos vielleicht eocäne Sandsteine und Schiefer, durchbrochen von tertiären Eruptivgesteinen.

Die kristallinischen Schiefer der ägäischen Inseln ein altes, gegen den Bosporus konvergierendes, fächerförmiges Faltengebirge. Als eine makedonische Antiklinale gegen NW, aus Karien und Mysien phrygische Falten gegen SW. Ein Netz alter Falten mit jüngeren Brüchen. Die großen Meerestiefen über einer alten Synklinale.

Ann. des Mines. 1898. II. Heft. 168 S. mit 4 Karten (1:3,500.000; Übersichtskarten: Lesbos 1:240.000, Lemnos 1:155.000, Thasos 1:163.000, Samothraki 1:175.000).

1074. 1898. **Forsyth-Major.** Säugetiere der Pikermifauna auf S a m o s. (Sechs Antilopen von afrikanischem Typus, eine Giraffe, ein Dachs. Auch Reste vom Strauß)

Compt. rend. 1888. 31. Dezember.

1075. 1898. **A. F. Marion** und **L. Laurent.** Untersuchung von fossilen Pflanzen aus R u m ä n i e n.

Anuarulu. Bukarest (1895) 1898.

1076. 1898. **L. Mrazec** und **G. Munteanu-Murgoci.** Über die Gebiete südlich vom Vulkanpasse (L. Mrazec). Über die Berge am Lotru (beide Autoren). Über das Paringu-Massiv (G. M.-Murgoci), W a l a c h e i.

Bukarest 1898. 39, 33 u. 32 S. mit Prof. (rumänisch).

1077. 1898. **L. Mrazec** gab eine Notiz über die Existenz alter Gletscher auf der Südseite der S ü d k a r p a t h e n.

Bull. Soc. géol. Bukarest 1898. VIII. S. 111—113.

1078. 1898. **L. Mrazec.** Beschreibung der Andesite der Umgebung von B a c a u (M o l d a u).

Bull. Soc. Sc. Bukarest 1898. 8 S.

1079. 1898. **L. Mrazec** untersuchte die Serpentine von Urde im P a r i n g u - M a s s i v. Dieser Arbeit ist eine geologische Karte von M u n t e a n u - M u r g o c i beigegeben, auf welcher von Eruptivgesteinen Granite, Diorite und Serpentin, ferner kristallinische Schiefer, sericitische und graphitische Schiefer, grüne Gesteine, kristallinische Kalke und permokarbone Quarzsandsteine ausgeschieden sind. Die dem Alter nach fraglichen grünen Gesteine (paläozoisch?) mit Serpentin liegen, von den kristallinischen Kalken überlagert, diskordant über dem kristallinischen Grundgebirge. Letztere bilden einen Fächer (nach I n k e y). In den Profilen ist diese fächerförmige Zusammenpressung nicht ersichtlich, wohl aber Steilstellung und weitgehende Zusammenschiebung (z. B. Fig. 1, S. 59), wo die serpentinführende Formation in der Tat eine Art eingepreßte Synklinale darstellt.

Ann. Mus. Géol. et Pal. Bukarest 1898. 69 S. mit Karte (1:50.000).

1080. 1898. **G. Munteanu-Murgoci** hat die Erosions-Phänomene in den Kalken der r u m ä n i s c h e n K a r p a t e n geschildert. Höhlenforschungen. In der Peschtera (Höhle) Dimbovicioarei (nach R e d l i c h und S i m i o n e s c u) *Ursus spelaeus, Sus scrofa, Canis vulpes* etc. *Ursus spelaeus* in der Höhle Baia und in jener von Stogu.

Bull. Soc. Sc. Bukarest 1898. 32 S. mit 1 Taf.

37*

1081. **1898. G. Munteanu-Murgoci.** Beiträge zur Petrographie der Zentralzone der rumänischen Karpaten.

Anuarulu. Bukarest (1895) 1898.

1082. **1898. Eugen Oberhummer** hat auf der Route Diner—Afiun—Karahissar (an der im Bau befindlichen Bahnlinie in Anatolien) Beobachtungen angestellt. Bei Diner Nummulitenkalk (Pariser Stufe), Sericitschiefer bei Bashagatsch, dann Trachyttuff, nach Akören im W von Afiun—Karahissar Biotit-Amphibol-Andesit. II. Anhang zu W. v. Diest: Von Tilsit nach Angora.

Perm. Mitt. 1898. Erg.-Heft 125. S. 91—98.

1083. **1898. A. Philippson.** Bosporus und Hellespont.

Geogr. Zeitschr. IV. 1898. S. 16—26 mit Karte (1:1,000.000).

1084. **1898. A. Philippson.** Le tectonique de l'Egéide (Grèce, Mer Égée, Asie mineure occidental). Faltenzüge und Bruchzonen. Zwei kristallinische Massive: das nordägäische und das kykladische. Um dieselben Falten aus mesozoischen Bildungen und Eocän. Aus Kleinasien über die Kykladen, aus Karien über Rhodos und Kreta durch den mittleren Peloponnes und durch Ostgriechenland. Westgriechenland, die Pindos- und die jonische Zone. Einbrüche zertrümmerten diese Systeme. Trikkala-, Larissa- und Halmyruseinbrüche im griechischen Festlande, jener von Atalanta in Böotien, die Bruchzone des Golfes von Korinth etc.

Ann. de Géogr. VII. Paris 1898. S. 112—141 mit Karte (tekton. 1:2,000.000).

1085. **1898. V. Popovici-Hatzeg.** Nouvelles observations sur le jurassique superieur de Rucar (Rumänien) und Contribution à l'étude du Crétacé des environs de Rucar et de Podu Dimbovitzei (Roumanie).

Bull. Soc. géol. de Fr. 3. Ser. XXVI. 1898. S. 122—128.

1086. **1898. V. Popovici-Hatzeg** hat eine geologische Studie der Umgebung von Campulung und von Sinaia veröffentlicht. Die Karte mit 14 Ausscheidungen. Um das kristallinische Massiv ein Kranz von Sedimenten: Jura (im O), Tithon und Neocom, Cenoman in mächtiger Entwicklung übergreifend über das im O weit verbreitete Barrême.

Kristallinische Schiefer, Granit, Klausschichten, Oxford, Tithon und Neocom, Barrême, Cenoman, Senon, Nummulitenkalk, Eocänflysch, helvetische und pontische Stufe, Pleistocän und neueste Ablagerungen. Eine Anzahl von Profildarstellungen erläutern den Bau des Gebirges. Im Königsteinprofil müßte wohl das durch den Ref. nachgewiesene Vorkommen der Schichten mit *Posidonomya cf. alpina* zwischen den kristallinischen Schiefern und dem „Tithonkalke" vermerkt sein.

Paris 1898. 228 S. — Mém. Soc. géol. de Fr. Paris 1899. VIII. 228 S. mit Karte (1 : 200.000).

1087. **1898. K. A. Redlich** hat im Gebiete des Lotru und Olt gezeigt, daß die die Kreidekalke begleitenden Konglomerate obercretazisch sind (Inoceramen, Baculiten und Echinoiden). Fraglich bleibt das Vorkommen von Nummuliten in den obersten Lagen dieser Conglomerate.

Jahresber. d. Ges. zur Erf. d. Orients. 1898. 2 S.

1088. **1898. J. Simionescu** besprach eine Kellowayfauna aus den Crinoidenkalken von Valea Lupului in den Südkarpaten Rumäniens (von Popovici-Hatzeg für unterstes Oxford erklärte Kalke bei Rucar).

Verhandl. d. k. k. geol. R.-A. 1898. S. 410—415. Ac. Rom. Bukarest 1899 mit 3 Taf.

1089. 1898. J. **Simionescu** hat im Quellgebiete der Dimbovicioara (W a l a c h e i) folgende Formationen nachgewiesen: Kelloway, Tithon, Berrias, Valanginien, Hauterive, Barrême, Apt, Gault, Vraconnien und Cenoman.

Jahrb. d. k. k. geol. R.-A. 1898. S. 9--51.

1090. 1898. **Gr. Stefanescu** gab einen zweiten Band des „Anuarulu" heraus.

1. Über die Aufnahmsarbeiten (1887--88) in den Gebieten von Tutova, Falciu, Covurlui, Jalomitza und Ilfov) von Gr. S t e f a n e s c u.

Bukarest (1895) 1898. 227 S. Rumänisch und französisch.

1091. 1898. **G. Stefanescu** hat die in der Zeit von 1887/88 ausgeführten geologischen Aufnahmsergebnisse vergleichend besprochen (Tutova, Falciu, Covurlui, Jalomitza und Ilfov).

Ann. Mus. Geol. et Pal. Bukarest 1898. 13 S. mit 3 Taf.

1092. 1898. **Fr. Toula** hat einen neuen Ammoniten (*Protrachyceras anatolicum*) vom G o l f v o n I s m i d (aus dem Reichsmuseum zu Leiden) beschrieben. Dadurch ist das Vorhandensein eines höheren Muschelkalkhorizonts (äquivalent den Wengener Schichten) angedeutet, über dem erst die Halobienschiefer von Balia Maden und die oberen Triashorizonte folgen.

Neues Jahrb. für Min. etc. 1898. I. S. 26—34 mit 1 Taf.

1093. 1899. **L. v. Ammon** hat die petrographischen Ergebnisse der O b e r h u m m e r - Z i m m e r e r schen Reise in K l e i n a s i e n erörtert und allgemeine geologische Bemerkungen daran geknüpft.

Basalte aus Syrien, Augitandesite aus der Gegend von Nigdah auf einer großen „Eruptionsspalte" der inneranatolischen Hochfläche, vulkanische Tuffe, Hornblendeandesite und Basalte von Newscheher im Argäusgebiete (auch ein Aplit wird beschrieben). Aus dem Halysdefilee werden Diorit und Amphibolbiotitgranit angegeben (granitische Halysmasse), an welche sich rote gipsführende Sandsteine (Tertiär) schließen. Der Trachyt von Afiun Karahissar enthält Biotit und Amphibol neben Sanidin und Oligoklas. Westlich davon tritt ein augitführender Biotitamphibolandesit auf. Von Pagos oberhalb Smyrna wird ein Biotithypersthenandesit beschrieben.

O b e r h u m m e r s Reisewerk. Berlin 1899. S. 322—348 mit 3 Taf.

1094. 1899. **G. v. Bukowski.** Neue Ergebnisse der geologischen Durchforschung von S ü d d a l m a t i e n. Trias vom Hallstätter Typus (Aonoideszone, Kalke mit *Halorella*, Korallriffkalke.

Verhandl. d. k. k. geol. R.-A. 1899. S. 68—77.

1095. 1899. **Fr. Katzer** erörterte die geologischen Grundlagen der Wasserversorgungsfrage für D o l n j a T u z l a (B o s n i e n).

D. Tuzla 1899. 40 S.

1096. 1899. **A. Lacroix** hat die vulkanischen leucitführenden Gesteine von T r e b i - z o n d e untersucht. Leucotephrite, Leucitite, Tuffe und Breccien mit Leucit werden mit gewissen römischen und Eifelgesteinen verglichen.

Compt. rend. 1899. I. S. 128—130.

1097. 1899. **R. Leonhard** hat eine geographische Monographie über die Insel K y t h e r a herausgegeben, in welcher auch die Tektonik abgehandelt wird.

Im Nordteile herrschen kristallinische Schiefer und Kalke. Tripolitzakalk (Kreide-Eocän) setzt den größten Teil der Insel zusammen. Neogen liegt diskordant darüber, als Denudationsrest bis zu 350 *m* Höhe reichend.

Das Streichen im Kristallinischen von SW—NO, im Tripolitzakalk im W
von NNW—SSO, im SO fast W—O.

Peterm. Mitt. 1899. Ergänz.-Heft 128. 47 S. mit Karten (die geologische 1:300.000).

1098. **1899. Fr. v. Kerner.** Reisebericht über die Aufnahmen in der Gegend von Trau und über die Insel Bua (Süddalmatien).

Verhandl. d. k. k. geol. R.-A. 1899. S. 236, 298—317 und 329—348.

1099. **1899. E. de Martonne.** Lapiez dans des grès crétacés (Massif du Bucegiu, Roumanie). Karren- und Schrattenbildungen.

Bull. Soc. géol. de Fr. 1899. S. 28—32 mit Kärtchen im Text.

1100. **1899. E. de Martonne** besprach die Glazialperiode in den südlichen Karpaten. Zirkusbildungen im Paringumassiv werden auf glaziale Vorgänge zurückgeführt. Morinen, Roches moutonnées etc. werden angegeben.

Compt. rend. 1899. II. S. 894—897.

1100a. **1899. E. de Martonne.** La Roumanie. Das zweite Kapitel behandelt die Geologie.

Extr. Gr. Encyclopédie. XXVII 72 S. 1899.

1101. **1899. Mitsopulos.** Τὰ πότιμχύδχτχ τὸν Ἀθηνῶν. Behandelt die Wasserversorgungsfrage für Athen.

Athen 1899. Man vergl. Ref. in Petermanns Mitt. 1902. L. B. 661.

1102. **1899. L. Mrazec** hat den Granit des Jakobsberges in der Dobrudscha als schriftgranitischen Riebeckit-Alkaligranit bestimmt.

Bull. Soc. Sc. Bukarest. VIII. 1899. 8 S.

1103. **1899. G. Munteanu-Murgoci** hat seine Studien in den kristallinischen Gesteinen des Paringumassivs fortgesetzt.

Faltung, Verwerfung an der Latoritza, Kalkschollen auf Gneisgranit und Granit. Serpentine in Verbindung mit Dioriten und mit Grünschiefern. W—O-Verlauf der Antiklinalen mit gegen N gezogenen bogenförmigen Krümmungen.

Bull. Soc. Ing. si industr. de Mine. III. 1899. 28 S. mit Tafel und Karte (1:200.000).

1104. **1899. Th. Nicolan** hat Diabasporphyrit und Variolit von Ortakiöi in der Dobrudscha untersucht.

Min.-petr. Mitteil. Wien 1899. S. 477—503.

1105. **1899. K. Oestreich.** Reiseeindrücke aus dem Vilajet Kosovo. Enthält auch hie und da geologische Angaben.

Abhandl. d. k. k. geogr. Ges. Wien 1899. 1. S. 331—372 mit topographischer Karte.

1106. **1899. P. Oppenheim** besprach mitteleocäne Faunen der Hercegovina und verglich sie mit jenen von Haskowo in Bulgarien und anderen Faunen des östlichen Mittelmeerbeckens.

Neues Jahrb. f. Min. etc. 1899. II. S. 105—115.

1107. **1899. N. J. Paianu** hat einen Beitrag zur Kenntnis des Distrikts Neamtzu (Walachei) geliefert. Über den Caprotinenkalken (der Ref. hat das Vorkommen von Caprotinen im südlichen transsylvanischen Gebirge zuerst erkannt 1897) im Flysch eingefaltetes Miocän.

Bull. Soc. Ing. si industr. de Mine. Bukarest 1899. S. 39—47, 72—78. 1900. S. 21—46.

1108. 1899. **A. Philippson** behandelte in einem Vortrage den Gebirgsbau der
Ägäis. Faltung bis zum Oligocän; später nur vertikale Bewegungsvor-
gänge der flachen oder wenig geneigten jungtertiären Ablagerungen
(„Schollenbewegungen").
Verhandl. d. VII. internat. Geogr.-Kongr. 1899 (1901). S. 181—191.

1109. 1899. **V. Popovici-Hatzeg.** Contribution à l'étude de la faune du crétacé
supérieur de Roumanie. Environs de Campulung et de Sinaia. Daß
das Cenoman von Podu Dimbovitzei vom Ref. entdeckt wurde, scheint
dem Autor unbekannt geblieben zu sein; er zitiert nur Kossmat und
Simionescu. Außerdem wird auch das Senon besprochen.
Mém. Soc. géol. de Fr. VIII. 1899. Heft III. 20 S. mit 2 Taf. .

1110. 1899. **F. Prim** hat eocäne Fische aus dem Valea Caselor in Rumänien
beschrieben (*Scorpaenoides Popovici*).
Bull. Soc. géol. de Fr. 3. Ser. XXVII. 1899. S. 248—252 mit 1 Taf.

1111. 1899. **K. A. Redlich.** Eine neueste Publikation über das Gebiet des Olt-
und Oltetztales gibt ein Kärtchen mit der richtiggestellten Verbreitung
von Eocän und Kreide.
Jahrb. d. k. k. geol. R.-A. 1899. S. 1—28 mit 2 Taf.

1112. 1899. **J. Simionescu** berichtete über das Auftreten des Toltrykalkes in
Rumänien.
Verhandl. d. k. k. geol. R.-A. 1899. S. 325.

1113. 1899. **A. Smith-Woodward** hat Kreidefische vom Libanon besprochen.
Ann. and Mag. of Nat. Hist. 4. London 1899. S. 317—321.

1114. 1899. **G. Steinmann** hat die vom Referenten (1884) im Apt-Urgon bei Pirot
(Serbien) aufgefundene eigenartige *Boueina Hochstetteri* als eine mit
Halimeda verwandte Alge erkannt.
Ber. d. Naturf. Ges. Freiburg i. Br. XI. 1899. S. 62—72.

1115. 1899. **W. Teisseyre** machte eine Bemerkung über das Vorkommen von
Helixschichten in der mäotischen Stufe Rumäniens.
Verhandl. d. k. k. geol. R.-A. 1899. S. 234—236.

1116. 1899. **Fr. Toula** hat über die Ergebnisse einer 1895 nach Kleinasien ausgeführten Reise (Bosporus—Dardanellen—Troas) berichtet. Kristallinische
Massen- und Schiefergesteine; sericitische Schiefer; Devon (nach E.
Kaysers Bearbeitung der Fauna. 36 Arten: jüngeres Unterdevon, eine
petrographische und faunistische Fortsetzung der Fazies der rheinischen
Spiriferensandsteine); Trias, und zwar rote Conglomerate (permotriadisch);
typische Werfener Schiefer. Obersenon, ähnlich dem Oberpläner von
Strehlen; Nummulitenkalk und eocäne pflanzenführende Mergel. Mactra-
bänke über Melanopsis-Neritinenschichten, wahrscheinlich obersarmatische
oder mäotische Bildungen, und quartäre Mediterranablagerungen.
Neues Jahrb. 1899. I. S. 63—70 und Beitr. zur Paläont. u. Geol. von
Österr.-Ungarn u. des Orients. XIII. S. 1—52 mit 1 Tafel.

1117. 1899. **A. Rosiwal** hat die von Toula in Nordwest-Kleinasien gesammelten Gesteine untersucht: Uralitdiabas, Camptonit, Diabase, Porphyrite, Ampihbolgranit, Serpentin, verschiedene Andesite, Trachyte
und Tuffe.
Beitr. zur Paläont. u. Geol. von Österr.-Ungarn u. des Orients. XIII.
S. 42—52.

1118. 1899. **R. Zeiller** hat eine Studie über die formenreiche fossile Flora von
Heraklea (NO) herausgegeben. Drei Zonen, die mittlere, wichtigste; im

N und S durch Verwerfungen begrenzte, W—O streichende Falten. Arten aus dem Kulm und aus dem Ostrau—Waldenburger Horizont. Aber auch viele westfälische Arten und solche aus dem Zwickauer und Schwado-witzer Becken. Besonders zahlreiche Arten von *Sphenopteris*.

Mém. Paléont. Soc. géol. Fr. Paris 1899. VIII. 95 S. mit 6 Tafeln.

1119. 1899—1900. **Mik. Živković** hat bei Degurić in Serbien das Vorkommen der Campiler- über den Seiser-Schichten nachgewiesen.

Jahresber. d. Gymn. von Valjevo. 1899—1900 (serb.).

1120. 1900. **D. J. Antula.** Revue générale des gisements en Serbie.

Paris 1900. 117 S. mit Karte.

1121. 1900. **C. V. Bellamy.** A Description of the Salt-Lake of Larnaca in the Island of Cyprus, einem ehemaligen Ästuarium.

Depression, altes Ästuarium durch eine jungtertiäre und quartäre, zum Teil Wasser durchlässige Barre vom Meere geschieden.

Phil. Mag. L. 1900. S. 352—356.

Quart. Journ. LVI. 1900. S. 745—758 mit Karte.

1122. 1900. **R. Beck** nach **W. v. Fircks.** Die Antimonlagerstätten von Kostainik in Serbien. An Trachyte (zumeist Biotittrachyte) gebunden, welche im Hangenden der plattigen Sandsteine auftreten. „Grauwackenschiefer" über den Kalken.

Zeitschr. f. prakt. Geol. 1900. S. 33—36.

1123. 1900. **A. Bittner** machte Mitteilung über ein von Grimmer nächst Trebinje in der Hercegovina untersuchtes Kohlenvorkommen (Trias). Neben marinen Gesteinen (Raibler Schichten) eine Süßwasserablagerung mit Unionen und Gastropoden.

Verhandl. d. k. k. geol. R.-A. 1900. S. 145—148.

1124. 1900. **J. Böhm** hat cretazische Gastropoden vom Libanon und vom Karmel beschrieben. Noetlings Aufsammlungen, und zwar aus den Trigonien-sandsteinen (Libanon), der Zone des *Sphaerulites liratus* (Libanon) und der Zone des *Pileolus Oliphanti* (Karmel).

Zeitschr. d. Deutschen geol. Ges. 52. 1900. S. 189—219 mit 3 Tafeln.

1124 a. 1900. **Bonarelli.** Appunti sulla constituzione geologica dell' Isola di Creta. Mehrere Reisewege werden besprochen. Im Valle del Geofiro im west-lichen Teile eine pliocäne Fauna. In Sitia Hieroglyphen ähnlich solchen aus der Trias von Lagonegro (Trias). Ein Profil von Sitia nach Nord über den Promontorio: ältere Kalke, Schiefer und Conglomerate bedeckt vom Miocän. Am Golf von Mirabello eocäner Flysch etc. Pliocäne Fora-miniferen bestimmte Dervieux, Bryozoen A. Neviani etc.

Atti (Mem. III) Acc. dei Lincei. Rom 1901. S. 518—548 m. Taf.

1125. 1900. **G. Bontscheff**[1]) hat den Serpentin der Gegend von Philippopel am Nordfuß der Rhodope beschrieben sowie die Gesteine von Monastir (nach v. Hochstetter Granit und Syenit, nach Skorpil Andesit) und die-selben als Gabbro, Diorit und Gneisgranit bestimmt[2]). --- Derselbe Autor[3]) hat auch die balkanischen Steinkohlenvorkommnisse besprochen. (Werden ohne Beweise für Lias genommen. Ref. hat bei Untersuchung der Sannerschen Aufsammlungen [Gegend von Sliven] auf das Vor-

---

[1]) Zeitschr. d. bulg. Gelehrten-Ges. Sofia. 61. 4. 1900. S. 217—226 (bulg.).

[2]) Ebend. S. 19—33 (bulg.).

[3]) Arb. d. bulg. Ges. f. Naturf. I. 1900. S. 72—79 (bulg.).

kommen von Formen hingewiesen, welche ein viel jüngeres [oligocänes] Alter wahrscheinlich machen.) Der Balkan soll außer der Hauptfaltung (Druck von S nach N) noch eine zweite darauf normal stehende Faltung erfahren haben (im Pliocän). — Eine andere Abhandlung desselben Autors beschäftigt sich mit den petrographischen Verhältnissen der Sakar Planina [1]) und mit den Gesteinen an der Küste des Schwarzen Meeres zwischen Kap Emine und Kupria (Gegend von Burgas [2]). — Auch eine Arbeit über die Gegend südlich von Nova Zagora und Jambol ist zu erwähnen. 11 verschiedene Ausscheidungen auf der Karte. Ein von NW—SO ziehender Hügelrücken. Kristallinisches Grundgebirge, Andesittuffe, Dolomitschollen etc. Diorit im S. — Auch die Eruptivgesteine von Gluschnik (Andesite) wurden besprochen [3]).

1126. **1900. G. Bontscheff** hat eine Karte der Umgebung von Burgas veröffentlicht mit sieben Ausscheidungen. Eine Zusammenfassung der Ergebnisse in irgendeiner allgemein verständlichen Sprache fehlt leider.

Sofia 1900. 20 S. (bulg.) mit Karte (1 : 420.000).

1127. **1900.** Für die Pariser Weltausstellung erschien ein amtlicher Bericht: Les mines, carrières, eaux minérales et thermales de Bulgarie, mit einer Monographie über die Lignite von Pernik.

Paris 1900. 16 S. mit Karte.

1128. **1900. J. Cvijić** hat auch in Bosnien, in der Hercegovina und in Montenegro „morphologische und glaziale Studien" ausgeführt.

Der Durmitor, eine über Werfener Schiefer lagernde ungeheure Kalkmasse unbestimmten Alters, mit Einschaltungen von Sandsteinen und Tonschiefern; mit Diluvialmoränen auf seiner Nordseite. Viele ausgedehnte Kare und cañonartige Täler. Spuren alter Gletscher wurden außerdem im Treskavica-, Prenj-, Volujak- und Magličgebirge kartiert.

Abhandl. d. k. k. geogr. Ges. Wien. II. 1900. 93 S. mit 9 Karten

1129. **1900. J. Cvijić** gab eine übersichtliche Darstellung der glazialen Ablagerungen auf der Balkan-Halbinsel, mit einem Übersichtskärtchen.

Ann. de Géogr. IX. 1900. S. 359—372.

1130. **1900. J. Cvijić**. Über die tektonischen Vorgänge in der Rhodopemasse. Das Kartenbild führt die tektonischen Linien bis an die Vardarmündung und ostwärts über Seres und bis an die Rilamasse fort. Cvijić hat große Reisen ausgeführt und bringt das Schlußergebnis seiner Aufnahmen, eine Darstellung der tektonischen Vorgänge, zuerst. Er kommt damit zu einem Anschlusse an Neumayrs und Philippsons Aufnahmen. Zwei Diskordanzen in der Rhodope, zwischen den kristallinischen Schiefern und der Kreide, und zwischen dem Paläogen und Neogen. Faltungen der kristallinischen Schiefer. Hauptfaltungsperiode: oberste Kreide bis ins unterste Oligocän. Im Oligocän beginnt die Zerstückung in Schollen.

Sitzungsber. d. Wiener Akad. d. Wiss. 1901. CV. 24 S. mit Karte (1 : 1,200.000) und Tafel.

---

[1]) Sborn. XVI. Sofia 1900. S. 1—38 (bulg.). Zeitschr. d. bulg. Gelehrten-Ges. 61. 1900. S. 362—381.

[2]) Sborn. XVIII. 1901. 27 S. mit Karte (1 : 210.000), bulg. ohne Res. in einer der Weltsprachen.

[3]) Zeitschr. d. bulg. Gel.-Ges. 61. 1900. S. 95—100 (bulg.).

1131. **1900. H. Engelhardt** hat die Tertiärpflanzen aus B o s n i e n durchbestimmt, und zwar aus oligocänem Sandstein und untermiocänem Mergel (Bresnica-Oskowa-Zusammenfluß); aus sarmatischem sandigen Lehm (Dolni Tuzla NW); aus sarmatischem plattigen Kalk (Dolni Tuzla SO) und aus der Talrinne der Lohinja (gleichfalls Sarmat).

Verhandl. d. k. k. geol. R.-A. 1900. S. 187.

1132. **1900. L. Erös.** Die Trachyte und Granite des östlichen S e r b i e n s.

Ann. géol. pénins. balc. V. 11. 1900. S. 89—91.

1133. **1900. W. Götz** hat die Frage der Vergletscherung des Z e n t r a l b a l k a n s behandelt. Am Jumrukčal und den Zugängen desselben hat er nur pseudoglaziale Erscheinungen gesehen.

Zeitschr. d. Ges. f. Erdk. Berlin 1900. S. 127—146.

1134. **1900. J. Grimmer** hat bei Tešanj (B o s n i e n) am Kastellberge Nummulitenkalk über fraglichen Flyschschiefern gefunden, über welchen Conglomerate und Mergel mit Congerien (*C. croatica*), *Melanopsis* und *Melania Pilari* auftreten (= Ablagerungen von Banjaluka).

Verhandl. d. k. k. geol. R.-A. 1900. S. 341—343.

1135. **1900. Fr. Katzer** hat die Hauptzüge des geologischen Aufbaues des M a j e v i c a -gebirges und der Umgebung von D o l n j a T u z l a (B o s n i e n) entwickelt. Das Majevicagebirge ist eine Stauchungszone. Der Kern ein „Juramassiv" mit Tuffen und Tuffsandsteinen. Die Hauptmasse Mitteleocän, Oligocän und Mittelmiocän. Auch Pliocän. Selbst das jüngste Pliocän noch gestört. Die erste Stauchung „etwa' am Ende des Oligocäns".

Zentralblatt. Neues Jahrb. f. Min. 1900. S. 218—220.

1136. **1900. Fr. Katzer** hat das Eisenerzgebiet von V a r e s c h (B o s n i e n) behandelt.

Berg- u. Hüttenm. Jahrb. d. Bergakad. Wien 1900. 48. 94 S. mit Karte (1:31.450).

1137. **1900. Fr. v. Kerner.** Über das Erdbeben von Sinj (D a l m a t i e n) am 2. Juli 1898.

Jahrb. d. k. k. geol. R.-A. 1900. S. 1—22 mit Karte.

1138. **1900. M. Kispatić** beschrieb die kristallinischen Gesteine der b o s n i s c h e n Serpentinzone: Granite, Melaphyre, Diabase, Olivingabbro, Troctolit (Forellenstein), Lherzolith, Amphibolite, Pyroxenite und Eklogite.

Wissensch. Mitt. aus Bosnien u. der Hercegovina. VII. 1900. 108 S.

1139. **1900. E. Kittl** hat einen vorläufigen Bericht über seine Arbeiten im westlichen B o s n i e n und in der nördlichen H e r c e g o v i n a gegeben.

Anz. d. Wiener Akad. 1900. S. 14—16.

1140. **1900. A. Martelli** hat von Paxos und Antipaxos (Kreidekalkaufbruch) im J o n i s c h e n M e e r e eocäne und mittelmiocäne Fossilien bekannt gemacht. Hauptsächlich Foraminiferen und Lithothamnium. Korfu der Rest einer Synklinale, Paxos und Antipaxos der anschließenden Antiklinale angehörend.

Rend. Acc. Lincei. Rom 1900. IX. (5). S. 282—286.
Bull. Soc. geol. ital. 1901. XX. S. 409—437 mit Taf.

1141. **1900. E. de Martonne** erklärt den Zirkus von Gauri und Galescu (Massiv von Paringu) als durch diluviale Gletschererosion gebildet. — Über die Glazialperiode der s ü d l i c h e n K a r p a t e n (t r a n s s y l v a n i s c h e A l p e n) hat er ausführlichere Mitteilungen gemacht. Es werden zwei Eiszeiten unterschieden (Talgletscher und Kargletscher).

Bull. Soc. ing. si ind. de mine. IV. 1900. 24 S. mit Karten.
Bull. Soc. géol. de Fr. 3. Ser. XXVIII. S. 275 und Bull. Soc. Sc. Bukarest IX. 60 S. mit 9 Taf.

1142. **1900. L. Mrazec** hat mit W. Teisseyre die Salzformationen (Paläogen und
Schlier) Rumäniens beschrieben. Der Schlier bildet einen über 400 *km*
langen Gürtel am Karpatenrande. In Grabenbrüchen des gefalteten Flyschgebirges gebildet.

Regia Monopolurila Statului (Pariser Ausstellung) 1900. 16 S.

1142 *a*. **1900. L. Mrazec.** Contribution à l'étude de la dépression subcarpa-
thique. Sie scheidet im O den Flysch, im S das kristallinische Hochgebirge vom neogenen Vorlande.

B. de la Soc. des sc. Bukarest 1900.

1143. **1900. K. Oestreich** hat eine vorläufige Mitteilung über seine zweite Reise in die
europäische Türkei gemacht (Reiseroutenangaben). Zwischen Monastir
und Ochrida soll Trias (rote und grüne Schiefer, Sandsteine und Kalke)
auftreten.

Mitteil. d. k. k. geogr. Ges. Wien 1900. S. 231—236.

1144. **1900. P. S. Pavlović** hat bei Belgrad Schichten mit *Congeria Partschi* untersucht[1]. bei Sremčica (Serbien) sarmatische Kalke und Sande. — Das „Profil
von Belgrad" behandelt derselbe Autor[2]. Im O über Kreide Mediterran,
im W sarmatische und pontische Stufe und Löß. — Tertiärfossilien aus dem
Kosovo bespricht derselbe Autor. *Congeria* und *Melanopsis* neben *Planorbis*[3].
— Bei Badujewo in NO-Serbien wurden Congerien der mäotischen Stufe
aufgefunden[4] (darunter *Congeria subcarinata* und *novorossica*) In NW-
Serbien eine ganz verschiedene Fauna. — Pavlović verglich die dalmatinischen Melanopsis-Mergel mit jenen von Serbien, Bosnien etc.[5]

1145. **1900. P. S. Pavlović** hat das Tertiär von Babin-Dol bei Üsküb untersucht:
Melanopsidenmergel übereinstimmend mit jenen Dalmatiens (Aufsammlung
von V. K. Petković). Nach Petković über Phyllit und unter Diluvium
auftretende weiße Mergel mit Lignit. Bis 800 *m* Höhe zum Teil steil aufgerichtet. — Derselbe Autor[6] besprach auch serbische Tertiärfossilien.

Ber. d. serb. geol. Ges. Belgrad 1900 (serbisch).

1146. **1900. A. Penck** hat in seinem Aufsatze über die Eiszeit auf der Balkanhalbinsel auch die pseudoglazialen Erscheinungen im Vrbastale, die
alten Gletscher des Orjen, die Kare der Bjalašnica etc. besprochen. Die
Schneegrenze sei an der Bocche di Cattaro bei ungefähr 1400 *m* gewesen.

Globus 1900. S. 133, 159 u. 173.

1147. **1900. S. Radovanović.** Über die unterliassische Fauna von Vrška Čuka in
Ostserbien.

Ann. géol. pénins. balc. V. II. 1900. S. 60—70.

1148. **1900. S. Radovanović** hat bei Ivovik (Serbien) in paläozoischen Schiefern
Ctenocrinus typus, Spirifer und *Grammysia* (aufgefunden von Miškavić)
und damit das Vorkommen von Devon festgestellt.

Ann. géol. Belgrad 1900. V. 2. „Annexe" S. 10 u. 11.

---

[1] Ber. d. serb. geol. Ges. Belgrad 1900. 4. Mai.
[2] Ann. géol. pén. balc. Belgrad. V. 2. S. 87 u. 88.
[3] Ebend. S. 63.
[4] Ebend. S. 78 u. 79.
[5] Rosw. Glasn. Belgrad 1901. April.
[6] Ann. géol. Belgrad 1901. V. 2. S. 92—96 und Annexe. S. 10.

300

1149. **1900. F. Schaffer** berichtete über seine Reisen im SO-Anatolien und N-Syrien. Miocän der Taurus-Vorhügel: Plateauberge mit Karstszenerien. Devon und marines Carbon zwischen Adana und Sis. Der Antitaurus ein altes Faltengebirge Vulkangebiet des Karadscha Dagh bei Karabunar (Konia O). Kalkhochgebirge des Taurus gegen Nemrun. Das Tal des Karasu (Antiochia N) hat „das Aussehen eines tektonischen Grabens". — Die Geotektonik des SO-Anatoliens behandelt derselbe Autor [1]). Der taurischen Faltung (im Miocän), „von N her kam der Schub", steht eine ältere (vormiocäne) Faltung gegenüber. die im östlichen Teile in ähnlichem Sinne verläuft wie die erstgenannte, während sie (nördlich von Mersina) zu den taurischen Falten nahezu normal verläuft. Zwei Senkungsgebiete.

VI. Jahrb. d. Ges. naturh. Erf. d. Orients. Wien 1900. S. 11—20.

1150. **1900. F. Schaffer** gab einen vorläufigen Bericht über seine Studien im südlichen Kleinasien. Miocän bis in große Höhen, über Serpentin, Devon und Carbon.

Sitzungsber. d. Akad. Wien. CIX. 1900. S. 498—525.

1151. **1900. Fr. Siebenrock** hat einige fossile Meeresfische aus dem Jungtertiär Bosniens, und zwar aus der Gegend von Sarajevo beschrieben (*Labrax* 3 Arten und *Serranus*).

Wissensch. Mitteil. aus Bosnien und der Hercegovina. VII. 1900. S. 683—694.

1152. **1900. U. Söhle.** Geologisch-paläontologische Beschreibung der Insel Lesina. Faltung mit Überkippungen und Überschiebungen: Rudistenkalk über Nummulitenmergel.

Jahrb. d. k. k. geol. R.-A. 1900. S. 33—46 mit Taf.

1153. **1900. A. Tornquist** hat an den Fund von *Ceratites subnodosus v. romanica* durch Anastasiu bei Zibil westlich vom Rasim-See (Dobrudscha) einige Bemerkungen geknüpft.

Das Vorkommen von Triaskalk an der betreffenden Stelle wurde schon von K. Peters nachgewiesen. Die betreffenden Kalke werden als dem deutschen Muschelkalke entsprechend betrachtet, während sonst die mediterrane Trias in der Dobrudscha auftritt („fingerförmiges Ineinandergreifen" beider Fazies!).

Neues Jahrb. f. Min. 1900. I. S. 173—180 mit Tafel.

1154. **1900. Fr. Toula** hat neue Beobachtungen aus der Gegend von Rustschuk bekannt gemacht.

Altalluviale Ablagerungen im Lomtal (mit *Melanopsis esperi*, Neritinen, *Cyclostoma* und *Pisidium*). Jungtertiäre Ablagerungen hat er im Tale des Isvor dere aufgefunden (*Unio cf. romanus, Congeria subcarinata* und Viviparen). Im oberen Lomgebiete fand er cephalopodenführende Barrèmeschichten (*Desmoceras Matheroni, Hoplites cf. Borowae, Crioceras (?) sp., Acanthoceras n. sp. aff. angulicostatum, Nautilus plicatus*). Am unteren Lom dagegen treten Orbitolinen-Kalkoolithe (*O. lenticularis* und *concava*) und Requienienkalke (mit *Pterocera aff. Pelagi, Trochus*, Nerineen und *Monopleura procera* und *mutabilis*) auf.

Neues Jahrb. f. Min. etc. 1900. I. S. 29—47.

---

[1]) Peterm. geogr. Mitteil. 1901. S. 132 mit Karte (1:2,000.000). Sitzungsber. d. Wiener Akad. X. 1901. S. 5—18. Ebend. S. 388—402.

1155. **1900. S. Urošević** hat die archäischen Inseln in Zentralserbien studiert. 15 verschiedene Gesteinstypen.

> Glasn. serb. Akad. d. Wiss. LXI. 1900. S. 69—123 (serb.) mit Karte (1:75.000).

1156. **1900. L. Vankov** hat aus der Gegend von Trn-Kjöstendil eine Mitteilung gebracht. Unter anderem teilt er die archäisch-kristallinen Gesteine in Huron und Laurentian, was wohl kaum notwendig war.

> Sbornik. Sofia. XVI. 1900. S. 1—43 (bulg.).

1157. **1900. H. S. Washington** hat die Kulaïte, basische Laven aus dem Kulabecken in Lydien, einer Untersuchung unterzogen. Nephelin- und leucitführende Gesteine.

> Journ. of Geol. VIII. 1900. S. 610—620.

1158. **1900. J. M. Žujović** hat die eruptiven Gesteine Serbiens untersucht[1]). 400 verschiedene Vorkommnisse. — Derselbe Autor führt das Vorkommen von Diabas bei Krčmari in flyschähnlichen Sandsteinen an[2]). — Die Dacite in Serbien hat Žujović gleichfalls untersucht und gruppiert[3]).

1159. **1900.** Nach siebenjähriger Pause erschien Heft 2 des V. Bandes der von **J. Žujović** begründeten Belgrader Annales géologiques. Es enthält besonders in den „Annexen" eine Fülle von kleinen Mitteilungen über die Fortschritte der Beobachtungsarbeit auf dem Gebiete Serbiens, auf welche hier nur aufmerksam gemacht werden kann.

> Belgrad 1900. 145 u. 93 S.

1160. **1900.** Das Bergbaugebiet von Fojnica und Kresevo in Bosnien wurde kartographisch zur Darstellung gebracht.

> Freiberg 1900. Mit 17 S. Text u. 2 Tafeln.

1161. **1901. N. Andrussow** hat die Hypothesen über die Entstehung des Bosporus und der Dardanellen kritisch beleuchtet. Der Bosporus bestand schon im Pliocän. Der pontische Brackwassersee mit der Propontis stand vor der Entstehung der Dardanellen in höherem Niveau als das Mittelmeer.

> Sitzungsber. d. Nat. Ges. Dorpat 1901. XII. S. 378—400.

1162. **1901. D. Antula** hat im Užicer Kreise (Serbien) Beobachtungen angestellt. Ein großes Serpentinmassiv mit Kupfererzgängen, Diorit, Amphibolit, Lherzolith, Diallagit umschließend, von Rudistenkalk (Gosauformation) und Neogen überlagert. Kristallinische Schiefer im SW.

> Ann. géol. pénins. balcanique. 1901. V. 2. S. 25—27.

1162a. **1901. R. Beck** und **W. Fircks.** Die Kupfererzlagerstätten von Rebelj und Wis in Serbien. In dem von NW—SO streichenden Serpentingebiete SW von Valjevo.

> Zeitschr. f. prakt. Geol. IX. 1901. S. 321—323.

1163. **1901. A. Bittner** hat das Vorkommen von Petrefakten norischen Alters in der Gegend von Čevljanovič (Sarajevo N) besprochen, woher aber auch aus den liegenden karnischen Kalken Fossilienfunde (von F. Katzer aufgefunden) zu verzeichnen sind, welche jenen von Raibl und Oberseeland nahestehen.

> Verhandl. d. k. k. geol. R.-A. 1901. S. 284—291.

---

[1]) Geologie Serbiens. II. Bd. Belgrad 1900. XVI u. 240 S. mit 6 Tafeln.
[2]) Ann. géol. pénins. balc. Belgrad 1900. V. 2. Annexe S. 57.
[3]) Ebend. S. 80.

1164. **1901. G. Bontscheff.** Eine Arbeit über das Gebiet südlich von N o v a Z a g o r a und J a m b o l (O s t r u m e l i e n).

Sofia 1901. 27 S. mit Karte (1 : 210.000), bulg.

1165. **1901. G. v. Bukowski** hat unter der unteren Trias von Budua und Braic (D a l m a t i e n) das Vorkommen von marinem Carbon nachgewiesen (*Phillipsia, Productus,* Fusulinen).

Verhandl. d. k. k. geol. R.-A. 1901. S. 176.

1166. **1901. G. v. Bukowski.** Ein Beitrag zur Geologie der Landschaft Konjeniči und Klobuk in der H e r c e g o v i n a. Trias von den Bänderkalken der mittleren Trias bis zum Hauptdolomit, auf beiden Flanken und gegen NW von Kalken und Dolomiten der Kreide konkordant überlagert. Die Raibler Schichten wurden schon von A. B i t t n e r paläontologisch festgestellt. Süßwasserformen und Kohle in den Raibler Schichten. Ein antiklinaler Aufbruch.

Jahrb. d. k. k. geol. R.-A. 1901. S. 159—168 mit Karte.

1167. **1901. L. Cayeux** und **E. Ardaillon** wiesen nach, daß in G r i e c h e n l a n d auch die Trias auftritt, und zwar im Kalk von Cheli, vom Abhang der Akropolis von Mykene, worin ein Ammonit, und zwar *Joannites* gefunden wurde. (Auf P h i l l i p s o n s Karte als Tithonkalk bezeichnet.)

Compt. rend. 1901. S. 1254—1256.

(Auch D o u v i l l é hat sich darüber geäußert. Bull. Soc. géol. de Fr. 1902. 4. Ser. II. S. 5.)

1168. **1901. J. Cvijić** hat über seine Forschungsreisen auf der B a l k a n h a l b - i n s e l in einem Vortrage berichtet.

Umbiegung der symmetrisch gebauten dinarischen Falten gegen O und NO. Weiter im S wird auf der Karte die dinarische Faltenrichtung wieder ersichtlich. Brüche (Eruptivgesteins-Durchbrüche) und Über-schiebungen. Die umgebogenen östlichen Falten stoßen in Westserbien an die alte Masse. Das im allgemeinen asymmetrische griechisch-albanische System (NS- und SSO-Richtung). Umbiegung am Drim (Drin) gegen NO. Scharungsgebirge (Paštrik, Koritnik und ? Schar etc.). Karstbildung, be-sonders im dinarischen System. Die Radiolitenkalke der Ebene von Skutari („resistente dinarische Kämme") treffen bei Alessio mit den albanesischen Gebirgen zusammen. Zwischen Balkan und den transsylvanischen Gebirgen keine Torsion. Rhodopemassefaltung bis zum Oligocän. Brüche und Senkungen haben die Becken gebildet. — Über die dinarisch-albanesische Scharung hatte derselbe Autor schon früher geschrieben.

Sitzungsber. der Wiener Akad. der Wiss. 1900. CX. 42 S. mit Karte (1 : 1,200.000).

Zeitschr. d. Ges. f. Erdk. Berlin 1902. S. 196—214.

1169. **1901. J. Cvijić.** Morphologische und glaziale Studien aus B o s n i e n, H e r c e - g o v i n a und M o n t e n e g r o.

Die Karstpoljen von Westbosnien und der Hercegovina.

Abhandl d. geogr. Ges. Wien. III. 1901. 85 S. mit Tafel.

1170. **1901. G. Dainelli.** Il Monte Promina in D a l m a z i a, mit Literatur über den Monte Promina. Derselbe Autor: Il miocene inferiore di Monte Promina in Dalmazia. Mergelschichten mit *Limnaeus, Planorbis* etc., darüber grobe Conglomerate mit Muschelbreccien und Kohlenresten (marine Seicht-

wasserbildungen: unteres Miocän), Mergel mit mariner Tiefseefauna (oberes
Tongrien).

Boll. Soc. geogr. it. Rom 1901. 2 (4). S. 712—723.

Rendic. della R. Acc. dei Lincei. 10. Jänner 1901. S. 50—52.

Palaeont. Ital. Pisa 1901. S. 255—285 mit 5 Tafeln.

Man vergl. auch: Boll. Soc. geol. it. XXI. 1. Rom 1902 (gegen
Oppenheim).

1171. 1901. J. Enderle beschrieb eine anthracolithische (Carbon-Perm-)Fauna von
Balia Maden in Kleinasien. Die betreffenden Kalke bilden eine ein-
heitliche Schichtenfolge vom Obercarbon bis in das untere Perm. Das
Vorkommen von Untercarbon im nördlichen Teile ist fraglich.

Beitr. z. Paläont. u. Geol. Österr.-Ung. u. des Orients. XIII. 1901.

1172. 1901/02. H. Engelhardt hat die tertiäre Flora von Dônje Tuzle (Bosnien)
bearbeitet auf Grund der F. Katzerschen Aufsammlungen. *Sequoia stern-
bergi, Glyptostrobus europaeus, Taxodium distichum miocaenicum, Myrica
hakeaefolia, Vindobonensis* etc. 88 Arten. — Die tertiäre Flora aus Bosnien
und der Hercegovina wurde in einer späteren Arbeit besprochen. 52 Arten.
Warum gibt man keine kurze Zusammenfassung der Ergebnisse in einer
der alten oder neuen Weltsprachen?

Glasn. Zemal. Mus. Sarajevo. XIII. 1901. S. 473—526 mit 6 Tafeln
(kroatisch).

Ebend. XIV. 1902. S. 441—460 mit 2 Taf. (kroatisch).

1173. 1901. W. Fischbach. Die Minen in Kleinasien

Montanzeitung. Graz 1901. 7. S. 173—175.

1173a. 1901. J. Grimmer. Das Kohlenvorkommen von Bosnien und der Hercegovina. 64 Vorkommnisse sind in Karte gebracht. Zwei in der Trias,
zwei in der Kreide, fünf im Eocän, alle übrigen im Neogen. Nur die
Tertiärkohlen sind von Bedeutung.

Wissensch. Mitt. v. Bosnien u. d. Hercegovina VIII. 1901. S. 340—408
mit Karte (Serb. 1899 erschienen).

1173b. 1901. Kurt Hassert. Gletscherspuren in Montenegro.

Verhandl. d. Geogr.-Tages Berlin 13. 1901. S. 218—231.

Man vergl. auch P. Vinassa de Regny. Traccie glaciali ne
Montenegro.

Rend. Acc. Lincei. Ser. V. X. 2. 1901. S. 270 u. 271.

1174. 1901. V. Hübner. Geologische Reisen in Nordgriechenland und Make-
donien (1899 und 1900). Profil durch den hohen Othrys. Rudistenkalk
und Flysch über Serpentin mit Chromeisen-Diabase bilden den Kamm
(Kontaktmetamorphose im Kreidekalk). Zwischen Domokós und Phársala
(kassidorisches Gebirge) über Quarzphylliten kristallinische Kalke. Zwischen
Phársala und Kato-Sefarli Chloritschiefer über Serpentin und Gabbro. —
Bei Üsküb Süßwasserpliocän. Auch sonst vielfach nachgewiesen. Bei
Köprülü mitteloligocäne Gombertoschichten über Tonschiefer und Serpentin.
Das kristalline Rumpfgebirge östlich vom Pindos streicht nicht parallel
mit dem Pindos. Stumpfwinkeliges Aufeinandertreffen.

Sitzungsber. d. Wiener Akad. d. Wiss. CX. 1901. S. 171—182.

1175. 1901. V. Ilić untersuchte Liasfossilien aus Ostserbien (Lias γ und δ).

Ann. géol. Belgrad 1901. V. 2. S. 21 u. 22.

1176. 1901. E. Kaiser besprach nordgriechische Basalte.

Peterm. Mitteil. Erg.-Heft 134. 1901. S. 169 u. 170.

1177. 1901. **Fr. Katzer** hat gezeigt, daß die Süßwasserablagerungen B o s n i e n s drei verschiedenen Horizonten angehören: dem Oligocän (Kamengrad und Oskovagebiet), dem Untermiocän (Aquitan) die meisten Braunkohlen Bosniens, dem Pliocän (pontische Stufe) die Braunkohlen von Dolu. Tuzla. Zentralbl. f. Min. 1901. S. 227—232.

1178. 1901. **Fr. Katzer** besprach die Verbreitung der Trias in B o s n i e n. Werfener Schiefer und Kalke an der Sanna über Karbon und Perm in allmählichem Übergange. Trias durch Faltung eingesenkt in das Paläozoicum. Falten-streichen SW—NO gegenüber dem Hauptstreichen des Paläozoicums (von SO—NW). Im Erzgebirge von Fojnica und Kreschovo Werfener Schiefer über Zellenkalken (Äquivalenten des Bellerophonkalkes) und Grödener Sand-steinen. Triaskalk, dessen mittlere Partie dem Han Bulogkalk entspricht (*Amm. carinatus, incultus* etc.). Im östlichen Bosnien um Ćevljanović Ammonitenkalk, nach A. Bittners Bestimmung oberer Muschelkalk. Halobienkalk unter Diploporenkalken. Transgredierendes Eocän „stellen-weise auch in die Trias eingesenkt".
Sitzungsber. d. böhm. Ges. d. Wiss. Prag. XXI. 1901. S. 1—15.

1179. 1901. **Fr. Katzer.** Eine Goldseife in B o s n i e n (Pavlovacbach). Phyllitmaterial. Österr. Zeitschr. f. Berg- u. Hüttenw. XLIX. 1901. Sep.-Abdr. 12 S.

1180. 1901. **A. Kornhuber.** *Opetiosaurus Bucchichi* (eine Schuppenechse) aus der unteren Kreide von L e s i n a.
Verhandl. d. k. k. geol. R.-A. 1901. S. 147—153.
Abhandl. d. k. k. geol. R.-A. XVII. 1901. 24 S. mit 2 Taf.

1181. 1901. **Kürchhoff.** Eisenbahnen und Eisenbahnpläne in K l e i n- und Mittel-a s i e n, Persien und Afghanistan. Über Vorkommen von Kohlen am oberen Euphrat und bei Heraklea.
Hettners Geogr. Zeitschr. VII. 1901. S. 609—625 u. 677—692.

1182. 1901. **Otto Maas.** Der Salzsee von Larnaca auf C y p e r n. Das Salz entstammt dem infiltrierten Meerwasser. (G a u d r y, U n g e r und K o t s c h y)
Hettners Geogr. Zeitschr. VII. 1901. S. 159—161.

1183. 1901. **C. J. Forsyth Major.** On the reported occurrence of the Camel and the Nilgau in the upper miocene of S a m o s. Der „Kamelschädel" ist *Palaeo-tragus Roueni*, Portax (Nilgau) ist *Palaeotragus vetustus*.
Geol. Mag. VIII. 1901. S. 354 u. 355.

1183 a. 1901. **Al. Martelli.** Le formazioni geologiche ad i fossili di P a x o s e A n t i p a x o s nel Mare Jonio.
Bull. Soc. geol. ital. Rom. XX. 1901. S. 394—436. Mit Taf.

1184. 1901. **E. de Martonne** hat die Bewegungen des Bodens und die Bildung der Täler der W a l a c h e i besprochen. Am größten westlich vom Oltu bis an den Rand des kristallinischen Massivs.
Compt. rend. 1901. S. 1140—1143.

1185. 1901. **L. Mrazec** besprach die klippenförmigen Kalksteine bei Podeni-noi (Distrikt von P r a h o v a) als in den helvetischen Mergeln der Salzformation eingebettet. (S. S t e f a n e s c u hat sie für anstehend gehalten)
Bull. Soc. Sc. Bukarest 1901. S. 229—234.

1186. 1901 (1900). Ausführliche Bearbeitung haben die Granat-Vesuvianfelsein-schlüsse in den Serpentinen des P a r i n g u m a s s i v s durch **Munteanu-Murgoci** gefunden.
Bull. Soc. Sc. Bukarest. IX. 1901 (1900). 114 S. mit Taf. u. Karten (1 : 10.000 u. 1 : 25.000).

1187. 1901. **E. Naumann.** Geologische Arbeiten in Japan, in der Türkei und in Mexico. Kleinasien besteht im wesentlichen aus zwei nebeneinander hinziehenden Gebirgsstämmen, welche sich mit dem armenischen Hochlande vereinigen und die mit pliocänen Binnenseeablagerungen erfüllte lykaonische Senke umschließen.

Ber. d. Senckenb. Ges. 1901. S. 79—90.

1188. 1901. **Ph. Negris.** Plissements et dislocations de l'écorce terrestre en Grèce. Leurs rapports avec les phénomènes glaciaires et les effondrements dans l'océan atlantique. Fünf Hauptfaltungen: Olympisch NW, vorcretazisch (Porfido verde antico); pentelisch NO, nachcretazisch; achäisch WNW, eocän (Serpentin, Granit von Laurium); pindisch NNW, miocän; tänarisch N—S, pliocän (Trachyt und Andesit). Mit den Faltungen stehen zum Teil die Gesteinsausbrüche in genetischem Zusammenhang.

Athen 1901. 209 S. mit Karte (1 : 2,000.000). Zeitschr. Archimedes (griechisch). III. 1901. S. 121—161. Man vergl. Boblaye und Virlet Nr. 50, 1835.

1189. 1901. **A. Nehring** hat über fossile Kamele (*Camelus alutensis*) in Rumänien und über die pleistocäne Steppenzeit Mitteleuropas berichtet. Aus diluvialem Sand, der von Löß bedeckt ist.

Globus 1901. 4 S.

1190. 1901. **V. Paquier** berichtete im Namen N. Zlatarskis über die Urgonschichten Bulgariens: Lomgebiet, bei Tirnova und Lovetsch.— Der Nachweis des Vorkommens von Requienienkalken in den Balkanländern reicht weit zurück: Bei Vraca schon 1875 vom Ref. nachgewiesen (Sitzungsber. d. Wiener Akad. 77. Bd. 1878. S. 272 [32] u. 281 [44]. Schon damals wurde der innige Verband mit den hangenden Orbitolinenschichten erkannt. (Man vergl. auch Denkschr d. Wiener Akad. 1896. LXIII. S. 286.) V. Paquier hat die Urgonrudisten Bulgariens gleichfalls mit jenen Frankreichs und der Schweiz verglichen.

Bull. Soc. géol. 1901. S. 286 u. 287.

1191. 1901. **V. Paquier** berichtete über das Alter der Kalke mit Rudisten in der Dobrudscha und stellt sie an die Basis der Kreide. (Man vergl. des Ref. Vortrag über eine Reise in die Dobrudscha. Schriften d. Ver. zur Verbr. naturw. Kenntn. Wien 1893, wo er S. 549 die von Peters für oberen Jura gehaltene Tafel bereits als untere Kreide angesprochen hat.)

Bull. Soc. géol. 1901. S. 473 u. 474.

1192. 1901. **A. Philippson.** Geologie der Pergamenischen Landschaft. (Vorläufiger Bericht.) Vorwaltend vulkanische Gesteine (Trachyte, Andesite und Basalte). Tuffe und Süßwasserablagerungen mit Braunkohlen (unteres Pliocän). Ältere Gebirgsinseln: Kristallinische Schiefer (Madarosgebirge), an einem Granitstock im O Kalke (zum Teil mit Fusulinen), Grauwacken und Schiefer. Auch Nummulitenkalk. Streichungsrichtungen „verworren"; auch das Tertiär stellenweise intensiv gefaltet.

Bonn, 20. März 1901.

1193. 1901. **A. Philippson.** Beiträge zur Kenntnis der griechischen Inselwelt. Kykladen, Skyros und die magnesische Inselreihe (die nördl. Sporaden). Die Kykladen „isolierte Spitzen eines Gebirges". Keine allgemein vorherrschende Streichungsrichtung. Naxos und Paros streichen nach NNO und NO (N-Paros). Intensive Faltung auf Paros. Fünf Gneismassen: Naxos, Paros. Mykonos und Delos, Jos und Seriphos. Schiefermantel um den

39

Gneis. Im SO sedimentäres Gebirge. Das alte Gebirge schollenförmig zerstückt durch Einbrüche, begleitet von Ausbrüchen vulkanischer Gesteine. Peterm. Mitt. Erg.-Heft 134. 1901. 172 S. mit 4 Karten. Geologische Karten der Kykladen, von Skyro und den nördlichen Sporaden (1:300.000).

1194. 1901. **A. Ricci.** L'Elephas primigenius della Dobrogea.
Rend. Acc. Lincei. Rom 1901. Ser. 5. X. S. 14—17.

1195. 1901. **A. Rücker.** Einiges über den Blei- und Silberbergbau bei Srebrenica in Bosnien. In Quarzpropylit, der paläozoische Gesteine durchsetzt.
Wien 1901. 54 S. mit 3 Tafeln und geol. Karte.

1196. 1901. **F. Schaffer** hat als ein Ergebnis seiner Reise im Jahre 1900 Beiträge zur Kenntnis des Miocänbeckens von Cilicien veröffentlicht. Große Einförmigkeit der Sedimente. Seichtwasser- und küstennahe Bildungen. Die große Mächtigkeit wird durch „negative Bewegung der Strandlinie" erklärt. Eine Kartenskizze gibt die Ausdehnung des cilicischen Miocänbeckens an, sowie die Hauptfaltenzüge (der Hauptsache nach gegen SO konvexe Bögen), zwischen welchen das Becken sich ausdehnt, aus dem W von Ermenek bis über Marasch im O hinaus, vom Meere bis über Goedet, Nemrun und an den Ala Dagh. Zahlreiche Fossilienlisten.
Jahrb. d. k. k. geol. R.-A. 1901. S. 41—75. Ebend. 1902. S. 1—38 (mit Kartenskizze 1:2,000.000).

1197. 1901. **R. J. Schubert** hat von Ordu am Schwarzen Meer Rudistenkreide und mitteleocänen Nummulitenkalk besprochen.
Verhandl. d. k. k. geol. R.-A. 1901. S. 94—98.

1198. 1901. **R. J. Schubert.** Über den geologischen Aufbau des Küstengebietes Vadice-Kanal Prosjek und die Scoglien (Dalmatien). Dinarische Faltenzüge. Die Scoglien-Faltenreste. — Auch über das Gebiet der Prominaschichten: Faltenzüge der Rudistenkreide im Süden über Dolomiten, mit Eocän in den Synklinalen. Eine mitteleocäne Foraminiferenfauna von Mišec in Norddalmatien.
Verhandl. d. k. k. geol. R.-A. 1901. S. 234—241, 330—336. 1902. S. 196—203, 246—251.
Ebend. 1902. S. 267—269. Man vergl. auch ebend. S. 375—387 über den Inselzug Morter, Vergada, Pašman und die begleitenden Scoglien

1199. 1901. **J. Simionescu** hat von unweit Berlad (Distrikt Tutova, Moldau) aus pontischen Tonen einen Antilopenschädel und Oberkieferzähne von *Hipparion gracile* angeführt.
Verhandl. d. k. k. geol. R.-A. 1901. S. 311 u. 312.

1200. 1901. **August Stastný.** Nachrichten über das Quecksilbervorkommen im triasischen Ablagerungsgebiete von Spizza (Süddalmatien).
Montanzeitung. Graz 1901. S. 365 u. 366.

1201. 1901. **Ed. Suess.** Antlitz der Erde. Die Tauriden und die Dinariden.
Von Armenien durch den Taurus über den Amanus nach Cypern; aus Oberitalien durch das dinarische Gebirge nach Kreta. Scharungswinkel an der Westküste Kleinasiens. Analyse der E. Naumannschen und Schafferschen „Leitlinien" in Kleinasien. Prüfung der Frage, ob an der Westküste Kleinasiens eine Scharung vorhanden sei („sie ist vorhanden") und ob der ägäische Einbruch „außerhalb der Tauriden" liege. Die albanische Tertiärbucht. Die Hauptzüge der Dinariden. Das dinarische Gebiet von den Alpen „durch einen ununterbrochenen Gürtel . . . tief-

greifender Dislokationen (Tonalitintrusionen) getrennt". — Der Abgang von Kartenskizzen macht den Verfolg der Darlegungen ungemein schwierig.
Wien 1901. III. I. S. 402—422.

1202. **1901. Franz Toula** beschrieb eine Neogenfauna von Cilicien aus der Gegend von Karaman. Durchweg Formen, welche sich enge anschließen an solche der Wiener Bucht.
Jahrb. d. k. k. geol. R.-A. 1901. S. 247—264.

1203. **(1902.) Franz Schaffer** hat sich über den fraglichen Fundort geäußert. Derselbe soll mit Gödet (Cilicien) übereinstimmen.
Verhandl. d. k. k. geol. R.-A. 1902. S. 77—80.

Später ergab sich (Brief des Einsenders an Toula), daß die Fossilien bei Laranda (= Karaman) liegen: „à l'endroit de l'ancienne citadelle de Laranda, située sur une hauteur derrière la ville."
Ebend. S. 290 u. 291.

1204. **1901. Fr. Toula.** Die geologische Geschichte des Schwarzen Meeres. Neun Phasen vom Oligocän (Burgas) und Oberoligocän. Mediterran (Dobrudscha —Varna), Sarmat (Marmarameer, Dobrudscha, Bulgarien). Mäotische Stufe. Congerienstufe (tiefe Bucht ins rumänische oder danubische Becken). Paludinenstufe (Rumänien. Marmarameergebiet). Bildung des Bosporus.
Schrift. d. Ver. zur Verbr. naturw. Kenntn. Wien 1901. Heft 1. 51 S.

1205. **1901. S. Urošević** fand Eklogite und Pyroxenite NW von Grabovac (Serbien) und hält den Cer für eine lakkolithische Bildung.
Ann. géol. Belgrad. V. 2. 1901. S. 11, 32.

1206. **1901. S. Urošević** untersuchte die Peridotite und Serpentine Serbiens. Letztere seien auf Peridotite, seltener auf Gabbros zurückzuführen.
Ebend. S. 29.

1207. **1901. S. Urošević** hat bei Baranja (Serbien) Kontaktmetamorphosen an Schiefern und Kalken in der Umgebung des Granits beobachtet.
Ebend. S. 75.

1208. **1901. S. Urošević** hat granitische Gesteine und kristallinische Schiefer aus Rumelien und Bulgarien beschrieben.
Ebend. S. 22—24.

1209. **1901. L. Vancov.** Nach langer Zeit erschien wieder eine Arbeit über das Gebiet des westlichen Balkans, gewiß des interessantesten Teiles der balkanischen Kette (des Ref. „Grundlinien" — Reise von 1875 — sind 1881 erschienen). Sie behandelt das Gebiet zwischen Berkovica und dem Iskerdurchbruch. Die verschiedenen Formationen sind genau umgrenzt und ihre räumliche Ausdehnung ist vielfach verändert gegenüber der Darstellung des Ref., der 1875 ohne Karte dasselbe Gebiet auf vier Routen durchzog und erfreut sein kann, daß ihm keine der Formationen entgangen ist. Hocherfreulich wäre es, wenn L. Vancov die Detailaufnahme auf Grund der trefflichen russischen Karte fortsetzen wollte. Einzeichnung der Reiserouten wäre erwünscht und ebenso ein ausreichendes Resümee in einer der Weltsprachen, nach Vorbild der russischen Geologen.
Sofia 1901. Period. Čpisan. LXII. S. 421—463 mit Profiltafel und geol. Karte (1:126.000) mit 9 Ausscb. (bulg. ohne jedes Res.).

1210. **1901. P. Vinassa de Regny.** Notizen aus Montenegro. Moränen und andere Eiszeitspuren. Hippuritenkreide und Trias mit Megalodon. Verrucano mit

Eruptivgesteinseinschlüssen. Man vergl. auch desselben Autors: Tracce glaciali nel Montenegro. (Rend. Acc. Lincei. 5. X. S. 11—14. 1901.) Rend. Atti Ac. de Lincei 1901. S. 270 u. 271. Boll. Soc. geol. It. XX. S. 575—578.

1210*a*. **1901. P. Vinassa de Regny.** Radiolarii cretacei dell' Isola di Karpathos. Mem. Acc. sc. Ser. 5. IX. 1901. S. 1—18 m. Taf.

1211. **1901. E. Weiss.** Kurze Mitteilung über Lagerstätten im westlichen Kleinasien.
Zeitschr. f. prakt. Geol. 1901. S. 249. Fortschr. d. prakt. Geol. 1903. S. 213. Kärtchen des Steinkohlenreviers von Heraklea. Text von B. Simmersbach. Zeitschr. f. prakt. Geol. 1903. S. 169.

1212. **1901. A. S. Woodward.** On the bone-beds at Pikermi, Attica, and on similar deposits in Northern Euboea. Die Knochen der oberen Lage stärker corrodirt und zerbrochen; die Reste durcheinander gemischt. Eine ähnliche Fauna bei Drazi nächst Achmet Aga auf Euboea, wo Hipparion gleichfalls die häufigste Art.
Geol. Mag. VIII. 1901. S. 481—486. Rep. Brit. Assoc. for 1901. S. 656—659. London 1902.

1212*a*. **1901. C. Zengelis.** Neue Braunkohlen in Griechenland sowie über einen Retinit in Thessalien.
Min. u. petr. Mitt. XX. 1901. S. 355 und 356.

1213. **1901. J. M. Žujović** hat vulkanische Gesteine der Rhodope untersucht (Viquesnel 1847): Rhyolithe, Andesite, Basalte, Perlite und Obsidiane.
Ann. géol. Belgrad 1901. V. 2. S. 38—40.

1214. **1902. F. Blanc.** Notes sur les formations glaciaires et les dépôts aurifères de la région de Salonique.
Bull. Soc. de l'ind. min. 1902. I. 2. S. 457—487 mit geol. Karte (1:300.000) und 2 Tafeln.
Eine ähnliche Arbeit über die Region des Kara Dagh erschien Soc. d'ind. min. St. Etienne. (C. r. 1901. S. 205 und 206 mit Tafel.)

1215. **1902. J. Block.** Über einige Reisen in Griechenland mit Berücksichtigung der geologischen Verhältnisse sowie der Baumaterialien, insbesondere der Marmorarten Griechenlands im Vergleiche mit denjenigen Deutschlands und einiger anderer Länder.
Sitzungsber. d. niederrh. Ges. f. Nat. u. Heilk. Bonn 1902.

1216. **1902. S. Brusina.** Iconographia molluscorum fossilium in tellure tertiaria Hungariae, Croatiae, Slavoniae, Dalmatiae, Bosniae, Hercegovinae, Serbiae et Bulgariae inventorum.
Zagrabiae (Agram) 1902 mit Atlas (30 Taf.).

1217. **1902. G. v. Bukowski.** Zur Kenntnis der Quecksilberlagerstätte in Spizza (Süddalmatien). Im Werfener Schiefer. Schuppenstruktur der Trias (über Muschelkalk bis zum Hallstätter Kalk, Werfener Schiefer bis Hallstätter Kalk). Zinnober, gediegenes Quecksilber mit Baryt.
Verhandl. d. k. k. geol. R.-A. 1902. S. 302—309.

1218. **1902. L. Cayeux.** Sur les rapports tectoniques entre la Grèce et la Crète occidentale. Im westlichen Kreta nordsüdliche Faltenzüge. Wenn sich das dinarische System in der Tat nach O fortsetzt (wie E. Suess annimmt), so müsse angenommen werden, daß ein wichtiger Teil davon abgezweigt sei. Denkt an die Möglichkeit eines Zusammenhanges mit der SW-Richtung des nördlichen Afrikas.

Compt. rend. 20. Mai 1902.

1218a. 1902. L. Cayeux besprach auch die Altersfrage der metamorphischen Gesteine Kretas. In Kalkschiefern wurde nachgewiesen das Vorkommen von Ammoniten und Gastropoden, von *Cardinia sp.*, *Myophoria (?) sp.*, *Nucula (?) sp.*, *Mytilus sp.*, *Avicula (?) sp.*, *Cassianella sp.*, *Spiriferina sp.* etc.; in schwarzen Schiefern das Vorkommen von Myophorien, *Leda*, *Arca*, *Pecten* etc. Der Autor denkt an metamorphosierte mediterrane, wahrscheinlich obere Trias und vergleicht die metamorphischen Gesteine (außer den genannten: Gipse, Zellendolomite, Quarzite und phyllitische Schiefer in zwei Horizonten sowie Cipolline und Conglomerate) mit jenen der Westalpen. Überschiebungen. Die Flyschgesteine Mesozoicum. (Der Referent erinnert dabei an die Gesteine der sogenannten Grauwackenzone der NO-Alpen.)

Compt. rend. 12. Mai 1902.

1219. 1902. A. Cordella. Gites minéraux et industrie minérale de la Grèce.

Ann. des mines 1902. 2. S. 478—498.

1220. 1902. G. d'Angelis d'Ossat. Observations géologiques sur les méthodes d'exploitation de quelques mines pétrolifères de la Roumanie.

Mon. des Intérêts Pétrolif. Roumaines 1902. S. 811—815.

1221. 1902. G. d'Achiardi hat bei Kädi-Kale (Prov. Smyrna) syenitische Gesteine nachgewiesen.

Proc. verb. Soc. Tosc. Sc. nat. Pisa 1902. 10 S.

1222. 1902. K. Diener. Die Stellung der kroatisch-slavonischen Inselgebirge zu den Alpen und dem dinarischen Gebirgssystem. Die Inselgebirge mit tertiären Randzonen. Das Tertiär bis zum Pliocän stark gestört. Mit den dinarischen Falten und dem SO-Abschnitte der Alpen gleichzeitig gefaltet.

Mitteil. d. Wiener geogr. Ges. XLV. 1902. S. 292—298.

1223. 1902. Th. English. Über die neuen Kohlen- und Petroleumvorkommnisse nördlich von der Bucht von Xeros, unweit Gallipoli in der europäischen Türkei. Nummulitenkalke, blaue Schiefer und Sandsteine eine Mulde und einen Sattel bildend mit Kohle. Darüber weiche Miocänkalke und Palagonittuffe sowie weiche sandige Schichten (Pliocän?) mit Naphtha. Alte Uferwälle (bis 10 m) mit Dreissensien.

Quart. Journ. 1902. LVIII. S. 150—159 mit Karte.

1224. 1902. Th. English. Of a portion of the northern shore of the Sea of Marmora and Gulf of Xeros. Die geologische Karte weist außer einem beschränkten Vorkommen von clays und shales im O nahe der Küste tertiäre Ablagerungen auf: eocäne Sandsteine und Kalke, miocäne Sandsteine, Kalke und pliocäne Sandsteine. Petroleum führende Sande an der Küste im O und im N von Enos bei Balikeni. Rhyolithe und Basalte besonders im W, Kohle im Eocän im NW, in einem gegen NW konvexen flachen Bogen. Einfallen gegen SO.

Quart. Journ. LVIII. 1902. Mit geol. Karte (4 miles = 1 inch).

1225. 1902. Faktor. Bohatstvi mineralní v Bosně a Hercegovini. (Der Mineralreichtum in Bosnien und der Hercegovina.)

Vesmír. XXXII. S. 22 u. 23. Prag 1822.

1225 a. **1902. Th. Fuchs.** Über einige Hieroglyphen und Fucoiden aus den paläozoischen Schichten von Hadijr in Kleinasien.

Sitzungsber. d. Wiener Akad. 1902. 7 S.

1226. **1902. R. Gasperini.** Geološki prijegled Dalmacije.

Die Formationen werden angeführt, mit Verzeichnis der dieselben bezeichnenden Fossilien.

Für unseren Zweck ist das reiche Verzeichnis der auf Dalmatien bezüglichen geologischen Literatur das Wichtigste, weil unsere Übersicht ergänzend. 183 Abhandlungen. (Leider erst im Dezember 1903 erhalten.)

Progr. C. k. školsku godinu 1901/02. Spalato (Spljetu) 1902. 47 S. (kroatisch).

Von Publikationen über Dalmatien, welche im vorstehenden nicht enthalten sind, seien die folgenden nachträglich namhaft gemacht:

1. 1851. **Schlehan.** Bericht über die geologischen Verhältnisse und die Asphaltgesteine Dalmatiens.

Jahrb. d. k. k. geol. R.-A. 1851. II. — Verhandl. S. 137—140.

2. 1852. **Fr. v. Hauer.** Über Gebirgsarten und Petrefakten aus Dalmatien.

Ebend. III. 1. S. 192—194.

3. 1852. **Al. Braun.** Über *Goniopteris dalmatica* vom Mte. Promina. (L. v. Buch. Über Lagerung der Braunkohlen. Berliner Akad. Schr. 1851. Ges. Werke. 4 L. S. 980.)

Zeitschr. d. Deutsch. geol. Ges. 1852. S. 558.

4. 1853. **v. Franzius.** Fossile Überreste von *Anthracotherium minimum* und einer Antilopenart aus Dalmatien.

Ebend. 1852. S. 75—80 mit Tafel.

5. 1858. **R. de Visiani.** Piante fossili della Dalmatia.

Mem. Ist. veneto 1858.

6. Bei Nr. 316 wären noch hinzuzufügen von Mitteilungen **Fr. v. Hauers** aus Dalmatien. Verhandl. d. k. k. geol. R.-A. 1862. S. 235 und 240. Sitzungsber. d. Wiener Akad. d. Wiss. LII. 1865. (Cephalopoden der unteren Trias.) Verhandl. d. k. k. geol. R.-A. 1867. S. 89 u. 121.

7. 1874. **Kowalewsky.** Monographie der Gattung *Anthracotherium*. Palaeontographica XXII. (Man vergl. auch R. Hoernes. Verhandl. d. k. k. geol. R.-A. 1376. S. 363.)

8. 1874. **D. Stur.** Tertiäre Petrefakten von der Insel Pelagosa.

Verhandl. d. k. k. geol. R.-A. S. 391.

9. 1881. **Gorjanović - Kramberger.** Gattung *Saurocephalus*. Beitrag zur Neocom-Fischfauna der Insel Lesina.

Jahrb. d. k. k. geol. R.-A. XXXI. 1881. S. 371—380.

10. 1882. **M. Neumayr.** „Die diluvialen Säugetiere der Insel Lesina" sprechen für einen Zusammenhang mit dem Festlande bis ins Diluvium.

Verhandl. d. k. k. geol. R.-A. 1882. S. 161.

Man vergl. Jahrb. XXXII. 1882. Woldřich. Beitrag zur Fauna der Breccien. S. 435—470 und Verhandl. 1886. S. 177.

11. 1883. **F. Bassani.** Descrizione dei pesci fossili di Lesina.

Denkschr. d. Wiener Akad. d. Wiss. XLV. S. 195.

12. 1883. **J. Eichenbaum** (und **K. Frauscher**). Die Brachiopoden von Smokovac bei Risano in Dalmatien.

Jahrb. d. k. k. geol. R.-A. XXXIII. 1883. S. 713—780 mit Tafel.

13. 1884. **F. Teller.** Neue Anthracotherienreste aus Südsteiermark und
Dalmatien.

> Beitr. z. Paläont. Österr.-Ung. u. d. Orients. IV. S. 45—133
> (*Prominatherium dalmatinum*) mit Taf. III u. IV.
> Man vergl. Nr. 233, wo die Quelle durch ein Versehen un-
> richtig angegeben wurde.

14. 1886. **G. Stache.** Über das Alter von bohnerzführenden Ablagerungen
am Mte. Promina.

> Verhandl. d. k. k. geol. R.-A. 1886. S. 385—387. (Man vergl.
> F. R. v. Friese. Die Bergwerksindustrie von Dalmatien. Wien
> 1858 und Staches Arbeit über die Terra rossa. Verhandl. d.
> k. k. geol. R.-A. 1886. S. 61—65 mit Lit.-Ang.)

1227. 1902. **R. Hörnes.** Das Erdbeben von Saloniki am 5. Juli 1902. Die Stoß-
linie (Langazalinie) stimmt recht gut mit einer der von Philippson
(1898) und Cvijić (1901) eingezeichneten Linien überein.

> Sitzungsber. d. Wiener Akad. d. Wiss. 4. Dezember 1902. 91 S. mit
> Karte (1:600.000).

1228. 1902. **F. Katzer** erwähnt ein Kohlenvorkommen in den Werfener Schichten
Bosniens.

> Zentralbl. f. Min. 1902. S. 9 u. 10.

1229. 1902. **Fr. v. Kerner.** Bericht über seine Aufnahmen bei Spalato.

> Verhandl. d. k k. geol. R.-A. 1902. S. 269—273.

1230. 1902. **Fr. v. Kerner.** Tertiärpflanzen vom Ostrande des Sinjsko Polje in Dalmatien. 13 Arten (von 27) mit solchen vom Mte. Promina übereinstimmend.

> Verhandl. d. k. k: geol. R.-A. 1902. S. 342—344.
> Über die Poljen von Blaca und Konjsko bei Spalato. Eocän im
> Rudistenkalkgebiet im Norden des Golfs von Salona. Überschiebungen.
> Ebend. 1902. S. 363—375.

1231. 1902. **Fr. v. Kerner.** Geologie der Südseite des Mosor bei Spalato. Dinarisch
streichende, steil zusammengeschobene Falten, im W in die „lesinische
Faltung" übergehend: ein gegen die Adria offener Faltenbogen.

> Verhandl. d. k. k. geol. R.-A. 1902. S. 420—427.

1232. 1902. **Fr. v. Kerner.** Sebenico,—Trau (Dalmatien). Geologische Karte
(1:75.000) mit Erläuterungen (88 S.). Hauptstreichen auf diesem Blatte
etwa WNW—OSO, gegen NW—SO auf dem nördlichen Blatte (Kistanje
und Derniš) umbiegend.

> Wien 1902.

1233. 1902. **C. J. Forsyth-Major.** On the pygmy Hippopotamus from the pleistocene
of Cyprus.

> Proc. Zool. Soc. London 1902. 6 S. mit 2 Tafeln.

1233 a. 1902. **A. Martelli.** Paros eine eocäne Hochfläche, Antiparos ein Teil
eines Faltengebirges (Eocän und Kreide).

> Boll. Soc. Geol. Ital. 1902. Sept.-Okt. mit geol. Karte (1:75.000).
> Man vergl. auch: ebend. 1901. XX und Rendiconti Ac. Lincei IX.
> 1901. Rom.

1234. 1902. **E. de Martonne.** Remarques sur le climat de la période glaciaire dans
les Carpathes méridionales.

> Bull. Soc. géol. de Fr. 4. Ser. II. 1902. S. 330—332.

1235. 1902. **E. de Martonne.** La Valachie.

> Paris 1902. 387 S. 5 Karten mit 12 Tafeln.

1236. 1902. G. Melentijević. Urgon und Apt in Grlište und Gault in Lenovac (Serbien). Durchsetzt von Amphiboldacitgängen.
. Belgrad 1902. 23 S. (serb).

1237. 1902. L. Mrazec und W. Teisseyre. Aperçu géologique sur les formations salifères et les gisements de sel en Roumanie.
Bibl. Mon. des int. pétrol. roum. 1902. S. 271--281.

1238. 1902. L. Mrazec. Distribution des zones pétrolifères en Roumanie. Im Senon auf einer großen Verwerfung, im Eocän und Oligocän (Moldau), im Neogen (Walachei).
Mon. intér. pétrol. roum. Bukarest 1902. Nr. 48. 10 S.

1239. 1902. L. Mrazec. Geologische Verhältnisse der Erdölzonen in Rumänien.
Österr. Zeitschr. f. Berg- u. Hüttenw. 1902. S. 348—351.

1240. 1902. G. Munteanu-Murgoci. Zacémintele succinului din România. Im oligocänen Menilitschiefer. 44 Fundpunkte.
Habilit.-Schrift. Bukarest 1902. 56 S. mit Karte.

1241. 1902. K. Oestreich. Beiträge zur Geomorphologie von Makedonien. Ausgeschieden wurden: Granit, kristallinische Schiefer, fraglich paläozoische Schichten, Kalke der kristallinischen und paläozoischen Formationen; Mesozoicum, Kreide, Tertiär und jungvulkanische Gesteine
Die westlichen Kalkgebirge (Prespa-See) treten massig auf, jene südlich vom Malik-See und in der Mulde Ostrovo—Nisia wechseln mit Sandsteinen und Serpentinlagern. Rudistenkalke im Süden. Ausgedehnte Serpentinmassen am Plateau von Huma werden als eine „tertiäre Vulkandecke" angesprochen.
Abhandl. d. geogr. Ges. Wien. IV. 1. 1902. 169 S. mit geol. Karte (1 : 750.000).

1242. 1902. P. Oppenheim. Über die Fauna des Mte. Promina [Dalmatien] (und das Auftreten des Oligocäns in Makedonien). Polemisch gegen G. Dainelli (Untermiocän des Mte. Promina. Palaeont. Ital. VII. Pisa 1901. S. 235 ff.). Oppenheims Schichtfolge: Lucasanahorizont (oberes Mitteleocän) bis zu den Conglomeraten (vielleicht Gombertoschichten oder oberes Oligocän).
Zentralbl. f Min. etc. 1902. S. 266—281.

1242a. 1902. P. Oppenheim. Über die Fossilien der Blättermergel von Theben.
Sitzungsber. d. Münchener Akad. 1902. 22 S. mit Taf.

1243. 1902. P. S. Pavlović. Vorläufiger Bericht über das Oligocän zwischen Veles (Köprülü) und Štip (Istib) in Makedonien. Reiche Fauna aus dem mittleren Oligocän (Gombertoschichten). Daneben wahrscheinlich auch Priabonaschichten.
Sitzungsber. d. serb. geol. Ges. XII. 1902. Nr. 7.

1244. 1902. J. Peucker. Professor Cvijić on the structure of the Balkan Peninsula. Unterschieden wurden: das dinarische System, das graeco-albanesische System, der Balkan, die Karpaten. Um das alte Rhodope-massiv. Außerdem die übergreifenden Zonen und die jungen Ausbruchs-gebirge.
Geogr. Journ. XIX London 1902. S. 735—742, Kärtchen im Text (S. 737).

1245. 1902. A. Philippson hat einen vorläufigen Bericht erstattet über seine Reise in Kleinasien (1901). Smyrna, Pergamon, Magnesia, Phokäa, oberes Mäandergebiet. Große Ausdehnung jungtertiärer (pliocäner) Süßwasser-

ablagerungen mit wenigen Arten, auch Pflanzenreste und Braunkohlen-
flötzchen. Marin nur bei Denisli und Serakiöi. Vulkanische Bildungen.
Andesitdecken und -Gänge und Tuffe im Jungtertiär. Dieses bei Smyrna
aufgerichtet und gefaltet. Kristallinische Gebirge bei Tmolos und Messogis
(zwischen Hermos und Mäander). Kayster Ebene ein junger Einbruch.
Schotter bei 700 m Höhe (zum Beispiel bei Sardes). Fusulinenkalk im
Kaïkosgebiet. Kreidekalk und -Schiefer im NW. Nummulitenkalk.

Sitzungsber. d. Berliner Akad. 1902. IV. S. 68—72.

1246. 1902. R. Leonhard hat das galatische Andesitgebiet von Angora behandelt
und seine Umgrenzung bis auf eine kurze Strecke in Karte gebracht.
Der westpontische Bogen der Karte Naumanns ist weniger einheitlich
gebaut, als dieser angenommen. An Scharungen einzelner Bogenstücke
Durchbruchstellen der andesitischen Massen. Alte Schiefer am Abdagh-
flusse und an anderen Punkten am Sakaria, von Jura ohne einheitliche
Diskordanz überlagert (Ammoniten des Oxford). Obere Kreide und Eocän.
Auffaltung vor dem Pliocän. Die Andesite über dem Eocän und unter
dem Neogen.

Neues Jahrb. B. B. XVI. 1902. S. 99—109 mit Karte (1 : 1,000.000).

1247. 1902. A. Martelli. I terreni nummulitici di Spalato in Dalmazia.

Rend. Acc. Lincei. XI. 1902. S. 334—337.

1248. 1902. L. Milch. Die Ergußgesteine des galatischen Andesitgebietes (nördlich
von Angora).

Dacite, Andesite, Tuffe und Basalte wurden ausführlich untersucht
und beschrieben.

Neues Jahrb. f. Min. B. B. XVI. 1902. S. 110—165.

1249. 1902. A. Philippson. Vorläufiger Bericht über die im Sommer 1902 ausgeführte Forschungsreise im westlichen Kleinasien.

Im Vilajet Brussa im Flußgebiete des Marmarameeres (Mysien und
W-Phrygien) das Grundgebirge (zum Teil Carbon) mit NNO-Streichen
(Kalke, Schiefer und Grauwacken). Idagebirge östlich von Panderma,
südlich bis Balukeser (Kalke, Tonschiefer und Grauwacken) mit NW-
und NNW-Streichen; weiter östlich W—O- und WSW—WNW-Streichen.
Bei Mihalitsch Belemniten (oberer Jura) und Rudistenkalke. Der mysische
Olymp Granitkern mit kristallinischer Schieferhülle. Analogien mit Ostgriechenland. Kreide mit Serpentin (Serpentinzone). Südlich davon
(Simantschai) kristallinische Schiefer und Granit (Erigös-Dagh). Neogen.
Die kristallinischen Schiefer am Temnos streichen NO. Große lydische,
kristallinische Masse. Viele und ausgedehnte jungtertiäre Decken (Pliocän
nach Oppenheim) und Tuffe. So einfach wie die „Grundlinien" Naumanns scheint die Tektonik nicht zu sein. — Das Kartenbild dürfte
hier ein vielfach gegen früher verändertes werden.

Jahrb. d. H. Wentzelstiftung f. 1902.

Sitzungsber. d. Berliner Akad. d. Wiss. 1902. S. 68—72. 1903. VI.
S. 112—124.

1250. 1902. A. Philippson hat Nachträge zur Kenntnis der griechischen Inseln
erscheinen lassen. Von der Insel Mikono und den kleinen Nachbarinseln
hat er eine geologische Karte gegeben. Gneis mit Granitkernen. Amphibolschiefer im NO (Phokabucht). Sandsteine unbestimmten Alters. Ein ver-
einzeltes Vorkommen von Neogen. — Philippson hat auch Leukas und
Ithaka (jonisches Meer) besucht sowie Nikariá (Sporaden) nahe gesehen.

314

Dort Eocän; hier wird Gneisgranit vermutet neben geschichteten Gneisen oder Glimmerschiefern.

Peterm. Mitteil. 1902. V. 5 S. mit Karte (1 : 300.000).

1251. **1902. Fr. Schaffer.** Zur Geotektonik des südöstlichen Anatolien. II. Der Taurus ein von NO nach SW divergierendes System. dessen einzelne Ketten aneinander geschoben sind. Das Miocän an der Außenseite des Gebirgswalles bis 2300 *m* emporgehoben.

Peterm. Mitteil. 1901. S. 132 mit Leitlinienkarte. 1902. S. 270—274.

1252. **1902. Fr. Schaffer.** Reise in das Istrandschagebirge (Thrakien).

Mitteil. d. geogr. Ges. Wien 1892 (Vortrag).

1253. **1902. R. J. Schubert.** Vorlage des Kartenblattes Zaravecchia—Stretto (Dalmatien). Cenomane Kalke und Dolomite, Rudistenkalk (Turon und Senon). Mit Austern. Untereocäner Alveolinenkalk, mitteleocäner Hauptnummulitenkalk, Plattenmergel und Conglomerat der Prominaschichten (Obereocän ohne Fossilien).

Verhandl. d. k. k. geol. R.-A. 1902. S. 351—352.

1254. **1902. R. Sevastos.** Sur l'âge des grès carpathiques de Roumanie. Im Gebiete von Neamtz (Moldau) unterscheidet er Neocom: Sandsteine mit *Hoplites neocomiensis*, Tone mit *Ancyloceras* und *Hamites* („Hieroglyphenschichten von Sabassa"). Gault: Kalksandsteine mit *Belemnites minimus*. Oberkreide mit *Turrilites*.

Bull. Soc. géol. de Fr. 4. Ser. II. 1902. S 375 u. 376.

1255. **1902. J. Simionescu** hat die Neocomfauna des Beckens der Dimboviciora (Walachei) und die sarmatische und tortonische Fauna der Moldau besprochen.

Ann. sc. Univ. Jassy 1902.

1256. **1902. C. de Stefani** und **A. Martelli.** I terreni eocenici di Metkovich in Dalmazia e in Erzegovina. Kalke mit *Miliolina* und *Alveolina* etc. konkordant über der Kreide. Nach den Nummuliten mehrere Etagen (Thanétien—Lutétien supérieur).

Rend. Acc. Lincei. XI. II. f. 4. Rom 1902.

1257. **1902. P. Vinassa de Regny.** Osservazioni geologiche sul Montenegro orientale e meridionale. Zwischen Cattaro und Podgorica: Rudistenkalk, Triaskalk mit *Megalodon, Gyroporella* etc. — Im albanischen Grenzgebiete: Trias, Kreide mit *Caprina, Actaeonella*, Korallen. *Sphaerulites* (Gosau?). Glaziale Ablagerungen bei Greča und im Komgebiete. Zwischen Andrijevich und dem Lim paläozoische Schiefer mit Eruptivgesteinen. Zwischen Kolašin und Tara viele glaziale Spuren. Am Vjeternik und Pelijev Brijg Kreide und Ellipsactinien (Tithon). Die letzteren auch im Küstengebiete. Muschelkalk vom Sutorman. Zwischen Antivari und Dulcigno Nummuliten und Orbitoiden.

Bull. Soc. geol. it. XXI. 1902. S. 465—543.

1258. **1902. G. B. Giattini** hat die Triasfossilien von Lovcen (Montenegro) besprochen. Unter anderem eine *Favosites*-Form: *Lorcenipora Vinassai n. sp.*

Riv. it. di Paleont. VIII. 1902. S. 62—66 mit 2 Taf.

1259. **1902. L. Waagen.** Beiträge zur Geologie der Insel Veglia. Sattel aus Mittel- und Oberkreide, in zwei Synklinalen Alveolinenkalk und Mergelschiefer des Mitteleocäns.

Verhandl. d. k. k. geol. R.-A. 1902. S. 68—75, 218—226, 251—255.

1260. 1902. **Sp. Watzof** hat über die Erdbeben in Bulgarien während des
XIX. Jahrhunderts berichtet.

    Sofia 1902 u. 1903. 96. 47 u. 39 S. Man vergl. Ref. von Rudolph.
Peterm. geogr. Mitt. 1903. Lit.-Ber. S. 179.

1261. 1902. **C. Zengelis.** Über den Magnesit von Griechenland.

    Berg- u. Hüttenm. Zeitung 1902. S. 35—36.

1262. 1902. **R. Zuber.** Neue Karpatenstudien. Über die Herkunft der exotischen
Gesteine am Außenrande der karpatischen Flyschzone. Reste eines alten
zerstörten Gesteinswalles. In der Dobrudscha anstehende Gesteine dieser
Art: die Dobrudscha der letzte anstehende Überrest des „alten vorkarpatischen Uferwalles".

    Jahrb. d. k. k. geol. R.-A. 1902. S. 247—258.

1263. 1902. **J. M. Žujović** hat die geologische Struktur der Insel St. Anastasio bei
Burgas untersucht. Žujović dürfte jedoch des Ref. Arbeit nicht gelesen
haben (Denkschr. d. Wiener Akad. d. Wiss. 1892. LIX. S. 448). Das kleine
Inselchen hat der Ref. nicht besucht, an der Küste gegenüber beim
Leuchtturm aber gibt er Andesite und Tuffbänke an. Die Insel könnte
man für ein „abgetrenntes Stück einer Lava- und Tuffdecke" halten.
Rosiwal hat vom Ref. in dieser Gegend gesammelte Stücke als Augit-
Biotit-Syenit und als Porphyrite bestimmt.

    Ann. géol. Belgrad. V. 2. S. 13.

1264. 1902. Marbles of Greece. Stone Trades. XXI. 1902. S. 12. For. Off.
Rep. Min. of Greece von P. Bennet.

1265. 1902. Mineral Industry of Turkey. Boracit, Fullers earth. Meerschaum,
Chromit, Lignit und lithographische Steine.

    Quarry. VII. 1902. S. 508—550.

1266. 1903. **Bittner Al.** Brachiopoden und Lamellibranchiaten aus der Trias von
Bosnien, Dalmatien und Venetien. Nachgelassene Abhandlung des
nur zu früh verstorbenen ausgezeichneten Autors. Betrifft Sammlungen
Bukowskis (Dalmatien), Kittls und Katzers (Bosnien). Muschelkalk
im südl. Pastrovicchio. von Budua (Dalmatien) aus der mittleren Trias
und dem mittleren Muschelkalke, sowie aus der oberen Trias (Keuper)
karnische und norische Formen.

    Jahrb. d. k. k. geol. R.-A. LII. 1902. S. 495—648 mit 10 Tafeln.

1267. 1903. **M. Blanckenhorn.** Die Vola-(Pecten-)Arten des ägyptischen und
syrischen Neogens.

    Neues Jahrb. f. Min. 1893. B. B. XVII. S. 163—184, mit 2 Tafeln.

1268. 1903. **M. Blanckenhorn.** Über das Vorkommen von Phosphaten, Asphaltkalk,
Asphalt und Petroleum in Palästina und Ägypten. Über dem Untersenon mit Schloenbachien im Mittelsenon die Phosphate und Asphalt-
kalke in der Wüste Juda.

    Zeitschr. f. prakt. Geol. XI. 1903. S. 294—298.

1269. 1903. **G. Bontscheff.** Eine Arbeit über die Sredna Gora südlich von
Sliven bis Karlowo (Ostrumelien).

    Sofia 1903. Svornik I (XIX). 104 S. mit Karten (1 : 500.000) mit
6 Ausscheidungen.

316

1270. 1903. G. Bontscheff. Eine petrographische Abhandlung über das südöstliche Bulgarien. Offenbar nur für bulgarische Geologen geschrieben (ohne Res. in einer der Weltsprachen).
Cpisanie. Sofia. LXIV. 1903. 95 S. (bulg.) mit geol. Karte (1:500.000).

1271. 1903. Brunhuber. Ein Besuch von Santorin (1900).
Ber. d. naturw. Ver. Regensburg. IX. 1903. S. 61—76 mit 3 Tafeln.

1272. 1903. L. Bürchner. Wichtige Funde fossiler Knochen in Arkadien. Über die von Th. Skuphos 1902 am linken Ufer des Alpheios unweit Megalopolis vorgenommenen Ausgrabungen. Es sollen gefunden worden sein: Elefantenreste von kleinen und großen Individuen, Reste von Flußpferd, Biber, Hirsch, Reh, Antilope, Gazelle, Nashorn, *Mastodon* und *Hipparion*. (68 Kisten voll!)
Ber. d. naturw. Ver. Regensburg. IX. 1903. S. 119—123 mit Kärtchen.

1273. 1903. Geza v. Bukowski. Geologische Detailkarte von Süddalmatien. Blatt Budua. 17 Ausscheidungen.
Verhandl. d. k. k. geol. R.-A. 1903. 1:75.000.

1274. 1903. L. Cayeux. Existence du jurassique supérieur et de l'infracrétacé dans l'ile de Crète. Am Westfuße des Ida im Bereiche des 4000 m mächtigen Macigno, ein Kalkriff mit *Rhynchonella inconstans, Terebratula subsella* etc. (Kimmeridge). Lose Korallenblöcke deuten auf frühere größere Verbreitung der Riffkalke.
Compt. rend. 1903. 2. Febr.

1275. 1903. L. Cayeux. Existence du crétacé inférieur en Argolide (Grèce). Kalke mit *Nerinea* und *Toucasia* (Urgon), darüber Kalke und Schiefer mit *Globigerinen* und Radiolarien, graue Kalke mit *Phylloceras infundibulum, Desmoceras Neumayri* (Hauterive). Serpentinöse Conglomerate (Jura) lagern diskordant auf grauen fossilienfreien Kalken.
Compt. rend. 1903. CXXXVI. S. 165—166.

1276. 1903. Leon Chalikiopoulos. Sitia, die Osthalbinsel Kretas. Eine geographische Studie. Die geologische Karte weist 10 Ausscheidungen auf. Kristallinische Schiefer und Plattenkalk (Trias), hauptsächlich im Westen in größerer Ausdehnung auftretend. Massiger Kalkstein: Obere Kreide und Untereocän, hauptsächlich im Osten und Süden. Obereocän, Oligocän und Mittelmiocän in verschiedenen Conglomeraten. Weiße Kalke und Mergel: Miocän, Unter- und Mittelpliocän. — Die Streichungsrichtungen deuten auf große Verschiedenheit im tektonischen Aufbau. Im O mehrfach selbst N—S-Streichen. Schöner Bruchrand des Plattenkalkes am Plakoti. Triasfaltung. Emporwölbung der Kreide. — Eocänkalke („rostförmige Gliederung"), Beckeneinbrüche, Grabenbrüche und Hebungen im Neogen.
Inst. f. Meeresk. etc. der Univ. Berlin. IV. 1903. 138 S. mit topogr. (Isohypsen-) und geol. Karte (1:100.000) und geol. Profilen.

1277. 1903. G. Dainelli. Di alcuni rumori naturali che si odono presso Otres, Bribir in Dalmatia.
B. della Soc. Geogr. It. Ser. IV. IV. 1903. S. 303—328.

1278. 1903. Deprat. Note préliminaire sur la géologie de l'île d'Eubée. Im S: Gneis, Glimmerschiefer, Glaucophanschiefer, Chlorit- und Amphibolschiefer. Devon und Karbon (mit *Bellerophon, Euomphalus* und mit Fusulinen) im Zentrum. Gefaltet von SW—NO. Permische Breccien und fragliche Trias. Rhät mit *Megalodon Gümbeli* (schwarze Kalke), Diceras-Kalke (Jura), Requienienkalke (untere Kreide), Rudistenkalke, Flysch. Gabbros

und lherzolithische Gesteine im Bereiche des Mesozoicums. Kontakterscheinungen

Compt. rend. CXXXVI. 1903. S. 105—107.

1279. **1903. G. de Angelis d'Ossat.** Sopra i giacimenti petroliferi della zona neoge-
nica della Rumenia.

Giorn. Geol. prat. Genua 1903. 9. S.

1280. **1903. J. Felix.** Die Anthrozoenfauna des Glandarienkalkes. Aus: Rauf,
Felix und Blanckenhorn: Die fossile Fauna des libanesischen Jura-
kalkes. — (30 verschiedene Arten).

Beitr. z. Paläont. u. Geol. v. Österr.-Ungarn und des Orients. XV.
IV. 1903. S. 165—183 mit 2 Tafeln.

1281. **1903. R. Fitzner.** Forschungen auf der Bithynischen Halbinsel. Hauptsächlich Reiseschilderungen mit eingestreuten geologischen Notizen. Bestätigung Toulas Angaben über die Trias am Golf von Ismid. Viele
Literaturangaben über die Erdbeben.

Rostock 1903. 183 S. mit topogr. Karte (1:150.000) und 8 Profilen.

1282. **1903. V. Haardt von Hartenthurn.** Die Kartographie der Balkan-Halbinsel
im XIX. Jahrhundert. Auch die geologischen Werke und Karten werden
in dieser umfassenden Arbeit berücksichtigt.

Wien 1903. 607 S.

1283. **1903. O. P. Hay.** On a collection of upper cretaceous fishes from Mount
Lebanon, Syria, with descriptions of four new genera and nineteen
new species. Von Sahel Alma, Hakel und Hajula.

Bull. Am. Mus. Nat. Hist. XIX. 1903. S. 395—452, mit Tafel XXIV—
XXXVII.

1284. **1903. V. Hilber** und **J. A. Ippen.** Gesteine aus Nordgriechenland und
dessen türkischen Grenzländern. Granit, Nephelinsyenit-Porphyr, Diorit
Gabbros, Diabase, Serpentine, kristallinische Schiefer usw. in vielen Typen.

N. Jb. f. Min. etc. Beil.-Bd. XVIII. S. 1—56, mit 5 Tafeln.

1285. **1903. Fr. Katzer.** Geologischer Führer durch Bosnien und die Hercegovina. Herausgegeben anläßlich des IX. Intern. Geologen-Kongr. von
der Landesregierung in Sarajevo 1903. Mit 8 Karten.

1286. **1903. W. Kaunhowen.** Tektonik und Mineralisation des Laurion. Nach
Ph. Negris: Plissements et dislocations de l'écorce terrestre en Grèce
etc. Im Laurion alle von Negris angenommenen tektonischen Störungs-
richtungen. Die ältesten Bildungen bis zum oberen Marmor: olympisch;
die Kreide westlich vom Propheten Elias: pentelisch (Diaklasen); die
Falte von Plaka und die Lykabettosschiefer: achaisch (Granit, Gabbro).
Die Erzführung vielfach in Klüften in der Richtung der pindischen Faltung.
Hoffentlich äußert sich noch Philippson über diese Angaben.

Zeitschr. f. prakt. Geol. XI. 1903. S. 303—306.

1287. **1903. Fr. v. Kerner.** Reisebericht aus dem östlichen Mosorgebiete (Dalmatien).

Verhandl d. k. k. geol. R.-A. 1903. S. 215—219.

1288. **1903. E. Kittl.** Die Cephalopoden der oberen Werfener Schichten von Muc in
Dalmatien, sowie von dalmatischen, bosnisch-hercegovini-
schen und alpinen Lokalitäten.

Abh. d. k. k. geol. R.-A. XX. 1. 1903. 77 S. m. 12 Tfln.

1289. **1903. Al. Martelli.** Il flysch del Montenegro sud-orientale.

Atti R. Acc. d. Lincei 1903. Rendic. 12. S. 166—171.

1290. **1903. E. de Martonne.** La Valachie, essai de monographie géographique. XV. 387 S. Paris 1903.

Ein Kapitel handelt von der Tektonik der Karpaten. Ein geologisches Kärtchen ist beigegeben.

1291. **1903. L. Mrazec.** Contribution à l'étude des formations pétrolifères de Roumanie.

Über die stratigraphisch-tektonischen Verhältnisse der Petroleumregion von Campina. Die mäotischen Schichten eine gegen N übergekippte Antiklinale.

Monit. des Int. pétrolif. roum. Bukarest 1903. S. 167—169.

1292. **1903. E. Oberhummer.** Die Insel Cypern. 1. Quellenkunde und Naturbeschreibung. (Nutzbare Mineralien.)

München (Th. Ackermann) 1903. Gekr. Preisschrift mit 8 Karten. Ein Querprofil nach Bergeat.

1293. **1903. A. Philippson.** Zur Geologie Griechenlands. Stellungnahme zu Cayeux'schen Angaben. (Man vergl. Nr. 1218 u. 1275) Vor allem weist er auf seine Annahmen hin von Überschiebungen gegen W, über sicher alttertiären Flysch der großen Flyschzonen des Westens. Die Pindos-Olenoskalke seien über den Flysch, nicht dieser über die Nummulitenkalke geschoben.

Monatsber. der Zeitschr. der Deutschen geol. Ges. Nr. 4. 1903 u. vom 1. Juli 1903.

1294. **1903. K. Renz.** Zur Altersbestimmung des Carbons von Budua in Süddalmatien. 32 Arten. Erwähnt werden auch „ziemlich ausgedehnte Juravorkommen" auf Corfu und in der Bucht von Cattaro. Das Carbon von Budua entspricht dem mittleren Obercarbon (Auerniggschichten).

Monatsber. d. Deutsch. geol. Ges. 1903. 5. 6 S.

1295. **1903. K. Renz.** Neue Beiträge zur Geologie der Insel Corfu. Lias ziemlich ausgedehnt. *Posidonomya Bronni* in Schiefern bei Lavki (nach de Stefani Kreide, nach Partsch Trias). Ammoniten in Hornsteinschichten. Lias und Dogger. Die Vigläskalke (Partsch) Jura oder Kreide und nicht Eocän (de Stefani). Die Mergelschiefer und Sandsteine von Spartilla („Flysch" nach Partsch) sind eocän (Nummulitenfunde). Überschobene Falte des Mesozoicums.

Erwähnt wird ein Doggervorkommen mit Ammoniten am Kap Scala (Albanien).

Monatsber. d. Deutsch. geol. Ges. 1903. 5. S. 10—16.

1296. **1903. F. Schaffer.** Cilicia. Die geologische Übersichtskarte des südöstlichen Anatoliens mit 18 Ausscheidungen.

Süßwasserpliocän (Antaki). Marines Pliocän (Antaki, Alexandrette und um Tschorak, nahe den Küsten). Neogene Süßwasserbildungen des Innern (Karaman-Eregli und am Amanushange bis gegen Marasch).

Große Verbreitung des marinen Miocäns. Mitteltertiäre Brackwasserbildungen (zum Teil Braunkohlen führend; Arabli N und mehrere kleinere Vorkommnisse im Innern). Eocän (Karabunar-Dagh N). Eocän oder kretazische Kalke (Golf von Alexandrette und im Ala-Dagh). Bunte Hornsteinkalke und Mergel, Karbon (am Sarran-Su). Devon (Imbarus Mons). Silur (Sarran-Su). Kristallinische Kalke, Phyllite und Schiefer (Dümbelek-Dagh und N, Gök-Su N und kleinere Vorkommnisse im SO). Granit (Nigde SO).

Ältere vulkanische Gesteine, Serpentin (Amanus Ms. und kleinere Vorkommnisse im SO). Jungvulkanische Gesteine (im NW und im SO).

Von den zahlreichen „Leitlinien" der früheren Mitteilungen sind nur wenige beibehalten.

Peterm. Mitteil. Erg.-Hft. 141. 1903. 110 S. mit 2 Taf. (geol. Karte 1 : 1,000.000).

Man vergl. Mitteil. d Geogr. Ges. Wien 1903. Heft 1—4.

1297. **1903. R. J. Schubert.** Über einige Bivalven des istrodalmatinischen Rudistenkalkes. Oberes Cenoman.

Jahrb. d. k. k. geol. R.-A. 1903. S. 264—276 mit Tafel.

1298. **1903. R. J. Schubert.** Zur Geologie des Kartenblattbereiches Benkovac—Novigrad (Dalmatien). Das Gebit zwischen Polešnik, Smilčić und Possedaria. Eine Anzahl von „Küstenfalten" (4). Bruchgebiete, Gewölbebrüche.

Verhandl. d. k. k. geol. R.-A. 1903. S. 143—150 u. 204—215.

1299. **1903. R. Sevastos.** Sur la faune pleistocène de la Roumanie. *Megaceros hibernicus, Elephas primigenius, Aceratherium incisivum, Rhinoceros leptorhinus, Cervus alces, Bos primigenius, Ursus spelaeus* von moldauischen Lokalitäten.

Bull. Soc. géol. de Fr. 1903. 4. Ser. III. S. 178—181.

1300. **1903. Bruno Simmersbach.** Das Steinkohlenbecken von Heraklea in Kleinasien.

Zeitschr. f. prakt. Geol. 1903. S. 169—192 mit kleinen Kartenskizzchen im Text.

1301. **1903. Alph. Stübel.** Das nordsyrische Vulkangebiet Haurān, Dscholān etc. Haurān ein monogener Bau. Diret-et-Tulul peripherische Herde: viele Ausbruchskegel auf einem Lavaplateau. — Beschreibung von Bildern.

Leipzig 1903. Veröffentl. d. vulkanol. Abt. d Grass Mus. 21 S. mit topogr. Karte (1 : 500.000).

1302. **1903. L. Vankov.** Hydrologisch-geologische Untersuchungen des an die Thermalquellen von Slivno (Ostrumelien) angrenzenden Terrains. Quellspalten in der oberen Kreide mit obercretazischen Ausbrüchen im Zusammenhange. 45·5⁰ C.

Period. spisanie. LXIV. 1903. Sofia. Mit geol. Karten (1 : 126.000 und 1 : 4000) [bulgar.].

1303. **1903. P. Vinassa de Regny.** Fossili del Montenegro. Die Muschelkalkfauna der Kalke vom Sutorman, darunter einige Arten der Schichten von St. Cassian. Erinnert an jene der Marmolata.

Mem. R. Accad. Sc. Bologna. X. 28 S. mit 2 Tafeln.

1304. **1903. P. Vinassa de Regny.** La ferrovia transbalcanica. Bahnprojekt von der Adria nach Nisch und eventuell bis Orsova.

Giorn. Geol. prat. Genova. I. 1903. 16.

1305. **1903. L. Waagen.** Beitrag zur Geologie der Insel Veglia.

Verhandl. d. k. k. geol. R.-A. 1903. S. 235—238.

Man vergl. ebend. 1902. S. 68, 218, 251.

1306. **1903. L. Waagen.** Die Aufnahmen im Nordteile der Insel Cherso.

Verhandl. d. k. k. geol. R.-A. 1903. S. 249—251.

1307. **1903. G. N. Zlatarski.** Carte géologique du défilé de l'Isker, de Sofia à Roman et des pays limotrophes (Bulgarien). 1 : 150.000. Mit 22 Ausscheidungen. (Leider ohne Routenangabe.) Wurde mir in der Sitzung des Kongresses am 25. August nach meinem Vortrage übergeben und von mir dem Kongreß vorgelegt. Die von mir als „Korallen- und Nerineen-kalke, zum Teil hornsteinführend, angeführten Bildungen im NW von Sofia, am Südrande des Balkans, werden als Jura supérieur (Malm) bezeichnet. Daß der Jura im westlichen Balkan eine größere Ausdehnung besitzt, als auf meiner Karte (1881) angegeben, war vorauszusehen. (Man vergl. Nr. 930.) Eine viel größere Ausdehnung, als ich angenommen, haben nach dieser Karte die „Quarzporphyre" am Isker, südsüdwestlich von Vraca. Neu ist ein Pliocänvorkommen in der Ostecke des Beckens von Sofia. Wir dürfen auf die Erläuterungen gespannt sein: wie ich höre, wird denselben ein kurzes französisches Resümee beigefügt sein.

Kartograph. Inst. Sofia 1903.

1308. **1903.** Notiz über „die Kupfergruben" der D o b r u d s c h a. Südlich von Macin—Tulcea.

Zeitschr. f. prakt. Geol. XI. 1903. S. 318.

1309. **1903.** Über Erdbeben in G r i e c h e n l a n d vergleiche man: Bulletin mensuel Séismologique. Publié par la Sect. Géodynamique de l'Observatoire National d'Athènes. VIII. 1903.

1310. **1903. Bate, M. A. Dorothy.** On a extinct species of Genet (*Genetta plesictoides*) from the Pleistocene of C y p r u s.

Proc. London. Zool. Soc. 1903. 4 S. mit Tafel.

1311. **1903. A. Faidiga.** Das Erdbeben von Sinj, am 2. Mai 1898.

Sitzungsber. d. Wiener Akad. d. Wiss. 1903. 162 S. mit 3 Tafeln.

1312. **1903. G. Munteano-Murgoci.** Gisement de succin de R o u m a n i e.

Moniteur des intér. petrolilifères roumains 1903. Nr. 6, 7, 8, 10, 11, 14, 15, 16. (Man vergl. Nr. 1240).

1313. **1878. Th. v. Holdreich** (La faune de la G r è c e) bespricht Funde von Ele-fantenzähnen (*Elephas antiquitatis?*) und *Bos primigenius* im Bette des Alpheios. P h i l i p p s o n (Peloponnes S. 254) vermutet eine Verwechslung mit *Elephas meridionalis?*

J. Athènes 1878. S. 6.

1314. **1903. Ph. Negris.** Régression et transgression de la mer depuis lEpoque glaciaire jusqu'à nos jours.

Rev. univers. des Mines etc. Liége '903. III. 4, 33 und 2 Seiten mit Karte (Leukada).

(Bei der mühsamen Druckkorrektur unterstützte mich der Adjunkt meiner Lehrkanzel Herr Dr. J o s e f P o r s c h e, wofür ich ihm meinen verbindlichsten Dank sage.)

I. Autorenverzeichnis.

41*

Maraldi 1.
Marchesetti C. de 506.
Marion A. F. 1075.
Mark W. v. der 829.
Martelli A. 1140. 1183 a. 1233 a. 1247.
1256. 1289.
Martin F. O. 60.
Martonne E. de 1099—1100 a. 1141. 1184.
1234. 1235. 1290.
Melentijević G. 1236.
Merill S. 507.
Messala C. 120.
Meyer Herm. v. 238.
Mezières 226.
Miaulis Capt. 508.
Michel J. 264.
Michel L. 623.
Milch L. 1248.
Mildensee M. Groller v. 516.
Milićević M. Gj. 509.
Mircea C. R. 1042.
Miškavić 1148.
Mitzopulos 779. 830. 950. 1101.
Möllmann W. 886.
Mojsisovics E. v. 460. 578 612. 613. 636.
729. 1008.
Molon F. 529.
Moore 88.
Morlot A. v. 176.
Mousson A. 292 a.
Mrazec L. 975—977. 1009—1012. 1039
bis 1041. 1076—1079. 1102. 1142.
1142 a. 1185. 1237—1239. 1291.
Muck J. 886.
Muckle 195.
Munteanu-Murgoci G. 1040. 1076. 1079.
1080. 1081. 1103. 1186. 1240.
Muszynski K. 510.
Myres J. L. 1043.

Nasse R. 461. 485. 650. 662.
Natterer K. 978.
Naumann E. 951. 1013. 1046. 1197. 1201.
1246. 1249.
Negris Pb. 1188. 1286.
Nehring A. 1189.
Neugeboren L. 215.
Neumann 713. 716.
Neumayr M. 337. 417. 486. 487. 495. 511.
512. 530. 553. 579—581. 602. 605. 614.

615. 622. 651. 669. 711. 712. 716. 757.
765. 797. 835. 862. 946. 952. 1130.
1226 (10).
Neviani A. 1124 a.
Nicolau Th. 1104.
Niedzwiedzki Jul. 488. 582. 817. 912.
Noetling Fr. 709. 714. 734—736. 748.
758. 759. 780. 1124.

Oberhummer E. 715. 1082. 1093. 1292.
Oestreich K. 1105. 1143. 1241.
Olivier 6.
Olszewski Stan. 670.
Oppenheim P. 831. 862. 955. 1014. 1106.
1170. 1242. 1242 a. 1249.
Ornstein 760.
Owen R. 275

Paianu N. J. 1107.
Pančič J. 239. 418.
Pantoczek 476.
Paquier V. 1035. 1190. 1191.
Parolini A. 21.
Partsch J. 713. 716. 761. 781. 798. 832.
863. 960. 1295.
Partsch P. 17. 20. 326.
Pascu 1011.
Paton W. R. 1043.
Paul K 450. 583. 584. 627. 674.
Pavlovic P. S. 833. 842. 864. 889. 1144.
1145. 1243.
Pélagaud E. 616.
Pelikan A. 856.
Pelz A. 449. 462. 463. 585. 586. 671. 672.
Penck Albr. 1146.
Penecke K. A. 1015.
Pergens Ed. 762. 763.
Perrey 177. 323.
Perrier F. 127.
Perry F. 588.
Peters K. 327. 328. 339. 352. 385. 514.
587. 757. 1021. 1060. 1153. 1191.
Petersen 799.
Petković Z. 887. 1145.
Peucker J. 1244.
Phené J. S. 589.
Philippson Alfr. 764. 800. 831. 834 bis
836. 840. 864 a. 885 a. 888. 924. 952
bis 956. 970. 979—981. 1016. 1017.
1044. 1045. 1069. 1083. 1084. 1108.

II. Geographische Übersicht.

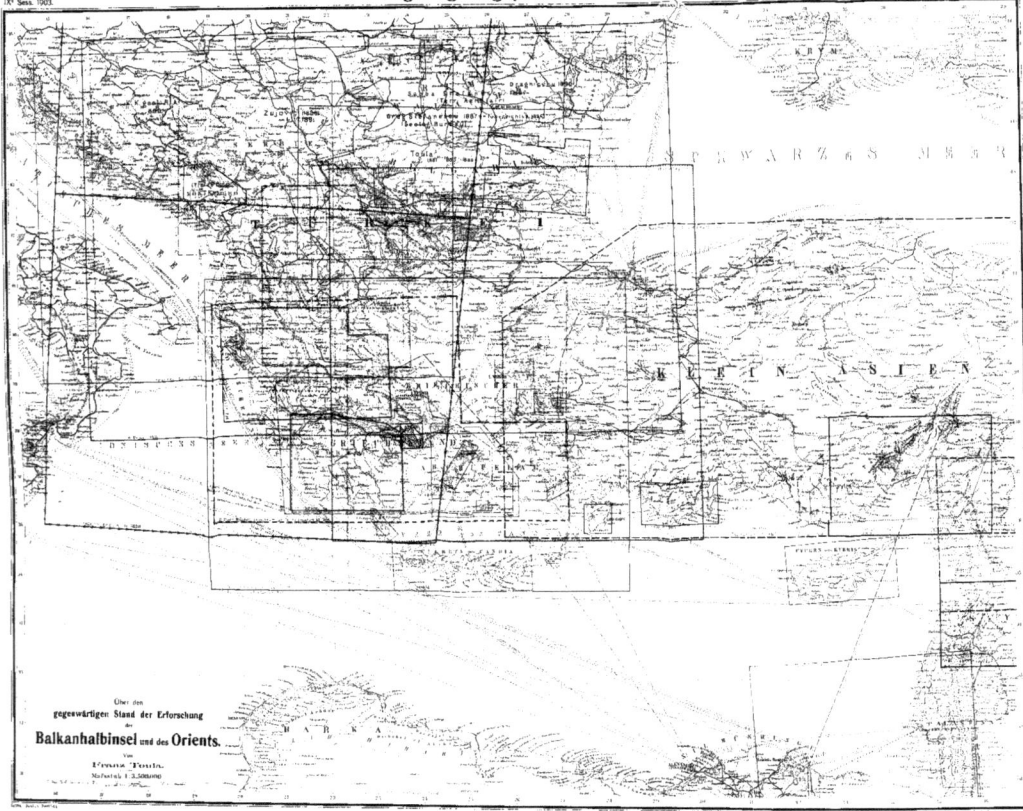

Über den
gegenwärtigen Stand der Erforschung
der
Balkanhalbinsel und des **Orients.**

Von
Franz Toula.
Maßstab 1:3,500,000

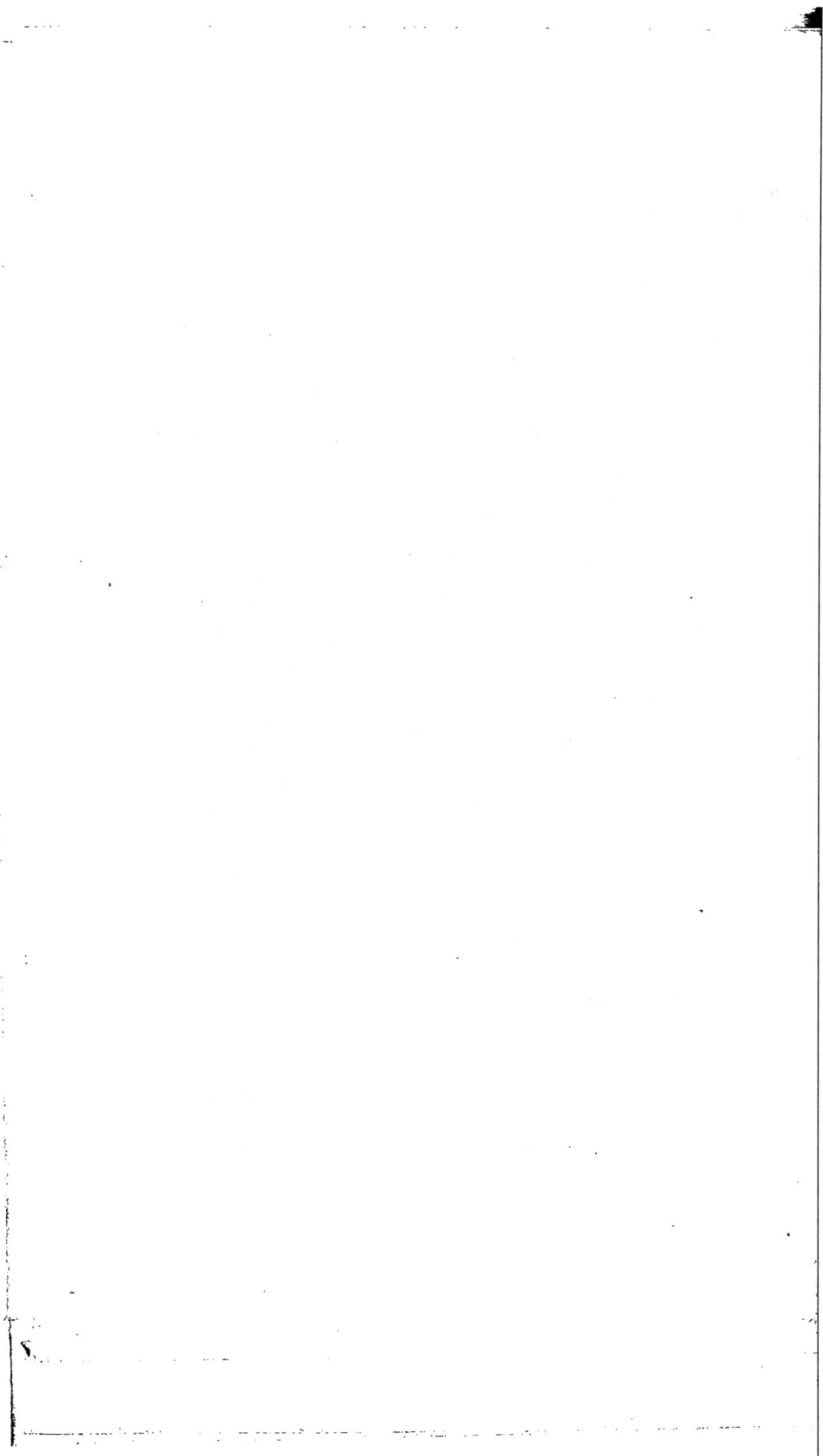

Epirus. 4 *b*. 15. 83. 144. 474. 954. 979. 1002. 1015. 1016. 1222. ·

Euböa. 102. 110. 114. 155. 162. 163. 212. 254. 277. 294. 301. 392. 393. 456. 468. 473. 495. 499. 540. 556. 828. 1212. 1278.

Griechenland (allgem.). 7. 15. 21. 22. 26. 47. 48. 50. 61. 62. 73. 114. 138. 139. 142. 151. 156. 170. 174. 175. 177. 184. 185. 261. 277. 309. 318. 321. 338. 402. 407. 433. 459. 467. 500. 504. 540. 546. 575. 591. 609. 646. 655. 703. 713. 715. 716. 739. 765. 779. 828. 830. 831. 927. 1188. 1212 *a*. 1215. 1218. 1219. 1261. 1264. · 1309.

Griechenland (nördliches). Man vergleiche auch unter: L a u r i u m (Bergwerke) und P i k e r m i. 12. 21. 50. 52. 59. 110. 114. 128. 155. 156. 162. 193. 237. 240. 260. 277. 303. 310. 315. 317. 334. 395 *a*. 461. 470. 487. 495. 500. 540. 541. 545. 553. 602. 621. 650. 653. 661. 669. 682. 683. 711. 765. 787. 797. 800. 808. 828. 831. 834—836. 840. 862. 880 *a*. 915. 924. 926. 950. 952. 953. 955. 980. 993. 1002. 1005. 1007. 1015. 1029. 1101. 1174. 1176. 1212. 1242 *a*. 1286. 1288.

Griechischer Archipel (mit Ausnahme von Cypern, Kreta, Rhodus und Santorin). 5. 14. 15. 16. 18 *a*. 21. 29—31. 36. 43. 44. 46. 66. 91. 110. 113. 114. 134. 146. 160—162. 180. 193. 194. 213. 216. 225. 284. 325. 348. 361. 387. 396. 440. 457. 472. 473. 475. 479. 485. 486. 488. 502. 505. 521. 549. 579. 618. 622. 651. 721. 749. 765. 767. 775. 777. 792. 793. 805. 828. 861. 880. 884. 885. 892. 895. 910. 925. 926. 943. 945. 948. 962. 974. 885. 988. 1037. 1038. 1044. 1068. 1069. 1073. 1074. 1084. 1108. 1183. 1193. 1210 *a*. 1250.

Jonische Inseln. 5. 47. 48. 54. 58. 60. 64. 76. 77. 84. 103. 120. 123. 143. 163. 164. 292 *a*. 321—323. 395. 396. 404. 423. 466. 524. 525. 634. 673. 712. 761. 798. 832. 863. 919. 922. 960. 1097. 1140. 1183 *a*. 1233 *a*. 1250. 1294. 1295. 1314.

Kleinasien (allgem.). 21. 71. 86. 87. 170. 180. 196. 197. 244. 245. 285. 302. 320. 369. 390. 391. 558. 690. 768. 781. 827. 883. 941. 998. 1013. 1033. 1046. 1057. 1066. 1093. 1173. 1181. 1187. 1201.

Kleinasien, Nord- (Bithynien, Paphlagonien, Pontus, Galatien). 98. 118. 125. 126. 135. 137. 182. 205. 217. 236. 255. 256. 268. 271. 279. 420. 534. 843. 860. 881. 886. 920. 982. 986. 987. 989. 990. 997. 1027. 1096. 1118. 1197. 1246. 1248. 1280. 1300.

Kleinasien, West- (Mysien, Lydien, Phrygien, Karien). 8. 63. 69. 107. 112. 119. 125. 136. 137. 149. 153. 154. 188. 211. 241. 242. 281. 465. 513. 544. 548. 549. 561. 589. 645. 654. 721. 754. 757. 778. 820. 848. 868. 875. 961. 965. 1008. 1043. 1059. 1082. 1084. 1092. 1116. 1117. 1157. 1171. 1192. 1211. 1221. 1225 *a*. 1245. 1249.

Kleinasien, Süd- (Lykien, Pisidien, Lykaonien; Cilicien). 74. 80. 117. 147. 148. 165. 172. 227. 241. 243. 263. 280. 297. 358. 706. 718. 720. 799. 949. 1093. 1149. 1150. 1196. 1202. 1203. 1251. 1296.

Kreta. 178. 213. 248. 249. 266. 282. 299. 337. 355. 386. 432 *a*. 718. 957. 1049. 1125. 1201. 1215. 1219. 1274. 1276.

Laurium (Bergwerke). 10. 114. 156. 334. 412. 426. 491. 520. 545. 546. 623. 628. 661. 745. 765.

Makedonien. 4 *b*. 101. 118. 131. 233. 275. 277. 411. 455. 473. 512. 522. 539. 565. 566. 581. 602. 856. 946. 951. 979. 981. 994. 1003. 1015. 1105. 1130. 1143. 1174. 1213. 1214. 1227. 1241. 1243. 1288.

Marmarameer (und Inseln desselben). 11. 79. 284. 389. 483. 503. 978. 1017. 1024. 1083. 1161. 1204. 1223. 1224.

Über den heutigen Stand der geologischen Kenntnis Bosniens und der Hercegovina.

Von Dr. Friedrich Katzer.

Die Grundlage der gegenwärtigen Kenntnis des geologischen Aufbaues Bosniens und der Hercegovina bildet die unmittelbar nach vollzogener Okkupation dieser Länder im Jahre 1879 durchgeführte geologische Aufnahme, welche das Verdienst dreier unserer hervorragendsten heimischen Geologen ist: des verehrten Kongreßpräsidenten Direktor Tietze, des geschätzten Triaspaläontologen Hofrat von Mojsisovics und des jäh dahingerafften, allseits so tief betrauerten A. Bittner. Als Kenner des Landes und seiner Verhältnisse fühle ich mich berechtigt, den genannten Verfassern der ersten geologischen Übersichtskarte Bosniens und der Hercegovina meine aufrichtige Bewunderung auszudrücken für die unter schwierigen Umständen in erstaunlich kurzer Zeit vollbrachte, ganz hervorragende Leistung.

Durch fast zwei Jahrzehnte hindurch hat die grundlegende Arbeit dieser ausgezeichneten Forscher[1] nur in Einzelheiten Ergänzungen erfahren. Ein allgemeiner und systematischer Fortschritt in der geologischen Kenntnis Bosniens und der Hercegovina wurde erst ermöglicht durch die vor fünf Jahren erfolgte Schaffung einer geologischen Zentralstelle im Lande selbst, welche allerdings zunächst montanistischen und sonstigen praktischen Zwecken dienlich ist, aber — wie es bei dem engen Zusammenhange zwischen Wissenschaft und Praxis in der Geologie ja nicht anders sein kann — gleichzeitig auch die wissenschaftlich geologische Durchforschung der Okkupationsländer betreibt.

Ist die Gründung jeder neuen geologischen Anstalt ein im Interesse unserer Wissenschaft gelegenes hocherfreuliches Ereignis, wie um so mehr auf der Balkanhalbinsel, welche der Forschung ein

---

[1] Grundlinien der Geologie von Bosnien-Hercegovina. Erläuterungen zur geologischen Übersichtskarte dieser Länder von Dr. E. von Mojsisovics, Dr. E. Tietze und Dr. A. Bittner. Mit Beiträgen von Dr. M. Neumayr und C. v. John und einem Vorworte von Fr v. Hauer. Wien 1880.

so reiches Feld bietet! Die um die kulturelle Hebung Bosniens und der Hercegovina so sehr bemühte oberste Verwaltung dieser Länder hat sich somit durch die Gründung einer geologischen Landesanstalt ein bleibendes Verdienst auch um die wissenschaftliche Erforschung der Balkanhalbinsel erworben, was vor dieser hochansehnlichen Versammlung geziemend hervorzuheben ich für meine Pflicht erachte.

Eine halbwegs vollständige Darlegung des heutigen Standes der geologischen Kenntnis Bosniens und der Hercegovina ist in der zur Verfügung stehenden Zeit unmöglich. Ich bitte daher um Erlaubnis, unter Hinweis auf die gedrängte Übersicht der Geologie Bosniens und der Hercegovina, welche unserem Spezialführer für die Exkursion durch diese Länder [1] behufs allgemeiner Orientierung vorangestellt ist, nur einige jener Fragen herausheben zu dürfen, welche den augenblicklichen Stand unserer Kenntnis des geologischen Aufbaues des Okkupationsgebietes kennzeichnen.

Bosnien und die Hercegovina als Ganzes genommen besitzen zwei alte Mittelgebiete, um welche sich die jüngeren Formationen gruppieren. Das eine ist die Fortsetzung des großen archäischen und paläozoischen Gebirges von Süd- und Südwestserbien und greift über die Drina an der Ostgrenze des Landes nach Bosnien herüber. Das zweite ist das mittelbosnische Schiefergebirge, welches, mit seinen nordwestlichen Ausläufern an der kroatischen Grenze beginnend, in südöstlicher Richtung das Land durchzieht und, in einzelne Inseln aufgelöst, bei Čajnica in das Gebiet von Novibazar fortsetzt.

An diese beiden bedeutenden Aufwölbungen alter Gebirgsschichten lagert sich mantelförmig die Trias an, welche in dem weiten Raume zwischen dem östlichen und dem mittelbosnischen Schiefergebirge ebenso wie zwischen diesem letzteren und der Adria die allgemeine Unterlage der jüngeren Systeme bildet.

Die beiden alten Mittelgebiete bestehen zwar zum Teil aus kristallinischen, hoch metamorphen Schiefern, dürften aber dessenungeachtet kaum in die unteren Formationen des Paläozoicums hinabreichen und archäisch scheint überhaupt nur ein räumlich beschränkter Aufbruch am Südrande der Saveebene bei Bosn.-Kobaš zu sein. Im wesentlichen umfaßt die paläozoische Schichtenreihe Bosniens das Carbon und Perm, innerhalb deren sich nach petrographischen Merkmalen eine Anzahl von Stufen unterscheiden läßt, während es

---

[1] Geologischer Führer durch Bosnien und die Hercegovina. Herausgegeben anläßlich des IX. Internationalen Geologen-Kongresses von der Landesregierung in Sarajevo. Verfasser: Landesgeologe Dr. Friedr. Katzer. Mit 8 Kartenbeilagen und zahlreichen Abbildungen im Text. Sarajevo 1903.

für eine paläontologische Gliederung an zureichenden Anhaltspunkten dermalen noch gebricht. Bemerkenswert ist einmal, daß alle Fossilien, die in dem ganzen, viele hundert Meter mächtigen Schichtenkomplex bis nun aufgefunden wurden, auf Obercarbon oder Perm verweisen, und zweitens, daß feingeschlämmte schwarze Tonschiefer, welche zum Beispiel bei Praća in Südbosnien nebst Lamellibranchiern zahlreiche Cephalopoden (Goniatiten und Orthoceren) enthalten, in genau der gleichen petrographischen Ausbildung bei Stara Rijeka in Nordwestbosnien *Gampsonyx* und Spuren von Pflanzenresten führen. Besser erhaltene Pflanzenreste finden sich sporadisch in glimmerigsandigen Schiefern und Sandsteinen. zum Beispiel in den ersteren bei Ljubija *Neuropteris-* und *Cyclopteris*-Fiederabdrücke und in den letzteren auch *Calamites Suckowi Bgt.*

Die obersten, oft roten Konglomerate und Sandsteine des Paläozoicums, welche den Grödener Schichten entsprechen, gehen so allmählich in Buntsandsteinschichten (Werfener Schichten) über, daß — ähnlich, wie es ja auch in den Südalpen der Fall zu sein pflegt — eine scharfe Trennung des Paläozoicums von der Trias nicht durchführbar ist. Auch sonst, zumal in tektonischer Hinsicht, verhalten sich Paläozoicum und Trias in Bosnien einheitlich. Was die Entwicklung und Gliederung der Trias vom Buntsandstein aufwärts anbelangt, so stehen wir diesbezüglich in Bosnien erst im Anfange von Detailforschungen. welche durch die sehr wertvollen. teils schon publizierten, teils im Erscheinen begriffenen Arbeiten von v. Hauer. Bittner, Kittl und v. Bukowski in dankenswertester Weise eingeleitet worden sind. Die Entwicklung der kalkigen Triasstufen besitzt durchaus alpinen Charakter und ist lokal sehr vollständig. wie zum Beispiel bei Čevljanović in Mittelbosnien. wo die untere und mittlere Trias in allen ihren Horizonten fossilführend ist, während eine Vertretung der rhätischen Stufe bis jetzt nicht nachgewiesen werden konnte. Umgekehrt scheint in Westbosnien die mittlere kalkige Trias zuweilen zu fehlen und die Hauptdolomitstufe transgredierend auf der unteren Trias ausgebreitet zu sein, beziehungsweise scheinen Dolomite die ganze mittlere und obere Trias zu vertreten.

Immerhin ist die Ausbildung der Trias in Bosnien und der Hercegovina sehr vollständig zu nennen gegenüber dem jüngeren Mesozoicum. Vom Jura sind derzeit paläontologisch mit Sicherheit nur verschiedene Stufen des Lias und dann erst wieder des Malms nachgewiesen. Namentlich das Tithon besitzt in Bosnien in fossilreicher Ausbildung sehr weite Verbreitung. wenn es auch gewöhnlich nicht in großen zusammenhängenden Komplexen, sondern vorzugsweise nur in räumlich beschränkten Schollen und einzelnen Erosionsinseln auftritt.

Es ist eine sehr wichtige Tatsache, daß die Schichten des oberen und obersten Jura überall mit den Gesteinen der sogenannten Serpentinzone Bosniens im Verbande stehen, nämlich mit Serpentin, Peridotit, Gabbro und verwandten Massengesteinen, sowie mit den dieselben stets begleitenden Tuffen, Tuffsandsteinen, Jaspisen — kurz jenen Gesteinen, welche als charakteristisch für den sogenannten „älteren Flysch" Bosniens angesehen wurden. In diesem Verbande tritt der jüngste Jura in Ost- und Mittelbosnien, wie zum Beispiel im zentralen Teile der Majevica, im Drinača-, Krivača- und Krivajagebiete, insbesondere in der Gegend von Kladanj. Olovo, Vozuče, Zavidović usw. überall auf, und zwar liegt, soweit mir bis jetzt bekannt, das Tithon ausnahmslos auf den Gesteinen der Serpentinreihe.

Da manche der Tithonschollen vielleicht als durch die Aufbrüche der Massengesteine zersprengt und gehoben aufgefaßt werden könnten, erscheint eine andere Tatsache von Bedeutung.

Im Krivačagebiete östlich von Olovo nimmt das Tithon am Aufbau des mit hohen Felswänden den Fluß einschließenden waldreichen Gebirges beträchtlichen Anteil. Über den roten und fahlfarbigen, paläontologisch gesicherten Tithonkalken breiten sich weiter gegen Norden Ablagerungen der Kreide aus, welche nach Paul Oppenheims Untersuchungen der Fauna mehrere Stufen dieses Systems umfassen. Die untere Abteilung der mittleren Schichten ist grobklastisch, bestehend aus Sandsteinen und eigentümlichen Conglomeraten mit reichlichem kalkigen Bindemittel, durchschossen von rötlichgrauen, teilweise großoolithischen Kalkbänken mit wenig gut erhaltenen Versteinerungen, welche indessen nach einer gefälligen Mitteilung des Herrn Oppenheim noch am ehesten dem Gault anzugehören scheinen. Da noch die jüngsten Schichten des ganzen Komplexes — actaeonellenreiche Orbitolinenkalke — dem Cenoman angehören, so ist diese provisorische Altersbestimmung Oppenheims überaus wahrscheinlich und die Grundschichten des Systems müssen daher mindestens ebenfalls von Gault- oder Neocomalter sein.

Die Brocken und Gerölle der grobklastischen Gaultschichten nun bestehen zu 90% aus Serpentin, welcher in der Nachbarschaft ansehnliche Gebirgszüge aufbaut. Da somit dieser Serpentin das Material für gewisse Straten des Gault oder vielleicht selbst des Neocom geliefert hat, muß er älter als die westbosnische und hercegovinische Kreide sein, welche wesentlich den Stockwerken vom Cenoman aufwärts entspricht, und muß mindestens der tiefsten Kreide oder dem Jura angehören. Da jedoch, wie erwähnt, die Tithonbildungen stets auf den Gesteinen der Serpentinreihe ruhen, müssen diese letzteren auch älter sein als Tithon. Dagegen kennen wir bis jetzt keinen Fall.

welcher sich dahin deuten ließe, daß die Serpentine der Trias angehören könnten. Ihr Alter liegt somit, allgemein begrenzt, z w i s c h e n
T r i a s u n d T i t h o n.

Dieses Ergebnis ist in bezug auf die vielumstrittene Frage
nach dem Alter nicht nur der bosnischen, sondern überhaupt der
balkanischen und apenninischen Serpentine nicht ohne Bedeutung.

Bekanntlich werden die Serpentine des sogenannten Flyschgebirges zumeist zur Kreide oder zum Eocän gestellt. M. K i š p a t i ć[1])
hält die bosnischen Serpentine für archäisch und reiht sie zu den
kristallinischen Schiefern; O e s t r e i c h[2]) wieder meint, die Serpentine
des Plateaus von Huma in Makedonien könnten tertiäre Vulkandecken
sein, und gestern hat uns Prof. M r a z e c in seinem Vortrage dargelegt,
daß in den Südkarpaten Serpentin, Peridotit, Diabas etc. mit vormeso-
zoischen oder mit mesozoischen Schichten unbestimmten Alters im
Verbande stehen und in dieselben allmählich überzugehen scheinen.

Unsere Beobachtungen lehren dagegen, daß — um vorläufig nicht
etwa überhastet zu verallgemeinern — g e w i s s e S e r p e n t i n e
M i t t e l b o s n i e n s, speziell jene des Krivača- und Krivajagebietes,
d e r J u r a z e i t a n g e h ö r e n. Sie sind mit ihren tuffigen und con-
glomeratischen Begleitschichten ein förmliches Analogon der porphy-
ritischen Fazies des Jura im mittleren Teile der südamerikanischen
Cordilleren — ein Umstand, dessen nähere Begründung und Ausführung ich mir hier jedoch versagen muß, ebenso wie die Darlegung
jener Erscheinungen an den Serpentinen Bosniens, welche eine der bekannten M e r r i l l schen entsprechende Anschauung von der Serpentini-
sierung unter Einwirkung von überhitztem Wasserdampf — um mit
S u e s s[3]) zu sprechen, durch juvenile Dampfexhalationen — zu stützen
geeignet sind.

Erscheint nach dem Gesagten das jurassische Alter gewisser
Serpentine und der mit ihnen im Verbande befindlichen sonstigen
Massengesteine und Tuffe in hohem Grade wahrscheinlich, so ver-
mögen wir die Eruptionszeit jener Intrusivgesteine nicht so sicher zu
bestimmen, welche teils im Bereiche des Paläozoicums, teils in den
mesozoischen Kalkgebirgen aufsetzen und n i c h t n u r i n B o s n i e n,
s o n d e r n a u c h i n d e r H e r c e g o v i n a w e i t v e r b r e i t e t s i n d.

---

[1]) Die kristallinischen Gesteine der bosnischen Serpentinzone. Wiss. Mitteil.
aus Bosnien und der Hercegovina. VII, 1900, pag. 377.

[2]) Beiträge zur Geomorphologie von Makedonien. Abhandl. der k. k. Geogr.
Ges., IV. Bd., 1902, pag. 169.

[3]) Über heiße Quellen. Verhandl der Ges. deutscher Naturforscher und
Ärzte. Karlsbad 1902.

Diese letztere Tatsache an sich dürfte gegenüber der bisherigen, der Literatur entnehmbaren Kenntnis des geologischen Aufbaues unserer Länder als ein beachtenswertes Novum bezeichnet werden können. Die Hercegovina ist keineswegs das monotone Kreidekalkland, als welches sie gemeiniglich gilt. Aufbrüche älterer triadischer und jurassischer sowie Bedeckungen mit jüngeren, namentlich eocänen Sedimenten gestalten das geologische Bild der Hercegovina bedeutend mannigfaltiger, als es bislang dargestellt worden war, und ganz besonders bringen die wenn auch auf der Karte nicht großartig aussehenden Züge von intrusiven Massengesteinen nebst den sie begleitenden tuffigen und metamorphen Bildungen Abwechslung und Komplikation in den geologischen Aufbau des Landes. Der am Boden der steilwandigen Schluchten der Hercegovina Hinwandernde sieht allerdings links und rechts nur die wildzerrissenen zackigen Kalksteinwände, welche ohne nähere Prüfung den Eindruck des immer gleichen Einerlei erwecken. Wer aber die aus den plastischen Z v é ř i n a schen Bildern bekannten holperigen Steige emporklettert, findet die weißen Kalkmassen oft unterbrochen von Zügen dunkler Intrusivgesteine, meist Diabas- und Noritporphyrite, deren Tuffen, jaspisartigen Kontaktbildungen, Tonschiefern, Sandsteinen und dergl., welche nach ihrem Verbande zum Teil wohl dem jüngeren Mesozoicum angehören, aber erst noch genauer studiert werden müssen. Typische diesbezügliche Belege bieten beispielsweise das Doljankatal bei Jablanica und das Dreznica-Defilé auf der rechten Seite der Narenta zwischen Jablanica und Mostar.

Bosnien und die Hercegovina, wo man außerhalb des Serpentingebietes nur von den Melaphyren und verwandten Gesteinen Westbosniens Kenntnis hatte, die E. v. M o j s i s o v i c s der Wengener Triasstufe einreihte, und wo es überraschend wirkte, als B i t t n e r über den gewaltigen Eruptivstock an der Ramamündung bei Jablanica berichtete, welcher bei der ersten Übersichtsaufnahme von ihm nicht besucht worden war und dessen erst unlängst noch E. S u e s s [1]) bei Besprechung des Zusammenhanges der Südalpen mit dem dinarischen Faltensystem als besonders bemerkenswert gedachte — Bosnien und die Hercegovina haben sich bei der neuen geologischen Kartierung als r e i c h a n E r u p t i v g e s t e i n e n erwiesen. Insbesondere ist eine aus einer Reihe von Intrusivstöcken bestehende breite Z o n e v o n E r u p t i v m a s s e n durch das ganze Land von Čajnica an der südöstlichen bis Bosn.-Novi an der nordwestlichen Grenze des Landes zu verfolgen. Ihr gehören die Diabasporphyrit- und Gabbrostöcke von Čajnica und Goražda, die ähnlichen Gesteine des Treskavicagebietes, die eigentümlichen Por-

---

[1]) Antlitz der Erde III, 1901, pag. 420 und 449, Anmerk. 58.

phyrite der Gegend von Konjica, der Gabbrostock von Jablanica mit
seinen nördlichen Ausläufern am Fuße der Klečka stiena, ferner die
Eruptivgesteine von Prozor und Bugojno, die Porphyre der Vratnica
planina, die Quarzdiorite und Gabbros des Gebirges von Travnik und
Donji Vakuf, die Porphyrite des Vrbasgebietes, die Diorite und Porphyre von Jajce und Jezero usw. sowie die diabasischen oder syenitisch-
porphyrischen Gesteine von der Landesgrenze bei Bosn.-Novi an.

Alle diese verschiedenen Massengesteine sind zwar wohl nicht
von gleichem Alter, aber v i e l e s i n d o f f e n b a r j ü n g e r a l s T r i a s,
weil sie Triasgesteine durchbrechen und metamorphosieren. Vielleicht
besteht ein zeitlicher Zusammenhang mit den Juraserpentinen Ost-
und Mittelbosniens — eine Frage, welche allerdings im Auge zu behalten sein wird, ohne dass darüber gegenwärtig mehr als diese flüchtige
Andeutung gewagt werden dürfte.

Sehr beachtenswert ist auch das A u f s e t z e n v o n G r a n i t-
s t ö c k e n i m S e r p e n t i n g e b i r g e, wie zum Beispiel im Diboki brdo
östlich von Zavidović. Es ist stets ein an rotem Orthoklas reicher, mittel-
bis grobkörniger Biotitgranit, beziehungsweise Granitit, der, wenn die
Serpentine jurassischen Alters sind, mindestens der Kreide angehören
muß, aber anderseits n i c h t j ü n g e r a l s a l t t e r t i ä r sein kann, weil
die jungoligocänen Conglomerate bei Maglaj reichlich Gerölle solcher
Granite enthalten.

Die Entwicklung des Kreidesystems ist in Bosnien verschieden
von jener in der Hercegovina. Hier scheint nur obere Kreide, vorzugsweise in der strandnahen Fazies als Rudistenkalk ausgebildet zu
sein; in Bosnien dagegen ist die petrographische Beschaffenheit der
einzelnen Kreidestufen abwechslungsreich und nicht nur obere, sondern
auch untere Kreide ist ähnlich wie im benachbarten Serbien entwickelt.

Zwischen Kreide und E o c ä n, dessen Verbreitung besonders
in der Hercegovina eine sehr beträchtliche ist, besteht häufig eine
offensichtliche Diskordanz, was insofern selbstverständlich ist, als nach
P. O p p e n h e i m s paläontologischen Untersuchungen unteres Eocän
anscheinend zumeist fehlt und eine Transgression des Mitteleocäns
vorliegt. Die Bildungen der zeitlichen Lücke zwischen den marinen
Sedimenten der beiden Systeme kennen wir dermalen noch nicht zur
Genüge. Dagegen hat sich herausgestellt, daß für die durch tektonische
Linien bezeichnete Grenze zwischen den petrographisch vielfach recht
ähnlichen obersten Kreide- und tiefsten Eocänkalken — beide sind häufig
dichte splittrige Miliolidenkalke ··· langgestreckte, meist vielfach unterbrochene und wenig mächtige, daher nur vereinzelt technisch bemerkens-
werte Z ü g e v o n A s p h a l t s t e i n einen gewissen Anhalt bieten.
Offenbar haben die mit den Störungen zusammenhängenden mecha-

nischen Vorgänge eine Art Ausseigerung und sekundäre Konzentrierung des Bitumens bewirkt, etwa ähnlich, wie es neuestens H. Lotz[1]) für die Asphaltlagerstätten von Ragusa in Sizilien annimmt. Asphaltzüge erscheinen somit wie von der Natur durch das weiße Kreideland gezogene schwarze Striche, welche ähnlich wie auf tektonischen Karten — nur weniger hypothetisch — Störungslinien kenntlich machen. Diese Erscheinungen sind besonders klar in der Gegend von Široki brieg nordwestlich von Mostar ausgeprägt.

In der posteocänen geologischen Geschichte Bosniens und der Hercegovina ist das wichtigste Ereignis die bis auf einen geringfügigen Zipfel Nordbosniens vollständige Trockenlegung beider Länder. Der oligo-miocänen meerfreien Zeit verdankt Bosnien-Hercegovina die überaus ausgedehnte, jetzt freilich tausendfach zerrissene und zerstückelte Decke terrestrischer, braunkohlenführender Ablagerungen, welche für das geologische Bild des Landes ebenso charakteristisch wie für seine volkswirtschaftlichen Verhältnisse bedeutungsvoll sind.

In bezug auf seine Oberflächenbeschaffenheit ist Bosnien-Hercegovina, wie überhaupt ein Großteil der Balkanhalbinsel, ein ganz junges Land. Seine heutige orographische Gestaltung ist wesentlich das Ergebnis jugendlicher, postpliocäner Krustenbewegungen sowie diluvialer und alluvialer Erosionserscheinungen, bei welchen der einstmaligen Vergletscherung dieses Teiles der Balkanhalbinsel ein viel geringerer Anteil zufällt, als es nach dem Eindrucke der ersten diesbezüglichen Untersuchungen scheinen wollte.

---

[1]) Zeitschrift für prakt. Geol. 1903, pag. 257.

Die Geologie Montenegros und des albanesischen Grenzgebietes.

Von Prof. P. Vinassa de Regny.

Mit einer Kartenbeilage.

Die grundlegenden Arbeiten Tietzes sind es, welche uns zum erstenmal die geologische Beschaffenheit Montenegros eingehender bekannt machten. Obschon er nur einen Teil des Fürstentums bereist hatte, konnte er eine geologische Karte entwerfen. welche im großen und ganzen die geognostischen Verhältnisse Montenegros richtig darstellte.

Der italienische Bergingenieur L. Baldacci hat, obgleich er nur zu montanistischen Zwecken die Gegend bereiste, die geologische Arbeit Tietzes wesentlich bereichert und teilweise verbessert. Seine geologische Karte ist leider nicht veröffentlicht worden. Sie zeigt einen großen Fortschritt gegenüber der Karte von Tietze; namentlich hat L. Baldacci viele Jurakalke entdeckt und auch einige Fossilien gefunden.

Die Arbeiten Tietzes und Baldaccis sind es, auf welche sich Hassert hauptsächlich stützte, um seine neue geologische Karte zu zeichnen. Obschon von Haus aus kein Geologe, hat Hassert zahlreiche geologische Beobachtungen gemacht und sich dadurch um unsere Kenntnis der Geologie Montenegros dankenswerte Verdienste erworben [1].

Die Geologie Montenegros wird, wie schon Hassert sagt, noch manche harte Nuß zu knacken geben. Die Schwierigkeiten ergeben sich insbesondere daraus, daß weder Tietze, noch Baldacci, noch Hassert Fossilien in reicher Zahl gefunden haben. Nun sind aber,

[1] Auch der Phytologe Dr. Ant. Baldacci, welcher mehrmals Montenegro durchreiste, hat hie und da einige geognostische Beobachtungen gemacht. Die älteren Angaben besitzen aber nur einen geringen Wert; die neueren sind meistens von den Arbeiten von Hassert und von mir entlehnt. Siehe zum Beispiel die letzte Arbeit Baldaccis „Nel paese del Cem" in Boll. S. geogr. it. 4, IV, S. Rom 1903.

besonders im kalkigen Gebirge, Fossilien für richtige geologische Aufnahmen unentbehrlich. Während meiner Reise im Sommer 1901 hatte ich das Glück, zahlreiche Fossilien zu finden und konnte deshalb zum erstenmal die geologische Aufnahme auf paläontologische Dokumente stützen. Diese Fossilien sind zum Teil schon veröffentlicht [1]), die Beschreibung anderer wird im Laufe des Jahres erscheinen [2]).

Paläozoicum.

Die unteren Glieder des Paläozoicums scheinen gänzlich zu fehlen. Dem lithologischen Aussehen nach sind einige Schiefer sehr den silurischen Schiefern Süditaliens ähnlich; da aber Fossilien (mit Ausnahme einiger Problematika von Opasanica und von Han Garančić) fehlen, können wir unmöglich Sicherheit darüber haben.

Die paläozoischen Schiefer gehören wahrscheinlich dem oberen Paläozoicum, dem Permocarbon oder der Permotrias an. Die lithologische Serie des Kom ist auffallend ähnlich und fast identisch mit jener des Mte. Pisano und des Golfes von Spezia. Der typische Verrucano mit Anagenit, Quarzit usw. gehört auch hier wahrscheinlich dem oberen Perm oder der unteren Trias an.

Die angeblich paläozoischen Schiefer, öfters von Verrucano und Kalk begleitet, finden sich nur im nordöstlichen Teile Montenegros und streichen NW—SO. Sie ziehen auch nach Albanien fort, da ich Handstücke besitze, die bei Krstac oberhalb Vukli in der Bieska Nemuna in den nordalbanesischen Alpen gefunden wurden und die genau das lithologische Aussehen der paläozoischen Schiefer von Mokro besitzen.

Die geologischen Verhältnisse der albanesischen Alpen scheinen überhaupt ganz dieselben zu sein, wie man sie auch in Montenegro und im albanesischen Grenzgebiete findet. Auf die paläozoischen Schiefer von Vukli und von der nördlicher Prokletija folgen Werfener Schichten und Kalke triadischen und cretazischen Alters. Von Montenegro aus gesehen (da eine Exkursion in diese Gebirge keine geringe und gefahrlose Aufgabe ist), sind die bekanntesten Höhen (Velečiko, Maja Surt,

---

[1]) Fossili del Montenegro. 1. Fauna dei calcari rossi e grigi del Sutorman. Mem. R. Acad. Sc. Bologna, 5, X, p. 447.

[2]) Nach meiner Reise hat die italienische Regierung eine wissenschaftliche Kommission, an welcher Dr. Martelli als Geolog teilnahm, nach Montenegro gesandt. Dieser hat aber erst jetzt über seine Arbeit zum Teil referiert, so daß ich unmöglich die beiden Aufsätze Martellis berücksichtigen kann.

Kapa Broje, Goliš etc.) aus Kalkstein zusammengesetzt, welcher natürlich mit jenem von Montenegro auf dem rechten Cemufer identisch sein muß.

Auch die ganze, bis jetzt geologisch unbekannte und von mir zum erstenmal studierte Gegend des Sekulare besteht aus wahrscheinlich paläozoischen Schiefern mit Kalken und einigen Eruptivstöcken. Das Fehlen von Fossilien läßt aber leider immer im Unklaren über das richtige Alter dieser Schichten.

Trias.

Die Trias hat in Montenegro eine sehr große Verbreitung. Sie wurde aber von Tietze manchmal erheblich überschätzt.

Die untere Trias beginnt mit echten Werfener Schiefern, einer für ganz Montenegro charakteristischen wasserführenden Bildung, welche aber in seiner typischen Facies nur im Küstengebirge vorkommt. Diese Schiefer streichen NW—SO und ziehen ins albanesische Gebirge fort. Sie scheiden den kalkigen Teil Montenegros von dem nördlichen schieferigen und ziehen dann fort längs der Morača, durch das Komarnica- und Pivatal bis in die hercegovinischen Alpen. Sie zeigen aber keineswegs jene ununterbrochene Kontinuität, welche Hassert zeichnet. Grödener Sandstein und Gips begleiten hier und da diese Schiefer.

Triadische Kalke bedecken die höchsten Gipfel der stark erodierten Berge im nordöstlichen Teile des Fürstentums, finden sich aber auch da und dort in fast allen Kalkkomplexen Montenegros. Bisher hatte man in diesen Kalken und Dolomiten keine Etagen unterschieden: öfters hat man auch triadische Kalke mit jurassischen und cretazischen verwechselt. Ich konnte bis jetzt Muschelkalk, Esinokalk und rhätische Stufe durch Fossilienfunde feststellen.

In der Rumija beim Sutormanpaß liegen über den Schiefern mit *Spiriferina fragilis*, welche Tietze gefunden hatte, rötliche und graue crinoidenführende Kalke, deren reiche, von mir bereits beschriebene Fauna ohne Zweifel dem oberen Muschelkalke angehört [1]).

In der Kakariska gora bei Premići nahe Fundina sind weiße dolomitische Kalke mit Gyroporellen vorhanden, die ich als dem Esinokalke angehörend betrachten möchte. Auch im Kućiland ist die Trias (Muschelkalk etc.) entwickelt, jedoch weniger als von Tietze und Hassert angegeben wurde.

---

[1]) In den roten von Tietze und Baldacci angegebenen Kalken von Boljevici hat Dr. Martelli die Cephalopodenfauna von Haliluci bei Sarajevo gefunden.

Die dolomitischen Kalke des Jezerski Do beim Lovćen und die mergeligen Kalke des Dugi Do bei Nijegoš mit *Megalodon* gehören dem Rhät an.

Obschon keine Fossilien vorhanden sind, glaube ich, nach lithologischen und stratigraphischen Anhaltspunkten, daß die grauen kieselführenden Kalke und der schwarze, gelbgeäderte Marmor (Portoro) des Kom auch als Rhät aufgefaßt werden können.

Eruptivgesteine.

Hauptsächlich in der Trias, namentlich in den Werfener Schiefern, aber auch in den paläozoischen Schiefern, finden sich zahlreiche Eruptivgesteine, die nach Bar. v. F o u l l o n zu den Porphyren, Diabasen und Dioriten gehören. Die von mir mitgebrachten Gesteine sind von Doktor E. M a n a s s e der Universität Pisa studiert worden. Nach ihm[1] sind die Gesteine der Umgegend von Kolašin sehr saure, quarzführende Dioritporphyrite. Bei Krnice, südlich von Andrijevica, finden sich quarzfreie Dioritporphyrite, die mit den typischen von der Schaubachhütte (Ortlergruppe) genau übereinstimmen. Diese Porphyrite führen rote, eisenerzhältige Adern.

Auch bei Hasanac an der Grenze, in dem Kučkatal, ist eine andere Varietät desselben Porphyrits vorhanden, und eine weitere findet sich bei Bolijevići im Sutorman. Hier jedoch herrschen amphibolführende Andesite vor, die ganz mit jenen typischen vom Rincon de la Vieja und M. Hood übereinstimmen.

Conglomerate mit anscheinend serpentinischen Trümmern habe ich nicht selten im Kurlaj gefunden.

Lias.

Ich konnte keine fossilführenden Kalke dieser Periode finden. Es scheint aber, daß in dem großen, öfters hunderte von Metern mächtigen Schichtenkomplex, der von der Trias bis zur Kreide reicht, auch Liaskalke vorhanden sein müssen. Dieselbe Meinung hat auch L. B a l d a c c i für einige Küstenkalke geäußert.

Jura.

Tithonische Ellipsactinienkalke, hie und da mit prächtigen Fossilien, wie zum Beispiel im Sozina-polije, sind in Montenegro ziemlich ver-

---

[1] M a n a s s e. Porfiriti dioritiche e andesiti del Montenegro. Atti S. toscana Sc. nat. Proc. verb. XIII, Adun. 5 luglio 1903.

breitet. Tietze hat nur sehr wenig Jura in seiner Karte eingezeichnet, Baldacci dagegen etwas zu viel. Hassert ist energisch auf Seite Tietzes getreten und hat in seiner Karte auch allzuwenig zum Jura gestellt. Die Gegend des Durmitor und der angrenzenden Gebiete, wie des Volujak, des Površje, des Kantar, der Prenj planina usw., wie auch des Vjeternik und der ganzen ausgedehnten Strecke des Küstengebirges führen stellenweise sehr schöne Ellipsactinien und andere tithonische Fossilien, so daß eine ziemlich große Verbreitung des Jura unmöglich geleugnet werden kann. Die oolithischen Kalke des Sutorman und der Rumja sowie des benachbarten Spizzagebirges, welche schon G. v. Bukowski beschrieben hat, sind zweifellos als tithonisch auszusehen, da sie sich in direkter Verbindung mit den Ellipsactinienkalken von Sozina befinden. Das nördlichste Vorkommen eines wahrscheinlich tithonischen Kalksteins fand ich bei Veruša.

Kreide.

Die Kreide hat im montenegrischen Kalkgebirge die größte Verbreitung. Hippuriten sind hier die häufigsten Fossilien, obschon ich auch Korallen, Actaeonellen usw. gefunden habe. Eine genaue Gliederung dieses mächtigen Schichtenkomplexes ist ohne ein gründliches Studium der einzelnen fossilführenden Schichten ganz unmöglich. Ich konnte ein unteres Niveau mit Radioliten, sodann Turon — in beiden Gosaufazies mit *Actaeonella* und Sphäruliten — sowie auch das Senon unterscheiden.

Die Kreidekalke sind besonders fossilreich im Zatrijebač von Trijepši bis Greća im albanesischen Grenzgebiete. Schöne, wahrscheinlich cenomane Hippuriten finden sich am Gipfel der Mužura planina, welchen Hassert als tertiär eingezeichnet hat. In dieser Gegend sowie in der ganzen Küstengegend überhaupt ist die Karte Tietzes richtiger als jene von Hassert. Das nördlichste Vorkommen der Kreide fand ich in der Ćebeza und angrenzenden Gegend von Movojevo und der oberen Veruša.

Mitten im Kreidekalke findet man auch Schiefer, die einen interessanten Quellenhorizont bilden (zum Beispiel bei Greća), und auch dem Flysch ähnliche Bildungen, die nach Hassert als cretazisch anzusehen sind. Tietze und Baldacci aber haben diesen Flysch als Eocän gedeutet und nach brieflichen Mitteilungen Martellis sollen wirklich in diesen Bildungen Nummuliten auftreten.

Ähnliche Schiefer kommen auch im Groblje vor; diese sind wahrscheinlich nicht mit den nördlichen anscheinend paläozoischen zu verwechseln.

Tertiär.

Wenig neues ist vom Tertiär zu sagen. Die tertiären Bildungen finden sich besonders im Küstengebiete. Ich möchte nur auf die Nummulitenfunde in Bratica hindeuten, welche dem oberen Eocän angehören.

Es hat auch Interesse, daß die zahlreichen von mir mitgebrachten Fossilien endlich die Diskussion über das Alter der neogenen Schichten bei Dulcigno beendet haben. Schon Sueß hatte das Richtige erkannt und diese Schichten als Miocän gedeutet. Das sind sie wirklich; die zahlreichen und charakteristischen Pecten-Arten gestatten keinen Zweifel mehr darüber.

Quartär.

Die interessantesten Bildungen dieses Zeitalters sind ohne Zweifel die Glacialspuren, deren sehr zahlreiche in Montenegro und dem albanesischen Grenzgebiete vorhanden sind. Zweifellos werden sich auch weitere Spuren im nordalbanesischen Alpengebirge finden.

Ich habe zahlreiche und charakteristische Moränen und Gletscherspuren bei Greća, in der Kostića, bei Mokro und bei Vratlo oberhalb Kolašin gefunden [1]).

In Montenegro erscheinen demnach folgende Formationen vertreten:

Quartär und Recent		Travertine.
		Conglomerate und Alluvium.
		Moränen.
Tertiär	Pliocän (?)	Untere Flußbildungen der Ebenen.
	Miocän	Leithakalk von Dulcigno und Pištulj.
	Oligocän (?)	Flysch der Küstenregion.
	Eocän	Nummulitenkalke und Flysch.
Mesozoicum	Kreide	Hippuritenkalke (Turon, Senon?).
		Radiolitenkalke.
	Jura	Ellipsactinienkalk (Tithon).
	Lias (?)	Kalk.
	Rhät	Megalodonkalke und Dolomite und obere Komkalke.
	Trias	Gyroporellenkalk (Esino).
		Muschelkalk.
		Wengener Schiefer.
		Werfener Schiefer und Grödener Sandstein.
		Verrucano, Anagenit usw.
Paläozoicum		Permocarbonische Schiefer (?)
		Paläozoische Kalke.
		Untere paläozoische Schiefer (?).

---

[1]) Tracce glaciali nel Montenegro. Rend. R. Accad. Lincei, 5, X, sem. 2°, fasc. 11. — Osservazioni geologiche sul Montenegro orientale e meridionale. Boll. S. geol. it. XXI, 3.

Tektonik.

Verwerfungen sind in Montenegro selten, man könnte sogar sagen, daß nur eine einzige vorhanden ist, und zwar jene von Antivari-Dulcigno. Diese ist aber mehr eine Flexur mit Rutschung der tertiären Schichten, von welchen einige Schollen im Innern des Landes auf dem Kreidekalke zurückgeblieben sind.

Orographie und Tektonik eines Teiles von Montenegro.

(Orographie nach Hassert.)

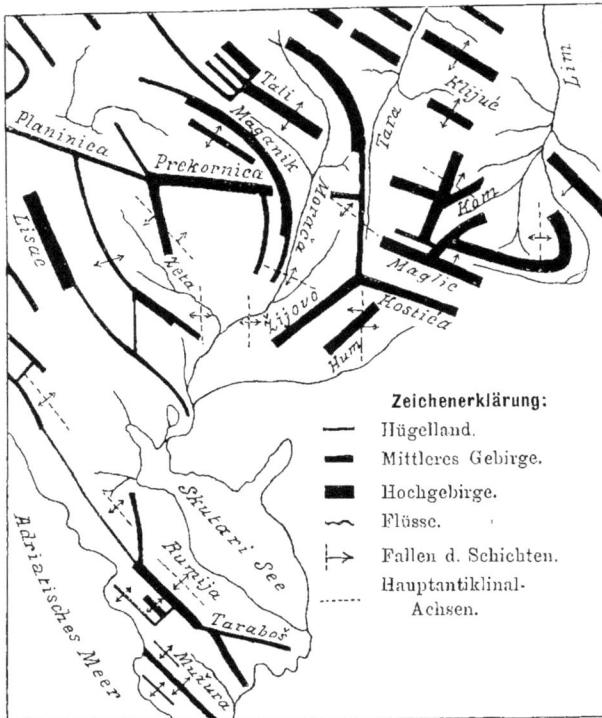

Maßstab: 1 : 1,000.000.

Dagegen finden sich zahlreiche Falten, welche vorwiegend ein NW—SO-Streichen besitzen, wie das auch in anderen balkanischen Zügen und im Appennin der Fall ist. Nur ausnahmsweise ist ein meridionales Streichen wahrnehmbar.

Das vorstehende Kärtchen, in welchem die Orographie eines Teiles von Montenegro nach Hassert angegeben ist, zeigt auch das

44

Streichen der Schichten. Man sieht in dieser Karte, wie die Oberflächen-
skulptur nicht immer mit dem Streichen der Schichten übereinstimmt.
Am auffallendsten sind die Hum- und Komketten, die bei einem
orographischen SW.-NO-Streichen ein stratigraphisch meridionales,
respektive NW—SO-Streichen besitzen. Die größte Übereinstimmung
zwischen Orographie und Stratigraphie findet sich im nordöstlichen
und zentralen Hochgebirge und in den Küstenketten.

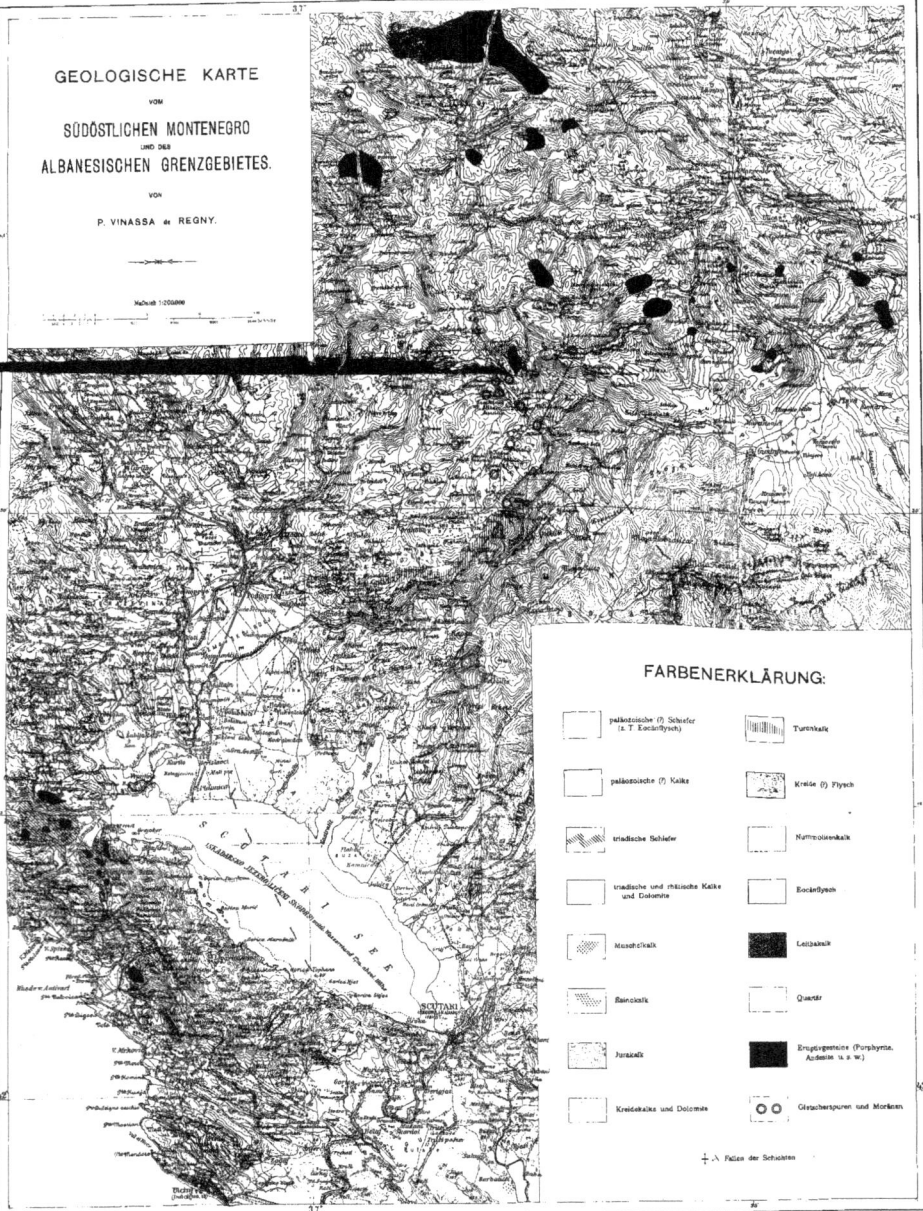

GEOLOGISCHE KARTE

VOM

SÜDÖSTLICHEN MONTENEGRO

UND DES

ALBANESISCHEN GRENZGEBIETES.

VON

P. VINASSA de REGNY.

Maßstab 1:200000

FARBENERKLÄRUNG:

paläozoische (?) Schiefer (z. T. Eocänflysch)	Turonkalk
paläozoische (?) Kalke	Kreide (?) Flysch
triadische Schiefer	Nummulitenkalk
triadische und rhätische Kalke und Dolomite	Eocänflysch
Muschelkalk	Leithakalk
Rainckalk	Quartär
Jurakalk	Eruptivgesteine (Porphyrite, Andesite u. s. w.)
Kreidekalks und Dolomite	Gletscherspuren und Moränen

✛ ⅄ Fallen der Schichten

Die Tektonik der Balkanhalbinsel
mit besonderer Berücksichtigung der neueren Fortschritte in der
Kenntnis der Geologie von Bulgarien, Serbien und Makedonien.

Von J. Cvijić.

Mit einer Kartenbeilage.

Franz Toula hat in den „Materialien zu einer Geologie der
Balkanhalbinsel" eine erschöpfende Bibliographie aller wichtigeren bis
zum Jahre 1883 publizierten geologischen Arbeiten über die Balkanhalbinsel zusammengestellt [1]). In vielen Zeitschriften, insbesondere im
„Geographischen Jahrbuch" von H. Wagner, sind später erschienene
Arbeiten über die Geologie und physikalische Geographie der Balkanhalbinsel aufmerksam verfolgt worden [2]). In der „Carte géologique
internationale" sind alle jene geologischen Karten und Skizzen verwertet worden, die bis vor einigen Jahren erschienen waren. Dadurch
wird meine referierende Aufgabe kurz und leicht: ich werde nur jene
neuen Ergebnisse über Bulgarien, Serbien und Makedonien hervorheben,
welche die geologische Karte der Balkanhalbinsel wesentlich modi-
fizieren oder durch welche eine systematische Erforschung der stratigraphischen Verhältnisse eingeleitet wird.

Bekanntlich hat Franz Toula seine verdienstvollen Forschungen
in Bulgarien, welche auch einen Teil des südöstlichen Serbien um-
faßten, zum Abschluß gebracht. Der Wert dieser Untersuchungen liegt
nicht allein in der geologischen Karte des Balkans, sondern ebenso
in einer reichen Fülle präziser stratigraphischer Beobachtungen, welche
nur teilweise in der geologischen Karte zur Darstellung gelangten [3]).

---

[1]) Franz Toula. Materialien zu einer Geologie der Balkanhalbinsel. Jahrb.
d. k. k. geol. R.-A. 1883, 33. Bd., 1. Heft.

[2]) Geographisches Jahrbuch von H. Wagner. Bd. XXV, 1903, pag. 180—187.
Dieselbe Zeitschrift Bd. XXVI, 1903 (Bericht von Prof. Th. Fischer), pag. 29—35.

[3]) Franz Toula. Geologische Untersuchungen im östlichen Balkan und
abschließender Bericht über diese geologischen Arbeiten im Balkan. Bd. LXIII.
Denkschr. der kais. Akad. d. Wissensch. Wien 1896; hier sind alle, von F. Toula
publizierten Arbeiten über die Geologie des Balkans zitiert.

Diese Beobachtungen bieten zahlreiche und sichere Anhaltspunkte für eine geologische Detailaufnahme von Bulgarien. Und da
hat Georg Zlatarski angesetzt. In den letzten Jahren bereiste er
Nordbulgarien mit dem Balkan nach allen Richtungen und hat es auf
der russischen Karte 1 : 126.000 geologisch kartiert. Von diesen Aufnahmen ist ein Blatt, die Umgebung von Sofia mit dem Iskardefilé, in
den letzten Tagen mit einem begleitenden Text erschienen [1]. Ich
nahm noch Einsicht in einige Blätter, die bald erscheinen werden. Die
Karte von Zlatarski kann nicht als eine geologische Detailkarte
betrachtet werden. Sie enthält aber doch auch zahlreiche neue Beobachtungen. Dank einer genauen kartographischen Grundlage, die ihm die
russische Karte bot, und den zahlreichen Touren, die er unter den
geänderten politischen Verhältnissen ausführen konnte, sind die
Formationsgrenzen detaillierter und genauer verzeichnet und zahlreiche
neue Vorkommnisse der bekannten Formationen eingetragen. Das
wichtigste Resultat der Forschungen Zlatarskis, welches auch auf der
Karte zur Darstellung gelangt, ist die Gliederung der bulgarischen Kreide.

Von der oberen Kreide sind auf der Karte zuerst beide Glieder
des Senon, das Aturien und das Emscherien, ausgeschieden worden,
weiter das Turon und das Cenoman. Die Gosauschichten sind an zahlreichen Punkten festgestellt und zeigen eine große Verbreitung. Von
der unteren Kreide fehlen das Albien und das Aptien vollständig.
Eine große Verbreitung zeigt das Barrémien und das Neocomien. Das
Barrémien kommt in der jurassischen und alpinen Ausbildung vor; in
der ersteren unterscheidet Zlatarski erstens die Flyschfacies und
zweitens die koralligene Facies mit Wechsellagerung der Requienien-
und Orbitolinenschichten und die Orbitolinenschichten allein. Im alpinen
Barrémien lassen sich die lehmigen Kalke mit aufgerollten Cephalopoden und koralligene Kalke mit Requienien und Orbitolinen ausscheiden.

Die Gebiete von Südbulgarien untersuchte G. Bončev. Er hat
zuerst das Sakargebirge, zwischen Marica und Tundža im NW von
Adrianopol, erforscht und eine petrographische Skizze desselben
1 : 420.000 publiziert. Gleich darauf hat er den interessanten isolierten
Höhenzug des heiligen Ilija im NW von Jamboli petrographisch im
Maßstabe 1 : 210.000 aufgenommen sowie auch einen großen Teil der

---

[1] G. Zlatarski. Die geologischen Verhältnisse der Umgebung von Sofija
und vom Iskardefilé. Jahrbuch der bulgarischen naturforschenden Gesellschaft.
1903. Mit einer geol. Karte 1 : 150.000. — Geologisch-petrographische Beschreibung
der Srednja gora 1893. — Geologische Untersuchungen im Norden des Balkans.
1888. — Eine geologische Exkursion im südwestlichen Bulgarien 1885. — Paläo-
geographie von Bulgarien 1898. Alles bulgarisch in Periodičesko spisanie, Bd. II,
III, VI und X.

westlichen Rhodope im Süden von Philippopel. Anschließend an den von Zlatarski erforschten westlichen Teil der Srednja gora untersuchte Bončev die östliche Partie dieses Gebirgszuges, die zwischen den Flüssen Strema und Tundža liegt und die Karadža oder Srnena gora genannt wird; die Abhandlung begleitet eine petrographische Skizze 1:500.000. Auf allen petrographischen Skizzen von Bončev werden verschiedene Arten der kristallinischen Schiefer, Granite und jüngere eruptive Gesteine ausgeschieden; die Sedimentgesteine, welche in den erwähnten Gebieten auftreten, sind meist nur nach ihrem petrographischen Habitus bezeichnet, ohne Rücksicht auf ihr geologisches Alter zu nehmen [1]).

Im ähnlichen Sinne und ebenso fleißig arbeitet Lazar Vankov, welcher seine Aufmerksamkeit vorzugsweise den Thermen- und Erzgebieten Bulgariens schenkt. Er untersuchte die Umgebungen von Čustendil, Meričleri und die Thermen von Sliven in Südbulgarien, weiter den Šipkabalkan und die Therme von Vršec in Nordbulgarien [2]).

Die in deutscher Sprache verfaßten methodisch ausgeführten Arbeiten von St. Bončev über das Tertiär von Haskovo [3]) und von Luka Dimitriev über das Vitošagebirge [4]) sind bekannt.

---

[1]) G. Bončev. Das Vcrilagebirge, petrographisch. Periodičesko spisanie, Bd. LX, 1899. — Eruptivgesteine von Glušnik und Gornje Alexandrovo. Ibid. Bd. LXI, 1900. — Die Gesteinsarten der Monastirska Visočina. Ibid. Bd. LXI, 1900. — Petrographische Notizen über die Küste des Schwarzen Meeres von Eusiné bis Ćupria. Ibid. Bd. LXI, 1900. — Beitrag zur Petrographie der westlichen Rhodope. Ibid. LXII, 1901. — Das Sakargebirge, petrographisch. Sbornik, Bd. XVI, 1900. — Beiträge zur Gesteinskunde des Höhenzuges des heiligen Ilija, Sbornik, Bd. XVIII, 1901. — Beitrag zur Petrographie der Srednja gora. Sbornik, Bd. XIX, 1903.

[2]) L. Vankov. Šipkabalkan und Umgebung, geologisch und petrographisch. „Rad“ der südslaw. Akad. d. Wiss. Agram. Bd. CXI, 1892. — Beitrag zur Geologie der Umgebung von Meričleri. Sbornik, Bd. XII, 1895. — Kohlenvorkommnisse im Zentralbalkan. Jahrbuch der bulgarischen naturforschenden Gesellschaft, Bd. I, 1898. — Geologische Verhältnisse der Gegend westlich von Trn-Ćustendil. Sbornik, Bd. XVI, 1900. — Geologische Beobachtungen in den Tunnels an der Eisenbahnlinie Sofija—Roman. Zeitschrift des bulgarischen Ingenieur- und Architektenvereines, Bd. IV, 1900. — Geologische Verhältnisse der Umgebung von Vršec und die Thermen von Vršec. Periodičesko spisanie, Bd. LXII, 1901. — Hydrogeologische Studien in der Umgebung von Sliven. Periodičesko spisanie, Bd. LXIV, 1903. Die Arbeiten von Bončev und Vankov sind nur bulgarisch erschienen. Sie werden von Karten und Skizzen begleitet.

[3]) St. Bontscheff. Tertiärbecken von Haskovo. Jahrb. d. k. k. geol. R.-A. Bd. XLVI, pag. 309—384, 1896.

[4]) Luka Dimitrov. Beiträge zur geologischen und petrographischen Kenntnis des Vitošagebirges in Bulgarien. Denkschriften d. kais. Akad. d. Wissensch. Wien, math.-naturw. Kl. Bd. LX, pag. 477—530, 1893.

Ich habe die eiszeitlichen Spuren im Rilagebirge und die Diluvialablagerungen im Balkan untersucht[1]). Weiter untersuchte ich in drei
Sommern die tektonischen Verhältnisse des Balkans und die Ergebnisse
dieser Forschungen sind auf den vorgeführten geologischen Profilen
und Skizzen dargestellt; eine Übersichtskarte der tektonischen Verhältnisse des Balkans wird als Beilage zu dieser Arbeit gedruckt.

Es sind die Arbeiten älterer Forscher (insbesondere von A. Boué,
A. Viquesnel, F. v. Hochstetter, Herder, E. Tietze, F. Toula
und anderen), welche sich um die Geologie Serbiens verdienstlich
gemacht haben, bekannt und gewürdigt worden. Auf Grund ihrer Arbeiten
sowie seiner eigenen Beobachtungen und jener jüngerer Forscher hat
J. M. Žujović die bekannte kleine geologische Karte von Serbien
bearbeitet[2]). Von den Erläuterungen, welche die letzte Ausgabe dieser
Karte begleiten, sind die Studien von Žujović über die Eruptivgesteine hervorzuheben[3]).

In den letzten Jahren sind wichtige Arbeiten über die Geologie
Serbiens erschienen; es wurden weiter die ersten Schritte getan, um
die geologische Detailaufnahme des Landes vorzunehmen[4]).

Die als kristallinisch bezeichneten Gebiete von Westserbien
studierte seit einigen Jahren Sava Urošević und er kam zu dem
Ergebnis, daß sie meist als paläozoische, durch Kontaktmetamorphismus
veränderte Schiefer zu betrachten sind. Die Erscheinungen des Kontaktmetamorphismus wurden durch Granit und Mikrogranulitdurchbrüche
und durch Granitlaccolithe verursacht; solcher Natur sind die als
kristallinisch bezeichneten Schiefer der Gebirge Cer, Boranja, Venčac,
Bukulja und Vagan[5]). Die kristallinischen Schiefer im N von Ostserbien an der Donau haben eine weit geringere Verbreitung, als man
bis jetzt annahm[6]), und stimmen darin und nach ihrer petrographischen

---

[1]) J. Cvijić. Das Rilagebirge und seine ehemalige Vergletscherung. Zeitschr.
d. Gesellschaft f. Erdkunde. Berlin 1898. — Neue Ergebnisse über die Eiszeit der
Balkanhalbinsel. „Glas" der Akad. d. Wissensch. Belgrad, Bd. XLVI.

[2]) J. M. Žujović. Geologische Übersicht des Königreiches Serbien. Jahrb.
d. k. k. geol. R.-A., Bd. 36, pag. 71—124.

[3]) J. M. Žujović. Geologie von Serbien. Ausgabe d. Akad. d. Wissensch.
in Belgrad (serbisch). I. Bd.: Topogr. Geologie; II. Bd.: Eruptivgesteine, pag. 239.

[4]) Anläßlich des Internationalen Geologen-Kongresses wurde das serbische
Ufer der Donau geologisch 1:75.000 kartiert. Siehe F. Schafarzik: Kurze Skizze
der geol. Verhältnisse und Geschichte des Gebirges am eisernen Thore an der
unteren Donau. Földtani Közlöny XXXIII, Heft 7—9, pag. 1—47.

[5]) S. Urošević. Das Cergebirge. „Glas" der Akad. d. Wissensch. Belgrad,
Bd. LVII, 1899. — Die Gebirge Venčac, Bukulja und Vagan. „Glas" LXI. —
Granite, Peridotite und Serpentine in Serbien (in Žujović, Geologie von Serbien).
— Das Boranjagebirge. „Glas" LXV.

[6]) Eine Mitteilung des Herrn Urošević.

Beschaffenheit mit den kristallinischen Schiefern jenseits der Donau vollständig überein.

Durch Auffindung von Fossilien ist es weiter gelungen, in den als paläozoisch bezeichneten und stark verbreiteten Schiefern von Westserbien wenigstens das Untercarbon festzustellen, so daß man die darunter liegenden paläozoischen Schiefer wohl als Devon ansprechen darf (S. Radovanović). Weiter sind durch M. Živković in den Werfener Schiefern von Westserbien die Campiler und die Seiser Schichten nachgewiesen [1].

Ein eingehendes Studium der stratigraphischen Verhältnisse hat S. Radovanović durch die Untersuchung der Lias- und Juravorkommnisse in Ostserbien eingeleitet, insbesondere durch das Studium des Lias von Rgotina [2]. Derselbe zeigt eine sehr einförmige, vorwiegend sandige Zusammensetzung, es lassen sich jedoch in demselben faunistisch alle drei Liasstufen unterscheiden. Die tiefsten Schichten des unteren Lias sind fossilfrei und kohlenschmitzenführend, die oberen zeichnen sich durch das massenhafte Vorkommen von *Terebratula grestenensis* aus. Der mittlere Lias ist sehr fossilreich; in seinem unteren Teile herrscht *Waldheimia numismalis* vor, daneben kommen in großer Zahl *Spiriferina verrucosa* und *Sp. pinguis*, *Rhynchonella triplicata*, *curviceps* und *argotensis*, *Pholadomya decorata* und *ambigua*, *Belemnites elongatus* etc. vor. Im oberen Lias sind *Gryphaea cymbium*, *Spiriferina rostrata* und *Belemnites paxillosus* vorherrschend. Die sandigen, kohlenschmitzenführenden Liasablagerungen, die sich faunistisch durch das Vorwiegen von Bivalven und Brachiopoden auszeichnen, stellen also eine sublitorale Facies dar und entsprechen den Grestener Schichten des alpinen Lias. Dieselbe Ausbildung zeigen auch die weiteren Liasvorkommnisse im N von Ostserbien, und zwar bei Dobra, zwischen diesem Dorfe und Donji Milanovac, beim Dorfe Toponica und in der Pesača [3]. Zahlreich sind die Liasvorkommnisse im Becken von Timok und im Kreise von Niš und Pirot, insbesondere im letzteren Kreise, wo sie zuerst von F. Toula nachgewiesen wurden; in denselben sind nur einzelne Horizonte des mittleren und oberen Lias konstatiert worden [4].

---

[1] Vorläufige Berichte in den „Zapisnici" der serb. geol. Gesellschaft. Ann. géol. de la Péninsule balc. T. VI.

[2] Dr. S. Radovanović. Die Liasablagerungen von Rgotina. Annales géol. de la Pén. balcanique. T. I.

[3] Dr. S. Radovanović. Der Lias von Dobra. Ibid. III. — Über die unterliassische Fauna von Vrška Čuka. Ibid. V.

[4] V. Ilić. Über die Fauna und stratigraphischen Verhältnisse einiger Liasterrains in Ostserbien. Ann. géol. de la Pénins. balc. VI, pag. 74—108. Belgrad 1903 (serbisch). Ausgeführt vorzugsweise auf Grund der Arbeiten von S. Radovanović.

Der mittlere und obere Jura zeigt in Serbien ebenso wie im Banat und im bulgarischen Balkan einen ausgeprägten alpinen Typus. Die Klausschichten (Crnajka, Boljetin, Greben) sind faunistisch mit jenen von Svinjica identisch. Das Kelloway ist bis jetzt nur im nördlichen Teile von Ostserbien konstatiert (Greben, Boljetin, Ribnica, Vrška ćuka). Eine größere Verbreitung zeigt das Tithon, welches, insbesondere an der Donau, im Süden aber nur stellenweise (Crnajka, Vrška ćuka, Rosomač) nachgewiesen wurde [1]. Es dürften am Greben auch die Schichten des mittleren Dogger vertreten sein [2].

Es ist von großer Wichtigkeit, die Gliederung der Kreideformation vorzunehmen, welche in Ostserbien beinahe die Hälfte des Areals einnimmt. Einzelne Glieder derselben sind von Toula und Žujović stellenweise festgelegt worden. In der neuesten Zeit hat sich D. Antula eine systematische Erforschung der serbischen Kreide zur Aufgabe gestellt. Er hat seine Studien mit einer paläontologischen Abhandlung über das Neocom von Crnoljevica eingeleitet [3]. Aus einzelnen Vorkommnissen, die weder planmäßig verarbeitet noch verfolgt wurden, scheint hervorzugehen, daß wir eine große Verbreitung der Barrémien- und der Gosauschichten zu erwarten haben.

Besser sind wir über das Tertiär von Serbien durch die Arbeiten von S. Brusina, P. Pavlović, S. Radovanović und M. Živković informiert [4]. Es ist festgestellt, daß das marine Paläogen in Serbien vollständig fehlt [5]. Von dem marinen Neogen sind der Tegel und Leithakalk, die sarmatischen und pontischen Schichten, in der neuesten Zeit auch die mäotische Stufe (durch S. Radovanović und P. Pavlović)

---

[1] Dr. S. Radovanović. Über die geolog. Verhältnisse der Umgebung von Crnajka. Ann. géol. de la Pénins. balc. III. — Über die Kellowayschichten von Vrška Ćuka. Ibid. IV. — *Belemnites ferrugineus n. sp.* Ibid. IV. — Žujović. Note sur la crête Greben. Ibid III.

[2] Žujović. Op. cit.

[3] Dr. D. Antula. Das mittlere Neocom von Crnoljevica. Annales géol. de la Péninsule balcanique. T. VI, pag. 6—74. Belgrad 1903. Serbisch.

[4] S. Brusina. Frammenti di Malacologia tertiaria Serbia. Annales géol. de la Péninsule balcanique. T. IV, pag. 25—75. Belgrad 1893. — P. Pavlović. Die II. Mediterranstufe von Rakovica. Ann. géol. de la Péninsule balc. T. II, pag. 17—69. Belgrad 1890. — Dr. S. Radovanović und P. Pavlović. Über die geol. Verhältnisse des serbischen Teiles des unteren Timokbeckens. Ibid. T. IV, pag. 89—133. — P. Pavlović. Annales géol. T. VI. pag. 341, 342. S. Radovanović. Ibid. pag. 341 (kurze vorläufige Berichte). — M. Živković. Das Tertiär des mittleren Teiles des Timokbeckens. Ibid. Bd. IV. — P. Pavlović. Die Melanopsidenmergel und verwandte Bildungen der Balkanhalbinsel, pag. 18. Belgrad 1901.

[5] Doch ist es sicher, daß das Süßwasserpaläogen im Norden von Alexinac vorkommt.

festgestellt worden. Es ging weiter klar hervor, daß das jüngere Neogen durch den Donaudurchbruch und die Gebirge Ostserbiens in zwei Partien getrennt ist, welche ganz verschiedene Typen aufweisen: das jüngere Neogen im Osten zeichnet sich faunistisch durch viele rein russische Elemente aus, während das Neogen im NW mit jenem des pannonischen Beckens übereinstimmt. Angeregt durch die Arbeiten von S. Brusina, hat P. Pavlović begonnen, die Fauna des serbischen Süßwasserneogens zu bearbeiten und diese Untersuchungen auch auf einige Becken von Altserbien auszudehnen [1]).

Ich habe das Gebiet des Kučajgebirges geologisch 1:75.000 aufgenommen [2]) und hierauf vorzugsweise die tektonischen Verhältnisse von Serbien untersucht [3]). Die Ergebnisse der vorerwähnten stratigraphischen Forschungen habe ich dabei benützt, mußte aber oft die Formationsgrenzen genauer feststellen, hie und da auch die stratigraphischen Verhältnisse studieren. Das paläontologische Material, das ich dabei sammelte, ist teilweise von D. Antula und V. Ilić verwertet worden. Weiter untersuchte ich die Schotterablagerungen der Flußtäler und Becken von Serbien, die Höhlen und unterirdischen Flußläufe von Ostserbien, endlich die Torfmoore [4]).

In Altserbien und Makedonien, selbst in einigen Gebieten von Albanien, ist das geologische Forschungswerk, welches nach den großen Reisen von A. Boué und A. Viquesnel durch Jahrzehnte fast vollständig geruht hat, wieder in Angriff genommen worden. In fünf Sommern habe ich diese Gebiete besucht und über die Ergebnisse meiner Untersuchungen vorläufige Berichte [5]) und zwei tektonische Skizzen mit geologischen Grundlagen publiziert [6]). Einige Monate später veröffentlichte Dr. K. Österreich die geologische Karte einer großen Partie desselben Gebietes [7]). Von der Bearbeitung des reichen mitgebrachten Materials in Anspruch genommen, bin ich erst jetzt im-

---

[1]) P. Pavlović. Materialien zur Kenntnis des Tertiär in Altserbien. Annales géol. T. VI, pag. 155—190. Belgrad 1903 (serbisch).

[2]) J. Cvijić. Die geologischen und geographischen Untersuchungen im Kučajgebirge Ostserbiens. Annales géol. T. V, pag. 5—173.

[3]) Die Struktur und die Einteilung der Gebirge der Balkanhalbinsel. „Glas" LXIII d. Akad. d. Wissensch., pag. 1—72 (beides serbisch).

[4]) Neue Ergebnisse über die Eiszeit der Balkanhalbinsel. „Glas" LXV. — Über die Torfmoore, Quellen und Wasserfälle in Ostserbien. „Glas" XLVI.

[5]) Die makedonischen Seen. Mitt. d. ung. geogr. Gesellschaft. 1900.

[6]) Tektonische Vorgänge in der Rhodopenmasse und die dinarisch-albanesische Scharung; beides in den Sitzungsber. d. kais. Akad. d. Wiss. Wien, math.-naturw. Klasse, Bd. CX. 1900.

[7]) Dr. K. Österreich. Beiträge zur Geomorphologie Makedoniens. Abh. d. k. k. geogr. Gesellschaft. IV, 2. Wien 1902.

stande, die Resultate meiner geologischen Studien in dieser geologischen Karte (1 : 500.000) von Makedonien und Altserbien vorzulegen [1]).

Wir kennen nunmehr die Grundzüge des geologischen Baues von Bulgarien, Serbien, Makedonien und Altserbien. Beim Studium der tektonischen Verhältnisse habe ich alle erwähnten Arbeiten verwertet, insbesondere jene von F. Toula für den zentralen und östlichen Balkan und die Arbeit von Zlatarski für den bulgarischen westlichen Balkan. Die Ergebnisse meiner Forschungen sind in den vorgeführten geologischen und tektonischen Karten und in den geologischen Profilen [2]) dargestellt. Auf dieser Grundlage lassen sich die strukturellen Verhältnisse der Balkanhalbinsel in folgender Weise feststellen.

Es besteht auf der Balkanhalbinsel eine Masse von kristallinischen Schiefern, welche sich geologisch und tektonisch abweichend von anderen Gebieten der Halbinsel verhalten hat und mit Recht als eine alte Masse bezeichnet wurde. Ich kann über diese alte Rhodopemasse einige neue Ergebnisse vorbringen.

Die Rhodopemasse besitzt, wie man aus der geologischen Karte von Makedonien sieht [3]), eine weit geringere Verbreitung, als bis jetzt angenommen wurde. Sie beginnt weit östlich vom Vardar und die Gebirge Belasica, Šarlija, Pirin und Rhodope mit der Rila bilden den eigentlichen Kern des kristallinischen Massivs, das sich nach N durch Serbien fast bis an die Donau fortsetzt. Die Rhodopemasse besteht hauptsächlich aus Gneis und Glimmerschiefer und zeichnet sich durch große Granitstöcke aus. Im Gegensatze zu den übrigen archäischen Gebieten der Balkanhalbinsel zeigen die kristallinischen Schiefer der Rhodopemasse mannigfaltige Streichrichtungen. Die paläozoischen und mesozoischen Sedimente fehlen im Gebiete der eigentlichen Masse vollständig; sie wurde erst vom paläogenen Meere nördlich überflutet, wobei die Sandsteine abgelagert wurden, welche horizontal über den kristallinischen Schiefern liegen. Auf Grund dieser geologischen Verhältnisse kann man also lediglich den Schluß ziehen, daß die Faltung vor dem Eocän vollständig erloschen war. In den benachbarten Randpartien der Rhodopemasse läßt sich aber eine vorpermische Faltung konstatieren, welche aller Wahrscheinlichkeit nach auch die Hauptfaltung

---

[1]) J. Cvijić. Atlas der großen Seen der Balkanhalbinsel mit 10 Karten. Belgrad 1902. — Geologischer Atlas von Makedonien und Altserbien. 8. Blatt. Belgrad 1903 (seither erschienen).

[2]) Die geologischen Profile, die hier oft erwähnt werden, erscheinen später in einer Arbeit, welche sich eingehend mit der Tektonik des Balkans und Serbiens befaßt und in welcher die Detailbeobachtungen zur Publikation gelangen sollen.

[3]) Geol. Atlas von Makedonien und Altserbien. Blatt II (geol. Karte). Belgrad 1903. Mit französischer gamme des couleurs.

des kristallinischen Kernes war. Wir haben keine Anhaltspunkte dafür, auf eine noch ältere Faltung zu schließen und doch ist eine solche sehr wahrscheinlich. Ebenso lassen sich vom Perm bis zum Eocän keine tektonischen Prozesse mehr in der Rhodopemasse feststellen; es ist aber ebenso wahrscheinlich, daß sie in dieser langen geologischen Zeit nicht geruht haben. In der oligo-neogenen Zeit wurde die alte Masse von zahlreichen Verwerfungen durchsetzt und es bildeten sich die Grabeneinbrüche.

Von dem Kerne der kristallinischen Rhodopemasse gelangt man über ein Zwischenglied, in welchem die sedimentären Formationen nur stellenweise und äußerst lückenhaft vertreten sind, in die großen, mit mächtigen Sedimentgesteinen erfüllten Geosynklinalen des Balkans im N und des dinarischen und griechisch-albanischen Faltensystems im W und NW. Überdies tritt man von dem großen kristallinischen Kerne der Rhodopemasse gegen den Balkan und gegen das dinarische und griechisch-albanische Faltungssystem in immer jüngere Faltungsgebiete ein. Dieselben Verhältnisse lassen sich weit im N in Serbien beobachten. Die Rhodopemasse setzt sich nach N beiderseits des Moravatales fort; sie erscheint meist als eine zusammenhängende Region; nur im äußersten N ist sie in einzelne Schollen zerlegt. Ihre westliche Partie, der Gebirgszug von Rudnik, ist von cretazischen und miocänen Schichten überlagert und erst weiter im W erscheint die mächtige Sedimentzone des dinarischen Systems. Im Gebirgszuge von Rudnik fehlen die paläogenen Ablagerungen, die sarmatischen Schichten ruhen vollständig horizontal, so daß man hier eine vorsarmatische Faltung feststellen kann; weiter im W sind die sarmatischen Schichten im dinarischen System mitgefaltet. Ebenso wie im S erscheint auch hier ein vom Kreidemeer überflutetes Glied der alten Masse, in dem die Faltung vor der sarmatischen Zeit vollständig erloschen war, während sie in dem dinarischen System fortdauerte.

Die Rhodopemasse unterscheidet sich also durch ihre Lage gegenüber den jungen Faltengebirgen von den alten Massen, welche sich an der Außenseite der Alpen, im N, NW und W, befinden. Sie liegt mitten zwischen den jungen Gebirgssystemen der Halbinsel, also auf der Innenseite der Faltenzüge. Die Falten des dinarischen und des griechisch-albanischen Systems sind gegen W geneigt oder überschoben, jene des Balkans sind fast ausnahmslos nach N geneigt, sehr selten überschoben. Dadurch bekommt man den Eindruck, als ob sich die Faltung von der alten Masse aus nach allen Richtungen fortgepflanzt hätte. Infolgedessen läßt sich nicht jene stauende Wirkung auf die jungen Faltengebirge beobachten, wie sie bekanntlich in den Alpen festgestellt wurde und welche als eines der wichtigsten

Merkmale einer alten Masse gilt. Immerhin stehen die Richtungen der großen Leitlinien der Faltengebirge der Balkanhalbinsel in einem innigen Zusammenhange mit der Lage der Rhodopemasse, weil sie um dieselbe herum angeordnet sind. Das dürfte dadurch zustande gekommen sein, daß sie das Ausgangsgebiet für die jungen Faltungen darstellte.

Wenn also jene bekannten Erscheinungen von Stauung fehlen, so kommen doch andere merkwürdige zum Vorschein, die aus der besonderen Lage der Rhodopemasse gegenüber den jungen Faltengebirgen hervorgehen. Sie treten nur an zwei Stellen in Serbien auf und sind dadurch zustande gekommen, daß die O—W streichenden jungen Falten mit den nordsüdlichen Falten der Rhodopemasse zusammentreffen. Die O—W ziehenden Zonen der Kalkgebirge Ostserbiens stoßen am rechten Moravaufer an einzelne Inseln der alten Masse und werden durch dieselben nach N und NO abgelenkt, so daß sie einen merkwürdigen, stark gekrümmten Bogen beschreiben; diese interessante Erscheinung läßt sich auf einer Länge von 60 *km* von Niš bis Gornjak verfolgen. Bei dem Zusammenstoßen sind stellenweise nach W gegen die alte Masse geneigte und überschobene Falten zustande gekommen. Westlich der Morava treten im dinarischen System ähnliche Stauungserscheinungen auf, die ich an anderer Stelle dargestellt habe [1]). Die nach O umgebogenen dinarischen Falten stoßen auf die N—S streichenden älteren Falten des Gebirgszuges von Rudnik und nehmen dadurch einen gewundenen Verlauf an. Beide Erscheinungen beziehen sich auf das Streichen oder auf die Trajektorie der Faltung und vorzugsweise sind diese Eigenschaften der Falten durch die Stauungswirkungen beeinflußt.

In tektonischer Hinsicht besitzen wir also in der Rhodopemasse einen besonderen Typus der alten Massen, der sich durch seine Lage zwischen den jungen gefalteten Gebirgen und an deren Innenseite auszeichnet und dessen stauende Wirkung sich hauptsächlich an der Trajektorie der jungen Falten bemerkbar macht.

Es ist weit schwieriger, die Stellung und die wahre Natur jener Übergangsglieder zu bestimmen, die sich zwischen dem Kern der Rhodopemasse einerseits und dem Balkan, respektive dem dinarischen und griechisch-albanischen System anderseits befinden. Zu solchen gehören: die westmakedonische kristallinische Zone und die der Srednja gora mit Sakar, Strandža etc. Nach ihrer geologischen Entwicklung bilden sie einen Übergang von der Rhodopemasse zum Balkan oder zum dinarischen System.

In der westmakedonischen kristallinischen Zone kommen über den kristallinischen Schiefern paläozoische Schiefer, dann eine mächtige

---

[1]) Die dinarisch-albanesische Scharung. Op. c. pag. 12—14.

Serie von mesozoischen Gesteinen vor, welche größtenteils der Trias und Kreide angehören; im S treten die Flyschgesteine auf. Zwischen der westmakedonischen kristallinischen Zone und der Rhodopemasse breitet sich ein Gürtel von cretazischen, eocänen und oligocänen Schichten aus. Die westmakedonische kristallinische Zone wurde also in den mesozoischen Zeiten und im Paläogen stellenweise randlich vom Meere überflutet, stellenweise sind die mesozoischen Schichten in alten präexistierenden Senkungen abgelagert. Alle Schichten, welche vor den oligocänen Gomberto- und Priabonaschichten zur Ablagerung kamen, wurden eingefaltet. Im zweiten Übergangsgebiete der Srednja gora sind die geologischen Verhältnisse mit jenen in Westmakedonien fast identisch; es tauchen große kristallinische Inseln empor, wie das Sakar- und Strandžagebirge, die große nach O—W streichende Masse der Srednja gora und die höchste Kette des Zentralbalkans; zwischen denselben oder an ihrem Rande sind stellenweise schmale Zonen von mesozoischen Schichten, meist Trias und Kreide, abgelagert, überdies kommen im Sakar- und Strandžagebirge paläogene Schichten vor, welche auf den kristallinischen Schiefern flach auflagern. Die mesozoischen Schichten sind ebenso wie in der westmakedonischen kristallinischen Zone in alten präexistierenden Senkungen abgelagert und dann vor dem Paläogen eingefaltet. Nur in der Kette des zentralen Balkans läßt sich eine oligomiocäne Faltung konstatieren. Weiter nach N gelangt man in die breite Zone der Sedimentgesteine des Balkans, in welcher, und zwar im westlichen Teile, selbst die miocänen Schichten sich an der Faltung beteiligten.

Es scheint, daß man die zwei Gebiete auch auf Grund ihrer tektonischen Eigenschaften als Übergangsregion zwischen der alten Masse und den junggefalteten Gebirgen betrachten muß.

Nach der vorpermischen Faltung sind ihre mesozoischen Schichten auch weiter bis zum Paläogen gefaltet worden. Dann ist die Faltung erloschen, demnach früher als im Balkan oder im dinarischen System. Es ist ferner merkwürdig, daß in der ganzen Gruppe der Srednja gora vorzugsweise ein isoklinales Einfallen der Schichten nach S stattfindet. Im Gegensatze zu der Rhodopemasse zeigen die Falten der Übergangszonen meist eine Konstanz des Streichens, welches sich dennoch mit den Faltenrichtungen der jüngeren Gebirge kreuzt. Die Faltenrichtungen des Sakar-, des Strandža-Gebirges und des Höhenzuges des heiligen Ilija unterscheiden sich von jenen des jungen Balkans; sie verlaufen NW-SO und kreuzen sich mit den O-W streichenden oligomiocänen Falten des Balkans. Einige kristallinische Partien, welche ursprünglich zu der Rhodopemasse gehörten, haben sich noch weiter differenziert, wie die kristallinischen und paläozoischen Kerne der Hauptkette des Balkans. Sie haben sich an der oligomiocänen Faltung des Balkans beteilig und vielleicht erst damals im zentralen Balkan das ostwestliche Streichen angenommen.

Eine ähnliche Erscheinung, wie die oben dargestellte, sieht man in den N—S streichenden, aus Kreideschichten zusammengesetzten Falten des Rudnikgebirges in Serbien, dessen Faltungsrichtung also mit jener der alten Gebirge übereinstimmt und sich von den benachbarten O—W verlaufenden Falten des dinarischen Systems unterscheidet. Im W des Vardartales beobachtet man, daß die Falten der Kreide- und Eocänschichten eine nordwestliche, also dinarische Richtung haben; dasselbe Streichen aber zeigen hier auch die kristallinen Schiefer.

Es läßt sich also ein allmählicher Übergang von der Rhodopemasse zum Balkan und zum dinarischen System konstatieren, und zwar derart, daß man an den äußersten Punkten, im Kern der Rhodope und im jungen Gebirge, großen entwicklungsgeschichtlichen und tektonischen Unterschieden begegnet, welche aber durch eine Reihe von Übergängen verbunden sind. Diese Übergangszonen lassen sich weder als alte Massen noch als Innenzonen der jungen gefalteten Gebirge bezeichnen; sie sind tektonische Übergangsglieder, welche die Verbindung zwischen zwei verschiedenen Gebirgstypen herstellen.

Wir wenden uns nun dem Balkan und den serbischen Südkarpaten zu. Die wichtigsten tektonischen Verhältnisse der westlichen Gebirgssysteme der Balkanhalbinsel sind an anderer Stelle dargelegt worden [1]).

Wie gesagt, kann man auf eine vorpermische Hauptfaltung in der Rhodopemasse fast mit Bestimmtheit schließen. Sie läßt sich aber erst durch die Beobachtungen in der Übergangszone und in jenen kristallinischen und paläozoischen Kernen feststellen, die im zentralen und westlichen Balkan auftreten und deren Stellung gegenüber der Rhodopemasse charakterisiert wurde. Dadurch ist es klar, daß sich in der Mitte und in der östlichen Hälfte der Balkanhalbinsel nicht die kristallinischen Schiefer allein, sondern ebenso alle vorpermischen Formationsgruppen tektonisch als eine alte Masse oder besser als ein altes Gebirge verhalten. Im ganzen Gebiete beobachtet man eine durchgreifende Diskordanz zwischen Carbonschiefern und allen darauffolgenden Formationsgruppen. In Westmakedonien beobachtete ich im Galicicagebirge eine solche Diskordanz zwischen den triadischen roten Schiefern und Sandsteinen und den darunter liegenden paläozoischen Schichten. Dieselbe Diskordanz zeigen die triadischen Kalke und Dolomite in Poreč in Makedonien. Aus diesen Profilen geht hervor, daß man jene Diskordanz an zahlreichen Punkten im West- und Zentral-

---

[1]) Die dinarisch-albanesische Scharung. Sitzungsberichte d. kais. Akad. d. Wiss., math.-naturwiss. Klasse, Bd. CX, 1901, pag. 42.

balkan beobachten kann. Am klarsten sind die Verhältnisse im Iskardefilé, wo jene Diskordanz zwischen Verrucano- und Culmschiefer zuerst von Toula beobachtet und betont wurde. In besonderer Klarheit sieht man die Diskordanz im Tetevenbalkan, und zwar zwischen den paläozoischen einerseits und den triadischen und liassischen Schichten anderseits. Vorzugsweise mit der vorpermischen Faltung stehen die Eruptionen der Granite, Quarzporphyre, Porphyrite etc. im Zusammenhange.

Vor allem also müssen wir im großen Balkansystem, welches aus drei bis sieben Ketten besteht, den alten vorpermischen Balkan oder jenes alte Gebirge ausscheiden, welches als Anlage zur Bildung der heutigen höchsten Kette des Balkans gedient hat. Das sind die kristallinischen und paläozoischen Gebirgskerne des westlichen und zentralen Balkans. Sie bildeten mit der Srednja gora, dem Sakar- und Strandžagebirge ein selbständiges Gebirge, welches im großen und ganzen eine Streichrichtung von NW nach SO besaß, in den voreocänen Zeiten von der Rhodopemasse durch den Einbruchsgraben der Marica getrennt war und sich als eine tektonische Überganszone zwischen der Rhodopemasse und dem jungen in Bildung begriffenen Faltungssystem verhielt. Ein Teil dieser Zwischenzone, und zwar jene paläozoischen und kristallinischen Kerne, welche jetzt die höchste Kette des westlichen und zentralen Balkans darstellen, wurden zuerst von einer schwachen vorobercretazischen, dann von der jungen, intensiven oligo-miocänen Faltung ergriffen. Am Südrande dieser von junger Faltung ergriffenen Masse entstanden zahlreiche O—W verlaufende Brüche, stellenweise auch Einbruchsgräben, durch welche diese gefaltete Masse von der Übergangszone getrennt wurde [1]). Einige dieser Gräben waren schon während der unteren Kreide vorgezeichnet, so daß diese im Miocän vollzogene Trennung der erwähnten Balkankerne von der Übergangszone bereits früh angedeutet war. Dadurch setzte sich jener Differenzierungsprozeß in der Rhodopemasse fort.

Im Gegensatze zu dieser höchsten Balkankette sind alle übrigen Ketten sowie auch der ganze Ostbalkan ein junges oligomiocänes Gebirge ohne bedeutendere ältere Anlage. Es gibt zwar kleinere Diskordanzen zwischen einzelnen Formationsgruppen, welche auf ältere unbedeutende Faltungen hinweisen: die stärkste solcher Diskordanzen beobachtet man zwischen der unteren und oberen Kreide, die Hauptfaltung aber fand in der oligomiocänen Zeit statt. Es scheint, daß sich dieselbe von S nach N fortpflanzte, weil die Falten meist nach N geneigt, am Rande der nordbulgarischen Tafel stellenweise nach N

---

[1]) Auf diese südbalkanische Reihe von Becken hat zuerst F. v. Hochstetter hingewiesen.

überschoben sind; weiter nimmt die Faltungsintensität von S nach N ab, wenn man von einigen starken Störungen am Rande der bulgarischen Tafel absieht.

Im jungen oligomiocänen Faltengebirge sind zwei tektonisch verschiedene Zonen zu unterscheiden: die eine bilden alle jene Ketten, die der höchsten Kette des Zentralbalkans im N vorgelagert sind, die zweite stellt der Ostbalkan dar. Die erstere zeichnet sich durch bogenförmig verlaufende normale Falten mittlerer Faltungsintensität aus, in denen die roten Sandsteine und Triaskalke als die ältesten Glieder zum Vorschein kommen. Kleine Überschiebungen treten nur im westlichen Teile, und zwar am Fuße der Faltung, an der Grenze zwischen der letzten Falte und der Tafel auf; im östlichen Teile des Zentralbalkans, zwischen Sevlijevo, Trnovo und Zlatarica, erscheinen geradlinige Längsbrüche statt der Überschiebungen. Die Längsbrüche sind auch sonst im ganzen Gebiete nicht selten und dienten oft als Anlage der Talbildung.

Durch eine merkwürdige Faltung charakterisiert sich der Ostbalkan. Es ist eine seichte, oberflächliche, nicht tief eingreifende Faltung, welche sich in Flyschgesteinen abspielt; die Trias- und Juraschichten sind nur an drei Stellen, bei Kotel, im Balkan von Dervent und von Preslav, und zwar allein durch eine lokal intensivere Faltung entblößt. Die Faltung hat nicht alle Schichten und das ganze Areal des Ostbalkans ergriffen. Zwischen den einzelnen krampfhaft gefalteten Zonen treten ausgedehnte, meist linsenförmige Einschaltungen auf, in denen die Schichten horizontal oder fast horizontal liegen. Diese fast ungestörten Flächen sind bis 15 *km* lang, 5—6 *km* breit, meist aber von geringerer Ausdehnung. Man beobachtet sie am besten an der Strecke von Sliven bis Eski-Džumaja, von Karnabat bis Šumen und von Ajtos bis Provadija. Sie sind nicht auf die harten, weniger plastischen Gesteinsarten beschränkt. Diese Art von Faltung unterscheidet sich wesentlich von dem geselligen Auftreten von Antiklinalen und Synklinalen, an das wir gewöhnt sind. Die Trajektorie der Faltung ist eine ganz andere: zwischen einzelnen Strecken, welche prägnant, oft krampfhaft gefaltet sind, schieben sich also ellipsenartige Areale mit fast ungestörten Schichten ein. Das ist eine intermittierende Faltung und die Flächen mit ungestörten Schichten bezeichne ich als aptygmatische (nicht gefaltete) Flächen oder Faltungsbrücken. — In manchen Gebirgen, wie dem Sakargebirge im S von Osmanbazar, treten die steil aufgerichteten Schichten nur an den Gehängen auf, die oberen ausgedehnten Partien des Gebirges bilden eine Platte mit fast horizontalen Schichten; man kann deshalb von einer Art Aufwölbungsgebirgen sprechen. Es ist weiter von Interesse, daß die intermittente Faltung viel weiter in die bulgarische Tafel vorgedrungen ist als die zusammenhängenden Falten des Zentralbalkans. Es herrscht eine fast vollständige Übereinstimmung zwischen der intermittierenden Faltung und der Plastik des Ostbalkans: die Faltungsbrücken sind ausnahmslos in Längstäler verwandelt, die gerade verlaufenden Faltungsstrecken treten als zahlreiche prägnante Kämme des Ostbalkans auf.

Mit einem scharfen, auf Hunderte von Kilometern zu verfolgenden Faltenfuße gehen die erwähnten gefalteten Zonen in die aus cretazischen, mediterranen und sarmatischen Schichten zusammengesetzte bulgarische Tafel über. Sie hat sich nicht vollständig ruhig verhalten. Auch im Norden vom Faltungsfuße kommen flache O—W streichende Falten vor; stellenweise wird diese schwache Faltung belebt, es treten auf einem ellipsenförmigen Areal prägnantere Falten auf, so daß die Niveauunterschiede zwischen der Antiklinale und Synklinale, wie sie bis jetzt vorliegen, 50—80 m betragen. Hier kann man besonders klar die transversalen Synklinalen beobachten, welche stellenweise als Anlage zur Bildung der meridional verlaufenden Täler gedient haben. In dieser Zone kommen auch O—W streichende Längsbrüche vor; sie sind streckenweise zahlreich, wie in der Platte von Debelec bis Samovedeni, und haben oft als Anlage zur Ausbildung einzelner Talstrecken gedient. Jener Teil der bulgarischen Tafel, welcher in der Nähe des Faltungsfußes liegt, zeichnet sich also durch lokal auftretende tektonische Störungen aus und zeigt dadurch eine gewisse Ähnlichkeit mit der ostbalkanischen Zone der intermittierenden Faltung. Im Gegensatze zu diesem Teile zeigen sich im N der bulgarischen Tafel vorzugsweise solche Störungen, welche eine meridionale Richtung haben. Es sind dies vor allem meridionale Brüche. Toula und Zlatarski haben auf eine Reihe von Basaltkuppen hingewiesen, die sich von Sistov nach Süden fortsetzen und einen solchen Bruch bezeichnen. Weiter sind die großen Täler Nordbulgariens, jene von Vid, Osem und Jantra, durch meridionale Brüche prädisponiert; in allen erwähnten Fällen ist der westliche Flügel längs des Bruches abgesunken. Weiter gegen N kommen wir zu dem langen O—W streichenden Donaubruche, welcher zuerst von L. Mrazec festgestellt wurde [1].

Im Westbalkan erscheinen zwei Kerne des alten Gebirges, die größtenteils aus paläozoischen Gesteinen, stellenweise auch aus kristallinischen Schiefern bestehen und von granitischen Gesteinen durchbrochen sind; beide haben sich an der jüngeren oligomiocänen Faltung beteiligt. Der eine alte Kern zieht sich vom Kadibogaz in Serbien bis zum Iskardefilé und beiderseits schließen sich an denselben der

---

[1] L. Mrazec. Quelques remarques sur les cours des rivières en Valachie. Extrait de l'Annuaire du Musée géologique de Bucarest 1896, pag. 55.

Verrucano und der rote Sandstein, die Triaskalke, Lias, Dogger, Malm und die Kreideschichten. Diese Gruppe von Falten zeichnet sich durch zwei wichtige Eigenschaften aus. Die Faltungsintensität nimmt im SO, in der Nähe des Iskardefilé, sehr stark ab; die Falten werden so flach, daß die Verrucano-, Trias- und Juraschichten, welche weiter im W stark gefaltet sind, im Iskardefilé fast horizontal liegen. Jenseits dieser Region beginnt im Osten eine neue Gruppe von Falten, die ebenfalls einen paläozoischen Kern haben und dem Zentralbalkan angehören. Auch sie werden in der Nähe des Iskardefilés niedriger, haben also hier geringe Faltungsintensität. Überdies streichen diese zwei Gruppen von Falten nicht gegeneinander, sondern die erstere ist gegen N vorgeschoben, die letztere gegen S. Dadurch ist die Umgebung des Iskardefilés zu einer wichtigen tektonischen Grenze geworden, an der die vorpermische sowie auch die junge Faltung an ihrer Intensität eingebüßt haben. Solche zwischen zwei Gruppen von Falten liegende strukturelle Vertiefungen nenne ich strukturelle Tiefenzonen. Durch eine solche wurde also die tektonische Anlage zur Bildung des Iskardurchbruchstales gegeben. Dadurch erhält man auch eine tektonische Grundlage für die Trennung des West- und Zentralbalkans; und weil wir eine solche für die Ausscheidung des Ostbalkans ebenfalls besitzen, bleiben die Namen dieselben, aber die Einteilung bekommt eine geologische Basis.

Zwischen Kadibozag und Belogradžik liegt ein zweiter paläozoischer Kern und über ihm lagern diskordant jüngere sedimentäre Gesteine. Die Falten dieser Gruppe haben einen bogenförmigen Verlauf. Beim Kadibogaz stoßen an dieselben unter einem rechten Winkel die Falten der ersten Gruppe und dadurch ist der tiefe tektonische Sattel Kadibogaz prädisponiert.

An der bulgarischen Seite dieser zwei Faltengruppen wiederholen sich, wenige Abweichungen ausgenommen, ähnliche tektonische Verhältnisse, wie wir sie an den jungen Ketten des Zentralbalkans gesehen haben. Von ganz anderer Art sind die Verhältnisse auf der serbischen Seite.

Im Gegensatze zum Zentralbalkan erscheint im S und W vom Westbalkan ein 40—60 km breiter Gürtel, vorzugsweise aus mesozoischen Gesteinen zusammengesetzt, die sich von Sofija, Dupnica und Samokov bis an die Donau verfolgen lassen und in die mesozoische Zone des Banater Gebirges übergehen. Dieser mesozoische Gürtel erscheint in der Fortsetzung der Srednja gora. Er ist eingekeilt zwischen den erwähnten alten Kernen des Westbalkans und der alten Masse im W und stellt eine breite tektonische Senkung dar, in der die sedimentären Schichten abgelagert und dann bis zu der levantinischen Stufe eingefaltet wurden. Es lassen sich in dieser mesozoischen Zone folgende tektonische Elemente ausscheiden:

1. Eine Gruppe von Falten, die nach S und W bis zu den Becken von Sofija, Pirot, Bela Palanka und Niš reicht. Sie verhält sich ebenso wie der paläozoische Kern des Westbalkans und macht dieselbe Biegung aus der O—W- in die NW-Richtung mit.

2. Südlich von den genannten Ketten erscheint eine zweite Gruppe von Falten, welche die westbalkanische Biegung nicht mitmachen, sondern NW—SO als gerade verlaufende Falten streichen; im W stoßen diese Falten mit jenen der vorerwähnten Gruppe unter einem spitzen Winkel zusammen. Zwischen diesen zwei Gruppen von Falten befindet sich ein alter untercretazischer oder vielleicht noch älterer Einbruchsgraben mit Andesiten und einer Wechsellagerung von Gosauschichten und Andesittuffen, welche während der oligomiocänen Faltung eingefaltet wurden und niedrige, geradlinig verlaufende Kämme bilden.

3. Die dritte Gruppe von Falten tritt im N des Beckens von Niš auf und zieht sich bis zum Becken von Homolje (Žagubica) nahe an die Donau fort. In ihrem östlichen Teile haben diese Falten eine NW—SO-Richtung, biegen dann plötzlich unter einem rechten Winkel nach W um, behalten kilometerweit O--W-Richtung, bis sie die Insel der alten Masse am rechten Moravaufer erreichen. Jene rechtwinkelige Umbiegung läßt sich besonders klar im Rtanjgebirge im Blindeirtale nördlich von Zlot und an mehreren Stellen im Kučajgebirge beobachten; sie zeichnet sich durch Längsbrüche und Andesiteruptionen aus. Es wurde erwähnt, daß die westlichen Partien dieser Faltung infolge der Stauung durch die alte Masse nach NW, N und NO umbiegen und dadurch einen starken Bogen beschreiben. Aus den Profilen sieht man ferner, daß diese Falten nach W geneigt, stellenweise überschoben, manchmal auch durch meridional streichende Brüche abgeschnitten und in das Moravatal abgesunken sind. An solchen Stellen erscheinen die Andesit- und Dacitdurchbrüche und durch den Kontaktmetamorphismus sind die Kalke in Marmor verwandelt. Die Gebirge Ostserbiens sind also gegen das Moravatal durch eine 40--50 km lange Kalkwand oder ein Escarpement begrenzt, das aus Schichtköpfen aufgebaut erscheint. Im Gegensatze zu den übrigen, meist longitudinalen und je nach dem Schichtstreichen NW—SO oder O—W verlaufenden Tälern von Ostserbien haben sich durch diese Kalkwand zahlreiche Durchbruchstäler Bahn gebrochen. Hinter einem Durchbruchstal befinden sich in der Regel die Ablagerungen der Süßwasserseen, welche erst zu Beginn des Diluviums angezapft und entleert wurden. Einige von diesen Durchbruchstälern sind aus konsequenten Tälern hervorgegangen, welche durch die rückwärts-

46*

schreitende Erosion nach O fortgesetzt wurden. Die transversalen Synklinalen erscheinen oft als Anlagen zur Bildung solcher Durchbruchstäler.

4. Mitten zwischen den beschriebenen Falten der mezozoischen Zone Ostserbiens, dem eigentlichen Westbalkan und den Südkarpaten, welche bekanntlich die Donau überschreiten, liegt der große Einbruchsgraben von Crna Reka (Zaječar). Er war der Schauplatz großartiger Eruptionen von Andesit, Trachyt, Augitlabradorit und Amphiboldacit, welche während der Kreide begannen und sich bis in das Miocän fortgesetzt haben. Ihre Eruptionen sind begleitende Erscheinungen der jungen Faltung, ebenso wie jene der Granite, Quarzporphyre, Porphyrite etc. der vorpermischen. Sie erscheinen auf der Süd- und Westseite des Balkans und lassen sich vom Schwarzen Meere bis an die Donau verfolgen; sie überschreiten die Donau und begleiten weiter die Westseite des Banater Gebirges und die Innenseite der Karpaten. Eine besondere tektonische Bedeutung haben die drei großen Andesitmassen, welche in den alten Einbruchsgräben von Burgas—Sliven am Schwarzen Meere, von Viskjar im W von Sofija und von Crna Reka zum Ausbruche gelangten. Es sind das cretazische oder vorcretazische Einbruchsgräben, in denen die Andesittuffe mit den Kreideschichten (Viskjar und westlich von Burgas) wechsellagernd vorkommen. Alle drei erscheinen an einer wichtigen tektonischen Grenze und scheinen ablenkend auf die Richtung der jungen Falten gewirkt zu haben. Der keilförmige Einbruchsgraben von Burgas—Sliven liegt zwischen den O—W streichenden Falten des Ostbalkans und jenen aus kristallinischen und mesozoischen Schichten zusammengesetzten Falten des Höhenzuges des heiligen Ilija, des Sakar und der Strandža, welche NW—SO streichen. Die Ablenkung der Faltenrichtungen um den alten Einbruchsgraben und die Andesitmasse von Viskjar wurde früher betont. Die merkwürdigen Ablenkungen des Faltenstreichens vollziehen sich aber um den Einbruchsgraben der Crna Reka herum. Im W derselben finden sich die ausgeprägtesten Umbiegungen der jungen Falten der mesozoischen Zone von Ostserbien, im Osten werden die N—S streichenden Falten der serbischen Südkarpaten nach SO, dann nach OSO abgelenkt. Er trennt also als eine resistente Masse die Falten der ostserbischen Gebirge von jenen der serbischen Südkarpaten. Selbst die Falten des westlichen Balkans finden ihren Schluß in dem Einbruchsgraben der Crna Reka.

Die Südkarpaten streichen bekanntlich über die Donau nach Serbien fort. Ihre kristallinischen, paläozoischen und mesozoischen Zonen lassen sich in Serbien verfolgen; sie verschneiden sich nicht und verlieren sich nicht, wie es nach der recht mangelhaften geologischen Karte erscheinen mußte. Ihre Schichten streichen N–S, dann NW–SO, bis sie am Timok in eine OSO-Richtung abgelenkt werden. Die Falten aber spielen eine untergeordnete Rolle. Von weit größerer Wichtigkeit sind die Brüche, vorzugsweise zahlreiche Längsbrüche, welche von Andesiteruptionen begleitet werden. Einige bedeutende Brüche kommen im W der Südkarpaten vor, insbesondere jene von Brestovačka Banja und Crni vrh, die sich westlich vom Gebirge Veliki krš fortsetzen und fast bis an die Donau verfolgen lassen. Mitten durch die serbischen Südkarpaten streicht der große Längsbruch der Porečka Reka, der sich wahrscheinlich weiter längs der Donau bis Orsova fortsetzt und in den Bruch der Cerna übergeht. Der südliche Teil der serbischen Südkarpaten, insbesondere der südlichen Ausläufer der Gebirge Stod und Deli-Jovan, sind von zahlreichen Längsbrüchen zerlegt worden; sie werden von Quarz- und Pyritgängen mit Goldvorkommnissen begleitet. Diese Brüche, ebenso wie die Falten gehen in eine WNW–OSO-Richtung über. Eine solche Zerstückelung durch Längsbrüche, an welche Andesiteruptionen und zahlreiche Erzgänge gebunden sind, zeigt kein anderes Gebiet der jungen Faltengebirge der Balkanhalbinsel und dadurch unterscheiden sich die Südkarpaten wesentlich von dem Balkansystem. Der östliche Rand der Südkarpaten zeichnet sich stellenweise durch kleine Brüche aus; er wird von sarmatischen Ablagerungen begleitet, welche am Rande des Gebirges intensiv bis zu vertikaler Schichtstellung gefaltet sind, weiter nach O, schon in Serbien, vollständig horizontal werden und einen Teil der bulgarischen Tafel bilden.

Wie gesagt, der Einbruchsgraben der Crna Reka trennt die südkarpatischen Zonen von der letzten Faltengruppe des westlichen Balkans. Diese besteht aus einem kristallinisch-paläozoischen Kerne, über welchem diskordant der rote Sandstein, dann die Jura- und Kreideschichten auflagern. Die mesozoischen Schichten sind in eigentümlicher Weise, und zwar von O und W gegen den kristallinisch-paläozoischen Kern, zusammengepreßt; dadurch sind die mesozoischen Schichten auf der Ostseite, bei Belogradžik, in überschobene Falten gelegt; auf der Westseite sind die Falten nur gegen den kristallinischen Kern geneigt.

Zwischen den südkarpatischen und den äußersten westbalkanischen Falten erscheint neben dem Einbruchsgraben von Crna Reka noch eine pénéplain aus gefalteten Barrêmeschichten, in welche der Timok ein ca. 30 km langes Durchbruchstal gesägt hat. Das ist wieder, wie im Iskardurchbruch, eine Zone der schwächsten Faltungsintensität, eine strukturelle Tiefenzone, welche sich zwischen zwei Faltengruppen befindet und welche als Anlage zur Bildung eines Durchbruchstales gedient hat.

Danach können wir in Ostserbien vier tektonische Elemente ausscheiden:

a) Den westlichen Balkan mit jenen aus mesozoischen Gesteinen zusammengesetzten Falten, welche die Biegungen der älteren Gesteinszüge mitmachten.

b) Die Südkarpaten, welche am Timok nach OSO umbiegen und teilweise unter der bulgarischen Tafel austönen.

c) Zwischen Hauptteilen dieser zwei Faltungssysteme liegt der große Einbruchsgraben der Crna Reka, welcher ablenkend auf die jungen Falten gewirkt hat.

Es besteht also keine unmittelbare Verbindung zwischen den Südkarpaten und dem Westbalkan; ferner ist nicht zu beobachten, daß sich einzelne Gesteinszonen der Südkarpaten zerschneiden oder verlieren. Es fehlen also die Erscheinungen, welche auf einen unmittelbaren Übergang und auf eine Torsion der Südkarpaten und des Westbalkans hinweisen.

d) Ganz anders verhält sich die vorzugsweise mesozoische Zone von Ostserbien. Ihre Falten zeigen krampfhafte Bewegungen, welche als Torsionserscheinungen aufzufassen sind, und setzen sich unmittelbar in die Falten der Banater Gebirge fort.

In dieser Weise läßt sich nach unserer heutigen Kenntnis die Frage über die torsionsartige Verbindung zwischen Karpaten und Balkan beantworten, welche von dem großen Meister der tektonischen Forschung Eduard Suess aufgestellt wurde. Es wird dadurch also jene auffallende tektonische und orographische Leitlinie von Südosteuropa nicht bestritten. Es knüpfen sich jedoch an meine Ergebnisse zwei Fragen, welche keineswegs lediglich konventioneller Natur sind, und zwar die Frage über den Begriff eines Faltensystems und über die Elemente und den Begriff einer Leitlinie.

Ein Faltensystem stellt einen Komplex zusammengehöriger Falten dar, welche sich durch spezifische tektonische Eigenschaften von den benachbarten Faltenzonen unterscheiden. Diese Besonderheiten sind sehr mannigfaltig, so daß ein jedes Faltensytem seine Eigentümlichkeiten besitzt. Sie zeigen sich zuerst in der vertikalen Entwicklung der Falten. Der Balkan, als ein Ganzes genommen, zeigt eine normale Faltung, die sich namentlich von der dinarischen Faltung, noch mehr von den komplizierten Faltungen, Überschiebungen und Deckschollen der Alpen unterscheidet. Ich habe auf jenen großen tektonischen Unterschied hingewiesen, welcher sich zwischen dem Balkan und den Südkarpaten zeigt; ebenso sind die tektonischen Verhältnisse der Tatra von jenen des Balkans ganz verschieden. Selbst in einem und demselben Gebirge lassen sich Partien ausscheiden, welche sich durch eine spezifisch eigentümliche Faltung auszeichnen, wie zum Beispiel der Ostbalkan durch seine Faltungsbrücken oder aptygmatischen Flächen. Auf Grund solcher struktureller Unterschiede kann also auch ein Falten- system in einzelne Gruppen geteilt werden.

Ebenso wichtig sind jene tektonischen Eigenschaften, die aus dem Streichen der Falten und einzelner Gruppen von Falten abge- leitet werden können. Ein jedes Faltensystem besteht aus zahlreichen solchen Gruppen von verhältnismäßig kurzen Falten, welche als k l e i n e Einheiten erscheinen. Im Ostbalkan herrschen ausschließlich gerad- linig, im Zentral-, noch mehr im Westbalkan bogenförmig verlaufende Gruppen von Falten, die nebeneinander streichen oder scharungsartig zusammenstoßen. Die Areale, welche sich zwischen zwei solchen Gruppen von Falten befinden, verdienen besondere Aufmerksamkeit. In diesen strukturellen Tiefenzonen setzt die Faltung aus oder wird äußerst schwach. Sie wurden dadurch wichtige tektonische Prädis- positionen, geographische Tiefenlinien, an die sich Sattel- und Tal- bildung (tektonische Sättel, Durchbruchstäler) knüpft. Solcherart sind der t e k t o n i s c h e S a t t e l von Kadibogaz im Westbalkan und Arabakonak im Zentralbalkan, die beiden tiefsten Sättel des West- und Zentralbalkans. In solchen strukturellen Tiefenlinien erscheinen die Durchbruchstäler des Iskar und Timok, wobei sie sich stellenweise in die abgeschwächten Antiklinalen der einen oder der anderen Falten- gruppe eingeschnitten haben. Wie alle Durchbruchstäler sind auch sie erosiven Ursprunges, wurden aber durch die erwähnte tektonische Anlage vorgezeichnet.

Im Bereiche des Donaudurchbruches fehlen Anzeichen einer ana- logen strukturellen Tiefenzone, da man den wahrscheinlichen Bruch zwischen Milanovac und Mehadija zwar nicht als solche, doch als eine unzweifelhafte tektonische Vorlage des Donaudurchbruches auffassen kann. Die Verhältnisse sind um so mehr kompliziert, als die Anwesen- heit von Sedimenten der zweiten Mediterranstufe mitten im Donaudurch- bruche auf die Existenz einer Meeresstraße oder tiefer Buchten in der damaligen Periode schließen läßt.

Die strukturellen Tiefenzonen sind also wichtige Grundlagen, welche zur Ausscheidung und Begrenzung einzelner Partien eines Faltensystems dienen können. Wenn zwei tektonisch verschiedene Gruppen von Falten durch sie weit auseinander gehalten werden, dann kann man sogar von zwei selbständigen Faltensystemen sprechen. Zwischen Balkan und Südkarpaten haben wir außerdem noch den Einbruchsgraben der Crna Reka. Sie lassen sich also als zwei Faltensysteme ausscheiden und begrenzen.

Wir können von großen Leitlinien als Einheiten höherer Ordnung sprechen, welche zahlreiche gleichalterige Faltungssysteme, oft auch solche von ganz verschiedenem tektonischen Typus zusammenfassen. Die Faltungssysteme sind diesen gegenüber kleinere Einheiten, welche innerhalb dieser großen Komplexe auf Grund ihrer spezifischen tektonischen Eigenschaften ausgeschieden werden müssen.

Für die Ausscheidung und Begrenzung eines Faltungssystems können stratigraphische Verhältnisse nicht maßgebend sein. Das Auftreten einer bestimmten Schichtserie oder derselben Faciesbildungen in zwei entlegenen Gebirgen zeigt nur identische oder ähnliche Verhältnisse, unter denen die Schichten abgelagert wurden. Sie stehen in keinem kausalen Zusammenhange mit der Faltenstruktur jener Gebirge und können nicht, wie das oft geschieht, als ein Zeichen für die Zusammengehörigkeit der Gebirge angenommen werden. Die gebirgsbildenden Prozesse haben solche Gebiete ähnlicher Sedimentation meist gleichzeitig ergriffen und so kommt es, daß viele oft weit entlegene selbständige Faltensysteme gleichzeitig entstanden sind. Dieser Zusammenhang hat aber nur eine Bedeutung für die Zusammenfassung zahlreicher Faltungssysteme der Erdkruste in Einheiten höherer Ordnung. In diesem Sinne hat Eduard Suess die stratigraphischen Beobachtungen bei der Feststellung der großen Leitlinien der Erdkruste verwertet. Ich glaube aber, daß man nicht weiter gehen und das Auftreten eines stratigraphischen „alpinen Gliedes" als ein wichtiges Zeichen der Zusammengehörigkeit der Gebirgssysteme betrachten darf.

Von großer Tragweite würde die folgende tektonische Erscheinung der Balkanhalbinsel sein, welche wahrscheinlich mit der Lage der alten Masse im Zusammenhange steht und welche entschieden als eine äußerst hypothetische zu betrachten ist. Ich kann sie an dieser Stelle nur andeuten.

Es stehen uns jetzt zahlreiche Beobachtungen zur Verfügung, denen zufolge wir von einer Senkung des adriatischen Küstenlandes sprechen können und den neutralen Ausdruck „positive Strandverschiebung" nicht mehr brauchen. Es senkt sich nicht nur die Küste, sondern eine große Partie des dinarischen Systems. Für den Skutarisee und viele andere ist durch die Lotungen festgestellt worden, daß ihre tiefsten Bodenflächen seit dem Diluvium so weit gesunken sind, daß sie unter das Meeresniveau reichen. Selbst weit vom Küstenlande, hart an der Wasserscheide des Adriatischen Meeres, wird derselbe Senkungsvorgang konstatiert. Auf Grund dieser Beobachtungen läßt sich die Vermutung aufstellen, daß durch solche Absenkungen gegen das Adriatische Meer die Wasserscheide zwischen demselben und dem Schwarzen Meere nach O verlegt wird [1]).

Ganz entgegengesetzte junge Erscheinungen beobachtet man an der Ostküste der Balkanhalbinsel, welche auf eine negative Strandverschiebung oder eine Hebung hinweisen. Toula hat am Südufer des Devnalimans bei Varna rezente marine Ablagerungen gefunden, welche ca. 7 *m* über dem Meere liegen [2]). An demselben Liman beobachtete ich junge marine Terrassen, welche 10—12 *m* über dem Niveau des Limans liegen. Neumayr fand in den Dardanellen rezente marine Ablagerungen, die sich ca. 7 *m* über dem Meeresniveau befinden [3]). Die Mehrzahl dieser Hebungserscheinungen kommt an der Meeresküste vor; jene von Devna sind ca. 20 *km* von der Küste entfernt. Die Erscheinung ist also nicht auf die Küste beschränkt, sondern setzt sich in das Festland fort und beweist, daß wir es mit einer Hebung der Ostgebiete der Balkanhalbinsel zu tun haben. Dies läßt sich auch an Erosionserscheinungen im bulgarischen Teile des Strandžagebirges nachweisen. Man kann also auf Grund der erwähnten Beobachtungen folgende Hypothese aufstellen: Es findet vom Diluvium angefangen eine Neigung der Balkanhalbinsel statt, indem sich im Westen die Küste und ein großer Teil der dinarischen Gebirge senken, während im Osten eine Hebung der Küste stattfindet, welche sich auch in das Innere erstreckt. Ferner scheint es, daß diese Bewegung um einen Streifen Landes oder um eine Achse stattfindet, welche von NW nach SO durch die Rhodopemasse verläuft und östlich vom Orfano das Ägäische Meer erreicht. Es scheint nun weiter, daß diese an der Balkanhalbinsel gemachte Beobachtung nicht vereinzelt dasteht und daß man vielleicht dieselbe Schlußfolgerung für die Halbinsel Krim ziehen kann, deren südwestliche Küste sich entschieden senkt, während die nördliche sich wahrscheinlich hebt; was die letztere Erscheinung betrifft, sind die Ansichten der Forscher kontrovers [4]).

Es ist ferner merkwürdig, daß man für die Ostgebiete der Balkanhalbinsel auf eine unmittelbar vordiluviale Senkung schließen kann. Bekannt sind jene Ansichten, welche die Bildung des Beckens

---

[1]) Morphologische und glaciale Studien in den Gebirgen von Bosnien etc. II. Die Karstpoljen. Abh. d. k. k. geogr. Gesellsch. Wien. III, 2.

[2]) F. Toula. Geol. Untersuchung im zentralen Balkan etc. Denkschriften der kais. Akad. d. Wissensch. Bd. LXIII, pag. 13. Wien 1896.

[3]) M. Neumayr. Die jungen Ablagerungen am Hellespont. Denkschriften der kais. Akad. d. Wissensch. Wien. Bd. XI, pag. 357—378.

[4]) Ernest Favre. Etude stratigraphique de la partie sud-ouest de la Crimée, 1877. — N. A. Grigorovitsch-Beresovski. Postpliocäne Meeresablagerungen an der Küste des Schwarzen Meeres. Separatabdruck pag. 20. Odessa 1902 (russisch).

des Marmarameeres in die oberpliocäne Zeit verlegen. Richthofen[1]) und Sokolov[2]) erklären die Limane im Gebiete des Schwarzen Meeres als untergetauchte Täler, welche durch eine positive Strandverschiebung unter das Meeresniveau gelangten. Die Bildung der Limane Bulgariens, die ich untersucht habe, stimmt mit dieser Hypothese überein. Auf dieselbe Art erklärt A. Philippson[3]) die Entstehung des Bosporus und der Dardanellen. Erst nach dieser Senkung fand die vorerwähnte Hebung statt. Umgekehrt kann man mutmaßlich für die nordwestlichen Gebiete der Balkanhalbinsel auf eine Hebung im Neogen schließen. Es würde also danach scheinen, daß um jene Achse eine Schaukelbewegung der nordwestlichen und östlichen Gebiete der Balkanhalbinsel seit dem Neogen vor sich geht.

Es entzieht sich zwar in dieser Beziehung vieles einer genauen Prüfung und einer sicheren Schlußfolgerung und die erwähnte Schaukelbewegung der Balkanhalbinsel braucht eine weit striktere Beweisführung, als man jetzt vorbringen kann; es ist also von großem Interesse, noch weiter Beobachtungen zu machen und nach dieser Richtung zu prüfen. Überdies soll man in die geologische Vergangenheit zurückgreifen und durch ein eingehendes Studium der verschiedenen Facies gleichalteriger Ablagerungen im W und O der alten Masse die Schaukelbewegung der Balkanhalbinsel verfolgen. Wenn auch die Faltungsvorgänge störend und selbst facielle Unterschiede erzeugend mitwirkten, so scheint es doch nicht ausgeschlossen zu sein, daß man Hebungen und Senkungen im Osten und Westen der Rhodopemasse konstatieren könnte, die von dem Faltungsvorgange fast unabhängig sind.

---

[1]) v. Richthofen. Führer für Forschungsreisende, pag. 305.

[2]) N. Sokolow. Über die Entstehung der Limane Südrußlands. Trudi geologitscheskoga Komiteta. Taf. X, Nr. 3, pag. 59—103. 1895.

[3]) A. Philippson. Bosporus und Hellespont. Mit 2 Abbildungen und einer Kartenskizze. Geographische Zeitschrift für das Jahr 1898, pag. 16—26.

Der Balkan, die Srednja gora
und die Gebirge Ostserbiens
im Maßstabe 1 : 1,200,000
TEKTONISCHE SKIZZE
von
J. Cvijić

Farben- und Zeichen-Erklärung

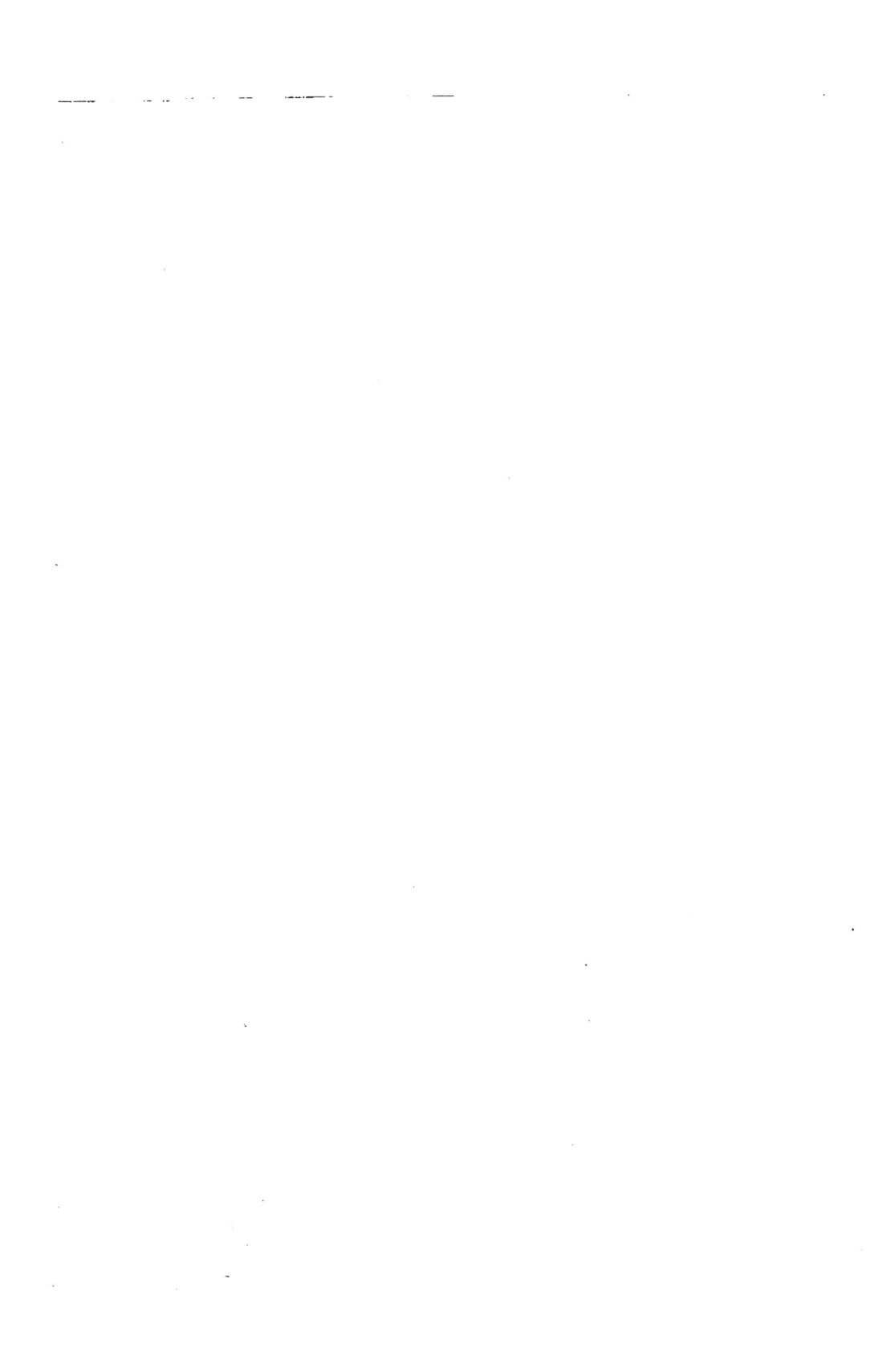

Über den Stand der geologischen Kenntnis von Griechenland.

Von Prof. Dr. Alfred Philippson (Bonn).

Griechenland, das Bindeglied Asiens und Europas, das Land reichster und auffallendster Gliederung, die Wiege unserer Kultur, ist ein Gebiet von höchstem naturwissenschaftlichen wie historischen Interesse. Man sollte glauben, daß ein solches Land zu den am eingehendsten erforschten der Erde gehören müsse. Dennoch teilt es durchaus das Schicksal der anderen Teile der Balkanhalbinsel, daß sein Boden und sein Bau erst spät und unvollkommen bekannt geworden sind. Das archäologische Interesse hat hier das naturwissenschaftliche lange Zeit geradezu erdrückt, statt es zu beleben.

Die Neugriechen selbst, obwohl sie sich für die gebildetste Nation des Orients halten und sich rühmenswerter Bildungsanstalten erfreuen, haben doch bisher für die geologische Erforschung ihres Vaterlandes so gut wie nichts getan. Nicht allein fehlt eine staatliche Landesuntersuchung, sondern auch die wenigen privaten einheimischen Geologen haben bisher fast nur über technische und seismologische Gegenstände publiziert. Das neuerdings erschienene Buch von N e g r i s, Plissements et Dislocations en Grèce (Athènes 1901), ist nicht eine selbständige Forschung, sondern nur ein Hypothesengebäude auf Grund des vorliegenden Materials. So beruht die geologische Kenntnis Griechenlands noch ganz auf den Aufnahmen auswärtiger Forschungsreisender.

Fehlt es doch sogar in Griechenland an einer staatlichen topographischen Karte, so daß man in Süd- und Mittelgriechenland auf die französische Carte de la Grèce in 1 : 200.000, die in den dreißiger und vierziger Jahren des vorigen Jahrhunderts entstand, in den anderen Landesteilen auf die Routenaufnahmen der Reisenden angewiesen ist. So muß der Geologe in Nordgriechenland — wozu ich auch das türkische Epirus rechne — und auf den meisten Inseln sich die topographische Unterlage selbst schaffen, wodurch natürlich seine Arbeitskraft stark beansprucht wird. Wenn man dazu die meist beschränkte Zeit und die abgemessenen Geldmittel der Reisenden, den überaus mangelhaften Zustand der Wege, die ungenügende leibliche Pflege und das oft recht wilde Gelände bedenkt, so wird man nicht erwarten können,

47*

daß die Ergebnisse der bisherigen geologischen Erforschung im größten Teile Griechenlands sich an Sicherheit und Spezialisierung mit den Aufnahmen in europäischen Kulturländern irgendwie vergleichen lassen. Es ist lediglich Pionierarbeit, die hier bisher geleistet worden ist, wenn wir von den Spezialaufnahmen in Attika durch Lepsius absehen.

Die Anfänge der geologischen Erforschung Griechenlands gehen auf die Besetzung des Landes durch die Franzosen am Ende des griechischen Freiheitskampfes zurück. Nach dem ruhmvollen Beispiele der ägyptischen Expedition waren auch diesmal die französischen Truppen von einem Gelehrtenstabe begleitet, dem wir unter anderem die schon erwähnte topographische Karte sowie das große Werk: Expédition scientifique de Morée (Paris 1833) verdanken, in dem auch die erste geologische Darstellung des Peloponnes und der griechischen Inseln des Ägäischen Meeres von Puillon de Boblaye und Th. Virlet nebst einer geologischen Karte enthalten ist. Daß die stratigraphischen und tektonischen Auffassungen der damaligen Zeit die heutige Benutzbarkeit des an trefflichen Beobachtungen reichen Werkes beeinträchtigen, versteht sich von selbst; dazu kommt leider eine recht verworrene und unübersichtliche Darstellung. Immerhin war damit ein Fundament geschaffen, über das man fast ein halbes Jahrhundert nicht hinausgekommen ist.

Denn die geologisch tätigen Reisenden der folgenden Jahrzehnte, unter denen Boué und Viquesnel in Epirus und Thessalien, der sächsische Bergmann Fiedler — der auch eine recht dürftige geologische Karte des Königreiches lieferte — der berühmte österreichische Reisende Russegger in den dreißiger Jahren, Sauvage in den vierziger, Gorceix Anfang der siebziger Jahre zu nennen sind, boten nur einzelne Notizen und Routenbeschreibungen, die heute fast nur historischen Wert besitzen.

Dagegen waren es einige Ereignisse, welche die Aufmerksamkeit der Geologen ganz Europas auf Griechenland lenkten. Erstens der Fund der reichen jungtertiären Säugetierfauna von Pikermi, an welchen sich seit den vierziger Jahren eine umfangreiche paläontologische Literatur knüpfte, auf die hier nicht eingegangen werden soll. Er gab Veranlassung zu der ersten zusammenhängenden Darstellung der Geologie Attikas von Gaudry (1862). Zweitens die großartige Eruption des Vulkans von Santorin (1866—70), die neben den Untersuchungen von Julius Schmidt, von Seebach, Reiss und Stübel — die auch die vulkanischen Gebiete Ägina und Methana darstellten — die große Monographie Santorins von Fouqué veranlaßte. Die zahlreichen heftigen Erdbeben Griechenlands fanden in dem hochverdienten Direktor der Athener Sternwarte Julius Schmidt einen sorgfältigen Beobachter und Bearbeiter, dessen Werk später von Mitsopulos, Skuphos, Pappavasiliou und jetzt von seinem Amtsnachfolger Eginitis fortgesetzt wird. Vor allem aber blieb das Interesse an den fossilreichen Neogenbildungen Griechenlands rege, die in Th. Fuchs einen klassischen Bearbeiter gefunden haben (1876).

So waren bis Mitte der siebziger Jahre wohl einzelne Objekte und Schichtgruppen dem Verständnis erschlossen worden, aber diese Arbeiten blieben Stückwerk, da eine zusammenhängende geologische Untersuchung Griechenlands fehlte. Diese in Gang gebracht zu haben, ist das Verdienst Österreichs. Auf Kosten des hohen Kultusministeriums bereisten österreichische Geologen Teile der ägäischen Küstenländer, und zwar in Griechenland 1875—76 Neumayr, Bittner und Teller, von denen die beiden ersteren nicht mehr unter uns weilen, das östliche Thessalien, ganz Mittelgriechenland und Euböa. Obwohl ihre 1880 publizierten Aufnahmen in räumlicher Beziehung ein Torso blieben, haben sie doch grundlegend gewirkt, insbesondere hat Neumayrs Meisterhand die Tektonik, das Neogen und die Entwicklungsgeschichte in festen Zügen gezeichnet. Andere wichtige Fragen wurden angeregt. Das von Neumayr angeschnittene Problem der kristallinen Schiefer Griechenlands veranlaßte die preußische Akademie der Wissenschaften, R. Lepsius mit einer Spezialaufnahme Attikas (1883 bis 1889) zu betrauen, für die in der preußischen Generalstabskarte dieser Provinz eine treffliche Grundlage vorhanden war. So besitzt Attika allein von ganz Griechenland eine geologische Spezialkarte in 1 : 25.000 (in 9 Blatt), die von einem Textwerk begleitet ist. Einige andere Gegenden Griechenlands sind in letzterem anhangsweise behandelt.

Auch in den übrigen Teilen des Landes wurde alsbald die geologische Untersuchung von anderen Forschern aufgenommen. Nachdem Bücking die Umgegend von Olympia untersucht hatte, führte ich 1887 bis 1889 eine Bereisung des Peloponnes aus; im folgenden Jahre besuchte ich flüchtig das von den Österreichern aufgenommene Mittelgriechenland, um dann 1893 Nordgriechenland (Epirus und Thessalien), mit Ausnahme des schon aufgenommenen Ostthessalien, zu untersuchen. Hier lagen so gut wie gar keine Vorarbeiten vor. Hilber und Cvijié sind nach mir dort gereist, haben aber bis jetzt nur vorläufige Berichte darüber veröffentlicht. Im Jahre 1896 untersuchte ich die meisten zu Griechenland gehörigen Inseln des Ägäischen Meeres, von denen vor mir, außer dem schon erwähnten Santorin, Syra, Tinos und Siphnos von v. Foullon und Goldschmidt, Milos von Ehrenburg, Ägina und Methana von H. Washington bearbeitet worden waren. Die Kosten meiner Reisen wurden zum Teil von der Berliner Gesell-

schaft für Erdkunde getragen. Bei der Bearbeitung unterstützten mich
Lepsius, Bergeat und Kaiser durch Gesteinsuntersuchungen,
Steinmann und besonders Oppenheim in paläontologischer Hinsicht;
hervorzuheben sind des letzteren wichtige Arbeiten über das Neogen
Griechenlands, vornehmlich auf Grund meiner Aufsammlungen. Der
Zweck meiner Reisen war freilich kein rein geologischer, sondern ich
suchte auf Grund des geologischen Baues zu einem allgemeinen geo-
graphischen Verständnis des Landes zu gelangen. In dieser Beziehung
berührten sich meine Arbeiten mit denen Partschs auf den Jonischen
Inseln; leider hat er nur von Korfu eine geologische Karte geliefert.
Seine Arbeiten sind von Leonhard auf Kythera. von Martelli auf
Paxos fortgesetzt, von Issel auf Zante, von de Stefani auf Korfu
und Leukas ergänzt worden[1]).

Neuerdings hat Cayeux die Umgegend von Nauplia im Peloponnes untersucht und auf Grund seiner Ergebnisse auf Kreta die
Verhältnisse des Peloponnes erörtert.

So ist allmählich durch die selbständige Arbeit einer ganzen
Reihe von Forschern die geologische Kenntnis von Griechenland soweit
gediehen, daß nur noch einige unbedeutende Inseln und kleinere Teile
von Epirus und Thessalien gänzlich unbekannt und unkartiert geblieben
sind. Freilich ist die Kenntnis überall noch wesentlich zu vertiefen.
Das Routennetz ist stellenweise noch recht weitmaschig und neue
Fossilfunde werden uns vielleicht noch manche Überraschungen bereiten.
Auch fehlt noch eine zusammenfassende Darstellung des ganzen Landes
in Wort und Karte, eine Aufgabe, mit der ich seit einer Reihe von
Jahren beschäftigt bin. Die einzige einheitliche geologische Karte von
Griechenland — auf der allerdings die meisten Kykladen fehlen — befindet sich auf Blatt 32 der Internationalen Karte von Europa, wo
Griechenland hauptsächlich nach meinen Angaben gezeichnet ist, naturgemäß mit den Beschränkungen in den Ausscheidungen, welche die
internationale Karte verlangt. Sonst besitzen wir nur voneinander unab-
hängige Karten der Teilgebiete:

Ostthessalien von Neumayr und Teller 1:500.000.
Das übrige Nordgriechenland von Philippson 1:300.000.
Mittelgriechenland und Euböa von Neumayr, Bittner und
      Teller 1:400.000.
Attika von Lepsius 1:25.000.
Peloponnes von Philippson 1:300.000.
Inseln des Ägäischen Meeres von Philippson 1:300.000.

---

[1]) Während der Drucklegung dieses Vortrages erschien die Arbeit von
Renz über Korfu (Monatsberichte der Deutschen geol. Gesellschaft 1903, Nr. 5).

Dazu Karten einzelner Inseln:

Syra (1:100.000), Siphnos (1:150.000), Tinos (1:180.000) von
v. Foullon und Goldschmidt.

Milos von Ehrenburg 1:100.000.

Santorin von Fouqué 1:96.000 und von Philippson 1:80.000.

Ägina und Methana von Washington 1:200.000.

Korfu von Partsch 1:300.000 und de Stefani 1:600.000.

Paxos von Martelli 1:75.000.

Leukas von de Stefani 1:400.000.

Zante von Issel 1:200.000.

Kythera von Leonhard 1:300.000.

Werfen wir nun in aller Kürze einen Blick auf die wichtigsten
Tatsachen und Probleme, die sich aus diesen neueren geologischen
Arbeiten über Griechenland ergeben.

Die kristallinen und halbkristallinen Schiefer mit
eingelagerten Marmoren bilden in Griechenland hauptsächlich zwei
große zusammenhängende Regionen: die nordägäische, zu der die ost-
thessalischen Gebirge gehören, und die Kykladenmasse, zu der auch
Südattika und Südeuböa zu rechnen sind. Außerdem treten die kristallinen Gesteine im Peloponnes unter der Decke des Kalkgebirges hie
und da hervor. Eine stratigraphische Gliederung der kristallinen Gruppe
ist von Lepsius in Attika, von mir auf den Kykladen versucht worden;
die Stufen beider Gebiete miteinander zu identifizieren, ist aber mit
Sicherheit noch nicht möglich. Auf den Kykladen treten echte Gneise
in elliptischen Massen hervor, nach oben mit mächtigen Marmoren
wechselnd, zu denen die herrlichen vollkristallinen Edelmarmore, wie
der berühmte Lychnites von Paros, gehören. Um diese Gneiskerne
lagern sich Glimmerschiefer nebst Epidot- und Hornblendeschiefern,
ebenfalls mit eingelagerten, weniger edlen Marmoren, die wiederum
nach oben massenhafter auftreten; endlich als jüngste Glieder Amphibolite und Marmore mit Glaukophanschiefern. Granite durchsetzen die
ganze Schichtfolge. In Attika fehlen dagegen die echten Gneise; hier
liegen zu unterst kalkige Schiefer, darüber zwei Marmorkomplexe,
getrennt durch ein Glimmerschiefersystem. Vielleicht entsprechen diese
attischen Schichten den Glimmerschiefern der Kykladen nebst den
darüber und darunter befindlichen Marmoren. Auch in den übrigen
kristallinen Gebieten Griechenlands fehlen die Gneise oder treten
zurück gegenüber den Glimmerschiefern und den deutlich metamorphischen Phylliten [1]).

---

[1]) Vergl. das „Nachwort".

Neumayr und seine Gefährten hatten in Attika, Euböa und Ostthessalien einen allmählichen Übergang von gewöhnlichen Schiefern und Kalken der Kreideformation in kristalline Schiefer und Marmore beobachtet und erklärten daher die ganze kristalline Gruppe dieser Landschaften für metamorphosierte Kreide, eine Anschauung, die damals das größte Aufsehen erregte. Die Spezialaufnahmen von Lepsius in Attika haben gezeigt — und ich konnte dies im Peloponnes, auf Skyros und den Magnesischen Inseln bestätigen — daß diese Annahme Neumayrs nur teilweise richtig ist. Allerdings ist dort in weitem Umfange Kreidekalk in Halb- oder Ganzmarmor, in Attika auch Kreideschiefer in mannigfaltige kristalline Schiefer verwandelt, die sich durch das häufige Auftreten von Glaukophan auszeichnen. Aber diese metamophosierte Kreide ruht diskordant auf dem älteren kristallinischen Gebirge und ist von diesem zu trennen. Freilich ist auch für die Phyllite, Glimmerschiefer und Marmore dieser präcretazischen Gruppe regionale Metamorphose aus Sedimenten von Lepsius nachgewiesen. Wenn er sie vermutungsweise dem Archäicum zuweist, so schließt er doch paläozoisches oder triadisches Alter nicht aus.

Neuerdings hat nun Cayeux in Kreta in metamorphischen Gesteinen Fossilien der oberen Trias nachgewiesen, so daß die Wahrscheinlichkeit groß ist, daß auch die kristallinen Schiefer Griechenlands wenigstens zum Teil der Trias angehören, wie das ja schon längst von den kristallinen Gebilden der Apuanischen Alpen bekannt ist. An dem archäischen Alter der Kykladengneise zu zweifeln, liegt vorläufig kein Grund vor.

Ist die Trias in Griechenland metamorphosiert, so erklärt sich damit, wieso man dort bisher weder Paläozoicum noch normale Trias mit Sicherheit hat nachweisen können[1]). Als fraglich paläozoisch werden gewisse Schiefer und Kalke der südöstlichen Kykladen angesehen. Die Trias glauben Douvillé und Cayeux in der Argolis gefunden zu haben, doch sind die Beweise dafür nicht über jeden Zweifel erhaben.

Dagegen beginnt die sicher nachweisbare normale Sedimentreihe mit dem mittleren und oberen Lias, Schiefern und hellen Kalken auf Korfu von Partsch und de Stefani[2]), in Epirus von Steinmann und mir nachgewiesen. Darüber folgen die mächtigen fossilarmen mesozoischen Kalkmassen, welche die Gebirge von Epirus und den Jonischen Inseln sowie des östlichen Mittelgriechenland, Euböas, der Argolis und benachbarter Inseln hauptsächlich zusammensetzen. Die meist massigen, hellfarbigen, zuweilen halbkristallinen Kalke werden, namentlich in Ostgriechenland, von zwischen-

---

[1]) Vergl. das „Nachwort".
[2]) Neuerdings auch von Renz. Derselbe hat auch am Kap Scala (Epirus) unteren Dogger gefunden.

gelagerten Tonschiefer- und Hornsteinkomplexen unterbrochen, wozu sich, ebenfalls im Osten, große Serpentinmassen in Begleitung bunter Kieselgesteine gesellen. Letztere sind jedenfalls durch Silification von Sedimenten oder Tuffen entstanden, eine Folge der Umwandlung der benachbarten Gabbros in Serpentin. Die Fossilarmut und die petrographische Gleichartigkeit dieser Kalke und ihrer Schiefer setzen ihrer Gliederung hier wie in anderen Teilen der mediterranen Region große Schwierigkeiten entgegen und man muß ihre weitere Entwicklung von eingehender Lokalforschung und glücklichen Fossilfunden erwarten. Die Neumayrsche Gliederung in unteren, mittleren und oberen Kalk ist nur ein Notbehelf. Rein stratigraphisch läßt sich die Zahl der Kalkhorizonte in Mittelgriechenland nach meinen Beobachtungen sehr erhöhen. Bisher ist in diesem ganzen System außer dem schon erwähnten Lias festgestellt: Jura von de Stefani in Korfu sowie von der Expédition de Morée bei Nauplia — jedoch gelang es mir nicht, die Stelle dort wiederzufinden; Tithon von mir in der Argolis, untere Kreide von Cayeux bei Nauplia; Gault am Parnass von Bittner; am häufigsten aber die Rudisten der Oberkreide. Diese überwiegen dermaßen, daß man früher, und noch Neumayr und seine Gefährten taten dies, die gesamten vorneogenen Sedimente Griechenlands der Kreideformation zurechnete.

Während im östlichen Griechenland das Alttertiär völlig zu fehlen scheint[1]), spielt es im westlichen Teile, im Pindos, in Epirus, Ätolien-Akarnanien, dem Peloponnes (außer der Argolis), den Jonischen Inseln eine große Rolle. Schon von der Expédition de Morée und von Boué waren Nummulitenkalke gefunden worden. Trotzdem hat man merkwürdigerweise vom Alttertiär Griechenlands keine Notiz genommen, bis ich seine weite Verbreitung feststellen konnte. Dabei zeigte sich die merkwürdige Erscheinung, daß die Nummulitenkalke zwar in Epirus vom Mesozoicum wohl geschieden, dagegen weiter südlich untrennbar mit den Kreidekalken verwachsen sind. Im mittleren und südlichen Peloponnes liegt an Stelle der wechselnden Kalk- und Schieferkomplexe der anderen Provinzen nur eine Kalkmasse diskordant über dem kristallinen Gebirge, der Tripolitzakalk, der Kreide und Eocän enthält. Derselbe einheitliche Kreideeocänkalk ist von Kreta neuerdings durch Cayeux bestätigt, auf Kasos, Rhodos und im südwestlichen Kleinasien von v. Bukowski und Tietze beschrieben worden. Über dem Nummulitenkalke folgt alttertiärer Flysch, der in eine eocäne Stufe (mit Nummulitenkalklinsen) und eine oligocäne Stufe zerfällt, die aber noch nicht kartographisch geschieden sind. Dieser alttertiäre Flysch

---

[1]) Vergl. das „Nachwort".

zieht sich in langen Faltenmulden zwischen den Kalkrücken der westgriechischen Gebirge hin, jedesmal von Osten her von den älteren
Kalken überschoben.

Diese Überschiebungen sind schuld an einem Irrtum, in den
N e u m a y r verfallen ist und dem ich bei meinen Aufnahmen im
Peloponnes ebenfalls nicht entgangen bin, den ich dann in Nordgriechenland richtiggestellt habe. Er betrifft ein eigentümliches Schichtsystem,
daß in einer mittleren Zone, im Pindos und seiner Fortsetzung durch
Ätolien und den westlichen Peloponnes, ganz Griechenland von Nord
nach Süd durchzieht. Es sind dies plattige, sehr dichte, hornsteinreiche
Kalke, die ich als O l o n o s-, beziehungsweise P i n d o s k a l k e bezeichnet
habe, und mit ihnen wechselnd, hauptsächlich aber darunter liegend,
Tonschiefer und Hornstein; Kalke wie Schiefer makroskopischer Fossilien entbehrend. Da die Olonoskalke infolge der gedachten Über-
schiebungen an ihrer Westfront den alttertiären Flysch überlagern,
haben N e u m a y r in Mittelgriechenland und ich im Peloponnes die
Schiefer- und Hornsteingruppe für identisch mit dem Flysch, den
Olonoskalk für jünger als beide angesehen. N e u m a y r, der die
Nummuliten in und unter dem Flysch übersehen hat, identifizierte den
Olonoskalk mit dem oberen Kreidekalke; nachdem ich die Nummuliten
gefunden, mußte ich den Olonoskalk als Obereocän-Oligocän ansehen.
Nachdem ich aber die Überschiebungen erkannt und im Pindos creta-
zischen Actaeonellenkalk gefunden hatte, bin ich zu der Einsicht
gekommen, daß der Olonos-Pindoskalk älter als der eocäne Flysch,
die Hornsteinschiefer vom Flysch zu trennen seien. Der Olonoskalk
reicht bis zum Eocän hinauf, mag auch die Kreide mit umfassen, die
Hornsteinschiefergruppe ist mesozoisch. Beide stellen eine besondere
Fazies der mesozoisch-alttertiären Ablagerungen dar, die hier die
massigen Kalke ersetzt. C a y e u x hat neuerdings in Kreta dieselben
Gesteine festgestellt und darin an einigen Stellen Jurafossilien gefunden.
Es geht daraus hervor, daß das System bis zum Jura hinabreicht,
doch ist es nicht gerechtfertigt, wenn er nun das ganze System zu
Jura und Unterkreide rechnet; noch weniger geht es an, den Flysch,
der auf Nummulitenkalk ruht und Nummuliten enthält, zum Mesozoicum
zu rechnen, wie C a y e u x dies tut, indem er annimmt, daß auch der
mesozoische Flysch über den Nummulitenkalk überschoben sei. Bei
der Kürze der Zeit muß ich hier über diese Frage hinweggehen, die
ich in den Monatsberichten der Deutschen Geologischen Gesellschaft
erörtert habe [1]). Die Unterscheidung zwischen alttertiärem Flysch und

---

[1]) Zeitschrift der Deutschen Geologischen Gesellschaft. Bd. 55, 1903, Heft IV.
Petrographisch dem Olonoskalk ähnliche Schichten lagern nach R e u z auf Korfu
zwischen Lias und Rudistenkreide.

mesozoischen Schiefern habe ich in Nordgriechenland kartographisch durchgeführt; im Peloponnes muß sie erst durch eine neue Begehung vollzogen werden. Ebenso müssen vom Olonoskalk getrennt werden gewisse Plattenkalke, die in Arkadien und Achaia über dem eocänen Flysch liegen und die ich bei meinen dortigen Aufnahmen infolge meiner damaligen irrtümlichen Auffassung des Olonoskalkes mit dem Olonoskalke identifiziert habe.

So sehen wir auffallende Verschiedenheiten in der Entwicklung der vorneogenen Sedimente in den einzelnen Landesteilen, die auch tektonisch Sondergebiete bilden. Im östlichen Mittelgriechenland ruht unmittelbar auf dem kristallinischen Grundgebirge die Kreide in mehreren Kalk- und Schieferkomplexen. In der Argolis reicht die Schichtreihe bis zum Jura, vielleicht bis zur Trias hinab, ohne daß das kristallinische Grundgebirge entblößt ist. In beiden Gebieten fehlt das Alttertiär. In einem großen Teile des Peloponnes finden wir direkt über der kristallinischen Serie eine einheitliche Kreideeocänkalkmasse. Im ganzen westgriechischen Gebirge sind nirgends kristallinische Gesteine entblößt. In der Pindoszone ist das Mesozoicum bis zum Alttertiär in der Fazies der Plattenkalke und Schieferhornsteingruppe entwickelt. In der jonischen Zone finden wir dagegen wieder vorherrschend massige Kalke im Mesozoicum.

An Eruptivgesteinen ist die vorneogene Schichtreihe Griechenlands nicht eben reich. Außer den Graniten der Kykladen und Laurions treten Porphyrite und Serpentine in der kristallinen Gruppe, Porphyre, Porphyrite, Melaphyre im Mesozoicum gelegentlich auf. Mächtig entwickelt sind dagegen Serpentine in Gesellschaft von Gabbros, Dioriten, Diabasen, im Mesozoicum des östlichen Griechenland und im nördlichen Pindos. Hilber behauptet, daß sie in letzterer Gegend auch das Eocän durchsetzen.

Eine gewaltige Diskordanz trennt in Griechenland das Alttertiär vom Neogen, denn dazwischen liegt die letzte Faltung. Das Neogen ist hier nur von Brüchen betroffen worden. Diese Kluft wird nur im nordwestlichen Thessalien überspannt durch die dort hineinreichenden marinen Ablagerungen des Oberoligocäns und Untermiocäns der sogenannten albanischen Tertiärbucht. Sie sind nur an ihren Rändern noch mitgefaltet.

Sonst finden wir das marine Miocän auf den West- und Südrand Griechenlands (die Jonischen Inseln, Kreta) beschränkt. Nur bei Athen liegen noch marine Ablagerungen, die als Obermiocän gedeutet werden. Ist dies richtig, so muß ein Meeresarm um den Peloponnes herum bis Athen gereicht haben. Die pontische Festlandsperiode hat die Säugetierfauna von Pikermi hinterlassen, die neuerdings auch an anderen

48*

Stellen Griechenlands gefunden ist. Die Hauptmasse des griechischen Neogens gehört dagegen der levantinischen Stufe des Pliocäns an. Marine Ablagerungen auf den Jonischen Inseln und im südwestlichen Peloponnes, brackische und Süßwassermergel und -Sande mit Braunkohlen [1] im übrigen Gebiete, gekrönt von mächtigen Conglomeraten, umranden und umhüllen die Gebirge stellenweise bis zu großen Meereshöhen (im Maximum bis zu 1800 *m*), ähnlich wie in Süditalien. Das zeigt uns eine ungleichmäßige Hebung der einzelnen Gebirgsklötze an. Das marine Oberpliocän liegt nur bis 400 *m* Höhe — die Haupthebung fällt also zwischen Mittel- und Oberpliocän; aber es dringt weiter in den Archipel ein als das marine Unterpliocän. Im Quartär endlich schreitet das Ägäische Meer über die Kykladen hinaus. Quartäre Meeresbildungen finden sich an vielen ägäischen Küsten in geringer Meereshöhe.

So zeigt sich, daß die Zertrümmerung und Senkung des Landes, die dem Meere den Weg öffnete, stets begleitet oder unterbrochen wurde durch Hebungen einzelner Schollen. Ungemein verwickelte Schollenbewegungen an zahlreichen regellos verlaufenden Bruchlinien haben hier seit dem Miocän stattgefunden. Diese Schollenbewegungen, hier Senkung, dort Hebung in buntem Wechsel, wie sie uns durch die Verteilung und Höhenlage des Neogens angezeigt wird, hat jene ungemein reiche Gliederung dieses Landes geschaffen, die noch mehr kompliziert wurde durch eine sehr junge allgemeine Senkung, welche die Erosionsformen des Festlandes unter Wasser brachte. So setzt sich die Küstengliederung Griechenlands aus tektonischen und Ingressionsformen zusammen.

Die vulkanische Tätigkeit ist in Griechenland im Neogen und noch mehr im Quartär verhältnismäßig gering. Sie beschränkt sich im wesentlichen auf eine Zone vom Isthmus über Ägina und Methana nach Milos und Santorin (Andesite und Dacite). Ferner kennt man Rhyolit bei Kumi auf Euböa und einige Basalte in Thessalien und auf den benachbarten Inseln. Dagegen ist, wie bekannt, Griechenland ein hervorragend seismisch bewegtes Land und die Erschütterungen knüpfen sich unzweideutig an bestimmte Bruchzonen an.

Die Brüche und Schollenbewegungen des Neogens und Quartärs haben auch, wie schon Neumayr zeigte, den Zusammenhang des Faltengebirges zerbrochen und bedingen in erster Linie die orographische Gestaltung des Landes, indem sie es in Gebirgsblöcke und Becken

---

[1] Die Flora der Braunkohlenschichten von Kumi wird von den Paläophytologen für aquitanisch (oligocän) angesehen. Sie liegt aber in Schichten, deren Fauna levantinisch ist. Die faunistische Altersbestimmung dürfte jedenfalls vor der floristischen den Vorzug verdienen.

zerlegen, die von der Faltungsrichtung unabhängig verlaufen. Man
muß daher das Faltengebirge rekonstruieren, indem man von den
Einbrüchen und orographischen Richtungen absieht und nur die Streichrichtung der gefalteten Schichten in Betracht zieht. Ich habe eine
solche Rekonstruktion in der tektonischen Karte versucht, die in den
Annales de Géographie 1898 veröffentlicht ist [1]. Sie ist auf zahlreiche
Bestimmungen des Schichtstreichens begründet, die ich gemacht,
beziehentlich den Karten der anderen Geologen entnommen habe. Da
ich schon mehrfach über die Tektonik Griechenlands gesprochen
und publiziert habe, will ich mich mit der Hervorhebung weniger
Hauptzüge begnügen.

Die nordägäische kristalline Masse zeigt auf griechischem Boden
ein Streichen in nach Süd konvexem Bogen. Sie dürfte wohl, nach
den neueren Forschungen in Makedonien, als kristalline Zentralzone
des albanisch-griechischen Faltensystems aufzufassen sein. Die Kykladenmasse stellt sich dagegen dar als ein System elliptischer Faltengewölbe
mit vorherrschender Nordostrichtung. Zwischen beiden liegt das mesozoische Gebirge des östlichen Mittelgriechenland, ein System nach Süd
konvexer Faltenbogen, nach West divergierend, dann aber nach Nord
sich scharend an das westgriechische Gebirge. Der südägäische Bogen
(kristallin, mesozoisch, alttertiär) umzieht die Kykladenmasse im Süden
und Westen; seine Enden biegen sich im nördlichen Peloponnes gegenüber dem mittelgriechischen Gebirge um. Das westgriechische Gebirge
endlich (mesozoisch-alttertiär) läuft an der Westseite aller dieser
Systeme mit leichten Knickungen in nordsüdlicher Streichrichtung
vorbei. Hier herrschen die langgezogenen Kalk- und Flyschmulden
und die Überschiebungen nach West.

Nach dem Alter der auftretenden Schichten und dem gegen-
seitigen Abschneiden der Faltensysteme dürfte das ostmittelgriechische
System nächst den kristallinen Massen das älteste sein, dann folgt
das südägäische, dann das westgriechische; die Faltung ist im allgemeinen von Ost nach West vorgerückt, gerade so wie in Makedonien.
Das westgriechische System zieht weiter nach NNW nach Albanien
hinein, parallel zum Rande des nordägäisch-makedonischen kristallinen
Gebirges. Zwischen beiden tritt dort auch wieder mesozoisches Gebirge
auf, das man mit dem des östlichen Mittelgriechenland in Verbindung
bringen kann. Ob und wie das westgriechische Gebirge über Kreta
nach Kleinasien fortsetzt, werden Cayeux' Untersuchungen dieser
Inseln zeigen. Die Westküste Kleinasiens wird von NNO ziehenden
Falten kristalliner, paläozoischer, mesozoischer und tertiärer Schichten

---

[1] Eine Vergrößerung dieser Karte war während des Vortrages ausgestellt.

eingenommen, als deren letzte Ausläufer man vielleicht die fraglich paläozoischen Schichten der südöstlichen Kykladen ansehen muß.

Jedenfalls ist der Zusammenhang der kleinasiatischen und griechischen Faltengebirge recht kompliziert; er wird verwickelt durch die großen kristallinen Massen der Nordägäis, der Kykladen und Lydiens, um die sich die jüngeren Falten herumschlingen müssen und zwischen denen sie stellenweise verquetscht werden, wie das Gebirge des östlichen Mittelgriechenland in der magnesischen Inselreihe.

Wir werden diese Beziehungen erst besser verstehen können, wenn der Bau des westlichen Kleinasien genügend aufgehellt sein wird, eine Aufgabe, die ich seit einigen Jahren in Angriff genommen habe.

Nachwort.

Nachdem der obige Vortrag gehalten war, erschien im Bulletin de la Société Géologique de France, Août 1903, eine vorläufige Mitteilung von D e p r a t über die Geologie der Insel Euböa mit einer „schematischen" geologischen Karte 1 : 600.000. Der kurze Artikel enthält eine große Fülle überraschender Angaben, die nicht nur vom Bau der Insel ein ganz anderes Bild geben als die Untersuchungen von T e l l e r , sondern auch Formationen nachweisen, die bisher in Griechenland nirgends gefunden sind. Die Kürze der Mitteilung und das Fehlen aller Nachrichten über Art und Dauer der Untersuchung machen vorläufig eine kritische Beurteilung unmöglich. Ich habe darauf verzichtet, meinen Vortrag nach dieser Arbeit umzugestalten, sondern ihn so wiedergegeben, wie er gehalten worden ist, und führe hier am Schlusse die wesentlichsten Ergebnisse D e p r a t s an.

Die kristallinen Schiefer Euböas gehören zum Archaicum und gliedern sich in sechs Stufen (von unten nach oben: Glimmerschiefer, Glaukophanschiefer, Amphibolschiefer, Eklogite, Chlorit- und Sericitschiefer, untere Cippoline); darüber folgen Tonschiefer, obere Cipolline, „schistes argilo-quartzeux", Dolomite unbekannten Alters. Die „Kreideformation" T e l l e r s löst sich auf in: devonische Schiefer; Schiefer und Kalke des Carbons (mit Fusulinen); Kalk der Trias und des Rhät; massige Kalke des Lias(?), des mittleren und oberen Jura, der unteren Kreide, der oberen Kreide (zum Teil Plattenkalke); endlich eocänen (?) Flysch (ohne Fossilien). Das Neogen wird zerlegt in Binnenoligocän (Flora von Kumi), sarmatische, pontische, levantinische Ablagerungen.

Les Lignes directrices des plissements de l'île de Crète.

Par L. Cayeux.

Sommaire.

Introduction.

J'ai montré, au retour d'un premier voyage en Orient, que le dessin des plis de la Crète occidentale est très différent de celui que la direction des plissements du Sud du Péloponèse avait fait prévoir [1]). Une seconde campagne m'ayant permis d'achever l'étude des plis de l'île entière, je désire communiquer au Congrès les résultats auxquels je suis arrivé sur leurs directions dominantes. En présentant cette note, il n'entre pas dans mon dessein de relever, point par point, les détails d'une longue enquête faite sur place; mon but est de donner une esquisse des lignes directrices des plissements de l'île, en évitant d'énumérer les nombreux faits, certains ou probables, qui m'ont permis de l'établir, et sans tirer toutes les conséquences qui en découlent naturellement. Le même sujet sera bientôt développé dans un mémoire que je prépare sur la géologie de la Crète; les idées qui s'y rapportent ne seront plus, comme dans ce court exposé, dégagées des documents qui les appuient.

---

[1]) L. Cayeux. Sur les rapports tectoniques entre la Grèce et la Crète occidentale. (C. R. Ac. Sc. CXXXIV, pag. 1157. 1902.)

M. S u e s s a désigné sous le nom d'arc d i n a r o - t a u r i q u e [1] l'ensemble des chaînes dinariques qui se poursuivent depuis la Haute-Italie jusqu'à l'île de Crète, et des chaînes qui partant de l'Arménie, se dirigent à travers le Taurus jusqu'à l'île de Chypre. Tout l'intérêt qui s'attache aux directions dominantes des plis de la Crète tient à ce fait que l'île est un des principaux éléments de l'arc dinaro-taurique de M. S u e s s, et que c'est par la Crète, en particulier, que les segments d i n a r i q u e et t a u r i q u e doivent se relier.

Le système dinarique quitte le Péloponèse, suivant M. P h i l i p p s o n [2], avec une direction S—SE ou SE. Que devient-il dans l'île de Crète qui offre un allongement W—E si caractéristique? En s'appuyant sur les travaux de M. R a u l i n [3], M. S u e s s a supposé qu'il existe en Crète:

„Les fragments de deux chaînes parallèles dont l'un irait de l'extrémité orientale jusqu'à la baie de Messara et l'autre de la baie de Mirabella jusqu'à l'extrémité occidentale de l'île. Peut-être, ajoute M. S u e s s, les trois promontoires de Grabousa, Spadha et Maleka (Akroteri), dans le nord-ouest de l'île, appartiennent-ils à une troisième chaîne" [4].

L'île de Crète serait, en conséquence, un fragment d'arc dirigé de l'Ouest à l'Est. Quant au système dinarique, il s'infléchirait vers l'Est, à partir du Péloponèse, et la Crète en serait le prolongement ouest-est.

L'exploration de l'île n'a pas entièrement confirmé cette opinion. Il faut convenir que, non-seulement elle était parfaitement rationnelle, mais que diverses particularités, comme la direction des plis au S du Péloponèse, l'allongement de l'île suivant un parallèle, et jusqu'à un certain point, l'orientation des principales chaînes crétoises l'imposaient au choix de M. S u e s s. Si j'ajoute que ce savant n'avait à sa disposition pour déchiffrer les plis de la Crète, que des matériaux amassés il y a plus d'un demi-siècle, on comprendra, je l'espère qu'il ne faut point voir dans ma note la plus légère critique de son œuvre. Une aussi vaste synthèse que celle-ci comporte d'inévitables retouches; l'illustre géologue de Vienne est trop épris de vérité pour ne point les appeler de tous ses vœux.

J'étudierai successivement les directions de plissements: 1. dans la Crète occidentale: 2. dans la Crète centrale et orientale.

---

[1] Ed. S u e s s. La Face de la Terre, t. I, pag. 662.

[2] A. P h i l i p p s o n. La tectonique de l'Egéïde (Ann. Géogr., t. VIII, pl. III, 1898).

[3] V. R a u l i n. Description physique de l'île de Crète.

[4] Ed. S u e s s l. c. T. I, pag. 661.

1. Crète occidentale.

Par sa position en regard du Péloponèse, par ses longs promontoires anguleux qui s'avancent vers le Nord à la rencontre des longues presqu'îles qui le terminent, la Crète occidentale réclame à première vue une attention toute particulière. Au point de vue géographique, elle est principalement caractérisée par les Montagnes Blanches (alt. 2500 *m*), c'est-à-dire par l'un des trois grands massifs montagneux de l'île, et par les trois presqu'îles de Grabousa, Spadha et Maleka, qui l'échancrent profondément au N-W. Elle correspond, au point de vue géologique, au plus grand développement des terrains métamorphiques de l'île.

J'ai suivi les principaux plis que l'on peut distinguer dans cette région; ils se groupent autour de trois directions que je vais indiquer, en étudiant le parcours de quelques anticlinaux, sans mentionner aucune des nombreuses mesures que j'ai faites pour en tracer les axes.

Premier système de plis.

A) Pli anticlinal du Dictyos (Fig. 1. *DD*.). Je le désigne sous ce nom, parce qu'il est jalonné par le Dictyos, le plus important massif cristallophyllien du S-W: L'axe passe en mer, à l'ouest de la presqu'île de Spadha, et celle-ci est tout entière comprise dans le flanc est de l'anticlinal. Sa direction est clairement déterminée par les différents terrains qui constituent la retombée orientale du pli et surtout par les schistes cristallins; elle est sensiblement N — NW dans leurs gisements les plus septentrionaux. A la racine même du promontoire, la direction est déjà N.—NE. L'inflexion des couches se prononce de plus en plus; elle est telle que sur la côte ouest, le pli est à peu près dirigé W—SW; les schistes cristallins présentent même une direction franchement E - W, en plusieurs points, au voisinage de la côte ouest. En résumé, le pli anticlinal qui a pénétré dans l'île par la côte nord, en sort par la côte ouest en décrivant un arc d'environ 90º, qui tourne sa convexité vers le SE. On voit qu'il n'entre dans l'île, que pour en sortir immédiatement, avec une direction diamétralement opposée à celle du prolongement supposé de la chaîne dinarique, et partant à celle des Taurides.

B) Autres plis du même système. Les mesures de direction des terrains de la presqu'île de Grabousa conduisent à la notion d'un anticlinal plus occidental dont l'axe ne paraît pas effleurer le promontoire. Sa direction à la hauteur de la presqu'île est rigoureusement celle de l'axe précédent, au niveau de Spadha.

L'île Pondiko-Nisi qui s'élève à une dizaine de kilomètres à l'ouest de Grabousa doit faire partie d'une troisième voûte. Vue à distance par le Nord, son profil est tellement caractéristique, que l'on ne peut hésiter à voir dans cet îlot rocheux, le témoin d'un anticlinal dont le flanc ouest s'est effondré. Ce qui reste de la retombée orientale accuse une direction des couches, pareille à celle que j'ai notée à Grabousa et à Spadha.

D'où il existe à l'ouest de l'axe de plissement du Dictyos, deux voûtes qui, en raison de leur direction, font partie, avec l'anticlinal du Dictyos, du faisceau de plis du S du Péloponèse.

Deuxième système de plis.

Anticlinal de l'Apopighari (Fig. 1. *AA.*). Le massif métamorphique de l'Apopighari qui s'étend à l'est du Dictyos est traversé par un autre pli dont le parcours est déjà bien différent du précédent. Il pénètre en Crète par le Nord, avec une direction N—NE, en passant un peu à l'ouest d'une petite île, Hagios-Theodoros, à peine détachée de la côte : il se recourbe dans le massif de l'Apopighari, et quand il sort de l'île au S. il est dirigé S-W.

La direction N—NE, observé au N, doit se maintenir en mer, du moins jusqu'à une certaine distance de la côte, ainsi qu'en témoignent les terrains de l'île H. Theodoros. Le pli anticlinal de l'Apopighari s'écarte donc de celui du Dictyos du côté du Nord, et à moins qu'il ne subisse un fort rebroussement vers l'ouest, au large — aucun indice ne fait supposer une pareille inflexion — son prolongement doit passer à une grande distance a l'est du Péloponèse. Je considère l'anticlinal de l'Apopighari comme le type d'un deuxième système de plis.

Troisième système de plis.

Il comprend plusieurs anticlinaux dont les plus intéressants sont les suivants :

A) Pli de Malaxa (Fig. 1. *MM.*). Le contrefort le plus septentrional des Montagnes Blanches, formé par le chaînon de Malaxa, à proximité de La Canée, correspond à l'un des anticlinaux les plus caractéristiques de ce nouveau système de plis. L'étude des schistes cristallins qui en font partie révèle, avec une grande netteté, une disposition tournante des couches. A partir du point où elles sont disposées E—W, on suit leur inflexion d'une part vers l'W—SW, d'autre part vers l'E—SE ; elles décrivent un arc de cercle convexe

Fig. 1. Ile de Crète. (Echelle 1 : 1.500.000.)

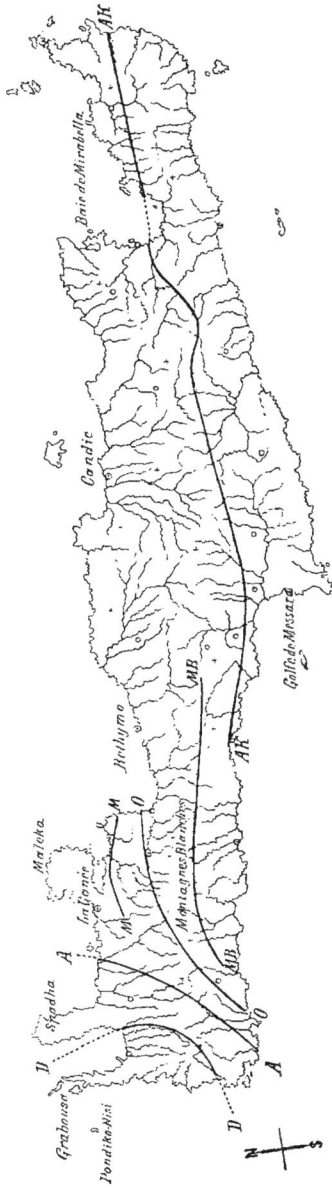

Tracé de quelques axes anticlinaux.

DD. Pli anticlinal du Dictyos.
AA. Pli anticlinal de l'Apopighari.
MM. Pli anticlinal de Malaxa.

OO. Pli anticlinal de l'Omalo.
MB. Pli anticlinal des Montagnes Blanches.
AK. Pli anticlinal de l'Aphendi Khristo.

387

49*

vers le Nord. Ce pli n'a pas été suivi à l'ouest de La Canée. Vers l'Est, il est interrompu par la côte. Le tracé des axes dont il me reste à parler ne permet guère de douter qu'il ne se prolonge suivant une direction sensiblement W — E.

B) Pli de l'Omalo. (Fig. 1. *OO.*) Le premier des plissements observés au S de la montagne de Malaxa, est celui de l'Omalo. Son parcours dessine, comme celui de Malaxa, un arc de cercle très ouvert, convexe vers le Nord; il disparaît également à l'Est. Du côté opposé il contourne la haute chaîne des Montagnes Blanches, traverse le massif de l'Omalo et continue à s'infléchir graduellement. Il semble, d'après certains indices, qu'il ne sorte de l'île qu'après être devenu sensiblement parallèle à l'anticlinal de l'Apopighari.

C) Pli des Montagnes Blanches (Fig. 1. *MB, MB*). Les voûtes précédentes sont interrompues vers l'Est par un étranglement de l'île; celle des Montagnes Blanches montre ce que devient le troisième système de plis du côté de la Crète centrale. L'axe est dirigé W — E dans presque tout le massif, et il se prolonge à l'Est, en s'écartant très peu de cette direction. A l'extrémité ouest de la chaîne, les couches accusent une orientation NE—SW, c'est-à-dire que l'axe devient parallèle à celui de l'Apopighari. L'anticlinal des Montagnes Blanches présente un double intérêt: Il amorce dans la Crète occidentale, la direction W — E qui va prévaloir dans tout le reste du pays, et il sort de l'île par la côte sud comme celui de l'Apopighari.

2. Crète centrale et orientale.

Le dessin des plis de la Crète centrale et occidentale a pour ligne directrice le prolongement vers l'Est de l'axe des Montagnes Blanches; il est tellement uniforme que le seul axe (Fig. 1. *AK, AK*) représenté sur la carte ci jointe [1]), suffit pour le caractériser. Il offre deux traits dominants:

1. Les axes anticlinaux ont une direction moyenne sensiblement W — E.

2. L'allure des plis est marquée par une série d'inflexions qui les dévient localement de cette direction et leur donnent parfois une apparence sinueuse; les arcs de cercle qu'ils décrivent tournent leur convexité tantôt vers le Nord tantôt vers le Sud.

---

[1]) Cette carte est incomplète surtout pour la Crète centrale et orientale. Plus de la moitié des axes reconnus n'ont pas été tracés. Ils seront tous figurés sur la carte à plus grande échelle qui sera annexée à mon travail détaillé.

Aussi ce dessin présente-t-il les plus grandes analogies avec celui des directrices tectoniques de l'Asie Mineure, publié par M. Naumann [1]).

Résumé et Conclusions.

1. Les seuls plis que l'on puisse considérer comme le prolongement du faisceau du Péloponèse sont des plis en arc de cercle, à convexité tournée vers le S-E, n'intéressant qu'un petit secteur à l'Ouest et surtout au Nord-Ouest de l'ile; leur parcours fixé avec précision par l'anticlinal du Dictyos les sépare complètement des autres plis de l'ile.

2. C'est dans le troisième système de plis de la Crète occidentale qu'il faut chercher l'origine de tous les plissements qui suivent l'ile dans presque toute sa longueur avec une orientation à peu près W – E. Il en résulte que les plis les plus caractéristiques de la Crète — ceux dont la direction concorde avec l'étirement de l'ile — pénètrent en Crète par le Sud-Ouest, et non par le Nord-Ouest.

3. Quant à la voûte de l'Apopighari. elle figure un pli bissecteur des deux autres systèmes, dans la partie connue de son parcours. Je doute que ce pli constitue réellement une directrice autonome. En tout cas s'il doit s'infléchir au large pour se rapprocher de l'un des systèmes précédents et perdre son individualité, il y a des raisons de présumer que c'est vers le troisième qu'il se dirige.

Existence de trois grandes lignes directrices dans l'île de Crète. — L'analyse des différents systèmes entre lesquels se répartissent tous les plis de la Crète conduit à la notion d'un important faisceau de plis qui pénètre dans l'ile par l'Ouest et le Sud-Ouest. Ces plis après être restés plus ou moins parallèles sur un faible parcours se séparent et se groupent en trois faisceaux divergents:

1. Le faisceau ou système du Dictyos qui se dirige après une forte inflexion du côté du Péloponèse.

2. Le faisceau bissecteur ou système de l'Apopighari, réduit à un seul pli.

3. Le faisceau qui se recourbe vers l'Est et donne naissance, au-delà des Montagnes Blanches, à tous les plis que se déploient dans la Crète centrale et orientale.

A chacun de ces faisceaux correspond une ligne directrice spéciale. Deux de ces lignes — la première et la troisième — ont une impor-

---

[1]) Edm. Naumann. Die Grundlinien Anatoliens und Centralasiens. (Geogr. Zeitschr. II., Taf. I., 1896.)

tance toute particulière et peuvent être respectivement considérées comme les terminaisons des arcs dinarique et taurique. Celle de l'Apo-pighari ne paraît intéresser que la Crète. Elle ne figure pas dans les trois grandes lignes dont je veux souligner l'existence. Il me reste donc à faire connaître la troisième.

Conséquences relatives à l'arc dinaro-taurique. — Il résulte des données que je viens d'exposer que la chaîne dinaro-taurique ne pré-sente pas — dans la région que j'ai en vue ici — l'unité tectonique nécessaire qour en faire un arc continu. Elle est formée de deux segments absolument distincts : l'un, qui n'est autre que l'arc dinarique de M. Suess, s'étend depuis la Haute-Italie jusqu'à l'extrémité occi-dentale de la Crète où sa direction change brusquement ; l'autre, l'arc

Fig. 2.

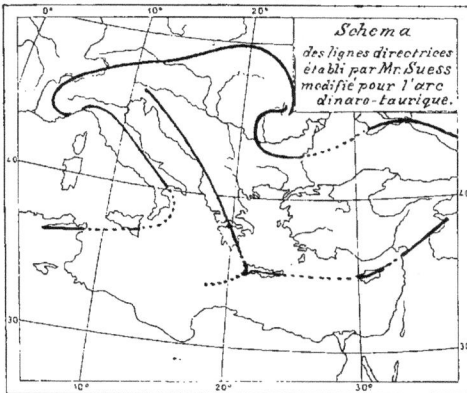

tance taurique comprend presque toute la Crète et se poursuit par Chypre vers l'Asie Mineure. C'est donc à l'ouest de l'île que se fait la jonction des deux arcs. Mais cette jonction s'opère dans des conditions parti-culières. Les arcs mis en présence, comme pour se joindre bout à bout s'incurvent à la façon des branches d'une accolade. Ils s'infléchissent vers le Sud-Ouest, se rapprochent, se serrent, tout en gardant leur individualité. Ainsi naît ce faisceau divergent du Sud-Ouest dont j'ai parlé plus haut, faisceau dont on ne connaît actuellement que le commencement — ou la fin suivant le sens où l'on se plaît à le con-sidérer — et qu'on peut provisoirement désigner sous le nom de faisceau dinaro-taurique.

Je vois dans ce faisceau dinaro-taurique, l'extrémité d'une troisième grande ligne directrice dont l'orientation précise est nécessairement indéterminée, dans l'état présent de nos connaissances. Ce que je sais des plis du Sud-Ouest de la Crète m'autorise à lui assigner une direction comprise entre le Sud-Ouest et l'Ouest.

La figure 2 reproduit le schéma des lignes directrices établi par M. S u e s s, modifié pour la région étudiée, conformément aux idées que je viens d'exposer. L'ensemble de la chaîne dinarique de M. S u e s s, et du faisceau dinaro-taurique présente un dessin pareil à celui des Apennins, prolongé par la Sicile et l'Atlas.

En un mot, les deux branches que se détachent de la chaîne alpine et circonscrivent la fosse de l'Adriatique restent parallèles jusqu'au point où il est possible d'observer le faisceau dinaro-taurique.

Superposition de plis d'âges différents. — M. S u e s s [1]) signale comme „un fait très remarquable". l'existence au N de l'île de Cerigo, d'après les observations de M. L e o n h a r d [2]) d'un , lambeau de phyllades anciens dont la direction est E—NE; ces roches sont recouvertes en discordance par des calcaires qui s'orientent SE et EW, dans le Sud de l'île, conformément au dessin de la courbe qui rattache le Taygète à la Crète".

J'ai relevé en Crète un certain nombre d'exemples analogues, et j'ai acquis la preuve que des plis d'âges différents, sont parfois superposés avec des directions divergentes. L'analyse détaillée de ces cas particuliers sortirait du cadre où je désire me maintenir; il me suffit d'en signaler l'existence pour montrer que la recherche des lignes directrices peut, en certains points, présenter de grandes difficultés. Il ne m'a pas échappé qu'un schéma des directions dominantes des plis qui ne tiendrait pas compte de cette particularité pourrait s'écarter beaucoup de la vérité Je me suis efforcé d'éliminer toute cause d'erreur de cette nature, et d'imprimer toute la précision possible au tracé que j'ai l'honneur de présenter au Congrès.

---

[1]) Ed. S u e s s l. c. T. III, 1ère part., pag. 439.

[2]) R. L e o n h a r d. Die Insel Kythera (Petermanns Mitteil. Ergänzungsheft. Nr. 128, pag. 7 et 10, 1899 .

Neuere Fortschritte in der Kenntnis der Stratigraphie von Kleinasien.

Von Gejza v. Bukowski.

In der geologischen Erschließung Anatoliens, das als uraltes Kulturland mit seinem interessanten Völkergemisch und mit seinen zahlreichen Baudenkmälern, ungemein mannigfaltig in bezug auf Bodengestaltung, eine Fülle eigentümlicher Charakterzüge sonst noch bietend und reich an Naturschätzen, seit jeher viele Forschungsreisende lockte, lassen sich bekanntlich verschiedene Phasen erkennen.

Die ältesten Untersuchungen, von denen viele heute noch als wichtigste Grundlage für die Beurteilung mancher Verhältnisse dienen, haben gewissermaßen einen Abschluß durch die langjährigen, ausgedehnten Forschungen Tchihatcheffs erfahren. Das Werk Tchihatcheffs „Asie mineure" bildet, wie ja allgemein zugegeben wird, in mancher Hinsicht, insbesondere durch die darin enthaltene Zusammenfassung des gesamten damals vorgelegenen Beobachtungsmaterials zu einem kartographischen Bilde des Aufbaues des ganzen Gebietes einen Markstein in der geologischen Erschließungsgeschichte der anatolischen Halbinsel. Dann folgte eine kurze Periode etwas verminderter Regsamkeit. In neuester Zeit endlich, zumal seitdem durch die Schaffung eines Eisenbahnnetzes sich das Land dem großen Verkehre zu öffnen begann, macht sich wieder ein stetig zunehmender Aufschwung der geologischen Forschungstätigkeit daselbst bemerkbar.

Der mich hoch ehrenden Einladung des engeren Komitees für den IX. Internationalen Geologen-Kongreß bereitwilligst Folge leistend, will ich hier versuchen, einen Überblick zu geben über die Fortschritte, welche wir in der Kenntnis der Stratigraphie Kleinasiens während der letzten 35 Jahre zu verzeichnen haben. In Anbetracht der kurz bemessenen Zeit ist es selbstverständlich, daß dabei nur die allerwesentlichsten Errungenschaften in ganz knapper Form hervorgehoben werden können. Ein als Anhang diesem Vortrage beigefügtes Verzeichnis der seit dem Jahre 1869 erschienenen, in das geologische Fach einschlagenden Arbeiten, soweit sie mir bekannt sind, soll dazu dienen, wenigstens teilweise die Lücken der nachstehenden Auseinandersetzungen zu decken.

Es ist eine stattliche Zahl von Forschern, die teils durch Beobachtungen im Felde auf eigens zu diesem Zwecke unternommenen Reisen, teils durch Bearbeitung des gesammelten Materials unsere Kenntnis des Aufbaues von Kleinasien innerhalb des erwähnten Zeitraumes gefördert haben. Manche wertvolle Beiträge verdanken wir außerdem Männern, deren Reisen anderen Studien gegolten haben, die aber bei dieser Gelegenheit auch die geologischen Erscheinungen nicht unbeachtet ließen. Wir finden hier Gelehrte der verschiedensten Länder in dem gleichen Bestreben vereint, das Dunkel zu zerstreuen, das über diesem Stücke der Erdrinde noch herrscht.

Die so in neuerer Zeit erzielten Erfolge auf dem gesamten Gebiete der Geologie Anatoliens stellen sich denn in der Tat als sehr bedeutend dar. Aber trotzdem muß man sagen, daß unser diesbezügliches Wissen hier noch lange nicht jene Höhe erreicht, auf der es betreffs mancher anderer Regionen des nahen Orients schon steht. Wir können heute allerdings mit größerer Zuversicht der nächsten Zukunft entgegenblicken, indem wir jetzt eine Ära anbrechen sehen, die einen viel rascheren Fortgang der Erschließungsarbeit zu bringen verspricht.

Die kristallinischen Schichtgesteine, welche an der Zusammensetzung der kleinasiatischen Gebirge einen sehr wesentlichen Anteil nehmen, wurden im allgemeinen seltener als andere Bildungen zum Gegenstande genauerer Studien gewählt und bieten für uns weniger Stoff zu Erörterungen. In manchen Fällen beschränken sich die Angaben bloß auf die kurze Mitteilung der Konstatierung bisher unbekannt gewesener Aufbrüche dieses oder jenes Gesteines.

An die schärfere Umgrenzung der großen lydischen Masse reiht sich die Entdeckung neuer Vorkommnisse in Mysien an, wo diverse Glieder der archäischen Schieferserie, sehr häufig in Verbindung mit Granitstöcken, an zahlreichen Punkten aus den jüngeren Sedimenten inselartig aufragen. Hierher gehören unter anderem auch die wiederholt besuchten und erwähnten verschiedenartigen kristallinischen Schichtgesteine der Gegend des Kapu Dagh am Marmarameere, welche die Hülle eines dort auftretenden Granits bilden.

Die Untersuchung des Olymps von Brussa ergab das Vorhandensein eines großen Granitkernes, an den sich dann von anderem Granit durchbrochene Gneise, Amphibol- und Glimmerschiefer mit Diorit- und Marmorlagen anschließen, die des Kaz Dagh oder Idagebirges am Edremidgolfe die Existenz eines sich aus einer einheitlichen Serie aufbauenden Gewölbes, bestehend zu unterst aus Talk- und Olivinschiefern, über denen marmorführende Amphibol- und Glimmerschiefer und endlich Gneise folgen.

Mit kristallinischem Kalk verknüpfte sericitische Schiefer, Amphibolite sowie Quarzphyllite. Gneise etc., letztere im Anschlusse an Hornblendegranitit, wurden aus einem bis dahin unberührt gebliebenen Terrain der nördlichen Troas beschrieben.

Es ist ferner nachgewiesen worden, daß im nordöstlichen Karien, vor allem in der hohen Bergkette des Baba Dagh, die Kalkglimmerschiefergruppe mit ihren zum Teil sehr charakteristischen Gesteinsarten, den mitunter granatführenden Glimmerschiefern, den Ankerit-, Piemontit- und Chloritschiefern nebst Quarziten und endlich graphitische und Chloritoidschiefer eine mächtige Entwicklung erlangen.

Aus der großen Menge sonstiger diesbezüglicher Beobachtungen im Bereiche des festländischen Anatolien seien nur noch angeführt die beiläufige kartographische Fixierung der Verbreitung kristallinischer Schichtgesteine im cilicischen Taurus und im Antitaurus und die Feststellung solcher auf der Budrunhalbinsel.

Daß diese ältesten Bildungen vielfach von Intrusivmassen verschiedener Zusammensetzung und verschiedenen Alters durchzogen angetroffen wurden, braucht wohl nicht besonders betont zu werden.

Im Gerüste der Insel Mytilene spielen, wie erst ganz kürzlich gezeigt wurde, Amphibolite, Chlorit- und Glimmerschiefer mit Marmoreinlagerungen eine hervorragende Rolle, und dasselbe gilt auch von der Insel Samos, wo den weitaus größten Teil des Gebirgsterrains Glimmerschiefer in Verbindung mit Phylliten und Quarziten, denen sich auch Glaukophanschiefer beigesellen, von Marmoren überlagert, ausmachen.

Von den kleinen Eilanden Spalmadori bei der Insel Chios und aus der Osthälfte der Insel Kos werden schließlich halbkristallinische Gesteine, Phyllite und Tonglimmerschiefer angegeben, in letztgenanntem Gebiete im Wechsel mit Marmorlagen.

Es mag vielleicht befremden, daß hier von einer stratigraphischen Gruppierung Umgang genommen wurde, zu der schon die bloße Nennung der verschiedenartigen Typen herausfordert. Doch mußte dies geschehen, vor allem deswegen, weil in Anatolien die Studien in dieser Richtung noch nicht so weit gediehen sind, daß ein solcher Versuch heute bereits ohne weiteres zu wagen wäre. Die Mehrzahl der angeführten Gesteinskomplexe gehört wohl zweifellos der archäischen Epoche an. Einige dürften wieder wirklich metamorphische Bildungen, sei es aus präcambrischer Zeit, sei es aus noch jüngeren Perioden, sein, wofür sie da und dort erklärt wurden, wofür aber überzeugende Beweise bis jetzt nur in den seltensten Fällen erbracht werden konnten.

Cambrische Ablagerungen kennt man in Kleinasien heute noch nicht. Bis vor kurzem galt das auch bezüglich der Silurformation, denn die Fossilien, welche zu der von mancher Seite geäußerten Meinung Anlaß geboten haben, daß in der Bosporusgegend auch Obersilur vorkomme, dürften wohl aus unterdevonischen Schichten stammen. Erst ein in der allerjüngsten Zeit am Sarran Su südlich von Hadjin im Antitaurus gemachter paläontologischer Fund legt die Vermutung nahe, daß die Silurformation in Anatolien nicht fehlt. Auf Grund dieses Fundes — es handelt sich dabei um einen überaus charakteristischen Fucoiden — ist es als sehr wahrscheinlich bezeichnet worden, daß dort gewisse, einem stratigraphisch tief liegenden, offenbar äußerst versteinerungsarmen Sedimentkomplexe angehörende Sandsteine untersilurisches Alter besitzen.

Eine genauere systematische Durchforschung der drei zurzeit in Kleinasien bekannten Devongebiete, der Devonregion des Bosporus, jener des Antitaurus und der Südciliciens, hat bis jetzt wider Erwarten nicht stattgefunden. Es muß dies namentlich betreffs des sehr fossilreichen erstgenannten Gebietes, in welchem, nach den Ergebnissen der älteren Untersuchungen zu urteilen, neben unterdevonischen auch mittel- und oberdevonische Schichten entwickelt sind, verwundern, weil dieses zu den am bequemsten zu erreichenden und zu bereisenden Terrains des näheren Orients zählt. Immerhin haben wir aber auch da eine namhafte Erweiterung unserer Kenntnisse zu verzeichnen.

Gelegentlich der Bearbeitung einer neuen Fossiliensuite aus dem jüngeren Unterdevon der Bosporuslandschaft wurde unter anderem die völlige Gleichheit der Fazies desselben mit den Koblenzschichten der Rheinlande ganz zweifellos festgestellt. Die beschriebene Fauna zeigt die größten Analogien mit den entsprechenden Faunen Spaniens und Nordwestfrankreichs.

Die Untersuchung eines neulich bei Hadjin im Antitaurus aufgesammelten paläontologischen Materials hat wieder zu dem Resultat geführt, daß die Schichten, welche die betreffenden Versteinerungen geliefert haben, in erster Linie gewisse schwarze Schiefer, ein genaues Äquivalent des Iberger Kalkes bilden.

Außerdem verdient noch hervorgehoben zu werden, daß in dem Imbarusgebirge Südciliciens eine sehr große Verbreitung devonischer Kalke konstatiert wurde.

Was hingegen das Auftreten der in Rede stehenden Formation im Süden des Marmarameeres unweit Panderma anbelangt, worüber einmal kurz berichtet worden ist, so bedarf diese Angabe, da ein sicherer Beweis für das devonische Alter der als solche aufgefaßten Bildungen mangelt, noch einer Bestätigung.

Uns der Betrachtung der Fortschritte, welche in der Kenntnis der carbonischen Ablagerungen Anatoliens erzielt wurden, zuwendend, müssen wir wohl an erster Stelle der sorgfältigen geologischen und paläontologischen Durchforschung des flözführenden Obercarbon zwischen Eregli und Amasra gedenken. Wir wissen heute bereits, daß hier eine durch zahllose Brüche, die vielfach mit Überschiebungen und Horizontalverschiebungen verbunden sind, äußerst zerstückelte Gebirgsscholle vorliegt. In den eine Menge von Kohlenflözen einschließenden Schiefern, Sandsteinen und Conglomeraten der kontinentalen Carbonserie ist mit Hilfe eines reichen Pflanzenmaterials die Vertretung der Waldenburger Schichten, des unteren, eines kleinen Teiles des mittleren, des Übergangsgliedes zwischen der Zone der *Neuropteris Schlehani* und jener der *Lonchopteris*, und des oberen Westfalien nachgewiesen worden. Daneben erscheint auch das Untercarbon. Dasselbe wird repräsentiert durch Kalke und Schiefer des Viséhorizonts mit *Productus giganteus*. Die festländischen Absätze der Ostrau-Waldenburger Stufe sollen sich daselbst, was einigermaßen auffällt, ohne Diskordanz an das marine Untercarbon angliedern.

Während zur Obercarbonzeit der nördlichste Küstenstrich Kleinasiens von Eregli bis über Ineboli hinaus den Südrand der pontischen Halbinsel [1]) des westarktischen Kontinents gebildet hat, fiel das übrige anatolische Gebiet, wie sich nach und nach herausstellt, ganz in den Bereich des großen paläozoischen Mittelmeeres.

Aus Ostkleinasien, aus dem Antitaurus, kennen wir marines Carbon, das allem Anscheine nach der jüngeren Abteilung angehört, schon seit Tchihatcheffs Reisen. Im Westen dagegen wurde obercarbonischer Fusulinenkalk erst im Jahre 1878, und zwar auf der Insel Chios entdeckt.

Spätere Untersuchungen haben dann gezeigt, daß diese Formation in mariner Fazies weite Strecken des mysischen und lydischen Berglandes zusammensetzt. Abgesehen von dem schon vorhin erwähnten Vorkommen von Eregli und Amasra in Bithynien und Paphlagonien liegen ziemlich sichere Anzeichen vor für das Auftreten des untercarbonischen Kohlenkalkes bei Balia Maaden und westlich vom Maniyas Göl. Aus dem Baliadistrikt wird über mächtige Entwicklung jungpaläozoischer Schichten, zumeist kalkiger Natur, berichtet, unter denen auch höheres Obercarbon, durch zahlreiche Fossilien charakterisiert, eine nicht geringe Rolle spielt. Fusulinenkalke in Verbindung mit anderen, zum Teil vielleicht auch obercarbonischen Sedimenten nehmen neuesten Beobachtungen zufolge ein nicht unansehnliches Areal ein in der Region des Bakyr Tchai (Kaikos) und seiner Zuflüsse.

---

[1]) Es mag vielleicht nicht überflüssig sein, nebenbei zu betonen, daß durch die in jüngster Zeit erfolgte Auffindung von obercarbonischem Fusulinenkalk in der Krim die Ausdehnung und die Form dieser Halbinsel heute wesentlich anders erscheinen, als bis jetzt angenommen wurde.

Es mangelt endlich nicht an Anhaltspunkten, daß man obercarbonischen Bildungen außerdem im südwestlichen Kleinasien, besonders in den Gebirgen um den Adji Tuz Giöl, wo sie allerdings
vielfach sehr stark von jüngeren Ablagerungen bedeckt sein dürften,
begegnen wird.

Mit dem marinen Obercarbon hängen in dem Baliadistrikt
Mysiens, nach den vollkommen gleichen lithologischen Merkmalen zu
urteilen, sehr innig Kalke zusammen, ausgezeichnet durch reiche Faunen,
deren Alter als permocarbonisch bestimmt wurde. Die Lokalitäten
Urkhanlar nördlich von Balia Maaden, Tchinarli Tchesme und Hadji
Velioghlu in der näheren Umgebung dieses Minenortes sind die einzigen
Punkte, von denen wir die in Rede stehenden Schichten zur Zeit in
Kleinasien kennen [1]. Unzweifelhaft permische Ablagerungen konnten
hingegen bis jetzt in Anatolien nirgends mit Sicherheit konstatiert
werden. Aus der Umrandung des Golfs von Ismid wurden zwar dis-
kordant von Werfener Schichten überlagerte rote schiefrige Gesteine,
Quarzconglomerate und Breccien beschrieben, deren Habitus stark an
Rotliegendes erinnert, doch herrscht über das Alter dieser Absätze
noch Ungewißheit.

In bezug auf das Paläozoicum erübrigt es mir nun bloß noch
hinzuzufügen, daß in den neueren Publikationen viel auch von paläozoischen Schichten im allgemeinen die Rede ist, welche, wechselnd in
ihren petrographischen Charakteren, in verschiedenen Teilen des Landes
eine bald größere, bald geringere Mächtigkeit und Ausdehnung erreichen. Da es sich jedoch dabei um Bildungen handelt, deren Alter
näher zu präzisieren bisher nicht gelang, können dieselben hier schon
mit Rücksicht auf die beschränkte Zeit keiner speziellen Berücksichtigung gewürdigt werden.

Als eines der wichtigsten Ergebnisse, welche den neueren Er-
schließungsarbeiten zu verdanken sind, darf man die Entdeckung der
bis zum Jahre 1887 aus Kleinasien völlig unbekannt gewesenen Trias
bezeichnen. Vorläufig ist es nur der nordwestliche Teil des kontinentalen Gebietes, Mysien nebst Bithynien, und außerdem noch die
Insel Chios, wo die Existenz der Triasablagerungen durch verschiedene
Forscher ermittelt wurde.

In deutlich ausgeprägter alpiner Entwicklung treten am Golf

---

[1] In seinem letzthin erschienenen großen Werke „Die obercarbonischen
Brachiopoden des Ural und des Timan" unterzieht Tschernyschew auf
S. 683—687 diese Faunen einer eingehenderen Betrachtung und vertritt darin
entschieden die Meinung, daß die Kalke von Urkhanlar und Tchinarli Tchesme
noch dem Obercarbon angehören Nur bezüglich der Fauna von Hadji Velioghlu
räumt er die Möglichkeit ein, daß sie permocarbonisch sei.

von Ismid diskordant über älteren Sedimenten zunächst Werfener Schichten und dann Muschelkalk, beide durch Fossilien charakterisiert, auf. Die grauen Kalke des letzteren, welche das Hangende von lichten Encrinitenkalken bilden, haben, nebenbei bemerkt, eine eigenartige Cephalopodenfauna der *Trinodosus*-Zone geliefert. Ein lose am Bahnhofe Dil aufgefundenes Stück eines rötlichen Kalkes mit einem *Protrachyceras* aus der Gruppe des *Protrachyceras longobardicum* läßt überdies fast keinen Zweifel darüber obwalten, daß hier auch ladinische, und zwar in erster Linie Wengener Schichten vorkommen.

Bei Balia Maaden in Mysien liegt wieder diskordant und transgredierend auf obercarbonischen und permocarbonischen Kalken ein zusammengefalteter Lappen in nahezu reiner sandig-schiefriger Fazies ausgebildeter oberer Trias. Die von da beschriebenen Brachiopoden, Bivalven und Cephalopoden sprechen für zum Teil norisches, zum Teil rhätisches Alter dieser Absätze.

Auch auf der Insel Chios soll es die obere Abteilung der Triasformation sein, von deren Vertretung in der dort noch ungegliederten mesozoischen Schichtenserie wir vor kurzem Kunde erhalten haben, nachdem es etliche triadische Versteinerungen, und zwar von alpinem Typus, nicht fern von der Stadt Chios aufzufinden gelungen war.

Ich kann schließlich die sich darbietende Gelegenheit nicht vorübergehen lassen, obwohl dies bereits außerhalb des Rahmens unserer Betrachtungen fällt, wenigstens durch flüchtige Erwähnung die Aufmerksamkeit auch auf den unlängst erfolgten Nachweis mediterraner Triasablagerungen auf der Insel Kreta und im Peloponnes zu lenken.

Über den Jura Galatiens und Bithyniens, dessen große Verbreitung in den genannten Gebieten schon durch Tchihatcheff festgestellt worden ist, wußte man, was seine stratigraphischen Verhältnisse betrifft, noch vor wenigen Jahren nicht viel mehr, als daß in demselben die Oxfordstufe repräsentiert sei. Heute reichen unsere Kenntnisse diesbezüglich allerdings etwas weiter; nichtsdestoweniger müssen wir aber zugeben, daß wir uns hier erst im Anfange der Erforschungsarbeit befinden.

Der bedeutendste Fortschritt besteht in der Konstatierung des unteren, mittleren und oberen Lias bei Kessik Tash am Engüri Su, westlich von Angora mit durchweg scharf ausgesprochenem mediterranen Gepräge. Die Untersuchung einer größeren Anzahl von Fossilien, welche dort einmal gelegentlich aufgesammelt und nach Europa gebracht worden sind, ergab das Vorhandensein der Zone des *Arietites Bucklandi*, jener des *Amaltheus margaritatus* und des oberen Lias im allgemeinen. Sowohl in dem lithologischen als auch in dem Faunencharakter dieser Horizonte kommt die Fazies unserer Adnether Schichten sehr deutlich zum Ausdrucke. Außerdem treten bei Kessik Tash rote Crinoidenkalke des mittleren Lias auf, welche den Hierlatzkalken auffallend gleichen, dabei aber Crinoiden von mitteleuropäischem Typus enthalten. Leider fehlen Studien über die Lagerung an Ort und Stelle gänzlich, und infolgedessen bleibt auch das Verhältnis des Lias zu dem nicht sehr weit davon entfernten oberen Jura noch völlig unaufgeklärt.

Als gleichfalls sehr wichtig, weil ganz neu, greife ich aus den bisher publizierten Mitteilungen noch die Tatsache heraus, daß das Alter gewisser lithographischer Kalke, welche aus der Gegend von Mikhalitch westlich vom Apolloniasee in Mysien angeführt werden, durch Belemniten als oberjurassisch bestimmt werden konnte.

Hingegen erwies sich die Angabe Schlehans über das Vorkommen von Jura bei Amasra an der Nordküste Kleinasiens als irrig, da in den betreffenden Kalken Kreidefossilien aufgefunden wurden.

Wie bei der Besprechung der Trias kann ich auch jetzt nicht weiterschreiten, ohne die wichtigen Forschungsresultate auf Kreta noch einmal flüchtig zu berühren, wo es unter anderem innerhalb des von Raulin als Macigno ausgeschiedenen Komplexes Korallenriffkalke des Kimmeridgien mit Conglomeraten als Basis nachzuweisen geglückt ist.

Welch große Rolle Kreideablagerungen in dem Aufbaue Anatoliens, zumal der nördlichen Küstenregion, spielen, braucht wohl nicht besonders hervorgehoben zu werden. Es ist daher auch selbstverständlich, daß sie in den neueren Reiseberichten sehr häufig Erwähnung finden. Den Gegenstand eingehenderer Studien haben sie jedoch nur selten gebildet.

Sehr wertvolle stratigraphische Beobachtungen liegen vor über die cretazischen Absätze des Gebietes von Eregli, in welchem letztere, diskordant auf dem Carbon ruhend, von den diesen Terrainstreifen durchsetzenden Bruchstörungen in dem gleichen Maße wie das Carbon betroffen erscheinen. Die cretazische Transgression beginnt daselbst mit dem Urgon, dessen tiefste Lagen aus allmählich in den Requienienkalk übergehenden Conglomeraten bestehen. Über den durch Fossilien als solche gekennzeichneten Kalken des Urgo-Aptien folgen tonige und sandige Schichten mit Ammoniten des Gault und weiter nach oben bauen sich dann mächtige, mitunter durch Mergel sowie bunte Tone ersetzte Sandsteinmassen auf, aus denen *Neithea quadricostata* zitiert wird und die ihrer Lagerung nach zum großen Teil jedenfalls cenomanen Alters sind.

Die sonst über die Kreide Anatoliens in neuerer Zeit veröffentlichten stratigraphischen Mitteilungen lassen sich in wenigen Worten folgendermaßen zusammenfassen:

Aus der Landschaft Ertoghrul, vor allem aus der Umgebung von

Biledjik, wo Kreide bisher auf den Karten nicht verzeichnet war, werden Sandsteine, Conglomerate und Kalke mit Inoceramen und etlichen anderen auf obere Kreide hindeutenden Fossilien beschrieben.

Ähnliche, als cretazisch aufgefaßte Sedimente, denen noch Grauwacken, Hornsteine und Schiefer anzureihen sind, nehmen im Westen, vor allem in Mysien, ferner in Paphlagonien sehr weite Strecken ein.

Rudistenkalke der oberen Kreide werden in großer Verbreitung aus der Umrahmung des Apolloniasees sowie aus der Seenregion des südwestlichen Kleinasien angegeben.

Als neu haben wir sodann anzuführen die Feststellung von Kreidebildungen mit südalpinem Entwicklungscharakter in gewissen, noch unerforscht gewesenen Teilen des lykischen Gebirgslandes und bei Ordu an der Küste des Schwarzen Meeres.

Vom Nordrande des Golfes von Ismid werden endlich versteinerungsreiche senone Mergel, ein Glied des hier über das Devon und die Trias greifenden Kreidemantels, erwähnt.

Was nun den Agäischen Archipel anbelangt, so ist in dem anatolischen Gebiete desselben dieser Formation die Hauptmasse der mächtig entwickelten, häufig hornsteinführenden Kalke von verschiedenem Aussehen zugerechnet worden, welche sich an der Zusammensetzung des Gerüstes der Inseln Kos, Kalymnos, Kappari, Symi, Rhodus, Khalki, Karpathos und Kasos, von den kleineren Eilanden abgesehen, bekanntlich in hervorragender Weise beteiligen. Vorderhand konnten jedoch nur an sehr wenigen Stellen paläontologische Anhaltspunkte hierfür gewonnen werden, und wir müssen es noch als eine offene Frage betrachten, ob in diesen Kalkmassen da und dort nicht auch ältere mesozoische Ablagerungen, und zwar sowohl jurassische als auch triadische, inbegriffen seien.

Es mag vielleicht nicht unzweckmäßig sein, außerdem hier gleich beizufügen, daß auf Rhodus, allen Anzeichen nach zu urteilen, ähnlich wie in so manchen anderen Terrains der östlichen Mittelmeerregion zwischen den cretazischen und den eocänen Kalken keine scharfe lithologische Grenze und kein Fazieswechsel existieren.

Unter der großen Menge neuerer Beobachtungen, welche über die Ausbildungsart, Verbreitung und Lagerung des Alttertiärs vorliegen und sich naturgemäß vielfach auch mit den Beschreibungen Tchiatcheffs decken, bieten manche ein nicht geringes Interesse dar, und auf diese allein wollen wir hier unser Augenmerk richten.

Die Bereisung Ciliciens hat neben der genaueren Kenntnis der Ausdehnung eocäner Bildungen die wichtige Tatsache ans Tageslicht gefördert, daß dort die schon früher von einer Lokalität bekannten lignitführenden Mergel, Letten und Sandsteine, welche zahlreiche

Pflanzenabdrücke sowie Binnenconchylien einschließen und deren Alter beiläufig dem der Sotzkaschichten entspricht, eine relativ weite Verbreitung besitzen. Überall sehr stark gestört, brechen dieselben nordwestlich von Tarsus, im Südosten des Dümbelek Dagh, am Tchakyt Tchai, nördlich von Sis und am Dshihan in der Gegend von Kasmadji unter der mächtigen Miocändecke auf. Einen langen Zug bildend, finden sie sich ferner eingeklemmt zwischen den älteren Gesteinen des Bulgar Dagh einerseits und den cretazisch-eocänen Sedimenten des Anasha Dagh anderseits.

In Lykien, dessen hohes Gebirge vorwiegend aus Nummulitenkalk aufgebaut zu sein scheint, wurde auf etlichen Strecken auch alttertiärer Flysch neu ausgeschieden, von dem der größte Teil eocänen Alters ist und bloß der von Eskihissar unweit Elmalü und jener des Bashkostales als oligocän aufgefaßt wird. Es erscheint übrigens keineswegs als ausgeschlossen, daß es hier außerdem Flyschpartien gebe, deren Absatz schon in die Zeit der Ablagerung der eocänen und der cretazischen Kalke fällt.

Im Eocänterrain des südlichen Phrygien zeigen, wie aus neueren Untersuchungen hervorgeht, neben Nummulitenkalken auch sandige und mergelig-schiefrige Sedimente eine sehr bedeutende Entwicklung. Die Flyschbildungen dieses Landstriches gehören allem Anscheine nach verschiedenen Niveaux an und erwiesen sich stellenweise als sehr fossilreich. Da jedoch eine genaue Durchbestimmung des hier aufgesammelten paläontologischen Materials noch nicht erfolgt ist, müssen nähere Angaben über die Gliederung vorläufig vermieden werden.

Bei Davas in Karien wurde jüngeres Oligocän angetroffen, das im Gegensatz zu den Brack- und Süßwasserschichten des Aquitanien Ciliciens eine marine Conchylienfauna birgt. Die steil aufgerichteten, sich unkonform zu den umgebenden älteren Kalken unbestimmten Alters verhaltenden Schiefer und Sandsteine desselben sind in Davas selbst von einer Scholle horizontal liegenden marinen Miocäns bedeckt.

Oligocäne Oolithkalke mit *Cyrena decussata*, Blattabdrücken und *Halitherium*-Resten werden ferner aus der Gegend von Platana im Pontus angegeben.

Auf Rhodus schließt sich an die cretazisch-eocänen Kalke ein mächtiger Komplex ungemein zerknitterten eocänen Flysches mit Gipsnestern an, der zumeist wohl das gewöhnliche Aussehen hat, regional aber auch besondere petrographische Eigentümlichkeiten darbietet. Darüber folgt eine Serie dickbankiger oligocäner Sandsteine, die dadurch, daß sie weniger stark gefaltet sind, die Vermutung erwecken, es laufe daselbst zwischen dem Eocän- und dem Oligocänkomplexe eine Diskordanzlinie hindurch. Ob letzteres tatsächlich der Fall ist, konnte jedoch bis jetzt nicht entschieden werden. Die tieferen Lagen dieser Sandsteine haben eine Fauna geliefert, welche mit jener der Tuffe von Sangonini identisch ist.

Auf der Insel Karpathos soll der dort eine nicht geringe Rolle spielende paläogene Flysch großenteils untereocänen Alters sein.

Weiter im Süden, auf Kasos, kommt er nur in relativ kleinen Aufbrüchen aus der miocänen Kalkhülle zum Vorschein.

Nummulitenkalk nebst eocänen Conglomeraten und Sandsteinen wurde vor kurzem auch an der Hellespontküste bei Lapsaki zum erstenmal beobachtet.

Verschiedene Stufen des Eocän werden endlich aus dem Gebiete des Katerlü Dagh am Gemlikgolfe angeführt, leider aber ohne nähere Begründung der Gliederung durch paläontologische Daten.

Ausnahmsweise sei es mir hier gestattet, das eigentliche Thema für einen Augenblick zu verlassen und nebenbei auf die schon von verschiedenen Seiten nachdrücklich betonte, höchst wichtige Erscheinung zu erinnern, daß in gewissen Regionen Bithyniens, Paphlagoniens, Galatiens und des Pontus die eocänen Ablagerungen, mitunter selbst Teile der cretazischen Absätze ungestört liegen, Tafellandschaften bilden, während im Südwesten an manchen Stellen, wie wir sehen werden, noch mittelmiocäne, in bestimmten Gegenden Westkleinasiens sogar pliocäne Sedimente unverkennbare Spuren der Einwirkung faltender Kräfte aufweisen.

Viel mehr als andere Formationen zog das mannigfaltige Jung-tertiär Kleinasiens Geologen und Paläontologen verschiedener Länder an. Namentlich die neogenen Terrains des leichter zugänglichen Westens haben häufig als Zielobjekt für Studien, die nicht selten sehr eingehend waren, gedient.

Wie weit hier bereits die Kenntnis reicht, erhellt am besten daraus, daß schon vor mehr als zwei Dezennien eine alle wesentlichen stratigraphischen und tektonischen Entwicklungsphasen seit dem Be-ginne der Neogenzeit zusammenfassende Schilderung der Geschichte des östlichen Mittelmeerbeckens versucht werden konnte. Die von den hervorragendsten Vertretern der geologischen Wissenschaft in dieser Richtung veröffentlichten glänzenden Darstellungen sind so allgemein bekannt, daß ich von der gleichen Methode der Ausführung wohl ohne weiteres abstehen und mich konsequenterweise auch im folgenden auf die bisher angewendete Form der Berichterstattung beschränken kann.

Wir wollen uns diesmal bei der Anordnung des Stoffes aus Zweckmäßigkeitsgründen noch strenger als früher an das geographische Prinzip halten.

Zuerst seien die stratigraphischen Hauptresultate der erst ganz kürzlich durchgeführten Untersuchung des großen Miocänbeckens Ciliciens, dessen Grenzen heute genauer fixiert erscheinen, berührt. Sie gipfeln in der Erkenntnis, daß man es daselbst mit Äquivalenten der mediterranen Miocänbildungen des inneralpinen Wiener Beckens zu tun hat. Bloß im nordöstlichen Teile sollen an einigen Lokalitäten tiefere Horizonte entblößt sein, die sich durch ihre Fauna mit dem Altmiocän Oberitaliens vergleichen lassen. Die höheren Lagen greifen vielfach, namentlich im Südwesten, unmittelbar über das Grundgebirge, und in dieser ganzen überaus mächtigen, zumeist sehr wenig gestörten Schichtenserie macht sich das Fehlen von Tiefseeabsätzen bemerkbar.

Auch über das bald sehr stark, bald wieder fast gar nicht gestörte marine Miocän Lykiens und Kariens, das in Buchten abgelagert, jetzt nur noch in einzelnen Schollen auftritt, liegen neue Beobachtungen vor. Dieselben haben unter anderem eine wesentliche Erweiterung der Kenntnis seiner Verbreitung herbeigeführt.

Gleich im Anschlusse daran empfiehlt es sich dann, die durch neuere Forschungen bis zu einem gewissen Grade klargelegte Gliederung des kretensischen Neogens, das von Raulin unter der allgemeinen Bezeichnung „Formation tertiaire principalement subappenin" zusammengefaßt wurde, in Betracht zu ziehen. Es hat sich herausgestellt, daß auf Kreta hauptsächlich mediterranes gipsführendes Mittelmiocän, das, reich an Fossilien, sich in verschiedener Fazies ausgebildet zeigt, entwickelt sei, marines Pliocän dagegen, welches der unteren und mittleren Abteilung angehören soll, nur eine sehr beschränkte Ausdehnung erreicht. In der westlichen Hälfte der Insel erlangen außerdem noch levantinische Süß- und Brackwasserschichten eine gewisse Bedeutung.

Dem Leithakalke entsprechende Bildungen treten ferner auf den Inseln Kasos und Armathia auf, wo sie die gefalteten älteren paläogenen und mesozoischen Sedimente mantelförmig überkleiden, und sind vor kurzem auch auf der Insel Karpathos konstatiert worden. Sie schließen in dieser Region, ebenso wie auf Kreta, öfters Gipslager ein.

Ob sich das mittelmiocäne Meer im Archipelgebiete noch ein Stück weiter nordwärts ausgedehnt hat, bleibt vorläufig unaufgehellt, weil über das Alter der von Rhodus beschriebenen marinen Serpentinsandsteine, Conglomerate und Schiefer, welche möglicherweise dieser Periode angehören, noch Unsicherheit herrscht.

Ein großes Interesse erweckt vor allem das Pliocän der letztgenannten Insel. Das Studium desselben hat zunächst die Existenz zwei voneinander getrennter Paludinenbecken, deren Schichten nach Westen zu, gegen die See, abgebrochen sind, und mächtiger fluviatiler Schottermassen ergeben, welche zweifellos von einem großen Strome der levantinischen Zeit herrühren, der, aus Kleinasien kommend, in die beiden vorhin erwähnten Seebecken mündete. Zu Beginn des Oberpliocän sehen wir dann Rhodus schon von dem Festlande durch einen Meeresarm geschieden. Marine, vielfach ungeheure Mengen von Versteinerungen beherbergende Sande, Tone und Kalke des Jungpliocän, die einen überaus mächtigen Komplex darstellen und denen an gewissen Punkten einige lakustre Bänke eingeschaltet zu sein scheinen, umsäumen die Insel entlang der ganzen Ostküste und greifen diskordant vielfach auch über die Paludinenschichten.

Gegen Norden fortschreitend, begegnen wir bereits auf Kos mehr oder weniger untrüglichen Anzeichen, daß in diesem Teile des Ägäischen Archipels nicht erst zur unterpliocänen, sondern auch schon zur miocänen Zeit festes Land mit Binnenseen bestanden hat. Unter den Paludinenschichten liegen hier, wie neuere Untersuchungen lehren, Süßwasserkalke und Quarze nebst anderen limnischen Sedimenten, welche wohl zunächst die pontische Stufe, außerdem aber noch tiefere Horizonte des Neogen umfassen dürften.

Während der oberpliocänen Periode drang das Meer von Süden bis nach Kos vor und ließ daselbst fossilreiche Absätze zurück, deren untere Partien sich konform an die Paludinenschichten anschließen, deren höhere Hauptmasse dagegen sich diskordant gegenüber ersteren und allen anderen Ablagerungen verhält. Die Phyllite von Kos bildeten die Uferlinie des jungpliocänen Meeresarmes. Es ist die Vermutung ausgesprochen worden, daß sich letzterer von da möglicherweise weiter, in den Kontinent hinein, etwa durch das Mäandertal erstreckt hat, doch gelang es bis heute nicht, Anhaltspunkte zu gewinnen, die diese Mutmaßung auf ihre Richtigkeit zu prüfen gestatten würden.

Es sei nur noch beigefügt, daß in dem marinen Oberpliocän der Insel Kos auch eingeschwemmte Säugetierreste aus der Fauna mit *Mastodon arvernensis* gefunden wurden.

Sicherer Nachweis auf paläontologischer Basis, daß von den im nordägäischen Gebiete stark verbreiteten neogenen Binnenablagerungen ein großer Teil bereits dem Miocän angehört, ist unter anderem auf den Inseln Samos und Chios erbracht worden.

Besonders auf Samos gestalten sich die stratigraphischen Verhältnisse sehr interessant. Hier erscheinen die durch zahlreiche Conchylien charakterisierten miocänen Süßwasserkalke in hohem Grade gestört und diskordant lagern dann darüber die mit eruptivem Tuffmaterial untermischten fluviatilen Absätze der pontischen Stufe, welche eine sehr mannigfaltige, jener von Pikermi analoge Säugetierfauna geliefert haben [1]).

Das von Verwerfungen durchsetzte Neogen der Insel Chios besteht zu unterst aus sandig-mergeligen Sedimenten, die sich auf Grund der in ihnen vorkommenden Pflanzenreste als Obermiocän, und zwar als limnisches Äquivalent der sarmatischen Schichten erwiesen haben. Über denselben folgen konform Süßwasserkalke offenbar pontischen Alters.

Von der Insel Mytilene werden zumeist sehr gestörte, stellenweise bezeichnende Versteinerungen führende, teils brackische, teils Süßwasserablagerungen der pontischen Stufe mit Lignitflözen beschrieben, die, einen großen petrographischen Wechsel darbietend, vielfach aus andesitischen Tuffen zusammengesetzt und von Basalt durchbrochen sind.

Höchst wichtige stratigraphische Entdeckungen verdanken wir ferner den im Laufe der letzten dreißig Jahre durch verschiedene Forscher vorgenommenen Untersuchungen in dem Neogenterrain der Troas. Dieselben lassen sich in kurzen Worten folgendermaßen zusammenfassen.

Als ältester daselbst bis jetzt beobachteter Horizont treten uns in der Gegend von Renkiöi außer fossilleeren Mergeln an der Mündung von Bächen abgesetzte Sande und Gerölle mit abgerollten Resten von *Dinotherium bavaricum*, *Mastodon angustidens* und *Cetotherium* entgegen, welche man für das tiefste Niveau der sarmatischen Stufe zu betrachten Grund hat. Das nächst höhere, nicht nur in der Küstenregion, sondern auch im Innern der Troas eine relativ große Ausdehnung zeigende Glied ist ein Komplex durch viele Binnenconchylien ausgezeichneter sarmatischer Süßwasserbildungen, denen sich auch einzelne brackische und marine Lagen einschalten. Darauf ruhen dann konform Bänke mit *Mactra podolica* und anderen für den obersten Teil der sarmatischen Stufe charakteristischen Molluskenarten.

Wir sehen also, daß das große sarmatische Meer gegen Ende dieser Periode nach Süden fast bis zur Südspitze der Troas, zum Cap Baba burnu gereicht hat

---

[1]) Diese Diskordanz wurde schon im Jahre 1847 von S p r a t t beobachtet und genau beschrieben. Nur sind dabei die knochenführenden pontischen Schichten von dem genannten Forscher unrichtig gedeutet worden. S p r a t t hielt dieselben für marine Bildungen. C. d e S t e f a n i hat dann später gelegentlich der Bearbeitung der Mollusken aus den in Rede stehenden Absätzen die Lagerungsverhältnisse gar nicht berücksichtigt und in der geologischen Skizze beide Schichtgruppen zusammen als einen Komplex, als Miocän im allgemeinen, geschildert. Daß hier aber tatsächlich eine ungemein scharf ausgeprägte Diskordanz zwischen den pontischen Bildungen und den miocänen Süßwasserkalken vorhanden ist, davon konnte ich mich selbst während meines zweiwöchentlichen Aufenthaltes auf Samos überzeugen.

Ferner wird über Anzeichen berichtet, welche der Vermutung eine gewisse Berechtigung verleihen, daß in dem in Rede stehenden Terrain auch der Kalk von Kertsch entwickelt sei. Das Vorkommen pontischer Binnenschichten erscheint durch Funde von Säugetierresten in der Hellespontgegend, die teilweise schon Tchihatcheff bekannt gewesen sind und die als der Pikermifauna gehörig erkannt wurden, nachgewiesen. Schließlich werden noch jüngere pliocäne Süßwasserabsätze von da angegeben.

Von den in dem übrigen Gebiete Kleinasiens, zumal im Innern, bekanntermaßen riesige Räume einnehmenden neogenen Brack- und Süßwasserablagerungen haben vor allem jene Mysiens, Lydiens, Kariens, Phrygiens, Pisidiens und Lykaoniens in neuerer Zeit streckenweise den Gegenstand genauerer Studien gebildet und sind aus denselben reiche Fossiliensuiten nach Europa gebracht worden. Doch ist die Bearbeitung dieser paläontologischen Kollektionen größtenteils noch nicht so weit gediehen, daß schon jetzt über die stratigraphischen Resultate der betreffenden Untersuchungen ausführlicher berichtet werden könnte. Wir müssen uns daher mit der Betrachtung bloß einiger bereits bis zu einem gewissen Grade geklärter Verhältnisse begnügen.

Zunächst liegt mir ob, die Tatsache zu verzeichnen, daß sich die Braunkohlen führenden Neogenbildungen von Mandjilik nordwestlich von Balia Maaden ihrer Flora nach als obermiocän und die bekannten Gips mit Pandermit einschließenden jungtertiären Schichten von Sultan Tchair in Mysien als brackische Absätze aus pontischer Zeit herausgestellt haben.

Daran reihen wir die Entdeckung pliocäner Säugetierreste bei Eski Hissar am Golfe von Ismid, die Formen angehören, welche mit solchen der Siwalikfauna Indiens aus der Manchargruppe identisch oder nächst verwandt sind.

In dem Seengebiete des südwestlichen Kleinasien wurde unter anderem die Kenntnis der geographischen Verteilung der brackischen und der Süßwasserablagerungen aus pliociner Zeit nicht unwesentlich erweitert, und dann wäre noch die unlängst geäußerte, viel für sich habende Ansicht zu erwähnen, daß die im Mäander- und Hermostale das Jungtertiär krönenden, ungemein mächtigen Schottermassen ein Analogon zu den fluviatilen levantinischen Schottern der Insel Rhodus bilden.

Anhangsweise mag es endlich nicht überflüssig sein, den Gegensatz hervorzuheben, der sich auf dem Festlande ähnlich wie im Archipel zwischen verschiedenen Regionen in der Lagerung der offenbar hauptsächlich pliocänen Brack- und Süsswasserschichten bemerkbar macht. Während in Mysien die besagten Sedimente in der Regel sehr bedeutende Störungen, selbst Zeichen der Faltung aufweisen, herrscht mehr im Osten die horizontale Lagerung weitaus vor, obwohl auch da lokal noch ein sehr großes Ausmaß von Dislokation beobachtet werden kann. Stark gestörter neogener Süßwasserkalk ist, um nur ein Beispiel anzuführen, hoch oben auf dem Ak Dagh am Hoiran Giöl angetroffen worden.

Der wesentlichste Fortschritt, der in der Kenntnis des anatolischen Quartärs erzielt wurde, besteht wohl in der Feststellung mariner Diluvialablagerungen an zahlreichen Punkten der ägäischen Küstenlandschaften. Es sind uns im Bereiche Kleinasiens solche heute bereits bekannt vom Hellespont und von den Inseln Kos, Yali, Rhodus, Karpathos und Kreta. Vorwiegend hat man es dabei mit Conglomeraten, Schottern, Ton und Sanden in geringer Höhe über dem Meeresspiegel zu tun, welche überall mehr oder minder häufig rezente Conchylienformen, auf Rhodus unter anderem auch boreale Molluskenarten enthalten. Nur auf dem kleinen Eilande Yali und auf Kos setzt sich das marine Diluvium aus rhyolithischen Tuffen zusammen.

Unter den übrigen Mitteilungen über das Quartär, die sich bald auf die zahlreich verstreuten Kalktuffe beziehen, bald wieder den Löß, diluviale Flußanschwemmungen oder Knochenhöhlen betreffen, verdient als besonders wichtig noch eine erwähnt zu werden. Es ist das jene, welche uns die Entdeckung der ersten sicheren Spuren eiszeitlicher Vergletscherung auf dem mysischen Olymp in 2300 m Höhe anzeigt.

Über die an dem Aufbaue Kleinasiens sich bekanntlich in hervorragender Weise beteiligenden mannigfachen älteren und jüngeren Eruptivmassen liegt aus neuerer Zeit eine solche Fülle von Beobachtungen vor, daß von einer vollständigen Verzeichnung derselben hier, da dies in kurzer Form nicht geschehen könnte, Umgang genommen werden muß. Ich übergehe namentlich alle jene Angaben, in denen das Verhalten der beschriebenen oder einfach nur konstatierten unterschiedlichen Ergußgesteine zu einander oder zu den Sedimentärgebilden unberührt erscheint. Aber auch dort, wo das Alter und die Art des Vorkommens geklärt sind, sehe ich mich gezwungen, bloß einige der interessantesten Tatsachen zu berücksichtigen.

Bei den mesozoischen Massengesteinen der Insel Kreta, welche hauptsächlich jurassisch sein dürften und teilweise vielleicht auch noch in die untere Kreide hineinreichen, ist in bezug auf die Reihenfolge ermittelt worden, daß die basischen Eruptionen den sauren vorangiengen. Als jüngstes Glied stellen sich Granite dar. Sie durchbrechen gangförmig den Diorit und Syenit und diese wieder den Serpentin nebst dem Gabbro, Norit und Peridotit. Welche Position in der chronologischen Anordnung dagegen die mitvorkommenden Diabase und Porphyrite einnehmen, bleibt vorläufig unbestimmt.

Bezüglich der früher häufig als Syenit ausgeschiedenen Amphibolgranite Mysiens und der Troas erfahren wir, daß zum mindesten ein Teil derselben jünger sei als die benachbarten kristallinischen Schiefer und zweifellos in vortertiärer Zeit ausgebrochen ist.

Bis zu einem gewissen Grade gilt das auch von dem Amphibolgranit am Kyzyl Irmak östlich vom Pasha Dagh und des Kotch-Hissar Gebietes in Kappadokien, der von Tchihatcheff gleichfalls als Syenit bezeichnet wurde und dessen Gerölle sich in tertiären Sandsteinen finden. Da aber hier anderseits auch über Intrusivgänge von Granit in tertiären Schichten berichtet wird, so darf keineswegs das gleiche Alter für die ganze Masse angenommen werden.

Sehr beachtenswert sind besonders die Ergebnisse der Untersuchungen über die Art des Auftretens von Serpentin, Gabbro, Diabas und Diorit in Anatolien.

Während auf der Insel Mytilene die ausgedehnten Serpentinmassen ebenso wie der dieselben begleitende Peridotit, mit dem sie genetisch zusammenhängen, der archäischen Periode angehören, begegnet man schon in der Troas Serpentinen, welche die kristallinischen Schiefer durchbrechen.

Daß auch auf Kreta die Diabase, Diorite, Gabbros und Serpentine älter als die Kreide sind, haben wir soeben gesehen.

In Lykien gibt es im Gegensatze dazu wieder sichere Anzeichen, welche kaum einen Zweifel darüber obwalten lassen, daß viele der dortigen Serpentine, Gabbros und Diorite erst während der Ablagerung des paläogenen Flysches emporgedrungen sind. Einige Vorkommnisse mögen nebenbei allerdings bereits cretazisch, sogar vorcretazisch sein.

Für eocän müssen ferner die Serpentine der Insel Rhodus nach der ganzen Art, wie sie mit den cretazisch-eocänen Kalken und dem Flysch verquickt erscheinen, angesprochen werden, und ein gleich junges Alter scheinen auch gewisse Serpentine, Gabbros und Diorite in der Seenregion des südwestlichen Kleinasien zu besitzen.

Von den Resultaten, welche neuere Studien innerhalb der weit verbreiteten jungvulkanischen Terrains geliefert haben, seien folgende kurz berührt.

Auf der Insel Mytilene wurde bei den tertiären vulkanischen Ergüssen ein stetiges Anwachsen der Basicität nach oben zu festgestellt. Es reihen sich daselbst aneinander an von den ältesten sauren Laven, welche nach Schluß des Eocän hervorgetreten sind, bis zu den jüngsten basischen, die noch die pontischen Schichten gangförmig durchsetzen: Rhyolith, Dacit, Trachyt, Andesit, Labradorit und Basalt.

Auf verschiedene Zeiten verteilen sich und an verschiedene Punkte zeigen sich auch die Ausbrüche der aus der Troas beschriebenen jungvulkanischen Massen, der Liparite, Trachyte, Andesite und Basalte gebunden. Manche haben vor der Ablagerung des sarmatischen Mactrakalkes, andere wieder erst während des Absatzes der pliocänen Süßwasserbildungen und noch später stattgefunden.

Ebenso lassen sich verschiedene Eruptionsphasen erkennen bei den Andesiten, Daciten und Rhyolithen der Bosporusgegend und bei den andesitischen und leucitischen Gesteinen von Trapezunt.

Die Durchforschung des großen zusammenhängenden vulkanischen Gebietes Galatiens hat neben vielen anderen interessanten Tatsachen ergeben, daß die Andesite dieser Region erst nach der Auffaltung des Eocän, aber schon vor der Ablagerung der auf ihnen ruhenden pliocänen Süßwasserschichten hervorgebrochen sind.

Der Rhyolith und der Augitandesit der Insel Kos stammen aus der Diluvialzeit, dagegen blieben von den dort auftretenden Trachyten, die noch an den sarmatischen Süßwassermergeln Kontaktveränderungen erzeugt haben, bereits die Paludinenschichten nicht mehr alteriert.

Es ließe sich, wie gesagt, noch eine Menge neuerer Beobachtungen anführen, welche die vulkanischen Vorgänge während der tertiären und der diluvialen Epoche in verschiedenen Teilen Kleinasiens, unter anderem auch die große Rolle der Tuffe in der Zusammensetzung der neogenen Ablagerungen beleuchten, doch hierfür mangelt es an der Zeit, und ich schließe meinen Bericht mit dem Hinweise darauf, daß die vulkanische Tätigkeit, wie die in den Jahren 1872 und 1873 erfolgten Aschenauswürfe des Vulkans von Nisyros und außerdem andere Erscheinungen auf dieser Insel klar beweisen, nicht überall im Bereiche Anatoliens als erloschen zu betrachten ist.

Von der Überzeugung geleitet, daß eine Literaturübersicht, auch wenn sie nicht erschöpfend ist, nicht unerwünscht sein kann, habe ich es, wie schon eingangs gesagt wurde, für geboten erachtet, alle mir bekannten geologischen, paläontologischen, mineralogischen und montanistischen Arbeiten über Kleinasien, welche seit dem Jahre 1869 erschienen sind, hier zusammenzustellen.

Keine Aufnahme fanden in das nachfolgende Verzeichnis naturgemäß Hand- und Lehrbücher; doch muß nachdrücklich bemerkt werden, daß auch unter diesen einzelne sehr wertvolle, die Geologie Anatoliens betreffende Auseinandersetzungen, zuweilen sogar Originalbeiträge enthalten. So finden wir beispielsweise in H. Rosenbusch' Mikroskopischer Physiographie der massigen Gesteine und in J. Roths Allgemeiner und chemischer Geologie manche ganz neue, sonst nicht veröffentlichte Angaben über verschiedene kleinasiatische Eruptivgesteine und kristallinische Schiefer. Unberücksichtigt blieben ferner die zahlreichen, vom Jahre 1866 bis 1871 im Neuen Jahrbuche für Mineralogie, Geologie und Paläontologie, von 1872 bis 1887 in T s c h e r m a k s Mineralogischen und petrographischen Mitteilungen publizierten Berichte von C. W. C. F u c h s über die vulkanischen Ereignisse einzelner Jahre, in welchen selbstverständlich auch unser Gebiet häufig berührt erscheint.

Größere Lücken werden sich jedenfalls in bezug auf die mineralogische, seismologische und montanistische Literatur ergeben, da hier Vollständigkeit gar nicht angestrebt wurde. Selbst unter den zu meiner Kenntnis gelangten montanistischen Arbeiten ist, wie ich beifügen muß, eine Auswahl getroffen worden, indem viele Aufsätze, die ein zu wenig wissenschaftliches Gepräge haben, aus der Liste ausgeschieden wurden.

Um über den Inhalt wenigstens die allererste flüchtige Orientierung zu ermöglichen, erschien es mir angezeigt, bei den die stratigraphischen Verhältnisse behandelnden Originalmitteilungen in Klammern die Namen der Formationen anzuführen, die in denselben beschrieben sind oder an deren kürzere Erwähnung sich wichtige Beobachtungen knüpfen.

Was die geographische Begrenzung des in Betracht gezogenen Gebietes anbelangt, so muß betont werden, daß der Begriff Anatolien daselbst keineswegs in dem weiten Sinne aufgefaßt wurde, wie es bei den Türken allgemein der Brauch ist. Sowohl von der Erörterung als auch in dem Literaturverzeichnisse blieben ausgeschlossen: Armenien, Kurdistan, ferner die taurischen Falten Nordsyriens und die ihre Fortsetzung bildende Insel Cypern, endlich die zur europäischen Türkei gehörenden thrakischen Inseln Thasos, Samothraki, Imbros, Limnos und Hagiostrati. Für zweckmäßig habe ich es dagegen gehalten, außer dem der Pforte tributären Samos auch die Insel Kreta, deren geologische Kenntnis gerade in allerneuester Zeit sehr vorgeschritten ist, nicht beiseite zu lassen.

In dem eben skizzierten Rahmen sind nun folgende Publikationen zu nennen:

Abdullah Bey. Faune de la Formation dévonienne du Bosphore de Constantinople. Gazette médicale d'Orient. Constantinople, mars 1869. (Devon.)

— Liste des fossiles de la formation dévonienne du Bosphore à Constantinople. Constantinople 1869. (Devon.)

— Remarques géologiques sur le calcaire dévonien du Bosphore. Boll. del r. com. geol. d'Italia. Roma, vol. I, 1870, pag. 187. (Devon.)

Achiardi A. d'. Sul bacino boratifero di Sultan-Tchair nell' Asia minore. Atti della soc. toscana di scienze natur., proc. verb. Pisa, vol. IX, 1894—1896, pag. 141. (Neogen.)

Achiardi A. d'. Roccie eruttive del bacino boratifero di Sultan-Tchair. Atti della soc. toscana di scienze natur., proc. verb. Pisa, vol. IX, 1894—1896, pag. 149. (Eruptivgesteine.)

–— Studio di alcune rocce sienitiche di Kadi-Kalé (provincia di Smirne) nell' Asia minore. Atti della soc. toscana di scienze natur., proc. verb. Pisa, vol. XIII, 1902—1903, pag. 13. (Eruptivgesteine.)

Agamennone G. Vitesse de propagation du tremblement de terre d'Amed (Asie Mineure) du 16. avril 1896. Boll. della soc. sism. ital. Modena, vol. II, 1896, pag. 233.

— Tremblement de terre d'Aidin (Asie M.) du 19. août 1895. Beitr. zur Geophysik. Leipzig, Bd. III, 1896—1898, S. 337.

— Vitesse de propagation du tremblement de terre d'Aidin (Asie M.) du 19. août 1895. Beitr. zur Geophysik. Leipzig, Bd. III, 1896—1898, S. 541.

–— Sulla velocità di propagazione del terremoto d'Aidin (Asia M.) del 19. agosto 1895. Atti della r. accad. dei Lincei, rendic. Roma, ser. 5, vol. VII, 1898, 1. semestre, pag. 67.

— Velocità di propagazione del terremoto di Pergamo (Asia M.) della notte 13.—14. novembre 1895. Atti della r. accad. dei Lincei, rendic. Roma, ser. 5, vol. VII, 1898, 1. semestre, pag. 162.

— Il terremoto di Balikesri (Asia Minore) del 14. settembre 1896. Atti della r. accad. dei Lincei, rendic. Roma, ser. 5, vol. VIII, 1899, 2. semestre, pag. 365.

— Liste des tremblements de terre observés en Orient et en particulier dans l'empire ottoman pendant l'année 1896. Beitr. zur Geophysik. Leipzig, Bd. IV, 1900, S. 118.

— Tremblement de terre de Balikesri dans la partie N.W. de l'Asie Mineure du 14. septembre 896. Boll. della soc. sism. ital. Modena, vol. VI, 1899—1900, pag. 206.

Ammon L. v. Petrographische Ergebnisse der Reise nebst allgemeinen geologischen Bemerkungen; in: R. Oberhummer und H. Zimmerer, Durch Syrien und Kleinasien. Berlin 1899, S. 322. (Kristall. Schichtgesteine, Paläozoicum, Paläogen, Neogen, Eruptivgesteine.)

Andrews C. W. On a skull of Orycteropus Gaudryi, Forsyth-Major, from Samos. Proc. of the zool. soc. of London. London 1896, pag. 296. (Neogen.)

Andrian F. v. Reisenotizen vom Bosporus und Mytilene. Verb. d. k. k. geol. Reichsanst. Wien. 1869, S. 235. (Kristall. Schichtgesteine, Eruptivgesteine.)

— Geologische Studien aus dem Orient. Jahrb. d. k. k. geol. Reichsanst. Wien. Bd. XX, 1870, S. 201. (Devon, Eruptivgesteine.)

Andrussow N. Sur l'état du bassin de la mer noire pendant l'époque pliocène. Bull. de l'acad. imp. des sciences. St. Petersbourg, nouv. sér. III (XXXV), 1892, pag. 437.

— Fossile und lebende *Dreissensidae* Eurasiens. St. Petersburg 1897. (Enthält auch die Beschreibung einiger kleinasiatischer fossiler Dreissensiden. (Neogen, Quartär.)

— La mer noire. Guide des excurs. du VII. congrès géol. intern. St. Petersbourg 1897, Nr. 29.

— Kritische Bemerkungen über die Entstehungshypothesen des Bosporus und der Dardanellen. Sitzungsb. d. Naturforsch.-Ges. bei der Univers. Jurjew (Dorpat). Jurjew, Bd. 12, 1898—1900, S. 378.

Bauini. Erdbeben auf Rhodus und Simi. Verb. d. k. k. geol. Reichsanst. Wien 1869, S. 185.

Benndorf O. und **Niemann G.** Reisen in Lykien und Karien. Wien 1884. (Enthält ein Kapitel über Erdbeben von Chios.) .

Berg G. Beiträge zur Kenntnis der kontaktmetamorphen Lagerstätte von Balia—Maden. Zeitschr. für prakt. Geol. Berlin, Jahrg. 9, 1901, S. 365.

Bittner A. Triaspetrefakten von Balia in Kleinasien. Jahrb. d. k. k. geol. Reichsanst. Wien, Bd. XLI, 1891, S. 97. (Trias.)

— Neue Arten aus der Trias von Balia in Kleinasien. Jahrb. d. k. k. geol. Reichsanst. Wien, Bd. XLII, 1892, S. 77. (Trias.)

— Neue Brachiopoden und eine neue *Halobia* der Trias von Balia in Kleinasien. Jahrb. d. k. k. geol. Reichsanst. Wien, Bd. XLV, 1895, S. 249. (Trias.)

Boiatzis J. Grundlinien des Bosporus. Inaug.-Dissertation. Königsberg 1887.

Bonarelli G. Appunti sulla costituzione geologica dell' isola di Creta. Atti della r. accad. dei Lincei, Memorie. Roma, ser. 5, vol. III. 1901, pag. 518. (Palaeozoicum?, Mesozoicum, Paläogen, Neogen, Quartär.)

Brotte E. Sur le chrome de la Turquie d'Asie. 1883.

Bukowski G. v. Vorläufiger Bericht über die geologische Aufnahme der Insel Rhodus. Sitzungsb. d. kais. Akad.-Wissensch. Wien, math.-naturw. Kl., Bd. XCVI, Abt. 1, 1887, S. 167. (Kreide, Paläogen, Neogen, Eruptivgesteine.)

— Grundzüge des geologischen Baues der Insel Rhodus. Sitzungsb. d. kais. Akad. d. Wissensch. Wien, math.-naturw. Kl., Bd. XCVIII, Abt. I, 1889, S. 208. (Kreide, Paläogen, Neogen, Quartär, Eruptivgesteine.)

— Der geologische Bau der Insel Kasos. Sitzungsb. d. kais. Akad. d. Wissensch. Wien, math.-naturw. Kl., Bd. XCVIII, Abt. I, 1889, S. 653. (Mesozoicum, Kreide, Paläogen, Neogen, Quartär.)

— Reisebericht aus Kleinasien. Anz. d. kais. Akad. d. Wissensch. Wien, math.-naturw. Kl., Jahrg. XXVII, 1890, S. 124. (Kreide, Paläogen, Neogen.)

— Zweiter Reisebericht aus Kleinasien. Anz. d. kais. Akad. d. Wissensch. Wien, math.-naturw. Kl., Jahrg. XXVII, 1890, S. 138. (Paläozoicum, Kreide, Paläogen, Neogen, Eruptivgesteine.)

— Dritter Reisebericht aus Kleinasien. Anz. d. kais. Akad. d. Wissensch. Wien, math.-naturw. Kl., Jahrg. XXVII, 1890, S. 161. (Kristall. Schichtgesteine, Paläozoicum, Mesozoicum, Neogen.)

— Vorläufiger Schlußbericht über eine geologische Reise in Kleinasien. Anz. d. kais. Akad. d. Wissensch. Wien, math.-naturw. Kl., Jahrg. XXVII, 1890, S. 192. (Paläozoicum, Kreide, Paläogen, Neogen.)

— Reisebericht aus dem Seengebiete des südwestlichen Kleinasien. Anz. d. kais. Akad. d. Wissensch. Wien, math.-naturw. Kl., Jahrg. XXVIII, 1891, S. 151. (Paläozoicum, Kreide, Neogen, Eruptivgesteine.)

— Kurzer Vorbericht über die Ergebnisse der in den Jahren 1890 und 1891 im südwestlichen Kleinasien durchgeführten geologischen Untersuchungen. Sitzungsb. d. kais. Akad. d. Wissensch. Wien, math.-naturw. Kl., Bd. C, Abt. I, 1891, S. 378. (Kristall. Schichtgesteine, Paläozoicum, Kreide, Paläogen, Neogen, Quartär, Eruptivgesteine.)

— Vorläufige Notiz über die Molluskenfauna der levantinischen Bildungen der Insel Rhodus. Anz. d. kais. Akad. d. Wissensch. Wien, math.-naturw. Kl., Jahrg. XXIX, 1892, S. 247. (Neogen.)

— Die geologischen Verhältnisse der Umgebung von Balia Maaden im nordwestlichen Kleinasien (Mysien). Sitzungsb. d. kais. Akad. d. Wissensch. Wien, math.-naturw. Kl., Bd. CI, Abt. 1, 1892, S. 214. (Carbon, Trias, Eruptivgesteine.)

Bukowski G. v. Geologische Forschungen im westlichen Kleinasien. Verh. d. k. k. geol. Reichsanst. Wien, 1892, S. 134. (Kristall. Schichtgesteine, Paläozoicum, Carbon, Trias, Kreide, Paläogen, Neogen, Eruptivgesteine.)

— Einige Bemerkungen über die pliozänen Ablagerungen der Insel Rhodus. Verh. d. k. k. geol. Reichsanst. Wien, 1892, S. 196. (Neogen.)

— Vorläufige Notiz über den zweiten abschließenden Teil der Arbeit: Die levantinische Molluskenfauna der Insel Rhodus. Anz. d. kais. Akad. d. Wissensch. Wien, math.-naturw. Kl., Jahrg. XXXI, 1894, S. 243. (Neogen.)

— Die levantinische Molluskenfauna der Insel Rhodus. I. Teil in Denkschr. d. kais. Akad. d. Wissensch. Wien, math.-naturw. Kl., Bd. LX, 1893, S. 265, II. Teil ibidem Bd. LXIII, 1896, S. 1. (Neogen.)

— Geologische Übersichtskarte der Insel Rhodus (mit geol. Beschreibung). Jahrb. d. k. k. geol Reichsanst. Wien, Bd. XLVIII, 1898, S. 517. (Kreide, Paläogen, Neogen, Quartär, Eruptivgesteine.)

Calvert F. Über die asiatische Küste des Hellespont. Zeitschr. für Ethnologie. Berlin, Bd. XII, 1880, S. 31. (Neogen, Quartär.)

— Meteorsteinfälle am Hellespont. Sitzungsb. d. kgl. preuß. Akad. d. Wissensch. Berlin, Jahrg. 1886, II, S. 673.

Calvert F. und Neumayr M. Die jungen Ablagerungen am Hellespont. Denkschr. d. kais. Akad. d. Wissensch. Wien, math.-naturw. Kl., Bd. XL, 1880, S. 357. (Neogen, Quartär, Eruptivgesteine.)

Cancani A. Sulle due velocità di propagazione del terremoto di Costantinopoli del 10 luglio 1894. Atti della r. accad. dei Lincei, rendic. Roma, ser. 5, vol. III, 1894, 2. semestre, pag. 409.

Carpentin. Tremblement de terre de Smyrne du 29 juillet 1880. Comptes rend. hebd. des séances de l'acad. des sciences. Paris, tome 91, 1880, pag. 601.

Cayeux L. Sur la composition et l'âge des terrains métamorphiques de la Crète. Comptes rend. hebd. des séances de l'acad. des sciences. Paris, tome 134, 1902, pag. 1116. (Trias, Eruptivgesteine.)

— Sur les rapports tectoniques entre la Grèce et la Crète occidentale. Comptes rend. hebd. des séances de l'acad. des sciences. Paris, tome 134, 1902, pag. 1157.

— Existence du jurassique supérieur et de l'Infracrétacé dans l'île de Crète. Comptes rend. hebd. des séances de l'acad. des sciences. Paris, tome 136, 1903, pag. 330. (Jura, Kreide.)

— Phénomènes de charriage dans la Méditerranée orientale. Comptes rend. hebd. des séances de l'acad. des sciences. Paris, tome 136, 1903, pag. 474.

— Les éruptions d'âge secondaire dans l'île de Crète. Comptes rend. hebd. des séances de l'acad. des sciences. Paris, tome 136, 1903, pag. 519. (Eruptivgesteine.)

Chalikiopoulos L. Sitia, die Osthalbinsel Kretas. Veröffentl. d. Inst. für Meereskunde und d. geogr. Inst. an d. Univers. Berlin, Heft 4, 1903. (Kristall. Schichtgesteine, Trias, Kreide, Paläogen, Neogen, Quartär, Eruptivgesteine.)

Chelussi Italo. Alcune rocce dell' isola di Samos. Giorn. di miner., cristallogr. e petrogr. Milano, vol. IV, 1893, pag. 33. (Kristall. Schichtgesteine, Eruptivgesteine.)

Clarke H. On the western Asia Minor coal and iron basins, and on the geology of the district. Rep. of the 38. meeting of the british assoc. for the advanc. of science held at Norwich in August 1868. London 1869, pag. 61.

Cold C. Küstenveränderungen im Archipel. München 1886.

Coquand H. Notice géologique sur les environs de Panderma (Asie Mineure). Bull. d. la soc. géol. de France. Paris. sér. 3, tome VI, 1877—1878, pag. 347. (Kristall. Schichtgesteine, Devon?, Carbon, Paläogen, Neogen, Quartär, Eruptivgesteine.)

Cotteau G. Échinides nouveaux ou peu connus. Rev. et magas. de zool. pure et appliquée etc. Paris, sér. 3, tome IV, 1876, pag. 317 et sér. 3, tome VI, 1878, pag. 170. (Neogen.)

Coulant E. Cenni sul borato di calce dell' Asia minore. Atti della soc. toscana di scienze natur., proc. verb. Pisa, vol. IX, 1894—1896, pag. 142. (Kristall. Schichtgesteine, Neogen, Eruptivgesteine.)

Davison Ch. On the velocity of the Constantinople earthquake-pulsations of july 10. 1894. Nature. London and New York, vol. L, 1894, pag. 450.

Diller J. S. The geology of Assos. Papers of the archaeol. Inst. of America, class. ser. I, Boston, 1882, pag. 166. (Neogen, Eruptivgesteine.)

— Notes upon the geology of the Troad. Papers of the archaeol. Inst. of America, class. ser. I. Boston, 1882, pag. 180. (Kristallin. Schichtgesteine, Neogen, Eruptivgesteine.)

— Anatas als Umwandlungsprodukt von Titanit im Biotitamphibolgranit der Troas. Neues Jahrb. für Miner., Geol. und Paläont. Stuttgart, Jahrg. 1883, Bd. I, S. 187. (Eruptivgesteine.)

— Notes on the geology of the Troad. Quart. journ. of the geol. soc. of London. London, vol. XXXIX, 1883, pag. 627. (Kristall. Schichtgesteine, Paläozoicum?, Kreide?, Paläogen?, Neogen, Eruptivgesteine.)

Doelter C. Trachyte von der Insel Kos. Verh. d. k. k. geol. Reichsanst. Wien 1875, S. 233. (Eruptivgesteine.)

Dokutchajew W. et Gieorgiewski A. Potchvy maloazijskich i makedonskich tabatchnych plantacij (Sols des plantations de tabac en Asie Mineure et en Macédoine). Trudy wolnavo ekonomitcheskavo obschtchestva. St. Petersbourg 1889, pag. 30.

Douvillé H. Sur la constitution géologique des environs d'Héraclée (Asie Mineure). Comptes rend. hebd. des séances de l'acad. des sciences. Paris, tome 122, 1896, pag. 678. (Carbon, Kreide.)

— Études sur les Rudistes. Mém. de la soc. géol. de France. Paléontologie. Paris, Mém. Nr. 6, 1890—1897 (in dem Kapitel: Distribution régionale des Hippurites, Chap. II. Les Hippurites de la province orientale, tome VII, fasc. III, 1897 d. Zeitschr. auch kleinasiatische Hippuriten beschrieben).

Dybowski X. Tremblement de terre de Turquie, observé à Adabazar. La nature. Paris, XXII, 2, pag. 289.

Eginitis D. Sur le tremblement de terre de Constantinople du 10 juillet 1894. Comptes rend. hebd. des séances de l'acad. des sciences. Paris, tome 119, 1894, pag. 480.

— Le tremblement de terre de Constantinople. L'astronomie. Paris, XIII, pag. 427.

— Le tremblement de terre de Constantinople du 10 juillet 1894. Annales de géogr. Paris, tome IV, 1894—1895, pag. 151.

Enderle J. Über eine anthrakolithische Fauna von Balia Maaden in Kleinasien. Beitr. zur Paläont. und Geol. Österreich-Ungarns und des Orients. Wien, Bd. XIII, 1901, S. 49. (Carbon, Permocarbon.)

Eschenhagen M. Erdmagnetismus und Erdbeben. Sitzungsb. d. kgl. preuß. Akad. d. Wissensch. Berlin, Jahrg. 1894, Bd. II, S. 1165. (Enthält Bemerkungen über Erdbeben von Konstantinopel.)

Etheridge R. Notes on the fossil plants from Kosloo. Quart. journ. of the geol. soc. of London. London, vol. XXXIII, 1877, pag. 542. (Carbon.)

Ewald. Bericht über das Erdbeben von Chios. Monatsb. d. kgl. preuß. Akad. d. Wissensch. Berlin 1881, S. 802.

Fischer P. Diagnoses molluscorum in stratis fossiliferis insulae Rhodi jacentium. Journ. de Conchyl. Paris, sér. 3, tome XVII, vol. 25, 1877, pag. 78 et 222. (Neogen.)

Fischer P. avec la collaboration de MM. **Cotteau G., Manzoni A.** et **Tournouër R.** Paléontologie des terrains tertiaires de l'ile de Rhodes Mém. de la soc. géol. de France. Paris, sér. 3, tome I, 1877—1881. Mém. Nr. II. (Neogen, Quartär.)

Fischer Th. Küstenveränderungen im Mittelmeergebiet. Zeitschr. d. Ges. für Erdkunde. Berlin, Bd. 13, 1878, S. 151.

Fitzner R. Erdbebenbeobachtungen in Kleinasien. Peterm. Mitt. aus Justus Perthes geogr. Anst Gotha, Bd. 49, 1903, S. 130.

—- Forschungen auf der Bithynischen Halbinsel. Rostock 1903. (Devon, Carbon, Trias, Kreide, Paläogen, Neogen, Quartär, Eruptivgesteine.)

Fliche. Note sur les Bois fossiles de Mételin. Annales d. mines. Paris, sér. 9, tome XIII, 1898, pag. 293. (Neogen.)

Forsyth-Major C. J. Faune mammalogiche dell' isole di Kos e di Samos. Atti della soc. toscana di scienze natur., proc. verb. Pisa, vol. V, 1885—1887, pag. 272. (Neogen.)

— Sur un gisement d'ossements fossiles dans l'ile de Samos, contemporains de l'age de Pikermi. Comptes rend. hebd. des séances de l'acad des sciences. Paris, tome 107, 1888, pag. 1178. (Neogen.)

— Considérations nouvelles sur la faune de vertébrés du miocène supérieur dans l'île de Samos. Comptes rend. hebd. des séances de l'acad. des sciences. Paris, tome 113, 1891, pag. 608. (Neogen.)

—- Sur l'âge de la faune de Samos. Comptes rend. hebd. des séances de l'acad. des sciences. Paris, tome 113, 1891, pag. 708. (Neogen.)

— On the fossil remains of species of the family Giraffidae. Proc. of the zool. soc. of London. London 1891, pag. 315. (Neogen.)

— Le gisement ossifère de Mitylini; in: Samos, étude géol., paléont. et botanique par C. De Stefani, C. J. Forsyth-Major et W. Barbey. Lausanne, 1892, pag. 83. (Neogen, Eruptivgesteine.)

— Note upon Pliohyrax graecus (Gaudr.) from Samos. Geol. magaz. London, new series, decade IV, vol. VI, 1899, pag. 507. (Neogen.)

— The hyracoid Pliohyrax graecus (Gaudr.) from the upper miocene of Samos and Pikermi. Geol. magaz London, new series, decade IV, vol. VI, 1899, pag. 547. (Neogen.)

—- On the reported occurence of the camel and Nilghai in the upper miocene of Samos. Geol. magaz. London, new series, decade IV, vol. VIII, 1901, pag. 354. (Neogen).

Foullon H. v. Mineralogische und petrographische Notizen. Kapitel: Über Eruptivgesteine aus der Provinz Karassi in Kleinasien. Jahrb. d. k. k. geol. Reichsanst. Wien, Bd. XXXVIII, 1888, S. 32. (Eruptivgesteine.)

— Über kristallinische Gesteine aus dem Baba Dagh im nordöstlichen Karien in Kleinasien. Verh. d. k. k. geol. Reichsanst. Wien, 1890, S. 110. (Kristall. Schichtgesteine.)

— Über Gesteine und Minerale von der Insel Rhodus. Sitzungsb. d. kais. Akad. d. Wissensch. Wien, math.-naturw. Kl., Bd. C, Abt. I, 1891, S. 144. (Paläogen, Neogen, Eruptivgesteine.)

Fouqué F. Contribution à l'étude des Feldspaths. Étude de quelques roches de Milo, du Péloponèse, de Mételin et de Santorin. Bull. de la soc. miner. de France. Paris, tome 17, 1894, pag. 315. (Eruptivgesteine.)

Frech F. Lethaea geognostica. Stuttgart, 1. Teil, Lethaea palaeozoica; Bd. II, 1. Lief. Cambrium, Silur, Devon, 1897—1902 (Devon Kleinasiens S. 200, 234, 236, 239, 244, 245), ferner Bd. II, 2. Lief. Carbon, 1899 (Carbon Kleinasiens S. 385, 392, Karte V), endlich Bd. II, 4. Lief. Die Dyas (Schluß), 1902. (Carbon und Permocarbon Kleinasiens S. 660 und 693).

Fritsch K. v. Acht Tage in Kleinasien. Mitt. des Ver. für Erdkunde zu Halle a. S., 1882, S. 101. (Kristall. Schichtgesteine, Paläozoicum, Kreide, Paläogen, Neogen, Quartär, Eruptivgesteine.)

Fuchs Th. Miozänfossilien aus Lykien. Verh. d. k. k. geol. Reichsanst. Wien, 1885, S. 107. (Neogen.)

— Über einige Hieroglyphen und Fucoiden aus den paläozoischen Schichten von Hadjin in Kleinasien. Sitzungsb. d. kais. Akad. d. Wissensch. Wien, math.-naturw. Kl., Bd. CXI, Abt. J, 1902, S. 327. (Silur.)

Fucini A. Fossili del calcare marnoso del bacino boratifero di Sultan-Tchair. Atti della soc. toscana di scienze natur., proc. verb. Pisa, vol. IX, 1894—1896, pag. 163. (Neogen.)

Futterer K. in: Flottwell v. Aus dem Stromgebiet der Qyzyl Irmaq (Halys). Peterm. Mitt. aus Justus Perthes geogr. Anst. Gotha, Ergänzungsband XXIV, 1894—1895, Heft Nr 114. (Paläozoicum, Paläogen, Eruptivgesteine.)

Gorceix H. Sur la géologie des îles de Nisiros et de Cos. Bull. de la soc. géol. de France. Paris, sér. 3, tome 1, 1872—1873, pag. 365 (Neogen, Eruptivgesteine.)

— Sur l'état du volcan de Nisiros au mois de mars 1873. Comptes rend. hebd. des séances de l'acad. des sciences. Paris, tome 77, 1873, pag. 597. (Eruptivgesteine.)

— Sur la récente éruption de Nisyros. Comptes rend. hebd. des séances de l'acad. des sciences. Paris, tome 77, 1873, pag. 1039. (Eruptivgesteine.)

— Sur l'éruption boueuse de Nisyros. Comptes rend. hebd. des séances de l'acad. des sciences. Paris, tome 77, 1873, pag. 1474. (Eruptivgesteine.)

— L'île volcanique de Nisiros. L'Institut, journ. univ. d. sciences et d. soc. savantes en France et à l'étranger. Paris 1873, pag. 289, 299, 343. (Eruptivgesteine.)

— Une lettre de Cos ddt. 20. décembre 1873 communiquée par M. Delesse. Bull. de la soc. géol. de France. Paris, sér. 3, tome II, 1873—1874, pag. 145. (Kristall. Schichtgesteine, Neogen, Quartär, Eruptivgesteine.)

— Note sur l'île de Cos et sur quelques bassins tertiaires de l'Eubée, de la Thessalie et de la Macedoine. Bull. de la soc. géol. de France. Paris, sér. 3, tome II, 1873—1874, pag. 398. (Kristall. Schichtgesteine, Mesozoicum, Neogen, Eruptivgesteine.)

— Phénomènes volcaniques de Nisyros. Comptes rend. hebd. des séances de l'acad. des sciences. Paris, tome 78, 1874, pag. 444. (Mesozoicum, Neogen, Quartär, Eruptivgesteine.)

— Aperçu géologique sur l'île de Cos. Comptes rend. hebd. des séances de l'acad. des sciences. Paris, tome 78, 1874, pag. 565. (Kristall. Schichtgesteine, Mesozoicum, Neogen, Quartär, Eruptivgesteine.)

— Sur l'étude des Fumerolles de Nisyros et de quelques-uns des produits de l'éruption de 1873. Comptes rend. hebd. des séances de l'acad. des sciences. Paris, tome 78, 1874, pag. 1309. (Eruptivgesteine.)

Gorceix H. Terrains volcaniques de l'île de Cos. L'institut, journ univ d. sciences et d. soc. savantes en France et à l'étranger. Paris, 1874, pag. 78. (Mesozoicum, Neogen, Eruptivgesteine.)

— Étude des fumarolles de Nisyros et de quelques-uns des produits des éruptions dont cette île a été le siège en 1872 et 1873. Annales de chimie et de physique. Paris, sér. 5, tome II, 1874, pag. 333. (Eruptivgesteine.)

— Aperçu géologique sur l'île de Cos. Annales scient. de l'école norm. supér. Paris, sér. 2, tome V, 1876, pag. 205. (Kristall. Schichtgesteine, Mesozoicum, Neogen, Quartär, Eruptivgesteine.)

Gurlt A. Steinbeil aus Schmirgelstein von Kosbunar (Smyrna) und Vorkommen des Schmirgelsteins im Orient und seine technische Verwendung. Verh. d. naturh. Ver. d. preuß. Rheinlande und Westfalens. Bonn, Jahrg. 39, 1882, Sitzungsb. S. 5.

— Die Bergwerksindustrie in Griechenland und im türkischen Reich. Berlin 1882.

Hauer C. v. Analysen von Eruptivgesteinen aus dem Orient. Verh d. k. k. geol. Reichsanst. Wien 1873, S. 218. (Eruptivgesteine.)

Harveng J. de. Notice sur le bassin houiller d'Héraclée (Turquie d'Asie). Rev. univers. des mines, de la métallurgie etc. Liège, 36. année, sér. 3, tome XX, 1892, 4. trimestre, pag. 34. (Carbon, Kreide als Trias angeführt.)

Hauttecoeur H. La principauté de Samos. Bull. de la soc. r. belge de géogr., Bruxelles, 25. année, 1901. pag. 4, 81 et 177. (Geol. Beschreibung bloß Reproduktion.)

— L'île de Karpathos. Bull. de la soc r. belge de géogr. Bruxelles, 25. année, 1901, pag. 237. (Geol. Beschreibung bloß Reproduktion.)

Hirschfeld G. Über ein Erdbeben in Kleinasien. Neues Jahrb. für Miner., Geol. und Paläont. Stuttgart, Jahrg. 1889, Bd. I, S. 275.

Hochstetter F. v. Die geologischen Verhältnisse des östlichen Teiles der europäischen Türkei. Jahrb. d. k. k. geol. Reichsanst. Wien, I. Teil, Bd. XX, 1870, S. 365; II. Teil, Bd. XXII, 1872, S. 331. (Im I. Teile Devon, Kreide, Neogen und Eruptivgesteine Kleinasiens berührt.)

— Asien. seine Zukunftsbahnen und seine Kohlenschätze. Wien 1876. (Carbon Kleinasiens S. 152.)

Hoernes M. Die fossilen Mollusken des Tertiär-Beckens von Wien. II. Bivalven. Abh. d. k. k. geol. Reichsanst. Wien, Bd. IV, 1870. (Darin auch pliocäne Formen von der Insel Rhodus angeführt.)

Hoernes R. Geologischer Bau der Insel Samothrake. Denkschr. d. kais. Akad. d. Wissensch. Wien, math.-naturw. Kl, Bd. XXXIII, 1874, S. 1. (In einer Fußnote wichtige Erwähnung des Neogens der Troas.)

— Süßwasserschichten unter den sarmatischen Ablagerungen am Marmarameere. Verh. d. k. k. geol. Reichsanst. Wien, 1875, S. 174. (Neogen.)

— Ein Beitrag zur Kenntnis fossiler Binnenfaunen. Süßwasserschichten unter den sarmatischen Ablagerungen am Marmarameere. Sitzungsb. d. kais. Akad. der Wissensch. Wien, math.-naturw. Kl., Bd. LXXIV, Abt. I, 1876, S. 7. (Neogen.)

Holtzer P. Le bassin houiller d'Héraclée. Bull. de la soc. de l'industrie minérale. St. Étienne, sér. 3, tome X, 1896, pag. 773. (Carbon, Kreide, Eruptivgesteine.)

Howorth H. H. The absence of glacial phenomena in large parts of Western Asia and eastern Europe. Geol. magaz. London, new series, decade III, vol. IX, 1892, pag. 54.

Jagnaux R. Analyses d'émeris. Bull. de la soc. minér. de France. Paris, tome 7. 1884, pag. 160.

Jones Rupert T. On some devonian and silurian ostracoda from North-America, France and the Bosporus. Quart. journ. of the geol. soc. of London. London, vol. XLVI, 1890, pag. 534. (Devon.)

Jüssen E. Über pliocäne Korallen von der Insel Rhodus. Sitzungsb. d. kais. Akad. d. Wissensch. Wien, math.-naturw. Kl., Bd. XCIX, Abt. 1, 1890, S. 13. (Neogen.)

Kannenberg K. Kleinasiens Naturschätze. seine wichtigsten Tiere, Kulturpflanzen und Mineralschätze. Berlin. 1897.

Kayser E. Devon-Fossilien vom Bosporus und von der Nordküste des Marmara-Meeres. Beitr. zur Paläont. und Geol. Österreich-Ungarns und d. Orients. Wien, Leipzig, Bd. XII, 1898, S. 27. (Devon.)

Kellner W. Türkischer Bergbau und dessen Produkte. Berg- und Hüttenmänn. Zeitung. Leipzig, Jahrg. 46, 1887, S. 37 und 52.

— Die Schmirgelminen in Kleinasien. Berg- und Hüttenmänn. Zeitung. Leipzig, Jahrg. 47, 1888, S. 456.

Kenngott A. Über Priceit, Colemanit und Pandermit. Neues Jahrb. für Miner., Geol. und Paläont. Stuttgart, Jahrg. 1885, Bd. I, S. 241.

Kiepert H. Veränderungen im Mündungsgebiete des Flusses Hermos in Kleinasien. Globus. Braunschweig, Bd. 51, 1887, S. 150.

— Die alten Ortslagen am Südfuße des Idagebirges. Zeitschr. d. Ges. für Erdkunde. Berlin. Bd. 24, 1889, S. 290. (Enthält eine geol. Karte der Umgebung von Edremid.)

Konstantinidis M. Mines d'antimoine à Samos. Paris 1888.

Lacroix A. Sur l'existence de roches à leucite dans l'Asie Mineure et sur quelques roches à hypersthène du Caucase. Comptes rend. hebd. des séances de l'acad. des sciences. Paris. tome 110, 1890, pag. 302. (Eruptivgesteine.)

— Sur les roches à leucite de Trébizonde (Asie Mineure). Bull. de la soc. géol. de France. Paris, sér. 3, tome XIX. 1891, pag. 732. (Eruptivgesteine.)

— Les roches volcaniques à leucite de Trébizonde. Comptes rend. hebd. des séances de l'acad. des sciences. Paris, tome 128, 1899, pag. 128. (Paläogen, Eruptivgesteine.)

Launay L. de. Histoire géologique de Métélin et de Thasos. Rev. archéol. Paris, sér. 3, tome XI, 1888, pag. 242. (Kristall. Schichtgesteine, Neogen, Eruptiv gesteine.)

— La géologie de l'île Métélin. Comptes rend. hebd. des séances de l'acad. des sciences. Paris, tome 110, 1890, pag. 158. (Kristall. Schichtgesteine, Neogen, Eruptivgesteine.)

— Mission géologique dans les îles de Métélin, Thasos et Samothrake Archives des missions scient. et litt. Paris, sér. 3, tome XVI, 1890. (Kristall. Schichtgesteine, Neogen, Eruptivgesteine.)

— Description géologique des îles de Métélin et de Thasos (Mer Egée). Nouv. archives des missions scient. et litt. Paris, tome I, 1891, pag. 127. (Kristall. Schichtgesteine, Neogen, Quartär, Eruptivgesteine.)

-- Observations sur les directions de plissements dans la mer Egée. Bull. de la soc. géol. de France. Paris, comptes-rend. somm. des séances, sér. 3, tome XX, 1892, pag. 66.

— Note sur la nécropole de Camiros dans l'île de Rhodes. Rev. archéol. Paris, 1895, II, pag. 182. (Geol. Übersicht nach Bukowski.)

— Sur la géologie des îles de Métélin, ou Lesbos et de Lemnos dans la mer Egée. Comptes rend. hebd. des séances de l'acad. des sciences. Paris, tome 125, 1897, pag. 1045. (Neogen.)

Launay L. de. Études géologiques sur la mer Egée. La géologie des îles de Mételin (Lesbos), Lemnos et Thasos. Annales d. mines. Paris, sér. 9, tome XIII, 1898, pag. 157. (Kristall. Schichtgesteine, Neogen, Quartär, Eruptivgesteine.)

Leonhard R. Geologische Skizze des galatischen Andesitgebietes nördlich von Angora. Neues Jahrb. für Miner., Geol. und Paläont. Stuttgart, Beilageband XVI. 1903, S. 99. (Trias?, Jura, Kreide, Paläogen, Neogen. Eruptivgesteine.)

Lepsius R. Geologie von Attika. Ein Beitrag zur Lehre vom Metamorphismus der Gesteine. Berlin 1893. (Auf S. 168—169 Beschreibung des Trachyts von Pergamon in Kleinasien.)

Liebrich A. Bauxit und Smirgel Zeitschr für prakt. Geol. Berlin, Jahrg. 1895, S. 275.

Limpricht M. Die Strasse der Dardanellen. Inaug.-Dissert. Breslau 1892.

Linck in: **Kannenberg K.** Ein Forschungsritt durch das Stromgebiet des unteren Kisil Yrmak (Halys). Globus. Braunschweig, Bd. 65, Nr. 12, 1894, S. 185. (Kristall. Schichtgesteine, Kreide, Tertiär, Eruptivgesteine.)

Luschan F. v. Über seine Reisen in Kleinasien. Verh. d. Ges. für Erdkunde. Berlin, Bd. XV, 1888, S. 47. (Quartär.)

Maass G. Das Erdbeben von Konstantinopel 1894. Himmel u. Erde. Berlin, Bd. VII, 1895.

Milch L. Die Ergußgesteine des galatischen Andesitgebietes (nördlich von Angora). Neues Jahrb. für Miner., Geol. und Paläont. Stuttgart. Beilageband XVI, 1902, S. 110. (Eruptivgesteine.)

Mitzopulos C. Die Erdbeben in Griechenland und der Türkei im J. 1890. Peterm. Mitt. aus Justus Perthes geogr. Anst. Gotha, Bd. 37, 1891, S. 51.

-- Die Erdbeben in Griechenland und der Türkei im J. 1891. Peterm. Mitt. aus Justus Perthes geogr. Anst. Gotha. Bd. 38, 1892, S. 265.

— Das Erdbeben von Aidin in Kleinasien am 19. August 1895. Peterm. Mitt. aus Justus Perthes geogr. Anst. Gotha, Bd. 41, 1895, S. 266.

Mojsisovics E. Über den chronologischen Umfang des Dachsteinkalkes. Anhang: Über juvavische Cephalopoden aus der Bukowina und aus Kleinasien. Sitzungsb. d. kais. Akad. d. Wissensch. Wien, math.-naturw. Kl., Bd. CV, Abt. I, 1896, S. 39. (Trias.)

Montessus de Ballore F. de. Les regions Balkaniques et l'Anatolie séismique. Bull. du comité géol. St. Petersbourg, tome XIX, 1900, pag. 31.

Moureaux. Sur le tremblement de terre de Constantinople Comptes rend. hebd. des séances de l'acad. des sciences. Paris, tome 119, 1894, pag. 251.

Muck. Über neuere Schürfungen auf Steinkohle an der Küste des Schwarzen Meeres in Kleinasien. Zeitschr. d. österr. Ing.- und Architekten-Ver. Wien, Jahrg. 53, 1901, S. 92. (Carbon, Kreide.)

Myres J. L. On the geology of the coastland of Caria. Rep. of the british assoc. for the advanc. of science, sixty-third meeting held at Nottingham in septemb. 1893. London 1894, pag. 746. (Kristall. Schichtgesteine, Kreide, Neogen, Eruptivgesteine.)

Nasse R. Ein Ausflug nach Samos. Zeitschr. d. Ges. für Erdkunde. Berlin, Bd. X, 1875, S. 222. (Kristall. Schichtgesteine, Paläozoicum?, Neogen, Quartär, Eruptivgesteine.)

Naumann E. Vom Goldenen Horn zu den Quellen des Euphrat. München und Leipzig 1893. (S. 367—375, Kristall. Schichtgesteine, Paläozoicum, Devon, Carbon, Trias, Jura, Kreide, Paläogen, Neogen, Eruptivgesteine.)

— Die Grundlinien Anatoliens und Centralasiens Geogr. Zeitschr., hrsg. von A. Hettner. Leipzig, Jahrg. II, 1896, S. 7. (Kristall. Schichtgesteine, Paläozoicum, Carbon, Jura, Kreide, Paläogen, Neogen, Eruptivgesteine.)

Neumayr M. Die Insel Kos. Verh. d. k. k. geol. Reichsanst Wien 1875, S. 170 (Kristall. Schichtgesteine, Kreide, Neogen, Quartär, Eruptivgesteine.)

— Über den geologischen Bau der Insel Kos und über die Gliederung der jung-tertiären Binnenablagerungen des Archipels. Denkschr. d. kais. Akad. d. Wissensch. Wien, math.-naturw. Kl.. Bd. 40. 1880, S. 213. (Kristall, Schicht-gesteine, Mesozoicum, Kreide. Neogen, Quartär, Eruptivgesteine)

— Zur Geschichte des östlichen Mittelmeerbeckens. Virchows und Holzendorffs Samml. gemeinverst. wissensch. Vorträge. Berlin, 1882, Nr. 392. (Neogen, Quartär.)

— Über einige tertiäre Süßwasserschnecken aus dem Orient. Neues Jahrb. für Miner., Geol. und Paläont. Stuttgart, Jahrg. 1883. Bd. II, S. 37. (Neogen.)

— Über Trias- und Kohlenkalkversteinerungen aus dem nordwestlichen Kleinasien. Anz. d. kais. Akad. d. Wissensch. Wien, math.-naturw. Kl., Jahrg. XXIV, 1887, S. 241. (Carbon, Perm?, Trias.)

Oberhummer E. Bemerkungen zur Route Diner—Afiun Karahissar. Anhang zu W. v. Diest „Von Tilsit nach Angora". Peterm. Mitt. aus Justus Perthes geogr. Anst. Gotha, Ergänzungsband XXVII, 1899, Heft Nr. 125, S. 91. (Paläogen, Eruptivgesteine.)

— Reise in Westkleinasien (1897) in: R. Oberhummer und H Zimmerer, Durch Syrien und Kleinasien. Berlin 1899, S. 371. (Kristall. Schichtgesteine, Paläogen, Quartär, Eruptivgesteine.)

Ornstein B. Das Erdbeben von Vostizza nebst der griechisch-kleinasiatischen Erdbebenchronik d. J. 1887. Das Ausland. Stuttgart, Jahrg. 62, 1889, S. 281.

— Das Erdbeben auf Lesbos. Das Ausland. Stuttgart, Jahrg. 64, 1891, S. 109.

Osborn H. F. On Pliohyrax Kruppii Osborn, a fossil Hyracoid, from Samos, Lower Pliocene, in the Stuttgart Collection. A new type, and the first known tertiary Hyracoid. Proc. of the fourth intern. Congress of zool. Cambridge 1898, pag. 172. (Neogen.)

P. D. Kamennyj ugol w Anatolij (La houille de l'Anatolie). Gornozawodskij Listok. Kharkow 1888, pag. 229.

Partsch J. Geologie und Mythologie in Kleinasien. Philolog. Abh. Berlin 1888, S 105.

Paton W. R. and Myres J. L. Researches in Karia. Geogr. journ. London, vol. IX, 1897, pag. 38. (Kristall. Schichtgesteine, Eruptivgesteine.)

Pauli F. W. Die Insel Chios in geographischer, geologischer, ethnologischer und kommerzieller Hinsicht. Mitth. der geogr. Ges. in Hamburg 1883, Bd. für 1880 und 1881, S. 99.

Pelissier de. Sur le tremblement de terre de Chio. Comptes rend. hebd. des séances de l'acad. des sciences. Paris, tome 92, 1881, pag. 956.

Penecke K. A. Das Sammelergebnis Dr. Franz Schaffers aus dem Oberdevon von Hadschin im Antitaurus. Jahrb. d. k k. geol. Reichsanst. Wien, Bd. LIII, 1903, S. 141. (Devon.)

Pergens E. Pliocäne Bryozoën von Rhodos. Annalen d. k. k. naturh. Hofmus. Wien, Bd. 11, 1887, S. 1. (Neogen.)

Petau de Maulette. Quelques observations géogéniques sur le bassin de la mer noire, le Caucase et l'Arménie. Rev. univers. des mines, de la métallurgie etc. Liège, 35. année, sér. 3, tome XV, 1891, 3. trimestre, pag. 240.

Petit-Bois G. Aperçu géologique de la vallée de Kara-Sou (Asie Mineure) Annales de la soc. géol. de Belgique. Liège, tome II, 1875, pag. 183. (Kreide, Paläogen, Eruptivgesteine.)

Philippson A. Geologische und geographische Wahrnehmungen auf einer Orient-reise. 5 Vorträge. Sitzungsb. d. niederrhein. Ges. für Natur- und Heilkunde.

Bonn, Jahrg. 54, 1897, S. 4. (Kristall. Schichtgesteine, Devon, Neogen. Quartär, Eruptivgesteine.)

Philippson A. Die griechischen Inseln des Ägäischen Meeres. Verh. d. Ges. für Erdkunde. Berlin. Bd. XXIV, 1897, S. 264. (Auch Kleinasien berührt.)

— Bosporus und Hellespont. Geogr. Zeitschr. hrsg. von A. Hettner. Leipzig, Jahrg. IV. 1898, S. 16. (Devon, Trias, Paläogen, Neogen. Quartär, Eruptivgesteine.)

— La téctonique de l'Égéide (Grèce. Mer Égée, Asie mineure occidentale). Annales de géogr. Paris. tome VII. 1898, pag. 112.

— Der Gebirgsbau der Ägäis und seine allgemeineren Beziehungen. Verh. d. VII. intern. Geogr.-Congresses in Berlin 1899. S. 181.

— Geologie der pergamenischen Landschaft. (Vorläufiger Bericht). Mitt. des k. archäolog Instit. Athen. XXVII, 1902, S. 7. (Kristall. Schichtgesteine, Carbon. Permocarbon. Paläogen. Neogen. Eruptivgesteine.)

— Nachträge zur Kenntnis der griechischen Inselwelt. Peterm. Mitt. aus Justus Perthes geogr. Anst. Gotha, Bd. 48, 1902, S. 106. (Kristall. Schichtgesteine der Insel Nikaria.)

— Vorläufiger Bericht über die im Sommer 1901 ausgeführte Forschungsreise im westlichen Kleinasien. Sitzungsb. d. kgl. preuß. Akad. d. Wissensch. Berlin 1902, Halbband I, S. 65. (Kristall. Schichtgesteine, Carbon. Kreide, Paläogen, Neogen. Eruptivgesteine.)

— Vorläufiger Bericht über die im Sommer 1902 ausgeführte Forschungsreise im westlichen Kleinasien. Sitzungsb. d. kgl. preuß. Akad. d. Wissensch. Berlin 1903, Halbband I. S. 112. (Kristall. Schichtgesteine, Trias, Jura, Kreide, Neogen. Quartär. Eruptivgesteine.)

Pompeckj J. F. Paläontologische und stratigraphische Notizen aus Anatolien. Zeitschr. der deutsch. geol. Ges. Berlin, Bd 49, 1897. S. 713. (Jura.)

Ralli G. Le bassin houiller d'Héraclée Annales de la soc géol. de Belgique. Liège, tome XXIII. 1895—1896, pag. 151. (Carbon, Kreide, Eruptivgesteine.)

Rath G. v. Über ein von Herrn Dr. Muck eingesandtes neues wasserhaltiges Kalkborat „Pandermit". Sitzungsb. d. niederrhein. Ges. für Natur- und Heilkunde. Bonn. Jahrg. 34. 1877. S. 192.

— Über das Erdbeben von Chios vom 3. April 1881. Sitzungsb. d niederrhein. Ges. für Natur- und Heilkunde. Bonn. Jahrg. 39. 1882. S. 11.

— Über die Geologie der Umgebungen Smyrnas, namentlich des Berges Sipylos. Sitzungsb. d. niederrhein. Ges. für Natur- und Heilkunde. Bonn. Jahrg. 39. 1882, S. 16 (Paläozoicum, Kreide?, Eruptivgesteine.)

— Durch Italien und Griechenland nach dem Heiligen Land. Reisebriefe. Heidelberg 1888. (Enthält auch geol. Bemerkungen über Kleinasien.)

Raulin V. Description physique de l'ile de Crète. Paris 1869.

Rayet O. Mémoire sur l'ile de Kos. Archives des missions scient. et litt Paris, sér. 3, tome III. 1876, pag. 37.

Rendelmann, Oscar-Bey. Le tremblement de terre de Constantinople (juillet 1894). Paris 1894.

Rosiwal A. Eruptivgesteine vom Bosporus und von der kleinasiatischen Seite des Marmara-Meeres. Beitr. zur Paläont. und Geol. Österreich-Ungarns und d. Orients. Wien, Leipzig, Bd. XII. 1898, S. 42. (Eruptivgesteine.)

Rossi M. S. de. Notizia sul terremoto di Chio e Smirne del 20. marzo 1388. Atti dell' acad. pontif. de' nuovi Lincei. Roma, anno XLV, 1892, pag. 46.

Ruge W. Beiträge zur Geographie von Kleinasien. Peterm. Mitt. aus Justus Perthes geogr. Anst. Gotha, Bd. 38, 1892, S. 225. (Mesozoicum.)

Sandberger F. Lanistes fossil in Tertiärschichten bei Troja. Neues Jahrb. für Miner., Geol. und Paläont. Stuttgart, Jahrg. 1884, Bd. 1, S. 73. (Neogen.)

Schaffer F. Das Mäandertalbeben vom 20. Sept. 1899. Mitt. d. k. k. geogr. Ges. Wien, Bd. XLIII, 1900, S. 221.

— Geologische Studien im südöstlichen Kleinasien. Sitzungsber. d. kais. Akad. d. Wissensch. Wien, math.-naturw. Kl., Bd. CIX, Abt. 1, 1900, S. 498. (Paläozoicum, Devon. Paläogen, Neogen, Quartär.)

— Geologische Forschungsreisen im südöstlichen Anatolien und Nordsyrien. 6. Jahresb. d. Ges. zur Förder. d. naturh. Erforsch. des Orients. Wien 1900, S. 9.

— Beiträge zur Kenntnis des Miozänbeckens von Cilicien. Jahrb. d. k. k. geol. Reichsanst. Wien, 1. Teil im Bd. LI, 1901, S. 41; II. Teil im Bd. LII, 1902, S. 1. (Kristall. Schichtgesteine, Paläozoicum, Devon, Kreide, Paläogen. Neogen, Eruptivgesteine.)

— Zur Geotektonik des südöstlichen Anatolien. Peterm. Mitt. aus Justus Perthes geogr. Anst. Gotha, I. Teil im Bd. 47, 1901, S. 132; II. Teil im Bd. 48, 1902, S. 270. (Kristall. Schichtgesteine, Paläozoicum, Devon, Kreide, Paläogen, Neogen, Eruptivgesteine.)

— Geologische Studien im südöstlichen Kleinasien und in Nordsyrien. Sitzungsber. d. kais. Akad. d Wissensch. Wien, math.-naturw. Kl., Bd. CX, Abt. I, 1901, S. 5. (Kristallin. Schichtgesteine, Paläozoicum, Mesozoicum, Paläogen, Neogen, Eruptivgesteine.)

— Neue geologische Studien im südöstlichen Kleinasien. Sitzungsber. d. kais. Akad. d. Wissensch. Wien, math.-naturw. Kl., Bd. CX, Abt. I, 1901, S. 388. (Kristall. Schichtgesteine, Paläozoicum, Mesozoicum, Devon, Paläogen, Neogen.)

— Dritte Forschungsreise nach dem südöstlichen Anatolien. 7. Jahresb. d. Ges. zur Förder. d. naturh. Erforsch. des Orients. Wien 1901, S. 6. (Kristall. Schichtgesteine, Devon, Neogen, Eruptivgesteine.)

— Geographische Erläuterung zu: Eine marine Neogenfauna aus Cilicien von F. T o u l a. Verh. d. k. k geol. Reichsanst. Wien. 1902, S. 77. (Neogen.)

— Geologische Forschungsreisen im südöstlichen Kleinasien. Mitt. d. k. k. geogr. Ges. Wien, Bd. XLVI, 1903, S. 12 und 71. (Kristall. Schichtgesteine, Paläozoicum, Devon, Paläogen, Neogen, Quartär, Eruptivgesteine.)

— Cilicia. Peterm. Mitt. aus Justus Perthes geogr. Anst. Gotha, Ergänzung-heft Nr. 141, 1903. (Kristall. Schichtgesteine, Paläozoicum, Silur, Devon, Karbon, Kreide, Paläogen, Neogen, Quartär, Eruptivgesteine.)

Scherzer C. v. Smyrna. Wien 1873. (Enthält ein Kapitel über mineralische Produkte und eine Thermenkarte des vorderen Kleinasien.)

Schlosser M. Über neue Funde von *Leptodon graecus Gaudry* und die systematische Stellung dieses Säugetieres. Zool. Anz. Leipzig, Bd. XXII, 1899, S. 378 und 385. (Neogen.)

— Über neue Funde von *Leptodon graecus Gaudry* und die systematische Stellung dieses Säugetieres. Neues Jahrb. für Miner., Geol. und Paläont. Stuttgart, Jahrg. 1900, Bd. I, S. 66 (Neogen.)

Schmidt J. F. Studien über Erdbeben. Leipzig 1879. (Berührt auch Kleinasien.)

Schubert R. J. Kreide- und Eocänfossilien von Ordu am Schwarzen Meere (Kleinasien). Verh. d. k. k. geol. Reichsanst. Wien 1901, S. 94. (Kreide, Paläogen.)

Simmersbach B. Das Steinkohlenbecken von Heraklea in Kleinasien Zeitschr. für prakt. Geol. Berlin, Jahrg. 1903, S. 169.

Simonelli V. Appunti sulla costituzione geologica dell' isola di Candia. Atti della r. accad. dei Lincei. Roma, rendic., ser. 5, vol. III, 1894, 2. semestre,

424

pag. 236. (Kristall. Schichtgesteine. Trias?, Kreide, Paläogen, Eruptivgesteine)

Simonelli V. Appunti sopra i terreni neogenici e quaternari dell' isola di Candia. Atti della r. accad. dei Lincei. Rendic. Roma. ser. 5, vol. III, 1894, 2. semestre, pag. 265. (Neogen, Quartär.)

-- Candia. Ricordi di escursione. Parma 1896. (Kristall. Schichtgesteine, Kreide, Paläogen. Neogen. Quartär, Eruptivgesteine.)

Spratt T. Remarks on the coal-bearing deposits near Erekli, the ancient Heraclea Pontica, Bithynia The London, Edinburgh and Dublin philosoph. magaz. and journ. of science. London, ser. 5. vol. IV, 1877, pag. 74. (Carbon, Neogen, Eruptivgesteine.)

— Remarks on the coal-bearing deposits near Erekli (the ancient Heraclea Pontica, Bithynia). Quart. journ. of the geol. soc. of London. London, vol. XXXIII, 1877, pag. 524. (Carbon, Neogen, Eruptivgesteine.)

Stache G. Fusulinenkalke aus Oberkrain, Sumatra und Chios. Verh. d. k. k. geol. Reichsanst. Wien 1876, S. 371. (Carbon.)

Stefani C. de. Les terrains tertiaires supérieurs du bassin de la Méditerranée. Annales de la soc. géol. de Belgique. Bruxelles, tome XVIII, 1890—1891, pag. 201. (Neogen. Quartär.)

-- Aperçu géologique de l'île de Samos. In: Samos, étude géol., paléont. et botanique par C. de Stefani, C. J. Forsyth-Major et W. Barbey. Lausanne 1892, pag. 69. (Kristall. Schichtgesteine, Neogen, Quartär, Eruptivgesteine.)

— Aperçu géologique de l'île de Karpathos. In: Karpathos, étude géol., paléont. et botanique par C. de Stefani. C. J Forsyth-Major et W. Barbey. Lausanne 1895, pag. 153. (Kreide, Paläogen, Neogen. Quartär.)

Stoeckel J. M. Mineralproduktion Kleinasiens. Österr Monatsschr. für d. Orient. Wien 1885, S 198.

Suess E. Das Antlitz der Erde Wien, Prag, Leipzig. Bd. I, 1885, in den Abschnitten: „Das Mittelmeer", „Die Beziehungen der Alpen zu den asiatischen Gebirgen" und „Die Continente"; Bd II, 1888, in den Abschnitten: „Tertiäre Meere und junge Kalksteinbildungen" und „Das Mittelmeer in der historischen Zeit"; Bd III, 1. Hälfte, 1901, in dem Abschnitte: „Die Tauriden und die Dinariden".

Tchihatcheff P. de. Asie Mineure. Paris, 4. partie, Géologie, vol. I, 1867; vol. II, 1869; vol. III, 1869 et Paléontologie par d'Archiac A., Fischer P. et Verneuil E. de, 1866—1869.

— Klein-Asien. Das Wissen der Gegenwart. Leipzig. Bd. LXIV, 1887. (Geologisches Kapitel S. 110.)

Teller F. Geologische Beobachtungen auf der Insel Chios. Denkschr. d kais. Akad d. Wissensch. Wien, math.-naturw. Kl, Bd. 40, 1880, S. 340. (Kristall. Schichtgesteine, Paläozoicum, Carbon, Mesozoicum, Neogen, Eruptivgesteine.)

Terquem O. Les Foraminifères et les Entomostracés-ostracodes du pliocène supérieur de l'île de Rhodes. Mém. de la soc. géol. de France Paris, sér. 3, tome I, 1877—1881; Mém. Nr. III. (Neogen.)

Tietze E. Beiträge zur Geologie von Lykien. Jahrb. d. k. k. geol. Reichsanstalt. Wien, Bd. XXXV, 1885, S. 283. (Mesozoicum. Kreide, Paläogen, Neogen, Quartär, Eruptivgesteine.)

Topley W. Appendix to Mr. J. S. Diller's „Notes on the geology of the Troad" Quart journ. of the geol. soc. of London. London, vol. XXXIX, 1883, pag. 633

Toula F. Bericht über eine Anzahl von Säugetierresten, gesammelt bei Gelegenheit des Baues der Eisenbahn von Skutari nach Ismid im März 1873. Anz. d. kais. Akad. d. Wissensch. Wien, math.-naturw. Kl., Jahrg. XXVII, 1890 S. 112. (Neogen.)

— Bericht über seine Reise an der Südküste des Marmarameeres in Kleinasien und über das am Golf von Ismid entdeckte Auftreten von mediterranem Muschelkalk. Zeitschr. d. deutsch. geol. Ges. Berlin, Bd. XLVII, 1895, S. 567. (Perm ?, Trias, Kreide.)

— Vorläufiger Bericht über seine mit Subvention des k k. Ministeriums für Kultus und Unterricht im Sommer 1895 ausgeführte Reise an den Bosporus und an die Südküste des Marmarameeres. Anz. d. kais. Akad. d. Wissensch. Wien, math.-naturw. Kl., Jahrg. XXXIII, 1896, S. 3. (Trias.)

— Über die Auffindung einer Muschelkalkfauna am Golfe von Ismid. Neues Jahrb. für Miner., Geol. und Paläont. Stuttgart, Jahrg. 1896, Bd. I, S. 149. (Trias.)

— Über die Muschelkalkfauna am Golfe von Ismid. Neues Jahrb. für Miner., Geol. und Paläont. Stuttgart, Jahrg. 1896, Bd. II, S. 137. (Trias.)

— Eine Muschelkalkfauna am Golfe von Ismid in Kleinasien. Beitr. zur Paläont. und Geol. Österreich-Ungarns und d. Orients. Wien, Leipzig, Bd. X, 1896, S. 153. (Trias, Kreide.)

— Geologenfahrten am Marmarameere. Schr. d. Ver. zur Verbr. naturw. Kenntn. Wien, Bd. 36, 1895 — 1896, S. 349.

— Über *Protrachyceras anatolicum n. f.*, ein neues Triasfossil vom Golfe von Ismid. Neues Jahrb. für Miner., Geol. und Paläont. Stuttgart, Jahrg. 1898, Bd. I, S. 26. (Trias.)

—· Eine geologische Reise nach Kleinasien (Bosporus und Südküste des Marmarameeres). Beitr. zur Paläont. und Geol. Österreich-Ungarns und des Orients. Wien, Leipzig, Bd. XII, 1898, S. 1. (Kristall. Schichtgesteine, Devon, Trias, Kreide, Paläogen, Neogen, Quartär, Eruptivgesteine)

— Eine geologische Reise nach Kleinasien. Neues Jahrb. für Miner., Geol. und Paläont. Stuttgart, Jahrg. 1899, Bd. I, S. 63. (Devon, Perm ?, Quartär.)

— Die geologische Geschichte des Schwarzen Meeres. Schr. d. Ver. zur Verbr. naturw. Kenntn. Wien, Bd. XLI, 1900 — 1901, S. 1.

— Eine marine Neogenfauna aus Cilicien. Jahrb. d. k. k. geol. Reichsanst. Wien, Bd. LI, 1901, S. 247. (Neogen.)

— Über den Fundort der marinen Neogenfossilien aus Cilicien (Jahrb. d. k. k. geol. R.-A. 1901, II). Verh. d. k. k. geol. Reichsanst. Wien 1902, S. 290. (Neogen.)

Tournouër R. Coup d'oeil sur la faune des couches à Congéries et des couches à Paludines de l'Europe centrale et méridionale à l'occasion d'un récent travail de M. S. Brusina. Bull. de la soc. géol. de France. Paris, sér. 3, tome III, 1874 — 1875, pag. 291. (Berührt das Neogen der Insel Kos.)

— Dingnoses d'espèces nouvelles de coquilles d'eau douce, recueillies par M. Gorceix dans les terrains tertiaires supérieurs de l'île de Cos. Journ. de Conchyl. Paris, sér. 3, tome XV, vol. XXIII, 1875, pag. 76. (Neogen.)

— Diagnose d'une coquille fossile des terrains tertiaires supérieurs d'eau douce de l'île de Cos. Journ. de Conchyl. Paris, sér. 3, tome XV, vol. XXIII, 1875, pag. 167. (Neogen.)

-· Étude sur les fossiles tertiaires de l'île de Cos, recueillis par M. Gorceix en 1873. Annales scient. de l'école norm. supér. Paris, sér. 2, tome V, 1876, pag. 445. (Neogen.)

Tschernyschew Th. Die obercarbonischen Brachiopoden des Ural und des Timan. Mém. du comité géol. St. Petersbourg, vol. XVI, 1902. (Auf S. 683—687 auch das Obercarbon und Permocarbon von Balia besprochen.)

(Anonym). Terremoto di Costantinopoli (10. luglio 1894). Boll. mens. dell' osserv. centr. in Moncalieri. Torino, vol. XIV, pag. 132.

(Anonym). Tremblements de terre en Turquie. La nature. Paris, vol. XXII, 2, pag. 158.

Vinassa de Regny P. Radiolari cretacei dell' isola di Karpathos. Mem. della r. accad. delle scienze dell' istit. di Bologna. Bologna, ser. 5, tomo IX, 1901—1902, pag. 497. (Kreide.)

Vincenz F. v. Reise nach den Steinkaskaden von Hierapolis (Kleinasien). Globus. Braunschweig, Bd. 77, 1900, S. 377. (Quartär.)

Viola C. Über den Albit von Lakous (Insel Kreta). Tschermaks Miner. und petrogr. Mitt. Wien, Bd. XV, 1895, S. 135.

Virchow R. Reise nach Troja. Verh. d. Berliner Ges. für Anthrop., Ethnol. und Urgeschichte. Berlin, Jahrg. 1879, Sitz. v. 21. Juni, S. 24 und Sitz. v. 12. Juli, S. 34. (Quartär.)

— Beiträge zur Landeskunde der Troas. Physik. Abh. d. kgl. Akad. d. Wissensch. Berlin, 1879, Abh. III. (Paläozoicum, Neogen, Quartär, Eruptivgesteine.)

— Die Küste der Troas. Zeitschr. für Ethnol. Berlin. Bd. XII, 1880, S. 40.

W. Der Minendistrikt von Karahissar in Kleinasien. Österr. Zeitschr. für Berg- und Hüttenwesen. Wien, Jahrg. 32, 1884, S. 439.

Washburn G. The geology of the Bosphorus. Amer. journ. of science and arts. New Haven, ser. 3, vol. VI, 1873, pag. 186. (Devon, Eruptivgesteine.)

Washington H. S. The volcanoes of the Kula basin in Lydia. Inaug.-Dissert. New York 1894. (Kristall. Schichtgesteine, Neogen. Eruptivgesteine.)

— On the basalts of Kula. Amer. journ. of science. New Haven, ser. 3, vol. XLVII, 1894, pag. 114. (Kristall. Schichtgesteine, Neogen, Eruptivgesteine.)

— On igneous rocks from Smyrna and Pergamon. Amer. journ. of science. New Haven, ser. 4, vol. III, 1897, pag. 41. (Quartär, Eruptivgesteine.)

— The composition of Kulaite. Journ. of geol. Chicago. vol. VIII, 1900, pag. 610. (Eruptivgesteine.)

Weismantel O. Die Erdbeben des vorderen Kleinasiens in geschichtlicher Zeit. Progr. d. k. Gymnasiums in Wiesbaden und Inaug.-Dissertation. Marburg 1891.

Weiss E. Über Bergbaubetrieb und Mineralvorkommnisse in der Türkei. Bern 1889.

Weiss K. E. Kurze Mitteilungen über Lagerstätten im westlichen Anatolien. Zeitschr. für prakt. Geol. Berlin, Jahrg. 1901, S. 249.

Whitfield J. E. Analyses of some natural Borates and Borosilicates. Amer. journ. of science. New Haven, ser. 3, vol. XXXIV, 1887, pag. 231.

Wilkinson W. F. Notes on the geology and mineral resources of Anatolia (Asia Minor). Quart. journ. of the geol. soc. of London. London, vol. LI, 1895, pag. 95. (Kristall. Schichtgesteine, Neogen, Eruptivgesteine.)

Zeiller R. Sur la flore des dépôts houillers d'Asie mineure et sur la présence dans cette flore du genre Phyllotheca. Comptes rend. hebd. des séances de l'acad. des sciences. Paris, tome 120, 1895, pag. 1228. (Carbon.)

— Observations sur quelques fougères des dépôts houillers d'Asie mineure. Bull. de la soc. botan. de France. Paris, XLIV, 1897, pag. 195. (Carbon.)

— Étude sur la flore fossile du bassin houiller d'Héraclée (Asie mineure). Mém. de la soc. géol. de France. Paris, Mém. Nr. 21, tome VIII, fasc. IV, 1890 et tome IX, fasc. I, 1901. (Carbon.)

Ziegler A. Zur Geschichte des Meerschaums mit besonderer Berücksichtigung der Meerschaumgruben bei Eskishehir in Kleinasien. Dresden 1878.

Über die Klippen der Karpaten.

Von V. Uhlig.

Die Erörterung von Klippen und klippenartigen Erscheinungen nahm in der geologischen Literatur des letzten Jahrzehntes einen breiten Raum ein. Hauptsächlich handelte es sich hierbei um westalpine Gebiete und daher war diese Erörterung vornehmlich vom Gesichtspunkte der Überschiebung beherrscht, der nach der übereinstimmenden Auffassung der Geologen in den Westalpen den grandiosen Erscheinungen dieses Gebirges am besten angemessen ist. Die in den Karpaten gewonnenen Anschauungen fanden dagegen meistens nur eine beiläufige Erwähnung.

Ich bin daher sehr erfreut, meine karpatischen Erfahrungen am heutigen Tage vor einem so großen und bedeutenden Forum darlegen zu können. Ich fürchte nur, bei der Kürze der Zeit meinem Thema nicht völlig gerecht werden zu können, denn wohlverstanden, ist ja die Entstehung der karpatischen Klippen fast gleichbedeutend mit der Entstehung der Karpaten.

Der Geolog, der die mährische, schlesische oder galizische Sandsteinzone von Norden her verquert, genießt nach Überschreitung der reizlosen Sandsteinzone einen geologisch wie landschaftlich gleich eigenartigen Anblick: ein schmales, von isolierten Felsen starrendes Band zieht durch das Gelände und bewirkt durch den Gegensatz zwischen den steil aufragenden Kalkfelsen und den flachen Abhängen des Karpatensandsteines höchst sinnfällige geologische Erscheinungen.

Dieses Band, die vielberufene s ü d l i c h e K l i p p e n z o n e, vermittelt dem von Norden herkommenden Geologen die erste Bekanntschaft mit den Trias-, Lias- und den älteren Jurabildungen der Karpaten. Sie beginnt bei Schloß Brancs am Rande des Wiener Beckens, schließt sich im Waagtale eng an die Kerngebirgszone der Karpaten an, die sie im allgemeinen bogenförmig umgürtet. Im Osten geht sie nach linearem Verlaufe in das alte mesozoische und präpermisch-kristalline Gebirge der Ostkarpaten über. Im mittleren Abschnitte, den sogenannten Pieninen, durchschnittlich 5 km breit, schwillt sie im Waagtale bis zu 23 km Breite an. Sie enthält auf der 280 km langen Strecke vom

Wiener Becken bis nach Zeben im Saroser Komitat ungefähr 5000 einzelne Klippen, deren Größe von den kleinsten Diminutivklippen bis zu den größten Massen von 16 *km* Länge und 2—3·5 *km* Breite alle Übergänge aufweist.

Die erste Orientierung im Bereiche der südlichen Klippenzone ist rasch gewonnen. Vor allem erkennt man, daß die Klippenzone im Norden und Süden von alttertiären Zonen begleitet und von der nördlichen zugleich überragt ist. Die nördliche oder äußere Alttertiärzone ist gefaltet, die südliche dagegen — und das ist eine Tatsache von großer Bedeutung — bewahrt flache Lagerung. Die Südgrenze der Klippenzone entspricht einem scharfen, gleichmäßig fortziehenden Bruche, die Nordgrenze einer durch Faltung modifizierten Auflagerungslinie.

Im engeren Bereiche der Klippenzone unterscheidet man 1. die triadischen, jurassischen und neocomen Klippengesteine und 2. die obercretacischen und alttertiären Hüllgesteine; jene bilden isolierte Einheiten, diese ziehen durch die ganze Zone ununterbrochen hindurch. Betrachten wir zunächst die F a c i e s v e r h ä l t n i s s e der Klippengesteine. Die Trias zeigt im allgemeinen die subtatrische Facies, nur der helle karnische Kalk von Kocskocz im Waagtale steht ohne Seitenstück im Bereiche der Karpaten da. Auch die Gesteine des Lias und des untersten Dogger (*Opalinus-* und *Murchisonae*-Schichten) nähern sich der subtatrischen Ausbildung, sind aber toniger und weniger mächtig und enthalten eine Fülle von Versteinerungen aus allen Hauptstufen, die mit der Versteinerungsarmut der inneren Karpatenzonen auffallend kontrastiert. Die roten Hornsteinkalke und Crinoidenkalke des subtatrischen Oberlias der Tatra fehlen in der Klippenzone und umgekehrt kommen rote Kalke im Unterlias der Arvaer Klippen vor, die in der Tatra und in Fátrakriván nicht entwickelt sind. Im mittleren Dogger tritt in der Klippenregion eine Spaltung in die versteinerungsreiche und die Hornsteinkalkfacies auf; jene besteht aus wenig mächtigen Crinoiden- und Ammonitenkalken mit vielen, wenn auch oft schlecht erhaltenen Versteinerungen, diese gleicht teilweise der subtatrischen Facies, weicht aber von ihr durch die Entwicklung mächtiger Posidonomyenschiefer ab.

Auf den ersten Blick scheint die Verschiedenheit der versteinerungsreichen und der Hornsteinkalkfacies die Vorstellung zu begünstigen, es müßte mindestens eine dieser Entwicklungen aus einem ferngelegenen Entwicklungsraume herstammen. Bei näherer Erforschung der Klippenzone erkennt man freilich die Richtigkeit der N e u m a y r schen Angabe, daß beide Entwicklungen durch Übergänge verknüpft sind, ja man überzeugt sich, daß diese Übergänge noch weit enger und mannigfaltiger sind, als Neumayr annahm. Man muß also mit diesem Forscher ein Nebeneinanderentstehen der beiden Entwicklungen voraussetzen. Die radiolarienreichen Hornsteinkalke sind vermutlich in größerer Tiefe entstanden als die Crinoiden- und Ammonitenkalke, und da diese Bildungen reihenweise miteinander wechseln, so muß der ehemalige Bildungsraum der Klippenzone im Dogger und Malm durch bandweisen Wechsel von tieferem und seichterem Meere gekennzeichnet gewesen sein. Man muß sich nicht vorstellen, daß die Ablagerung dieser Facies auf den engen Raum der heutigen Klippenzone beschränkt war, im Norden und Süden der Klippenzone ist ein weiter Spielraum hierfür gegeben, und es war offenbar die Faltung und Schuppenbildung, die diese Ablagerungen einander so sehr genähert hat.

Wie auch immer man die Übergänge der Klippenfacies deuten möge, so steht doch vor allem die Tatsache fest, daß weder in der Tatra noch auch in irgendeinem anderen inneren Teile der Karpaten Gesteine bekannt sind, die mit den Facies der südlichen Klippenzone übereinstimmen. Weder die Bildungen der versteinerungsreichen noch auch die der Hornsteinkalkfacies kann man in gleicher Folge und Beschaffenheit in den inneren Zonen der Karpaten wiederfinden, sie sind vielmehr gänzlich auf den Außenrand des ehemaligen mesozoischen Ablagerungsraumes der Karpaten, die nachmalige Klippenzone, beschränkt.

Die Klippen haben aber nicht nur eine eigenartige Facies, sondern zeigen auch eine besondere, ihnen eigentümliche Tektonik. Die Klippen der versteinerungsreichen Facies sind vorwiegend in parallele Schuppen zerlegt, von kleinen Blattverwerfungen durchschnitten und in Längsreihen angeordnet. Viel seltener kommt eine gruppenförmige Anordnung bei mehr flacher Lagerung der Schichten zur Geltung. Die Hornsteinkalkklippen dagegen bilden langgezogene, zusammenhängende Kämme, Schuppen und schiefe Falten und ihre Schichten zeigen oft verwickelte Sekundärfaltungen. Die Ursache dieses verschiedenartigen tektonischen Verhaltens muß man wohl in der physikalischen Verschiedenheit der Gesteine, besonders in der größeren Sprödigkeit und Massigkeit der Crinoidenkalke einerseits und der größeren Plastizität der Hornsteinkalkfacies anderseits suchen.

Einzelne ältere Forscher haben die Klippen als regellos verteilt hingestellt. Es genügt aber ein Blick auf ein richtig aufgenommenes Klippenkärtchen, um zu erkennen, wie gesetzmäßig die einzelnen Klippen trotz ihrer Isolierung gleich den Steinchen eines Mosaikbildes zum Aufbau eines größeren Ganzen zusammentreten.

Überall, wo die Klippen in ihren tieferen Teilen aufgeschlossen sind, wachsen sie gleichsam aus der Tiefe hervor; auch da, wo sie nur als kleine Spitzen an Bergrücken hervorragen, liegen die Schichten des Klippengesteines nicht flach auf dem Flysch auf, wie das zum Teil von den Schweizer Klippen beschrieben wird, sondern sie zeigen eine mehr oder minder steile Lagerung.

An nicht wenig Punkten sieht man die Hüllschichten konkordant unter die Klippen einfallen und wiederum konkordant auf ihnen aufruhen. Namentlich bei plastischer Beschaffenheit des Klippenmaterials, zum Beispiel bei den *Opalinus*- und *Murchisonae*-Schichten, ist diese Konkordanz so vollständig, daß man es sehr wohl begreift, daß die alten Autoren die Klippenkalke als Einlagerungen im Karpatensandstein betrachteten. Wenn dennoch alle späteren Forscher nach dem Vorgange von Beyrich in der Annahme einer scharfen Diskordanz zwischen den Klippen und ihrer Hülle übereinstimmen, so geschieht dies in den Pieninen weniger wegen der Verhältnisse im einzelnen Aufschlusse, als vielmehr wegen der scharfen Begrenzung und Isolierung der Klippen, des Mangels petrographischer Übergänge von den Klippen zur Hülle, der selbständigen Verbreitung der Klippen und der Tatsache, daß die Hüllschichten Klippen von verschiedenem geolologischen Alter umgeben.

Die Hüllschichten gehören zum Teil der Oberkreide, zum Teil dem Alttertiär an. Gemeinsame Faltung hat die vorwiegend plastischen Hüllschichten in konkordante Lagerung gebracht, während sie ursprünglich vielleicht nicht ganz gleichmäßig abgesetzt waren. Bestand doch eine kurze Festlandsperiode zwischen Senon und Mitteleocän, die sich in den inneren Karpaten durch die Verteilung dieser Formationen, durch die Entwicklung eines geschiebereichen Litoral-Kordons und das Vorkommen von Landpflanzen und selbst Kohlenbildungen bekundet und auch in der Klippenzone aus dem Vorhandensein von Hippuritenkalkgeröllen im Eocänconglomerat erschlossen werden kann.

Im Cenoman herrschen grobklastische, im Senon feinklastische und kalkige Gesteine vor, es fehlt aber auch im tieferen Teile nicht an feineren, im höheren nicht an gröberen Sedimenten. Auch das Eocän beginnt mit grobklastischen Bildungen. Im Waagtale und in den Ostkarpaten treten Cenomangesteine, in den Pieninen Senon und Eocän in den Vordergrund.

Im Bereiche der Hüllgesteine erregen unstreitig die Conglomerate das meiste Interesse. Sie treten nicht vereinzelt auf, wie Neumayr meinte, sondern in allgemeiner Verbreitung und häufig solcher Mächtigkeit, daß sie selbst Bergzüge bilden. Stets spielen Hornsteinkalkeinschlüsse eine viel größere Rolle als Geschiebe von Czorsztyner Kalk und Crinoidenkalk, was dem Massenverhältnisse, in dem diese Bildungen an der Zusammensetzung des Klippengebirges beteiligt sind, bestens entspricht. Neben den von den Klippen herrührenden Kalkgeschieben kommen aber auch Geschiebe von Quarzit, Porphyr, Porphyrit, Melaphyr, Gneis und Granit vor. Nicht selten heften sich die Geschiebe unmittelbar, und zwar bisweilen einseitig, an größere Klippen an, sie erscheinen aber auch in größerer Entfernung von den Klippen.

Eine zwar unterbrochene, aber regelmäßig nach Südosten fort-streichende Reihe von größeren und kleineren Klippen schlägt gleichsam eine Brücke von der pieninischen Klippenzone zum alten Gebirge der O s t - u n d S ü d k a r p a t e n. Auch diese großen alten Gebirgsmassen finden wir gleich den kleineren Klippen der westlicheren Gebiete von cenomanen Exogyrensandsteinen und Conglomeraten, von Inoceramen-mergeln, Nummulitenconglomeraten und jüngerem Flysch rings umrahmt und müssen daher auch diese Gebirge als echte Klippen oder Inseln ansprechen, die sich nur durch viel bedeutendere Größe von den Klippen des Westens unterscheiden.

Die Oberkreide beschränkt sich hier nicht auf den Rand des alten Gebirges, sie breitet sich auch in mehrere Kilometer langen Decken und größeren und kleineren Denudationsresten über die Höhen des kristallinen Schiefergebirges aus, sie dringt ferner in die große mesozoische Mulde am Außenrande des kristallinen Gebirges ein und verwandelt die jurassisch-neocomen Kalkzüge zum Teil in Klippen. So ergibt sich hier das anziehende Bild einer größeren Insel, die am Außenrande von einem Schwarm von Klippen begleitet ist. Die tithonisch-neocomen Nerineen- und Caprotinenkalke sind hier von der Oberkreide nicht nur umhüllt, wie in den Pieninen, sondern sie treten wegen ihrer größeren Mächtigkeit und flacheren Lagerung auch als breiter Unterbau des Gebirges unter der Kreidedecke hervor. Die ursprüngliche Ablagerungsdiskordanz ist hier nicht nur am Kontakt der Oberkreide mit dem kristallinen Grundgebirge, sondern wegen der größeren Massigkeit der tithonisch-neocomen Kalke auch zwischen diesen und dem Conglomerat erhalten. Gewaltige, auf dem kristallinen Grund-gebirge aufruhende Tithon- und Neocomkalkzüge, wie der stolze Königstein, der Bucegi, das Nagy Hágymasgebirge gehen durch Auf-schüttung der Oberkreide und vorherige Denudation in ein förmliches Gewirr von größeren und kleineren Klippen über.

An 1000 und vielleicht über 1000 *m* mächtig, türmen sich die Conglomeratmassen in den Schluchten des Bucegi in teils schwebender, teils leichtgeneigter Lagerung auf und umschließen nicht nur unge-messene Mengen von kopf- und faustgroßen Tithon- und Neocom-blöcken, sondern auch mehr als hausgroße Kalksteinmassen, die man

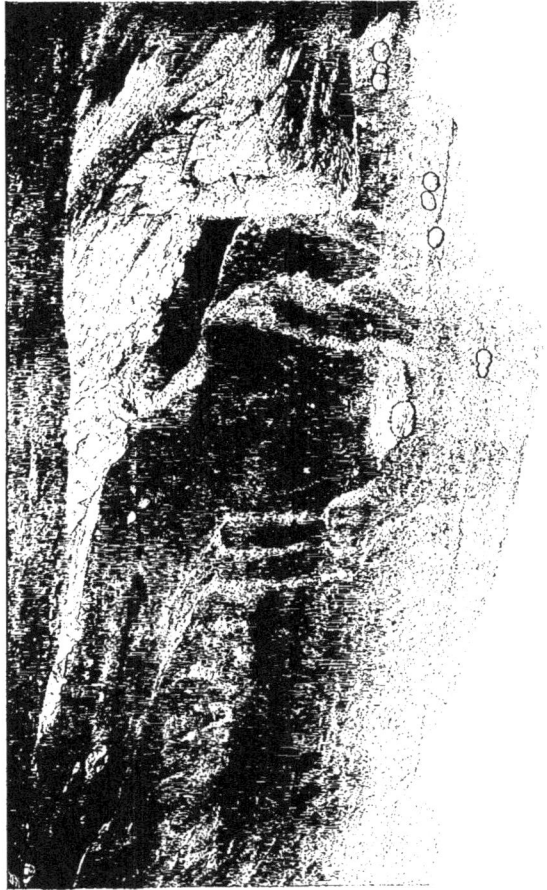

Fig. 1. Der Phœgi-Gipfel südsüdwestlich von La Onu, aufgenommen vom Rande der Gaura-Schlucht. Die leichtgeneigten Bänke des Cenomanconglomerats enthalten mehrere Riesenblöcke von Tithon-Neocomkalk, die hier mit schwarzen Linien umzogen sind.

Fig. 2. Monte Gaura, westlich von La Omu, Bucegi. Zeigt das cenomane Bucegi-Conglomerat in schwebender Lagerung mit einzelnen sehr großen Blöcken von Tithon-Neocomkalk, die hier mit schwarzen Linien umzogen sind.

geneigt sein könnte. für anstehendes Gebirge zu halten, wären sie nicht in prächtigen Wandaufschlüssen als Blöcke erkennbar (s. Fig. 1 und 2 auf S. 432 u. 433). Und dieselbe Massenhaftigkeit der Blockbildung begegnen wir am Königstein bei Kronstadt, am Csukás, im Persányer Gebirge, am Ciahläu, an der Steanisoara in der Moldau, im Gyergóer Gebirge und in etwas geringerem Grade in der Bukowina und der Marmaros.

Oberkreide und Eocän sind aber in den Ostkarpaten nicht die einzigen Perioden der Klippenbildung. Die Ablagerung des Mesozoicums

Fig. 3.

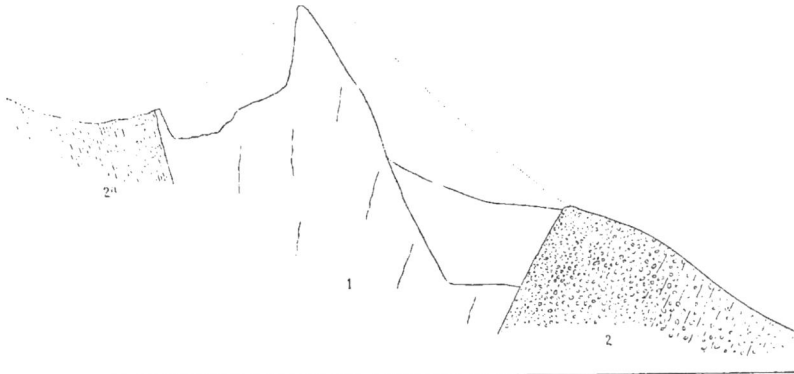

Klippe von weißem karnischen Riffkalk mit *Halobia austriaca* im Valea mare bei Kimpolung, Bukowina.

1 Karnischer Riffkalk. 2 Conglomerathülle. 2*a* Conglomeratarmer Teil der Umhüllung, Sandsteinbänkchen und Schiefer mit einzelnen Kalkgeschieben (Neocom). Die nebenstehende Figur 4 zeigt die photographische Aufnahme der Kontaktpartie zwischen 1 und 2. Die Klippe ist durch Steinbruchbetrieb stark reduziert.
(Aus „Bild und Bau der Karpaten", S. 32.)

wurde hier wiederholt durch Denudationsperioden unterbrochen und durch Transgressionen wieder fortgesetzt und so fand hier in verschiedenen Perioden wiederholt Klippenbildung statt. Die erste Periode verzeichnen wir im Braunen Jura. Conglomerate mit *Sphaeroceras* enthalten bei Kimpolung in der Bukowina große Blöcke von weißem, wohl sicher triadischem Riffkalk und Bruchstücke von Serpentin. Auf Butia Psenilor bei Pojorita umfließen schwärzliche Schiefer mit *Posidonomya alpina* triadischen Kalkstein und verleihen ihm dadurch das Wesen einer Klippe. Eine zweite

Fig. 4.

Karnische Riffkalkklippe des Valea mare bei Kimpolung, Bukowina.

Rechts der weiße Riffkalk der Klippe, links das mächtige, durch dunklen Ton leicht verkittete Kalkconglomerat.

intensivere Phase der Klippenbildung folgte im Neocom und Tithon. Zahlreiche große Blöcke von Triaskalk wurden mit kleineren Geschieben in neocome Sandsteine eingeschlossen und größere Massen ragen als echte Klippen aus einem mächtigen Geschiebemantel auf, wie die zuckerhutförmige Klippe des Valea mare bei Kimpolung (s. Fig. 3 und 4). Bruchstücke von Glimmerschiefer im Neocomsandstein zeigen an, daß die Denudation schon im Neocom bis zum kristallinen Grundgebirge vorgedrungen war. Das Cenoman erscheint sonach in den Ostkarpaten als die dritte Phase der Klippenbildung. Hier haben diese Vorgänge ihren Höhepunkt erlangt, indem von der Brandungswelle des Cenomanmeeres nicht nur die neugebildeten Tithon- und Neocomkalke, sondern auch alle älteren sedimentären Bildungen angegriffen und auf weite Strecken vom kristallinen Grundgebirge abgekehrt wurden.

Im dritten Hauptklippengebiete der Karpaten, in Westsiebenbürgen, umkränzen bei Toroczkó zwei mächtige Tithon-Neocomkalkzüge den kristallinen Gebirgskern. Der westliche ruht unmittelbar auf dem kristallinen Grundgebirge; die Talmulde zwischen beiden Kalkzügen ist durch typisches Cenomanconglomerat mit massenhaften Kalk- und anderen Geschieben ausgefüllt. Weiter nach Süden und Südwesten hin nimmt das Conglomerat in Verbindung mit grobbankigen grauen Sandsteinen mehr und mehr überhand und es treten auch an der Westkante des Tithon-Neocomzuges Oberkreideconglomerate auf, die das kristalline Grundgebirge bedecken und sich an den Neocomkalk anschmiegen. Infolgedessen sehen wir die kompakten Kalkzüge sich zuerst in größere Inseln, dann in kleinere und immer kleinere Klippen auflösen (s. Fig. 5 und 6, S. 437 u. 438). Die Abstände zwischen den einzelnen Kalkklippen werden immer größer und schließlich ragen in der Gegend des Zalathnatales nur noch kleine Spitzen aus dem übermächtigen Mantel der grobklastischen Sedimente hervor[1]). Zugleich kommen hier neben den cenomanen Gesteinen auch rote Tone und Kalkmergel, wohl dem senonen Puchower Mergel der Westkarpaten und den Inoceramenmergeln der Ostkarpaten entsprechend, als Klippenhülle zur Geltung. Ebenso klar, ja vielleicht noch klarer als in den Ostkarpaten, ist hier der Übergang kompakter, auf dem Grundgebirge aufruhender Kalkzüge in Klippenreihen zu verfolgen.

Werfen wir nun noch einen Blick auf die sogenannte nördliche Klippenzone am Außenrande des Karpatengebirges. Auch hier können wir, wie in den übrigen Klippengebieten, Klippen-

---

[1]) Der größte Teil dieser Sedimente wurde von Herbich irrtümlich als Neocom aufgefaßt.

Fig. 5. Die Tithon- und Neocomkalkketten am Rande des siebenbürgischen Erzgebirges, aufgenommen von Stina Remetului an der Straße von Nagy Enyed nach Ponor. Im Vordergrunde obercretacischer Karpatensandstein und Conglomerat, im Hintergrunde die Kalkketten, die im Norden (rechts) auf kristallinen Schiefern ruhen.

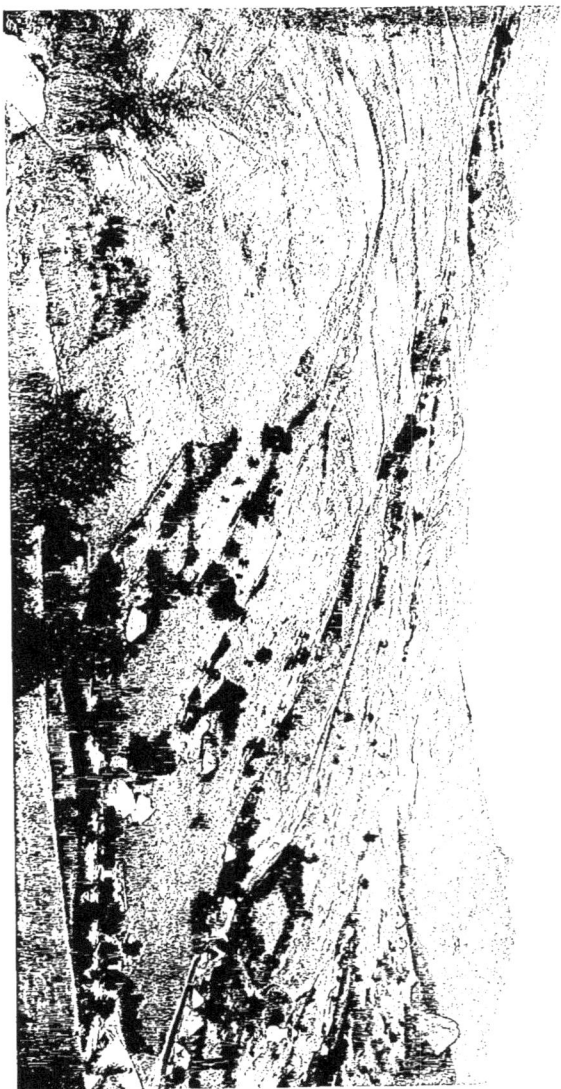

Fig. 6. Tithon-Neocomkalkklippen zwischen Metesd und Toffalud im Zalathmctale (Ompolytal), westlich von Gyula-Fehérvár. Kleine Kalkklippen ragen aus obercretacischen Karpatensandsteinen und Conglomeraten hervor. Mit den Sandsteinen sind hier rote Schiefer und Mergel nach Art der Puchower Mergel verbunden.

gesteine und Hüllgesteine unterscheiden; diese bestehen aus senonen Schichten (Friedeker und Baschker Schichten im nördlichen Mähren und in Schlesien, Belemnitellen- und Inoceramenschichten in Südmähren und Niederösterreich, Pralkower Schichten und Inoceramenschichten in Galizien) und aus alttertiärem Flysch, jene aus sämtlichen Unterkreidestufen einschließlich des Godulasandsteins (Albien) und aus dem Obertithon. Nur im südlichen Mähren kommen noch tiefere Tithonbildungen und bei Czettechowitz die Oxfordkalke hinzu. Offenbar haben wir die Ursache des Mangels älterer mesozoischer Gesteine in dem Umstande zu suchen, daß der Bildungsraum der eigentlichen Sandsteinzone im älteren Mesozoicum trocken lag und erst im Tithon, in Mähren schon etwas früher, von Süden her inundiert wurde. Tithonische Korallenkalke und Untere Teschener Schiefer, sodann die Unterkreide lagerten sich an das neue Ufer an und hatten in vorober-cretacischer Zeit zusammen mit den inneren Zonen der Karpaten die erste Hebung und Faltung zu bestehen.

Man hat früher in der nördlichen Klippenzone nur die Kalkmassen als Klippen angesprochen, offenbar weil nur sie klippenartig aufragen. In Wirklichkeit gehören aber die Neocomgesteine, geologisch genommen, ebenso zu den Klippen wie das Tithon, wenn sie auch vermöge des geringen Härteunterschiedes zwischen ihnen und der Klippenhülle landschaftlich nicht als Klippen hervortreten. Es ist das derselbe Fall wie bei den Klippen der *Opalinus-* und *Murchisonae-* Schichten der südlichen Klippenzone, die S t a c h e deshalb als „Kryptoklippen" bezeichnete. Das Tithon gehört derselben Ablagerungsreihe an wie das Neocom und teilt dessen geologische Schicksale.

Wir können in der nördlichen Klippenzone Klippen und Inseln unterscheiden, die nur aus Tithon, andere, die aus Tithon und Neocom, und endlich solche, die nur aus Unterkreide bestehen. Über das Verhältnis des Obertithons zum Neocom klärt uns die berühmte Klippe von Stramberg auf. An der Südseite der großen Kalkmasse von Stramberg vollzieht sich unter Erscheinungen, die an die Vorriffzone von E. F r a a s und an die Übergangszone der Südtiroler Dolomitriffe erinnern, der Übergang in die Unteren Teschener Schiefer. Die Kalkmasse von Stramberg verdankt ihr klippenartiges Äußere dem Facies- und Härteunterschied gegenüber dem im wesentlichen gleichalterigen Unteren Teschener Schiefer. Vermöge dieses Umstandes bildet sie keine echte, sondern eine S c h e i n k l i p p e. Sie ist aber auch von senonem Baschker Sandstein und alttertiären Nummulitenschichten umhüllt. Diese Schichten umgeben aber nicht den Stramberger Kalk für sich, sondern umziehen auch die auf dem südlich geneigten Stramberger Kalk aufruhenden Unteren und Oberen Teschener Schichten

und das jüngere Neocom. Somit ist die Stramberger Riffmasse vermöge der Senon- und Eocänhülle auch eine echte Inselklippe;
dies aber ist sie nicht für sich allein, sondern in Verbindung mit den
Schichten des Valangien und des jüngeren Neocom. Wir haben in
Stramberg nicht eine Tithon-, sondern eine Tithon-Neocomklippe
vor uns (s. Fig. 7).

So wie die Riffmasse von Stramberg für sich allein nur eine
Scheinklippe ist, so sind wohl auch die sogenannten Blockklippen
von Bobrek, Koniakau usw. in Schlesien, die vom Unteren Teschener
Schiefer rings umschlossen sind (beziehungsweise waren), nichts anderes

Fig. 7.

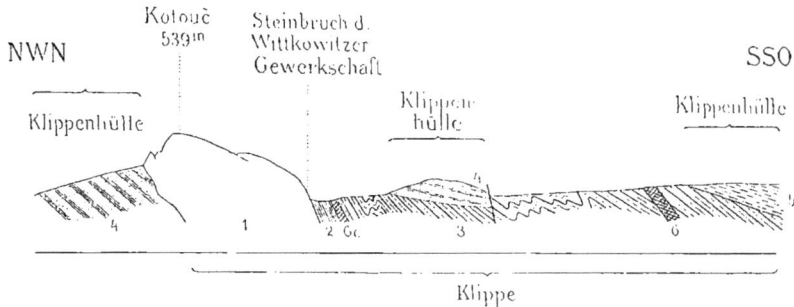

Durchschnitt der Stramberger Klippenpartie, durch den westlichen Teil der Riff-
kalkmasse geführt. (Maßstab 1:25.000.)

1 Obertithonischer Riffkalk, 2 Unterer Teschener Schiefer, 3 Oberer Teschener
Schiefer (Valanginien), 4 Baschker Sandstein (Senon), 5 Alttertiär, Ton und Sandstein mit Nummuliten, 6 Teschenit, 6c Teschenitkontakt.

(Aus „Bild und Bau der Karpaten", S. 203.)

als mit dem Unteren Teschener Schiefer gleichalterige Miniaturriffe
nach Art gewisser bukowinischer Triaskalkmassen.

Die Hüllschichten der nördlichen Klippenzone sind ungemein
reich an Blöcken von kristallinen Gesteinen und von verschiedenen
älteren Ablagerungen, besonders aber von Tithonkalk. Die Ausstreuung
dieser Blöcke folgt dem ganzen Nordsaume der Sandsteinzone. Wir
erinnern hier nur an die Conglomeratmasse von Stramberger Kalkblöcken am Rande der Klippe von Stramberg, die auch Hébert bemerkt und beschrieben hat, an die enormen Blockanhäufungen von
Kruhel bei Przemyśl, die nach Niedźwiedzki viele Jahre lang
eine lebhaft betriebene Kalkindustrie alimentierten, und verweisen
namentlich auf die Beschreibungen Hoheneggers. Man könnte

Seiten mit Zitaten von L i l l, B o u é und B e y r i c h angefangen bis
in die neueste Zeit hinein ausfüllen, die sich auf diese Blockbildungen
beziehen. Wiederholt wurden Kontroversen über die ziemlich irre-
levante Frage geführt, ob einzelne besonders große Massen anstehendes Gestein oder nur lose Blöcke bilden.

Wie in der südlichen Klippenzone wurden auch hier bei plastischer
Beschaffenheit der Klippengesteine diese mit der Klippenhülle parallel
gepreßt. Nur bei harter Beschaffenheit und massiger Entwicklung der
Klippen blieb die ursprüngliche Ablagerungsdiskordanz erhalten. Den
letzteren Fall zeigen am deutlichsten die großen, mächtigen Klippen
von Nikolsburg. Die senonen Hüllschichten sind hier nicht nur am
Saume der Klippen entwickelt, sondern sie breiten sich in flacher

Fig. 8.

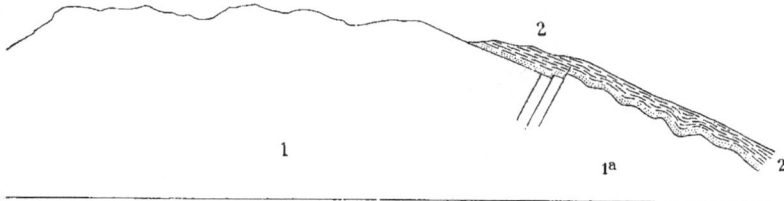

Tithonklippe nördlich von Nikolsburg.
1 Weißer Tithonkalk, bei 1 a liegt der große Turold-Steinbruch, 2 Senonkreide,
oben grünliche glaukonitische Inoceramenmergel, darunter eine zirka 2 m mächtige
gelbliche Lage.
Von den kleinen Verwerfungen, die im Turold-Steinbruch aufgeschlossen sind, ist
eine älter, zwei jünger als die Senonhülle.
(Aus „Bild und Bau der Karpaten", S. 196.)

Deckenform weithin über den Klippenkalk aus (s. Fig. 8) und senone
Breccien mit Tithonfragmenten erfüllen, wie A b e l gezeigt hat, die
Spalten des Tithonkalkes. Die späteren Faltungen haben hier nur verhältnismäßig wenig eingegriffen, es entstanden wohl kleinere Brüche,
aber die Lagerung blieb verhältnismäßig flach. Vielleicht ist dieser
Umstand übrigens nicht bloß auf die massige Beschaffenheit der Klippenkalke, sondern auch auf die vermutlich granitische Unterlage der Kalke
zurückzuführen.

Wiederum an anderen Punkten sind spröde, aber kleine Kalkmassen von Sandsteinen umgeben, wie in Kurowitz und Czettechowitz
in Mähren und in Roczyny in Galizien. In Kurowitz zeigen Quetschflächen zwischen dem Klippenkalke und der Conglomerathülle, daß hier

56

eine Abscherung des Klippenkalkes begonnen hat (s. Fig. 9). In Czettechowitz ist dieser Prozeß viel weiter vorgeschritten: der Klippenkalk
ist hier beiderseits durch wellig verlaufende Brüche begrenzt, denen
parallel Quetschflächen durch den umgebenden Sandstein verlaufen (siehe
Fig. 10). Hier erfolgte also eine Emporpressung der spröden Kalkmasse.

Wie mannigfaltig sich auch die verschiedenen Modifikationen
der karpatischen Klippen gestalten mögen, so gleichen sie sich doch
alle in einem Punkte: in dem steten Vorhandensein von
Conglomeratblöcken der Klippengesteine in der
Klippenhülle. Diese Erscheinung war es denn auch zumeist, die in
G. Stache (1871) die Vorstellung erweckte, es müßten die Klippen der
Pieninen schon vor Ablagerung der Klippenhülle ein gehobenes Gebirge,

Fig. 9.

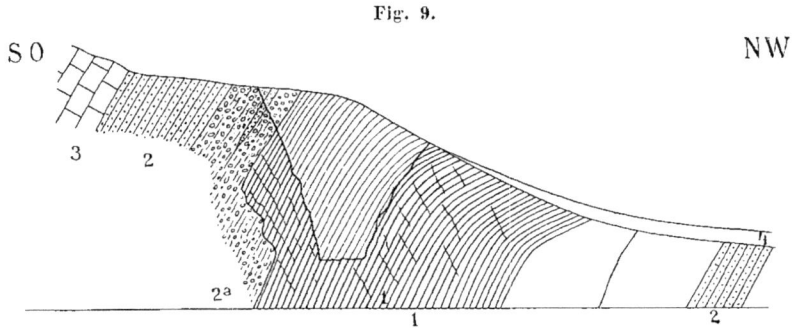

SO   NW

Tithonklippe von Kurowitz in Mähren.

1 Obertithonischer Aptychenkalk, 2 Steinitzer Sandstein, alttertiär, bei 2 a eine
mächtige Ablagerung von Tithonkalkgeschieben mit einzelnen Sandstreifen,
3 Marchsandstein, alttertiär.
(Aus „Bild und Bau der Karpaten", S. 198.)

einen klippenreichen Küstenstrich nach Art des dalmatischen Küstenlandes gebildet haben, nachdem schon vorher L. Hohenegger für
die Nordkarpaten ähnliche Anschauungen ausgesprochen hatte.

Mit jener Sicherheit und Schärfe, die nur durch intensive und
sorgfältige Naturbeobachtung gewonnen werden können, erkannte
L. Hohenegger schon in den fünfziger Jahren des vorigen Jahrhunderts die Ablagerungslücke, die Faltungs-, Kontinental- und Erosionsperiode zwischen Unter- und Oberkreide, zwischen dieser und dem
Eocän. Die selbständige Verbreitung der Unterkreide, der Oberkreide
und des Eocäns und das Wesen der Blockbildungen am Rande der
Karpaten waren ihm ebensowenig entgangen wie die Spuren der gemeinsamen nachmaligen Faltung und so wurde er, ohne eigentlich die Frage

der Klippenbildung im Auge zu haben, zum eigentlichen Urheber jener geohistorischen Betrachtungsweise, die wir dem Klippenproblem zugrundelegen müssen.

Und in der Tat, alle die Erscheinungen, die wir hier aus verschiedenen Teilen der Karpaten flüchtig überblickt haben, konvergieren wie in einem Brennpunkt in der Inseltheorie. Unmöglich können wir uns dem Gewichte der Tatsache entziehen, daß die Klippenzone vom Rande des Wiener Beckens bis nach Rumänien von einem Kranze von Conglomeratbildungen umzogen ist und daß sich solche Conglomerate auch in der ganzen nördlichen Klippenregion wie nicht minder in Westsiebenbürgen und bei den älteren Klippen der Bukowina wiederfinden. Wir können unmöglich die Bedeutung der weiteren

Fig. 10.

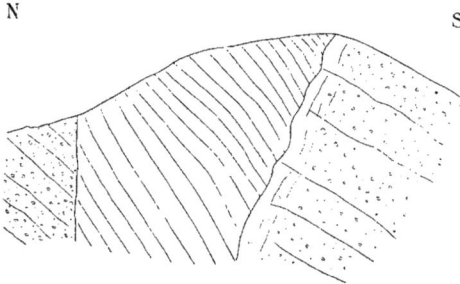

Westliche Juraklippe in Czettechowitz, Mähren.
In der Mitte Kalkstein nach Art des Kurowitzer Tithonkalkes, an den Seiten Marchsandsteine mit Geschieben. Die Kontaktflächen bilden Bruchflächen, parallel diesen Bruchflächen durchsetzen Quetschzonen den Sandstein.
(Aus „Bild und Bau der Karpaten“, S. 199.)

Tatsache verkennen, daß diese Conglomerate in größerer Entfernung von den Klippen- und Küstenregionen immer spärlicher, die Blöcke immer kleiner werden und schließlich fast verschwinden.

Der Umstand, daß sich den Kalkblöcken der Klippenhüllen auch Blöcke von Granit und anderen kristallinen Gesteinen beimischen, kann die Bedeutung der Tatsache, daß die Kalk- und Hornsteingeschiebe mit dem Muttergesteine der Klippen identisch sind, nicht nur nicht verdunkeln, sondern bestärkt uns noch mehr in der Annahme bedeutender vorobercretacischer und voreocäner Hebungen. Betrachten wir die wahrhaft enormen, selbst die Nagelfluhe der Schweizer Molasse in Schatten stellenden Conglomerate der Ostkarpaten, so werden wir zwar über die Großartigkeit der Denudationsvorgänge billig erstaunt

56*

sein und vielleicht die Entstehung und Einstreuung der hausgroßen Blöcke schwer verständlich finden, aber gewiß werden wir keinen Augenblick daran zweifeln, daß hier das Neocom samt allen älteren Formationen ein gehobenes Gebirge bildete, als hier das Oberkreidemeer eindrang und das gewaltige Spiel seiner Brandungswellen begann.

Daß sich die Blöcke zuweilen nur an einer Seite der Klippen vorfinden und die lithologische Beschaffenheit der Hüllschichten zu beiden Seiten eines Klippenstriches nicht immer gänzlich übereinstimmt, ist in der Art der Ablagerung am Saume von Küsten- und Inselstrichen wohlbegründet. Stecken besonders manche kleinere Klippen nicht sämtlich in echt litoralen, sondern teilweise auch in feinklastischen, kalkreichen und in größerer Tiefe abgesetzten Sedimenten (Puchower Mergel, Inoceramenmergel), so hängt dies wohl mit der positiven Bewegung der Strandlinie zusammen, die sich im Verlaufe der Oberkreide vollzog und welche die kleineren Klippen rascher den litoralen Bedingungen entzog als die großen Felsmassen. Spielen ferner diese feinklastisch-kalkigen Sedimente in den Pieninen eine größere Rolle als in den Ostkarpaten und im Waagtale, so ist das ersichtlich der exponierten Stellung der Pieninen zuzuschreiben, die der Hauptmasse des mesozoischen Gebirges weiter entrückt und mehr in den Ozean vorgeschoben waren, als die eng an das Gebirgsrückgrat sich anschmiegenden Klippen der Ostkarpaten und des Waagtales.

Ebensowenig wie die Natur der Hüllschichten können wir aber auch die Tatsache der eigenartigen Tektonik der Klippenzüge, ihren spezifischen Bau, ihre regelmäßige Verteilung und besonders den in den Ostkarpaten klar zutage liegenden Übergang der kleineren Klippen in die großen und mächtigen, auf dem älteren Gebirge aufruhenden Tithonzüge außeracht lassen. Beunruhigt uns vielleicht der Umstand, daß die jüngeren Hüllschichten in den Pieninen vorwiegend nur im Umkreise der Klippen liegen und nicht sie selbst bedecken, so zeigen uns die Ostkarpaten Jura- und Neocomkalke als breiten Unterbau der Kreideconglomerate und wir sehen letztere in meilenlangen schwebenden Decken über die Höhen des kristallinen Grundgebirges hinziehen.

Die ursprüngliche Ablagerungsdiskordanz ist in den Pieninen durch nachträgliche Faltung stark verwischt, aber in den Ostkarpaten können wir sie untrüglich nachweisen. Erkennen wir endlich in den Ostkarpaten ältere wiederholte Klippenbildungen im Jura und Neocom, die sich ebenfalls im Zusammenhange mit Re- und Ingressionen des Meeres im wesentlichen unter denselben Erscheinungen vollzogen, wie die großartigere Klippenbildung der Oberkreide- und der Eocänzeit, so finden wir uns auch hierdurch auf die Inseltheorie verwiesen. Auch die vielfachen Modifikationen des Klippenphänomens, das Auf-

treten von Klippen mit parallel gefalteter Hülle und von Klippen, die
von Brüchen begrenzt oder selbst überschoben sind, stehen nicht im
Widerspruche zu dieser Theorie, sie vertiefen vielmehr unseren Einblick
in die Vorgänge der Klippenbildung und die mitwirkenden Umstände.
Selbstverständlich darf die Inseltheorie nicht in dem Sinne aufgefaßt werden, als entspräche jeder Klippe des gegenwärtigen Geländes
eine genau ebenso umgrenzte Klippe der Oberkreide- und Eocänzeit.
Nicht selten werden obercretacische oder eocäne Klippen und Küstenregionen durch Aufschüttung der Hüllen und nachmalige Faltung in
eine viel größere Anzahl von kleineren Einheiten zerlegt worden sein,
wobei diese Zerlegung bei harter Gesteinsbeschaffenheit unter Faltung
und Bruch, bei plastischer vorwiegend nur unter Faltung erfolgt sein

Fig. 11.

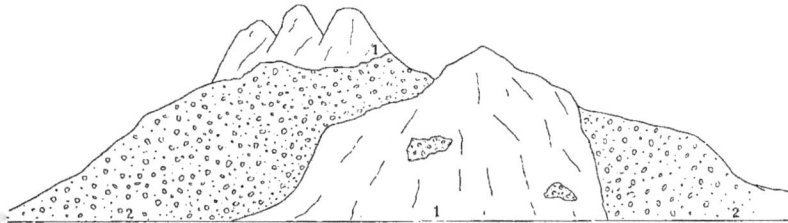

Tithon-Neocomkalkklippe, umhüllt von Oberkreide-Conglomerat am Wege von
Háromkut (Kis Békás) zum Szalok, nordöstliches Siebenbürgen.

1 Weißer koralligener Tithon-Neocomkalk, 2 Cenomanconglomerat mit runden
Geschieben von Tithon-Neocomkalk, Gneis und anderen Gesteinen. Einzelne
Geschiebepartien kleben an der Wand der Klippe. Gesamthöhe der Klippe über
dem Boden 5—6 m.

(Aus „Bild und Bau der Karpaten", S. 159.)

dürfte. Daher ist also nicht die strenge und völlige Zerlegung der
mesozoischen Faltungs- und Hebungszonen in obercretacische und
eocäne Inseln eine unerläßlich notwendige Voraussetzung der Inseltheorie, sondern es genügt der Bestand von zur Oberkreide-
und Eocänzeit gehobenen Faltungszonen.
Jene Klippen, die von Brüchen begrenzt sind, erinnern an die
Neumayrsche Durchspießungstheorie, die auf karpatischem
Boden aus teilweise zutreffenden Beobachtungen entstanden und daher
gewissermaßen berechtigt, wenn auch in ihrer ursprünglichen Form
nicht richtig ist. Der Unterschied zwischen der Durchspießungs- und
der Inseltheorie ist bei näherer Betrachtung nicht so groß, wie es
auf den ersten Blick erscheinen mag. Beide haben, um mich eines

modernen Ausdruckes zu bedienen, Faltung „en place" zur Voraussetzung, beide legen dem Härteunterschiede der gemeinsam gefalteten Gesteine eine große Bedeutung bei, beide nehmen gewisse, die regelmäßige Faltung abändernde Umstände in Anspruch. Während aber die Inseltheorie diese Umstände ganz allgemein in der Ablagerungsdiskordanz zwischen Klippen und Hülle und der, der Ablagerung der Hülle vorangehenden Faltung und Erosion erblickt, stützte sich Neumayr auf lokale Verhältnisse. Die Juragesteine der Klippen deuten nach Neumayr auf große Differenzen der Ablagerungstiefe und demnach auf einen sehr unebenen, ungleiche Widerstände bietenden Untergrund. Ferner nahm Neumayr auch in den cretazischen Schichten große Härteunterschiede an, indem gerade am Rande der Klippenzone die harten und massigen Chocsdolomite durch terrigene, plastische Gesteine ersetzt sein sollen.

Letztere Annahme beruht auf der irrigen Voraussetzung, daß die große Felsmasse von Haligócz in den Pieninen zum Chocsdolomit gehört; in Wirklichkeit besteht sie aus Trias- und Liaskalken. Auch die erstere Annahme hat wohl nicht die Bedeutung, die ihr Neumayr zuschrieb, die zahlreichen Übergänge zwischen den Hornsteinkalken und der versteinerungsreichen Facies warnen vor der Überschätzung dieses Faktors. Neumayrs begünstigende Umstände reichen daher nicht aus, um dem Einwurfe zu begegnen, daß sich ein ähnlicher Härteunterschied gemeinsam gefalteter Gesteine wie in den karpatischen Klippen in vielen anderen Gebieten wiederfinde, ohne daß dort Klippenbildung einträte. Endlich versagt die Durchspießungstheorie vollständig bei den Klippen der nördlichen Klippenzone und den großen Klippen und Inseln der Ostkarpaten und Westsiebenbürgens.

Und nun kommen wir zu den eingangs erwähnten Hypothesen, welche die Klippen teils mit großen Überschiebungen, teils mit einer Einwanderung aus dem Süden in Zusammenhang bringen. Die Karpaten bilden, wie ich teilweise schon im Jahre 1897 zeigen konnte, keinen günstigen Boden für diese Vorstellungen, sie bieten nicht nur keinen Anhaltspunkt hierfür, sondern die bestimmtesten Anzeichen dagegen und ich übertreibe sicher nicht, wenn ich behaupte, daß derartige Hypothesen auf karpatischem Boden gewiß niemals hätten entstehen können.

Man macht sich eine ganz falsche Vorstellung von den karpatischen Klippen, wenn man dabei an Kalkmassen denkt, die nach Art der westalpinen „Klippen" auf dem Flysch aufzuruhen, gleichsam zu schwimmen scheinen. In den Karpaten kann in dieser Beziehung keine Täuschung aufkommen, da die Klippen hier teils die Hüllen ersichtlich tragen, wie vielfach in den Ostkarpaten, teils deutlich die Hüllen dürchsetzen und in den Aufschlüssen von unten heraufkommen, wie in den Pieninen. Das letztere ist selbst der Fall, wo die Klippen von Brüchen begrenzt oder an Hüllgesteine angeschoben und selbst schief übergeschoben sind.

Vielleicht hat die Bemerkung H o h e n e g g e r s, daß einzelne kleine Klippen durch Steinbruchbetrieb gänzlich ausgerottet wurden, auf fernerstehende Geologen den Eindruck gemacht, als gäbe es „wurzellose" Klippen auch in den Karpaten, wie man dies für die Westalpen annimmt. Aber diese Bemerkung galt teils großen Einschlußblöcken, teils den obenerwähnten kleinen heteropischen Stramberger Kalkriffen der Unteren Teschener Schiefer und ist somit für unsere Frage ohne Belang.

Die Überschiebung der Klippenkalke hätte nach Absatz des Alttertiärs erfolgen müssen; damals aber waren die inneren Zonen der Karpaten schon völlig gefaltet und im wesentlichen im Zustande von heute. Diese inneren Zonen sind von einem ununterbrochenen Kranze von Nummulitenconglomeraten, voll von Abfallstücken ihres eigenen Felsgerüstes umgeben und flache, selbst horizontale Eocänschichten breiten sich zwischen dem Kerngebirge und der Klippenzone aus. Von Süden her konnte also die Überschiebung nicht kommen. Ebensowenig aber auch von Norden, denn der nördlichen Überschiebung steht die südliche Neigung der Sandsteinzone sowie die Tatsache entgegen, daß nirgends in der Sandsteinzone Trias, Lias und Dogger entwickelt sind. Wären die Klippen wurzellose Massen, so müßten es naturgemäß auch die kristallinen Schiefer der Ost- und Südkarpaten und Westsiebenbürgens sein, auf denen die Kreide und das Eocän deckenförmig aufruhen und die das eigentliche Gebirgsrückgrat der Ostkarpaten bilden. Auf die wiederholte Klippenbildung der Bukowina und die Erscheinungen der nördlichen Klippenzone ist die Überschiebungshypothese nicht anwendbar. Endlich versagt die Überschiebungshypothese und die verwandte Einwanderungshypothese von M. L u g e o n völlig der unbestreitbaren und offenkundigen Tatsache gegenüber, daß sowohl die Klippen der südlichen wie die der nördlichen Klippenzone ihre e i g e n t ü m l i c h e, i n k e i n e m a n d e r e n T e i l e d e r K a r p a t e n w i e d e r k e h r e n d e F a c i e s a u f w e i s e n und daher u n m ö g l i c h a u s a n d e r e n T e i l e n d e r K a r p a t e n h e r g e l e i t e t w e r d e n k ö n n e n. Ist es nicht widersinnig, die kontinuierliche Kette der Oberkreide der Klippenzone mit ihrer nördlichen hercynischen Fauna auf den Süden und auf eine Gegend beziehen zu wollen, in der die Oberkreide größtenteils fehlt und, wenn vorhanden, eine andere Facies zeigt? Und ist es endlich nicht ebenfalls widersinnig, die einzige mesozoische Zone der Karpaten, die durch das ganze Gebirge ununterbrochen hinzieht, aus denjenigen Teilen des Gebirges herleiten zu wollen, wo das Mesozoicum viele Meilen weit vollständig fehlt, wie im Osten, oder nur in unterbrochenen, auf kleinere Gebirgseinheiten beschränkten und zum Teil durch Flysch getrennten Partien auftritt, wie im Westen?

Wenn sich nun auch klar herausstellt, daß nur die Inseltheorie den Erscheinungen der karpatischen Klippen gerecht wird, so verschließen wir uns doch durchaus nicht der Möglichkeit, daß a u c h d u r c h a n d e r e P r o z e s s e k l i p p e n ä h n l i c h e B i l d u n g e n zustande kommen können, wie zum Beispiel durch Überschiebung, durch Horstbildung, auch durch Durchspießung und selbst durch vulkanische Explosionen und Eruptionen. Man tut aber Unrecht, wenn man derartige Bildungen als Klippen bezeichnet. Waren es doch die karpatischen Klippen, die zuerst so benannt wurden, und man kann daher n u r s o l c h e V o r k o m m n i s s e K l i p p e n n e n n e n, d i e m i t d e n k a r p a t i s c h e n d e m W e s e n n a c h ü b e r e i n s t i m m e n. Die fast schon üblich gewordenen Bezeichnungen „tektonische" und „vulkanische Klippen" verstoßen daher gegen das Gesetz der Priorität, sie widerstreiten aber auch dem geographischen und allgemeinen Sprachgebrauche. Man sollte daher die klippenartigen Gebilde, die nicht echte Klippen bilden, nach ihrem jeweiligen tektonischen Charakter ansprechen und das Wort Klippe hierbei ganz aus dem Spiele lassen. Eine sogenannte „Horstklippe" ist doch füglich nichts anderes als ein kleiner Horst, eine Überschiebungsklippe nichts anderes als eine kleine Überschiebungsscholle oder ein Überschiebungszeuge, wie sich A. R o t h p l e t z ganz richtig ausdrückte, eine Durchspießungsklippe nichts anderes als eine kleine Durchspießungsantiklinale. Für die durch vulkanische Kräfte isolierten Massen könnte vielleicht die D e f f n e r sche, für gewisse Partien des Rieses verwendete Bezeichnung Sporaden beibehalten werden.

Selbst die Ausdehnung der Bezeichnung „Klippe" auf sämtliche karpatischen sogenannten Klippen unterliegt gewissen Bedenken. Die Entstehung der Klippen, wie wir sie in den Pieninen vor uns sehen, ist im wesentlichen auf drei Phasen zurückzuführen: 1. Erste Faltung und Hebung sowie Reliefbildung; 2. Ingression des Meeres und Absatz der Hüllschichten; 3. nachmalige gemeinsame Faltung der Klippen- und Hüllgesteine. Unter den karpatischen Klippen finden wir nun solche, bei denen die jetzt vorliegende Gestaltung wesentlich durch die beiden ersten Prozesse bedingt ist, und andere, bei denen auch oder nur die dritte Phase starke Spuren hinterlassen hat. Bezeichnet man nun nur die Klippen der ersteren Art schlechtweg als Klippen, so bleibt man in strenger Übereinstimmung mit dem geographischen Begriffe einer Klippe.

Von diesen echten Klippen wären die Klippen der zweiten Art zu sondern, denen auch die nachmalige gemeinsame Faltung wichtige Eigenschaften aufgeprägt hat. Da wohl so ziemlich alle Klippen der eigentlichen Pieninen zu dieser letzteren Gruppe gehören, möchte ich vorschlagen, Klippen der letzteren Art danach als „Pieninklippen" oder kurzweg als „Pienine" zu bezeichnen. Jeder Pienin war ursprünglich eine Klippe oder ein Teil einer Klippe oder eines gehobenen, mehr oder minder gefalteten und erodierten Terrains, aber erst durch die nachmalige Faltung wurde die Klippe oder das gefaltete Terrain in einen oder mehrere Pienine umgewandelt.

Die großen kristallinen Massen der Ost- und Südkarpaten sind sicher als obercretazische und eocäne Klippen und Inseln zu deuten, sofern sie von den entsprechenden Conglomeraten rings umgeben sind oder waren, aber nicht als Pienine. da die nachmalige Faltung auf die Hauptgestaltung ihrer kristallinen Kerne kaum einen wesentlichen Einfluß ausgeübt haben dürfte. Die kleineren jurassisch-neocomen Kalkmassen dagegen, welche die ostkarpatische Insel am Außenrande begleiten, haben größtenteils den Charakter von Pieninklippen. Die mesozoischen Gebirge der West- und Zentralkarpaten können als eocäne Klippen, Inseln und Halbinseln bezeichnet werden, aber mangels der dritten Phase nicht als eocäne Pienine. In demselben Gebiete kann man auch Klippen der Miocänzeit und der Congerienperiode nachweisen, aber nicht Pienine dieser Perioden.

Die geologischen Erscheinungen sind naturgemäß im Bereiche der Pieninklippen weit mannigfacher als bei echten Klippen im engeren Sinne. Wir fanden bei einzelnen Pieninklippen die ursprüngliche Ablagerungsdiskordanz noch deutlich oder in Spuren erhalten, bei anderen fast gänzlich oder gänzlich verwischt. Einzelne Pienine haben die ursprünglich nördliche Neigungsrichtung bewahrt, andere wurden durch die jüngere Faltung gleichsam nach Süden gebeugt. Wieder andere wurden verschoben und vielleicht auch abgeschert und überschoben oder sie erhielten eine Begrenzung durch wellige Quetschflächen und Brüche und an Stelle der ursprünglichen Ablagerungs- trat eine sekundäre Bruchdiskordanz. Bei einzelnen Klippen kann man die ältere Unterlage oder das Grundgebirge nachweisen, bei anderen nicht. Die Vorgänge der Hebung, Umhüllung und nachmaligen Faltung wiederholten sich hauptsächlich in der Eocän- und in der Oberkreidezeit und jede Phase hinterließ ihre besonderen Einwirkungen auf die lokal verschiedenartig entwickelten Gebirge. So bildet die endgültige Gestaltung eines Klippengebietes das Produkt sehr vielfältiger und verschiedenartiger Vorgänge.

Das wechselnde Hervortreten bald des einen Faktors der Klippenbildung, der Hebung und Erosion, bald des anderen, der Faltung, hat zur Folge, daß nicht nur Übergänge von echten zu Pieninklippen bestehen, sondern auch mehr oder minder deutliche Analogien mit rein tektonischen, lediglich auf Faltung und Überschiebung beruhenden Erscheinungen. Blieb zum Beispiel die ursprüngliche Diskordanz zwischen Klippe und Hülle bei geringer Einwirkung der nachmaligen Faltung erhalten, so kann die Grenze zwischen der echten und der Pieninklippe verwischt sein. War aber anderseits die Einwirkung der dritten Phase, der nachmaligen Faltung, äußerst intensiv, die der ersten dagegen sehr schwach, so konnte dem betreffenden Klippengebiete ein vorwiegend tektonischer Charakter aufgeprägt werden, dann war Faltung oder Überschiebung für die endgültige Gestaltung ausschlaggebend und wir haben den Fall zu verzeichnen, wo der Pienin das Wesen einer vorwiegend tektonischen Erscheinung, einer Falte, eines Horstes oder einer Überschiebung annehmen kann und die Grenze zwischen Pieninklippen und tektonischen Klippen verschwimmt.

Aus diesem Verhältnisse können aber Schwierigkeiten für die geologische Auffassung nur dann entstehen, wenn Schlußfolgerungen auf einzelne Punkte statt auf das ganze Gebirge begründet werden. Die Mannigfaltigkeit der Erscheinungen ist hier viel zu groß, um an wenigen Stellen erschöpft sein zu können, es bedarf der Untersuchung weiter Strecken in verschiedenen Teilen des Gebirges, um die großen Züge entziffern zu können, in denen die Natur die geologische Geschichte der Karpaten niedergeschrieben hat.

Bilden nun die Klippen wirklich eine Art Interferenzerscheinung zwischen den transgredierenden Formationen der Oberkreide und des Eocäns und den älteren, vorher gehobenen Gesteinen, warum spielen sie, wird man fragen, gerade in den Karpaten eine so bedeutungsvolle Rolle, während doch die erwähnten Transgressionen ziemlich allgemein verbreitet sind? Die Ursache davon liegt wohl hauptsächlich in lokalen Verhältnissen. Nicht umsonst bilden die Karpaten denjenigen Teil der mediterranen Ketten, in dem die klastisch-terrigenen Absätze der Sandsteinzone die mächtigste Entwicklung erlangt haben. Der cenomanen Phase der ostkarpatischen Geschiebebildung läßt sich in den Westalpen nichts an die Seite setzen; selbst die eocänen Conglomerate der Schweiz treten dagegen weit zurück und erst das Miocän bringt in den Westalpen in seiner Nagelfluh eine ähnliche Bildung hervor. Die senonen Geschiebe der Karpaten haben nur in den Ostalpen in den Gosauconglomeraten ein Äquivalent, in den Westalpen fehlen zumeist auch diese Spuren. Um die große Bedeutung des Eocäns und Oligocäns in den Karpaten im Gegensatze zu den Alpen zu würdigen, genügt wohl ein Blick auf die geologische Karte. Endlich zeigen die Ostkarpaten schon im Jura und Neocom untrügliche Anzeichen von wiederholten Denudationen und Transgressionen, wovon in den Alpen nichts bekannt ist.

Die Entwicklung der nördlichen äußeren Klippenzone, eine weitere Sondererscheinung der Karpaten, ist durch die große Breite der Geosynklinale des Karpatensandsteines bedingt. Im wesentlichen entspricht die nördliche Klippenzone den ersten Anlandungen des übergreifenden Meeres der Sandsteinzone am sudetischen und ostgalizischen Außenufer; diese tithonisch-untercretazischen Anlandungen blieben durch das weite Synklinorium der eocänen und obercretazischen Sandsteine von den inneren Teilen der Karpaten getrennt und erhielten dadurch den Charakter einer selbständigen Klippenzone am Außenrande.

Finden wir in den West- und Zentralkarpaten n u r e i n e i n n e r e, südliche Klippenzone entwickelt, im Osten dagegen z w e i, und zwar eine am Rande des ostkarpatischen, die andere am Rande des westsiebenbürgischen Gebirgsrückgrats, so entspricht das dem Umstande, daß das Gebirge im Osten schon zur Zeit des Cenomans für das Meer fast ebenso durchgängig war wie im Eocän, während es im Westen dem Cenomanmeere ein geschlossenes Ganze entgegenstellte, in das das Meer nur am Rande eindringen konnte. Im Osten scheint schon die vorcenomane, im Westen erst die voreocäne Faltung die großen Hauptzüge des geologischen Baues des mesozoischen Gebirges vorgeschrieben zu haben.

Die namentlich in den Zentralkarpaten auffallend hervortretende Selbständigkeit der pieninischen Klippenzone hängt ersichtlich mit der eigentümlichen Gesamtanlage der karpatischen Faltengebirge zusammen. Die gebirgsbildenden Kräfte äußerten sich hier nicht in eng zusammengepreßten Faltenzügen wie in den Alpen, sondern es entstand hier im innersten Teile (dem sogenannten inneren Gürtel) ein großes flachschildförmiges Gebirge mit fast schwebend gelagerten symmetrischen Triasdecken, weiter nach außen folgten wohlabgegrenzte Faltungs- und Erhebungszentra mit je einem präpermischen, besonders granitischen Kerne, die Region der kuppelförmig symmetrischen inneren und der einseitigen äußeren Kerngebirge und endlich der schwach gehobene Faltungsbogen der Klippenzone. Zwischen den inneren und äußeren Kerngebirgen, zwischen diesen und der Klippenzone befinden sich breite, flache und tiefe Zonen ungefalteten oder nur schwach gefalteten Landes, die sogenannten Austönungszonen. In diese durch die voreocäne Gebirgsbildung geschaffenen neutralen Tiefenregionen drang das Eocänmeer ein. Seinen Strand markieren allenthalben am Rande der Tatra, der Niederen Tatra, des Fatrakrivan, des Lubochniagebirges, des Suchy- und Mala Maguragebirges, des Inovecz und der Kleinen Karpaten mächtige Conglomeratbänder, die sich da und dort tief in das Gebirge hinein erstrecken und teilweise unmittelbar auf Granit und kristallinen Schiefern ruhen. Flach, selbst fast horizontal liegt das Eocän in der Tiefe der innerkarpatischen Kessel und Niederungen. Die nachalttertiäre Faltung, die ihren eigentlichen Sitz in der Sandsteinzone hatte, erstreckte ihre Wirkung bis in die südliche Klippenzone. Sie zwang hier die Klippen zu neuerlicher Adjustierung, brachte wohl auch Durchspießungen, Zusammenpressungen und kleinere Überschiebungen hervor, aber ihre Einwirkung ging nach Süden nicht über den Klippenbogen hinaus. Am Walle dieses äußeren Faltungsbogens der mesozoischen Karpaten brach sich die Wucht der nachalttertiären Faltung und das Alttertiär der innerkarpatischen Kessel blieb daher vor faltigem Zusammenschube bewahrt.

Die Faltungen der Geosynklinale der Sandsteinzone fanden aber in den inneren Karpaten eine Art Ergänzung in Brüchen. Belastet mit alttertiären terrigenen Sedimenten, senkten sich die Austönungszonen, und zwar am Außenrande der Kerngebirge vorwiegend mit breiter Fläche, am Innenrande an scharfen Brüchen, die größtenteils wieder auflebenden alten Randbrüchen folgten.

Ein solcher Randbruch begrenzt auch die Innenseite der Klippenzone und ein solches flaches Senkungsgebiet trennt sie vom Kerngebiete der Tatra, und so hat die eigenartige Isolierung der Pieninen ihre Wurzel in der Existenz der neutralen Austönungszonen, die dem geologischen Bau der Karpaten ein hervorstechendes Gepräge verleihen.

Gerade dieses verdient aber in hohem Grade unsere Aufmerksamkeit. Die neutralen Austönungsregionen, die schwebende Lagerung des Mesozoicums im innersten Teile der Karpaten, der symmetrische Bau dieses innersten Teiles und der inneren Kerngebirge beweisen, daß die Faltung nicht in allen Kettengebirgen ausschließlich in seitlichen Zusammenschiebungen zum Ausdruck kommt. Mit untrüglicher Klarheit zeigen gerade die Karpaten, daß die Faltung nicht nur zu seitlichen Verlagerungen, sondern vor allem zu Emportürmungen und Aufpressungen führt, und daß speziell die kristallinen Zentralkerne die Hauptträger dieser Erscheinungen bilden.

Wegen der geringeren Intensität der Faltung konservierten sich in den Karpaten die Einwirkungen der vorpermischen, der vor- und nach-obercretazischen Faltungsperioden in viel deutlicherer Weise als in jenen Gebirgen, in denen die tertiären Faltungsphasen zwar gewaltige Verschiebungen bewirkt, aber dadurch auch die Spuren der älteren Bewegungen völlig verwischt haben. So tritt gerade die geologische Geschichte unserer Kettengebirge in den Karpaten in ein viel helleres Licht als in anderen weit großartigeren Gebirgsabschnitten. Es zeigt sich aber auch, zu wie verschiedenartigen Gestaltungen die Gebirgsbildung in verschiedenen Teilen eines und desselben großen Kettenzuges führen kann und wie verfehlt es wäre, wollte man die Gestaltung eines Teiles als maßgebend für alle anderen ansehen.

Nicht durch überwältigende Großartigkeit, wohl aber durch die Klarheit der geohistorischen und geotektonischen Erscheinungen sind die Karpaten bemerkenswert und in diesem Sinne sind sie berufen, nicht nur zur Klärung der Klippentheorie, sondern auch zur Richtigstellung unserer Anschauungen über den Bau und die Entstehung der Kettengebirge beizutragen.

Literaturnotiz.

Die Literatur über die karpatischen Klippen findet sich in folgenden Arbeiten zusammengetragen:

V. Uhlig. Ergebnisse geologischer Aufnahmen in den westgalizischen Karpaten. II. Der pieninische Klippenzug. Jahrb. d. k. k. geol. R.-A. 1890, 40. Bd., S. 559.

— Die Geologie des Tatragebirges. Denkschr. der kais. Akademie der Wissensch. math.-naturw. Klasse, LXIV, 1897, S. 643, LXVIII, 1899, S. 43.

— Beiträge zur Geologie des Fátrakriván-Gebirges. Denkschr. der kais. Akademie der Wissensch. math.-naturw. Klasse, LXXII, 1902, S. 1.

— Beziehungen der südlichen Klippenzone zu den Ostkarpaten. Sitzungsber. der kais. Akademie der Wissensch. math.-naturw. Klasse, Bd. CVI, 1897, S. 190.

— Bau und Bild der Karpaten. Wien und Leipzig, 1903. Verlag von F. Tempsky.

Betreffs der Oberkreide der Ost- und Südkarpaten ist namentlich auf die Arbeiten von J. Simionescu, Popovici-Hatzeg, Blanckenhorn und F. von Nopcsa, betreffs Westsiebenbürgens auf die Aufnahmen der königl. ungar. geologischen Anstalt (besonders L. von Roth-Telegd und M. von Pálfy) hinzuweisen.

Inhaltsangabe.

Les phénomènes de charriage [1] dans les Alpes delphino-provençales.

Par W. Kilian.

— · —

Sommaire:

I. Introduction et esquisse historique. Différentes conceptions du phénomène de „charriage"; équivoques regrettables.

II. Liaison génétique et existence de termes de passage entre les plis normaux, les plis-failles, la structure imbriquée, les plis couchés et les nappes de charriage. Le charriage a suivi et non précedé le plissement initial; il en est l'exagération. — Nappes reployées; mouvements successifs.

III. Répartition, dans les Alpes delphino-provençales, de la structure imbriquée et des charriages. Rôle résistant ou directeur des noyaux hercyniens. Passages des „nappes" à la structure imbriquée (au Galibier etc.)

IV. Comparaison avec les récentes découvertes du Prof. Lugeon dans les Alpes suisses. — Continuation des „racines" externes de la Suisse au S. du Mt. Blanc. — Les charriages de l'Ubaye correspondent probablement à la nappe supérieure de Glaris; les „écailles" et plis couchés de Guillestre et du Briançonnais correspondraient alors aux Préalpes internes, ainsi que les „Klippes" des Annes et de Sulens Absence de traces de nappes à „racines internes" dans les Alpes delphino-provençales.

V. Résumé; le processus des charriages n'est pas un phénomène distinct du plissement; Caractères de détail du phénomène dans les Alpes du Dauphiné et de la Haute Provence.

VI. La „quatrième écaille" de M. Termier; Dualité d'Origine de l'éventail axial des Alpes françaises: il résulte: a) de la formation et de l'empilement de plis couchés vers l'O.; b) de la production ultérieure de „plis en retour" (Rückfaltung) qui ont produit le déversement vers l'E. de ses éléments orientaux. — Arguments et preuves à l'appui de cette conception.

---- · · · ----

[1] Nous nous reprocherions de ne pas rappeler ici les travaux désormais classiques de M. Marcel Bertrand, qui dès 1884, eut le prémier l'idée de faire intervenir dans la structure des Alpes les grands charriages horizontaux et que suivirent, en une rapide et riche succession, les béaux mémoires de MM. H. Schardt, M. Lugeon, L. Duparc et Ritter, E. Haug, P. Termier, Ph. Zürcher

I.

L'existence de phénomènes de charriage dans les Alpes delphino-provençales a été mise en lumière par une série de travaux récents[1]) et peut être considérée désormais comme un fait acquis à la science. Il ne peut venir à l'esprit d'aucun des géologues qui ont étudié de près les régions si curieuses de l'Ubaye, du Briançonnais ou de l'Embrunais de manifester le moindre doute sur les superpositions et tant d'autres auxquels nous devons de posséder aujourd'hui une connaissance, pour beaucoup de points définitive, de nos Alpes. — Nous n'oublions pas non plus que nos premiers pas dans l'étude si difficile de la tectonique alpine, furent guidés par Ch. Lory, puis par des Maîtres aimés tels que MM. Marcel Bertrand, Potier et Michel-Lévy dont nous nous rappelons avec une profonde gratitude les précieux enseignements.

Les considérations qui sont réunies dans cette note représentent notre opinion personnelle sur la structure des Alpes françaises, telle qu'elle résulte des progrès rapides qu'a faits depuis vingt ans la connaissance géologique de cette région et notamment des nombreuses et amicales discussions que nous avons eues sur les lieux même avec nos confrères MM. P. Termier et E. Haug. Nous conserverons toujours le souvenir de ces échanges de vues dont nous avons tiré le plus grand profit et qui comptent parmi les moments les plus lumineux de notre carrière; il nous est particulièrement agréable d'avoir ici l'occasion de rappeler avec une vive reconnaissance leur féconde utilité et leur constante cordialité.

Nous regrettons de ne pas partager entièrement la manière de voir de notre sincère ami M. Termier qui vient de publier sur la même question un travail dans lequel des choses si justes sont dites avec tant de charme et tant d'élévation et dans lequel se trouve posé avec un grand talent un problème dont il nous pardonnera de proposer une solution un peu différente de la sienne.

Il convient aussi de mentionner ici la belle étude de M. Diener sur les Alpes Occidentales (Der Gebirgsbau der Westalpen, Vienne 1892) qui constitue un tableau très fidèle de nos connaissances avant la dernière phase par laquelle a passé la géologie alpine; cette remarquable synthèse a servi plus d'une fois de point de départ à nos recherches récentes.

[1]) E. Haug et W. Kilian. Lambeaux de recouvrement de l'Ubaye. (Bull. Soc. de Statistique de l'Isère, c. r. de la séance du 14 nov. 1892) id. C. Rend. Ac. des Sc. 31 déc. 1894; — Annales Univ. de Grenoble. 3me trim. 1895; C. Rend. Ac. des Sc. 14 février 1898; C. Rend. Collab. Serv. Carte géol. de France pour 1901 (1902); id. pour 1902 (1903) etc., etc.

P. Termier. Sur les terrains cristallins etc. . . . des Montagnes de l'Eychauda etc., et: „Les Nappes de Recouvrement du Briançonnais." (Bull. Soc. géol. de France, 3me série, tome XXIII [1896] et tome XXVII [1899].)

E. Haug. Compte Rendu des Collaborateurs. Feuille de Gap. . . . 1898 et 1902. (Bull. Serv. Carte géol. de France.)

W. Kilian. Nouvelles observations géologiques dans les Alpes delphino-provençales. (Bull. Serv. Carte géol. de France, tome XI, Nr. 75 [1900].)

P. Termier. Quatre coupes à travers les Alpes franco-italiennes. (Bull. Soc. géol. de France, 4me série, tome II, 1902.)

anormales qui s'y rencontrent pour ainsi dire à chaque pas. Si les
massifs de recouvrement de l'Ubaye dont M. Haug et l'auteur de
ces lignes signalaient, dès 1892. la prestigieuse ampleur et auxquels
ils ont consacré depuis lors une série de notices détaillées, ne sont
plus contestés par personne; si les „nappes" superposées du Briançonnais, si suggestivement décrites par M. Termier, le colossal charriage
du Flysch de l'Embrunais, découvert et minutieusement précisé dans ses
détails par M. Haug, le déroulement et les ondulations de nappes
anticlinales superposées que nous avons nous même fait connaître [1] dans
les montagnes de Guillestre, de Saphie, d'Escreins et de St.-Crépin
doivent être admis sans conteste, on s'aperçoit facilement que la signification de ces accidents et le mécanisme qui leur a donné naissance
ne sont pas compris de la même façon par les divers auteurs et qu'il
règne, notamment en ce qui concerne le terme et la conception du
„charriage", une regrettable équivoque. Alors que plusieurs ne voient.
en effet, dans ce phénomène qu'une conséquence et une forme extrême
du plissement, d'autres le considèrent comme un p r o c e s s u s s p é c i a l
dû à une sorte de „décollement" et de glissement des couches
(S c h a r d t [2]) ou bien encore ayant accompagné ou même précédé le
plissement véritable. (Marcel B e r t r a n d. [3])

En effet, M. S c h a r d t, auquel s'est rallié pendant quelque temps
M. L u g e o n, a imaginé, pour expliquer l'existence de grandes masses
charriées sur le bord externe des Alpes suisses, dont il a l e p r e m i e r
révélé l'existence, une sorte de d é c o l l e m e n t s'étant produit dans
les parties élevées de la chaîne, pendant sa formation, c'est-à-dire
pendant le plissement, et qui aurait été suivi d'un formidable glissement
sur un plan incliné, glissement que l'auteur fait également intervenir
dans la formation des brèches éogènes [4] des Alpes suisses. Les nappes
elles mêmes se seraient plissées dans le cours de ce glissement ou
postérieurement.

Peu après, M. Marcel B e r t r a n d fit connaître une autre conception du „charriage": dans un mémoire important [5] consacré aux
grands charriages et aux déplacements du pôle, l'éminent Maître de

[1] W. K i l i a n. Bull. Serv. Carte géol. de France Nr. 75 (1900).

[2] H. S c h a r d t. Origine des Préalpes romandes. (Ecl. géol. Helv. IV,
1893, p. 149.)

[3] Comptes-rendus Ac. des Sc. tome CXXX (1900). Séances du 29 janvier
et du 5 février.

[4] L'existence de relations entre ces phénomènes de glissement avec la
formation des brèches du Flysch a été victorieusement réfutée par M. H a u g,
puis par M. L u g e o n.

[5] Réunion d'une suite de notes parues dans les C. Rend. Ac. des Sc.;
tome CXXX, 29 janvier, 5 et 19 février 1900.

l'Ecole des Mines de Paris étudie — en prenant pour point de départ des phénomènes de recouvrement découverts par lui dans le bassin houiller du Gard — le mécanisme des déformations de l'écorce terrestre et arrive, à la suite d'une démonstration ingénieuse et séduisante, à constituer une théorie de la formation des chaînes de montagnes. Le mécanisme qu'il imagine — lequel, quoique extrêmement plausible, ne doit peut être pas, malgré les calculs employés pour l'établir, être considéré comme ayant fatalement et nécessairement fonctionné — présente les grands charriages comme une p h a s e   n o r m a l e se produisant au cours de la formation des chaînes de montagnes: le „redoublement" des couches par charriage suivrait nécessairement la production du géosynclinal précurseur de la formation de toute chaîne montagneuse: le plissement ne ferait que se s u p e r p o s e r en quelque sorte au phénomène précédent qui n'en serait ni la conséquence ni l'exagération.

Dans une première conception de la structure du Briançonnais, M. T e r m i e r[1]) semble avoir adopté cette manière de voir: il admet l'existence de plusieurs „écailles" ou nappes charriées qui se seraient superposées a v a n t   l e   p l i s s e m e n t de cette région et ne voit là qu'un cas particulier des grands charriages „qui se produisent périodiquement à la surface du globe".

Mais les récentes découvertes de M. L u g e o n. en révélant l'existence d'une série de „r a c i n e s" auxquelles le savant et génial géologue de Lausanne a pu rattacher les diverses nappes charriées de la Suisse ont eu pour effet, ainsi que nous le faisions prévoir en 1901 (Bull. Soc. géol. de France, 4me série, tome I, Réunion dans le Chablais), de ramener la conception du p r o c e s s u s du charriage à une simple exagération du phénomène de plissement. La brillante et très remarquable synthèse de M. L u g e o n[2]) explique en effet mieux qu'aucune autre et d'une façon qui satisfait pleinement l'esprit la plupart des particularités jusqu'alors inexpliquées des Alpes Suisses, et cela sans faire intervenir aucun mécanisme autre que la formation de grands plis couchés plus ou moins laminés et reployés „s'escaladant" les uns les autres vers le bord externe de l'Arc alpin.

Il importe enfin de remarquer que dans une récente hypothèse concernant la structure des Alpes françaises, exposée avec un grand talent et dans laquelle M. T e r m i e r imagine une grande nappe de charriage. la „vraie nappe", système complexe. dont il ne resterait actuellement a u c u n   t é m o i n dans toutes les Alpes delphino-proven-

---

[1]) T e r m i e r. Bull. Soc. géol. de France. 3me série, tome XXVII, 1899.

[2]) L u g e o n. Les grandes nappes de recouvrement des Alpes du Chablais et de la Suisse. (Bull. Soc. géol. de France, 4me série, tome I. p. 723.) 1901.

çales et qui aurait joué le rôle de „rouleau écraseur", le charriage se serait produit après le plissement principal et non avant ou en même temps que lui, comme le supposaient les hypothèses antérieures du même auteur et comme le demanderait semble-t'-il la théorie de M. Marcel Bertrand. Les grands plis couchés de la Suisse ou du moins une bonne partie d'entre eux ne seraient pour M. Termier que „des plis roulés sous la véritable nappe" de charriage et non pas l'équivalent de cette „vraie nappe" qui leur serait supérieure. Il ne faut pas oublier que l'hypothèse de cette immense translation dont il ne reste pas le moindre lambeau est basée uniquement sur un fait isolé: l'existence dans les montagnes du massif de Prorel d'un „lambeau de poussée" paraissant venir d'un point situé à l'Est de Briançon et dont la présence pourrait du reste s'expliquer autrement (voir plus loin), car la nature même des lambeaux de Prorel n'indique point une provenance lointaine, et une de ces assises les plus caractéristiques (brèche à Micaschistes du Flysch) se rencontrant dans des plis plus occidentaux de l'éventail (Cros près Guillestre, etc.).

L'on peut se demander pourquoi, s'il a passé sur les Alpes des masses si considérables venant de l'Est et capables de déformer l'éventail alpin dans les proportions qu'admet M. Termier, ces mêmes masses n'ont pas eu pour effet de modifier l'allure de santi-clinaux situés à l'E. de Briançon, si régulièrement déversés vers l'Italie et qui n'accusent aucune trace de „retroussement". Il est bien possible que l'allure „écrasée" du sommet de l'éventail si bien mise en évidence par M. Termier, soit due, comme le pense ce dernier à des plis couchés, aujourd'hui enlevés par l'érosion, sauf le petit lambeau de l'Eychauda-Prorel, mais il n'y a pas lieu d'admettre que ces nappes aient été autre chose que des traînages limités de même nature que les grand plis couchés signalés en Suisse par M. Lugeon ayant leurs racines dans un voisinage relatif, et ni de supposer qu'ils datent d'une période postérieure à ces derniers. On ne s'explique pas non plus[1]) la prove-nance de telles nappes émanées des zones les plus intérieures des Alpes, ni la cause quiaurait déterminé leur translation vers l'Est, postérieurement au plissement principal de l'axe alpin. Enfin M. Lugeon a démontré, dans son admirable travail synthétique, que ce sont les nappes „à racines

---

[1]) L'intervention de ces „nappes" hypothétiques semble — malgré les nombreux arguments par lesquels le fin connaisseur de la géologie alpine qu'est M. Termier s'applique à justifier leur existence — procéder, inconsciemment peut-être, d'une conception élevée à l'état d'axiome, c'est qu'il ne peut pas ne pas y avoir eu de ces grands déplacements horizontaux „qui se seraient produits périodiquement" à la surface du globe. Or c'est là précisément ce qu'il faudrait démontrer.

internes" qui se sont formées les premières. Or l'hypothèse de M. Termier — qui cependant parait inspiré par le désir d'accorder les faits observés dans les Alpes françaises avec le mécanisme si lumineusement reconstitué par notre confrère de Lausanne pour les Alpes Suisses — fait arriver en dernier lieu, et après la formation de l'éventail et des nappes briançonnaises, les „vraies nappes" qu'il suppose émanées du bord interne des Alpes.

Il n'est dès lors pas inutile, on le conçoit, d'examiner, en ce qui concerne les Alpes delphino-provençales, quelle est celle de ces conceptions que paraissent corroborer les faits observés et dépouillés de la part d'hypothèses dont on les a entourés. Les lignes suivantes résument ce qui peut-être affirmé à cet égard.

II.

Il y a longtemps déjà que M. Heim et son école[1] ont mis en évidence et rendues classiques la liaison d'origine et les transitions qui rattachent entre eux les simples voûtes anticlinales, les plis isoclinaux et les plis-failles (failles inverses); nous avons nous-même montré[2] dans le cas très simple et très net de la montagne de Lure comment le même effort de striction diversement accentué le long d'une même ligne peut produire d'abord un simple bombement anticlinal (E. de Lure), puis un pli déversé, un pli-faille et un chevauchement (portion centrale de Lure). Il serait facile de citer dans nos Alpes et principalement dans les chaines subalpines bien d'autres exemples du même genre; nous ne rappellerons qu'un des plus connus, la „faille de Voreppe", dans le massif de la Grande Chartreuse, qui présente tous les intermédiaires entre un chevauchement sans flanc inverse, un pli-faille (pli rompu) avec flanc inverse conservé, et passe au Nord de la gorge du Frou et au S. du Vercors à un anticlinal à allure normale[3].

Les plis-failles dérivés des anticlinaux sont devenus à leur tour des „plans de glissement" (Encombres-Galibier, Charmont-Som, N. de St. Pierre d'Entremont, etc.) qui, lorsqu'ils sont isoclinaux et répétés, donnent lieu à la structure imbriquée (Schuppenstruktur),

---

[1] Heim. Mechanismus der Gebirgsbildung, et surtout: Heim et de Margerie. Les Dislocations de l'écorce terrestre. (Die Dislokationen der Erdrinde.) Zürich, Wurster, 1888.

[2] Kilian. Description de la montagne de Lure. Paris 1889. (Annales des Sc. Géol.) — Livret-guide Congr. géol. 1900. Exc. XIII c, p. 6—7.

[3] Kilian. Livret-guide Congr. géol. 1900. Exc. XIII a. V, aussi Kilian et Matte. Excurs. géol. Dauphiné (Trav. Lab. géol. Univ. Grenoble, t. VI).

bien connue par les lignes que lui a consacrées Ed. S u e s s (Antlitz. tome I. p. 149). et deviennent. lorsqu'ils se rapprochent de l'horizontale. des „p l a n s d e c h a r r i a g e‟ isolant entre eux des „nappes de recouvrement‟ ou „écailles‟. Les nappes de charriage passent. en effet. toujours dans nos Alpes (lorsqu'on les suit dans la direction voulue) à des plis normaux ou à la structure imbriquée isoclinale. C'est ce que l'on observe avec évidence pour les nappes du Briançonnais. lorsqu'on étudie leur continuation au Nord de la Guisane [1]) ou vers le col de Larche, et pour les nappes de l'Ubaye. lorsqu'on les suit à l'E. du Mercantour et vers le Col de Tende.

On est en droit d'affirmer. par conséquent. que l'o n c o n n a î t a c t u e l l e m e n t d e s p a s s a g e s g r a d u e l s c o n d u i s a n t d u p l i a n t i c l i n a l n o r m a l a u p l i - f a i l l e e t à l a s t r u c t u r e i m b r i q u é e e t d e c e t t e d e r n i è r e a u x l a m e s d e c h a r r i a g e l e s m i e u x c a r a c t é r i s é e s.

Cette constatation nous mène logiquement à l'importante conclusion suivante: l e c h a r r i a g e a s u i v i e t n o n p r é c é d é l'e f f o r t i n i t i a l d e p l i s s e m e n t.

Nous savons du reste [2]) que la forme de dislocations qui correspond à la phase de plissement minimum (initiale) est la forme e n d ô m e s et en c u v e t t e s s y n c l i n a l e s. C'est cette forme qu'ont produite les efforts prénummulitiques dans les Basses-Alpes [3]) et le Dévoluy [4]). c'est elle que montrent les saillies antétriasiques des environs de la Mure (Isère [5]). c'est elle encore qu'ont produite sur le pourtour des Alpes (Montfort [2]) (Basses-Alpes) environs de Montélimar [6]) et sur les plateaux du Jura (Avoudrey [7]) les derniers échos affaiblis de la striction alpine.

Les phénomènes de charriage ne peuvent donc pas être considérés comme ayent p r é c é d é le plissement. ni comme une phase préliminaire n é c e s s a i r e de ce plissement. quisque dans un grand nombre de cas il est possible de prouver que les plissement proprement dits n'ont fait que compliquer et accentuer des dômes et des brachyanticlinaux résultant d'une première déformation. phase initiale laquelle n'a rien qui rappelle. même de loin. les charriages et les recouvrements.

---

[1]) K i l i a n. Livret-Guide. Congrès géol. de 1900; Exc. XIII a. p. 26. T e r m i e r. Bull. Soc. géol. de France, 4me série, tome 2, p. 416.

[2]) K i l i a n. Le brachyanticlinal de Montfort. (Bull. Soc. géol. de France, 3me série, tome XXV ,. 491.) 1897.

[3]) D'après M. Ph. Z ü r c h e r (environs de Castellane). (Bull. Serv. Carte géol.)

[4]) D'après M. Pierre L o r y.

[5]) id.

[6]) D'après M. V. P a q u i e r.

[7]) D'après nos propres observations.

On peut affirmer par contre que cette phase préliminaire de bossellement a parfois été suivie postérieurement de plusieurs efforts de striction. Il en est ainsi dans le bassin de la Durance: la disposition des plis couchés reployés sur eux-mêmes (aux environs de Guillestre par exemple, montre en effet jusqu'à l'évidence qu'il y a eu dans la zone du Briançonnais deux phases de plissement successives: la première et la plus intense a produit de grands plis couchés qui se sont déroulés, escaladés et empilés en laminant leur flanc inverse; la seconde a ondulé et même plissé le système ainsi produit. Néanmoins, ces deux derniers efforts, tous deux postoligocènes, appartiennent à la même grande phase des plissements alpins proprement dits, dont ils doivent être considérés comme de simples épisodes [1].

On verra la suite que l'influence de massifs anciens préexistants et déjà plissés (hercyniens) sur le développement, l'ampleur et la destruction par l'erosion des plis couchés et des charriages paraît avoir été très importante.

III.

La répartition de ces diverses formes de dislocations et, notamment, celle des nappes de charriage, des „écailles" et des plis couchés dans les Alpes delphino-provençales est très instructive.

Sans avoir à aucunement nous prononcer ici, malgré tout ce qu'a d'ingénieux, de sérieusement étudié et de vraisemblable l'exposé du génial professeur de Lausanne sur les détails d'agencement des systèmes de plis couchés imaginés par M. Lugeon pour rendre compte de la structure des Alpes suisses, nous ne retiendrons pour le moment que le fait incontestable du développement grandiose qu'atteignent dans ce pays de grands plis couchés „s'escaladant" les uns les autres et réalisant ainsi une disposition qu'on pourrait appeler avec MM. Lugeon et Heim un „surchevauchement" (Überüberschiebung).

[1] Il est curieux de remarquer que dans les Alpes de la Haute Provence la structure imbriquée de la „Zone du Gapençais" et les charriages de l'Ubaye-Embrunais sont manifestement postérieurs, non seulement aux dômes prénummulitiques, mais encore, aux plis E—O des régions subalpines (St. Geniez) d'âge antéoligocène (E. Haug) et même à certains plis posterieurs au Miocène inférieur qu'ils ont recoupés. Il résulte de cette constatation que les phases de striction du plissement „alpin" ont été multiples, successives et se sont continuées jusqu'à une époque relativement récente (Pliocène?). Les éléments lithologiques (galets) contenus dans les conglomérats oligocènes (Basses-Alpes) etc.; montrent du reste nettement quel existait dès l'Eocène supérieure des saillies anticlinales faisant affleurer le Granite et le Trias des zones alpines.

Il convient de considérer désormais comme un fait capital pour la structure des Alpes helvétiques. l'existence de ces nappes. provenant de racines externes et internes. diversement reployées et étirées. et l'absence — en dehors d'elles — de toute nappe de charriage qui ne puisse être ramenée à des plis couchés ou qui soit antérieure au plissement alpin. Ce régime. qui comprend le Chablais et le Faucigny. s'étend vers le SO jusqu'à la vallée de l'Arve et la dépasse même notablement.

Les beaux travaux de MM. Marcel Bertrand et E. Ritter sur l'extrémité méridionale du massif du Mont Blanc ont fait voir en effet, que le développement des grands plis couchés se poursuit dans les Alpes françaises: les racines en sont situées en arrière de la zone Aiguilles Rouges-Belledonne jusque vers Beaufort. A ces plis couchés se rattachent les lambeaux du Chart-du-Beurre. du Crest-Volant. etc.. étudiés par M. Ritter. Dans les zones externes. les lambeaux exotiques des Annes et de Sulens témoignent également d'un charriage. mais peuvent être très plausiblement attribués à des plis couchés dont les racines isoclinales aujourd'hui „décapitées" seraient à rechercher dans la zone à structure imbriquée qui s'étend au N-O de Moutiers en Tarentaise et continue vers le col de la Seigne la zone des Aiguilles d'Arves et du Briançonnais.

Cependant. au Sud d'une ligne Bourg-St.-Maurice-Albertville-Annecy, on n'a signalé. malgré les explorations détaillées dont ces régions ont fait l'objet. aucune dislocation qui témoigne de grands charriages et de déplacements horizontaux comparables aux nappes (plis couchés) de la Suisse. du Chablais et du Mont Joly. et ce n'est que dans le bassin de la Durance que réapparaissent. avec le „Flysch charrié" de l'Embrunais. les „écailles" du Briançonnais et les „recouvrements" de l'Ubaye. la trace de phénomènes analogues. Il est intéressant d'examiner de près ces différentes régions

A. Entre une ligne transversale aux Alpes reliant la Vanoise et le Mt. Jovet à Albertville et Rumilly et une autre ligne également transversale reliant le Monétier-de-Briançon à la Mure et Valence. il faut signaler l'absence complète des phénomènes de charriages.

Dans les chaînes externes (subalpines) de cette section les dislocations les plus énergiques sont de simples plis-failles (Beauges, Chartreuse, Vercors). dont certaines. comme celles du massif de la Chartreuse. sont notablement inclinées sur l'horizon et constituent de véritables chevauchements. Certains de ces accidents sont dirigés vers l'intérieur de la chaîne[1]) (bord E. du Vercors: environs de Varces. de

---

[1]) Recherches de MM. Kilian et P. Lory.

Monteynard et de la Motte-les-Bains [Isère]), mais on ne relève dans ces régions aucune trace de charriages proprement dits ni de plis à longs cheminements. Il est intéressant de faire ressortir que ce régime coïncide avec l'existence, à l'E. des chaînes subalpines. des massifs cristallins de Belledonne et des Grandes Rousses, qui semblent bien, comme l'admet aussi M. Termier. avoir opposé à la propagation de la poussée E. O. une résistance efficace.

Il convient également de faire remarquer que, du reste, le caractère détritique et la nature lithologique des éléments dont se composent certains dépôts tertiaires subalpins (conglomérats éocènes et oligocènes de Barrème, conglomérats miocènes du Bas-Dauphiné. etc.) suffisent à convaincre les plus sceptiques de la nature autochtone de ces chaînes; le développement harmonieux des faciès des dépôts mésozoïques [1]) dans tout le Sud-Est de la France exclut également toute velléité de considérer comme exotiques aucune des portions de nos chaînes subalpines du Dauphiné et de la Haute Provence [2]). La nature autochtone des chaînes subalpines dauphinoises est encore péremptoirement prouvée par la liaison évidente des leurs couches tertiaires (Sables éocènes. oligocène saumâtre et mollasses miocènes) avec ceux de la vallée du Rhône et aussi par le passage du Tithonique supérieur subalpin au Purbeckien. à la Cluse de Chaille (Savoie).

Sur le bord externe de la chaîne cristalline de Belledonne, les étirements sont nombreux. il est vrai (d'après M. P. Lory), mais on n'y constate aucune trace de charriage horizontal.

Dans les zones plus internes de la section considérée, les plis-

---

[1]) On n'accorde généralement que trop peu d'importance aux arguments tirés de cet ordre de considérations. Il nous semble cependant qu'elles constituent un criterium précieux pour contrôler les hypothèses souvent trop hardies auxquelles peut conduire la pratique trop exclusive de la tectonique. La tectonique, qui n'existerait pas sans la stratigraphie, ne peut en effet, se passer de ce contrôle; aussi nous semble-t-il étrange de voir M. Lugeon (loc. cit. p. 727) écrire ces lignes quelque peu paradoxales: „Les faits tectoniques surtout ont fait ma conviction, tant leur valeur est supérieure aux arguments stratigraphiques", alors que le même auteur reconnaît avec raison quelques pages plus loin la haute portée des considérations de faciès émises par M. Haug au sujet des Préalpes et des Hautes Alpes calcaires suisses.

Ce sont des arguments de cette nature qui nous empêchent d'admettre, pour la Provence, l'existence d'une nappe de charriage unique de provenance lointaine.

[2]) Les beaux travaux de M. Haug sur l'évolution du géosynclinal mésozoïque des Alpes delphino-provençales, pendant les époques liasique, medio- et supra'jurassique, ceux de M. Paquier pour le Crétacé en constituent une démonstration éclatante.

failles, la structure isoclinale et imbriquée[1]) (environs de Moutiers en Tarentaise, région du Grand-Galibier) sont nettement prononcés; des plis très déversés existent dans le massif du Pelvoux (d'après M. T e r m i e r), des paquets repliés et étirés existent au sommet du Mont Jovet (M. B e r t r a n d), mais, malgré la forte présomption qu'entraîne la présence de faisceaux isoclinaux imbriqués, racines possibles de plis couchés importants, n u l l e p a r t n o u s n'a v o n s à s i g n a l e r d e n a p p e s d e c h a r r i a g e ou de plis couchés à long cheminement qui aients échappé à l'action de l'érosion et nous aient été conservés.

B. Il en est autrement au Sud de Belledonne et surtout au Sud du Massif du Pelvoux au Midi d'une ligne Monétier-de-Briançon—la Mure—Valence; nous voyons ici apparaître les traces indiscutables des dislocations les plus intenses.

Si nous considérons d'abord les chaînes e x t e r n e s de ce tronçon méridional de nos Alpes, ce n'est que dans les régions de ces chaînes les plus éloignées de l'axe alpin, c'est-à-dire dans le Diois occidental et la chaîne Ventoux-Lure que se rencontrent exceptionellement des plis-failles et des chevauchements dirigés vers le N. (Lure) ou vers l'O. (Montagne d'Angèle). Nous constatons avec netteté en outre que la structure imbriquée (en écailles) atteint, dans la portion orientale de ces chaînes externes, son maximum d'intensité dans la région (zone du Gapençais) qui est située en avant de l'intervalle que laissent entre eux les massifs du Pelvoux et du Mercantour: en effet, si du Diois occidental, nous nous rapprochons des Grandes Alpes, nous sommes frappés du fait que tous les accidents sont déversés vers l'O. Nous voyons se dessiner d'abord, dans le Diois oriental, sur les limites du Beauchaîne, l a l i g n e d e c h e v a u c h e- m e n t d e B o n n e v a l d'âge postoligocène, décrite par M. P a q u i e r, à laquelle font suite au S-E les „Ecailles" répétées du Gapençais, dont nous devons la connaissance à M. H a u g [2]). Ce régime spécial se poursuit au S-E par les environs de Castellane et de Soleilhas,

---

[1]) Il importe de remarquer avec M L u g e o n que rien n'empêche dans beaucoup de cas, de voir dans ces régions isoclinales et imbriquées les racines relativement droites et pour ainsi dire „décapitées" d'une série de plis couchés dont la portion charriée aurait totalement disparu par l'effet de l'érosion. (L u g e o n, loc. cit. p. 817.) — Cela paraît être le cas notamment pour la zone isoclinale qui s'etend du Col de la Seigne et du Petit St. Bernard à Moutiers et au Galibier, et en général en arrière des massifs cristallins qui avaient du motiver un relèvement notable des nappes charriées, lorsque celles-ci existaient.

[2]) Ces écailles, très inclinées sur l'horizon, n'ont pas le caractère rigoureu- sement isoclinal qui distingue les „racines" de plis couchés; en outre, elles portent la trace de plis E—O antérieurs (d'après E. H a u g).

faisant le tour de l'aire synclinale du Haut-Verdon et de la Haute Bléone à allures plus tranquilles qu'accidentent quelques dômes infracrétacés (Allos) ou suprajurassiques (Bouchier [1]. Ajoutons que dans une zone plus extérieure encore, dans ce qu'on a appelé récemment les „Préalpes maritimes", c'est-à-dire dans la portion des chaînes subalpines qui font face aux Maures et à l'Estérel, on voit se développer des dislocations analogues: structure imbriquée, plis déversés vers le S., dont MM. Z ü r c h e r et G u é b h a r d ont étudié l'allure et dont ce dernier a fait connaître avec une louable minutie les moindres accidents de détail. Il semble qu'il y ait là l'ébauche a v o r t é e de la formation de plis couchés vers le S., et cette structure particulière doit sans doute sa cause à l'existence rapprochée (au S.-S.-E) des massifs résistants anciens des Maures et de l'Estérel.

Considérons maintenant les chaînes i n t e r n e s situées au Sud du Monétier-de-Briançon:

„L'„enracinement· de la portion axiale de la zone [2]) du Briançonnais, outre qu'il ressort avec évidence malgré l'existence d'importants refoulements vers l'Ouest, de la continuation de cette zone vers le Nord et de l'apparition constante, dans la partie méridionale, de larges anticlinaux de quartzites (La Blachière [Ubaye], E du Veyer [Queyras] dans sa zone médiane, apparaît comme irréfutable par suite de l'existence manifeste de charnières anticlinales tournées vers l'extérieur, de p a r t e t d'a u t r e de cet axe (cette disposition est bien visible entre Vars et Abriès), et par suite aussi de la distribution des faciès p a s s a n t graduellement à l'E. comme à l'O. à ceux, si différents dans leur ensemble, des zones voisines.

La partie occidentale de cette zone du Briançonnais, qui a été distinguée par M. H a u g sous le nom de „sous-zone des Aiguilles d'Arves" et que M. T e r m i e r appelle „zone du Flysch", est particulièrement intéressante au S. de la Guisane. Bien que chevauchée par les „écailles" (plis couchés) de Vallouise et de Guillestre, comme elle l'est plus au Nord par les plis imbriqués du Galibier et comme elle chevauche elle-même les „terres noires" jurassiques de l'Embrunais, cette bande synclinale de dépôts éogènes quoique certainement chevauchée à l'E. par des plis plus intérieurs et se poursuivant s o u s ces derniers assez loin vers l'Est, ne nous paraît pas cependant devoir se prolonger souterrainement sous les Alpes Briançonnaises jusqu'à l'aplomb de Briançon.

---

[1]) W. Kilian. C. R. Ac. des Sc. et Feuille Digne (SE.) de Carte geol. détaillée de la France (1 : 80.000).

[2]) Cette dénomination a été créée en 1892 par M. D i e n e r.

comme le pense M. Termier[1]). En effet. immédiatement au Nord du Briançonnais. cette bande affecte le caractère d'un simple synclinal en V déversé vers l'O.. dont les bords ne présentent aucune trace de charriage (St.-Julien-de-Maurienne): il se poursuit ainsi en diminuant de profondeur (Crève-Tête près Moutiers) jusqu'en Tarentaise où il se décompose au N. de Moutiers en plusieurs petits synclinaux en V séparés par des anticlinaux de roches mésozoïques (environs de Roselend).

Mais une continuité manifeste. et que nul ne peut nier rattache. dans le sens transversal aux plis. les masses de Flysch charrié de l'Embrunais et de l'Ubaye aux nappes décrites près de Vallouise par M. Termier et ces dernières au Flysch isoclinal à structure imbriquée du Galibier. qui lui-même se continue indiscutablement par les dépôts éogènes des Aiguilles d'Arves. de St-Julien-en-Maurienne, du Cheval-Noir et de la Tarentaise. ces derniers se révélant comme de simples replis synclinaux nullement charriés.

Au Sud-Est les masses de recouvrement de l'Ubaye semblent également s'incurver et passer. à l'E. du Massif cristallin du Mercantour. à un ensemble isoclinal déversé vers le S. à structure imbriquée (Col de Tende)[2] analogue à celui du Galibier.

Ainsi dans les zones alpines internes. nous voyons avec netteté. au S. de la Guisane. le faisceau isoclinal imbriqué du Galibier dérivant lui-même des plis normaux du Massif des Encombres. se transformer graduellement (Col de l'Eychauda) en une série de plis couchés (nappes) à long cheminement. s'avançant et s'empilant vers l'Ouest dont les plus internes sont les „Ecailles“ décrites par M. Termier entre Briançon et Vallouise et dont la plus extérieure constitue la base du „Flysch charrié“ décrit par M. Haug. Ces charriages ont leur plus grande ampleur dans l'Embrunais et dans la région de l'Ubaye (MM. M. Kilian et Haug) ainsi[3] que dans les Montagnes comprises entre Guillestre. Vars. Escreins et le Col des Ayes (M. Kilian): au SE. dans la Haute Ubaye. les plus internes passent à des plis normaux:

---

[1]) Nous avons publié (Assoc. fr. pour l'Avanc des Sc. Congrès de Boulogne, un profil schématique de la zone du Briançonnais — qu'il est intéressant de comparer avec les coupes réelles éditées depuis lors — et où nous figurons bien le prolongement vers l'E. de ce synclinal sous les plis-couchés du Briançonnais sans toutefois le pousser jusque sous le Houiller de Briançon.

[2]) Voir la coupe qu'ont donnée de cette région MM. Franchi et Baldacci. (Boll. del R. Comitato geol. 1900, Nr. 1.)

[3]) Où ils ne dépassent pas vers le S—O et le S. une ligne jalonnée par les localités de Savines, Pontis, Ubaye, le Laverccq, Sestrières, Talon, le Col de Granges-Communes.

les plus externes existent encore à Argentera (Italie), mais ils vont en s'atténuant vers le S-E et cette atténuation coïncide avec l'apparition du massif cristallin du Mercantour.

On voit donc nettement que ces déplacements horizontaux atteignent dans l'état actuel de leur conservation, leur maximum comme l'ont montré nos travaux et ceux de M. Haug dans l'intervalle compris entre les massifs du Mercantour et du Pelvoux et à ce maximum [1] correspond vraisemblablement un charriage qui ne dépasse pas trente ou quarante kilomètres.

Le rapide examen que nous venons de faire de la répartition des charriages et de la structure imbriquée dans les Alpes delphino-provençales, entre l'Arc et l'Ubaye, nous a amené à constater l'influence manifeste que semblent avoir eue sur leur développement (ou tout au moins, dans certains cas, sur leur conservation au dessous du niveau atteint par la dénudation) la présence ou l'absence des massifs centraux cristallins déjà anciennement plissés par les efforts hercyniens et repris, après une immersion souvent très longue, par les plissements alpins ; cela est particulièrement net pour le massif de Belledonne, extérieurement auquel les accidents font totalement défaut et qui constitue un bon exemple de cette résistance du „Vorland" à la propagation de la striction ; cela semble également évident pour le Pelvoux et le Mercantour dans l'intervalle desquels nous voyons les faisceaux imbriqués de la zone du Briançonnais se coucher et se transformer en de vastes charriages et la structure imbriquée du s u b s t r a t u m se poursuivre vers l'Ouest jusqu'à Digne et Castellane.

Il semble que ces massifs auxquels les plissements antéhouillers avaient donné préalablement une plasticité moins grande aient fait obstacle à la propagation et au développement du charriage et des plis que M. T e r m i e r désigne si justement par le terme de „plis à long cheminement". Ainsi se manifeste clairement l'i n f l u e n c e d e s n o y a u x h e r c y n i e n s contenus dans certains faisceaux à axe surélevé des plis alpins sur la structure définitive des Alpes françaises.

Cependant certains de ces massifs hercyniens, comme le Pelvoux, tout en formant obstacle au cheminement des nappes plus intérieures, ont été eux-mêmes énergiquement plissés à l'époque des mouvements alpins ; l'incurvation brusque de quelques unes de leurs têtes anticlinales, signalée par M. T e r m i e r, peut faire supposer qu'ils ont eux-mêmes été „escaladés" par de grands plis couchés provenant probablement

---

[1] La disparition successive des nappes vers le Sud Est est particulièrement nette entre Escreins, Vars, Maurin et Larche.

des zones voisines du Flysch et du Briançonnais, et qui les ont déversés, vers l'Ouest.

Dans les régions où un abaissement des plis des massifs cristallins correspond à la disparition („énnoyage") momentanée de ces derniers, les nappes charriées se sont déroulées dans des régions déprimées ou elles ont été généralement, au moins partiellement, épargnées par l'érosion et c'est dans ces points privilégiés qu'il convient d'en rechercher les vestiges. C'est le cas, par exemple, pour les lambeaux des Annes et de Sulens qui sont situés en avant d'une sorte de dépression transversale correspondant à l'ennoyage du Mont-Blanc et à la saillie encore très faible de la zone Mégève—Belledonne qui, plus au S. où elle a plus d'importance, a formé obstacle à la propagation des nappes. C'est également le cas pour les masses charriées de l'Embrunais et de l'Ubaye entre le Pelvoux et le Mercantour, soit que le cheminement des plis ait été plus grand dans ces intervalles où aucun noyau hercynien résistant ne gênait leur développement, soit que l'érosion ait été moins forte dans ces portions déprimées de la chaîne et y ait laissé substistuer ce qu'elle enlevait ailleurs. Les faits observés par MM. Haug et P. Lory sur le bord méridional du Pelvoux et qui accusent une forte inflexion (vers le NE.) en arc de cercle du bord de la masse charriée nous font toutefois incliner vers la première de ces hypothèses.

Le rôle passif des massifs hercyniens a été également constaté en Suisse par M. Lugeon, à la géniale sagacité duquel il ne pouvait échapper (loc cit. p. 813): il avait, du reste, déjà frappé M. Baltzer.

IV.

Nous croyons, avec M. Lugeon, que les Alpes françaises ne possèdent plus que des témoins isolés de l'ancien manteau de nappes charriées (plis couchés) qui les recouvrait, mais il semble bien, d'après certains indices, que ce manteau n'y possédait ni la complexité ni l'importance qu'il atteignait dans les Alpes suisses et surtout à l'E. du Rhin. Il est utile, en outre pour éviter des malentendus et faciliter la compréhension de ce qui suit de rappeler que pour nous, comme pour notre collègue suisse, chacune des ces „nappes" peut comprendre, comme celles de la Suisse, plusieurs écailles ou plis couchés.

Examinons maintenant les rapports qui existent entre les „nappes" reconstituées, par notre ami de Lausanne et les éléments tectoniques des Alpes savoyardes et delphino-provençales:

A. Les nappes du Mont Joly font partie de ce que M. L u g e o n appelle les nappes „à racines externes" : il semble inutile de discuter cette assimilation qui paraît définitivement établie. Il s'en suit que les plis isoclinaux de la bande Beaufort-Petit-Cœur-Col de la Madeleine-Grandes-Rousses qui continuent au Sud le faisceau du Mont-Joly, sont l'homologue et la continuation des racines des plus extérieures des „nappes à racines externes" (Nappes de Morcles, des Diablerets, des Hautes Alpes vaudoises et bernoises etc. . . . .) de M. L u g e o n, mais aucun lambeau situé à l'O. ne permet d'affirmer que ces racines correspondaient, au S. d'Albertville, à des „nappes à long cheminement" comme d'ailleurs aucun fait n'autorise à prétendre le contraire [1]).

B. La zone plus interne, imbriquée et isoclinale à affleurements éogènes : Chapieux-Cormet d'Arèches-Crève Tête-Niélard-Montricher-Aiguilles d'Arves, suite de la portion externe de la zone du val Ferret, est reliée au S. par une incontestable continuité (v. plus haut) aux recouvrements des environs d'Embrun. Les lames et le Flysch charrié de l'Embrunais et de l'Ubaye sont donc l'homologue et la continuation probable des nappes g l a r o n n a i s e s rangées également dans les nappes „à racines externes".

C. La zone plus interne encore, qui comprend le Petit-St. Bernard. l'amygdaloïde de Montfort. le Mont Jovet, le Galibier et les „nappes briançonnaises" ainsi que les plis situés à l'E. de Guillestre, est elle-même extérieure à la zone des Schistes lustrés et aux plis couchés du Simplon et du Mont Rose : il en résulte que les charriages qui en émanent correspondent, en Suisse, à la z o n e   i n t e r n e   d e s   P r é a l p e s, qui dériverait en partie de la portion E. de la zone du val Ferret ou de la bande houillère qui lui succède à l'E. et que M. L u g e o n considère encore comme faisant partie des nappes „à racines externes" [2]).

D. Quant aux grands plis couchés de la zone du Simplon, ils ne seraient représentés en France que par la 4me écaille de M. T e r m i e r et par le Lias du Mont-Jovet.

Les plis et nappes à „r a c i n e s   i n t e r n e s" (nappe des Préalpes médianes, nappe des brèches et du Rhaeticon) de M. L u g e o n, ne

---

[1]) Quant aux „Klippes" des Annes et de Sulens que M. L u g e o n assimile aux nappes „à racines internes" (Préalpes médianes), elles paraissent bien plutôt correspondre aux Préalpes internes; c'est à dire à des plis encore rangés dans les Nappes à racines e x t e r n e s.

[2]) C'est dans cette bande qu'il conviendrait de rechercher, à notre avis les racines des „Klippes" de Sulens et des Annes si bien décrites par M a i l l a r d puis par MM. H a u g, L u g e o n et Ch. S a r a s i n.

paraissent donc pas exister dans les Alpes delphino-provençales; notre éminent confrère suisse semble avoir démontré que leur origine se placerait au S. du massif du Mont Rose et un peu au N. de la zone d'amphibolites d'Ivrée, c'est à dire dans une bande intérieure à la zone des Schistes lustrés et qui n'est plus représentée, au S. de la ligne Modane-Turin, que par les montagnes qui bordent la plaine piémontaise (Torre Pellice, Orta) et qui ne semblent pas avoir le caractère de „racines". M. Termier, dans sa brillante conception, suppose, il est vrai, l'existence de ces nappes, mais nous croyons avoir montré tout ce que cette reconstitution a d'hypothétique. Il n'y a du reste, pensons nous, aucune raison pour que le nombre des plis charriés reste le même du Rhaeticon à la Durance, M. Lugeon ayant fait ressortir d'une façon magistrale que ces accidents sont sujets à disparaître et à se „relayer". Leur nombre, leur amplitude et leur niveau (elles paraissent s'enfoncer de plus en plus à l'E. du Rhin) varient considérablement de la Suisse occidentale au Vorarlberg et au Rhaeticon; nous ne voyons pas pourquoi une variation analogue mais inverse ne se produirait pas de la Suisse à la Durance et à la Méditerranée.

V.

D'autres conclusions découlent de ce qui précède:

Rien ne permet, dans ce que nous connaissons des Alpes occidentales, de considérer les phénomènes de charriage comme produits par un processus distinct et indépendant du plissement; nulle part ces phénomènes n'ont précédé la phase principale du ridement, bien que parfois (Guillestre, Ubaye) ils aient été certainement suivis et compliqués de plissements ultérieurs. M. Lugeon abandonne du reste catégoriquement, dans son dernier et important travail p. 724 et p. 775), la conception de „grands plissements" faisant des charriages un phénomène spécial, et c'est avec une vive satisfaction que nous le voyons tirer de ses ingénieuses observations la conclusion que nous en avons déduite nous-même dans une communication faite en septembre 1901 à Thonon devant la Société géologique de France, à savoir que ces accidents rentrent dans les résultats normaux de la contraction tangentielle et des efforts de plissement.

Cette proposition ne paraît pas devoir être limitée aux Alpes delphino-provençales: nous croyons que nulle part dans les Alpes les charriages ne peuvent être séparés des manifestations classiques des efforts de plissement; ils ne sont, à notre avis, qu'une forme extrême des plis couchés et doivent être considérés comme le terme ultime des dislocations engendrées par la striction orogénique; rien n'autorise à les séparer des diverses formes du plissement auxquelles ils se rattachent par des intermédiaires et dont ils ont tous les caractères. Nous avons vu, en effet, que même le Flysch charrié de l'Embrunais avec ses nombreuses intercalations anticlinales reployées se rattache, lorsqu'on le suit vers le N-E sur le bord S. et S-O du massif du Pelvoux, à un faisceau de plis imbriqués (Eychauda, Galibier), dont le flanc occidental montre des brèches éogènes (Lautaret) contenant des débris des schistes cristallins sur lesquels il s'appuie [1]) et attestant ainsi leur liaison intime avec le substratum autochtone.

Les lames ou écailles dérivées des plis couchés s'empilent „s'escaladent" fréquemment, suivant l'heureuse expression de M. Lugeon et viennent „déferler" comme des vagues sur les zones plus extérieures; elles présentent une série d'accidents accessoires tels que disparition locale et étirement du flanc inverse, „nourissage" des charnières [2]), disparition locale du noyau anticlinal étiré en „chapelet" et réduit temporairement à une simple „cicatrice" (Région de l'Ubaye; Kilian et Haug). Mais ce ne sont là que des faits secondaires qui n'enlèvent rien à la netteté avec laquelle se présentent dans leur ensemble les phénomènes dont nous venons de tenter le groupement synthétique.

Les cas indiscutables de charriages dans les Alpes delphinoprovençales se réduisent donc à des déplacements horizontaux qui ne dépassent pas, entre Gap et Châteauroux, une trentaine de kilomètres au maximum [3]. Ces charriages sont accompagnés dans leur „Vorland" d'une structure isoclinale accentuée avec imbrication fréquente des plis (Région entre Gap et Digne).

Au S-E et au N-E ils passent eux-mêmes à de simples faisceaux isoclinaux également imbriqués, qui se résolvent à leur tour en plis normaux.

Tous ces plis couchés ne sont, à tout prendre, que des accidents [4]) plus ou moins importants dans le côté externe du même bourrelet alpin témoignant de l'intensité très grande d'une poussée unique dirigée vers le bord subalpin. Aucun d'eux n'émane,

---

[1]) Ce fait est admis également par M. Termier.

[2]) Observées par M. Haug et par moi. La région frontale des plis couchés supérieurs de l'Ubaye accuse en effet, au Morgon, une grande complication, jointe à une épaisseur des couches sensiblement supérieure à celle qu'elles montrent dans le voisinage de leurs racines.

[3]) En Suisse, M. Lugeon, estime à 79 - 90 kilomètres la distance qui sépare les plus importantes de ces nappes frontales de leurs racines.

[4]) Qui ont pu se produire partiellement en profondeur, ainsi que l'ont fait voir MM. M. Bertrand et Lugeon.

en ce qui concerne notre région, du côté interne[1]) de ce bourrelet alpin[2]) (versant italien des Alpes).

Remarquons également que tous ces charriages sont dirigés vers l'Ouest, le S-O et le N-O, c'est-à-dire vers la région externe (périphérique) de l'arc alpin.

Ce n'est que dans certaines parties des chaînes externes (O. de Belledonne, O. du Diois) occupant une situation particulière à l'abri d'importants massifs hercyniens, et éloignées de la région axiale de nos Alpes affectée par ces charriages, dans ce que M. Termier a appelé très heureusement la „région des plis hésitants", que se rencontrent des plis-failles et des plis déversés vers l'E. ou le N-E.

VI.

Ces considérations nous amènent à la conception suivante:

Malgré ce qu'a d'infiniment séduisant, de logique et de grandiose la récente théorie de M. Termier, il semble que la présence de sa „quatrième écaille"[3]), comme celle des paquets de Lias plissé du Mont Jovet[4]), au sommet de l'éventail axial alpin puisse s'expliquer assez naturellement sans l'intervention d'une phase de très grand charriage absolument hypothétique, qui serait survenue après la constitution de l'éventail alpin et des plis couchés du Briançonnais. Il suffit pour cela d'admettre que les plis de cette région étaient primitivement tous déversés vers l'Ouest (y compris la 4me Ecaille et le Lias du Mt. Jovet) et que la formation — à l'E. d'une zone considérée aujourd'hui comme axiale — de plis déversés vers l'Italie (E. de Briançon) s'est produite postérieurement sous l'effet d'une autre cause (affaissement ou décompression du bord interne des Alpes) par suite de la formation de „plis en retour", mécanisme désigné depuis longtemps par M. Heim sous le nom de „Rückfaltung". L'érosion ultérieure aurait

---

[1]) La 4me écaille elle même ne peut provenir, comme l'indiquent les faciès des terrains qui la composent que d'un point peu éloigné de Briançon, comme le pense aussi M. Termier. On verra plus loin comment nous en expliquons l'origine.

[2]) Assurément l'érosion a fait disparaître un certain nombre de ces nappes, mais nous avons montré plus haut combien il faudrait mêler l'hypothèse aux faits connus pour admettre, dans notre région l'existence de plis à racines internes qui seraient aujourd'hui complètement détruits.

[3]) „Aucune théorie", a écrit récemment ce savant, „n'est recevable pour l'explication de la structure du Briançonnais si elle ne rend compte de l'origine de la quatrième écaille."

[4]) Décrits par M. Marcel Bertrand.

alors isolé la 4ᵐᵉ écaille de sa racine, deformée et déversée vers l'E.
par ces plissements, en somme secondaires et postérieurs à la
striction principale.

Cette hypothèse nouvelle. outre qu'elle explique l'absence, dans
les plis de la zone du Piémont [1]), de charriages dirigés vers l'E. et
la prédominance remarquable et exclusive, dans toute la chaîne, des
accidents poussés et charriés vers le bord e x t e r n e de l'arc alpin [2]),
pourrait peut être un jour s'accorder avec une explication du régime
spécial (déjà signalé par M. S u e s s) qu'affectent les dislocations dans
les zones calcaires (Dinarides) du bord intérieur (périadriatique) des
Alpes orientales où se montrent des effondrements et des coulées
éruptives et où dominent les plis relativement simples et les failles
dénotant une striction bien moindre que celle qui a produit les zones
centrale et externe des Alpes, avec leurs charriages et leurs recouvrements. Par elle, on comprend également pourquoi aucun des plis déversés
vers l'Italie ne montre le retroussement vers l'O. et la déformation qui
semblerait cependant nécessairement devoir exister dans l'hypothèse de
M. T e r m i e r.

Enfin elle écarte la difficulté qu'il y aurait à comprendre nettement
la raison déterminante des transports vers l'E., a p r è s le plissement
alpin. de nappes aussi considérables que celles que suppose M. T e r m i e r
et dont l'existence elle-même n'a été imaginée par ce savant que pour
expliquer les déformations et le déversement vers l'Ouest des plis autochtones de l'éventail alpin et du Pelvoux.

En résumé. nous voyons dans la structure si complexe des Alpes
delphino-provençales la trace des phénomènes suivants tous postérieurs
aux phases de bossellement et de plissement anténummulitiques et
antémiocenes :

1 *a*. Formation de grands plis imbriqués et c o u c h é s v e r s l'ex-
t é r i e u r d e l a c h a î n e. accompagnés. notamment entre les massifs
du Pelvoux et du Mercantour, de „surchevauchements“ et de nombreux
c h a r r i a g e s et ayant déterminé dans leur „Vorland“ une structure
imbriquée très nette dirigée dans le même sens (zone du Gapençais).

1 *b*. Nouvelle phase de striction produisant le r e p l o i e m e n t
de ce plis couchés et des nappes qui en dérivent (Montagnes entre

---

[1]) M. T e r m i e r a très justement fait remarquer (Bull. Soc. géol. 4ᵐᵉ série,
tome 11) le contraste frappant qui existe entre la forme et le régime des plis situés
à l'E. de l'arc de l'éventail et l'allure qu'ils ont à l'O. de cet axe.

[2]) Le double pli glaronnais formait une exception à cette règle; l'abandon
de cette conception par son auteur même est un des plus beaux succès qui aient
couronné les démonstrations si lucides et si documentées de M. L u g e o n.

Briançon et Vallouise, Guillestre) et dont une grande partie est actuellement détruite par des érosions ultérieures [1]).

II. Phénomènes de plissement en retour ou de „Rückfaltung" déterminés par un affaissement des régions piémontaises [2]) et se manifestant seulement sur le côté interne du bourrelet (arc) alpin ainsi constitué; cette sorte de „poussée au vide" produit une série de „plis en retour" déversés vers l'Italie (notamment dans la racine de la 4me Ecaille) et ainsi se dessine la structure en éventail assymétrique si caractéristique de nos Alpes françaises [3]).

Toute cette structure a pu se produire dans l'intérieur d'un épais manteau de Flysch sans se trahir au dehors autrement que par la formation d'un énorme bourrelet suivi de la production à l'Est d'un aire déprimée, origine et cause de la „Rückfaltung".

Cet éventail [4]) manifesterait ainsi, suivant que l'on considère les causes qui ont produit sa portion externe (O., N-O et N.) ou ses éléments internes [5]) (E., S-E et S.), une dualité d'origine tout à fait remarquable et sur laquelle nous croyons intéressant d'attirer l'attention de nos confrères.

Nous avons comparé, en 1899 [6]), la zone houillère du Briançonnais à un „massif central encore revêtu de sa couverture sédimentaire". Cette conception subsiste dans notre nouvelle hypothèse, malgré la production de „plis en retour" que nous invoquons pour rendre compte de le formation de „l'éventail Briançonnais".

---

[1]) C'est-peut être à ce moment seulement, comme le pense M. Lugeon, que le relief alpin a commencé à se dessiner à l'extérieur autrement que par de vagues bombements de la lithosphère quoique la composition des conglomérats oligocènes (Molasse rouge, grès d'Annot) prouve nettement l'existence d'affleurements granitiques, triasiques etc. dans la région à l'Epoque éogène.

[2]) Dans lesquelles les terrains antéhouillers occupent une altitude bien moindre que dans les massifs centraux du Pelvoux, de Belledonne etc., puisqu'ils n'existent guère qu'en profondeur (v. Termier loc. cit. p. 480) la plupart des gneiss de cette région étant permo-carbonifères.

[3]) Il s'agirait alors non plus d'une déformation de l'éventail alpin postérieurement à la production des plis couchés, comme le suppose M. Termier, mais bien de la formation même de cet éventail aux dépens de ces mêmes plis et par suite de la naissance, dans le flanc normal des plus orientaux d'entre eux, de plis accessoires déversés en sens contraire par suite de la poussée au vide.

[4]) Voir les belles coupes récemment publiées par M. Termier. (Bull. Soc. géol. de France, 4me série, tome II, pl. XII et XIII.)

[5]) Une étude tectonique compétente et attentive du bord intérieur des Alpes exécutée dans un esprit synthétique rendrait assurément de grands services.

[6]) Association Fr. pour l'Avanc des Sc. Congrès de Boulogne.

Le massif du Pelvoux, avec le déversement uniforme de ses plis vers l'O., pourrait avoir en effet, s'il avait conservé sa couverture sédimentaire et si la formation d'une importante dépression, ou un fort effondrement en arrière de lui avait provoqué la production de „Plis en retour,“ exactement la même structure que celle que présentent actuellement les Montagnes comprises entre Cézanne et Vallouise.

Les grandes nappes de recouvrement des Alpes suisses.

Conférence de M. Maurice Lugeon.

Messieurs!

En 1893, vers la fin d'une belle journée du mois d'août. j'expliquais. à quelques géologues réunis dans le Chablais, une dislocation importante de ce beau pays des Alpes françaises. Mon interprétation n'avait aucun succès. Et même, l'un des participants à cette excursion de la Société géologique suisse. un homme pourtant habitué aux grands phénomènes tectoniques, M. Marcel Bertrand. laissa tomber cette phrase de ses lèvres: „C'est fantastique.“ J'avais une telle confiance dans les résultats de mon étude que je ne me laissais point abattre, car si cette parole venait d'un grand maître. à la critique redoutée, elle venait aussi d'un homme que nous savions tous être bon et je répondis: „C'est fantastique. peut être, mais c'est vrai.“ Le mot fit l'amusement d'un instant. Mais les soupçons n'en persistèrent pas moins.

Le lendemain, en ascensionnant les pentes herbeuses qui dominent. au dessus de St. Jean d'Aulph. la verte vallée de la Drance. je vis. pas à pas. heure après heure. mon explication devenir triomphante — il s'agissait d'un pli anticlinal plongeant — et vers la fin du jour l'un des excursionistes me dit: „Vous êtes un peu révolutionnaire.“ Depuis j'ai été comme marqué au fer par cette phrase.

Et cependant. Messieurs. je n'aurai été. moi aussi. qu'un simple ouvrier dans le travail de ce champs fécond pour la géologie que sont les Alpes françaises et suisses. Il y aura eu les défricheurs. les de Saussure, les Léopold de Buch, les Escher, les Ebel, les Lory. les Studer, puis vinrent les laboureurs qui furent autant après à la besogne que leurs prédécesseurs et dont quelques représentants sont au milieu de nous. Je les salue avec joie et avec le respect que l'on doit aux maîtres. Aujourd'hui c'était l'heure de la moisson et j'ai moissoné mais d'autres viendront encore qui pourront rompre le pain de la vérité, car la science ne se fait pas en un jour. Je n'aurais pu résoudre certains problèmes si les éléments n'avaient pas été préparés. Remettons donc les choses à leurs places et laissez moi croire que dans ma tentative de construction d'une synthèse, les pierres apportées péniblement par les uns et les autres sont plus belles encore que l'édifice.

*
* *

Il est une date mémorable, qu'on ne saurait assez rappeler, dans la géologie des Alpes suisses, c'est l'année 1884. Il y a bientôt vingt ans, qu'un homme de génie, M. Marcel Bertrand, après une étude attentive d'un ouvrage dont la célébrité n'a pas diminué, proposait au lieu des deux grands plis en regard des Alpes glaronnaises un pli unique venu du sud. Essayant d'interpréter l'ensemble du versant nord des Alpes, le professeur de l'École des mines de Paris voyait déjà que le phénomène de recouvrement n'était pas spécial aux Alpes de Glaris, mais s'étendait à travers toute la Suisse, du Rhéticon à la Savoie. Je ne dirai pas ici ce qui fit abandonner plus tard cette théorie par son auteur, ni comment elle fut reprise par M. Schardt, avec plus de détails et de caractères positifs en ce qui concerne les Préalpes romandes, ni comment je fus amené à une autre hypothèse rapidement abandonnée, et encore moins comment je suis arrivé moi-même à étendre l'hypothèse à l'ensemble du versant nord des Alpes de la Suisse. J'ai écrit dans mon mémoire sur les grandes nappes de recouvrement, publié par la Société géologique de France à la suite d'une excursion de cette Société dans le Chablais, cet historique certainement intéressant. Je n'y reviendrai pas ici car l'heure est brève, mais je retiens seulement ceci : tous nous avons fait des erreurs, mais ces fautes étaient salutaires, car elles éloignaient de notre esprit des idées qui auraient pu être préconçues. Nous avons ramassé nos matériaux avec d'autres idées en tête que celles auxquelles nous sommes petit à petit arrivés. Et c'est là me semble-t-il une garantie de la vérité des grandes lignes de la théorie nouvelle, puisque c'est en croyant établir une hypothèse souvent inverse que nous y sommes parvenus.

*
* *

Quand on contemple une carte des Alpes suisses [1]) un fait important se révèle au prèmier coup d'oeil. Là où de sa direction S—N la chaîne devient SW—NE une grande région semble sortir de la chaîne. C'est la zone du Chablais, suivant l'heureuse dénomination due à M. Diener. Cet immense ensemble, limité par l'Arve et par l'Aar est formé par plusieurs nappes de recouvrement superposées, dont la plus inférieure repose sur la Molasse oligocène. De tout temps cette région a attiré l'attention des géologues alpins, soit par le caractère particulier de ses

---

[1]) La conférence était accompagnée par un nombreuse série de grandes planches et de cartes reproduisant les figures et les planches publiées dans le mémoire: Les grandes nappes de recouvrement des Alpes du Chablais et de la Suisse. (Bull. Soc. géol. de France. 4. t. I. pag. 723. 1901.)

dislocations soit par la présence de faciès différents de ceux des hautes chaines calcaires, qui d'habitude forment le front de la chaîne alpine. Mais le problème de ces Préalpes se répète ailleurs. En quelques places des Alpes savoyardes et suisses, on voit apparaître au milieu des chaines, à faciès dit h e l v é t i q u e, des montagnes dont les terrains sont les mêmes que ceux de la zone du Chablais. Découpées par l'érosion, ces montagnes e x o t i q u e s ne représentent plus que des fragments de ce qui, entre l'Arve et l'Aar, occupe un grand territoire. On remarque, du reste, à l'appui de cette manière de voir, que ces fragments sont, règle générale, d'autant plus étendus que leur base est plus basse. Ainsi sur les régions élevées qui dominent le Brunig s'élève, comme des ruines, la masse du Giswylerstock. Au contraire dans la dépression de Stanz surgissent plusieurs de ces montagnes, qui occupent là un territoire relativement grand. Et plus loin, sur le socle élevé du Flysch de Schwyz, ce ne sont plus que les deux orgueilleuses pyramides des Mythen qui bravent encore les orages.

L'étude très détaillée d'un de ces groupes exotiques dans les environs d'Yberg, puis au Giswylerstock, a permis de montrer que ces montagnes sont s a n s r a c i n e, qu'elles ne sont plus que des l a m b e a u x d e r e c o u v r e m e n t, derniers témoins encore respectés par l'érosion, d'une immense nappe, d'origine lointaine, conservée plus intégralement entre l'Arve et l'Aar parce que là elle s'est logée dans une partie dont l'altitude moyenne est plus basse. Ainsi la fameuse règle de l'égalité de hauteur des sommets dans une même chaîne vient nous montrer la raison de ce morcellement des grandes nappes de recouvrement.

C'est donc dans la région où la nappe présente sa plus grande étendue que l'absence de racine doit être le plus difficile à prouver, et cependant à force de recherches de détail que m'avaient imposées mes maîtres, MM. R e n e v i e r, M i c h e l - L é v y et B e r t r a n d, je suis arrivé à cette démonstration pour la nappe actuellement la plus élevée dans cette empilement de nappes, celle que nous avons appelé nappe de la Brèche, parce que le Jurassique y présente un faciès détritique caractéristique.

En serrant le problème, j'ai pu montrer que la nappe la plus basse, celle formant une zone interne, non seulement repose sur un substratum plus jeune mais qu'une des écailles qui la constitue prend naissance, a sa racine partiellement conservée dans la vallée du Rhône, au sud de la zone helvétique, dans la région comprise entre Sierre et Sion.

Enfin, en critiquant un mémoire important sur le Falknis, à l'est du Rhin, mémoire dû à M. L o r e n z, un élève de M. S t e i n m a n n, j'ai pu montrer que, grace à la profondeur de la vallée, ce qui se voyait dans les montagnes exotiques isolées se révelait aussi dans cette partie mieux conservée de la nappe, c'est-à dire l'absence de racines.

Et j'ai eu, à ce moment là, la joie de voir mes amis de France se rallier à la théorie que j'ai défendue avec ardeur. Les preuves qu'ils exigeaient je les ai données petit à petit. Aujourd'hui, Messieurs, je ne me présente donc point devant vous pour vous faire la preuve, car elle est faite. Et cela doit être, pour vous, une garantie de la vérité de la théorie de savoir que les hommes qui furent les adversaires des premiers jours sont maintenant des partisans.

* * *

Je ne puis pas en ces courts instants vous faire un exposé détaillé qui serait du reste la répétition de ce que j'ai écrit et que vous avez peut-être daigné lire. Voyons simplement les caractères généraux de ces grandes nappes de recouvrement.

Elles viennent de l'intérieur des Alpes. Le fait d'avoir découvert l'une des racines dans la vallée du Rhône ne laisse plus aucun doute. On remarque alors que chaque élément des nappes, je veux dire chaque pli ou repli, est toujours le résultat manifeste d'une poussée venant du sud. Les exceptions sont extrêmement rares et locales. On peut donc, par le simple examen d'une partie de nappe, déterminer le sens de la poussée.

Je vous ai dit que plusieurs nappes de recouvrement existaient entre l'Arve et l'Aar. Voyons leurs rapports réciproques.

Une zone d'altitude déprimée dite zone des cols ou zone interne forme, au sud, la frontière des Préalpes. Là, on voit un ensemble de couches isoclinales plongeant sous le reste de la zone du Chablais et reposant sur les plis aux contournements grandioses des Hautes-Alpes calcaires. Deux styles tectoniques sont en présence et cependant nous savons maintenant que l'écaille ou lame la plus inférieure de cette zone des cols vient aussi de la région des Hautes-Alpes. Quels étranges dislocations présente cette zone interne des Préalpes! Je crois que jusqu'ici un tel bouleversement n'a été signalé nulle part dans les Alpes. Que l'on se figure une série de lames superposées sans rapports d'âge les unes avec les autres. Plusieurs fois la série sédimentaire se répète du Trias au Flysch, mais les terrains n'ont plus que quelques mètres d'épaisseur. Ceux qui sont formés par des calcaires compacts s'égrènent en lentilles. C'est le mérite d'un de mes élèves, M. Roessinger, d'avoir su avec une très grande patience démêler, dans la vallée de Lauenen les éléments de cette zone de broyage. Nous voyons donc que les nappes qui forment le substratum de l'ensemble des Préalpes sont particulièrement écrasées. Quelque chose a passé qui les a laminées. Et l'on ne peut chercher la cause que dans les nappes supérieures.

Ces dernières nappes sont au nombre de deux, que j'ai appelées nappe des Préalpes médianes et nappe de la Brèche. Celle-ci est supportée par la première. Leur tectonique se différencie fortement de celle de la zone interne. La nappe de la Brèche, mieux conservée dans le Chablais que dans les Alpes bernoises, s'y montre comme une immense vasque ondulée de quelques plis transversaux. Le pli frontal est admirablement conservé, près d'Abondance. Dans le Simmental la nappe ne se présente guère que sous la forme de plis frontaux plongeant, enfouis dans le Flysch. Elle s'est donc digitée dans sa marche en avant vers le nord. Quant à la nappe des Préalpes médianes, son caractère de plis déjetés est bien connu; rien dans la forme régulière de son plissement ne laisserait soupçonner que l'on est dans une nappe de charriage, mais les vallées du Rhône et de l'Arve viennent nous montrer leur substratum oligocène.

Pour expliquer le caractère d'écrasement i tense de la zone interne, il nous faut admettre que les écailles et les lames qui la caractérisent sont le résultat du laminage produit par le passage des deux autres grandes nappes. Ainsi dans l'ordre de succession des phénomènes qui ont créé ces régions des Alpes suisses, nous devons considérer que les premiers grands plis couchés qui se sont formés sont ceux de la zone interne des Préalpes; plus tard le passage des autres nappes a déterminé le broyage, étirant les parties tendres, c'est-à-dire les schistes et égrénant les parties dures, c'est-à-dire les calcaires. Mais il y a eu quelque chose de plus extraordinaire encore. Dans leur marche en avant, les nappes supérieures ont arraché puis entraîné une partie de cette zone interne. Elles l'ont poussée en avant, complètement détachée de sa racine, et ces fragments de lame de charriage sont venues former la zone bordière des Préalpes. C'est là un mécanisme extrêmement intéressant et dont on ne doit pas oublier l'importance quand on essaye d'expliquer ces fantastiques mouvements, car vous voyez que des masses peuvent être emportées plus loin que ne leur permettait leur propre mouvement. Et quand on examine la tectonique de cette zone arrachée, on voit qu'elle est formée par des écailles superposées, guère plus disloquées que celles que l'on voit dans les territoires à structure monoclinale.

Quant à la marche des deux nappes supérieures je crois que ce que j'ai dit tout d'abord, en publiant mon ouvrage sur le Chablais, sur leur position primitive réciproque, se vérifiera. La nappe de la Brèche placée actuellement au-dessus de la nappe des Préalpes médianes n'aurait pas nécessairement pour cela une racine plus interne dans les Alpes centrales. Je reviendrai tout à l'heure sur cette supposition quand je vous aurai parlé des nappes des Hautes-Alpes calcaires et quand j'essayerai de vous établir les relations de celles-ci avec les Préalpes.

* * *

61

Quittons maintenant les verts territoires des Alpes chablaisiennes et montons sur les hautes régions dénudées des Alpes vaudoises. Nous entrons dans un autre monde; un spectacle nouveau s'offre à nous. Nous voyons apparaître des contournements grandioses. Les parois urgoniennes inconnues dans les Préalpes schématisent les plis. L'architecture du sol a changé!

Sur le socle de roches cristallophylliennes, prolongement du massif des Aiguilles-Rouges, s'étend le majestueux pli couché de Morcles que les travaux d'un des anciens présidents du Congrès, mon maître M. E. Renevier, ont rendu classique. Voyons ce que devient ce pli vers le nord — est. Sa carapace s'abaisse; des plis presque droits y prennent naissance; tout cet ensemble colossal du Muveran, et son cortège de hautes cimes, brusquement disparaissent du sol dans la vallée de la Lizerne.

D'immenses parois s'élèvent transversalement à la direction des plis. Elles appartiennent à un ensemble d'une autre nappe de recouvrement, celle que j'ai appelée nappe des Diablerets. C'est un des grandioses phénomènes que présentent les Alpes suisses que ce relayement de la nappe de Morcles par une nouvelle plus immense qu'elle. Il faut voir grand devant ces formidables dislocations. Et c'est une rude école pour celui qui cherche à démêler ces fantastiques constructions. Le phénomène est encore compliqué car une bande de la zone interne des Préalpes vient s'intercaler entre les deux grandes nappes: dans le coeur éocène du synclinal qui sépare les deux recouvrements on constate en effet, avec étonnement, une zone de Néocomien à faciès alpin.

L'étude des Préalpes nous a donc montré que les nappes de la zone interne paraissaient les plus anciennes, parce qu'elles avait subi un laminage intense par le passage des nappes de la Brèche et des Préalpes médianes. Tous les efforts semblent donc s'être donnés rendez-vous pour écraser cette zone interne puisque les grands plis couchés des Alpes à faciès helvétique y pénétrent comme des socs de charrue dans la terre. Et nous voyons alors, comme dans les environs de Lauenen, de vrais lacets d'Oxfordien ou de Lias en plein Flysch!

Les nappes des Hautes-Alpes à faciès helvétique sont ainsi plus récentes que les nappes préalpines.

Mais continuons notre marche vers l'Est, et vous allez voir se dérouler devant vous des spectacles d'une grandiose beauté. Que ne puis-je vous transporter sur ces hautes régions! Vous verriez monter, de ce pays du soleil qu'est le Valais, de grandes barres rocheuses; vous les verriez au Sanetsch s'étaler, couvrir entièrement la nappe des Diablerets et plonger plus loin que celle-ci sous les masses préalpines. C'est une nouvelle nappe de recouvrement, celle du Wildhorn qui vient former à son tour les montagnes. Si les profondes vallées de la Lizerne ou de la Morge ne venaient pas entamer profondément la chaîne, jamais on n'aurait pu deviner que ces admirables contournements des couches, si fréquents dans cette région, n'étaient que les détails superficiels de plis d'une beaucoup plus grande ampleur, puisqu'ils s'étendent sur des kilomètres. Et c'est là justement l'avantage des Alpes suisses sur la plus grande partie de la chaîne tertiaire. Ici, nous pouvons faire la preuve d'une manière absolue, parce que les niveaux de base sont plus rapprochés et plus bas. Ailleurs, dans les Alpes orientales de graves indices nous montrent que le phénomène doit s'y répeter. Mais n'anticipons pas sur les travaux de l'avenir, voyons bien ces exemples grandioses que montrent les montagnes de la Suisse.

Ainsi trois grandes nappes de recouvrement viennent tour à tour former la haute chaîne qui sépare la vallée du Rhône des bassins tributaires du Rhin. Et nous constatons le fait important que plus une racine d'une nappe est lointaine dans l'intérieur de la chaîne, plus son front est porté au loin vers l'avant. La nappe de recouvrement dont le départ est le plus éloigné du rivage alpin s'avance plus que les autres sur la grève. Gigantesques vagues de pierres de la lithosphère qui semblent jouer comme les vagues de la mer!

Suivez-moi encore, Messieurs, sur la même chaîne. Elle est située, ainsi que vous le voyez, entre les massifs anciens des Aiguilles-Rouges— Mt. Blanc et le Finsteraarhorn. Ces môles cristallins s'enfoncent profondément, ce qui détermine un ensellement considérable des terrains sédimentaires situés entre eux. C'est ce fait qui permet de voir cette succession de nappes de recouvrement, et peut-être trouverons-nous sur les points les plus bas de la selle une quatrième nappe. C'est le cas en effet. Vers les hauteurs neigeuses des Wildstrubel monte de la région de Sierre une immense nappe. Morcelée par l'érosion sur les crêtes, elle n'a plus laissé que quelques lambeaux de recouvrement, mais c'est cette nappe qui se continue dans la zone interne des Préalpes. Elle fait un saut subit d'un millier de mètres le long de la descente vers le nord de la nappe du Wildhorn qui lui sert de substratum. Mais pourquoi cette nappe des Wildstrubel prend-elle un aspect tectonique nouveau. C'est sans doute ainsi que je l'ai dit parce qu'elle est plus ancienne que celles qui lui servent de substratum. Et cela paraît d'autant plus vrai qu'elle a subi les contournements de surface de la nappe sur laquelle elle repose.

Ainsi nous voyons que les nappes à faciès helvétique participent aussi à la construction des Préalpes. C'est là un fait nouveau dont la signification théorique est considérable. Il nous montre en effet que tous les termes de passage existent entre les simples plis anticlinaux et les nappes de recouvrement les plus exagérées. C'est cette transition

61*

vérifiée en France par mes collègues du Service de la Carte, qui nous fait abandonner la conception purement hypothétique que nous nous faisions de la marche des nappes de recouvrement. C'est un grand pas que nous avons fait. Mais il y a encore autre chose. Les nappes des Diablerets et du Wildhorn se sont développées sous la nappe des Wildstrubel existante avant elles. Nous voyons donc que de grandes masses de l'écorce terrestre peuvent se déplacer en profondeur. Dans le cas particulier elles ont cherché à escalader les massifs cristallins de la première zone alpine; elles y ont pleinement réussi. L'effort a été successif comme des vagues qui, devenant de plus en plus puissantes, parviendraient au fort de l'ouragan à escalader et à couvrir enfin un écueil vers lequel elles montaient à l'assaut.

*　*　*

Quittons maintenant les Alpes de la Suisse occidentale et allons dans ces pays de Glaris et d'Uri devenus classiques par les travaux dus à un homme illustre, ici présent.

Mais laissez-moi, Messieurs, m'adresser directement à ce maître à tous en matière tectonique. Il est des heures, et celle-ci en est une, qui restent marquées dans la vie d'un homme. C'est la première fois, mon bon maître, M. H e i m, que vous allez entendre décrire à grands traits autrement que vous les avez conçues les régions que vous aimez à parcourir et à décrire magistralement. L'émotion m'étreint en ce moment, je ne puis y échapper. Je vois à travers le temps votre travail acharné; les pages de vos ouvrages resplendissent à mes yeux comme des écrits lumineux et je vous assure que la lecture approfondie que j'ai du faire de vos mémoires m'a montré plus encore que je ne le pensais la puissance de leur dialectique. Les heures passent, les théories aussi, mais les faits restent. Et si vous n'aviez point accumulé ces faits avec une précision qui restera un modèle immortel je n'aurai pu envisager autrement que vous ne l'avez fait les territoires de vos belles montagnes. Laissez-moi encore vous dire, car je puis un peu être arbitre dans ce jour, que de tous ceux qui ont écrit sur la région du fameux double-pli de Glaris c'est vous seul qui étiez le plus près de la vérité. Vous êtes notre maître, vous êtes parmi ceux qui ont ouvert les chemins nouveaux de la tectonique moderne. Vous aviez tracé la voie, je n'ai eu simplement qu'à la suivre; d'autres viendront encore perfectionner l'oeuvre et j'essayerai de leur montrer, si cela m'est possible, la même grandeur d'âme que vous avez eue pour moi. L'on sait bien ici, dans cette assemblée où se pressent tant d'hommes illustres que rien n'est tombé de votre oeuvre grandiose; ce que j'ai fait n'a été qu'une simple perfection de l'édifice que vous nous avez appris à construire.

*　*　*

Chacun connaît les coupes de la région glaronnaise dans l'hypothèse du double-pli. Le fait d'avoir pu trouver dans la Suisse occidentale un ensemble à peu près semblable, mais possèdant toujours une racine au sud, permettait de rependre le problème des Alpes de Glaris. Avant-moi, du reste, MM. Bertrand et Golliez s'étaient approchés très près des territoires classiques du double-pli, mais n'avaient pas entamé la critique serrée de ce dernier; elle restait à faire c'est à quoi je me suis adonné et aujourd'hui il ne faut plus voir dans les Alpes calcaires de la Suisse orientales que d'immenses plis superposés venus du sud.

Le problème, dans les Alpes de Glaris présente un intérêt fondamental car il entraîne à voir un charriage sensiblement vers le nord de l'ensemble du bord septentrional des chaînes frontales de la Suisse orientale. Je viens de prononcer catégoriquement, Messieurs, les mots de vers le nord. Or, vous savez que dans ces derniers temps, plusieurs théories ont été émises dans lesquels on faisait intervenir des mouvements en sens divers pour expliquer l'entrelacement des strates de cette partie des montagnes suisses. Je m'oppose énergiquement contre ces conceptions. Dans la théorie du double-pli le mouvement envisagé avait aussi une direction à peu près méridienne, et c'est ce qui nous a permis M. Heim et moi de tomber si rapidement d'accord. Dans la manière de voir de mon illustre maître, tout comme dans la mienne, nous admettons des mouvements transversaux à la direction de la chaîne, et si je suis aussi affirmatif dans le sens de la poussée c'est que chaque élément, chaque repli des nappes indique cette poussée vers le nord. Or l'expérience acquise dans les Alpes du Chablais, dans les Hautes Alpes calcaires, nous montre que c'est là une loi. Et je ne comprendrai pas que les éléments mécaniques de la force, le résultat de l'unité de travail pour ainsi dire, ne soit pas les mêmes dans un ensemble de nappes que dans un autre. Ceux qui ont émis l'idée de mouvements longitudinaux ou obliques ou encore circulaires, comme MM. Rothplez et Lorenz, ont été trompés par de simples problèmes de géométrie descriptive qu'ils n'ont pas su résoudre.

L'étude des nappes des Alpes berno-valaisannes m'a montré, ainsi que les remarquables et capitales découvertes de MM. M. Bertrand et Ritter en Savoie, que les nappes peuvent reposer sur des bases inclinées transversalement au sens de la poussée. Je veux dire que tout comme les plis, l'axe d'une nappe n'est pas nécessairement horizontal. Or, témoignant en surface l'abaissement vers l'est ou le nord-est du massif ancien de l'Aar, les nappes glaronnaises s'abaissent aussi vers l'est. Comme la surface inférieure de la nappe est légèrement incurvée, il est bien évident que l'intersection avec un plan à égale altitude, comme la vallée du Rhin, doit être un cercle. C'est en commettant cette erreur de géométrie que M. Lorenz, dans des mémoires du reste fort remarquables et précieux, a émis l'hypothèse de la „Glarnerbogenfalte". Il n'y a aucun mouvement des Alpes orientales vers les Alpes occidentales. Que l'on examine donc d'un oeil plus habitué à la géométrie les parois du Falkniss et du Fläscherberg, et l'on verra que la direction du mouvement ne prête à aucune ambiguité.

Ceci dit, voyons rapidement le détail des Alpes glaronnaises. Dans ce que je vais vous dire je suis certain que l'avenir apportera de nombreuses modifications, mais les grandes lignes seront respectées.

On sait, par les recherches de M. Burckhardt, un élève de M. Heim, que deux faciès caractérisent les terrains crétaciques des chaines à faciès helvétique de la Suisse orientale. Or j'ai pu montrer que ces faciès sont distribués dans deux nappes superposées que j'ai appelées nappes supérieure et inférieure glaronnaises.

La nappe supérieure n'est peut-être qu'une digitation de la nappe inférieure, c'est ce que l'on pourra démontrer dans la suite, soit dans un sens soit dans l'autre, mais toujours est-il que ces deux nappes ont une individualité bien marquée. Un synclinal nummulitique renversé les sépare. La nappe inférieure (peut-être y a-t-il sous elle une lame de charriage) forme par exemple les montagnes qui s'étendent entre le Klausen et le Glärnisch, et toutes celles qui s'étendent à l'est de la vallée de la Linth. Un empilement de plis la caractérise dans le Glärnisch, mais la nappe supérieure semble avoir entraîné en avant tout un paquet qui constitue la chaine frontale du Wageten et des Auberg.

La nappe supérieure, remarquable par ses digitations au nord du Klönsee, ainsi qu'il en résulte des travaux de M. Burckhardt que j'ai interprétés un peu différemment que leur auteur, s'étend, par exemple, entre le lac des Quatre-Cantons et la Linth au nord d'une ligne qui passe par Sisikon, le Pragel et Nettstall. Dans la paroi des Churfirsten les deux nappes se rejoignent par la disposition de leur synclinal intermédiaire.

Mais, vous le voyez, Messieurs, auxquelles conclusions considérables, cela nous entraîne. La masse grandiose du Sentis n'est plus que le pli frontal de cette immense nappe dont l'étendue au sud de ce chaînon est de près de 35 kilomètres! Un homme a préssenti cette explication il y a bien des années, c'est celui que vous avez acclamé si chaleureusement dans la séance d'ouverture de ce congrès, c'est M. Suess. Ainsi grand savant que grand devin comme le sont ces rares hommes qui peuvent manier les grandes synthèses, qui martellent en forgerons de la pensée les outils dont nous savons à peine encore nous servir, celui qui est le grand maître de notre belle et féconde science a vu depuis longtemps de ses yeux perspicaces ce que nous avons eu tant de peine à percevoir. Je ne puis m'empêcher de vous citer ici cette phrase, belle par sa pénétrante et fraîche poésie qu'il écrivit en contemplant le panorama du Hohentwiel: „Et au delà de l'Untersee, derrière la sombre silhouette de la ville de Constance et la surface miroitante du lac, s'échafaudent les grands plis du Sentis, semblables à un flot montant de l'écorce terrestre en mouvement."

On ne pourrait mieux dire. En effet, les nappes de Glaris reposent sur un plan incliné vers le nord, mais elles se relèvent dans leur front, tout comme un flot descendant qui essayerait de gravir un obstacle qu'il rencontrerait. Nous allons voir du reste tout à l'heure l'importance de cet enfouissement des nappes, dans la bordure des terrains tertiaires.

Je vous ai dit que la nappe inférieure passait sous la supérieure et constituait les petits plis frontaux de Wageten et des Auberg. Ces chaînons présentent un phénomène extraordinaire, qui est leur brusque tronçonnement. A l'ouest du Köpfler la barre du Wageten est brusquement coupée; le Grand et le Petit Auberg forment comme d'immenses lentilles — j'allais dire des Klippes! — au milieu du Flysch. C'est là un phénomène unique dans les Alpes de la Suisse, et il se répète, moins typique il est vrai, entre le Pilate et le lac de Thoune. J'ai expliqué tout dernièrement la cause de ce tronçonnement. Si ces montagnes n'avaient pas des contacts très tourmentés, avec le tertiaire qui les environne, on pourrait penser à de simples dômes nettement enracinés, mais B u r c k h a r d t a montré, à force de patience, combien étaient tantôt brisées tantôt effilées les couches des contacts. Je vois dans cette fragmentation quelque chose d'analogue au tronçonnement de la bélemnite. Le front de ces nappes, en marchant vers l'avant, a dû prendre un espace de plus en plus grand. Tout comme un glacier se fend par les crevasses frontales, ces fronts de nappes se sont subdivisés et les cassures transversales du Sentis que Escher avait déjà remarquées sont comme la marque d'un effort qui n'a pas à cet endroit été suffisant.

*   *   *

Mais ce n'est pas tout. Sur la nappe glaronnaise, sur la rive droite du Rhin, on voit les restes de la nappe préalpine conservés dans le Falkniss. Et sur ce dernier s'étend l'énorme masse de la nappe du Rhéticon. Pincé entre deux nappes, celle du Falkniss a été roulée pour ainsi dire. Elle se présente comme une énorme lentille. Mais la masse du Rhéticon surtout attire nos regards. Dans ces derniers temps tous ceux qui se sont occupés de cette région sont à peu près d'accord pour y voir une grande nappe de recouvrement, mais ils le sont moins quant au sens de la poussée. Me fiant aux recherches minutieuses de M. Lorenz, qui n'a il est vrai étudié qu'une partie du bord de la nappe, mais dont le mémoire est accompagné par une carte excellente que l'on sent levée très objectivement, comparant aussi les anciens travaux de MM. de Richthofen et de Mojsisovics j'arrive forcément à admettre une marche vers le nord encore et non vers l'ouest ainsi que le désire M. Rothpletz. L'incurvation des plis signalés déjà par M. de Mojsisovics serait comparable a celles que montre la zone du Chablais à ses deux extrèmités.

Or admettre que la nappe du Rhéticon a été poussée vers le nord, cela entraine l'ensemble du versant nord des Alpes orientales, et forcément le phénomène des nappes doit s'y continuer. Le contact des montagnes calcaires triasiques de Bavière et du Flysch se fait à partir de l'Ill vers l'est suivant un plan fortement incliné, que beaucoup considèrent encore comme une ligne de faille. Le Sentis nous montre heureusement un exemple semblable, et là nous pouvons heureusement montrer, péremptoirement, que le chainon forme le pli frontal des grandes nappes glaronnaises. Ainsi les Alpes orientales obéiraient aux mêmes lois que les Alpes de Suisse et les grandes nappes de recouvrement doivent se prolonger dans le sens longitudinal jusqu'aux portes de Vienne. Le phénomène a pu être demontré tout d'abord dans les Alpes de la Suisse uniquement à cause de l'importance de l'érosion. Quelque peu plus élévées à l'origine grace à la reprise des massifs hercyniens lors des plissements tertiaires le niveau de base est relativement plus bas. Les Alpes orientales nous représentent donc, à ce point de vue, un stade moins avancé de destruction : le fond des vallées n'a pas encore atteint le substratum tertiaire ou crétacique.

Voilà, Messieurs, ce que je voulais vous dire du front nord de la chaine alpine à partir de l'Arve vers l'Est. Accordez-moi encore un instant d'attention et pénétrons par la pensée dans l'intérieur de l'immense région montagneuse.

* * *

Il n'y a pas que la série secondaire et tertiaire qui soit atteinte par le phénomène des nappes. D'énormes plis couchés existent dans le bord nord de la région cristallophylienne. Je les ai suivis déjà de la région du Simplon à la Suretta. Le travail, il est vrai, m'avait été bien préparé. Déjà MM. Golliez, Schmidt et Schardt avaient amorcé d'énormes plis couchés dans le versant sud du massif du Simplon. Ainsi, en se basant sur la carte de Gerlach on peut, avec M. Schmidt, voir déjà un recouvrement du gneiss d'Antigorio. que l'on se plait à regarder comme une roche plutonique, atteignant une vingtaine de kilomètres.

Mais l'énorme masse de gneiss qui constitue le fier Monte-Leone et le grand Ofenhorn est formée aussi par une ou plusieurs nappes de recouvrement digitées. C'est au moins sur une trentaine de kilomètres que ces gneiss ce sont étendus. Et mon hypothèse, j'ai la joie de vous le dire, est aujourd'hui vérifiée par les travaux de perforation du tunnel du Simplon. Ainsi, les nappes de recouvrement que je vous ai montrées n'être que l'éxagération des plis anticlinaux déjetés et couchés, s'étendent aussi dans les profondes régions des gneiss.

* * *

Mais une question se pose encore. D'où viennent ces nappes?

En ce qui concerne celles à faciès helvétique aucune difficulté ne se présente car nous connaissons en plusieurs points les racines. Elles avoisinent toutes les massifs cristallins de la première zone alpine. Ainsi du Calanda au Panix cette racine est représentée par ce que l'on désignait comme pli sud dans la théorie du double-pli de Glaris. Plus loin, vers l'ouest, la racine est détruite, car les massif cristallins s'étant trop élevés l'érosion en a eu raison. Mais lorsque le massif de l'Aar vient à s'abaisser, avec lui s'abaissent les racines au-dessous du plan de dénudation supérieur. Rien n'est plus grandiose que le phénomène de départ de ces nappes au milieu des roches cristallines qui forment le soubassement du Torrenthorn.

La recherche de la racine, en ce qui concerne la zone du Chablais, les lambeaux de recouvrement à faciès chablaisien des montagnes de Stanz et de Schwyz, la nappe du Falkniss et celle du Rhéticon, est plus difficile.

Je vous ai dit d'où venait une des écailles de la zone interne des Préalpes. Par analogie de faciès, de conditions tectoniques aussi, je crois que l'ensemble de cette zone vient aussi de la vallée du Rhône ou de son voisinage immédiat, et par conséquent de se continuation par le Mont Blanc le Val Ferret et le Grand St. Bernard. Mon ami Ritter a montré que les racines formaient souvent des zones très étroites de roches sédimentaires dans les terrains cristallins. C'est pour cette raison que je me suis souvent demandé, je l'avoue, si tout l'ensemble préalpin ne venait pas aussi de cette même zone. Les roches constituant la région de la Brèche rappellent beaucoup les schistes lustrés. Je suis à peu près convaincu aujourd'hui, après y avoir travaillé, que les régions, où s'étendent ces dernières roches, sont probablement la patrie de la nappe de la Brèche. Cela reviendrait à confirmer la première hypothèse que je fis en 1896 dans mon ouvrage

62

sur la Région de la Brèche du Chablais de la position réciproque des racines des nappes des Préalpes médianes et de la Brèche.

Les Préalpes médianes et les lambeaux de recouvrement du voisinage du lac des Quatre-Cantons se lient par leurs faciès aux nappes du Falkniss et du Rhéticon. Or on peut montrer, par les recherches de MM. Lorenz et Hoek, qu'il y a une analogie frappante entre les terrains du Rhéticon, ceux des montagnes d'Arosa et des lambeaux de recouvrement du canton de Schwyz. Or les montagnes d'Arosa sont brusquement coupées obliquement ou transversalement à la direction des plis par la dépression du Parpan. Nous voyons donc que ces régions qui contiennent pourtant des roches cristallines reposent sur un socle de Schistes des Grisons plus récent qu'une partie des roches des montagnes recouvrantes. L'Oberhalbstein coupe aussi, comme à l'emporte-pièce, la prolongation vers le sud de cette formidable nappe de recouvrement. Formidable en effet puisque le Rhéticon en forme la partie frontale et puisque les lambeaux de recouvrement des Alpes de Schwyz en dépendent aussi. C'est près du Septimer qu'il me semble que l'on doit trouver la racine de cette énorme plaque qui aurait marché vers le nord d'environ 80 kilomètres. Et le fameux problème des relations entre les Alpes orientales et les occidentales se semble résoudre en ceci: les Alpes occidentales s'enfoncent sous les Alpes orientales. Et voilà pourquoi, en plein Flysch des Alpes de Bavière, l'on voit de place en place sortir, au-delà de l'Ill vers l'est, des plis à faciès helvétique. Les Alpes occidentales se perpétuent donc très loin sous les Alpes orientales qui représentent des nouvelles vagues de la lithosphère ayant marché vers le nord.

Cette nappe du Rhéticon est-elle l'homologue des Préalpes médianes? Tout semble nous le laisser croire et dans ce cas la racine de ces Préalpes serait à rechercher très loin dans le sud, dans le voisinage de la zone des amphibolites d'Ivrée. Quand on fait une coupe des Alpes en passant par une ligne suivant laquelle, grace aux travaux récents, tout nous est connu, du moins en surface, par exemple entre le Gurnigel et le lac Majeur, toutes les nappes des Préalpes peuvent trouver leur place, sauf celle des Préalpes médianes. La zone des schistes lustrés qui, entrelacée dans les grandes nappes des gneiss du Simplon, occupe d'immenses territoires, nous force à rechercher la racine très loin vers le sud. Peut-être qu'un jour on fera la découverte d'une racine plus rapprochée, peut-être, je le répète, dans la vallée du Rhône, mais dans l'état actuel de nos connaissances, c'est dans le voisinage de la zone des Amphibolites qu'il faut nous arrêter. En France, M. Termier a montré également que la quatrième écaille du Briançonnais devait venir du versant sud, du Piémont. Alors la règle que j'ai montrée et qui veut que plus une nappe a une racine lointaine plus elle cherche à occuper les territoires les plus septentrionaux se vérifierait pour les Préalpes médianes. La région de la Brèche qui les recouvre serait d'origine moins lointaine.

Voilà, Messieurs, ce que nous savons. Vous pourriez encore me demander comment j'explique le mécanisme de tels déplacements de l'écorce terrestre. Contentons-nous pour aujourd'hui des faits, cela est déjà suffisant. Je pense qu'entre nappes de recouvrement et plis couchés il n'y a pas de différence. Que l'un des phénomènes, comme l'autre, est le résultat de la force tangentielle, mais que dans la marche successive de ces grandes nappes il s'est produit des phénomènes spéciaux qui ont facilité la marche.

Durant les temps qui se sont écoulés jusqu'au Tertiaire, aucun phénomène de sédimentation ou d'érosion dans les espaces occupés par la future chaîne n'a eu d'effet sur le mécanisme qui, au temps oligocène, a produit cette chaîne; mais il y a une exception importante, celle jouée par les restes de la chaîne hercynienne. C'est contre ces horsts que se sont produits les premiers écrasements, et que s'est déterminée de la première vague de pierre qui les a franchi: la zone interne des Préalpes. Puis sont venues les nappes de la Brèche, des Préalpes médianes et du Rhéticon. Marchant sous d'énormes épaisseurs de Flysch, ces nappes ont fini par marcher en surface, alimentant de leurs débris les mers de la molasse. Pendant le Miocène ont pris naissance les nappes à faciès helvétique. Naissant sous les nappes préalpines, elles ont poussé vers l'avant ces dernières avec les débris qu'elles s'étaient mutuellement arrachés. Il est possible que ce mouvement se soit accompli alors que ces nappes préalpines étaient déjà détachées de leurs racines. Enfin une dernière contraction a rejeté, à la fin des temps miocènes, les nappes sur la molasse; la chaîne s'est incurvée et ce qui nous frappe le plus, ces innombrables cortèges de sommets ne sont que le résultat d'un dernier effort avant la mort. Plus tard et peut-être encore de nos jours des failles se sont fait sentir comme si les voussoirs avaient été trop exagérés.

*　　*　　*

C'est là tout ce que je vous dirai de la genèse de ces colossals mouvements. N'oublions jamais que sous ses efforts la terre manie les masses de la lithosphère comme de l'argile, comme de la boue. Le grand épanouissement des Préalpes coincide en gros à ce défilé des chaînes hercyniennes entre le massif de l'Aar et celui du Mont-Blanc. Il semble en être ainsi dans les Alpes françaises, ainsi que l'ont fait remarquer mes deux amis MM. Haug et Kilian et comme l'a pressenti M. S u e s s. Il semble encore que le tout s'est propagé comme les vagues d'une mer qui monteraient à l'assaut des écueils et du rivage.

Tout cela est effrayant, parce que cela dépasse la conception humaine. Ce sont des mouvements planétaires, me disait il y a deux jours M. S u e s s, nous ne pouvons les évaluer avec les mesures de nos forces. Mais l'esprit humain est ainsi fait que les manifestations grandioses de la nature ne nous étonnent plus quand elles deviennent coutumières. Par un beau jour nous voyons monter dans la voûte du ciel le soleil; puis nous le voyons redescendre peu à peu. La nuit des milliers d'astres constellent le firmament. Nous voyons ainsi des mouvements autrement fantastiques et nous ne nous en étonnons plus. Que sont alors les mouvements de l'écorce terrestre, que, dans le bégayement de la Science, nous commençons à entrevoir. Ce n'est pas parce que nous ne pouvons les comprendre que l'on doit les nier. Et tout nous laisse croire que nous ne sommes encore qu'à la porte d'entrée d'un édifice dont l'intérieur nous montrera des merveilles. Que signifie cette zone des tonalites et la zone des amphibolites? Comment se répercutent en profondeur ces mouvements gigantesques de la surface? Sachons attendre.

J'aurai, aujourd'hui, rempli ma mission si j'ai pu, ainsi que je l'espère, convaincre encore quelques hésitants. J'attends avec confiance ceux d'entre vous qui auraient des objections à me faire, car ainsi certainement se poseront des questions nouvelles qui viendront stimuler le zèle des travailleurs.

Je vous remercie, Messieurs, de votre aimable attention.

Les grands charriages de l'Embrunais et de l'Ubaye.

Par **Emile Haug**,

Professeur adjoint à la Faculté des Sciences de l'Université de Paris.

La partie des Alpes sur laquelle je désire, Messieurs, attirer un instant votre attention, en raison des gigantesques recouvrements que l'on y observe, est connue depuis les travaux de Charles L o r y, sous le nom de „région des grès de l'Embrunais". Comme c'est un pays assez délaissé des alpinistes et des géologues, je suis obligé, afin d'être compris, d'en définir tout d'abord la situation dans la chaîne des Alpes.

Vous savez que c'est à Charles L o r y qu'est dû le premier essai de subdivision des Alpes occidentales en régions naturelles; bien que datant de 1866, cet essai peut encore actuellement servir de base à toutes les tentatives analogues. L o r y distinguait dans ses „chaînes alpines", qu'il opposait aux „chaînes subalpines", quatre zones parallèles, qui ont conservé jusqu'à ce jour toute leur valeur en tant qu'unités tectoniques d'ordre supérieur, pour peu, toutefois, qu'on ne cherche pas à les étendre au-delà de la région restreinte que L o r y avait étudiée.

La 1ʳᵉ zone de L o r y est aujourd'hui assez généralement connue sous le nom de „zone du Mont Blanc", qui lui a été donné par M.ᵛ D i e n e r. Dans le segment des Alpes occidentales situé au sud de Grenoble elle comprend les deux massifs cristallins du Pelvoux et du Mercantour.

J'ai proposé pour la seconde zone de L o r y le nom de „zone des Aiguilles d'Arves", c'est la „zone du Flysch" de M. T e r m i e r.

J'ai appelé „zone axiale de l'éventail alpin" la 3ᵉ zone de L o r y. On tend à présent à lui réserver la dénomination de „zone du Briançonnais", que M. D i e n e r avait appliquée à l'ensemble de la seconde et de la 3ᵉ zone.

Enfin, la 4ᵉ zone est appelée tantôt „zone du Mont Rose" (D i e n e r), tantôt „zone du Piémont" (H a u g).

La région des grès de l'Embrunais était envisagée jusque dans ces dernières années comme une partie de la zone du Mont Blanc. Je vais essayer de vous démontrer qu'elle correspond à une partie des

Alpes dans laquelle la zone des Aiguilles d'Arves est charriée sur la zone du Mont Blanc.

Située entre le massif cristallin du Pelvoux, au nord, et celui du Mercantour, au sud-est, la région des grès de l'Embrunais apparaît à première vue comme une vaste dépression de terrains nummulitiques, comprise entre deux aires de surélévation. Deux profondes coupures transversales, la vallée de la Durance et celle de l'Ubaye, son affluent, permettent de reconnaître le soubassement des terrains tertiaires, qui est généralement formé par des dépôts jurassiques, plus rarement par des dépôts crétacés. Ces formations affleurent dans le fond des vallées, tandis que les hauteurs, qui dépassent quelquefois 3000 mètres, sont presque exclusivement constituées par des schistes et des grès, éocènes et oligocènes, qui méritent souvent le nom de Flysch.

Cependant le profane lui-même est frappé, rien qu'en traversant la région, de voir surgir au milieu de ce monotone pays gréseux et schisteux quelques montagnes calcaires aux formes hardies, comme Chabrières, le Morgon, les Séolanes, semblables à des forteresses qui gardent l'entrée des vallées. Leur nature mésozoïque est connue depuis longtemps et Charles Lory les envisageait comme autant d'îles dans la mer éocène[1]. Goret[2]), auquel on doit la première description géologique de l'Ubaye, y voyait par contre des massifs limités sur toute leur périphérie par des failles verticales.

Tel était, si l'on fait abstraction de quelques données stratigraphiques bien sommaires, l'état de nos connaissances de l'Embrunais et de l'Ubaye, lorsque, en 1889, nous visitâmes ensemble pour la première fois, M. Kilian et moi, la vallée de Barcelonnette. Nous ne tardâmes pas à nous apercevoir que la complication tectonique de la région était bien plus grande que nous ne nous l'étions imaginés, aussi décidâmes-nous d'entreprendre en collaboration l'étude détaillée de la vallée de l'Ubaye et c'est ainsi que, presque tous les automnes, depuis quinze ans, nous avons consacré, indépendamment de nos recherches individuelles dans des régions voisines, plusieurs jours ou plusieurs semaines à des courses communes dans cette vallée intéressante et difficile entre toutes. Ce n'est donc pas seulement en mon nom personnel, c'est aussi au nom de mon collègue et ami M. Kilian que je viens vous exposer le résultat de nos explorations.

Dès notre première visite nous avons pu nous convaincre du rôle considérable que jouent dans la région les phénomènes de recouvrement.

---

[1]) Lory: Remarques au sujet des Alpes de Glaris et des allures du terrain éocène dans les Alpes. Bull. Soc. Géol. Fr. 3e sér., t. XII, pag. 728, 1884.

[2]) Goret: Géologie du bassin de l'Ubaye. Ibid. 3e sér., t. XV. pag. 539—555, pl. X, 1887.

Dès 1892, nous annoncions l'existence de ces phénomènes et nous en donnions des preuves dans une note préliminaire [1]), publiée en 1894, à une époque où les recouvrements *réellement démontrés* étaient encore peu nombreux dans les Alpes et notamment dans les Alpes françaises.

Ces preuves étaient à la fois d'ordre tectonique et d'ordre stratigraphique.

Les preuves tectoniques du recouvrement sont tirées de la présence de masses de calcaires jurassiques ou triasiques complètement isolées et posées sur un soubassement de Flysch. La petitesse de certaines de ces masses ne laisse aucun doute à cet égard. Le Joug de l'Aigle, près du col de Famouras, par exemple, n'est autre chose qu'un immense bloc de quartzites triasiques perché sur des schistes noirs priaboniens. D'autres masses sont plus volumineuses, mais la même interprétation s'impose là encore. Ainsi la Grande Séolane est une lame énorme posée sur le Flysch, elle comprend en succession renversée: des grès à grandes Nummulites, des calcaires tithoniques coralligènes, le Lias inférieur à *Gryphaea arcuata* et, au sommet, un lambeau de Rhétien. Ailleurs, la succession des couches secondaires est normale, mais leur superposition au Flysch est non moins évidente.

Ces faits nous conduisent à envisager toutes ces masses, non pas, ainsi que l'avait cru Charles L o r y, comme des îlots, comme des écueils dans la mer du Flysch, mais comme des témoins, isolés par l'érosion, d'une nappe de terrains secondaires qui reposait sur les couches tertiaires. Ce sont de véritables lambeaux de recouvrement, analogues à ceux que M. Marcel B e r t r a n d a décrits en Provence, analogues aux „Klippen" suisses, dont la vraie nature n'était d'ailleurs pas encore connue, lorsque nous signalions le phénomène dans l'Ubaye.

Il existe toute une ceinture de ces lambeaux, depuis la vallée d'Ancelle, dans le bassin du Drac, jusqu'à la limite des Alpes-Maritimes; les principaux sont les suivants: la Pusterle et Chabrières, sur la rive droite de la Durance; le Morgon, l'Escoureous, entre la Durance et l'Ubaye; les Séolanes, le Lan, le Gias du Chamois, le Mourre-Haut, sur la rive gauche de l'Ubaye.

Tantôt ils reposent sur le Flysch, tantôt ils sont en contact avec les terrains secondaires du soubassement. Dans ce cas, le contraste est particulièrement frappant entre les faciès du soubassement et les faciès des lambeaux de recouvrement. Et c'est ce contraste entre les deux faciès qui va nous fournir une preuve stratigraphique du recouvrement.

Les terrains mésozoïques du soubassement appartiennent au *type*

---

[1]) E. H a u g et W. K i l i a n: Les lambeaux de recouvrement de l'Ubaye. C. R. Ac. Sc. 31 décembre 1894.

dauphinois. Le Bajocien est identique à celui des environs de Gap. Le Bathonien, le Callovien, l'Oxfordien forment un ensemble extrêmement puissant, constitué par des marnes ou des schistes et connu dans le pays sous le nom de „terres noires". Les termes supérieurs du Jurassique sont à l'état de calcaires compactes. Le Néocomien est marneux.

Tous ces terrains présentent le facies vaseux, bathyal. C'est la *série autochtone.*

Les terrains mésozoïques des lambeaux de recouvrement appartiennent par contre au *type briançonnais.* Le Lias y présente quelquefois des brèches analogues à la brèche du Télégraphe, d'autres fois il ressemble d'une façon étonnante à celui des environs de Digne. Le Dogger est absent. Le Malm est soit à l'état de calcaire coralligène, soit à l'état de brèche à ciment rouge, identique au marbre de Guillestre. Le Néocomien n'existe qu'en un point, au sommet du Lan, près Barcelonnette. En général, ce sont les formations néritiques qui prédominent. C'est la *série exotique.*

Comme en Suisse, la série autochtone et la série exotique sont superposées sur une même verticale. Cependant il est possible, dans l'Ubaye et dans l'Embrunais, contrairement à ce qui a lieu pour les „Klippen" suisses, d'indiquer la direction d'où est venue la masse en recouvrement et cela rien que par la nature des faciès de la série exotique. Le charriage vient évidemment de la direction du Briançonnais, où se retrouvent des faciès analogues, c'est-à-dire du N. E.

La tectonique des lambeaux de recouvrement vient à l'appui de cette manière de voir. En effet, on y observe des plis dont les charnières sont conservées, des plis en C, ouverts, les anticlinaux vers l'intérieur de la chaîne, les synclinaux vers l'extérieur. Le lambeau du Lan ou Chapeau de Gendarme, près Barcelonnette, est découpé dans un vaste anticlinal couché de Malm, avec noyau de Lias et de Trias, ouvert vers le N. E. Le Morgon, dans sa façade visible de la gare de Prunières, est un immense synclinal de Trias, avec noyau de Lias, ouvert au S. W. Il y a cependant des exceptions sur lesquelles je reviendrai tout à l'heure.

Nous pouvons ainsi déterminer, au moins approximativement, la position du *pli frontal* de la grande nappe charriée à faciès briançonnais, qui s'étend en recouvrement par-dessus le Flysch de l'Embrunais et de l'Ubaye. Il est plus difficile de fixer la position de sa *racine.*

Nous avions cru tout d'abord, M. Kilian et moi, que les lambeaux de recouvrement provenaient d'une nappe dont la racine est visible au milieu du Flysch, sur la rive droite de l'Ubaye, sous la forme d'une lame anticlinale de Trias. Nous avons cependant dû reconnaître bientôt que cette interprétation n'était pas admissible, puisque cette lame est *dans* le Flysch, tandis que les lambeaux de recouvrement sont posés *sur* le même Flysch.

Nous avons pensé ensuite que la nappe supérieure, dont faisaient partie les lambeaux de recouvrement, provenait de l'un ou de l'autre des anticlinaux qui constituent, sous la forme d'un faisceau isoclinal, le bord externe de la zone du Briançonnais, aux environs de Réotier et de Champcella, et il est fort probable que les masses exotiques de marbre de Guillestre qui forment les cimes de la Pusterle et de Chabrières, sur la rive droite de la Durance, ont réellement cette origine. Par contre, cette interprétation ne peut s'appliquer aux masses situées sur la rive gauche, car il existe deux faciès, qui jouent un rôle très important dans les lambeaux de l'Ubaye, mais qu. sont inconnus dans toute la zone du Briançonnais. Ce sont d'abord les argilolithes rouges et vertes, par quoi est représenté le Trias supérieur dans le massif du Morgon; ce sont, ensuite, les calcaires et les brèches à grandes Nummulites (*N. millecaput* Boubée = *complanatus* aut., *N. aturicus* Joly et Leym. = *perforatus* aut.), dont la présence est un des traits stratigraphiques les plus remarquables des masses exotiques du Morgon, des Séolanes, de Talon, du Mourre-Haut et du Gias du Chamois.

C'est la découverte très inattendue de quelques lambeaux de ces brèches à grandes Nummulites, que nous avons faite tout récemment près de Saint-Clément, en plein Embrunais, qui nous permet de préciser, avec beaucoup de probabilité, l'emplacement de la racine du pli couché dont les masses exotiques de l'Ubaye sont des témoins. Ces brèches forment, sur une faible longueur, une intercalation anticlinale au milieu du Flysch. Voilà probablement tout ce qui reste d'un pli immense, qui partout ailleurs est entièrement laminé et séparé de sa racine.

Ce pli supérieur n'était pas le seul dont la racine se trouvât dans la zone du Flysch; en avant de lui et sous lui il en existe plusieurs autres, qui se manifestent aujourd'hui soit sous la forme de lames de terrains mésozoïques affleurant au milieu du Flysch, sur les flancs des grandes vallées de la Durance et de l'Ubaye; soit sous la forme de pointements anticlinaux, dont les charnières sont nettement visibles.

Vous voyez donc, Messieurs, que les phénomènes de recouvrement de l'Ubaye et de l'Embrunais, signalés par M. Kilian et moi, il y a plus de dix ans, sont dus simplement à l'existence de plusieurs grands plis couchés superposés, formant des intercalations anticlinales dans les puissantes masses de Flysch de la région. Dans ces plis, de nombreuses lacunes dans la succession des couches, constatées aussi bien dans les flancs inverses que dans les flancs normaux, attestent l'intensité des étirements. D'ailleurs les schistes et les calcaires stratifiés montrent des traces fréquentes du plus extraordinaire laminage.

Des faits de ce genre sont aujourd'hui monnaie courante et je ne me serais pas permis d'en imposer l'exposé à votre attention si d'autres particularités bien plus étranges ne venaient faire de la région des grès de l'Embrunais un pays jusqu'à présent à peu près unique au monde, mais plein d'enseignements, à cause des conséquences que peut avoir pour l'interprétation d'autres régions plissées l'évidence des faits sur lesquels je vais attirer votre attention.

Je vous ai dit tout à l'heure que les deux coupures transversales de la Durance et de l'Ubaye entament profondément l'épaisse masse du Flysch, de manière à faire apparaître son soubassement mésozoïque. J'ai insisté sur le caractère dauphinois du Jurassique et du Crétacé, j'ajouterai que ces couches du soubassement sont assez fortement plissées et que leurs plis sont en général déversés vers le sud-ouest. Le Flysch éocène et oligocène les recouvre en discordance, il se comporte comme une série transgressive reposant sur un substratum plissé. Telle était l'interprétation qui avait cours jusque dans ces dernières années, mais mes explorations dans l'Embrunais m'ont donné la preuve certaine que la transgressivité de l'Éocène n'est ici qu'une apparence, que la discordance est purement mécanique [1]).

J'ai été frappé tout d'abord de l'absence constante de conglomérat de base au contact de la série tertiaire de l'Embrunais et de son substratum, alors que dans les régions voisines, dans les vallées du Drac et du Verdon, ce conglomérat existe presque toujours. On ne connaît pas davantage, dans le voisinage immédiat du contact, les couches les plus anciennes de l'Eocène des Alpes françaises, caractérisées par *Nummulites aturicus* et *millecaput*, ni même les couches à *Nummulites contortus*. Par contre, on constate fréquemment que les couches les plus élevées de l'Oligocène, les grès d'Annot, occupent la base de la couverture tertiaire; j'ai observé ce fait par exemple à Embrun et dans les environs du Pont-du-Fossé. D'autres fois, la série débute par les calcaires phylliteux à Globigérines de l'Eocène moyen et alors ces couches sont énergiquement froissées et laminées; le cas est très fréquent dans l'Ubaye, aux environs de Revel, des Thuiles et de Barcelonnette, et j'ai même pu observer au contact du substratum de superbes miroirs de faille.

Mais il y a mieux. Sur de nombreux points les couches jurassiques sous-jacentes sont séparées du Flysch par des intercalations de gypse, dont on suit les affleurements sur d'assez grandes longueurs. J'avais tout d'abord considéré, avec Goret, ces gypses comme calloviens; je

---

[1]) E. Haug: Feuille de Gap (la nappe charriée de l'Embrunais). C. R. des collab., pour la campagne de 1899. Bull. Serv. Carte géol., n° 73, pag. 103, 1800.

leur avais ensuite attribué une origine épigénique; il n'y a plus de doute pour moi maintenant qu'ils sont en réalité triasiques, car ils sont accompagnés fréquemment de cargneules ou de calcaires identiques à ceux qui représentent, dans le Briançonnais et dans les chaînes subalpines, entre Gap et Digne, le Trias moyen et je les ai même vus associés, aux Touisses, près Réallon, aux quartzites du Trias inférieur. Ailleurs ce sont des lames de Jurassique supérieur qui séparent le Flysch du substratum.

J'ai tiré, dès 1899, de cet ensemble d'observations les conclusions suivantes: *le Flysch de l'Embrunais ne se trouve pas sur le Jurassique du soubassement en repos normal, mais il a été amené dans sa position actuelle par un charriage qui a entraîné dans sa marche de véritables lambeaux de poussée triasiques et jurassiques*, c'est-à-dire des anticlinaux sous-jacents étirés en lames discontinues ou tout au moins privés de leur racine.

Depuis le jour où j'ai fait la constatation de la superposition anormale du Flysch à son soubassement, toutes mes observations sont venues confirmer mes conclusions. J'ai retrouvé des lames de Trias en un très grand nombre de points, précisément à l'endroit où elles devaient se trouver. Plusieurs courses, entreprises avec M. Kilian dans le but de suivre la ligne de contact, nous ont permis de vérifier la justesse de mon interprétation dans toute l'Ubaye et jusque sur la frontièreitalienne.

Les profondes coupures du Haut-Drac, de la Durance, de l'Ubaye et les nombreuses vallées latérales ont en quelque sorte disséqué la région, de telle sorte que la surface de charriage est coupée par la surface topographique suivant des lignes d'intersection extrêmement compliquées, formant des angles rentrants dans toutes les vallées. On suit ainsi, dans l'Embrunais, la ligne de contact anormal depuis Ancelle jusqu'à Châteauroux, sur la rive droite de la Durance, et depuis Châteauroux jusqu'au torrent de Bragous, sur la rive gauche. Sur les flancs des vallées latérales de Réallon, des Orres et de Boscodon, le contact est marqué par des lames de gypses, de cargneules et de calcaires triasiques, qui ont une épaisseur très variable et peuvent former de véritables falaises. Dans la vallée de l'Ubaye on suit de même le contact depuis le col de Famouras jusqu'à Jausiers, sur la rive droite, mais à des altitudes très variables et avec des intercalations de lames de gypse très réduites. Sur la rive gauche, j'ai pu suivre avec M. Kilian la ligne de discontinuité sur le versant nord du vallon de Clapouse jusqu'au col qui sépare le Gerbier de l'Empeloutier; nous avons constaté qu'elle descend aux cabanes des Sagnes, où deux lambeaux de Malm fortement étirés jalonnent le contact, et qu'elle gagne ensuite le Lauzanier et la frontière italienne, où une lame de cargneules triasiques sépare le Flysch charrié des grès d'Annot autochtones. Ici j'ai pu compléter nos observations au moyen de celles que M. Portis a publiées sur les environs d'Argentera. La ligne de contact anormal descend vers cette localité, elle passe donc en arrière du massif cristallin du Mercantour, marquant toujours la limite de la série en place et de la série charriée. J'ai suivi de même la ligne d'affleurement du plan de charriage vers le nord. A partir d'Ancelle une masse de grès d'Annot renversée est charriée sur le soubassement autochtone, constitué soit par du Flysch, soit par du Bajocien, soit par du granite. La ligne de contact passe ainsi par le Pont-du-Fossé, par le confluent des deux Dracs et longe ensuite le versant nord-ouest de l'arête des Alibrandes, entre Champoléon et Orcières. Finalement elle sépare le Tertiaire charrié d'un coin granitique qui, d'après les levés de M. Termier, se soude plus au nord au granite du Pelvoux.

Il est donc certain que la ligne de contact anormal passe derrière le massif cristallin du Pelvoux, tout comme, vers le S. E., elle passe derrière le Mercantour.

L'érosion permet également de se rendre compte de l'extension du charriage dans le sens transversal, perpendiculaire à la direction générale des plissements. La ligne de contact anormal dont je viens d'indiquer le trajet ne marque pas la limite extrême du charriage vers l'extérieur de la chaîne. En avant d'elle, il existe, sur la rive droite de l'Ubaye — abstraction faite de petits lambeaux très nombreux situés sur la rive gauche — des témoins très étendus de Flysch charrié, séparés par l'érosion de la nappe principale.

Le soubassement des Séolanes est une masse très puissante de Flysch, tenant au soubassement, également charrié, du Morgon par un pédoncule très étroit, qui traverse l'Ubaye en aval de Revel. La preuve du charriage est fournie ici aussi par la présence de lames discontinues de gypse triasique intercalées entre le Jurassique ou le Tertiaire autochtones et le Flysch qui supporte les Séolanes.

Entre les Séolanes et le Lan, on compte de nombreux témoins de minimes dimensions, formés de calcaires à Globigérines bartoniens très laminés, posés soit sur les terres noires calloviennes, soit sur le Flysch noir priabonien. Le Lan lui-même, ce témoin imposant du pli couché supérieur, est séparé de son soubassement autochtone par des lames fortement étirées de Flysch charrié et de Trias.

Enfin, les lambeaux de recouvrement du Gias du Chamois et du Mourre-Haut s'appuient sur une masse énorme de Flysch, qui, sur une longueur de 14 kilomètres et sur une largeur variant de 6 kilomètres à 500 mètres, repose, soit sur le Jurassique, soit sur les grès d'Annot autochtones. Ce Flysch a été considéré par M. Léon Bertrand comme faisant suite normalement aux grès d'Annot et comme représentant par conséquent le terme le plus élevé de la série nummulitique des Alpes-Maritimes; je suis en mesure d'affirmer qu'il est également charrié. En effet, sur toute la périphérie du témoin de Flysch, des lames discontinues de quartzites, de calcaires et de cargneules triasiques, associées même à du Lias et à du Malm, jalonnent le contact avec le substratum. Dans les parois rocheuses de Ventebrun, de Rémezine et du col de la Gypière, les calcaires triasiques présentent des replis multiples, dont les charnières anticlinales tournent leur convexité vers le S. et vers le W. La poussée semble donc être venue du NE. C'est aussi la direction qu'accusent les charnières des lames anticlinales des Orres et de la montagne des Crottes.

L'existence de tous ces témoins de la nappe du Flysch charrié épargnés par l'érosion indique bien l'extension minimum de cette nappe vers le S. et vers le W., elle n'indique pas l'extension maximum, et il y a peut-être lieu d'admettre que toute sa partie frontale a été détruite, car on observe en plusieurs endroits, en avant du front *actuel* de la nappe, des imbrications dans le soubassement autochtone, qui pourraient suggérer l'idée, suivant l'heureuse expression de M. Termier, d'un „traîneau écraseur" arrachant des lames du substratum. Je ne m'explique pas autrement la bande étroite de Trias qui sépare deux masses de Flysch, en longeant la rive droite du torrent de Champanastays, au S. du Lauzet, ni les imbrications avec poussée vers le massif du Pelvoux, qu'a décrites M. Pierre Lory au S. du Chaillol.

Dans un autre ordre d'idées, le fait que le grand témoin qui supporte le Mourre-Haut arrive vers le S. jusqu'au col de la Moutière, et vers l'E. jusqu'au col de Pelouse nous indique nettement que la nappe recouvrait tout au moins l'éxtrémité septentrionale du massif du Mercantour, de manière à rejoindre sa racine dans la vallée de la Stura. Aucun fait analogue ne nous permet de supposer, dans l'état actuel de nos connaissances, que la nappe de l'Embrunais ait recouvert partiellement le massif du Pelvoux.

Connaissant l'extension minimum du charriage vers l'extérieur des Alpes, on doit chercher à préciser où se trouve l emplacement de la racine du Flysch charrié, de manière à pouvoir évaluer la largeur minimum sur laquelle s'est étendu le recouvrement.

Les marnes jurassiques du soubassement, semblent au premier abord disparaître à Châteauroux, car à partir de cette localité la Durance n'entame plus que du Flysch jusqu'au Plan-de-Phazy et jusqu'à Réotier, en amont. Là apparaissent des couches triasiques et liasiques que l'on serait tenté de croire autochtones. On pourrait évaluer, d'après ces données, la largeur de la racine à 6 kilomètres.

Mais, en réalité, elle est bien moindre et en voici la raison. J'ai découvert il y a deux ans, en aval de Saint-Clément, dans le lit du torrent de Couleau, à 1 kilomètre environ de la route nationale, un affleurement de marnes noires bathoniennes ou calloviennes, identiques à celles qui forment la plus grande partie du soubassement de l'Embrunais. Entre ces marnes, manifestement autochtones, et la couverture de Flysch, j'ai rencontré, comme c'est presque la règle dans la région, une mince lame de cargneules triasiques. Le Flysch est donc ici encore charrié, et le petit affleurement du ravin de Couleau n'est autre chose qu'une *fenêtre*, dans le sens que M. Suess attribue à ce terme, c'est-à-dire une ouverture pratiquée par l'érosion dans une masse charriée et permettant d'apercevoir le substratum. Et cette „fenêtre" n'est guère à plus de 2 kilomètres des affleurements triasiques et liasiques de Réotier, qui présentent le faciès briançonnais dans toute sa netteté!

Il résulte de cette découverte assez inattendue que, si les plis mésozoïques de Réotier et du Plan-de-Phazy sont réellement en place, la racine de la grande nappe charriée du Flysch de l'Embrunais se trouverait réduite, par le laminage qu'elle a subi, à une largeur de 2 kilomètres et que, de plus, les terrains jurassiques à faciès dauphinois, autochtones seraient rapprochés d'autant, par les compressions latérales, des terrains à faciès briançonnais.

Je ne puis me résoudre à admettre qu'il en est réellement ainsi, car le Flysch de l'Embrunais et celui du bord du Briançonnais sont en parfaite continuité au sud de Risoul, de sorte que les anticlinaux mésozoïques qui les séparent au nord de cette localité ne sont sans doute pas autre chose que des têtes redressées de grands anticlinaux couchés, dont la racine droite doit être cherchée en profondeur assez loin au NE. de leur zone d'affleurement actuelle. De même la voûte à noyau de quartzites triasiques et de porphyrite, que met à nu la gorge du Guil et que M. Kilian envisage comme étant en place, n'est vraisemblablement que le flanc normal d'un pli couché situé en profondeur. Il est impossible de dire actuellement où est la racine de tous ces anticlinaux; on ne peut pas indiquer jusqu'où vers le nord-est s'étend la nappe de Flysch qui englobe et supporte ces mêmes plis; on ne peut pas davantage affirmer que les terrains autochtones, à faciès dauphinois, ne pénètrent pas en profondeur sous ce Flysch charrié, de manière à passer sous Guillestre. sous Saint-Crépin, en d'autres termes sous le bord externe du Briançonnais, rejoignant ainsi, à une distance que nous pourrons peut-être un jour évaluer approximativement, la zone à jamais cachée à nos yeux où s'effectue le passage latéral du faciès dauphinois au faciès briançonnais.

Mais revenons à des faits d'observation. Si nous ne tenons compte que des recouvrements réellement constatés, nous pouvons assigner à la zone de charriage du Flysch une largeur minimum de 25 kilomètres. En fait, cette largeur était probablement au moins double. Il semble toutefois qu'elle n'a pas été partout aussi considérable et que ces évaluations ne se rapprochent de la réalité que dans la partie axiale de la dépression de l'Embrunais, dans une zone transversale qui est à égale distance des aires surélevées du Pelvoux et du Mercantour. Vers le nord, en approchant du massif cristallin du Pelvoux, l'étendue du charriage est certainement bien moindre. Dans la vallée d'Ancelle nous pouvons encore l'évaluer à un minimum de 6 kilomètres, grâce à la présence de deux „fenêtres" qui laissent apparaître, sous le Flysch charrié, deux lambeaux de poussée de Malm et les marnes noires du Jurassique moyen autochtone.

Plus au nord, dans la vallée d'Orcières, l'érosion ne met plus à nu le soubassement du Flysch, mais l'existence, à Prapic, de plis en retour („Rückfaltung") montre qu'un obstacle devait s'opposer à la propagation du charriage. Puis on arrive, en se dirigeant vers le NE., dans le vallon de la Biaisse, où le substratum des terrains nummulitiques est de nouveau visible, grâce à l'immense cirque de Dormillouse ; mais *ici toute trace de charriage a disparu*, car des couches éocènes fossilifères reposent normalement et en transgression sur des schistes cristallins et sur des restes de dépôts secondaires. La coupe est à peu près la même que dans le vallon du Fournel et que sur le bord oriental du massif du Pelvoux. M. Termier a envisagé avec raison tous ces terrains comme étant en place.

Malgré le recouvrement probable de la partie septentrionale du massif du Mercantour par le Flysch charrié, on peut conclure que le charriage a atteint son maximum dans l'espace compris entre les deux massifs cristallins, tandis qu'en arrière d'eux la même zone du Flysch est en place. Ainsi se trouve vérifié le résultat que j'annonçais au commencement de cette conférence: dans la „région des grès de l'Embrunais" la zone du Flysch ou zone des Aiguilles d'Arves est charriée sur la zone du Mont Blanc.

La zone du Briançonnais est à son tour charriée sur la zone des Aiguilles d'Arves, comme l'ont démontré les belles recherches de M. Termier, et le maximum de ce charriage s'est trouvé atteint au N. de la région dont je viens de vous entretenir, dans le Briançonnais même. Les plis couchés du Briançonnais cachent presque entièrement la zone du Flysch, qui est réduite, en arrière du Pelvoux, à une très faible largeur. Le même fait se reproduit en Italie, en arrière du Mercantour, dans le prolongement vers le SE. de la même zone, il est donc probable que la aussi le Flysch s'enfonce sous la zone du

Briançonnais. On a l'impression que le charriage du Briançonnais atteint son maximum précisément aux endroits où celui de la zone du Flysch est réduit à zéro, comme si les deux mouvements, résultat d'une même poussée, s'étaient compensés.

Mais avant d'aborder les enseignements théoriques qui découlent de l'étude de l'Embrunais et de l'Ubaye, il me reste à vous faire connaître une dernière particularité de la tectonique de ces régions, qui nous révélera une nouvelle phase de leur histoire.

Je vous ai montré que la ligne d'affleurement de la surface de contact anormal qui sépare les terrains autochtones du Flysch charrié trace un contour sinueux sur les flancs des deux vallées principales, décrivant des angles rentrants au passage de toutes les vallées latérales. Ce contour ne suit qu'exceptionnellement une courbe de niveau.

A Châteauroux et à Jausiers il coupe le thalweg de la Durance et celui de l'Ubaye respectivement aux cotes 800 et 1250 environ. De ces points il s'élève graduellement dans chacune des deux vallées, jusqu'aux altitudes maxima de 1600 mètres, dans le premier cas, et de 2000 mètres, dans le second. Mais dans l'Ubaye, et en particulier sur la rive droite, la ligne d'affleurement s'élève très irrégulièrement, passant successivement par des maxima et des minima d'altitude, oscillant à deux reprises entre la cote 2000 et le niveau de la vallée, au-dessous duquel elle se meut même un instant. Des oscillations de moindre amplitude s'observent dans la vallée de la Durance.

Il résulte de ces faits que la surface de base du Flysch charrié n'est pas un simple plan incliné, c'est une surface fortement ondulée, présentant des anticlinaux et des synclinaux, comme le ferait le contact normal des deux couches plissées. N'était l'heure qui presse, je pourrais vous démontrer que l'axe de ces plis est dirigé NW.—SE., perpendiculairement à la direction du charriage. Mais ce n'est pas tout, car la nappe supérieure qui repose sur le Flysch charrié, a subi ces mêmes ondulations. Elle n'a subsisté que dans les régions synclinales, sous la forme de lambeaux de recouvrement épargnés par l'érosion. Dans sa région frontale elle se digite et se décompose en plusieurs plis superposés, couchés même au delà de l'horizontale, comme c'est le cas dans la partie est du massif du Morgon. Quelques-uns de ces plis sont repliés à leur tour, il en résulte, l'érosion intervenant, de „faux synclinaux", c'est-à-dire des synclinaux dont le noyau est plus ancien que les flancs, des apparences de synclinaux de Lias encastrés dans le Flysch, quelquefois avec noyaux de Trias. En réalité ce sont des têtes d'anticlinaux retournés [1]).

---

[1]) V. de Margerie et A. Heim: Les dislocations de l'écorce terrestre, p. 63.

Ces complications extraordinaires, dont M. Kilian et moi nous poursuivons l'étude depuis plusieurs années, ne peuvent s'expliquer que si l'on admet un nouveau plissement postérieur à l'empilement des plis couchés et postérieur au charriage.

Voici, en résumé, comment je m'imagine la succession des phénomènes qui ont donné à la région de l'Embrunais et de l'Ubaye son extraordinaire complication.

Des plissements anténummulitiques, comparables à ceux dont on peut reconstituer les directions dans les chaînes subalpines de Gap et de Digne, ont certainement affecté le pays qui nous occupe. Pendant la période d'émersion correspondante il s'est formé une pénéplaine sur laquelle s'est étendue ensuite la mer éocène, car les dépôts lutétiens, bartoniens ou priaboniens reposent en transgression sur des couches d'âge très divers, voire même sur les terrains cristallins. A l'Oligocène, les massifs du Pelvoux et du Mercantour devaient déjà commencer à émerger, car les galets de granite et de micaschiste sont assez communs dans les sédiments de cette époque.

C'est vraisemblablement après l'Oligocène que sont entrées en jeu dans le Briançonnais, les forces orogéniques dont l'effort se traduit aujourd'hui par des plissements dirigés en moyenne NW—SE., donnant lieu tout d'abord, et sans doute en profondeur seulement, à des plis isoclinaux déversés vers l'extérieur de la chaîne. Peu à peu, les poussées continuant à agir toujours dans la même direction, les plis ont dû s'allonger, se coucher, se superposer.

A ce moment les premiers étirements ont dû se produire, et c'est alors aussi que l'hétérogénéité de l'avant-pays a commencé à exercer une action directrice sur la propagation du phénomène de plissement. Dans l'axe de la région comprise entre le Pelvoux et le Mercantour, la propagation était facile, mais sur les bords elle était gênée par la présence de ces deux massifs d'ancienne consolidation, de sorte que les plis se sont trouvés déviés, décrivant des sinuosités à concavité tournée vers l'intérieur de la chaîne, tangentes aux deux dômes cristallins. Bien plus, l'aire qui est aujourd'hui l'Embrunais et l'Ubaye formait une dépression vers laquelle pouvaient s'écouler les masses sollicitées par les poussées tangentielles. De grandes ruptures se produisirent dans les plis couchés, les parties normales des anticlinaux cheminèrent davantage que les parties inverses, qui restèrent en profondeur. La masse du Flysch, sous le poids de laquelle s'effectuaient ces déformations, fut entraînée dans le mouvement et charriée dans la dépression. En même temps, quelques plis furent entièrement étirés et privés de toute continuité avec leur racine; leurs lambeaux furent englobés dans le charriage, formant maintenant des lames jalonnant

64

la surface de recouvrement ou intercalées dans la masse de Flysch. Le soubassement lui-même fut raboté et, par places, emporté dans le mouvement. Postérieurement à ces phénomènes, toute la région subit une striction générale; elle est plissée, comme le serait une série de couches concordantes et horizontales; il se forme des plis droits ou légèrement déjetés vers le SW., parallèles à la direction des grands plis couchés.

C'est à ces derniers plissements qu'est due sans doute la surélévation définitive de la région, aussi les agents atmosphériques entrent-ils en jeu: les vallées se creusent et, jusqu'à nos jours, les torrents exercent leurs dévastations.

L'immense organisme que nous avons vu naître est disséqué profondément et nous pouvons maintenant étudier les complications extrêmes de sa structure interne.

Nos études communes nous permettent aujourd'hui, à M. Kilian et à moi, d'apprécier tout autrement la constitution géologique de l'Ubaye que ne le faisait Goret en 1887, qui la qualifiait de „très embrouillée en apparence, relativement simple en réalité". C'est précisément l'inverse qui est vrai.

Je vous ai dit en commençant que Goret expliquait par des failles les difficultés tectoniques de la région.

Je crois vous avoir montré que c'est le phénomène de plissement, dans ce qu'il y a de plus intense, qui prédomine.

Je vous ai rappelé aussi que Charles Lory considérait, encore en 1884, les masses exotiques de l'Embrunais comme des îles dans la mer éocène, alors qu'il est certain maintenant que ce sont des lambeaux de recouvrement.

Toutes les idées que nous avions il y a vingt ans sur les *Alpes occidentales* se sont ainsi trouvées bouleversées grâce à l'impulsion vigoureuse donnée à la géologie alpine par nos trois grands maîtres, Suess, Heim et Marcel Bertrand.

Permettez-moi, Messieurs, de me demander si un bouleversement analogue n'attend pas la géologie des *Alpes orientales* et peut-être celle de mainte autre chaîne de montagnes. Là aussi la simplicité est encore considérée comme la règle, la faille supplée trop souvent à l'insuffisance des observations, comme chez nous au temps de Lory. Qui sait comment on interprétera, dans vingt ans d'ici, la structure des Alpes orientales?

Überschiebungen im Randgebiete des Laibacher Moores.

Von Dr. Franz Kossmat.

(Mit Karte und Profiltafel.)

Die Hochkarststufe, welche die großen Kreide- und Juraplateaux des Krainer Schneeberges, Birnbaumer-, Ternowaner Waldes umfaßt und von der langen SO—NW laufenden Dislokationslinie Laas—Zirknitz —Idria durchschnitten ist, legt sich im Isonzotale unmittelbar an die Außenseite der Julischen Alpen an, so daß zwischen ihr und dem noch weiter nach O s t e n zu verfolgenden Abbruche der letzteren ein gegen die Laibacher Ebene offener Winkel zustande kommt.

Hier begegnen die i n n e r e n Z o n e n der Karstgebirge d e n fast o s t w e s t l i c h s t r e i c h e n d e n alpinen Z ü g e n d e s S a v e - s y s t e m s, welche den Ausläufern der Kalkalpen vorgelagert sind und in die ungarische Ebene hinausziehen. In diesen Falten treten lange Streifen von Carbongesteinen zutage, deren südlichster als Aufbruch von Littai (auch Wacherzug [1]) genannt) bezeichnet werden kann. Er taucht zuerst westlich von Drachenburg auf, läßt sich dann in der Richtung über Littai bis zur Laibacher Ebene verfolgen, ragt in einzelnen Inselbergen aus dieser auf und zieht sich weiterhin, von zerstückten Triasschollen bedeckt, in den ebenerwähnten Gebirgswinkel zwischen dem Südabfall der Julischen Alpen und der Innenseite des Hochkarstes hinein.

Der Südrand der paläozoischen Aufbruchszone zeigt in der Umgebung der Laibacher Ebene an vielen Stellen einen sehr unregelmäßigen Verlauf, welcher mit tektonischen Erscheinungen komplizierter Natur zusammenhängt. Besonders das Hügelland im Westen des Moores bietet in dieser Beziehung wichtige Aufschlüsse.

Bezüglich der S t r a t i g r a p h i e der Gegend ist kurz folgendes zu bemerken:

---

[1] Vergl. darüber Dr. C. D i e n e r : Bau und Bild der Ostalpen und des Karstgebietes. Wien 1903, S. 564.

1. Die paläozoische Unterlage besteht vorwiegend aus grauschwarzen dünnblättrigen Tonschiefern, glimmerreichen Sandsteinen und Quarzconglomeraten. Nach den Pflanzenresten (Calamiten), welche man in diesen Schichten bei Laibach entdeckt hat, handelt es sich um Carbon. In den tiefsten Lagen dieser Serie fand ich bei Vandrovc nördlich des Pöllander Tales mehrere guterhaltene Exemplare eines großen *Productus Cora d'Orb.* Es muß aber hervorgehoben werden, daß nicht die ganze paläozoische Region zwischen dem Pöllander und Selzacher Tale dem Carbon zufällt, sondern daß die weitverbreiteten Kalke (zum Teil halbkristallinische Bänderkalke), sericitischen Grauwacken, Mandelsteine etc. einer älteren Abteilung der Formationsgruppe angehören und einen vom Carbon und der jüngeren Gesteinsdecke abweichenden tektonischen Bau aufweisen.

In das hier zu besprechende Gebiet reichen sie nur mit einem schmalen Ausläufer herein.

2. Das Perm besteht aus roten oder bunten Sandsteinen, Schiefern und Conglomeraten (Grödener Sandstein), welche gegen oben durch ein Dolomit- und Kalkniveau — das Äquivalent der bekannten Bellerophonkalke von Südtirol — abgegrenzt sind.

3. Die Schichtfolge der Trias ist sehr mächtig und durch Einschaltung von mergeligen Gesteinen in verschiedenen Horizonten gut gegliedert. Über den allenthalben sehr gleichförmig entwickelten Werfener Schiefern folgt der Muschelkalk in vorherrschender Dolomit- und Kalkfazies. (Nur in der Umgebung von Bischoflack ist ein braunes Schieferniveau eingeschaltet.) Wengener Schiefer und Tuffe, stellenweise durch Fossilführung ausgezeichnet, trennen diese mächtige untere Gruppe ab von den kalkigen und dolomitischen Äquivalenten der Cassianer Schichten, und in analoger Weise bilden die stellenweise fossilreichen, sandigschiefrigen Raibler Schichten die Abgrenzung der letzteren gegen die jüngste Schichtgruppe der hiesigen Trias, den Hauptdolomit.

Es bilden also drei durch Fossilführung und petrographische Charaktere leicht kennbare schiefrige Horizonte im Wechsel mit drei Dolomitgruppen das hiesige Triasprofil.

Während in den Karstgebirgen weiter im Süden über der Trias noch bedeutende Kalkmassen des Jura und der Kreide konkordant aufliegen, schließt hier die zusammenhängende Schichtfolge mit dem Hauptdolomit ab und nur am Rande gegen die Ebene ist stellenweise ein Tertiärconglomerat angelagert, welches dem Oligocän zugeteilt werden muß und mit pflanzenführenden Schichten dieser Stufe in Verbindung steht. Die Ablagerung fand, wie die deutliche Diskordanz gegenüber der Trias beweist, statt, nachdem die Hauptperiode der Gebirgsbildung hier schon vorüber war.

Letztere muß also, weil unmittelbar im Süden die Profile eine geschlossene Schichtfolge bis in die Kreide hinauf zeigen, mit dem Alttertiär zusammenfallen, beiläufig wohl mit dem Zeitabschnitt, welcher die Aufrichtung der Plateaux des Hochkarstes bezeichnet und durch die Diskordanz zwischen obereocänem Flysch und cretacischem Radiolitenkalk charakterisiert ist.

Die nächste Faltung fand nach Ablagerung der oberoligocänen Schichten des Randgebietes statt; erst die jüngsten Tertiärschotter des Savetales liegen horizontal.

A. Das Carbon mit den auflagernden Triasschollen von Bischoflack und Billichgraz.

Das Triasgebirge, welches östlich der Saveebene den Littaier Carbonaufbruch gegen das nächstnördliche paläozoische Gebiet von Stein-Tüffer begrenzt, setzt sich in einer Anzahl von Inselbergen nach W durch die Niederung fort und ist in den jenseits derselben aufsteigenden Höhen wieder zu erkennen. Ein einheitliches Streichen der Gesteine ist hier nicht mehr vorhanden, weder in a piner noch in dinarischer Richtung, sondern die Kalk- und Dolomitmassen der mittleren Trias ruhen in Form von großen, vielfach zerstückelten Schollen auf einer aus Werfener Schichten und paläozoischen Gesteinen bestehenden Basis. Wenn auch im großen und ganzen ihr tektonisches Verhältnis gegenüber der letzteren als einfache Auflagerung bezeichnet werden kann, so ist doch an zahlreichen Stellen, besonders am Süd- und Südwestrand, deutlich zu beobachten, daß die untersten Trias- und die Permschichten lokal rasch verschwinden, so daß dann der Muschelkalk oft scharf an das Carbon anstößt oder nur durch einen äußerst schmalen, bald aus roten Sandsteinen, bald aus oberen Werfener Schichten bestehenden Streifen von ihm getrennt ist. Dabei haben die Kalke und Dolomite keinerlei klastische Beschaffenheit, welche eine Transgression annehmen ließe, und die Lückenhaftigkeit der Schichtfolge zeigt sich nach meinen Beobachtungen ganz besonders an den vorgeschobenen Teilen des Randes, während sich in den einspringenden Winkeln die Profile meist vervollständigen.

Ich glaube, daß derartige Erscheinungen leicht zustande kommen, wo ein bereits gefaltetes und durch Erosion zerstückeltes Gebiet noch einmal, in diesem Falle nach dem Oberoligocän, von Gebirgsbewegungen ergriffen wurde. Die starren, freiliegenden Dolomitmassen, welche oft plateauartige Lagerung zeigen, gaben dann dem Drucke bedeutend weniger nach als ihre aus schiefrigen Materialien bestehende Basis, so daß sich die ursprüngliche Auflagerungsgrenze verschieben konnte und in den randlichen Partien lokal ein anormaler Kontakt mit der Basis, also eine Art Überschiebung, zustande kam.

B. Das Triasgebiet südlich der paläozoischen Region.

Während von diesen unregelmäßig auf dem Carbon aufsitzenden Triasschollen die jüngeren Abteilungen der Trias — vom Muschelkalk angefangen — durch Erosion überall entfernt sind, hat man südlich der Grenze des Carbonaufbruches ein ausgedehntes Terrain, in welchem die Schichtfolge weit vollständiger ist und vom Perm bis in die oberste Trias reicht.

Auch in der Tektonik zeigt sich ein merklicher Unterschied: statt der unregelmäßigen Schollenstruktur entwickelt sich hier ein Faltengebiet mit langen, oft regelmäßigen Gesteinszügen, welche im allgemeinen von WNW nach OSO streichen, ungefähr im Sinne der großen Bruchlinie von Idria—Zirknitz, welche zu den bedeutendsten Dislokationen der dinarischen Gebirge zählt.

Stellenweise ist die regelmäßige Anordnung der Zonen jedoch durch Querstörungen unterbrochen, welche hier mit seltener Deutlichkeit entwickelt sind.

Die größte Bedeutung besitzt unter ihnen eine Verwerfung, welche bei Loitsch von der Idrianer Bruchlinie abzweigt und in der Richtung gegen Nord weiterzieht, aber am Nordabhange des Sairacher Berges entsprechend dem Schichtstreichen mehr und mehr gegen Westen einlenkt. An ihr kommt das Carbon zutage, schneidet anfangs die verschiedenen Triaszonen fast quer ab, wird aber in der Strecke, wo der Querbruch allmählich in eine Längslinie übergeht, gegen Süden regelmäßig von Perm und Trias überlagert.

Gegen diesen konvexen Carbonrand, welcher die geologische Innengrenze des Falten- und Überschiebungsgebietes von Idria und Gereuth bezeichnet, ist im Osten und Nordosten die zwischen Oberlaibach und Pölland befindliche Triasregion abgesunken, derart, daß ihre jüngsten Schichten unmittelbar an ihn herantreten: anfänglich die äußere Zone von Hauptdolomit (bei Podlipa), dann, entsprechend dem weiteren Eindringen der Bruchgrenze, der darauffolgende Raibler Zug.

Das Streichen der Gesteine, welches in der Nähe der Sumpfebene von Oberlaibach beinahe ostwestlich ist, dreht sich im weiteren Verlaufe der Züge gegen das Pöllander Tal wieder langsam in die Nordwestrichtung, so daß für ein kurzes Stück eine schwach bogenförmige Anordnung zustande kommt. Die Antiklinalen und Synklinalen sind anfangs ziemlich eng aneinander gepreßt und häufig mit Längsstörungen verbunden. In den Aufbrüchen kommen als tiefste Schichtglieder untere Trias und Perm zutage, die Mulden enthalten in den südlichen Zügen noch Hauptdolomit, während in den nördlicheren nur mehr mittlere Triashorizonte vertreten sind [1].

Gegen Nordwesten gleichen sich die Falten mehr und mehr aus, es entwickelt sich eine große flache Mulde, welche als jüngstes Schichtglied die Raibler Schiefer enthält und im Nordosten von steil aufgestellten, meist überkippten Gesteinen der unteren Trias und des Perm begleitet wird, während sie im Südwesten durch eine Antiklinalaufwölbung (mit Muschelkalk und Werfener Schiefer) von dem am Carbonrand des Sairacher Berges absinkenden Gürtel oberer Trias getrennt wird. Mit der Annäherung an das Pöllander Tal verliert sich auch diese Antiklinale und infolgedessen nehmen in der Trias die jüngeren Abteilungen: Cassianer Dolomit und Raibler Schichten, den größten Raum ein; im Westen ist sogar noch Hauptdolomit erhalten — ein Gegenstück zur Umgebung von Podlipa.

Unter tektonisch sehr verwickelten Verhältnissen, deren Darlegung über den Rahmen der hier gesteckten Spezialaufgabe hinausführen würde, findet das Triasgebiet seine Fortsetzung in der fast keilförmig dem paläozoischen Terrain eingezwängten Hauptdolomitpartie des Kopačnicatales, welche noch kleine Aufbrüche von Raibler Schichten in sich schließt; auch die Triasscholle des Blegaš steht mit ihr in enger Beziehung und hat mit den früher erwähnten Erosionsresten, welche östlich von ihr auf dem älteren Untergrunde sitzen, keine Ähnlichkeit.

Hinsichtlich ihrer Stellung in der allgemeinen Gebirgsanlage ist die hier skizzierte Pölland—Oberlaibacher Triasregion sowie das durch den Loitsch—Kirchheimer Bruch von ihr geschiedene Idria—Greuther Hügelland [2] die Fortsetzung der großen kroatisch-dalmatinischen Triaszüge, welche über das Quellgebiet der Kupa und die Umgebung von Auersperg nach Nordwesten zu verfolgen sind. Die Unter-

---

[1] Vergl. die Profile in F. Kossmat: Über die Lagerungsverhältnisse der kohlenführenden Raibler Schichten von Oberlaibach. Verhandl. d. k. k. geol. R.-A. Wien 1902, S. 150—162.

[2] F. Kossmat: Die Triasbildungen der Umgebung von Idria und Gereuth. Verhandl. d. k. k. geol. R.-A. 1898, S. 86—104.

Das Gebirge zwischen Idria und Tribuša. Ibid. 1900, S. 65—78.

Über die geologischen Verhältnisse des Bergbaugebietes von Idria. Jahrb. d. k. k. geol. R.-A. 1899, S. 259—286.

brechung am Laibacher Moore ist nur eine oberflächliche, wie die Zusammensetzung der zahlreichen kleinen Inselberge nordöstlich von Oberlaibach beweist.

C. Die Überschiebungszone.

Die Nordostseite des isolierten Hauptdolomitgebietes der Kopačnica wird von einem Rande steil angepreßter paläozoischer Schiefer begleitet, welche durch ihre petrographische Beschaffenheit und die Einschaltung eines Niveaus von Bänderkalk sich als die Fortsetzung der weiter im Norden befindlichen präcarbonischen Region erweisen. Sie bilden hier aber nur einen etwa 300 *m* breiten Zug, an welchen sich im Osten unmittelbar die schwarzen glimmerigen Carbonschiefer mit dem bei Vandrovc entwickelten *Productus*-Niveau anschließen. Der Randzug vorcarbonischer Gesteine überschreitet zusammen mit dem Hauptdolomit das Pöllander Tal westlich von Trata und biegt dabei allmählich gegen Osten um. Gleichzeitig tauchen an der Dolomitgrenze zum erstenmal die buntgefärbten karneolführenden Raibler Schichten auf, welche ganz jenen der Oberlaibach—Pöllander Zone gleichen und nur durch eine Abzweigung des Carbonaufschlusses am Sairacher Berge von ihnen getrennt sind. Auch auf der Nordseite des Pöllander Tales, westlich von Trata, sind Raibler Schichten entblößt, welche aber durch den schmalen präcarbonischen Gesteinszug von der südlichen Partie der gleichen Schichten geschieden werden.

Verfolgt man von hier ab den linken Hang des Pöllander Tales flußabwärts, so kann man wiederholt Cassianer Dolomite und bunte Raibler Schiefer beobachten, während die im Norden sich unmittelbar anschließenden Höhen ausschließlich aus Carbonschiefern und Sandsteinen bestehen.

In einem kleinen Erosionsgraben westlich von Pölland tritt inmitten der typischen Carbongesteine der Triasdolomit am Fuße der Gehänge ganz in der Weise zutage, wie sonst unter einer jüngeren Decke der Untergrund durch Auswaschung entblößt wird, also ein ähnlicher Fall wie im obenerwähnten Graben westlich von Trata.

Noch viel instruktiver sind die Verhältnisse auf der gegenüberliegenden **S ü d s e i t e** des **P ö l l a n d e r T a l e s**.

Man glaubt hier, wenn man entlang des Gehänges geht, sich am Saume eines zusammenhängenden, flach gelagerten Triasgebietes zu befinden: weitverbreitet erscheint der lichte, massige Cassianer Dolomit, welcher wiederholt unter den bunten Raibler Mergeln und karneolführenden Sandsteinen untertaucht. Ein Aufschluß östlich von Sredna vas (bei Pölland) lieferte hart an der Grenze beider Schichtgruppen typische Exemplare von *Myophoria Kefersteini Wulf.*, *Pachycardia rugosa Hauer*, *Perna sp.* und andere nicht näher bestimmbare Bivalven.

Geht man in dem Graben, welcher nahe dieser Stelle das Haupttal erreicht, aufwärts, so bleibt man in Triasdolomit, welcher anfangs noch hoch auf das Gehänge hinaufreicht, in den beiden ganz schmalen oberen Ästen des Grabens sich aber mehr und mehr der Sohle nähert, links und rechts begrenzt von den schwarzen Tonschiefern und glimmerigen Sandsteinen des Carbon.

Endlich taucht der Dolomit, in welchem auch das Wasser des östlichen dieser beiden Seitengräben versiegt. ganz unter und es schließt sich das hier flach von der Grenze abfallende Paläozoicum.

Es wiederholt sich hier also in größerem Maßstabe die gleiche Erscheinung, wie man sie auf der linken Seite des Pöllander Tales beobachten kann.

Nach dem Ersteigen der welligen Plateauhöhe befindet man sich fortwährend im carbonischen Tonschiefer mit zahlreichen kleinen Quarzgängen; das Fallen ist unregelmäßig — man hat auf Schritt und Tritt das gleiche Bild wie in dem großen Carbongebiete. welches sich nördlich des Haupttales auf viele Quadratkilometer erstreckt. In einem kleinen Graben stößt man wieder auf einen rings vom Schiefergebiete umschlossenen Ausbiß mittlerer Trias.

Steigt man gegen die zwei größeren Bäche hinab, welche das Tonschieferplateau im Süden und Osten begrenzen, so kommt man allenthalben wieder in Raibler Schichten — meist mit einem knolligen, hornsteinführenden Kalkniveau an der Basis — und Schlerndolomit. welche der nach Südosten in das Faltungsgebiet fortziehenden Zone angehören und gegen den Querbruch von Loitsch durch eine Hauptdolomitzone begrenzt werden, die späterhin auskeilt. Die Schichten bilden einen gegen das Carbongebiet flach untertauchenden Saum. Der Tonschiefer dieses kleinen Plateaus nimmt geologisch also eine Stellung ein, wie sie eine auf dem Triasuntergrunde transgredierende Schichtgruppe zeigen müßte. An einer Stelle ist sogar eine Partie ganz davon abgetrennt, weil auf einer Einsattlung zwischen zwei in Trias eingeschnittenen Gräben die Raibler Schichten durchziehen.

Mit dem Carbongebiete nördlich des Pöllander Tales besteht oberflächlich keine Verbindung. weil das Alluvium die Gesteine verhüllt, aber in Wahrheit existiert offenbar ein Zusammenhang. denn beim Orte Pölland kommt der Tonschiefer beiderseits zur Talsohle herab, während östlich davon auf beiden Seiten ebenso der Triasdolomit erscheint.

Ganz isoliert ist die große, südöstlich der eben besprochenen Scholle folgende Carbonmasse. Noch mehr wie bei der ersten hat das

Gebiet, welches sie einnimmt, den Charakter eines Plateaus, von welchem zahlreiche Gräben — die oberen Äste verschiedener Täler — ausstrahlen.

Die paläozoischen Schichten bestehen aus schwarzen dünnspaltenden Tonschiefern, aus glimmerreichen dunklen Sandsteinen und Quarzconglomeraten, also Vertretern der in der ganzen Gegend im Carbon auftretenden Gesteine. Die Triasglieder, mit denen sie zusammentreffen, sind zahlreicher als bei der zuerst beschriebenen Partie. Außer Raibler Schichten kommen Cassianer Dolomit, hornsteinreiche Wengener Schichten mit Pietra verde und endlich auch der Muschelkalkdolomit mit dem Rande der Carbonmasse in Berührung, wie es eben der Bau der großen Synklinale, welcher sie angehören, bedingt.

Zum Schlusse sei noch ein ganz kleiner Carbonrest erwähnt, welcher auf dem Gipfel einer Triaskuppe zwischen den beiden Hauptpartien im unmittelbaren Kontakt mit Pietra verde und Dolomit erscheint.

Die paläozoischen Schichten treten hier also unter Erscheinungen auf, welche man bei den sonst nicht seltenen Aufbrüchen der weiteren Umgebung nirgends beobachten kann. Erstens weicht die lappenartige Form gänzlich von jener der immer langgestreckten Aufpressungen ab, zweitens treten nirgends am Rande Perm oder untere Trias auf, welche sonst alle Carbonaufbrüche der Gegend begleiten und mit ihnen immer eng verbunden sind. Die Möglichkeit, daß hier die mittlere und obere Trias ursprünglich bis auf die paläozoischen Schichten transgredierten, ist ausgeschlossen, denn erstens fehlen in ihnen alle Spuren von Trümmern der unmittelbar benachbarten Carbongesteine, zweitens ist, wie man sich gleich in den nächsten beiderseitigen Antiklinalen überzeugen kann, die Serie lückenlos und von Transgression keine Rede. Außerdem liegt nicht die Trias hier auf dem Carbon, sondern umgekehrt das Carbon auf der Trias, deren einzelne Stufen unter ihm verschwinden. Zahlreiche Details bestätigen diese Beobachtung. Der Carbonrand selbst ist durch Erosion ausgezackt, am deutlichsten in der nordwestlichen Scholle, in welche ein Graben tief einschneidet; kleine Partien sind an zwei Stellen deutlich abgetrennt und rings von Trias umgeben, während an anderen Punkten gelegentlich kleine Triasentblößungen mitten im paläozoischen Terrain erscheinen. Der wichtige Unterschied ist aber immer der, daß diese Triasentblößungen im Grunde von Erosionsrinnen, die kleinen Carbonreste auf der Höhe der Kuppen auftreten. Die Verhältnisse sind meines Erachtens nur mit der Annahme in Einklang zu bringen, daß die Carbonschichten infolge von tektonischen Bewegungen der Trias aufliegen und durch Erosion zerstückelt wurden, daß es sich also um sogenannte Deckschollen (Überschiebungszeugen) handelt.

Die Frage nach dem Gebiete, von welchem dieselben abgetrennt sind, ist leicht zu beantworten. Wie schon erwähnt kann nach den Aufschlüssen kein Zweifel sein, daß die nordwestliche Scholle von dem geschlossenen Carbongebiete der Nordseite des Pölander Tales nur durch das Alluvium geschieden ist. Das Carbon schwenkt hier gegen Osten um den Rand der Trias herum und zieht dann hinter dieser und den beiden Deckschollen gegen Südosten.

Geht man von den letzteren aus quer über das Triasgebiet gegen diesen zusammenhängenden Carbonrand, so kommt man in immer tiefere Schichten: durch Muschelkalk in Werfener Schiefer, welche eine breite Zone bilden, es erscheinen dann die Bellerophonkalke mit ihren bezeichnenden Fossilanwitterungen, hinter ihnen kommen die dunkelroten Grödener Sandsteine und Quarzconglomerate — alle mit überkippten, gegen Osten fallenden Schichten; endlich tritt man in das Carbon ein, welches hier gleichfalls östlich fällt. Man würde zunächst den Eindruck gewinnen, daß es sich einfach um einen überkippten Faltenflügel handelt, wenn man nicht an einer Stelle sehr schön beobachten könnte, wie der Carbonsaum bogenartig über verschiedene Züge der Randzone hinausgreift und bis an den Muschelkalk herantritt. Sobald dann der Rand zurückweicht, kommt Zug für Zug wieder in der gleichen Lagerung zum Vorschein.

An zwei Stellen liegen kleine Reste von paläozoischem Tonschiefer außer dem Rande — zwischen ihm und den Deckschollen; ich glaube, daß es sich nicht um selbständige Aufbrüche handelt, sondern um die letzten Reste der ehemaligen Verbindung. Auch am Abhange des Pasjarovan, eines aus Triasdolomit bestehenden Berges, liegen an einzelnen Stellen in großer Häufigkeit kleine Trümmer von Tonschiefer und Quarz, wie er im paläozoischen Terrain als Relikt nach den vielen Quarzadern und Linsen häufig ist.

Verfolgt man den Rand weiter nach SO, so bemerkt man, daß die breite Carbonzone sich allmählich ausspitzt und die auf ihr auflagernde Trias- und Permscholle bis an die Überschiebung herantritt. Es kann sich nur um eine Absitzung an einem Querbruche handeln, welcher auch in der Fortsetzung nach N und S verschiedene Gesteinszüge scharf abschneidet. Ein Parallelismus mit dem Querbruch von Loitsch ist unverkennbar. Sobald man über diese kurze Strecke hinaus ist, nimmt das Carbon wieder große Ausdehnung an, tritt in breiter Masse an das Moor hinaus, bildet die Höhen in dessen Umgebung und setzt sich jenseits in ebenso mächtiger Entwicklung weit fort in die Littaier Gegend. Dieses Carbongebiet zeigt ebenfalls an seinem südlichen Rande Erscheinungen, welche im Zusammenhange mit den eben beschriebenen Deckschollen von Interesse sind.

Östlich von der Querstörung, welche in das Überschiebungsgebiet einschneidet, tritt im Süden nicht mehr der rote Sandstein, also die Triasunterlage, an den Carbonrand heran, sondern vor diesem liegen enggepreßte Züge, welche in unmittelbarem Kontakt mit den hier ebenfalls steil aufgerichteten Tonschiefern noch fossilführende Wengener und Cassianer Schichten umfassen, und zwar in einer Anordnung, welche dem Südflügel einer neuen, aber nur teilweise aufgedeckten Mulde entspricht [1]).

Bald aber dringt die Überschiebungsgrenze wieder nach Süden vor, schneidet nacheinander die einzelnen Schichten ab und tritt jenseits des versumpften Suicatales bei Log bis an das fossilführende Raibler Niveau heran, aber ohne daß der Zusammenhang mit dem paläozoischen Hauptgebiet unterbrochen wäre.

Wir befinden uns hier in der südöstlichen Verlängerung des Außenrandes der beiden Deckschollen. Zwischen Log und Bresowitz tritt an Stelle des Carbon ein Rest der früher jedenfalls allgemein vorhandenen Decke von permischem roten Sandstein und unterer Trias an den Rand der Ebene, aber bereits auf den im Süden vorliegenden Inselbergen von Inner- und Außer-Goritz beiderseits der Triester Bahnstrecke erscheint im Kontakt mit Triasdolomit und Raibler Schichten, welch letztere an einer Stelle fossilführend sind, wieder der Carbonschiefer, bei Außer-Goritz allerdings als so kleiner Erosionsrest, daß man ihn kartographisch kaum zum Ausdruck bringen kann.

Die Verbindungslinie aller dieser Punkte führt hinüber auf die Ostseite des Moores und tatsächlich tritt hier bei Orle die geschlossene Carbonmasse, welche am Laibacher Schloßberge und noch weiter südlich an der Straße Pflanzenreste geliefert hat, unmittelbar an Züge von Hauptdolomit, Raibler Schichten und Schlerndolomit, welche mit abweichender Streichrichtung aus dem Karstgebiete von Auersperg heraufkommen, und schneidet sie scharf ab.

Ich hatte noch nicht Gelegenheit, den Rand des Carbonaufbruches weiter nach Osten zu verfolgen, glaube aber, daß die interessanten tektonischen Erscheinungen, welche ihn begleiten, sich noch fortsetzen dürften.

Anmerkung. Das aus der allgemeinen Gebirgsanlage herausgeschnittene Terrainfragment der beigegebenen Karte könnte bei der vielfach vorhandenen Geneigtheit, das Ausmaß der Überschiebungen innerhalb der Kettengebirge a priori für unbegrenzt zu halten, leicht

---

[1]) Ein ganz schmaler Aufbruch von Carbonschiefer schiebt sich an der Grenze zwischen dem roten Sandsteinzuge und dieser neuen Zone ein.

die Vorstellung erwecken, daß auch der Sairacher Berg samt den südwestlich von ihm liegenden Faltenzügen von Idria und Gereuth nur eine Deckmasse sei, während das ganze Triasgebiet zwischen Pölland und dem Laibacher Moore ein unter der riesigen Überschiebungsfläche freigelegtes „Fenster" darstelle. Es sei darum bemerkt, daß eine derartige Auslegung n i c h t statthaft ist. Verfolgt man die randliche Störung des Sairacher Berges nach S, so wird die Sprunghöhe immer kleiner und schließlich steht am Polje von Loitsch auf ihren beiden Flügeln der gleiche Hauptdolomit an. Ferner ist der vollkommene tektonische und stratigraphische Zusammenhang des Sairach–Idrianer Gebietes mit dem Ternowaner—Lascik—Veitsbergplateau, also einer im W unter den Flyschbildungen des Isonzotales flach versinkenden H o c h k a r s t s t u f e, festgestellt, während die Pöllander Überschiebung aus dem L i t t a i e r A n t i k l i n a l a u f b r u c h e, also einem ganz anderen Faltensystem, hervorgegangen ist und nach W mit der Kirchheimer Störungszone — zwischen Hochkarst und Julischen Alpen — in V e r bindung tritt.

In dem hier besprochenen Gebirgsausschnitte ist überall die tiefste aufgeschlossene Schichtreihe der nördlichen Gebirgspartie, und zwar zwischen Pölland und der Laibacher Ebene das C a r b o n, am Rande der Hauptdolomitmasse der Kopačnica sogar das ältere P a l ä o z o i c u m auf verschiedene Triashorizonte des vorliegenden Terrains hinaufgeschoben, ohne daß auch nur eine Andeutung vom verdrückten Mittelschenkel oder oberen Scheitelstück einer liegenden Falte vorhanden wäre. M a n d a r f s i c h w o h l v o r s t e l l e n, d a ß s i c h i n d i e s e m F a l l e d i e S p a n n u n g b e r e i t s i n e i n e m Z e r r e i ß e n d e s Z u s a m m e n h a n g e s a u s l ö s t e, b e v o r e s z u e i n e r Ü b e r f a l t u n g i n g r ö ß e r e m M a ß s t a b e k a m [1]).
Dabei wurden die südlich von der Überschiebungszone gelegenen Triaspartien in Sättel und Mulden zusammengestaut, während die im

---

[1]) Ein ausgezeichnetes Beispiel für einen anderen Typus liefert die von F. v. K e r n e r beschriebene Ü b e r s c h i e b u n g v o n T r a ú in Norddalmatien (Führer für die Exkursionen des IX. Internationalen Geologen-Kongresses, Wien 1903, und Verhandl. d. k. k. geol. R.-A. Wien 1899, Nr. 13 u. 14), welche sich nicht nur durch die verkehrte Schichtfolge des Überschiebungszeuges, sondern auch durch das Vorhandensein von deutlichen Resten des verdrückten Mittelflügels noch eng an den dort herrschenden Faltenbau anschließt. Hier wie in manchen ähnlichen Fällen (zum Beispiel im belgischen Kohlengebirge, im Deckschollengebiet von Beausset in der Provence etc.) scheint größere Nachgiebigkeit des Gebirges gegenüber der Faltung das Zerreißen der Massen länger hinausgeschoben zu haben.

Norden dem aufgeschobenen Carbon aufliegenden Schichtmassen unregelmäßig zerbrachen.

Die Schubweite ist keineswegs eine unbedeutende: Der Außenrand der südöstlichen Deckscholle ist 4 *km* in einer quer auf das Streichen gezogenen Linie vom zusammenhängenden Carbonrande, welcher ja gleichfalls noch ein Stück weit aufgeschoben ist, entfernt. Die Distanz vergrößert sich auf mehr als 6½ *km*, wenn man bis zum innersten Winkel der Triasentblößung im Pöllander Tale zurückrechnet.

Die Carbongesteine zeigen an vielen Stellen die Merkmale eines großen, auf sie ausgeübten Druckes, die Schiefer sind dann zerknittert, in linsenartige, fettig glänzende Stücke aufgelöst. Jedenfalls sind diese mächtigen Komplexe wenig widerstandsfähiger Gesteine ein Material, welches bei großer Pressung leicht in der Nähe der Oberfläche nach einer Seite ausweichen und über benachbarte Gesteine hinweggleiten kann. Ein naheliegendes Beispiel dafür liefern die ausgedehnten unterirdischen Aufschlüsse, welche uns der Quecksilberbergbau von Idria bietet [1].

In den tieferen Abbauhorizonten (zirka 300 *m* unter der Oberfläche) hat man stark zusammengepreßte, sehr steil stehende Triasschichten vor sich, welche im Nordosten durch eine scharfe, fast senkrecht stehende Verwerfung — Nordkontakt — vom Carbonschiefer getrennt sind. Verfolgt man aber diese Grenzdislokation innerhalb der Grube nach aufwärts, so kann man beobachten, wie sie allmählich geringere Steilheit annimmt, so daß sich in den oberen Horizonten eine regelrechte flache Aufschiebung des Carbon über den erzführenden Triaskörper entwickelt. Auch in diesem Falle kam es zu keiner Umkehrung des Hangendflügels, denn auf dem Carbon liegt in normaler Reihe die untere und mittlere Trias. Die Carbonschiefer (Silberschiefer) des Idrianer Bergbaues sind petrographisch mit jenen des Pöllander Tales identisch und haben in ihrer unmittelbaren Fortsetzung nach Südost vereinzelte Pflanzenreste geliefert, unter welchen von D. Stur *Calamites, Sagenaria, Dictyopteris Brongniarti Gutb.* bestimmt wurden.

Ich betrachte die Aufschlüsse von Idria als typisch für viele alpine Überschiebungen, so auch für jene von Pölland. Bekanntlich ist die Zahl der Überschiebungen ohne Umkehrung der Schichtfolge eine sehr große: ich brauche nur auf die zahlreichen Beispiele dieser Art in der Arbeit von A. Rothpletz: Geotektonische Probleme (Stuttgart 1894) hinzuweisen.

---

[1] F. Kossmat: Geologie des Bergbaugebietes von Idria. Jahrb. d. k. k. geol. R.-A. Wien 1899, S. 259 ff.

Mit jener Art der tektonischen Anlage, welche M. L u g e o n [1]) und andere Geologen zur Erklärung des westalpinen Gebirgsbaues annehmen, kann ich die hier beschriebenen Erscheinungen nicht in Beziehung bringen.

Ein wesentlicher Unterschied ist nach meiner Ansicht in folgendem zu erkennen: Auf den von M. L u g e o n publizierten hypothetischen Profilen ist das angenommene Ursprungsgebiet seiner übereinander liegenden Falten und Überschiebungen meist höher als die „nappes de recouvrement". Letztere können nach dieser Anschauung noch ganze Gebirge, wie zum Beispiel die „Préalpes" etc., zusammensetzen, während die Wurzeln schon durch Erosion zerstört sein sollen [2]). Bei tektonischen Gebilden, wie jenen von Pölland und anderen Überschiebungen, soweit sie mir bekannt sind, muß genau das Gegenteil stattfinden: Wenn die Erosion weiter fortschreitet, können ihr zuerst nur die vorgeschobenen Partien zum Opfer fallen, während das tiefer liegende Ausgangsgebiet noch immer als tektonisches Element erhalten bleibt.

Das Pöllander Gebiet ist noch in anderer Beziehung von Interesse: Wie in der Einleitung betont wurde, schneidet hier eine der Aufbruchszonen des „Savesystems" verschiedene aus Südosten heraufkommende Züge des Karstgebirges ab, es besitzt also der Überschiebungsgürtel für die Umgebung der Laibacher Ebene die Bedeutung einer Grenze zwischen südalpinen und dinarischen Faltungen. Dabei muß aber hervorgehoben werden, daß der westliche Teil der Aufbruchsregion — das Gebiet der Deckschollen — in dinarischem Sinne abgelenkt ist, eine Erscheinung, die nicht auffallen kann, weil ja auch noch weiter im Norden, sogar im Bereiche der Zentralzone, einzelne Dislokationen von dinarischem Streichen in den alpinen Gebirgsbau eingreifen.

D a r a u s   e r g i b t   s i c h   f ü r   d a s   G e b i e t   e i n e   I n t e r f e r e n z   z w i s c h e n   z w e i   S t ö r u n g s r i c h t u n g e n. Was im Sinne der NNW—SSO streichenden Karstgebirge des Auersperg—Zirknitzer Gebietes eine Längslinie ist, stellt im Bereiche der Störungen des „Savesystems" eine Querlinie dar. Der enge Zusammenhang beider zeigt sich wohl am klarsten in der auf S. 510 besprochenen Umrandung des Idria—Gereuther Gebietes. Aus diesem Grunde halte ich gegenwärtig den Versuch für gewagt, eine bestimmte Altersfolge der einzelnen Dislokationsrichtungen festzustellen, um so mehr, als zweifellos hier wie anderswo Bewegungen im gleichen Streichen zu verschiedenen Zeiten stattgefunden haben.

---

[1]) M. L u g e o n: Les grandes nappes de recouvrement des Alpes du Chablais et de la Suisse. Bull. Soc. géol. de la France. 4me série, tome 1, p. 723 ff. Paris 1901.

[2]) Vergl. das schematische Profil in der Arbeit von L u g e o n, l. c. S. 773.

Die Frage nach dem geologischen Abschnitte, in welchen die Entstehung der Überschiebung fällt, ist schwer genau zu beantworten, weil sowohl vor als auch nach der Ablagerung der oligocänen Schichten eine Faltung stattfand.

Der Parallelismus zwischen der vom Pasjarovan nach Südost streichenden Wengener Zone mit dem NO-Rande der zweiten Deckscholle läßt eine nachträgliche gemeinsame Bewegung beider vermuten [1]), wodurch sich auch manche Eigentümlichkeiten in den Niveauverhältnissen einzelner Partien des Überschiebungsgebietes am ungezwungensten erklären ließen. Auch lagert das Oligocänconglomerat westlich von Zwischenwässern nicht nur an der mittleren Trias, sondern auch an dem Grödener Sandstein der Schollen von Bischoflack und Billichgraz, welche auf der überschobenen Carbonmasse liegen; es war also die Zerstörung des Hangendflügels bereits damals weit vorgeschritten. Zudem beschränkt sich die Conglomeratablagerung nur auf den Rand der Ebene, so daß die Hauptanlage des Gebirges schon vorher entstanden sein muß.

---

[1]) Vergl. auch die nachträgliche Faltung der Idrianer Überschiebungsflächen. Kossmat, Jahrb. d. k. k. geol. R.-A. 1899, S. 276.